证明、论证以及零知识

[美国]Justin Thaler 贾斯汀·萨勒 著
李 星 张守恒 叶经纬 译

U0397356

東南大學出版社
SOUTHEAST UNIVERSITY PRESS
·南京·

图书在版编目(CIP)数据

证明、论证以及零知识 / (美) 贾斯汀 · 萨勒 (Justin Thaler) 著 ; 李星, 张守恒, 叶经纬译. 南京 : 东南大学出版社, 2024. 12. -- ISBN 978-7-5766-1712-2

Ⅰ. TP393. 08

中国国家版本馆 CIP 数据核字第 2024BK6778 号

图字:10 - 2023 - 450 号

责任编辑:夏莉莉　　**责任校对:**韩小亮　　**封面设计:**余武莉　　**责任印制:**周荣虎

证明、论证以及零知识
Zhengming、Lunzheng Yiji Lingzhishi

著　　者	[美国]Justin Thaler　贾斯汀 · 萨勒
译　　者	李　星　张守恒　叶经纬
出版发行	东南大学出版社
出 版 人	白云飞
社　　址	南京市四牌楼 2 号(邮编:210096)
网　　址	http://www. seupress. com
经　　销	全国各地新华书店
印　　刷	广东虎彩云印刷有限公司
开　　本	787 mm×1092 mm　1/16
印　　张	22. 75
字　　数	455 千字
版　　次	2024 年 12 月第 1 版
印　　次	2024 年 12 月第 1 次印刷
书　　号	ISBN　978-7-5766-1712-2
定　　价	128. 00 元

本社图书若有印装质量问题,请直接与营销部联系,电话:025 - 83791830。

译者序

2018年底，译者接触了一些隐私计算方案，对其中使用的零知识证明技术倍感好奇。一个计算过程能在不需要知道细节的情况下通过简洁的证明进行验证。当时系统性地介绍零知识证明技术的资料非常少，中文资料更是寥寥无几，学习方式就是反复阅读相关论文。译者从 Groth16 算法开始，后续又陆续地学习了 Plonk 算法、Marlin 算法、Halo2算法以及 STARK 算法。通过这些零知识证明算法的论文阅读学习，译者熟悉算法的计算过程以及性能，也对一些术语、概念有一定碎片化的理解，但是对不少基础理论知识一知半解，对相关概念的来龙去脉有所含糊，缺乏对零知识证明技术系统性的掌握和理解。几年来，译者通过年终直播、公众号写作、翻译零知识证明技术相关资料的方式，持续输出中文资料，一方面作为自身的总结提高，另一方面也期望为零知识证明技术的普及做出自己的贡献。

所幸，2022年初，Justin 发表了 PAZK 的电子版本。其全面系统地阐述了零知识证明算法的理论基础、设计方法以及截止到2022年主流零知识证明算法的分类。他从最基础的加密学原理讲起，阐述了不同计算复杂性模型下的简洁交互式论证构建，并详细描述了通用程序和可满足性电路之间的转换，通过多项式承诺方案实现简洁论证以及多项式承诺方案的多种实现。在此基础上，本书进一步讲述了零知识的定义以及零知识的实现方法。本书的最后一章，总结了本书中介绍的所有零知识论证算法的分类以及比较。感谢 Justin，七年磨一剑，系统地总结了零知识证明技术的理论和分类，让我们清晰地看到零知识证明技术的全貌。

零知识证明技术是一个统称，是“Zero Knowledge Proof”的字面翻译。使用零知识证明技术，证明者可以向验证者提供简洁证明，证明其计算执行正确，并且不暴露证明者的“知识”。“证明”是零知识证明的核心。采用零知识证明技术，验证者不需要重新执行某个计算，仅仅验证简洁的证明即可验证计算的正确性。正如本书1.2节介绍的，企业可以通过零知识证明确信云端计算的结果。“证明”加上“零知识”，除了验证某个陈述的正确性外，还可以实现证明者的隐私保护。隐私保护在医疗保健、金融服务以及身份验证领域尤为重要。事实上，深入理解零知识证明技术，要区分开证明和论证。论证也是证明，只不过在论证系统中，证明者是高效的、多项式时间的。随着零知识证明算法的迭代，性能的不断提高，期待零知识证明技术在更多领域得到应用。

本书内容分为如下几部分：

第 1 章到第 3 章介绍基础概念以及阐述交互式证明依赖强大的随机性。

第 4 章、第 8 章、第 9 章、第 10 章、第 17 章，从计算复杂性模型角度（IP/MIP/PCP/IOP），阐述了交互式论证系统构建的不同方法和性能。MIP＝PCP，并且多项式 IOP 统一了 IP、MIP 和 IOP。

第 5 章介绍了 Fiat-Shamir 算法，将任意公开掷币交互式论证转化为非交互式论证。第 6 章介绍如何将通用的图灵程序转化为电路，并解释了算术电路实例转化为可满足性电路实例的原因。第 7 章引入多项式承诺方案以及低次测试，实现简洁交互式论证的雏形。

第 11 章、第 13 章介绍零知识的定义以及零知识实现的两种方式：承诺—证明和掩码多项式。

第 12 章、第 14 章、第 15 章、第 16 章介绍承诺方案，并总结了多项式承诺方案的三种方式：基于 IOP（第 10 章）、基于离散对数难问题和基于配对。

第 18 章介绍了 SNARK 的组合和递归。第 19 章是对本书中讲述的所有零知识证明算法的分类总结。

2022 年 10 月，开始精读并翻译。本书的第 1 章到第 4 章、第 8 章、第 15 章、第 16 章、第 19 章由李星翻译，第 5 章、第 6 章、第 9 章、第 10 章、第 17 章、第 18 章由叶经纬翻译，第 7 章、第 11 章、第 12 章、第 13 章、第 14 章由张守恒翻译。我们三人也相互审校翻译章节。

感谢 Justin 分享 PAZK 的 Latex 源文件，让中文翻译效率大幅提升。在翻译过程中，Justin 更是耐心细致地和我们讨论原文中可能的笔误。

感谢潘天宇审校第 1 章到第 5 章的内容，并对书中多个专业术语的翻译提出了宝贵的意见。感谢《简洁非交互零知识证明综述》论文的多位作者，综述内容以及其中术语的翻译对本书翻译具有参考意义。感谢王友权和王兴武对全书通读，并指出多处文字性错误。感谢多年来在学习零知识证明技术的道路上提供帮助和支持的朋友们。

零知识证明技术相关的术语目前并没有统一的中文翻译。本文中使用的翻译词汇整理在附录中。

由于译者的专业知识水平有限，书中错误在所难免，敬请读者批评指正，译者在此先致感谢之意。

李星于上海

2023.8

摘要

交互式证明(Interactive Proof,IP)和论证是密码协议,允许不可信的证明者提供一个保证,证明其正确地执行了所请求的计算。在20世纪80年代引入的交互式证明和论证系统,阐明了一个重要的概念上的扩展,即一个陈述为真的“证明”由什么构成。

传统上,证明是一个静态的对象,可以逐步地进行检查以确保正确性。相比之下,交互式证明允许证明者和验证者之间交互,并且无效的证明也能以非常小但非零的概率通过验证。论证系统(但不是交互式证明)甚至允许存在对错误陈述的“证明”,只是这些“证明”需要较强的计算能力才能找到。

在某种程度上,这些概念模仿了数学家之间用于彼此说服某个命题为真的面对面交流,而不需要经过辛苦的编写和检查传统的静态证明过程。

自20世纪80年代和90年代以来,著名的理论结果如 **IP = PSPACE** 和 **MIP = NEXP**,原则上可以高效地验证出复杂的命题。更重要的是,任何论证都可以转化为零知识论证,这意味着证明不透露除了它们自身的有效性之外的任何信息。零知识论证在密码学中有许多应用。

在过去的十年中,通用的零知识论证从理论跃升到实践。这为密码系统的设计打开了新的大门,并产生了更多关于交互式证明和论证能力(零知识或其他)的深刻理解。现在已经至少有五种可能的方法来设计高效以及通用的零知识论证。本书以统一的方式涵盖了这些方法,强调它们之间的共性。

目录

第 1 章

介绍

本书介绍可验证计算(Verifiable Computing,VC)。VC 指的是交互式证明(Interactive Proof,IP)以及论证的密码协议,用于证明者向验证者保证某个请求的计算正确执行。20 世纪 80 年代提出的交互式证明和论证代表了陈述为真的“证明”的概念上的扩展。传统意义上,因为证明的每一步都很容易验证,证明是可以简单地、一步步地进行正确性检查的静态对象。相反,IP 允许证明者和验证者交互,并且有很小但非零的概率使无效的证明通过验证。IP 和论证之间的区别是,论证(但不是 IP)允许存在陈述不正确的“证明”,只不过这些“证明”需要非常大的计算能力才能找到①。

20 世纪 80 年代中期和 90 年代初期的著名理论结果表明,VC 协议至少在原理上可以实现伟大的壮举。包括一部手机可以监控一个强大但是不可信(甚至可以作恶)的超级计算机的执行,计算能力差的外设(比如,安全卡读取器)可以借助强大的远程服务器分担安全级别高的工作,或者让一个数学家只看看某个声称的证明的几个符号就能确信该定理的正确性②。

当 VC 协议有*零知识*属性时,它在密码学环境中特别有用。这意味着,证明或者论证除了正确性外没有暴露任何信息。

为了具体感受零知识协议为什么是有用的,考虑如下身份验证的例子。假设 Alice 选择一个随机密码 x,并将其哈希值 $z=h(x)$ 公布,其中 h 是单向函数。这意味着给定 $z=h(x)$,其中 x 是随机选择的,想要找到 z 在 h 下的原像,也就是找到 x' 满足 $h(x')=z$ 需要消耗巨大的计算资源。随后,如果 Alice 想向 Bob 证明她就是发布 z 的那个人,她可以向 Bob 证明她知道 x',满足 $h(x')=z$。这就能让 Bob 相信 Alice 就是之前发布 z 的人,因为这意味着 Alice 要么是一开始就知道 x,要么是她破解了 h(假设这个超过了 Alice 的计算能力)。

Alice 如何向 Bob 证明她知道 h 中 z 的原像呢?一个简单的证明就是 Alice 发送 x

---

① 举个例子,一个论证,并不是一个 IP,可能会利用密码系统,也就是说,当且仅当证明者能够打破这个密码系统时,一个作弊的证明者才可能找到一个错误陈述的可信“证明”。

② 只要证明是以特定的、稍稍冗余方式编写的,请查看我们在第 9 章中对概率可验证证明(PCP)的处理。

给 Bob，Bob 可以简单地检查 $h(x)=z$。但是这样暴露了 Alice 知道 z 的原像外的更多信息，特别是暴露了原像本身。Bob 因为知道了 z 的原像，可以利用这个信息模仿 Alice。

为了防止 Bob 学习到能破解出密码 x 的信息，除了自身的正确性，外证明不能暴露其他信息很重要。这个就是零知识性质保证的。

本书的一个目的就是描述构造 zero-knowledge Succinct Non-interactive Arguments of Knowledge（简称 zk-SNARK）的各种方法。"Succinct"意即证明简短。"Non-interactive"意即证明是静态的，由证明者的一个消息构成。"Of Knowledge"大体上说明协议不仅证明陈述是正确的，还证明了证明者*知道*陈述真实性的证据①。满足这些性质的论证系统在整个密码学中有着无数的应用。

实用的用于加密相关领域中高度专业化的陈述的零知识协议（例如证明离散对数的知识[223]）几十年来一直为人所知。然而，可用于加密部署的、通用的零知识协议直到最近才变得足够有效。通用性指的是可以应用到任何计算的协议设计技术。这个激动人心的进展不仅引入了许多美妙的新协议，还引起了人们对零知识证明和论证的广泛兴趣。本书旨在以统一的方式使这些协议的主要思想和设计方法易于理解。

背景知识　20 世纪 80 年代中期和 90 年代，理论计算机学家表明 IP 和论证比传统的 **NP** 证明有效得多（至少在渐近意义上）②。传统的 **NP** 证明是静态的，并且是信息理论上安全的③。这些基础的结果定义了这些协议的能力（例如 **IP**＝**PSPACE**[186,231]，**MIP**＝**NEXP**[17]，以及 PCP 定理[10,11]）是计算复杂性理论中最有影响力和最著名的协议④。

尽管通用 VC 协议具有显著的渐近效率，但它们长期以来一直被认为是非常不切实际的，并且有充分的理由：该理论的朴素实现具有高得可笑的成本（即使是非常短的计算，证明者也需要数万亿年）。但在过去十年中，VC 协议的成本有了重大改善，相应地也有了从理论到实践的飞跃。尽管通用 VC 协议的实现仍然有些昂贵（尤其对于证明者而言），但如果 VC 协议是零知识的，那么支付成本通常是合理的，因为零知识协议使完全不可能的应用成为可能。此外，公链的新兴应用提高了证明相对简单的陈述的重要性，在这些陈述上，尽管存在成本，但运行现代 VC 协议变得可行。

零知识协议设计方法和本书理念　论证系统通常分两步开发。第一步，为涉及一个或多个证明者的模型开发一个信息理论安全协议，如 IP 多证明者交互式证明（Multi-prover

---

① 举个例子，上述认证的例子对陈述"存在 x 保证 $h(x)=z$"就实实在在需要具有*知识*的零知识证明。这是因为应用要求 Bob 确认不仅仅是 h 函数中存在 z 的原像（如果 h 是满射函数，永远成立），还需要确认 Alice 知道 x。

② 我们在 3.3 节正式定义数学符号，如 **NP** 和 **IP**。

③ 信息理论安全指的是 **NP** 证明（和 IP 类似，但论证不是）对于计算无穷大的证明者都是安全的。

④ **IP**＝**PSPACE** 和 **MIP**＝**NEXP** 在本书中都有介绍，分别参阅 4.5.5 节和 8.5 节。

Interactive Proof,MIP)或者概率可验证证明(Probabilistically Checkable Proof,PCP)。假设这些证明者以某种受限的方式行事(如在 MIP 中,证明者不会相互发送有关他们从验证者收到的挑战信息)。第二步,将信息理论安全协议与密码学相结合,让“强制”(单个)证明者以受限方式行事,这样就产生了一个论证系统。第二步通常还赋予生成的论证系统重要的属性,如零知识、简洁性和非交互性。如果生成的论证系统满足所有这些属性,则它实际上是一个 zk-SNARK。

到目前为止,有多种可信赖的方法来开发高效的 zk-SNARK。根据它们所基于的信息理论安全协议的类型,这些方法可以分类,包括:(1) IP;(2) MIP;(3) PCP,或者更准确地说,一个相关的概念,交互式预言机证明(Interactive Oracle Proof,IOP),它是 IP 和 PCP 的混合体;(4) 线性 PCP。后面从 1.2.1 节到 1.2.3 节更详细地概述了这些模型。本书以统一的方式解释了如何在所有这四种信息理论安全模型中设计有效的协议,并强调它们之间的共性。

IP、MIP 和 PCP/IOP 都可以通过将它们与称为*多项式承诺方案*的密码学原语结合起来,转化为简洁的交互式论证;然后通过应用一种称为 Fiat-Shamir *变换*(5.2 节)的加密技术,将交互式证实系统转换为非交互式并可公开验证,从而获得 SNARK。从线性 PCP 到论证系统的转换有些不同,但和某些多项式承诺方案密切相关。与信息理论安全的协议本身一样,本书以统一的方式涵盖了这些转换。

由于 zk-SNARK 构造中的两步特性,通常首先理解证明和论证,而忽略零知识,然后在最后作为“附加”属性来了解零知识的实现。因此,我们直到本书的后面章节才讨论零知识(第 11 章)。前面的章节致力于描述每个信息理论安全模型中的有效协议,并解释如何将它们转化为简洁的论证系统。

到目前为止,zk-SNARK 已经在许多现实世界的系统中进行了部署,并且有一个由研究人员、行业专家和开源软件开发者组成的庞大而多样化的社区致力于改进和部署该技术。本书需要很少正式的数学背景,主要是熟悉模运算、一些来自有限域和群理论以及基本概率论的概念,本书读者对象为任何对可验证计算和零知识感兴趣的人。然而,它确实需要好的数学功底以及对定理和证明相当熟悉。了解标准复杂度类,如 **P** 和 **NP**,以及复杂度理论概念,如 **NP**-完全,也很有帮助(但并非绝对必要)。

本书的信息安全模型排序 我们首先介绍交互式证明(IP),其次介绍多轮交互证明(MIP),再次介绍概率可验证证明(PCP)和交互式预言机证明(IOP),最后介绍线性概率可验证证明(linear PCP)。这个顺序大致遵循这些模型在文献中被引入的时间顺序,而在实际的 SNARK 设计应用时,顺序正好相反。举个例子,第一个实用的 SNARK 是基于线性 PCP 的。实际上,这不是巧合:引入线性 PCP 主要是为了获得更简单、更实用的简洁论证,以及解决某些从 PCP 派生的具体论证的不可行性。

章节概述 第 2 章通过两个简单但很重要的例子，让读者熟悉随机性和概率证明系统的强大。第 3 章介绍了一些有用的技术概念。第 4 章描述了最先进的交互式证明。第 5 章描述了 Fiat-Shamir 变换，这是一种去除加密协议中交互过程的关键技术。第 7 章介绍了多项式承诺方案的概念，并且将之与第 4 章的 IP 和第 5 章中的 Fiat-Shamir 变换结合在一起，生成本书中的第一个 SNARK。第 8 章描述了最先进的多证明者交互式证明(MIP)以及由此派生的 SNARK。第 9 章和第 10 章描述了 PCP 和 IOP，以及由此派生的 SNARK。

第 6 章是一个独立章节，描述了将计算机程序转化为适合 SNARK 应用格式的技术。

第 11 章介绍零知识的概念。第 12 章描述了一种特别简单的零知识论证类型，称为 Σ-协议，并使用它推导出承诺方案。这些承诺方案作为更复杂协议的重要构建块，在随后的章节中进行了介绍。第 13 章描述了将非零知识协议转换为零知识协议的高效技术。从第 14 章到第 16 章涵盖了实用的多项式承诺方案，可以将任何 IP、MIP 或 IOP 转化为简洁的零知识论证(zk-SNARK)。第 17 章涵盖了我们设计 zk-SNARK 的最终方法，即通过线性 PCP。第 18 章描述了如何递归组合 SNARK 以改善其成本，并实现重要的原语，如所谓的*增量可验证计算*(Incrementally Verifiable Computation，IVC)。最后，第 19 章提供了实用 zk-SNARK 的设计分类，并列出每种方法的优缺点。

阅读建议 对于本书而言，非顺序阅读可能会更快速了解 SNARK 设计技术的整体框架。建议按如下顺序阅读：

第 2 章和第 3 章介绍了贯穿全文的基本技术概念(有限域、交互式证明、论证系统、低次扩展、Schwartz-Zippel 引理等)，不熟悉这些概念的读者不应该跳过这些章节。

读者可能接着想阅读最后的第 19 章，该章节提供了所有 SNARK 设计方法及其相互关系的鸟瞰视图。第 19 章使用了一些术语，此时读者可能不熟悉，但它们仍然应该是可以被理解的，并且它们提供了在阅读更多技术章节时有用的上下文。

在此之后，本书有很多可能的阅读顺序。对第一个部署在商业环境中的 SNARK 特别感兴趣的读者可以转到关于线性 PCP 的第 17 章。这一章基本上是独立的，但它使用了在 15.1 节中介绍的基于配对的密码学。

另外，读者应该转向 SNARK 设计的其他方法，即结合一个*多项式* IOP(其中 IP、MIP 和 PCP 是特例)与*多项式承诺方案*。

要快速了解多项式 IOP，建议仔细阅读关于 sum-check 协议的 4.1 节，接着阅读用于电路求值的 GKR 交互式证明协议的 4.6 节，或者阅读给出了电路可满足性的 2-证明者 MIP 的 8.2 节。接下来，读者可以翻到第 7 章，其中解释了如何将此类协议与多项式承诺相结合获得简洁的论证。

要理解多项式承诺方案，读者可以阅读10.4节和10.5节，了解基于IOP的多项式承诺，或者转向第12章和第14章到第16章了解基于离散对数问题和配对的多项式承诺。

本书的原版网站发布了三个访谈视频，提供了多项式IOP和多项式承诺的概述。读者可能会发现在详细阅读第4章到10章之前观看这些视频很有用。

第一次阅读时可以跳过的内容　从4.2节到4.5节专门详细介绍sum-check协议的示例应用，并解释如何在这些应用中有效地实现证明者。虽然这些部分包含有趣的结果并有助于熟悉sum-check协议，但是后续章节不依赖于它们。同样，关于Fiat-Shamir变换的第5章和有关前端的第6章在第一次阅读时是可选的。9.3节和9.4节介绍PCP，主要是因为历史意义，可以跳过。

第11章和第13章提供了与零知识证明有关的独立讨论。同样，第18章讨论了SNARK组合，并独立呈现。

1.1　数学证明

本书介绍了数学证明的不同概念及其在计算机科学和密码学中的应用。非正式地说，我们所谓的证明是指任何能够使人确信某个陈述为真的东西，而“证明系统”则是任何能够决定什么是或者不是令人信服的证明的过程。也就是说，证明系统由一个验证过程指定，该过程接受任何陈述和声称该陈述为真的“证明”作为输入，并决定证明是否有效。

一个证明系统具有以下四个显而易见的性质：

- 任何正确的陈述都应该有一个有说服力的、证明其正确性的证明，这种性质通常被称为完备性。
- 任何错误的陈述都不应该有一个令人信服的证明，这种性质被称为可靠性。
- 理想情况下，验证过程应该是“高效”的。简单地说，这意味着简单的陈述应该有简短的(有说服力的)证明，以便于进行快速“验证”。
- 理想情况下，证明过程也应该是高效的。大致上来说，这意味着简单的陈述应该有简短的(令人信服的)证明，以使其可以快速地被找到。

传统意义上，数学证明是指可以写下来，并逐行检查正确性的东西。这种传统的证明概念正是复杂度类 **NP** 所捕捉的[①]。然而，过去的 30 多年中，计算机科学家研究了更加普遍和奇特的证明概念。这已经改变了计算机科学家对于证明某些事情的认识，同时也在复杂性理论和密码学方面取得了重大进展。

1.2 我们将学习哪些非传统的证明？

所有我们在本书中研究的证明概念都是概率性的。这意味着验证过程将进行随机选择，并且在这些随机选择下，可靠性得到保证的概率非常高。也就是说，验证过程将一个错误的陈述声明为真的概率非常小。

1.2.1 交互式证明(IP)

要理解交互式证明是什么，考虑以下应用场景会有所帮助。想象一个企业(验证者)通过商业云计算提供商来存储和处理其数据。企业将其所有数据发送到云端(证明者)存储，而企业仅存储非常小的"秘密"摘要(意味着云端不知道用户的秘密摘要)。稍后，企业通常采用一个计算机程序 f 的形式，向云端提出一个关于其数据的问题，企业希望云端使用其庞大的计算基础设施对其数据运行该程序。云端照做，并向用户发送程序的声明输出 $f(\text{data})$。企业不会盲目地相信云端正确地执行了程序，而是使用交互式证明系统(IP)获得正式的声明输出正确的保证。

在 IP 中，企业对云端进行询问，发送一系列挑战并接收一系列响应。在问询结束时，企业必须决定该答案是否有效，从而选择接受或者拒绝，见图 1.1。

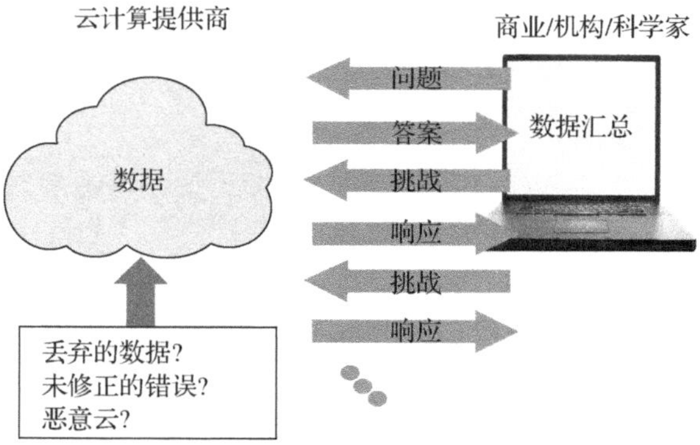

图 1.1 描述一个交互式证明或者论证，用来检查云计算提供商正确地存储并处理用户的数据

IP 的完备性意味着，如果云端正确地在数据上运行程序并遵循规定的协议，则用户将被说服并认定答案有效。IP 的可靠性意味着，如果云端返回错误的输出，无论云端如

① 粗略地说，复杂度类 **NP** 包含了对于任何给定的输入，其正确答案要么是"是"要么是"否"的所有问题。对于所有的"是"实例，都有一个可以被有效检查(传统意义下)的证明表明这个正确答案是"是"。详见 3.3 节。

何努力欺骗用户使其接受答案为有效，用户有很高的概率拒绝并认定答案为无效。直观地说，IP的交互性质使企业能够利用挑战(即云端无法预测企业的下一个挑战)来揭穿说谎的云端。

值得注意的是，IP和传统静态证明之间存在一个有趣的区别。静态证明是可传递的，这意味着如果Peggy(证明者)向Victor(验证者)提供一个陈述为真的证明，Victor可以复制该证明并向Tammy(第三方)证明同一陈述为真。相比之下，交互式证明可能不可传递。Victor可以通过向Tammy发送他与Peggy的交互脚本来试图说服Tammy该陈述为真，除非Tammy相信Victor正确地参与了互动，否则Tammy将不会被说服。这是因为IP的可靠性仅在Peggy每次发送响应给Victor时，不知道Victor接下来的挑战时才成立。仅凭脚本自身无法向Tammy提供这种保证。

1.2.2　论证系统

论证系统指的是IP，但是可靠性只需要对多项式时间的证明者成立即可①。论证系统使用密码学。粗略地说，在论证系统中，除非不诚实的证明者破解了某个密码系统，否则它无法欺骗验证者接受一个错误的陈述，而破解密码系统通常被假设需要超多项式时间。

1.2.3　多证明者交互式证明和概率可验证证明

MIP(多证明者交互证明)类似于IP，但是MIP有多个证明者，并且这些证明者被假设不会相互共享他们从验证者那里接收到的挑战信息。一个常见的比方是将两个或更多的犯罪嫌疑人分别关在房间里进行审问，以查看他们是否能够保持故事的一致性。执法人员可能不会感到惊讶，MIP的研究为这种做法提供了理论上的依据。具体来说，MIP的研究揭示了如果将证明者锁在不同的房间中，然后分别进行审问，这样可以使审问者相信比他们在一起回答问题时更复杂的陈述。

在PCP(概率可验证证明)中，证明本身就像传统的数学证明一样是静态的，但是验证者只允许从证明中读取少量(可能是随机选择的)字符②。这就好比一个懒惰的数学期刊审稿人，他不想费心核对提交论文中的证明是否正确。

PCP定理[10,11]本质上揭示了：任何传统的数学证明都可以被写成一种格式，使得这个懒惰的审稿人只需检查其中几个单词就能获得对该证明有效性的高度信任。

从哲学的角度来看，MIP和PCP是非常有趣的研究对象，但它们在大多数加密场景

---

① 粗略地讲，这意味着如果输入大小为 n，则证明者的运行时间(对于足够大的 n 值)应该被限制在 n 的某个常数幂次之上，如 n^{10}。

② 更精确地说，一个PCP的验证者随心所欲地读取证明的任意多的部分。但是，为了使PCP被认为是高效的，验证者只需要读取证明的一小部分就能够高度自信地确定证明是否有效。

中并不直接适用，因为它们对证明者做出了不现实或烦琐的假设。例如，任何 MIP 的可靠性都仅在证明者彼此之间不共享验证者的挑战信息的情况下成立。这在大多数加密场景中并没有直接用处，因为通常在这些场景中只有一个证明者，即使有多个证明者，也没有办法强制证明者不进行通信。同样，尽管验证者只需要读取 PCP 的几个字符，但一个直接的 PCP 实现需要证明者向验证者传输整个证明，这是大多数现实场景下的主要成本（不考虑懒惰的期刊审稿人的例子）。也就是说，一旦证明者将整个证明传输给验证者，使验证者避免阅读整个证明的实际益处就很少了。

然而，通过将 MIP 和 PCP 与密码学相结合，我们将看到如何将它们转化为论证系统，而这些系统在密码学场景中是直接适用的。例如，我们将在 9.2 节中看到如何将 PCP 转化为一个论证系统，其中证明者*不需要*将整个 PCP 发送给验证者。

实际上，本书 10.2 节提供了一个统一的抽象，称为*多项式* IOP。我们所涵盖的 IP、MIP 和 PCP 都是其中的一个特例。事实证明，通过称为多项式承诺方案的密码学原语，任何多项式 IOP 都可以转换为具有简短证明的论证系统。

第 2 章

强大的随机性:指纹法和 Freivalds 算法

2.1 Reed-Solomon 编码

本书中证明系统的强大和高效源于随机性的使用。在我们深入讨论这样的证明系统之前,先感受一下随机性如何极大地提高某些算法的效率。相应的,在这一节中,没有不可信任的证明者,也没有计算弱的验证者。我们考虑 Alice 和 Bob,他们彼此相互信任,并且希望合作以共同计算他们输入的某个函数。

2.1.1 场景设置

Alice 和 Bob 彼此的距离很远,跨越整个国家。他们每个人都有一个非常大的文件,由 n 个字符组成(具体地说,假设这些都是 ASCII 字符,每个字符有 $m=128$ 种可能性)。假设 Alice 的文件用$(a_1,\cdots,a_n)$字符序列表示,Bob 的文件用$(b_1,\cdots,b_n)$表示。他们想确定文件是否相同,也就是说,对所有 $i=1,\cdots,n$,是否都有 $a_i=b_i$。因为这些文件很大,他们想最小化通信成本,即 Alice 想发送尽量小的文件信息给 Bob。这个问题的简单方案是 Alice 把整个文件发给 Bob,Bob 可以检查对所有 $i=1,\cdots,n$,是否都有 $a_i=b_i$。但是,这个方案需要 Alice 将所有的 n 个字符发给 Bob。如果 n 非常大,那么这种方案是令人望而却步的。事实证明,没有确定性程序可以发送比这个简单的解决方案更少的信息①。然而,我们可以发现如果 Alice 和 Bob 允许执行随机程序,该过程可能会以很小的概率输出错误答案,比如最多 0.000 1,那么他们可以减少大量的通信。

2.1.2 通信协议

总体想法 大致的想法是 Alice 打算从一个小的哈希函数族 $\mathcal{H}$ 中随机挑选一个哈希函数 $h(x)$。我们可以将 $h(x)$ 看成是 x 的短“指纹”。通过指纹,我们认为 $h(x)$ 是 x 的

① 这个事实的证明参考文献[177]及基于通信复杂性理论中的愚集方法。

“几乎唯一的标识”，这意味着对于任何 $y \neq x$ 及随机挑选的 $h(x)$，x 和 y 指纹不同的概率非常高。例如：

$$\forall x \neq y, \Pr_{h \in \mathcal{H}}[h(x)=h(y)] \leqslant 0.0001$$

如此，Alice 只发送 h 和 $h(a)$ 给 Bob，而不是发送整个 a 给 Bob。Bob 检查是否 $h(a)=h(b)$，如果 $h(a) \neq h(b)$，那么 Bob 就能知道 $a \neq b$；如果 $h(a)=h(b)$，那么 Bob 非常确定(但不是 100%确定)$a=b$。

细节描述 为了让上述的概要更具体，固定一个质数 $p \geqslant \max\{m, n^2\}$，令 $\mathbb{F}_p$ 代表模 p 的整数集合。在本节的剩余部分，不特别说明的话，假设所有的计算都是在模 p 下进行的①。这就意味着所有的数字都被替换为除以 p 后的余数。例如，如果 $p=17$，那么$(2\times 3^2+4) \bmod 17=22 \bmod 17=5$。$p$ 必须比 n^2 大的原因是后面要谈到的协议出错概率小于 n/p，我们希望这个数值限定在 $1/n$(p 越大，出错概率越低)。p 必须比所有可能字符的总数 m 大的原因是：协议需要将 Alice 和 Bob 的文件转化为 $\mathbb{F}_p^n$ 的向量，并且检查这些向量是否相等。这意味着，我们需要将 Alice 和 Bob 输入中的每一个可能字符和 $\mathbb{F}_p$ 的不同元素对应，这只在 p 大于等于 m 的情况下才可能。对于每一个 $r \in \mathbb{F}_p$，定义 $h_r(a_1, \cdots, a_n)=\sum_{i=1}^{n} a_i \cdot r^{i-1}$。我们将考虑的哈希函数族是

$$\mathcal{H}=\{h_r : r \in \mathbb{F}_p\} \tag{2.1}$$

直觉上看，每一个哈希函数 h_r 将其输入$(a_1, \cdots, a_n)$看成一个 $n-1$ 次多项式的系数，并且输出多项式在 r 处的求值。这样的话，在我们的通信协议中，Alice 从 $\mathbb{F}_p$ 随机挑选一个元素 r，计算 $v=h_r(a)$，并把 v 和 r 发送给 Bob。如果 $v=h_r(b)$，Bob 输出**相等**，否则输出**不相等**。

2.1.3 分析

现在证明这个协议输出正确答案的概率非常高。具体地说，

- 如果对所有的 $i=1, \cdots, n$，都有 $a_i=b_i$，那么对于每一个可能的 r，Bob 都输出**相等**。
- 如果即便只有一个 i，满足 $a_i \neq b_i$，那么 Bob 输出**不相等**的概率最少是 $1-(n-1)/p$。通过选择 $p \geqslant n^2$，该概率至少是 $1-1/n$。

第一个性质很容易证明：如果 $a=b$，那么显然对每一个可能的 r，$h_r(a)=h_r(b)$都成

① 所有计算采用模 p，而不是原有整数的原因是，保证协议中使用的数字可以用 $\log_2 p=O(\log n+\log m)$位表示。如果不用模 p 计算，该章节的协议需要 Alice 发送给 Bob 的数字可能大于 2^n，超过了 n 位。这样的话，和 Alice 将整个文件发送给 Bob 的通信成本一样大。

立。第二个性质依赖如下的事实，其正确性将在 2.1.6 节中证明。

事实 2.1　对于任意两个不同的多项式 p_a、p_b，如果它们的次数最大为 n，系数属于 $\mathbb{F}_p$ 的话，则在 $\mathbb{F}_p$ 中至多有 n 个 x 的值使得 $p_a(x)=p_b(x)$ 成立。

令 $p_a(x)=\sum_{i=1}^{n} a_i \cdot x^{i-1}$，$p_b(x)=\sum_{i=1}^{n} b_i \cdot x^{i-1}$。观察得知，$p_a$ 和 p_b 都是以 x 为变量，至多是 $n-1$ 次多项式。在通信协议中，Alice 发送给 Bob 的数值 v，准确地来说，就是 $p_a(r)$。Bob 比较的是这个值和 $p_b(r)$。由事实 2.1 可知，如果哪怕只有一个 i，$a_i \neq b_i$，那么最多有 $(n-1)$ 个 r 保证 $p_a(r)=p_b(r)$。由于 r 是从 $\mathbb{F}_p$ 中随机挑选的，那么 Alice 挑选到这样的 r 的概率最大是 $(n-1)/p$。这样，Bob 输出**不相等**的概率至少是 $1-(n-1)/p$（在随机挑选 r 的条件下）。

2.1.4　协议成本

在如上的协议中，Alice 仅仅发送了两个 $\mathbb{F}_p$ 元素给 Bob，它们是 v 和 r。就位数来说，假设 $p \leqslant n^c$，其中 c 是常数项，这些数据的位数为 $O(\log n)$。这个相对于确定性协议中的 $n \cdot \log m$ 位数来说是指数级提高（本书中所有幂次的底，除特别指明外，都为 2）。这是随机性强大力量的一个令人印象深刻的展示[①]。

2.1.5　讨论

上述的协议，我们称为 Reed-Solomon 指纹法。事实上，$p_a(r)$ 就是对 $(a_1,\cdots,a_n)$ 向量的随机的纠错编码。这种编码叫作 Reed-Solomon 编码。也有一些其他的指纹编码方式。事实上，我们对这个协议中的哈希族 $\mathcal{H}$ 的要求是对任意的 $x \neq y$，$\Pr_{h \in \mathcal{H}}[h(x)=h(y)]$ 很小。许多哈希族都可以满足这个性质[②]，但是，Reed-Solomon 指纹法因为其代数结构，与我们研究的概率证明系统紧密相关。

---

① 熟悉密码学中的哈希函数，比如 SHA-3 的读者或许习惯性认为这样的哈希函数是固定的以及确定性的。把我们的协议看成是随机的，他们会感到困惑（因为 Alice 仅仅将哈希函数 h 以及求值 $h(a)$ 发送给 Bob，其中 a 是 Alice 的输入向量）。对此，我们进行两个澄清。第一，本节的通信协议事实上并不需要密码学中的哈希函数。它用的是从哈希函数族，如等式 2.1 中随机挑选的函数。这个哈希函数族远比密码学中的哈希函数要简单，它们不是抗碰撞的或者单向的。第二，密码学中的哈希函数，例如 SHA-3，是从一个大的哈希函数族中随机挑选的。不然的话，像抗碰撞等的性质就会被非均匀的对手（对手允许无限制的预处理）攻破。举个例子，对于任何固定的确定性函数 h，其抗碰撞性仅仅通过如下简单方式即可攻破，即对手“硬编码”两个不同的输入 x，x' 且满足 $h(x)=h(x')$。对于 h 从一个大的函数族中随机挑选的，并且预处理需要在 h 随机挑选之前这种预处理的攻击方式不适用。

② 这样的哈希族称为通用哈希族。维基百科上关于通用哈希的优秀文章包含了多种构建方法。

有关有限域 域是指具有加减乘除运算的集合，这些运算大体上和有理数是相同的①。例如，实数的集合就是一个域，因为对任意两个实数 c 和 d，$c+d$，$c-d$，$c\cdot d$，以及（假设 $d\neq 0$）c/d 都是实数。同样的，复数以及有理数也是域。相反的，整数集合不是域，因为两个整数相除并不一定得到另外一个整数。对于任意一个质数 p，$\mathbb{F}_p$ 也是一个域（一个有限域）。这里，域的操作是模 p 上的加减乘除。模 p 上的除法需要一些解释：对于任意一个 $a\in\mathbb{F}_p\backslash\{0\}$，存在唯一一个元素 $a^{-1}\in\mathbb{F}_p$，使 $a\cdot a^{-1}=1$。例如，如果 $p=5$ 且 $a=3$，则 $a^{-1}=2$，因为 $3\times 2 \bmod 5=6 \bmod 5=1$。在 $\mathbb{F}_p$ 上除以 a 指的是乘 a^{-1}。如果 $p=5$，那么在 $\mathbb{F}_p$ 上，$4/3=4\times 3^{-1}=4\times 2=3$。在这本书的后面（如 15.1 节），我们将发现一个事实，对于任何一个质数幂次（如对于一个质数 p 和一个正数 k，p^k），存在一个唯一的大小为 p^k 的有限域，用 $\mathbb{F}_{p^k}$ 表示②。

2.1.6 事实 2.1 的证明

事实 2.1 蕴含了（事实上是等价于）如下的事实。

事实 2.2 在任何域上，任何至多 n 次非零多项式，最多有 n 个根。

事实 2.2 的一个简单的证明可参考文献[208]。为了证明事实 2.2 暗含事实 2.1，可以观察到，如果 p_a 和 p_b 是两个不同的次数最大为 n 的多项式，并且有超过 n 个 $x\in\mathbb{F}_p$，满足 $p_a(x)=p_b(x)$，那么 (p_a-p_b) 是一个非零的最大为 n 次多项式，并且这个多项式拥有超过 n 个根。

2.2 算法

本节我们将看到第一个高效的概率证明系统的例子。

2.2.1 场景

假设将 $\mathbb{F}_p$ 上的两个 $n\times n$ 的矩阵 $\boldsymbol{A}$ 和 $\boldsymbol{B}$ 作为输入，其中 $p(p>n^2)$ 是质数，我们的目的是计算出矩阵乘积 $\boldsymbol{A}\cdot\boldsymbol{B}$。

目前计算矩阵乘积最快的算法非常复杂，运行时间大约为 $O(n^{2.37286})$[5,178]，这个算法实际上是不可行的。但从本书的目的考虑，相关的问题并不是两个矩阵相乘多快，而是

① 域上的加法和乘法必须符合结合律和交换律。它们同样满足分配律，即 $a\cdot(b+c)=a\cdot b+a\cdot c$。再有，域中必须有两个特殊元素 0 和 1，它们是加法和乘法的单位元。也就是说，对任意的域元素 a，$a+0=a$ 以及 $a\cdot 1=a$ 都成立。每一个域元素 a 必须有加法逆元，即一个域元素 $-a$ 满足 $a+(-a)=0$。这样就保证了减法可以定义成和加法逆元的加法，即，$b-a$ 定义为 $b+(-a)$。并且，任意非零域元素 a 必须有乘法逆元 a^{-1} 满足 $a\cdot a^{-1}=1$。这样，除以一个非零的域元素 a 可以定义成乘以 a^{-1}。

② 所有大小为 p^k 的有限域都是同态的，大体上它们有相同的结构，即便它们对其中的元素命名不同。

如何高效验证两个矩阵相乘正确。具体地说，是否可以比已知最快的计算两个矩阵相乘的算法更快地验证矩阵相乘的结果？Freivalds 在 1977 年[115]给出了肯定的答案。

如果一个人提供了矩阵 $\boldsymbol{C}$，我们想去检查 $\boldsymbol{C}=\boldsymbol{A}\cdot\boldsymbol{B}$ 是否成立，有个非常简单的随机算法可以让我们在 $O(n^2)$时间内完成检查①。这个时间只是仅比简单读入矩阵 $\boldsymbol{A}$,$\boldsymbol{B}$ 以及 $\boldsymbol{C}$ 的时间多了常数因子。

2.2.2　算法

首先，选择一个随机数 $r\in\mathbb{F}_p$，令 $\boldsymbol{x}=(1,r,r^2,\cdots,r^{n-1})$。接着计算 $y=\boldsymbol{Cx}$ 和 $z=\boldsymbol{A}\cdot\boldsymbol{Bx}$，如果 $y=z$，输出“是”，否则输出“否”。

2.2.3　执行时间

整个算法的执行时间为 $O(n^2)$。容易看到，向量 $\boldsymbol{x}=(1,r,r^2,\cdots,r^{n-1})$的生成可以在 $O(n)$个乘法完成(r^2 可以由 $r\cdot r$ 计算，r^3 可以由 $r\cdot r^2$ 计算，r^4 由 $r\cdot r^3$ 计算，依次类推)。因为一个 $n\times n$ 的矩阵和一个 n 维的向量相乘可以在 $O(n^2)$内完成，算法的剩余部分可以在 $O(n^2)$内完成：计算 y 是通过 $\boldsymbol{C}$ 和向量 $\boldsymbol{x}$ 相乘，计算 $\boldsymbol{A}\cdot\boldsymbol{Bx}$ 则是通过 $\boldsymbol{B}$ 和 $\boldsymbol{x}$ 相乘得到向量 $\boldsymbol{w}=\boldsymbol{Bx}$，再将 $\boldsymbol{A}$ 和 $\boldsymbol{w}$ 相乘得到 $\boldsymbol{A}\cdot\boldsymbol{Bx}$。

2.2.4　完备性和可靠性分析

令 $\boldsymbol{D}=\boldsymbol{A}\cdot\boldsymbol{B}$，我们的目的是确认生成的矩阵乘积 $\boldsymbol{C}$ 是否和真的乘积矩阵 $\boldsymbol{D}$ 相等。令$[n]$代表集合$\{1,2,\cdots,n\}$，我们证明上述的算法满足如下的两个性质：

- 如果 $\boldsymbol{C}=\boldsymbol{D}$，对每一个可能的 r，该算法输出“是”。
- 如果只存在一个$(i,j)\in[n]\times[n]$，使得 $C_{i,j}\neq D_{i,j}$，则输出 NO 的概率最少是$1-(n-1)/p$。

第一个性质是显然的：如果 $\boldsymbol{C}=\boldsymbol{D}$，则对所有的向量 $\boldsymbol{x}$，$\boldsymbol{Cx}=\boldsymbol{Dx}$ 都成立，所以算法对每一个 r 都输出“是”。

对于第二个性质，假设 $\boldsymbol{C}\neq\boldsymbol{D}$，并且 $\boldsymbol{C}_i$ 和 $\boldsymbol{D}_i$ 分别代表 $\boldsymbol{C}$ 和 $\boldsymbol{D}$ 的第 i 行。显然，因为 $\boldsymbol{C}\neq\boldsymbol{D}$，所以存在某一行 i，使 $\boldsymbol{C}_i\neq\boldsymbol{D}_i$。$\boldsymbol{x}=(1,r,r^2,\cdots,r^{n-1})$，$(\boldsymbol{Cx})_i$ 就是$p_{\boldsymbol{C}_i}(r)$，就是前面章节提到的$\{\boldsymbol{C}_i\}$的 Reed-Solomon 指纹。相似的，$(\boldsymbol{A}\cdot\boldsymbol{B}\cdot\boldsymbol{x})_i=p_{\boldsymbol{D}_i}(r)$。因此，由 2.1.3 节的分析可知，$(\boldsymbol{Cx})_i\neq(\boldsymbol{A}\cdot\boldsymbol{B}\cdot\boldsymbol{x})_i$ 的概率最少是 $1-(n-1)/p$，并且在这样的情况下，输出 NO。

① 本书中，我们假设有限域的加法和乘法需要固定的时间。

2.2.5 讨论

相对于确定性协议，指纹的方法节省了通信成本。Freivalds 算法则相对最优的确定性算法节省了执行时间。我们可以把 Freivalds 算法看成是第一个随机证明系统：证明就是乘积结果 $\boldsymbol{C}$ 本身，并且检查 $\boldsymbol{Cx}=\boldsymbol{A}\cdot\boldsymbol{Bx}$ 是否成立，验证过程消耗的时间为 $O(n^2)$。

事实上，Freivalds 描述他的算法时采用的是随机向量 $\boldsymbol{x}\in\mathbb{F}_p^n$，而不是 $\boldsymbol{x}=(1,r,r^2,\cdots,r^{n-1})$，其中 $r\in\mathbb{F}_p$ 是随机的(参见习题 3.1)。我们选择 $\boldsymbol{x}=(1,r,r^2,\cdots,r^{n-1})$，确保 $(\boldsymbol{Cx})_i$ 是 $\boldsymbol{C}$ 的第 i 行的 Reed-Solomon 指纹，这样我们可以通过 2.1 节进行分析。

2.3 指纹法和 Freivalds 算法的另外一个角度

指纹协议做相等测试可以看成如下的过程：Alice 和 Bob 将 $\boldsymbol{a},\boldsymbol{b}\in\mathbb{F}_p^n$ 长度为 n 的向量替换成所谓的 Reed-Solomon 编码，这些编码是长度为 $p\gg n$ 的向量。将 $\boldsymbol{a}$ 和 $\boldsymbol{b}$ 看成是 $\mathbb{F}_p$ 上的多项式 p_a 和 p_b，则对每一个 $r\in\mathbb{F}_p$，$\boldsymbol{a}$ 和 $\boldsymbol{b}$ 编码的第 r 个元素相应的是 $p_a(r)$ 和 $p_b(r)$，见图 2.1。

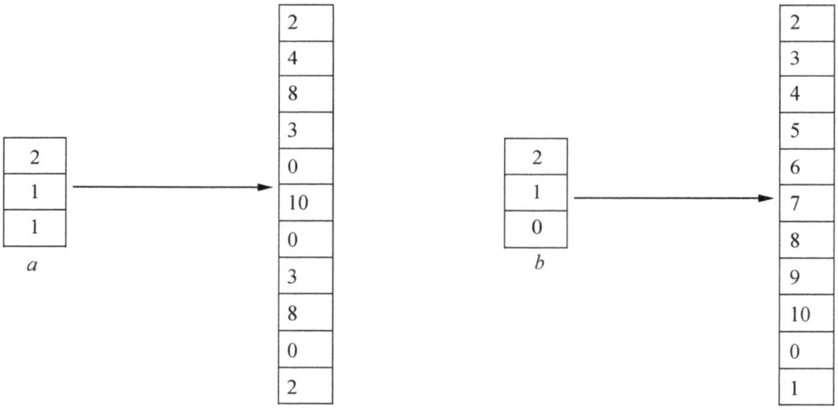

图 2.1 左边是一个长度为 3 的向量 $\boldsymbol{a}=(2,1,1)$ 以及它的 Reed-Solomon 编码。向量中的每个元素看成是域 $\mathbb{F}_{11}$ 中元素。Reed-Solomon 编码将 $\boldsymbol{a}$ 解释成多项式 $p_a(x)=2+x+x^2$，并且列举出 p_a 在整个域 $\mathbb{F}_{11}$ 的值。右边是向量 $\boldsymbol{b}=(2,1,0)$ 以及它的 Reed-Solomon 编码

向量 $\boldsymbol{a}$ 的 Reed-Solomon 编码是一个比 $\boldsymbol{a}$ 本身大很多的向量—$\boldsymbol{a}$ 的长度是 n，$\boldsymbol{a}$ 的编码长度是 p。这种编码是距离放大：如果 $\boldsymbol{a}$ 和 $\boldsymbol{b}$ 即便只有一个元素不同，它们的编码有 $1-(n-1)/p$ 比例个元素不同[①]。由于编码的距离放大的特性，因此 Alice 会随机选择 $\boldsymbol{a}$

① 在本书中的 Reed-Solomon 编码以及其他编码过程通常称为纠错码，而不是距离放大码。编码的距离放大事实上暗含了纠错的性质，意味着，如果编码的一些元素出错了，可以恢复出“正确”的编码。然而，本书中的任何协议并不需要纠正错误，这些协议只是使用了编码中的距离放大属性。

编码的一个元素发送给 Bob，Bob 将它和相应的 $\boldsymbol{b}$ 的编码进行比较就足够了。因此，检查两个向量 $\boldsymbol{a}$ 和 $\boldsymbol{b}$ 相等转化为检查编码中的一个（随机）挑选的条目。需要注意的是，$\boldsymbol{a}$ 和 $\boldsymbol{b}$ 的编码是非常大的向量，Alice 和 Bob 没有必要获取整个编码，他们只需要“访问”编码中的一个随机条目。同样的，Freivalds 算法可以看成是从声称的答案 $\boldsymbol{C}$ 和正确答案 $\boldsymbol{D}$ 的每一行的 Reed-Solomon 编码上随机抽取一个条目，并比较它们的结果。求 $\boldsymbol{D}$ 上每一行的单个编码条目的值总共需要的时间为 $O(n^2)$，这比任何已知的计算 $\boldsymbol{D}$ 的算法都快很多。

总之，这些协议将检查两个大型对象（指纹协议中的 $\boldsymbol{a}$ 和 $\boldsymbol{b}$ 向量以及 Freivalds 算法中的声称的矩阵和正确的矩阵）的相等简化从这两个对象的距离放大编码中随机挑选的一个条目是否相等。检查两个大型对象是否相等，从通信及计算时间来看都是非常昂贵的，而求取每个对象的编码的一个条目的值则可以通过对数级的通信或者线性时间内完成。

2.4 单变量拉格朗日插值

在 2.3 节描述的向量 $\boldsymbol{a}=(a_1,\cdots,a_n)\in\mathbb{F}^n$ 的 Reed-Solomon 编码将 $\boldsymbol{a}$ 解释为 $n-1$ 次的单变量多项式 p_a 的系数，即 $p_a(X)=\sum_{i=1}^{n} a_i X^{i-1}$。还有其他一些方法将 $\boldsymbol{a}$ 看成次数为 $n-1$ 的单变量多项式 q_a。其中最直观的一个方法是将 $a_1,\cdots,a_n$ 看成是 q_a 在某些规范集合输入上的求值，比如 $\{0,1,\cdots,n-1\}$。事实上，正如我们要解释的，对任何长度为 n 的列表来说，存在一个唯一的 $n-1$ 次的单变量多项式与之对应。这样定义多项式 q_a 的过程称为单变量拉格朗日插值。

引理 2.1（单变量拉格朗日插值）　令 p 是一个远大于 n 的质数，$\mathbb{F}_p$ 是模 p 的域。对任何向量 $\boldsymbol{a}=(a_1,\cdots,a_n)\in\mathbb{F}^n$，存在一个 $n-1$ 次单变量多项式 q_a，满足：

$$q_a(i)=a_{i+1},\ i=0,\cdots,n-1 \tag{2.2}$$

证明：利用等式 2.2，我们给定多项式 q_a 显式表示。为此，我们引入拉格朗日多项式的概念。

拉格朗日多项式　对任何 $i\in\{0,\cdots,n-1\}$，在域 $\mathbb{F}_p$ 上，定义如下的单变量多项式：

$$\delta_i(X)=\prod_{k=0,1,\cdots,n-1,k\neq i}(X-k)/(i-k) \tag{2.3}$$

显然 $\delta_i(X)$ 的次数最大为 $n-1$，因为等式 2.3 右边的乘积有 $(n-1)$ 项，每一项是一个以 X 为变量的一次多项式。而且，δ_i 把 i 映射为 1，其他点 $\{0,1,\cdots,n-1\}$ 映射为 0①。

① 请注意 $\delta_i(r)$ 在其他任何 $r\in\mathbb{F}_p\setminus\{0,1,\cdots,n-1\}$ 的结果不等于 0。

如此，δ_i 可作为输入 i 的"指标函数"，这个函数将 i 映射为 1，而"消灭"其他 $\{0,1,\cdots,n-1\}$ 中的输入。δ_i 就是第 i 个拉格朗日多项式。

例如，如果 $n=4$，那么

$$\delta_0(X)=\frac{(X-1)\cdot(X-2)\cdot(X-3)}{(0-1)\cdot(0-2)\cdot(0-3)}=-6^{-1}\cdot(X-1)(X-2)(X-3) \tag{2.4}$$

$$\delta_1(X)=\frac{(X-0)\cdot(X-2)\cdot(X-3)}{(1-0)\cdot(1-2)\cdot(1-3)}=2^{-1}\cdot X(X-2)(X-3) \tag{2.5}$$

$$\delta_2(X)=\frac{(X-0)\cdot(X-1)\cdot(X-3)}{(2-0)\cdot(2-1)\cdot(2-3)}=-2^{-1}\cdot X(X-1)(X-3) \tag{2.6}$$

$$\delta_3(X)=\frac{(X-0)\cdot(X-1)\cdot(X-2)}{(3-0)\cdot(3-1)\cdot(3-2)}=6^{-1}\cdot X(X-1)(X-2) \tag{2.7}$$

用拉格朗日多项式表达 q_a　我们想要确定一个 $n-1$ 次多项式 q_a，对任何 $i\in\{0,1,\cdots,n-1\}$，满足 $q_a(i)=a_{i+1}$。我们可以按照如下方法，由拉格朗日多项式定义多项式 q_a：

$$q_a(X)=\sum_{j=0}^{n-1} a_{j+1}\cdot\delta_j(X) \tag{2.8}$$

事实上，对于任何 $i\in\{0,1,\cdots,n-1\}$，等式 2.8 右侧求和中的每一项，除了第 i 次求值外，其他每次求值都是 0，这是因为对于 $j\neq i$，$\delta_j(i)=0$。同时，对于第 i 项，和期望一样，求值为 $a_{i+1}\cdot\delta_i(i)=a_{i+1}$。图 2.2 是示例。

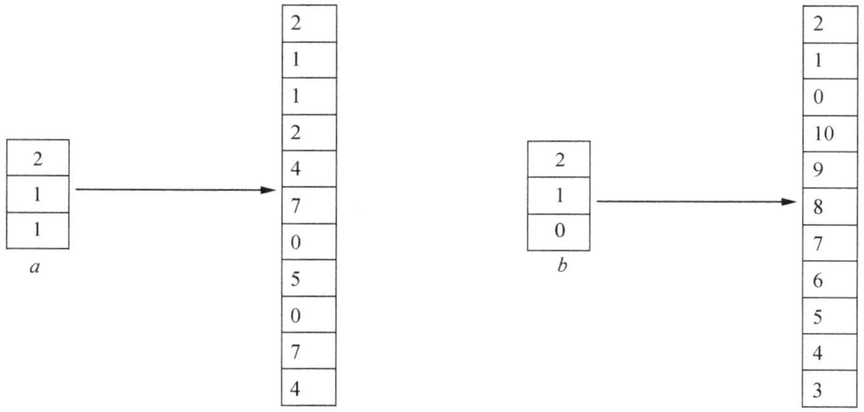

$q_a(X)=(X-1)(X-2)-X(X-2)+2^{-1}X(X-1)$　　$q_b(X)=(X-1)(X-2)-X(X-2)=2-X$

图 2.2　左边是一个长度为 3 的向量 $\boldsymbol{a}=(2,1,1)$ 以及它的单变量低次扩展编码。向量中的每个元素看成是域 $\mathbb{F}_{11}$ 中元素。单变量低次扩展编码将 $\boldsymbol{a}$ 解释成单变量多项式 q_a 在输入 $\{0,1,2\}\subseteq\mathbb{F}_{11}$ 上的求值，并且列举出 p_a 在整个域 $\mathbb{F}_{11}$ 的值。右边是向量 $\boldsymbol{b}=(2,1,0)$ 以及它的低次扩展编码

证明唯一性　通过等式 2.8 定义的 q_a 是唯一的一个次数最大为 $n-1$ 的多项式，并且满足等式 2.2。其原因是，任意两个不同的最大为 $n-1$ 次的多项式最多在 $n-1$ 个输入上

的值相同。因为等式 2.2 指定了 q_a 在 n 个输入上的行为，意味着不可能有两个不同的至多为 $n-1$ 次的多项式满足该等式。 □

确定多项式：求值还是系数？ 读者可能已经对次数为 $n-1$ 的单变量多项式 p 很熟悉了，其由系数和标准单项式基指定，即 $c_0,\cdots,c_{n-1}$ 满足：

$$p(X)=c_0+c_1X+\cdots+c_{n-1}X^{n-1}$$

正如引理 2.1 描述的，多项式的 n 个求值 $\{p(0),p(1),\cdots,p(n-1)\}$ 也可以被视作多项式 p 的另外一个表示方法。和标准的系数 $c_0,c_1,\cdots,c_{n-1}$ 唯一确定多项式 p 一样，在 $0,1,\cdots,n-1$ 这 n 个输入处的值，同样唯一确定一个多项式。事实上，等式 2.8 表明这些多项式 p 的求值也可以理解成多项式 p 的系数，不过不是基于标准的单项式基 $\{1,X,X^2,\cdots,X^{n-1}\}$，而是基于拉格朗日多项式基 $\{\delta_0,\delta_1,\cdots,\delta_{n-1}\}$。换句话说，对于 $i\in\{0,1,\cdots,n-1\}$，$p(i)$ 是 δ_i 的系数，δ_i 是拉格朗日基多项式，p 是由这些拉格朗日基多项式的线性组合表示的。

编码理论的视角 给定一个向量 $\boldsymbol{a}=(a_1,\cdots,a_n)\in\mathbb{F}_p^n$，引理 2.1 中给定的多项式 q_a 通常被称为 $\boldsymbol{a}$ 的*单变量低次扩展*[①]。这个术语下的视角如下：考虑 LDE($\boldsymbol{a}$) 向量大小是 $p=|\mathbb{F}_p|$，这个向量的第 i 项是 $q_a(i)$。如果 $p\gg n$，则 LDE($\boldsymbol{a}$) 比 $\boldsymbol{a}$ 本身长得多。但是，LDE($\boldsymbol{a}$) 包含了 $\boldsymbol{a}$。因为按照设计，对任何 $i\in\{0,\cdots,n-1\}$，$q_a(i)=a_{i+1}$，所以 $\boldsymbol{a}$ 是 LDE($\boldsymbol{a}$) 的子集。如果向量 $\boldsymbol{a}$ 是它的编码 LDE($\boldsymbol{a}$) 的子集，这种编码函数称为*系统性的*。低次扩展编码的这种系统性在交互式证明和论证中比 2.3 节中的 Reed-Solomon 编码更有用。

和 2.3 节中的 Reed-Solomon 一样，LDE($\boldsymbol{a}$) 是一个 $\boldsymbol{a}$ 的距离放大编码，也就是说，任何两个向量 $\boldsymbol{a},\boldsymbol{b}\in\mathbb{F}_p^n$，哪怕只有一个点不同，LDE($\boldsymbol{a}$) 和 LDE($\boldsymbol{b}$) 最少有 $1-(n-1)/p$ 比例的条目不同。如果 $p\gg n$，则这个比例非常接近 1。

术语说明 在编码理论的语境下，$\boldsymbol{a}$ 称为*消息*，消息 $\boldsymbol{a}$ 的编码 LDE($\boldsymbol{a}$) 称为*码字*(codeword)。许多作者在使用时不区分 Reed-Solomon 编码和低次扩展编码。很多时候，因为码字的集合就是次数最大为 $n-1$ 的多项式在 $\mathbb{F}_p$ 上全体元素的求值表，两者的区别并不

---

① 事实上，许多作者认为任何"合理的低次"多项式 q，对任何 $i\in\{0,1,\cdots,n-1\}$，如果满足 $q(i)=a_{i+1}$，则 q 为 $\boldsymbol{a}$ 的低次扩展。然而，总有唯一一个次数最大为 $n-1$ 的 $\boldsymbol{a}$ 的扩展多项式 q_a。"合理的低次"的含义随着背景不同而不同，但是通常只要扩展多项式的次数为 $O(n)$，使用单变量扩展的概率证明系统的渐近成本不会变。最低的要求是扩展多项式的次数要小于定义多项式的域的大小。否则，通过 $\boldsymbol{a}$ 的扩展多项式的求值表来编码 $\boldsymbol{a}$ 的过程就不是一个距离放大的过程。

重要。这两者的区别就是消息和码字对应关系的区别，比如说，这个消息是解释成次数为 $n-1$ 的多项式的系数，还是解释成在 $\{0,1,\cdots,n-1\}$ 输入的多项式的求值。

$q_a(r)$的求值算法 假设给定一个向量 $\boldsymbol{a}\in\mathbb{F}_p^n$，希望求解扩展多项式 q_a 在输入 $r\in\mathbb{F}$ 时的值。多快能完成？$O(n)$个域加法、乘法以及求逆足够[①]。

如果 $r\in\{0,1,\cdots,n-1\}$，根据定义，$q_a(r)=a_{r+1}$。后面，我们假设 $r\in\mathbb{F}\backslash\{0,1,\cdots,n-1\}$。等式 2.8 给出了基于拉格朗日多项式的 $q_a(r)$的表示，也就是

$$q_a(r)=\sum_{j=0}^{n-1}a_{j+1}\cdot\delta_j(r) \tag{2.9}$$

然而，第 j 项的求值需要对 $\delta_j(r)$求值。如果这个求值直接通过定义（等式 2.3）计算，每一项需要 $O(n)$个域操作，那么总共的计算时间为 $O(n\cdot n)=O(n^2)$。

可喜的是，n 个 $\delta_0(r),\delta_1(r),\cdots,\delta_{n-1}(r)$可以只通过总共 $O(n)$个加法、乘法以及逆求解。一旦这些值计算完成，等式 2.9 的右边可以通过另外 $O(n)$个域运算完成计算。

这里解释如何使用 $O(n)$个加法、乘法和逆完成 $\delta_0(r),\delta_1(r),\cdots,\delta_{n-1}(r)$的求值。首先，$\delta_0(r)$可以通过定义（等式 2.3）$O(n)$个操作完成求值。

接着，对于每一个 $i>0$，给定 $\delta_{i-1}(r)$，$\delta_i(r)$可以使用固定数量的额外域减法、乘法及逆完成。这是因为 $\delta_i(r)$和 $\delta_{i-1}(r)$的定义中很多项相同。例如：

$$\delta_0(r)=\left[\prod_{k=1,2,\cdots,n-1}(r-k)\right]\left[\prod_{k=1,2,\cdots,n-1}(0-k)^{-1}\right]$$

$$\delta_1(r)=\left[\prod_{k=0,2,3,\cdots,n-1}(r-k)\right]\left[\prod_{k=0,2,3,\cdots,n-1}(1-k)^{-1}\right]$$

“少了”一个因子

$$(r-1)\cdot[-(n-1)]^{-1}$$

以及“多了”一个因子

$$(r-0)(1-0)^{-1}=r$$

换句话说，$\delta_1(r)=\delta_0(r)\cdot r\cdot(r-1)^{-1}\cdot[-(n-1)]$。总的来说，对于每个 $i\geqslant 1$，如下的关键等式保证了 $\delta_i(r)$可以在 $\delta_{i-1}(r)$基础上，通过仅仅 $O(1)$个域加法、乘法和逆完成：

$$\delta_i(r)=\delta_{i-1}(r)\cdot[r-(i-1)]\cdot(r-i)^{-1}\cdot i^{-1}\cdot[-(n-i)] \tag{2.10}$$

定理 2.1 假设 $p(\geqslant n)$是一个质数，对于给定的输入 $a_1,\cdots,a_n\in\mathbb{F}_p$ 以及 $r\in\mathbb{F}_p$，存在一个算法，使得用 $O(n)$个 $\mathbb{F}_p$ 上的加法、乘法以及逆，能计算出唯一的单变量次数最大为

① 一个域的求逆操作比域的加法或者乘法慢得多，通常通过扩展欧几里得算法完成。然而，存在一些批量求逆的算法，计算 n 个域元素的逆只需要大约 $3n$ 次域乘法以及一次域求逆运算。

$n-1$ 的多项式 q 的 $q(r)$ 值，其中 q 满足：对任何 $i\in\{0,1,\cdots,n-1\}$ 有 $q(i)=a_{i+1}$。

等式(2.10)的计算示例 当 $n=4$ 时，$\delta_0,\delta_1,\delta_2,\delta_3$ 的表达式由等式(2.4)～(2.7)给出。等式(2.10)对于任何一个拉格朗日多项式都成立。事实上，

$$\delta_0(r)=-6^{-1}\cdot(r-1)(r-2)(r-3)$$

$$\delta_1(r)=2^{-1}\cdot r(r-2)(r-3)=\delta_0(r)\cdot r\cdot(r-1)^{-1}\cdot 1^{-1}\cdot[-(n-1)]$$

$$\delta_2(r)=-2^{-1}\cdot r(r-1)(r-3)=\delta_1(r)\cdot(r-1)\cdot(r-2)^{-1}\cdot 2^{-1}\cdot[-(n-2)]$$

$$\delta_3(r)=6^{-1}\cdot r(r-1)(r-2)=\delta_2(r)\cdot(r-2)\cdot(r-3)^{-1}\cdot 3^{-1}\cdot[-(n-3)]$$

第 3 章

定义和预备技术

3.1 交互式证明

给定一个函数 f，从 $\{0,1\}^n$ 映射到值域 $\mathcal{R}$，一个针对 f 的，有 k-消息的交互式证明系统(IP)由执行时间为 poly(n)的概率验证算法 $\mathcal{V}$ 和规定的（“诚实的”）确定性证明算法 $\mathcal{P}$ 组成[①][②]。$\mathcal{V}$ 和 $\mathcal{P}$ 给定一样的输入 $x\in\{0,1\}^n$，协议开始时，$\mathcal{P}$ 给定一个值 y，并声称和 $f(x)$ 相同。接着 $\mathcal{P}$ 和 $\mathcal{V}$ 交换一系列的消息 $m_1,m_2,\cdots,m_k$，这些消息的描述如下：IP 选定 $\mathcal{P}$ 或者 $\mathcal{V}$ 发送第一条消息 m_1，然后双方轮流发送消息。也就是说，如果 $\mathcal{V}$ 发送 m_1，$\mathcal{P}$ 接着发送 m_2，$\mathcal{V}$ 发送 m_3，$\mathcal{P}$ 发送 m_4，以此类推[③]。

$\mathcal{P}$ 和 $\mathcal{V}$ 都被看成是“计算下一个消息的算法”，这意味着如果轮到 $\mathcal{V}$（相应的，$\mathcal{P}$）发送消息 m_i 时，$\mathcal{V}$（相应的，$\mathcal{P}$）在输入$(x,m_1,m_2,\cdots,m_{i-1})$时进行计算，生成消息 m_i。注意，因为 $\mathcal{V}$ 是概率性的，$\mathcal{V}$ 发送的任何消息 m_i 都既依赖于$(x,m_1,m_2,\cdots,m_{i-1})$，又依赖于验证者的内部的随机性。$\mathcal{P}$ 和 $\mathcal{V}$ 之间交互的 k 个消息 $t:=(m_1,m_2,\cdots,m_k)$的序列和声明的结果 y 一起被称为*脚本*。在协议的最后，$\mathcal{V}$ 必须输出 0 或者 1。1 表示验证者接受证明者声称 $y=f(x)$，0 表示验证者拒绝证明者声称的结果。验证者在协议最后输出的值可能依赖于脚本 t 和验证者内部的随机性。

$\text{out}(\mathcal{V},x,r,\mathcal{P})\in\{0,1\}$代表验证者 $\mathcal{V}$ 和确定性证明策略 $\mathcal{P}$ 交互的输出，其中 x 是给定的输入，r 是 $\mathcal{V}$ 内部的随机性。给定 $\mathcal{V}$ 内部任意的随机性 r，$\text{out}(\mathcal{V},x,r,\mathcal{P})$是一个关于 x 的确定性函数（因为我们已经限制了 $\mathcal{P}$ 是确定性证明策略）。

---

① 通常，可能考虑定义允许概率性证明策略的 IP。然而，如 3.3 中解释过的，限制为确定性的证明策略并不失一般性。

② 在本章中，$\{0,1\}^n$ 范围的选择是因为惯例如此，也是为了方便，并不是至关重要的。$\{0,1\}^n$ 范围方便的一个原因是用输入的大小表示证明系统的成本（如证明时间和验证时间），我们需要一个较好的输入大小的声明。如果输入范围是 n 位的字符串，那么用 n 就非常自然。

③ 不失一般性，证明者发送最后一个消息 m_k。验证者发送消息给证明者，证明者没有回复是没有意义的。

定义 3.1　一个交互式证明系统$(\mathcal{V},\mathcal{P})$，如果满足如下的两个性质，则具有完备性误差 δ_c 和可靠性误差 δ_s。

1.（完备性）对任意的 $x\in\{0,1\}^n$，

$$\Pr_r[\mathrm{out}(\mathcal{V},x,r,\mathcal{P})=1]\geq 1-\delta_c$$

2.（可靠性）对任意的 $x\in\{0,1\}^n$ 以及任意确定性证明策略 $\mathcal{P}'$，如果 $\mathcal{P}'$ 在协议开始的时候发送 $y\neq f(x)$，那么

$$\Pr_r[\mathrm{out}(\mathcal{V},x,r,\mathcal{P}')=1]\leq\delta_s$$

如果 δ_c 和 δ_s 都小于 1/3，那么这个交互式证明系统是有效的。

对于任何输入 x，完备性条件要求给出一个证明，证明给定的值就是 f 的输入 x 对应的值。可靠性条件要求对于任何格式如"$f(x)=y$"的假陈述证明，对于任何 $y\neq f(x)$ 都不能给出可信的证明。也就是说，不存在一个做假的证明策略 $\mathcal{P}'$ 能超过 1/3 的概率让 $\mathcal{V}$ 接受一个错误的结论。任何交互式证明中，两个非常重要的成本是证明者 $\mathcal{P}$ 的执行时间和验证者 $\mathcal{V}$ 的执行时间。不过，也有其他重要的成本：$\mathcal{P}$ 和 $\mathcal{V}$ 空间使用、通信的总的位数、交互的消息个数。如果 $\mathcal{V}$ 和 $\mathcal{P}$ 交互 k 个消息，$\lceil k/2\rceil$ 称为交互式证明系统的轮复杂度①。轮复杂度是 $\mathcal{P}$ 和 $\mathcal{V}$ 之间"来来回回"的交互次数。如果 k 是奇数，"来来回回"的最后是一个"回"，没有"来"，也就是说，只有一个从证明者到验证者的消息。

交互式证明由 Goldwasser、Micali 和 Rackoff[133] 以及 Babai[15] 于 1985 年提出②。

3.2　论证系统

定义 3.2　一个函数 f 的论证系统是函数 f 的一个交互式证明。其中，证明的可靠性在证明者策略运行的时间复杂度是多项式时间的情况下成立即可。

定义 3.2 定义的可靠性的概念称为计算可靠性。计算可靠性和定义 3.1 中的可靠性不同，其可靠性条件要求在证明者 $\mathcal{P}'$ 的计算能力无限，有无穷大的计算资源让 $\mathcal{V}$ 接受一个错误的答案的情况下，依然成立。定义 3.1 中的可靠性也称为统计可靠性或者信息理论可靠性。论证系统由 Brassard、Chaum 和 Crépeau 于 1986 年提出[77]。他们有时被称为计算可靠性证明，不过在这本书中，"证明"指的是统计可靠性协议的证明③。和交互式证明不同，论证系统能使用加密学原语。虽然一个超多项式时间的证明者可以攻破

① 文献就"轮数"的含义不太一致，许多论文中不区分轮数和消息数。

② 更精确地说，文献[133]提出了 IP。Babai（带着不同的目的）介绍了所谓的 Arthur-Merlin 类层级，它刻画了常数轮的交互式证明系统。它还有额外的要求，即验证者的随机性是公开的——也就是说，$\mathcal{V}$ 掷硬币只要进行投掷，就是对证明者公开的。有关公开/私有的验证者随机性的讨论，请查看 3.3 节。

③ 有个例外是在第 18 章中，我们用"SNARK 证明 π"这个术语指代一个字符串 π，让非交互式论证系统的验证者接受。这个术语是明确的，因为 SNARK 作为一个首字母缩略词就澄清了这个协议是一个论证系统。SNARK 是 Succinct Non-interactive Argument of Knowledge 的缩写。

原语，让验证者误信一个错误的答案，但是一个多项式时间的证明者则不能攻破原语。密码学的使用通常允许论证系统获得额外的一些交互式证明不具备的属性，如重用性（如允许验证者重用同样的“秘密状态”，在同样的输入情况下，外包需要的计算）、公开验证等。这些属性在本书的后面会详细讨论。

3.3 定义的鲁棒性和交互的强大

定义 3.1 和定义 3.2 的一些方面可能看起来有点武断或者动机不明确。例如，为什么定义 3.1 坚持可靠性以及完备性的误差最大是 1/3，而不是更小的数字？为什么定义 3.1 中的完备性条件要求诚实的证明者是确定性的？等等。我们在这一节解释一下，很多这样的选择是出自方便或者审美原因。如果在这些定义中采用不同的选择，那么交互式证明和论证系统的强大在绝大多数情况下是不变的①。

- （完美和非完美完备性）虽然定义 3.1 要求完备性误差 $\delta_c<1/3$，但实际上，我们在本书中所介绍的所有交互式证明都满足完美完备性，即 $\delta_c=0$。也就是说，在我们的交互式证明和论证中，诚实的证明者将始终使验证者相信其诚实。

  实际上有研究[119]表明，任何满足 $\delta_c\leqslant 1/3$ 的函数 f 的交互式证明可以通过增加验证者的成本（如验证者时间、回合复杂度、通信复杂度）进行转换，使其具有完美完备性。在这个转换过程中，存在多项式级别的成本增加②。在本书中，我们不需要进行这种转换，因为我们提供的交互式证明自然地满足完美完备性。
- （可靠性误差）虽然定义 3.1 要求可靠性误差 δ_s 至多为 1/3，但常数 1/3 仅仅是按照惯例选择的。在本书的所有交互式证明中，可靠性误差将始终与 $1/|\mathbb{F}|$ 成正比，其中 $\mathbb{F}$ 是定义交互式证明的域。在实践中，通常会选择足够大的域，使得可靠性误差特别小。在密码学应用中，这种微小的可靠性误差至关重要，因为作弊的证明者成功欺骗验证者接受错误的声明可能会产生灾难性的影响。任何交互式证明或论证的可靠性误差也可以通过连续重复协议 $\Theta(k)$ 次，从 δ_s 降低到 δ_s^k，除非大多数重复能被验证者接受，否则拒绝③。
- （公开和私有随机性）在交互证明系统中，$\mathcal{V}$ 的随机性是内部的，特别是对证明者不可见。在文献中，这被称为私有随机性。我们也可以考虑验证者的随机性是公

① 通常来说，对定义进行稍稍调整，但仍然具有鲁棒性的定义是复杂性理论中“好”的定义或者模型的标志。如果一个模型的能力对其定义中的特殊或者任意的选择非常敏感的话，这样的模型可能用途有限，很可能不能捕捉现实生活中的内在现象。毕竟，现实世界是混乱和进化的。大家用来计算的硬件是复杂的，并会随时间而改变，协议也是在多种场景下都适用，等等。对定义中的各种小修改具有鲁棒性有助于保证模型中的协议能用于多种场景，不会因为未来的变化而过时。

② 这种转换并不保证维持证明者的运行时间不变。

③ 对于完美完备协议，除非基础协议的每次重复都被接受，否则验证者可能会拒绝。

开的情况——也就是说，由$\mathcal{V}$掷币后立即对证明者可见。我们将看到，这样的公开掷币(public-coin)交互式证明系统特别有用，因为它们可以与密码学相结合，从而获得具有重要属性的论证系统(参见第 5 章关于 Fiat-Shamir 转换的内容)。Goldwasser 和 Sipser[136]证明了公开掷币和隐私掷币之间的区别并不重要：任何隐私掷币交互证明系统都可以通过公开掷币系统进行模拟(对于验证者的成本会有多项式级别的增加，并且轮数会略微增加)。和完美完备性与非完美完备性一样，在本书中我们不需要利用这样的转换，因为我们提供的所有交互证明系统都是自然的公开掷币协议。

- (确定性和概率性证明者)定义 3.1 要求诚实证明者策略$\mathcal{P}$是确定性的，并且只要求对于确定性作弊证明者策略$\mathcal{P}'$具有可靠性。以这种方式限制只关注确定性证明者策略只是为了方便，并不会改变交互式证明的能力。

  具体来说，如果存在一个概率性证明者策略$\mathcal{P}'$，使得证明者以至少p的概率(概率取决于证明者的内部随机性和验证者的内部随机性)说服验证者$\mathcal{V}$接受，那么存在一个确定性证明者策略可以达到相同的效果。这是通过对证明者的随机性进行平均的论证得出的：如果一个概率性证明者$\mathcal{P}'$以概率p说服验证者$\mathcal{V}$接受一个声明“$f(x)=y$”，那么$\mathcal{P}'$必定至少存在一个内部随机性r'的设置，使得通过将$\mathcal{P}'$的随机性固定为r'获得的确定性证明者策略也以概率p说服验证者接受声明“$f(x)=y$”(请注意，r'可能取决于x)。在本书中，我们所有的交互式证明和论证中，诚实的证明者自然是确定性的，因此我们不需要利用从随机化证明者策略到确定性证明者策略的通用转换①。

语言和函数的交互式证明的区别 在复杂性理论中，研究决策问题(decision problem)是非常方便的，它们是值域为$\{0,1\}$的函数f。我们用如下方式，将决策问题看作是“是-否问题”：对于f的任何输入x，可以解释为一个问题，即：“$f(x)$是否等于 1?”或者等价地，我们可以将任何决策问题f与子集$\mathcal{L}\subseteq\{0,1\}^n$相关联，该子集包含$f$的“是-实例”(yes-instance)。任何子集$\mathcal{L}\subseteq\{0,1\}^n$被称为语言(language)。

语言的 IP 的形式化与函数(定义 3.1)的略有不同。我们简要描述这种差异，因为复杂性理论中关于 IP 及其变体的能力的著名结论(如 **IP=PSPACE** 和 **MIP=NEXP**)涉及语言的 IP。

对于语言$\mathcal{L}$的交互式证明，给定一个公共输入$x\in\{0,1\}^n$，验证者$\mathcal{V}$与证明者$\mathcal{P}$的交互方式与定义 3.1 中完全相同，在协议结束时，$\mathcal{V}$必须输出 0 或 1，其中 1 表示“接受”，0

① 本书的第 11 章到第 17 章中考虑的大多数零知识证明和论证中，证明者将是随机化的。证明的随机化与协议的完备性或正确性无关，而是作为一种确保证明不向验证者泄露任何信息(除了其自身的有效性)的手段。

表示“拒绝”。语言 $\mathcal{L}$ 的交互式证明的标准要求是：

- **完备性** 对于任意的 $x\in\mathcal{L}$，存在某些证明者策略，可以使验证者以高概率接受。
- **可靠性** 对于任意的 $x\notin\mathcal{L}$，对于每个证明者策略，验证者以高概率拒绝。

给定一个语言 $\mathcal{L}$，令 $f_{\mathcal{L}}:\{0,1\}^n\rightarrow\{0,1\}$ 是相应的决策问题，即如果 x 在 $\mathcal{L}$ 中，则 $f_{\mathcal{L}}(x)=1$，如果 x 不在 $\mathcal{L}$ 中，则 $f_{\mathcal{L}}(x)=0$。需要注意的是，对于 $x\notin\mathcal{L}$，上述对 $\mathcal{L}$ 的交互式证明的定义并不要求存在一个“令人信服的证明”来证明 $f_{\mathcal{L}}(x)=0$。这与函数 $f_{\mathcal{L}}$ 的交互式证明的定义（定义 3.1）不同，$f_{\mathcal{L}}$ 完备性要求对于每个输 x，都存在一个证明者策略使得验证者相信 $f(x)$ 的值。

上述对语言的交互式证明的形式化定义的目的如下：可以将语言 $\mathcal{L}$ 中的输入视为真陈述，而不在语言中的输入视为假陈述。完备性和可靠性的性质要求所有真陈述都有令人信服的证明，而所有假陈述则没有令人信服的证明。自然地，就不要求假陈述有令人信服的驳斥。

虽然语言和函数的交互证明的概念有所不同，但它们在以下意义上是相关的：给定一个函数 f，对 f 的交互式证明等价于对语言 $\mathcal{L}_f:=\{(x,y):y=f(x)\}$ 的交互式证明。

正如上文所述，在本书中，我们主要关注的是函数的交互式证明，而不是语言的。我们只在提到诸如 **NP** 和 **IP** 这类复杂性类时才会讨论语言的交互式证明。

NP 和 IP 令 **IP** 表示由多项式时间验证者可解的所有语言的类。**IP** 类可以看作是经典复杂性类 **NP** 的一个交互式随机变体（**NP** 类可从 **IP** 类中通过限制证明系统为非交互式和确定性的方式获得，也就是说，完备性和可靠性误差为 0）。

实际上 **IP** 类等于 **PSPACE** 类，即由使用多项式空间（可能是指数时间）算法可解的所有语言的类。人们普遍认为 **PSPACE** 类远比 **NP** 类要大，因此这是对“交互式证明比经典静态证明（即 **NP**）更强大”的形式化表述之一。

把你们的力量联合起来，我就是 IP 交互式证明的关键力量在于随机性和交互性的结合。如果禁止随机性（等价于要求完美的可靠性 $\delta_s=0$），那么交互就没有意义，因为证明者可以确定地预测验证者的消息，因此验证者没有理由将消息发送给证明者。更详细地说，可以通过如下方式将一个证明系统变成非交互式的，要求（非交互式的）证明者发送一个交互式协议的脚本，该脚本会使（交互式的）验证者接受。然后，（非交互式的）验证者可以检查（交互式的）验证者确实会接受这个脚本。由于交互式协议的完美可靠性，这个非交互式的证明系统是完美可靠的。

另一方面，如果不允许交互，但验证者可以随机投掷硬币并以很小的概率接受错误的证明，那么得到的复杂性类被称为 **MA**（Merlin-Arthur）。普遍认为这个类与 **NP** 相等

(参见文献[155]的范例),并且根据前文所述,许多研究人员认为 **NP** 是一个比 **IP**=**PSPACE** 小得多的问题类①。

3.4 Schwartz-Zippel 引理

术语 对于一个 m 变量的多项式 g,g 的每一项的次数为该项中各个变量的指数和。例如,如果 $g(x_1,x_2)=7x_1^2x_2+6x_2^4$,那么 $7x_1^2x_2$ 的次数为 3,$6x_2^4$ 的次数为 4,g 的总次数为 g 中项的次数的最大值,所以此处 g 的总次数为 4。

该引理本身 交互式证明经常使用如下的多项式基本性质,通常称为 Schwartz-Zippel 引理。[224,260]

引理 3.1(Schwartz-Zippel 引理) 令 $\mathbb{F}$ 是一个域,并且 $g:\mathbb{F}^m\to\mathbb{F}$ 是 m 变量的总次数最大为 d 的非零多项式,那么在任何有限集合 $S\subseteq\mathbb{F}$ 上,

$$\underset{x\leftarrow S^m}{Pr}[g(x)=0]\leqslant d/|S|$$

其中 $x\leftarrow S^m$ 代表在乘积集 S^m 中均匀随机抽取一个 x,$|S|$ 代表 S 的大小。简单来说,如果 x 是从 S^m 中均匀随机选择的,那么 $g(x)=0$ 的概率最大是 $d/|S|$。特别地,在 S^m 上,两个不同的总次数最大为 d 的多项式最多有 $d/|S|$ 个点相等。

我们不证明上述引理,在网上很容易找到证明(查看,例如 wikipedia 上的有关引理的文章,或者 Moshkovitz 的另外一个证明[194])。

Schwartz-Zippel 引理的一个简单的含义是,对于两个在 $\mathbb{F}$ 上总次数最大为 d 的 m 变量多项式 p 和 q,$p(x)=q(x)$ 对于最多 $d/|\mathbb{F}|$ 的输入成立。2.1.1 节中的 Reed-Solomon 指纹法就是精确应用这个含义的一个单变量多项式的特殊例子(即 $m=1$)。

3.5 低次和多线性扩展

动机以及和单变量拉格朗日插值的比较 在 2.4 节中,我们考虑了任何把 $\{0,1,\cdots,n-1\}$ 映射到 $\mathbb{F}_p$ 的单变量函数 f,并且研究了 f 的单变量低次扩展。g 是 $\mathbb{F}_p$ 上满足下述

① 更准确地说,普遍认为对于语言 $\mathcal{L}$ 的每个非交互式随机证明系统 $(\mathcal{V},\mathcal{P})$,都存在一个语言 $\mathcal{L}$ 的非交互式确定性证明系统 $(\mathcal{V}',\mathcal{P}')$ 使得确定性验证者 $\mathcal{V}'$ 的运行时间至多多项式地大于随机验证者 $\mathcal{V}$ 的运行时间。这并不一定意味着确定性验证者 $\mathcal{V}'$ 和随机验证者 $\mathcal{V}$ 一样快。例如,在 2.2 节中介绍的、用于矩阵乘法的 Freivald 非交互式随机证明系统,其中验证者的运行时间为 $O(n^2)$,这比该问题的任何已知确定性验证者都要快,但仅仅快了约 $O(n^{0.3728639})$ 这样的因子,这是输入大小的一个(小)多项式。这与前面段落中从确定性交互式证明到非交互式证明的转换形成对比,该转换对验证者和证明者都没有额外的开销。

条件的唯一的单变量多项式，其次数最大为 $n-1$，且对所有的 $x\in\{0,1,\cdots,n-1\}$ 都有 $g(x)=f(x)$。本节我们考虑多变量函数 f，更具体的，是定义在定义域 $\{0,1\}^v$ 上的 v 个变量的函数。需要注意的是，当 $v=\log n$ 时，定义域 $\{0,1\}^v$ 的大小和单变量定义域 $\{0,1,\cdots,n-1\}$ 的大小相同。正如我们看到的，定义在 $\{0,1\}^v$ 上的函数的扩展多项式，相比单变量的情况，次数小很多。特别地，任何映射 $\{0,1\}^v\to\mathbb{F}$ 的函数 f 都有一个扩展多项式是多线性的，即每个变量的次数最大为 1。这表明多项式的总次数最大为 v，是其定义域的规模 2^v 的对数。相比之下，定义在定义域规模为 n 上的单变量多项式的低次扩展的次数为 $n-1$。在设计通信成本小并且验证快的交互式证明时，多变量多项式的每一个变量的次数都非常小是尤其有用的。

多变量函数多项式扩展细节　令 $\mathbb{F}$ 是任意有限域，$f:\{0,1\}^v\to\mathbb{F}$ 是一个函数，其将 v 维的布尔超方体映射至 $\mathbb{F}$。如果定义在 $\mathbb{F}$ 上的 v 变量多项式 g 是 f 的扩展，那么在所有的布尔输入处的值和 f 的值要相同，也就是说，对所有的 $x\in\{0,1\}^v$，$g(x)=f(x)$。这里，定义在 $\mathbb{F}$ 上的 v 变量多项式 g 的定义域是 $\mathbb{F}^v$，并且 0 和 1 是 $\mathbb{F}$ 上相应的加法和乘法的单位元。和单变量的低次扩展一样，可以认为 $f:\{0,1\}^v\to\mathbb{F}$ 的（低次）扩展 g 是 f 函数的（距离放大）编码：如果两个函数 $f,f':\{0,1\}^v\to\mathbb{F}$ 即使是在一个输入的求值不一样，那么在 $d\ll|\mathbb{F}|$ 的情况下两个总次数最大为 d 的扩展 g 和 g' 几乎所有地方都不一样①。根据上述的 Schwartz-Zippel 引理，在 $\mathbb{F}^v$ 中，g 和 g' 最多在 $d/|\mathbb{F}|$ 比例的点求值相同。在这本书所将看到，这些距离放大的性质让验证者相对证明者来说拥有惊人的力量②。

定义 3.3　如果一个多变量多项式 g 中的每个变量的次数最大为 1，则它是多线性的。

例如，多项式 $g(x_1,x_2)=x_1x_2+4x_1+3x_2$ 是多线性的，但是多项式 $h(x_1,x_2)=x_2^2+4x_1+3x_2$ 不是。

本书中，我们将使用如下的事实。

事实 3.1　任何函数 $f:\{0,1\}^v\to\mathbb{F}$，在 $\mathbb{F}$ 上，有一个唯一的多线性扩展（Multi-Linear Extention，MLE）。我们用 $\widetilde{f}$ 特指 f 的多线性扩展。

---

① 和在单变量场景下的情况一样，多小的 d 才可以把 d 次扩展多项式 g 称为“低次”是含糊的，这是需要依赖上下文的。最低的要求是 d 比 $|\mathbb{F}|$ 小，保证 Schwartz-Zippel 引理中的概率 $d/|\mathbb{F}|$ 小于 1，否则 Schwartz-Zippel 引理是空洞的。当一个低次扩展 g 用在交互式证明或论证中时，协议的许多成本如证明大小、验证者时间或者证明者时间，通常随着 g 的次数 d 线性增长，所以说，越小的 d，这些成本也越小。

② 事实上，本书所讨论的许多交互式证明和论证中的低次扩展的应用原则上可以用其他的距离放大编码代替。这些编码根本没必要是多项式（查看文献[190]和[215]）。但是，我们将会看到，低次扩展有非常好的结构，采用低次扩展而不是通常的距离放大编码，让证明者和验证者的执行变得尤其高效。一个重要的研究方向是如何采用非多项式编码让交互式证明和论证获得相近（或者更好）的效率。本书 10.5 节涵盖了该方向的一个成果。

也就是说，在$\mathbb{F}$上，$\tilde{f}$是唯一的多线性多项式，满足对所有的$x\in\{0,1\}^v$，有$\tilde{f}(x)=f(x)$。图3.1和图3.2是一个函数以及相应的多线性扩展的示例。事实3.1证明的第一步就是确定f的多线性扩展的存在。事实上，我们通过拉格朗日插值，给出了这个扩展多项式的表达式。类似于2.4节中的引理2.1，其考虑的是单变量而不是多线性多项式。

引理3.2 （多线性多项式的拉格朗日插值）令$f:\{0,1\}^v\to\mathbb{F}$是任何一个函数，那么如下的多线性多项式$\tilde{f}$扩展了f：

$$\tilde{f}(x_1,\cdots,x_v)=\sum_{w\in\{0,1\}^v} f(w)\cdot\chi_w(x_1,\cdots,x_v) \tag{3.1}$$

其中，对于任何一个$w=(w_1,\cdots,w_v)$，

$$\chi_w(x_1,\cdots,x_v):=\prod_{i=1}^{v}[x_i w_i+(1-x_i)(1-w_i)] \tag{3.2}$$

集合$\{\chi_w:w\in\{0,1\}^v\}$是插值集$\{0,1\}^v$的多线性拉格朗日多项式集合。

证明：对于任何$w\in\{0,1\}^v$，χ_w满足$\chi_w(w)=1$，而对于其他的向量$\boldsymbol{y}\in\{0,1\}^v$，$\chi_w(y)=0$。后一个性质成立是因为，$w_i\neq y_i$成立的话，要么$w_i=1$且$y_i=0$，要么$w_i=0$且$y_i=1$。任何一种情况，等式(3.2)的右边的第$i$项，也就是$[x_iw_i+(1-x_i)(1-w_i)]$等于0。这样保证了等式(3.2)右边的整个乘积等于0。对所有的二进制向量$\boldsymbol{y}\in\{0,1\}^v$，都有$\sum_{w\in\{0,1\}^v} f(w)\cdot\chi_w(y)=f(y)$。另外，因为等式(3.1)右边求和的每一项都是多线性多项式，且多线性多项式的求和依然是多线性的，所以等式(3.1)的右边是一个多线性多项式。由这两个结论可得，等式(3.1)的右边是f的多线性扩展多项式。 □

引理3.2说明了对任何一个函数$f:\{0,1\}^v\to\mathbb{F}$，存在一个多线性多项式扩展了f。为了完成事实3.1的证明，我们必须证明只有一个这样的多项式。

	0	1
0	1	2
1	1	4

图3.1　函数f的所有求值，该函数将$\{0,1\}^2$映射到域$\mathbb{F}_5$

	0	1	2	3	4
0	1	2	3	4	0
1	1	4	2	0	3
2	1	1	1	1	1
3	1	3	0	2	4
4	1	0	4	3	2

图3.2　在域$\mathbb{F}_5$上，函数f的多线性扩展函数$\tilde{f}$的所有求值。通过拉格朗日差值(引理3.2)，$\tilde{f}(x_1,x_2)=(1-x_1)(1-x_2)+2(1-x_1)x_2+x_1(1-x_2)+4x_1x_2$

完成事实3.1的证明　为了证明只有一个f的多线性扩展，我们的证明方法是，如果p和q是两个多线性扩展多项式，且保证对所有的$x\in\{0,1\}^v$，$p(x)=q(x)$都成立，那么p

和 q 事实上是同样的多项式，即对所有的 $x\in\mathbb{F}^v$，都有 $p(x)=q(x)$。等价地，我们要证明多项式 $h:=p-q$ 是一个恒等于 0 的多项式。观察到因为 h 是两个多线性多项式的差，所以 h 也是一个多线性多项式。进一步，假设对所有的 $x\in\{0,1\}^v$，$p(x)=q(x)$ 意味着 $h(x)=0$。我们现在证明任何一个这样的多项式都恒等于 0。假设 h 是一个多线性多项式，在 $\{0,1\}^v$ 上求值都为 0，意味着对所有的 $x\in\{0,1\}^v$，$h(x)=0$。如果 h 不是一个恒等于 0 的多项式，考虑 h 中次数最小的项 t，那么 h 中至少存在这样的一项，因为 h 不恒等于 0。例如，如果 $h(x_1,x_2,x_3)=x_1x_2x_3+2x_1x_2$，那么 $2x_1x_2$ 项就是最小次数的项，因为它的次数为 2，并且 h 中没有次数为 1 或者 0 的项。现在考虑一个输入 z，t 中出现的变量全部设置为 1，其他变量设置为 0（上述的例子中，$z=(1,1,0)$）。针对输入 z，t 项中出现的变量都设置为 1，t 项非零。例如，上例中，$2x_1x_2$ 项在输入 $(1,1,0)$ 时的值为 2。同时，因为 h 的多线性，h 中的其他项都包含了最少一个不在 t 中的变量（否则，t 就不是 h 中最低次数的项）。因为 z 中设置了不在 t 中的变量为 0，意味着，h 中除 t 外的其他项在 z 的求值为 0。那就得出 $h(z)\neq 0$（比如说，上述的例子中，$h(z)=2$）。这和对于所有的 $x\in\{0,1\}^v$，$h(x)=0$ 的假设相悖。我们得出结论：如果任何多线性多项式 h 对所有的 $x\in\{0,1\}^v$ 求值为 0，则它必然恒等于 0。 □

事实 3.1 表述的是，虽然任何多项式 $f:\{0,1\}^v\to\mathbb{F}$ 存在多个多项式扩展，但是这些扩展多项式中只有一个是多线性的。例如，如果对所有的 $x\in\{0,1\}^v$，$f(x)=0$，那么 f 的多项式扩展就是全零多项式。$p(x_1,\cdots,x_v)=x_1\cdot(1-x_1)$ 是 f 的扩展多项式，但却是一个非多线性的多项式。

f 的多线性扩展的求值算法 假设验证者已知 $n=2^v$ 个布尔向量 $\boldsymbol{w}\in\{0,1\}^v$ 的求值 $f(w)$。等式(3.1)产生两个高效的计算 $\tilde{f}$ 在任意点 $r\in\mathbb{F}^v$ 处的值的算法。第一种方法是文献[103]中描述的方法：需要 $O(n\log n)$ 时间，并且允许 $\mathcal{V}$ 一次流式处理获得 $f(\boldsymbol{w})$，期间只保存 $v+1=O(\log n)$ 个域元素。第二种方法由 Vu 等人提出[241]：$\mathcal{V}$ 执行时间优化掉对数的因子，降低到线性时间 $O(n)$，但是 $\mathcal{V}$ 的空间使用提升为 $O(n)$。

引理 3.3[103] 已知 v 是一个固定的正整数，并且 $n=2^v$。给定了所有的 $\boldsymbol{w}\in\{0,1\}^v$ 对应的 $f(\boldsymbol{w})$ 以及一个向量 $\boldsymbol{r}\in\mathbb{F}^{\log n}$，$\mathcal{V}$ 可以在 $O(n\log n)$ 时间以及 $O(\log n)$ 空间字内，通过一次 $f(\boldsymbol{w})$ 的输入（不管 $f(\boldsymbol{w})$ 的顺序）计算出 $\tilde{f}(r)$①。

证明：$\mathcal{V}$ 可以增量计算等式(3.1)的右边，初始化 $\tilde{f}(r)\leftarrow 0$，并通过如下的公式处理每次 $(w,f(w))$ 的更新：

$$\tilde{f}(r)\leftarrow\tilde{f}(r)+f(w)\cdot\chi_w(r)$$

$\mathcal{V}$ 仅需要存储 $\tilde{f}(r)$ 和 r，这需要 $O(\log n)$ 个内存字（r 中的每个元素占一个内存字）。进

① 这里的“空间字”指的是一个机器在一个步骤中能处理的数据量，在现代处理器上，这个值为 64 比特。为了简便起见，我们始终假设一个域元素可以使用固定数量的机器字来存储。

一步，对任何 w，$\chi_w(r)$可以由$O(\log n)$个域计算完成（参见公式 3.2），这样的话，$\mathcal{V}$一次遍历即可计算出$\tilde{f}(r)$，每次更新需要$O(\log n)$空间字以及$O(\log n)$域操作。□

引理 3.3 计算$\tilde{f}(r)$的算法是对等式(3.1)右边的每个项独立求值，时间为$O(v)$，并将这些结果再求和。最终，总的运行时间为$O(v \cdot 2^v)$。接下来的引理给出了更快的算法，执行时间是$O(2^v)$。相对于引理 3.3，加速是因为求和的每一项不独立处理，而是采用动态规划，引理 3.4 计算所有2^v个向量$\boldsymbol{w} \in \{0,1\}^v$对应的$\chi_w(r)$的执行时间为$O(2^v)$。

引理 3.4[241]　已知v是一个固定的正整数，并且$n=2^v$。给定了所有的$w \in \{0,1\}^v$对应的$f(w)$以及一个向量$r \in \mathbb{F}^{\log n}$，$\mathcal{V}$可以在$O(n)$时间以及$O(n)$空间计算出$\tilde{f}(r)$。

证明：注意，等式(3.1)的右边将$\tilde{f}(r)$表示成两个n维的向量的内积，其中（$\{0,1\}^v$和$\{0,\cdots,2^v-1\}$自然关联）第一个向量的第w个元素是$f(w)$，第二个向量的第w个元素是$\chi_w(r)$。给定一个大小为n的表，这个表的第w个元素包含了$\chi_w(r)$，那么这个内积可以在$O(n)$时间内完成。Vu 等人展示了如何利用缓存，在$O(n)$时间构建这个表。缓存过程包括了$v=\log n$个步骤，其中步骤j构建大小为2^j的表$A^{(j)}$，保证对任何$(w_1,\cdots,w_j) \in \{0,1\}^j$，$A^{(j)}[(w_1,\cdots,w_j)]=\prod_{i=1}^{j}\chi_{w_i}(r_i)$。需要注意的是，$A^{(j)}[(w_1,\cdots,w_j)]=A^{(j-1)}[(w_1,\cdots,w_{j-1})]\cdot[w_j r_j+(1-w_j)(1-r_j)]$，那么缓存过程的第$j$步的执行时间是$O(2^j)$。总的$\log n$步的时间为$O\left(\sum_{j=1}^{\log n}2^j\right)=O(2^{\log n})=O(n)$。图 3.3 是一个$v=3$的缓存过程的示例。

上述的算法在步骤 1 中，对所有的只有一个变量的多线性拉格朗日多项式在输入r_1处求值。有两个这样的多项式，分别是$\chi_0(x_1)=x_1$和$\chi_1(x_1)=(1-x_1)$。因此在算法的步骤 1 计算存储了两个值：r_1和$(1-r_1)$。在步骤 2 中，算法对所有的只有两个变量的多线性拉格朗日多项式在输入(r_1,r_2)处求值。有四个这样的值，分别是r_1r_2，$r_1(1-r_2)$，$(1-r_1)r_2$和$(1-r_1)(1-r_2)$。总的来说，算法的步骤i对所有i个变量的多线性拉格朗日多项式在输入$(r_1,r_2,\cdots,r_i)$处求值。图 3.3 展示了 3($v=3$)个变量的整个过程。□

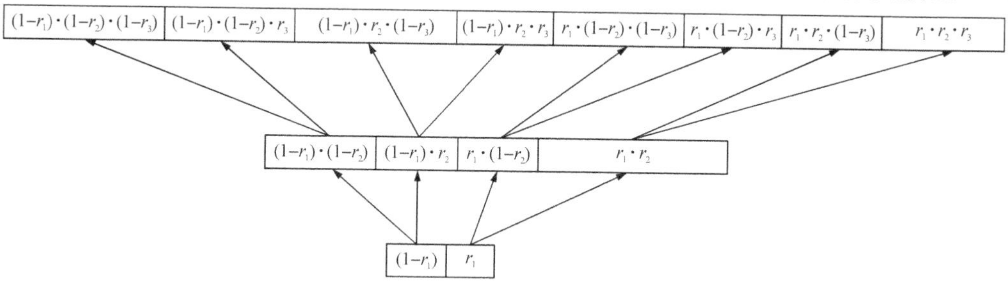

图 3.3　通过引理 3.4 证明中的缓存过程，8 个三变量拉格朗日基多项式在输入$r=(r_1,r_2,r_3) \in \mathbb{F}^3$的求值。这个算法总共使用 12 个域乘。相比之下，引理 3.3 中给出的算法独立地对拉格朗日基多项式在r求值。这需要每个基多项式进行 2 个域乘。也就是说，总共需要 $8\times2=16$ 域乘

3.6 练习

习题 3.1 $\boldsymbol{A}$、$\boldsymbol{B}$、$\boldsymbol{C}$ 是定义在域 $\mathbb{F}$ 上的 $n\times n$ 矩阵。在 2.2 节中，我们介绍了一种用于检查 $\boldsymbol{C}=\boldsymbol{A}\cdot\boldsymbol{B}$ 的随机算法。该算法选择一个随机的域元素 r，令 $\boldsymbol{x}=(r,r^2,\cdots,r^n)$，如果 $\boldsymbol{C}\boldsymbol{x}=\boldsymbol{A}\cdot(\boldsymbol{B}\boldsymbol{x})$，则输出相等，否则输出不相等。现在假设向量 $\boldsymbol{x}$ 的每个元素都是独立地从域 $\mathbb{F}$ 中均匀随机选择的。请证明以下结论：

- 如果对于所有的 $i=1,\cdots,n$ 和 $j=1,\cdots,n$，都有 $\boldsymbol{C}_{ij}=(\boldsymbol{AB})_{ij}$，则无论如何选择 $\boldsymbol{x}$，算法都会输出相等。
- 如果存在至少一个 $(i,j)\in[n]\times[n]$，使得 $\boldsymbol{C}_{ij}\neq(\boldsymbol{AB})_{ij}$，则算法输出不相等的概率至少为 $1-1/|\mathbb{F}|$。

习题 3.2 在 2.1 节中，我们描述了一种确定 Alice 和 Bob 的输入向量是否相等的对数成本通信协议。具体而言，Alice 和 Bob 将他们的输入解释为 n 次的单变量多项式 p_a 和 p_b，选择一个随机的 $r\in\mathbb{F}$，其中 $|\mathbb{F}|\gg n$，并将 $p_a(r)$ 和 $p_b(r)$ 进行比较。请给出一个不同的通信协议，其中 Alice 和 Bob 将它们的输入解释为在 $\mathbb{F}$ 上的多线性而不是单变量多项式。为了确保 Bob 输出错误答案的概率至多为 $1/n$，$\mathbb{F}$ 应该有多大？该协议的通信成本是多少比特？

习题 3.3 令 $p=11$。考虑函数 $f:0,1^2\to\mathbb{F}_p$，其中 $f(0,0)=3$，$f(0,1)=4$，$f(1,0)=1$ 和 $f(1,1)=2$。请给出函数 f 的多线性扩展 $\widetilde{f}$ 的显式表达式并计算 $\widetilde{f}(2,4)$ 的值。

现在考虑函数 $f:0,1^3\to\mathbb{F}_p$，其中 $f(0,0,0)=1$，$f(0,1,0)=2$，$f(1,0,0)=3$，$f(1,1,0)=4$，$f(0,0,1)=5$，$f(0,1,1)=6$，$f(1,0,1)=7$，$f(1,1,1)=8$。请计算 $\widetilde{f}(2,4,6)$ 的值。在计算过程中进行了多少个域乘法操作？你能否“仅”使用 20 次乘法操作计算 $\widetilde{f}(2,4,6)$？（提示：参考引理 3.4 进行计算）

习题 3.4 选定某个素数 p，编写一个 Python 程序，输入一个长度为 2^ℓ 的数组，作为函数 $f:\{0,1\}^\ell\to\mathbb{F}_p$ 的全部求值，并且给定一个向量 $\boldsymbol{r}\in\mathbb{F}_p^\ell$，获取输出 $\widetilde{f}(\boldsymbol{r})$。

第 4 章

交互式证明

我们先看看第一个交互式证明：sum-check 协议。sum-check 协议由 Lund、Fortnow、Karloff 和 Nisan[186]提出。sum-check 协议在高效的交互式证明设计中成了一把最重要的"锤子"。4.1 节介绍 sum-check 协议，本章的其余部分以清晰的方式应用该协议解决各种重要问题。

4.1 协议

假设在有限域 $\mathbb{F}$ 上定义一个 v 个变量的多项式 g。sum-check 协议的目的是让证明者向验证者提供如下的求和结果：

$$H := \sum_{b_1 \in \{0,1\}} \sum_{b_2 \in \{0,1\}} \cdots \sum_{b_v \in \{0,1\}} g(b_1, \cdots, b_v) \tag{4.1}$$

看上去，在布尔输入上对一个多项式的值求和是一项没有实际用途的工作。事实相反，该章的一些后续内容说明了许多问题可以转换为等式(4.1)。

评注 4.1 一般来说，sum-check 协议可以计算任何 $B \subseteq \mathbb{F}$ 上的求和 $\sum_{b \in B^v} g(b)$。但是，在本书中的大多数应用都只要求 $B=\{0,1\}$。

使用 sum-check 协议能给验证者带来什么？ 显然，验证者自己可以通过等式(4.1)计算出 H。计算 H 也就是求解 g 在 2^v 个输入的值($\{0,1\}^v$ 的所有输入)，但是我们认为它对于验证者来说，是不可接受的非常长的执行时间。如果采用 sum-check 协议，验证者的执行时间为：

$$O(v+[\text{在一个随机点 } \mathbb{F}^v \text{ 的 } g \text{ 的求值成本}])$$

这样的验证时间比验证者自行计算 H 所需的 2^v 个 g 的求值好得多。

对于证明者来说，应用 sum-check 协议需要在 $\mathbb{F}^v$ 范围内对 g 的 $O(2^v)$ 个输入求值。这个计算相对不需要证明正确性的 H 计算来说，只是一个常数项的增长。

为了表述方便，剩余章节假设验证者可以通过预言机获取 g 的值。也就是说，$\mathcal{V}$ 可以通过向一个预言机发送请求，获取一个随机选择的向量$(r_1,\cdots,r_v)\in\mathbb{F}^v$ 对应的 g 的值 $g(r_1,\cdots,r_v)$①。下面方框中描述了一个完整的 sum-check 协议。这是一个比较直观并且采用递归描述的协议。

协议 1 sum-check 协议描述

- 协议开始时，证明者发送 C_1 并声称它等于等式(4.1)中的 H 值。
- 第 1 轮，$\mathcal{P}$ 发送单变量的多项式 $g_1(X_1)$，这个多项式等于：

$$\sum_{(x_2,\cdots,x_v)\in\{0,1\}^{v-1}} g(X_1,x_2,\cdots,x_v)$$

  验证者 $\mathcal{V}$ 验证

$$C_1=g_1(0)+g_1(1)$$

  并且 g_1 的次数最大为 $\deg_1(g)$。如果不满足，则协议失败退出。$\deg_j(g)$代表多项式 $g(X_1,\cdots,X_v)$中变量 X_j 的次数。
- $\mathcal{V}$ 选择一个随机数 $r_1\in\mathbb{F}$，并发送 r_1 给 $\mathcal{P}$。
- 第 j 轮$(1<j<v)$，$\mathcal{P}$ 发送一个单变量多项式 $g_j(X_j)$给验证者 $\mathcal{V}$，并声称这个多项式等于：

$$\sum_{(x_{j+1},\cdots,x_v)\in\{0,1\}^{v-j}} g(r_1,\cdots,r_{j-1},X_j,x_{j+1},\cdots,x_v)$$

  $\mathcal{V}$ 验证 g_j 的次数最大为 $\deg_j(g)$并且等式 $g_{j-1}(r_{j-1})=g_j(0)+g_j(1)$是否成立。如果不满足，则协议失败退出。
- $\mathcal{V}$ 选择一个随机数 $r_j\in\mathbb{F}$，并发送 r_j 给 $\mathcal{P}$。
- 第 v 轮，$\mathcal{P}$ 发送一个单变量多项式 $g_v(X_v)$，声称这个多项式等于：

$$g(r_1,\cdots,r_{v-1},X_v)$$

  $\mathcal{V}$ 验证 g_v 的次数最大为 $\deg_v(g)$并且等式 $g_{v-1}(r_{v-1})=g_v(0)+g_v(1)$是否成立。如果不满足，则协议失败退出。
- $\mathcal{V}$ 选择一个随机数 $r_v\in\mathbb{F}$，向预言机查询 $g(r_1,\cdots,r_v)$的值。接着验证者 $\mathcal{V}$ 检查 $g_v(r_v)=g(r_1,\cdots,r_v)$是否成立。如果不成立，则协议失败退出。
- 如果 $\mathcal{V}$ 到这一步还没有失败退出，则协议成功并结束。

协议开始部分的描述 在 sum-check 协议开始时，证明者发送一个他声称是正确解的 C_1

① 在该章的剩余内容中的应用并不是这样的情况。在我们的应用中，$\mathcal{V}$要么能在无须帮助的情况下高效地计算出 $g(r_1,\cdots,r_v)$，要么$\mathcal{V}$要求证明者提供 $g(r_1,\cdots,r_v)$，并且$\mathcal{P}$后续通过 sum-check 协议的其他应用证明其的正确性。

[和等式(4.1)中的 H 值相等]。sum-check 协议总共进行了 v 轮,每轮处理多项式 g 的一个变量。在第 1 轮的开始,证明者发送一个多项式 $g_1(X_1)$,声称和如下的多项式 $s_1(X_1)$相等:

$$s_1(X_1) := \sum_{(x_2,\cdots,x_v)\in\{0,1\}^{v-1}} g(X_1,x_2,\cdots,x_v) \tag{4.2}$$

$s_1(X_1)$满足

$$H = s_1(0) + s_1(1) \tag{4.3}$$

相应地,验证者检查等式 $C_1 = g_1(0) + g_1(1)$,也就是说,验证者检查多项式 g_1 和 C_1 是否与等式(4.3)一致。

在整个协议过程中,$\deg_i(g)$代表的是多项式 g 中的第 i 个变量的次数。如果证明者是诚实的,则多项式 $g_1(X_1)$的次数是 $\deg_1(g)$。因此,g_1 可以用 $\deg_1(g)+1$ 个域元素表示。例如,g_1 可以通过在集合$\{0,1,\cdots,\deg_1(g)\}$上的值或者 $\deg_1(g)+1$ 个系数来表示。

第一轮的其他部分　回想一下,证明者声称在第一轮发送的多项式 $g_1(X_1)$和等式(4.2)定义的多项式 $s_1(X_1)$相等。sum-check 协议的想法是概率性地检查等式相等,$\mathcal{V}$ 通过随机挑选域元素 $r_1 \in \mathbb{F}$,并且确认等式:

$$g_1(r_1) = s_1(r_1) \tag{4.4}$$

显然,如果 g_1 和声称的等式相同,上述等式对所有的 $r_1 \in \mathbb{F}$ 都成立(也就是说,这个检查多项式相等 $g_1 = s_1$ 的概率性协议是完备的)。同时,如果 $g_1 \neq s_1$,验证者随机挑选 r_1,等式(4.4)检查不通过的概率最少是 $1-\deg_1(g)/|\mathbb{F}|$。这是因为两个次数为 d 的不同的多项式最多在 d 个输入上相等。这样就意味着通过判断在随机输入 r_1 处的值是否相同来检查多项式 $g_1 = s_1$ 的协议是可靠的,但是需要一个前提:$|\mathbb{F}| \gg \deg_1(g)$。

剩下的问题是:为了验证等式(4.4)成立,验证者 $\mathcal{V}$ 能否高效地计算 $g_1(r_1)$和$s_1(r_1)$?因为 $\mathcal{P}$ 向 $\mathcal{V}$ 发送了完整的多项式 g_1 的描述,$\mathcal{V}$ 可以在 $O(\deg_1(g))$时间内对$g_1(r_1)$求值①。相反,因为 s_1 是多项式 g 的 2^{v-1}个求值的总和,$s_1(r_1)$的求值对 $\mathcal{V}$ 来说就不是轻松的任务。这个计算的项的个数仅仅比计算 H(等式(4.1))少了一半。幸运的是,等式(4.2)将 s_1 表示成 $v-1$ 个变量的多项式在布尔超立方体空间的求值和(这个多项式是定义在变量 $X_2,\cdots,X_v$ 上的多项式 $g(r_1,X_2,\cdots,X_v)$)。这个恰恰是 sum-check 协议可以检查的。因此,$\mathcal{V}$ 递归应用 sum-check 协议来计算 $s_1(r_1)$的值。

---

①　或许有人想问,如果证明者提供 g_1 多项式在一系列输入 $i \in \{0,\cdots,\deg_1(g)\}$对应的求值,并不是多项式系数的话,验证者求解 $g_1(r_1)$的效率如何?这就是单变量多项式的拉格朗日插值(2.4 节),其开销为 $O(\deg(g_1))$次域加法、乘法和求逆。在现实 sum-check 协议的应用中,g 多项式中的每个变量的次数最大为 2 或者 3,因此拉格朗日插值是非常快的。

2,…,v 轮的递归描述 协议接下来采用递归的方式，一轮一次递归调用。也就是说，在第 j 轮，变量 X_j 绑定到验证者随机选择的域元素 r_j 上。这个过程持续到第 v 轮，在最后一轮证明者被要求提供多项式 $g_v(X_v)$，并且和多项式 $s_v := g(r_1,\cdots,r_{v-1},X_v)$ 相等。当验证者验证 $g_v(r_v)=s_v(r_v)$ 时，没有必要进行进一步递归，这是因为为验证者 $\mathcal{V}$ 可以访问 g 的预言机，通过预言机获取 $s_v(r_v)=g(r_1,\cdots,r_v)$。

协议递归部分描述 展开上面描述的递归过程。sum-check 协议的第 j 轮可以描述为：在第 j 轮开始时，变量 $X_1,\cdots,X_{j-1}$ 已经被绑定到随机选择的域元素 $r_1,\cdots,r_{j-1}$ 上，证明者发送多项式 $g_j(X_j)$，并声称：

$$g_j(X_j)=\sum_{(x_{j+1},\cdots,x_v)\in\{0,1\}^{v-j}} g(r_1,\cdots,r_{j-1},X_j,x_{j+1},\cdots,x_v) \tag{4.5}$$

验证者检查递归过程中最近的两个多项式是否满足：

$$g_{j-1}(r_{j-1})=g_j(0)+g_j(1) \tag{4.6}$$

如果等式不成立，则协议失败退出（对于 $j=1$，等式(4.6)的左边用声称的 C_1 值代替）。如果 g_j 多项式的次数太高，则协议失败退出。每个 g_j 多项式的次数最大应是 $\deg_j(g)$（g 多项式中变量 x_j 的次数）。如果这些检查通过，验证者 $\mathcal{V}$ 在 $\mathbb{F}$ 上随机选择一个值 r_j，并将 r_j 发送给证明者 $\mathcal{P}$。

在最后一轮，证明者发送 $g_v(X_v)$，声称和 $g(r_1,\cdots,r_{v-1},X_v)$ 相同。验证者这时检查 $g_v(r_v)$ 与 $g(r_1,\cdots,r_v)$ 是否相等（回忆一下，我们假设 $\mathcal{V}$ 可以通过预言机获取 g 的求值），如果这次和之前的检查都通过，验证者接受 $H=g_1(0)+g_1(1)$。

sum-check 协议执行实例 令 $g(X_1,X_2,X_3)=2X_1^3+X_1X_3+X_2X_3$，$g$ 函数在布尔超立方空间的总和为 $H=12$。对多项式 g 应用 sum-check 协议，诚实的证明者发送的第一个消息是单变量多项式

$$\begin{aligned}s_1(X_1)&=g(X_1,0,0)+g(X_1,0,1)+g(X_1,1,0)+g(X_1,1,1)\\&=(2X_1^3)+(2X_1^3+X_1)+(2X_1^3)+(2X_1^3+X_1+1)=8X_1^3+2X_1+1\end{aligned}$$

验证者确认 $s_1(0)+s_1(1)=12$，接着发送 r_1 给证明者。假设 $r_1=2$，证明者需要回复一个单变量多项式：

$$s_2(X_2)=g(2,X_2,0)+g(2,X_2,1)=16+(16+2+X_2)=34+X_2$$

验证者确认 $s_2(0)+s_2(1)=s_1(r_1)$，也就是确认 $34+(34+1)=8\times(2^3)+4+1$ 是否成立。事实上，等式两边都等于 69。验证者发送 r_2 给证明者。假设 $r_2=3$，证明者需要回复一个单变量多项式：

$$s_3(X_3)=g(2,3,X_3)=16+2X_3+3X_3=16+5X_3$$

验证者确认 $s_3(0)+s_3(1)=s_2(r_2)$，也就是确认 $16+21=37$ 是否成立。接着验证者随机

选择一个域元素 r_3。假设 $r_3=6$，验证者通过 g 的预言机查询，确实 $s_3(6)=g(2,3,6)$ 成立。

完备性和可靠性　接下来推导 sum-check 协议的完备性和可靠性。

命题 4.1　令 g 是一个定义在有限域 $\mathbb{F}$ 上的 v 个变量的多项式，并且每个变量的最大次数是 d。对任意指定的 $H\in\mathbb{F}$，$\mathcal{L}$ 是多项式 g（作为预言机给出）的语言，使得：

$$H=\sum_{b_1\in\{0,1\}}\sum_{b_2\in\{0,1\}}\cdots\sum_{b_v\in\{0,1\}}g(b_1,\cdots,b_v)$$

则 sum-check 协议是 $\mathcal{L}$ 的一个交互式的证明系统。该系统的完备性误差 $\delta_c=0$ 以及可靠性误差 $\delta_s\leqslant vd/|\mathbb{F}|$。

完备性很明显：如果证明者在 j 轮发送协议指定的多项式 $g_j(X_j)$，则验证者 $\mathcal{V}$ 百分之百接受。我们这里提供两种可靠性证明：一种是类似于迭代描述的方式进行推理，一种是类似于递归方式进行推理。

非归纳法的可靠性证明　从概念上来说，证明可靠性的一种方法是依赖 sum-check 协议的迭代描述。如果 $H\neq\sum_{(x_1,\cdots,x_v)\in\{0,1\}^v}g(x_1,x_2,\cdots,x_v)$，证明者想通过验证者的检查的唯一方法就是发送一个单变量多项式 $g_i(X_i)$，它不等于协议规定的多项式：

$$s_i(X_i)=\sum_{(x_{i+1},\cdots,x_v)\in\{0,1\}^{v-i}}g(r_1,r_2,\cdots,r_{i-1},X_i,x_{i+1},\cdots,x_v)$$

且仍有 $g_i(r_i)=s_i(r_i)$。对于每一轮 i，g_i 和 s_i 的多项式次数最大为 d。因此，如果 $g_i\neq s_i$，则 $g_i(r_i)=s_i(r_i)$ 的概率最大为 $d/|\mathbb{F}|$。整个 sum-check 协议有 v 轮，其中任意一轮 $g_i\neq s_i$，但是 $g_i(r_i)=s_i(r_i)$ 的概率最大为 $dv/|\mathbb{F}|$。

归纳法的可靠性证明　第二种可靠性证明的方法是归纳法（这种分析方法概念上遵循 sum-check 协议的递归描述）。在 $v=1$ 的情况下，证明者 $\mathcal{P}$ 只需要发送一个次数为 d 的单变量多项式 $g_1(X_1)$。如果 $g_1(X_1)\neq g(X_1)$，而且任何不相同的次数为 d 的单变量多项式最多只能在 d 个输入处的求值相同，也就是说，在随机选择 r_1 的情况下，$g_1(r_1)\neq g(r_1)$ 的概率最少为 $1-d/|\mathbb{F}|$。这样的话，验证者 $\mathcal{V}$ 退出协议的概率最少是 $1-d/|\mathbb{F}|$。

对于 $v\geqslant 2$ 的情况，通过归纳法，假设 $(v-1)$ 个变量的多项式（每个变量的最大次数为 d），sum-check 协议的可靠性误差最大为 $(v-1)d/|\mathbb{F}|$。令

$$s_1(X_1)=\sum_{x_2,\cdots,x_v\in\{0,1\}^{v-1}}g(X_1,x_2,\cdots,x_v)$$

假设证明者$\mathcal{P}$在第一轮发送多项式$g_1(X_1)\neq s_1(X_1)$。因为任何次数为d的不相同的单变量多项式最多只能在d个输入处求值相同，所以$g_1(r_1)=s_1(r_1)$的概率最大为$d/|\mathbb{F}|$。在这个基础上，证明者$\mathcal{P}$需要在第二轮证明$g_1(r_1)=\sum_{(x_2,\cdots,x_v)\in\{0,1\}^{v-1}} g(r_1,x_2,\cdots,x_v)$。因为$g(r_1,x_2,\cdots,x_v)$是个有$(v-1)$个变量的多项式，而且每个变量的次数最大为$d$，使用归纳假设，验证者$\mathcal{V}$最少以$1-d(v-1)/|\mathbb{F}|$的概率退出协议。所以对于整个sum-check协议，$\mathcal{V}$退出的概率最少为：

$$Pr[s_1(r_1)\neq g_1(r_1)]-(1-Pr[\mathcal{V}\text{在某些轮}j>1\mid s_1(r_1)\neq g_1(r_1)])$$
$$\geqslant\left(1-\frac{d}{|\mathbb{F}|}\right)-\frac{d(v-1)}{|\mathbb{F}|}=1-\frac{dv}{|\mathbb{F}|}$$ □

成本讨论　对于多项式g中的每一个变量，sum-check协议都需要一轮。证明者向验证者发送消息的通信总成本是$\left[\sum_{i=1}^{v}(\deg_i(g)+1)=v+\sum_{i=1}^{v}\deg_i(g)\right]$个域元素。验证者向证明者发送消息的通信总成本是$v$个域元素（每轮一个）①。特别的，如果对所有的$i$，$\deg_i(g)=O(1)$，则总的通信成本是$O(v)$个域元素②。

整个协议执行过程中，验证者的执行时间和通信总成本成正比，额外需要一个预言机对$g(r_1,\cdots,r_v)$进行查询。

证明者的执行时间没那么直观。回忆一下，$\mathcal{P}$通过发送每一个$i\in\{0,\cdots,\deg_j(g)\}$对应的求值，指定多项式$g_j$：

$$g_j(i)=\sum_{(x_{j+1},\cdots,x_v)\in\{0,1\}^{v-j}} g(r_1,\cdots,r_{j-1},i,x_{j+1},\cdots,x_v) \tag{4.7}$$

一个重要的发现是等式(4.7)中的$g_j(i)$的值的项数随着j的增加而呈几何级数减少：第j个求和总共有$(1+\deg_j(g))\cdot 2^{v-j}$项，其中因子$2^{v-j}$是因为在$\{0,1\}^{v-j}$中的向量有$2^{v-j}$个。因此，整个协议过程中证明者需要计算的项数为$\sum_{j=1}^{v}(1+\deg_j(g))\,2^{v-j}$。如果$\deg_j(g)=O(1)$，则项数为$O(1)\cdot\sum_{j=1}^{v}2^{v-j}=O(1)\cdot(2^v-1)=O(2^v)$。相应的，如果$\mathcal{P}$能访问$g$的预言机，则证明者$\mathcal{P}$仅仅需要$O(2^v)$的计算时间。

在本书中的所有应用中，证明者$\mathcal{P}$不具备查找g的求值表的预言机访问权限，并且本书的许多核心结论说明$\mathcal{P}$能在接近$O(2^v)$的时间内完成所需点的g的求解。

① 更精确地说，验证者并不需要在最后一轮发送随机挑选的r_v给证明者。但是，如果sum-check协议在更复杂的协议中充当"子流程"的时候（如4.6节的GKR协议），验证者通常需要发送最后一轮的随机域元素，继续完成复杂协议。

② 实际应用的sum-check协议中，$\mathbb{F}$域的大的小通常在2^{128}和2^{256}之间。也就是说，域元素需要用16个到32个字节表示。这样的域大小保证了sum-check协议的可靠性误差足够小，域运算也比较快。

sum-check 协议的成本总结在表 4.1 中。因为 $\mathcal{P}$ 和 $\mathcal{V}$ 在具体应用中不具备预言机的访问能力，表格中明确指出了访问 g 预言机的次数。

表 4.1 在域$\mathbb{F}$上，sum-check 协议应用于 v 变量多项式 g 的成本。这里，$\deg_i(g)$代表 g 中 i 变量的次数，T 代表对 g 的一次预言机查询的成本

通信成本	轮数	$\mathcal{V}$ 执行时间	$\mathcal{P}$ 执行时间
$O\left(\sum_{i=1}^{v}\deg_i(g)\right)$ 域元素	v	$O\left(v+\sum_{i=1}^{v}\deg_i(g)\right)+T$	$O\left(\sum_{i=1}^{v}\deg_i(g)\cdot 2^{v-i}\cdot T\right)=O(2^v\cdot T)$ 如果对所有的 i，满足 $\deg_i(g)=O(1)$

评注 4.2 sum-check 协议的一个重要的特点是验证者发送给证明者的消息都是随机的域元素，和多项式 g 完全不相关。事实上，验证者 $\mathcal{V}$ 在协议的执行过程中只需要知道多项式中 v 个变量的次数的上限，并且有能力在随机点 $r\in\mathbb{F}^v$ 对 g 求值即可①。

这也意味着验证者 $\mathcal{V}$ 只要知道多项式中的每个变量的次数的上限，并且有能力在随机点 $r\in\mathbb{F}^v$ 对 g 求值，即使不知道多项式 g 也可以使用 sum-check 协议。相反，证明者必须知道多项式 g，计算 sum-check 协议过程中的每一个消息。

为什么多线性扩展有用：确保证明者计算快 我们将看到多个场景中，计算来自验证者输入的一些函数 $f:\{0,1\}^v\to\mathbb{F}$ 的求和 $H=\sum_{x\in\{0,1\}^v}f(x)$很有用。我们可以对 f 的低次扩展 g 应用 sum-check 协议计算出 H。如果 g 本身是少数多线性扩展多项式的乘积，则对 g 应用 sum-check 协议，其证明者的实现可以格外高效。特别的，正如后面的引理 4.4 将介绍的，引理 3.2(它以拉格朗日多项式清晰表示 $\tilde{f}$)可以用来保证在证明者消息的计算过程中有很多可消除的项，从而保证了快速计算。

为什么不能总是使用多线性扩展：保证验证者计算快 虽然多线性扩展 $\tilde{f}$ 的应用能明显保证证明者的计算快速，但是 $\tilde{f}$ 不能在所有的应用中使用。其原因是，验证者在 sum-check 协议的最后一轮需要在一个随机点 $r\in\mathbb{F}^v$ 处求 $\tilde{f}$ 的值。在有些场景下，这个计算是相当耗时的。

引理 3.4 在给定 f 的所有布尔输入的求值情况下，给出了 $\mathcal{V}$ 在 $O(2^v)$时间求解 $\tilde{f}(r)$ 的一个方法。这个可能是，也可能不是一个可接受的执行时间，取决于 v 和验证者输入大小 n 的关系。如果 $v\leqslant\log_2 n+O(\log\log n)$，那么 $O(2^v)=\tilde{O}(n)$②，并且验证者的执行时

① 验证者$\mathcal{V}$只在最后一轮检查证明者的消息时需要 $g(r)$，而在其他轮的检查并不需要知道多项式 g 的信息。
② $\tilde{O}(\cdot)$的表示方法隐藏了多对数因子，如 $n\log^4 n=\tilde{O}(n)$。

间是拟线性的①。但是,我们将看到在一些应用中,$v=c\log n$,其中 c 是常数且 $c>1$,也有一些应用中 $v=n$(如 4.2 节中的 #SAT 协议)。在这些场景下,$O(2^v)$的执行时间对于验证者来说是不可接受的,我们将被迫采用 f 的简洁的扩展 g,以保证 $\mathcal{V}$ 能在比 2^v 小很多的时间内计算 $g(r)$。有时,$\tilde{f}$ 本身就是一个简洁表示,但是在其他时候,我们将被迫使用 f 的高次扩展。查看习题 4.2 和习题 4.3(问题(d)和问题(e)部分)获取更多细节。

4.2 sum-check 的第一个应用:#SAT∈IP

布尔方程和电路 一个多变量 $x_1,\cdots,x_n$ 的布尔方程是一个二叉树。每个叶子标号为一个变量 x_i 或者变量的布尔非。每一个非叶子节点计算的是两个子节点的 AND 或者 OR 操作。树上的每个节点也称为门。树的根节点就是这个方程的输出门。这个方程的大小 S 是这棵树的叶子的个数。需要注意的是,可能不同的节点标号为同一个变量 x_i 或者它的布尔非。也就是说,S 可能比 n 要大得多(图 4.1 就是一个例子)。

一个布尔方程对应一个布尔电路。它们的区别在于布尔方程要求非输出门必须是扇出为 1,而布尔电路中的门的扇出没有限制。这里,方程或者电路中的一个门 g 的扇出指的是 g 提供输入的其他门的个数,也就是说,g 自己作为输入的门的个数。图 4.2 就是一个布尔电路的示例②。

这也就意味着,电路可以"重用中间节点的值"。一个门的输出结果可以输入给其他多个门。相反,如果布尔方程想重用某个值,那么必须从叶子开始重新计算这个值,因为每一个 AND 门和 OR 门的扇出都为 1。从可视化的角度看,布尔方程是一个二叉树,电路是个有向无环图。

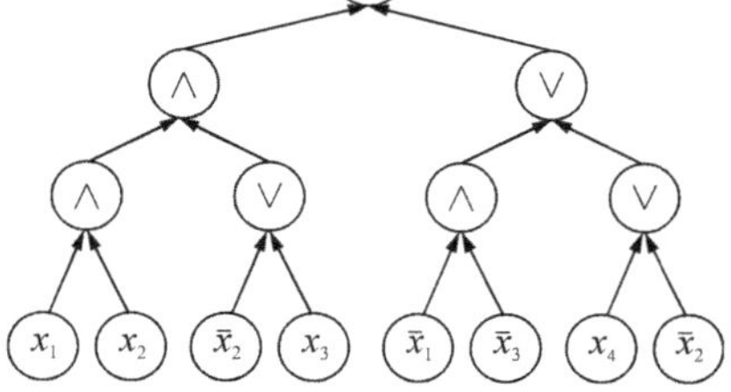

图 4.1 大小为 8 的一个 4 变量的布尔公式 ϕ。这里,∨代表 OR,∧代表 AND,并且 $\bar{x}_i$ 代表 x_i 变量的布尔非

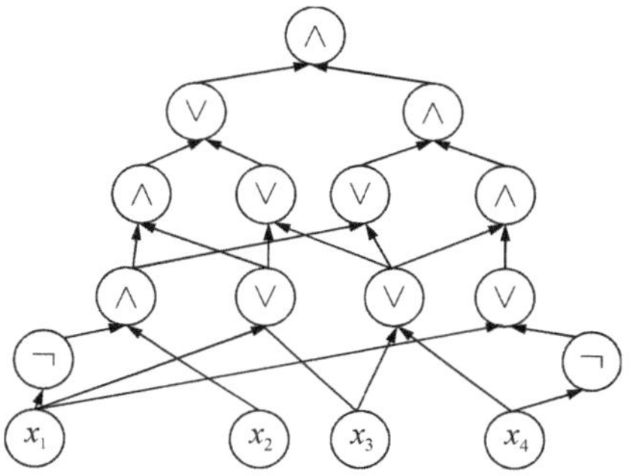

图 4.2 4 输入变量的布尔电路。这里,∨代表 OR,∧代表 AND,¬代表非

① 拟线性时间意味着 $\tilde{O}(n)$时间,也就是说,至多比线性时间大一个多对数因子。

② 为方便起见,布尔电路中的变量的非通常用 NOT 门表示。而在方程中,变量的布尔非通常直接用叶子节点表示。

$^{\#}$SAT 问题　令 ϕ 是一个有 n 个变量的布尔方程，其大小是 $S=\text{poly}(n)$①。重用一下符号，我们用 ϕ 表示方程本身和它在 $\{0,1\}^n$ 上计算的函数。$^{\#}$SAT 问题的目标是计算出满足 ϕ 的可能输入的个数。相应地，目标就是计算

$$\sum_{x\in\{0,1\}^n}\phi(x) \tag{4.8}$$

$^{\#}$SAT 问题被认为是非常难的问题，已知的最快算法也需要以 n 为指数的计算时间。也就是说，已知最好的算法也不比"暴力枚举"好多少。暴力枚举 2^n 个可能性，每个可能性需要 $O(S)$ 的计算时间。普遍认为，即使是判定是否存在一个或者多个满足方程的输入也需要指数时间②。然而对于$^{\#}$SAT 问题，存在一个交互式证明协议，验证者执行时间是多项式时间。

$^{\#}$SAT 问题的交互式证明　式(4.8)是对 $\{0,1\}^n$ 范围内的输入对应的 ϕ 值求和。这立刻让人想起 Lund 等[186]设计的 sum-check 协议，计算某个低次多项式 g 在 $\{0,1\}^n$ 范围上求值的和。为了应用 sum-check 协议计算式(4.8)，我们需要挑选出总次数为 poly(S)，在合适的有限域 $\mathbb{F}$ 上 ϕ 的多项式扩展 g。事实上，g 扩展 ϕ 必须满足：$\sum\limits_{x\in\{0,1\}^n} g(x)=\sum\limits_{x\in\{0,1\}^n}\phi(x)$ ③，而且我们要求验证者能在多项式时间获取随机点 r 对应的值。因为 g 的总次数为poly(S)，sum-check 协议的验证者执行时间是 poly(S)。g 的定义如下：

令 $\mathbb{F}$ 是一个大小至少为 S^4 的有限域。在如下 sum-check 协议应用中，可靠性误差最大为 $S/|\mathbb{F}|$。这个有限域必须足够大，以保证这个误差足够小。如果 $|\mathbb{F}|\approx S^4$，这个误差最大为 $1/S^3$。域越大，可靠性误差越小。

我们可以把 ϕ 转化为在有限域 $\mathbb{F}$ 上的算术电路 Ψ。这个算术电路可以用来计算 ϕ 的扩展 g。这里，算术电路 $\mathcal{C}$ 有输入门、输出门、中间门以及它们之间的连线。每一个门计算有限域 $\mathbb{F}$ 上的加法或者乘法。这种用一个算术电路 Ψ 计算 ϕ 的多项式扩展，从而代替布尔方程 ϕ 的过程称为算术化。

对于 ϕ 中的 AND 门(两个输入为 y,z)，Ψ 则用在 $\mathbb{F}$ 上的 y 和 z 的乘法代替 AND(y,z)。很容易验证，因为 AND(y,z)$=y\cdot z$ 对所有的 $y,z\in\{0,1\}$都成立，两个变量的多项式 $y\cdot z$ 扩展了布尔运算 AND(y,z)。同样地，Ψ 用 $y+z-y\cdot z$ 扩展 OR(y,z)布尔操作。所有 $\bar{y}$

---

① $S=\text{poly}(n)$的意思是 S 的上限是 $O(n^k)$，$k\geqslant 0$。我们将假设 $S\geqslant n$，从而简化协议成本的描述：如果 ϕ 依赖于所有 n 个输入变量，那么这样的假设永远成立。

② 熟悉 **NP**-完全概念的读者可以看出公式的可满足性是个 **NP**-完全问题，意味着它有一个多项式时间的算法当且仅当 **P**=**NP**。

③ 更精确一点，如果$\mathbb{F}$域的大小是质数 p，$\sum\limits_{x\in\{0,1\}^n} g(x)$ 等于 ϕ 的满足条件的输入的个数模 p。如果想要知道准确地满足条件的输入个数，则有很多种方法可以解决这个问题。最简单的办法就是让 p 大于可能的输入个数的最大值，也就是 2^n。这样的话，验证者的时间依然是多项式的，因为在这个范围内的域元素可以在 n 的多项式时间内进行计算。当设计在某个域上的证明系统的时候，越界的问题时常发生。

形式的叶子节点(如 y 的布尔非)用 $1-y$ 代替。这个转化的示例可以查看图 4.3 和图 4.4。容易看出 $\psi(x)=\phi(x)$ 对所有的 $x\in\{0,1\}^n$ 都成立,并且算术电路 Ψ 中的门数最多是 3S。

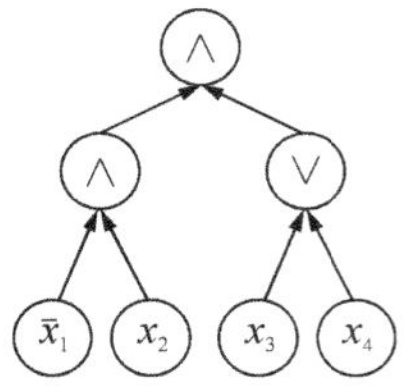

图 4.3 大小为 4 的 4 变量的布尔公式 ϕ。这里,∨代表 OR,∧代表 AND,以及 $\bar{x}_1$ 代表变量 x_1 的非

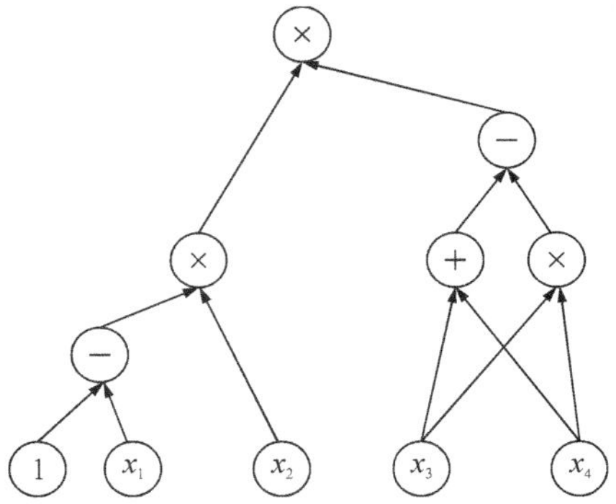

图 4.4 在有限域 $\mathbb{F}$ 上,计算 ϕ 的多项式扩展的算术电路 ψ

对于任何由 Ψ 计算出的多项式 g 满足 $\sum_{i=1}^{n}\deg_i(g)\leqslant S$①。也就是说,如果对 g 使用 sum-check 协议,则总的通信成本是 $O(S)$ 个域元素,并且验证者 $\mathcal{V}$ 需要 $O(S)$ 时间检查从证明者发送的前 $(n-1)$ 个消息。为了检查证明者 $\mathcal{P}$ 的最后一个消息,验证者 $\mathcal{V}$ 必须获取随机选择点 $r\in\mathbb{F}^n$ 对应的值。验证者 $\mathcal{V}$ 可以在 $O(S)$ 时间内通过一个个的门运算获得 $g(r)$。因为多项式 g 有 n 个变量,并且 $\sum_{i=1}^{n}\deg_i(g)\leqslant S$,对 g 应用 sum-check 协议的可靠性误差最大是 $S/|\mathbb{F}|$。

正如 4.1 节解释的,证明者运行时间(最多)是 $2^n\cdot T\cdot\left(\sum_{i=1}^{n}\deg_i(g)\right)$,其中 T 是获取 g 在一个点上的值的成本。因为 g 可以在 $O(S)$ 时间内通过一个个门的运算获得任意点对应的值,所以证明者在 #SAT 协议的执行时间为 $O(S^2\cdot 2^n)$。#SAT 协议的成本总结在表 4.2 中。

表 4.2 应用到大小为 S 的布尔方程 $\phi:\{0,1\}^n\to\{0,1\}$ 时,4.2 节中的 #SAT 协议成本

通信成本	轮数	$\mathcal{V}$ 执行时间	$\mathcal{P}$ 执行时间
$O(S)$ 域元素	n	$O(S)$	$O(S^2\cdot 2^n)$

① 归纳证明一下这个事实。如果 ϕ 只有一个叶子节点,则这个结论显然成立。假设 ϕ 最多有 $S/2$ 个叶子节点,且输出门是 AND(如果输出门是 OR,结论同样成立),结论成立。输出门的两个入邻将 ϕ 分割成两个不相交子方程 ϕ_1,ϕ_2,这两个子方程的大小分别是 S_1,S_2,使得 $S_1+S_2=S$,且 $\phi(x)=\text{AND}(\phi_1(x),\phi_2(x))$。根据归纳假设,将两个子方程算术化得到的扩展多项式分别是 g_1,g_2,且满足 $j=1,2$,$\sum_{i=1}^{n}\deg_i(g_j)\leqslant S_j$,则对应 ϕ 的扩展是 $g=g_1\cdot g_2$,满足 $\sum_{i=1}^{n}\deg_i(g)\leqslant S_1+S_2=S$。

IP = PSPACE 如上的$^{\#}$SAT 协议能得出一个比较有名的结论，也就是 **IP = PSPACE**[186,231]①。交互式证明中多项式时间的验证者能解决的问题和多项式空间能解决的问题相当。这里，我们简便地讨论一下怎么证明两者相当，也就是 **IP**$\subseteq$**PSPACE** 和 **PSPACE**$\subseteq$**IP**。

为了证明 **IP**$\subseteq$**PSPACE**，需要证明对于任何常数 $c>0$，任何可通过交互式证明解决的且验证者的执行时间最大为 $O(n^c)$的语言 $\mathcal{L}$，都存在一个算法 $\mathcal{A}$，在最多，比如 $O(n^{3c})$的空间，解决同样的问题。因为 c 是个和 n 不相关的常量，$3c$ 也是(尽管大一点)，因此空间上限 $O(n^{3c})$也是关于 n 的多项式的。

需要注意的是，$O(n^{3c})$空间算法可能非常慢，可能甚至是 n 的指数级时间。也就是说，**IP**$\subseteq$**PSPACE** 并不代表，任何通过交互式证明解决的问题，即使有一个高效的验证者，也不一定有一个快的算法。但是，确实表明了这样的问题有一个合理的小空间的算法。

粗略地说，输入为 x 的算法 $\mathcal{A}$ 检查是否 $x\in\mathcal{L}$ 就是检查是否存在证明者策略让验证者以超过 2/3 的概率接受。也就是说，找到一个优化的证明策略，比如找到一个证明策略最大化验证者接受输入 x 的概率，并确定这样的概率。

稍微详细地说，我们只需证明对于任何验证者运行时间为 $O(n^c)$的交互证明协议，以下两个条件成立：(1) 最优的证明者策略可以在空间复杂度 $O(n^{3c})$内计算；(2) 当证明者执行最优策略时，验证者接受概率可以在空间复杂度 $O(n^{3c})$内计算。结合条件(1)和(2)，当且仅当最优的证明者策略使验证者接受输入 x 的概率至少为 2/3 时，$x\in\mathcal{L}$，从而得出 **IP**$\subseteq$**PSPACE** 的结论。

条件(2)成立是因为对于任何固定的证明者策略 $\mathcal{P}$ 和输入 x，验证者在与 $\mathcal{P}$ 交互时接受的概率可以通过枚举验证者的随机掷币的所有可能来取值，并计算使得验证者接受的取值比例，以空间复杂度 $O(n^c)$进行计算。需要注意的是，这个枚举过程非常缓慢，需要指数级的时间复杂度 $O(2^n)$，但是由于验证者的运行时间为 $O(n^c)$，因此它使用的空间最多为 $O(n^c)$。至于条件(1)的证明，读者可参考文献[176]和[讲义 17]②。

证明 **PSPACE**$\subseteq$**IP** 更有挑战。在前面描述的 Lund 等[186]的$^{\#}$SAT 协议已经包含了证明需要的主要思路。Shamir[231]扩展$^{\#}$SAT 协议为 **PSPACE-**完全语言 TQBF，并且 Shen[232]给出了更简单的证明。我们这里不描述 Shamir 或者 Shen 的扩展部分，在后面(4.5.5 节)我们将提供 **PSPACE**$\subseteq$**IP** 的一个不同但更棒的证明。

---

① 这里的 **PSPACE** 指的是一类决策问题。这些问题可以通过内存使用上限为 n 的常量幂次的算法解决。

② 文献[176]和[讲义 17]所述，**IP**$\subseteq$**PSPACE** 的结论归功于 Paul Feldman 在 Goldwasser 和 Sipser 的一篇论文中的手稿[136]，并且也从文献[136]的分析中得出该结论。

4.3 第二个应用:计算图中三角形个数的简单交互式证明

4.2 节利用 sum-check 协议实现了 $^{\#}$SAT 问题的交互式证明(IP),其中验证者执行时间是输入的多项式时间,证明者执行时间是输入的指数时间。在现实中,这看上去没有特别的用途,一个指数时间的证明者甚至不能扩展到中等大小的输入。理想情况下,我们希望证明者时间是多项式的,而不是指数的,而且验证者时间是线性的,而不是多项式的。达到这种时间开销的交互式证明被称为是*双效*的,用来强调验证者和证明者的执行时间都非常高效。这一节的其余部分就是设计"双效"的交互式证明。

在这一节,我们将用一种直观的方式应用 sum-check 协议,实现一个简单双效的 IP 来解决一个重要的图问题:三角形计数问题。对于这个问题,4.5.1 节给出了一个更有效(但不是最简单的)的 IP。

假设 $G=(V,E)$ 是一个简单的 n 个顶点的图①。V 代表 G 中顶点的集合,E 代表 G 中边的集合。令 $\mathbf{A}\in\{0,1\}^{n\times n}$ 代表 G 的邻接矩阵。如果 $(i,j)\in E$,则 $A_{i,j}=1$。三角形个数问题的输入是这个邻接矩阵 $\mathbf{A}$,目标是确定三点相连的个数。三点相连的意思是 $(i,j,k)\in V\times V\times V$ 互相连接,即 (i,j),(j,k) 和 (i,k) 都是属于 E 的边。

乍一看,完全不知道如何将一个图 G 中三角形个数表示为如式(4.1)所示的低次多项式 g 在 $\{0,1\}^v$ 上的值的求和。毕竟这个三角形计数问题和低次多项式 g 没有关系,那么怎么构建出 g? 这时候多线性扩展就能派上用场了。

说到多线性扩展,我们不能把邻接矩阵看成一个矩阵,而是一个函数 $f_{\mathbf{A}}$,从 $\{0,1\}^{\log n}\times\{0,1\}^{\log n}$ 映射到 $\{0,1\}$ 的函数。这个函数可以定义成 $f_{\mathbf{A}}(x,y)$,x 和 y 可以看成范围是 1 到 n 的 i 和 j 的二进制表示,输出为 $A_{i,j}$。图 4.5 是个例子②。

图 G 中的三角形个数为:

$$\Delta=\frac{1}{6}\sum_{x,y,z\in\{0,1\}^{\log n}} f_{\mathbf{A}}(x,y)\cdot f_{\mathbf{A}}(y,z)\cdot f_{\mathbf{A}}(x,z) \tag{4.9}$$

可以看出上面等式中的求和项只有在 (x,y),(y,z) 以及 (x,z) 都是图 G 中边的时候,才为 1。其他情况下,都为 0。因为求和项是有序点组 (i,j,k),同一个三角形会被重复计算 6 次,所以此处系数是 1/6。

令 $\mathbb{F}$ 是大小为 $p\geqslant 6n^3$ 的有限域,其中 p 是质数,矩阵 $\mathbf{A}$ 中的元素都是 $\mathbb{F}$ 中的域元素。因为 n 个顶点的图中的三角形个数是 $\binom{n}{3}\leqslant n^3$,并且我们选择的 p 足够大,6Δ 在 $\{0,$

---

① 一个简单的图的边没有方向和权重,而且没有自环或者重复的边。

② 图 4.5 描述了一个元素是 $\mathbb{F}$ 上的任意域元素的矩阵 $\mathbf{A}$。在如上定义的三角形个数问题上,$\mathbf{A}$ 中每个元素只能是 0 或者 1,不能是任意的域元素。

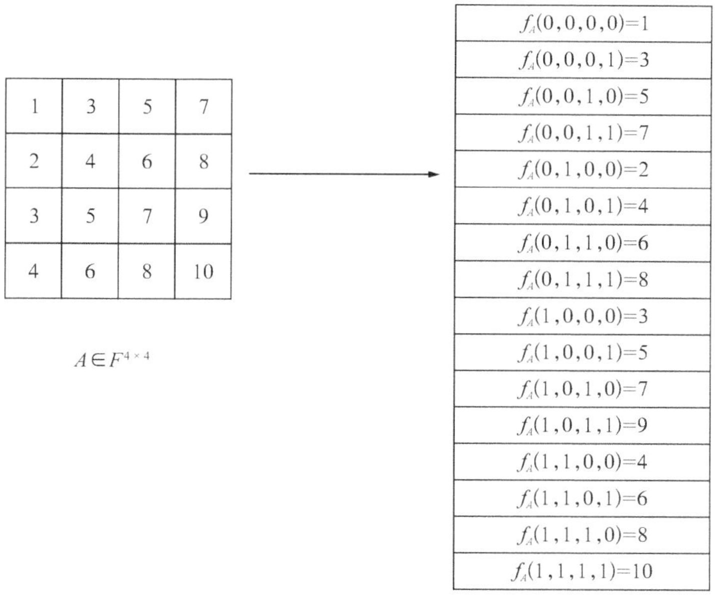

图 4.5　将 $n\times n$ 的矩阵 $\mathbf{A}$ 的中属于$\mathbb{F}$的元素看成是一个函数 f_A 的示例。该函数将$\{0,1\}^{\log_2 n}\times\{0,1\}^{\log_2 n}$域映射到$\mathbb{F}$,其中 $n=4$。需要注意的是,$\mathbf{A}$ 中有 n^2 个元素,并且有一个 n^2 的列表$\{0,1\}^{\log_2 n}\times\{0,1\}^{\log_2 n}$。$\mathbf{A}$ 中的元素解释为n^2 个 $f_{\mathbf{A}}$ 函数的求值列表

$1,\cdots,p-1\}$范围内。这就保证了,如果将 $\mathbb{F}$ 上的域元素和$\{0,1,\cdots,p-1\}$范围内的整数关联,即使所有的加法和乘法都是有限域上的操作,等式(4.9)依然成立。

最后,我们可以构建多项式 g,并采用 sum-check 协议计算 6Δ。回忆一下,$\widetilde{f}_{\mathbf{A}}$ 是 $f_{\mathbf{A}}$ 函数在有限域 $\mathbb{F}$ 上的多线性扩展。定义 g 是一个有 $3\log n$ 个变量的多项式:

$$g(X,Y,Z)=\widetilde{f}_{\mathbf{A}}(X,Y)\cdot\widetilde{f}_{\mathbf{A}}(Y,Z)\cdot\widetilde{f}_{\mathbf{A}}(X,Z)$$

等式(4.9)可以表示为:

$$6\Delta=\sum_{x,y,z\in\{0,1\}^{\log n}} g(x,y,z)$$

接下来应用 sum-check 协议可以获得计算 6Δ 的交互式证明。

示例　设想一个最小的非空图:一条边连接两个顶点的图,在这个图中没有三角形。因为这个图少于三个顶点,并且没有自环。根据鸽笼原则,对每一个三顶点组(i,j,k),至少有两个顶点是同一个顶点(也就是说,至少 $i=j$,$j=k$ 或者 $i=k$ 成立),并且由于图中没有自环,这两个顶点没有互相连接。在这个例子中,邻接矩阵是:

$$\mathbf{A}=\begin{pmatrix}0 & 1\\ 1 & 0\end{pmatrix}$$

$$\widetilde{f}_A(a,b)=a\cdot(1-b)+b\cdot(1-a)$$

$$g(X,Y,Z)=[X\cdot(1-Y)+Y\cdot(1-X)][Y\cdot(1-Z)+Z\cdot(1-Y)][X\cdot(1-Z)+Z\cdot(1-X)]$$

不难看出,对于所有的$(x,y,z)\in\{0,1\}^3$,$g(x,y,z)=0$。这样的话,可以利用 sum-check

协议证明这个图中的三角形的个数是$\frac{1}{6}\cdot\sum_{(x,y,z)\in\{0,1\}^3} g(x,y,z)=0$。

协议成本 由于多项式 g 有 $3\log n$ 个变量，因此 sum-check 协议有 $3\log n$ 轮。因为多项式 g 中的每个变量的次数最大为 2，所以证明者在每一轮发送的域元素最多是 3 个。这也意味着通信成本是 $O(\log n)$个域元素（证明者向验证者发送 $9\log n$ 个域元素，验证者向证明者最多发送 $3\log n$ 个域元素）。

验证者的执行时间主要是 sum-check 协议的最后一轮检查。最后一轮需要获取多项式 g 在随机输入$(r_1,r_2,r_3)\in\mathbb{F}^{\log n}\times\mathbb{F}^{\log n}\times\mathbb{F}^{\log n}$时的值。获取这个值也就需要获取$\tilde{f}_A(r_1,r_2)$，$\tilde{f}_A(r_2,r_3)$和 $\tilde{f}_A(r_1,r_3)$的值。根据引理 3.4，这三个值的计算需要 $O(n^2)$个域运算，并且与输入矩阵 $\boldsymbol{A}$ 的大小呈线性关系。

很明显，证明者的执行时间最大是$O(n^5)$。因为协议总共有 $3\log n$ 轮，证明者的执行时间是 $O(n^3)$个 g 的求值时间（查看表 4.1）。并且，正如前面小节描述的，g 在$\mathbb{F}^{3\log n}$的任意输入的求值需要 $O(n^2)$时间。事实上，下一节将介绍一个更好的算法，其证明者的执行时间下降到 $O(n^3)$。这样的算法已经和直接计算图中三角形个数的算法相当。在这一节，我们暂不讨论如何实现 $O(n^3)$的证明者时间。4.5.1 节会给出一个不同的三角形计数 IP，其证明者的执行时间远远低于 $O(n^3)$。

鸟瞰回顾 希望如上的三角形计数协议能够让大家了解实践中关心的问题，通过不太明显的方式转化成等式(4.1)的实例。大致的框架如下：一个长度为 n 的输入 x 可以看成函数 f_x，将$\{0,1\}^{\log n}$映射到域$\mathbb{F}$。然后将 f_x 进行多线性扩展生成$\tilde{f}_x$，构建一个低次多项式 g 使得类似等式(4.1)问题的答案等于多项式 g 在布尔超立方体空间的总和。这章的其他部分继续展开这个框架下的其他例子。

4.4 第三个应用：$\mathrm{M_{AT}M_{ULT}}$的超高效 IP

该节讲解摘自文献[23]的矩阵乘法（$\mathrm{M_{AT}M_{ULT}}$）的深度优化的 IP 协议。虽然 $\mathrm{M_{AT}}$-$\mathrm{M_{ULT}}$协议本身有它自己的出发点，在这里介绍有诸多原因：这个协议简洁明了，算法的方方面面在本书中都会研究并给出通用的 IP 和 MIP 协议。

给定定义在域$\mathbb{F}$上的两个 $n\times n$ 的矩阵$\boldsymbol{A}$ 和$\boldsymbol{B}$，$\mathrm{M_{AT}M_{ULT}}$协议的目的是计算这两个矩阵的乘积$\boldsymbol{C}=\boldsymbol{A}\cdot\boldsymbol{B}$。

4.4.1 和 Freivalds 协议比较

回想 2.2 节，1977 年 Freivalds[115]给出了 $\mathrm{M_{AT}M_{ULT}}$的如下的验证协议：为了检查$\boldsymbol{A}\cdot\boldsymbol{B}=\boldsymbol{C}$，$\mathcal{V}$ 挑选一个随机向量 $\boldsymbol{x}\in\mathbb{F}^n$，如果 $\boldsymbol{A}\cdot(\boldsymbol{Bx})=\boldsymbol{Cx}$，则接受这样的陈述：$\boldsymbol{A}\cdot\boldsymbol{B}=\boldsymbol{C}$。$\mathcal{V}$

能通过向量乘法计算 $\boldsymbol{A}\cdot(\boldsymbol{Bx})$，只需要 $O(n^2)$时间。这样在 Freivalds 协议中，$\mathcal{P}$ 仅仅需要找到并发送正确的 $\boldsymbol{C}$，$\mathcal{V}$ 运行的总时间优化为 $O(n^2)$。时至今日，Freivalds 协议经常出现在随机算法的入门教科书中。

Freivalds 协议对 MATMULT 计算的验证画上了句号，该协议中 $\mathcal{V}$ 和 $\mathcal{P}$ 的执行时间都是最佳的：$\mathcal{P}$ 除了证明结果矩阵 $\boldsymbol{C}$ 正确外没有任何额外的工作，$\mathcal{V}$ 的执行时间和输入大小呈线性关系，甚至整个协议不是交互式的（$\mathcal{P}$ 仅仅发送结果矩阵 $\boldsymbol{C}$ 给 $\mathcal{V}$）。

然而，感觉还有可能通过 $\mathcal{P}$ 和 $\mathcal{V}$ 之间的交互改进 Freivalds 协议。在很多场景下，采用 MATMULT 协议并不关心完整的矩阵结果，而是对矩阵结果进行处理后获取真正关心的结果。例如，非常有名的图直径算法反复对图的邻接矩阵求平方，最终他们并不关心矩阵的幂次结果，而仅关心一个数值。又如 4.5.1 节所讨论的，稠密图的三角形计数的最快算法涉及矩阵乘法，但最终也只关心一个数值，也就是图中的三角形的个数。

如果 Freivalds 协议用来验证这些算法中的每一次矩阵乘法，则真实完整的矩阵乘法结果需要传输，也就是需要 $\Omega(n^2)$的传输成本。现实中，即使是只有几百万个节点的图，这个传输的数据量很容易达到大量的太字节。同时，即使 G 是稀疏的，G 的邻接矩阵的幂次结果也可能是稠密的。

本节描述了一个交互式的矩阵乘法协议[237]，既保持了 Freivalds 协议中的 $\mathcal{V}$ 和 $\mathcal{P}$ 的执行时间性能，也避免了上述场景中证明者 $\mathcal{P}$ 传输完整的矩阵结果。在这些场景中，矩阵乘法的交互式协议的通信成本只有 $O(\log n)$个域元素。

交互的威力　交互式的 MATMULT 协议和 Freivalds 的非交互式协议的比较佐证了验证时交互的威力。交互式证明让验证者确保证明者在计算过程中使用正确的中间值（这里是乘积矩阵 $\boldsymbol{C}$ 中的元素），却不需要证明者将这些中间值发给验证者。当我们在 4.5.1 节讨论三角形计数协议的时候，这一点会更加清晰。粗略地讲，在那个协议中，证明者能在不将邻接矩阵的平方结果发送给验证者的情况下，让验证者相信证明者正确计算了图的邻接矩阵的平方结果。

MATMULT 计算的其他协议　可以通过对计算两个输入矩阵 $\boldsymbol{A}$，$\boldsymbol{B}$ 的乘积 $\boldsymbol{C}$ 的电路 $\mathcal{C}$ 采用 GKR 协议，得到另一种交互式 MATMULT 协议。在这样的协议中，验证者的计算时间是 $O(n^2)$，证明者的计算时间是 $O(S)$，其中 S 是 $\mathcal{C}$ 中门的个数。

本节中 MATMULT 协议的好处有两方面。一是它并不关心证明者是如何获得正确结果的。相反，GKR 协议要求证明者在事先确定的方式下计算矩阵 $\boldsymbol{C}$。所谓的事先确定，就是一个门一个门地对电路 $\mathcal{C}$ 求值。二是本节协议中的证明者获得结果后，需要 $O(n^2)$的额外工作证明结果的正确性。假设矩阵乘法没有线性算法，这部分是低维的额外成本。相反，对于证明者来说，GKR 协议引入了最少是固定因子的额外成本。实际上，这就是两种证明者的区别，一种比起（不可验证的）$\mathrm{M_{AT}M_{ULT}}$算法慢了许多倍，另一种则仅慢了约百分之一[237]。

4.4.2 协议

给定两个 $n\times n$ 的矩阵 $\boldsymbol{A},\boldsymbol{B}$，我们还是用 $\boldsymbol{C}$ 表示矩阵的乘积 $\boldsymbol{A}\cdot\boldsymbol{B}$。和 4.3 节类似，我们将 $\boldsymbol{A},\boldsymbol{B}$ 和 $\boldsymbol{C}$ 看成是从 $\{0,1\}^{\log n}\times\{0,1\}^{\log n}$ 到 $\mathbb{F}$ 的函数 $f_{\boldsymbol{A}},f_{\boldsymbol{B}},f_{\boldsymbol{C}}$：

$$f_{\boldsymbol{A}}(i_1,\cdots,i_{\log n},j_1,\cdots,j_{\log n})=A_{ij}$$

其中 $\widetilde{f}_{\boldsymbol{A}},\widetilde{f}_{\boldsymbol{B}}$ 和 $\widetilde{f}_{\boldsymbol{C}}$ 代表函数 $f_{\boldsymbol{A}},f_{\boldsymbol{B}}$ 和 $f_{\boldsymbol{C}}$ 对应的多线性扩展。

$\mathrm{M_{AT}M_{ULT}}$协议最清晰的描述是：获取给定点 $(r_1,r_2)\in\mathbb{F}^{\log n\times\log n}$ 的求值 $\widetilde{f}_C$。我们后续会解释（4.5 节），这种协议对类似图直径以及三角形计数问题都非常有效。

计算 $\widetilde{f}_{\boldsymbol{C}}(r_1,r_2)$ 的协议利用如下的多项式 $\widetilde{f}_{\boldsymbol{C}}(x,y)$ 来表示。

引理 4.1 $\widetilde{f}_{\boldsymbol{C}}(x,y)=\sum\limits_{b\in\{0,1\}^{\log n}}\widetilde{f}_{\boldsymbol{A}}(x,b)\cdot\widetilde{f}_{\boldsymbol{B}}(b,y)$，等式对于 x 和 y 变量成立。

证明：引理中等式的左边和右边都是 x 和 y 变量的多线性扩展多项式。因为 $\boldsymbol{C}$ 的多线性扩展多项式是唯一的，所以我们仅仅需要检查左右两边的等式是否对所有二进制向量 $i,j\in\{0,1\}^{\log n}$ 都成立。也就是检查所有的 $i,j\in\{0,1\}^{\log n}$，

$$f_{\boldsymbol{C}}(i,j)=\sum_{k\in\{0,1\}^{\log n}}f_{\boldsymbol{A}}(i,k)\cdot f_{\boldsymbol{B}}(k,j)\tag{4.10}$$

这显然就是矩阵乘法的定义。 □

借助引理 4.1，交互式证明就比较直接：对 $\log n$ 个变量的多项式 $g(z):=\widetilde{f}_{\boldsymbol{A}}(r_1,z)\cdot\widetilde{f}_{\boldsymbol{B}}(z,r_2)$ 采用 sum-check 协议计算 $\widetilde{f}_{\boldsymbol{C}}(r_1,r_2)$。

考虑在 $\mathbb{F}_5$ 上两个 2×2 的矩阵 $\boldsymbol{A}=\begin{pmatrix}0&1\\2&0\end{pmatrix}$ 和 $\boldsymbol{B}=\begin{pmatrix}1&0\\0&4\end{pmatrix}$，可以计算出

$$\boldsymbol{A}\cdot\boldsymbol{B}=\begin{pmatrix}0&4\\2&0\end{pmatrix}$$

$\boldsymbol{A}$ 和 $\boldsymbol{B}$ 可以看成是从 $\{0,1\}^2$ 到 $\mathbb{F}_5$ 的映射函数，并且：

$$\widetilde{f}_{\boldsymbol{A}}(x_1,x_2)=(1-x_1)x_2+2x_1(1-x_2)=-3x_1x_2+2x_1+x_2$$

$$\widetilde{f}_{\boldsymbol{B}}(x_1,x_2)=(1-x_1)(1-x_2)+4x_1x_2=5x_1x_2-x_1-x_2+1=1-x_1-x_2$$

因为整个计算是在 $\mathbb{F}_5$ 上进行的，所以系数 5 等同于系数 0。

观察得知：

$$\begin{aligned}\sum_{b\in\{0,1\}}\widetilde{f}_{\boldsymbol{A}}(x_1,b)\cdot\widetilde{f}_{\boldsymbol{B}}(b,x_2)&=\widetilde{f}_{\boldsymbol{A}}(x_1,0)\cdot\widetilde{f}_{\boldsymbol{B}}(0,x_2)+\widetilde{f}_{\boldsymbol{A}}(x_1,1)\cdot\widetilde{f}_{\boldsymbol{B}}(1,x_2)\\&=2x_1\cdot(1-x_2)+(-x_1+1)\cdot(-x_2)=-x_1x_2+2x_1-x_2\end{aligned}\tag{4.11}$$

同时，$\boldsymbol{C}$ 可以看成是从 $\{0,1\}^2$ 到 $\mathbb{F}_5$ 的映射函数 $f_{\boldsymbol{C}}$，通过拉格朗日插值可以得到：

$$\widetilde{f}_{\boldsymbol{C}}(x_1,x_2)=4(1-x_1)x_2+2x_1(1-x_2)=-6x_1x_2+2x_1+4x_2=-x_1x_2+2x_1-x_2$$

最后的等式中，在模 5 的情况下，$6\equiv 1$ 且 $4\equiv -1$。因此，我们也验证了引理 4.1 对于这个例子而言是成立的。

4.4.3　成本讨论

轮数以及通信成本　因为 g 是一个有 $\log n$ 个变量的多项式，并且每个变量的次数最大为 2，所以协议总共 $\log n$ 轮，总的通信成本是 $O(\log n)$ 域元素。

$\mathcal{V}$ 的执行时间　在 sum-check 协议结束时，$\mathcal{V}$ 必须获取 $g(r_3)=\widetilde{f}_{\boldsymbol{A}}(r_1,r_3)\cdot\widetilde{f}_{\boldsymbol{B}}(r_3,r_2)$ 的值。为了获取这个值，$\mathcal{V}$ 需要对 $\widetilde{f}_{\boldsymbol{A}}(r_1,r_3)$ 和 $\widetilde{f}_{\boldsymbol{B}}(r_3,r_2)$ 求值。因为矩阵 $\boldsymbol{A}$ 和 $\boldsymbol{B}$ 对 $\mathcal{V}$ 已知，通过引理 3.4，这两个求值能在 $O(n^2)$ 时间内完成。

$\mathcal{P}$ 的执行时间　在 sum-check 协议中的每一轮 k 中，证明者 $\mathcal{P}$ 发送一个二次多项式 $g_k(X_k)$，并声称和如下的多项式相同：

$$\sum_{b_{k+1}\in\{0,1\}}\cdots\sum_{b_{\log n}\in\{0,1\}} g(r_{3,1},\cdots,r_{3,k-1},X_i,b_{k+1},\cdots,b_{\log n})$$

为了传输 $g_k(X_k)$，证明者 $\mathcal{P}$ 只需要发送 $g_k(0)$、$g_k(1)$ 和 $g_k(2)$。也就是说，证明者 $\mathcal{P}$ 需要获取如下形式的点对应的 g 值：

$$(r_{3,1},\cdots,r_{3,k-1},\{0,1,2\},b_{k+1},\cdots,b_{\log n}),\ (b_{k+1},\cdots,b_{\log n})\in\{0,1\}^{\log(n-k)} \tag{4.12}$$

在第 k 轮，总共有 $3\cdot n/2^k$ 这样的点。

我们介绍三种不同的方法计算这些值。第一种方法是最简单的，需要 $\Theta(n^3)$ 时间。第二种方法将每轮的执行时间减少为 $\Theta(n^2)$，$\log n$ 轮对应的总的执行时间为 $\Theta(n^2\log n)$。第三种方法比较复杂，即证明者能复用多轮之间的工作，其在第 k 轮的执行时间为 $O(n^2/2^k)$。也就是说，证明者的总的执行时间是 $O\left(\sum_k n^2/2^k\right)=O(n^2)$。

方法 1：和讨论验证者 $\mathcal{V}$ 的执行间一样，多项式 g 在任意点的求值时间为 $O(n^2)$。在第 k 轮，证明者 $\mathcal{P}$ 需要计算 $3\cdot n/2^k$ 点对应的值，总的执行时间为 $O\left(\sum_k n^3/2^k\right)=O(n^3)$。

方法 2：为了优化方法 1 中的证明者 $O(n^3)$ 执行时间，利用一个事实，证明者 $\mathcal{P}$ 在第 k 轮需要计算的 $3\cdot n/2^k$ 点，并不是 $\mathbb{F}^{\log n}$ 中的任意点。每个这样的点 z 都有一些结构特征，可以用等式(4.12)表示，z 的尾部坐标都是布尔值($\{0,1\}$值)。接下来会解释，这个性质保证了矩阵 $\boldsymbol{A}$ 中的每个元素 A_{ij} 对 $g(r_{3,1},\cdots,r_{3,k-1},\{0,1,2\},b_{k+1},\cdots,b_{\log n})$ 的贡献只限于一个元组 $(b_{k+1},\cdots,b_{\log n})\in\{0,1\}^{\log(n-k)}$。$B_{ij}$ 也是一样。因此，证明者 $\mathcal{P}$ 只需要扫描矩阵 $\boldsymbol{A}$ 和 $\boldsymbol{B}$ 一次，对其中的元素 A_{ij} 或者 B_{ij}，证明者 $\mathcal{P}$ 只需要更新三个相关的并且形式为 $(r_{3,1},\cdots,$

$r_{3,k-1},\{0,1,2\},b_{k+1},\cdots,b_{\log n}$)的 z 对应 $g(z)$ 即可。

更详细地说，为了获取任意输入 z 对应的 g 值，证明者 $\mathcal{P}$ 只要获取 $\tilde{f}_{\mathbf{A}}(r_1,z)$ 和 $\tilde{f}_{\mathbf{B}}(z,r_2)$ 的值即可。我们解释一下在相关 z 点获取 $\tilde{f}_{\mathbf{A}}(r_1,z)$ 和 $\tilde{f}_{\mathbf{B}}(z,r_2)$ 的值的情况。由引理 3.2(拉格朗日插值)得知，$\tilde{f}_{\mathbf{A}}(r_1,z)=\sum_{i,j\in\{0,1\}^{\log n}} A_{ij}\chi_{(i,j)}(r_1,z)$。注意，对任何形式如 $(r_{3,1},\cdots,r_{3,k-1},\{0,1,2\},b_{k+1},\cdots,b_{\log n})$ 的输入 z，除非 $(j_{k+1},\cdots,j_{\log n})=(b_{k+1},\cdots,b_{\log n})$，$\chi_{i,j}(r_1,z)=0$。这是因为，对于任何坐标 ℓ，如果 $j_\ell\neq b_\ell$ 的话，在 $\chi_{(i,j)}$ 中的乘积的因子 $(j_\ell b_\ell+(1-j_\ell)(1-b_\ell))$ 等于 0。

这样的话，证明者 $\mathcal{P}$ 在第 k 轮获取所有如等式(4.12)结构的 z 点的值 $\tilde{f}_{\mathbf{A}}(r_1,z)$ 只需要对矩阵 $\mathbf{A}$ 进行一次扫描：当证明者 $\mathcal{P}$ 扫描到矩阵 $\mathbf{A}$ 中的元素 A_{ij} 时，证明者 $\mathcal{P}$ 只需要对三个相关的 z 值更新 $\tilde{f}_{\mathbf{A}}(z)\leftarrow\tilde{f}_{\mathbf{A}}(z)+A_{ij}\chi_{i,j}(z)$。

方法 3：为了去掉证明者 $\mathcal{P}$ 执行时间中的 $\log n$ 因子，考虑证明者 $\mathcal{P}$ 在多轮之间重用一些工作。粗略地讲，核心关键是：

非正式的事实 如果两个元素 $(i,j),(i',j')\in\{0,1\}^{\log n}\times\{0,1\}^{\log n}$ 最后的 ℓ 位一致的话，在协议最后 ℓ 轮的每一轮中 $A_{i,j}$ 和 $A_{i',j'}$ 对同样的三个点有贡献。

在 $k\geqslant\log(n)-\ell$ 轮中，这些特殊的点具有如下的结构：

$$z=(r_{3,1},\cdots,r_{3,k-1},\{0,1,2\},b_{k+1},\cdots,b_{\log n})$$

其中 $b_{k+1}\cdots b_{\log n}$ 和 (i,j) 以及 (i',j') 的尾部位相同。这样的话，证明者 $\mathcal{P}$ 可以将 (i,j) 和 (i',j') 看成是一个元素。在 k 个变量确定后，总共有 $O(n^2/2^k)$ 个元素($\tilde{f}_{\mathbf{A}}$ 总共有 $2\log n$ 个变量)。这样，整个协议中证明者 $\mathcal{P}$ 总的工作量为：

$$O\left(\sum_{k=1}^{2\log n} n^2/2^k\right)=O(n^2)$$

详细一点说，**非正式的事实**可以被如下的引理证明所刻画。

引理 4.2 假设 p 是一个定义在域 $\mathbb{F}$ 上的 ℓ 个变量的多线性多项式，并且 A 是一个长度为 2^ℓ 的数组，对每一个 $x\in\{0,1\}^\ell$，$A[x]=p(x)$①。那么对任意一个 $r_1\in\mathbb{F}$，存在一个 $O(2^\ell)$ 时间的算法，在给定 r_1 和 A 的情况下，计算出长度为 $2^{\ell-1}$ 的数组 B，对每一个 $x'\in\{0,1\}^{\ell-1}$，$B[x']=p(r_1,x')$。

证明：证明过程可以看成对引理 3.4 的回忆。我们可以将多线性多项式 $p(x_1,x_2,\cdots,x_\ell)$ 表示成：

$$p(x_1,x_2,\cdots,x_\ell)=x_1\cdot p(1,x_2,\cdots,x_\ell)+(1-x_1)\cdot p(0,x_2,\cdots,x_\ell) \qquad (4.13)$$

事实上，很清晰的是等式右边是一个多线性多项式，且在 $\{0,1\}^\ell$ 范围内输入的所有输入处

---

① 这里，我们把长度为 ℓ 的 x 和长度为 2^ℓ 的数组 A 自然地联系在一起。

与 p 相等，因此根据事实 3.1，其一定等于 p。计算 B 的算法是枚举 $x' \in \{0,1\}^{\ell-1}$，计算 $B[x'] \leftarrow r_1 \cdot A[1,x'] + (1-r_1) \cdot A[0,x']$①。 □

引理 4.2 刻画了非正式的事实。输入为 $(0,x')$ 以及 $(1,x')$ 对应的多项式 p 的值对 $B[x']$ 有贡献。这两个值对 B 中的其他元素没有贡献。后面我们可以看到，当我们反复运用引理 4.2 计算 sum-check 协议中的证明者消息时，一旦 $B[x']$ 计算完成，证明者只需要知道 $B[x']$，而不再需要知道 $p(0,x')$ 或者 $p(1,x')$。

引理 4.3　令 h 是域 $\mathbb{F}$ 上的一个有 ℓ 个变量的多线性多项式，且对于所有 $x \in \{0,1\}^\ell$，$h(x)$ 的求值可以在 $O(2^\ell)$ 时间内完成。假设 $r_1,\cdots,r_\ell \in \mathbb{F}$ 是任意 ℓ 个域元素的序列，则存在一个算法，在 $O(2^\ell)$ 时间内完成如下的计算：

$$\{h(r_1,\cdots,r_{i-1},\{0,1,2\},b_{i+1},\cdots,b_\ell)\}_{i=1,\cdots,\ell;b_{i+1},\cdots,b_\ell \in \{0,1\}} \tag{4.14}$$

证明：令

$$S_i = \{h(r_1,\cdots,r_{i-1},b_i,b_{i+1},\cdots,b_\ell)\}_{b_i,\cdots,b_\ell \in \{0,1\}}$$

给定 S_i 的所有值，对于有 $(\ell-i+1)$ 个变量的多线性多项式 $p(X_i,\cdots,X_\ell)=h(r_1,\cdots,r_{i-1},X_i,\cdots,X_\ell)$，根据引理 4.2，$S_{i+1}$ 的所有的值可以在 $O(2^{\ell-i})$ 时间内完成。

由等式(4.13)可知：

$$h(r_1,\cdots,r_{i-1},2;b_{i+1},\cdots,b_\ell)=2 \cdot h(r_1,\cdots,r_{i-1},1,b_{i+1},\cdots,b_\ell)-h(r_1,\cdots,r_{i-1},0,b_{i+1},\cdots,b_\ell)$$

因此

$$\{h(r_1,\cdots,r_{i-1},2,b_{i+1},\cdots,b_\ell)\}_{b_i,\cdots,b_\ell \in \{0,1\}}$$

在给定 S_i 的所有值的情况下，可以在 $O(2^{\ell-i})$ 时间内完成计算。

这样，计算式(4.14)的所有值的总时间为 $O\left(\sum_{i=1}^{\ell} 2^{\ell-i}\right)=O(2^\ell)$。 □

引理 4.4　(在文献[103]中间接说明，也可查看文献[237]和[251])假设 $p_1,p_2,\cdots,p_k$ 是有 ℓ 个变量的多线性多项式，且对于每一个 p_i，存在一个算法获取在 $\{0,1\}^\ell$ 输入对应的值的时间为 $O(2^\ell)$。令 $g=p_1 \cdot p_2 \cdot \cdots \cdot p_k$ 为这些多线性多项式的乘积，则采用 sum-check 协议，多项式 g 的诚实证明者的执行时间为 $O(k \cdot 2^\ell)$。

证明：如式(4.12)，sum-check 协议中，一个诚实的证明者主要的计算成本在于获取多项式 g 在某些点对应的值。而这些点具有引理 4.3 描述的结构(查看式(4.14))。为了获取这些值，可以分别计算 $p_1,\cdots,p_k$ 在这些点的值，并将这些值通过 $O(k)$ 时间乘起来。引理 4.3 表明每个多项式 p_i 在相关点求值的时间为 $O(2^\ell)$，也就是多项式 g 的值总的计算时间为 $O(k \cdot 2^\ell)$。图 4.6 给出了 $\ell=3$ 的诚实证明者的计算过程。 □

① 正如引理所描述的，我们把位长为 ℓ 的 x 和长度为 2^ℓ 的数组 A 自然地联系在一起。相似的，我们把位长为 $\ell-1$ 的 x' 和长度为 $2^{\ell-1}$ 的数组 B 自然地联系在一起。

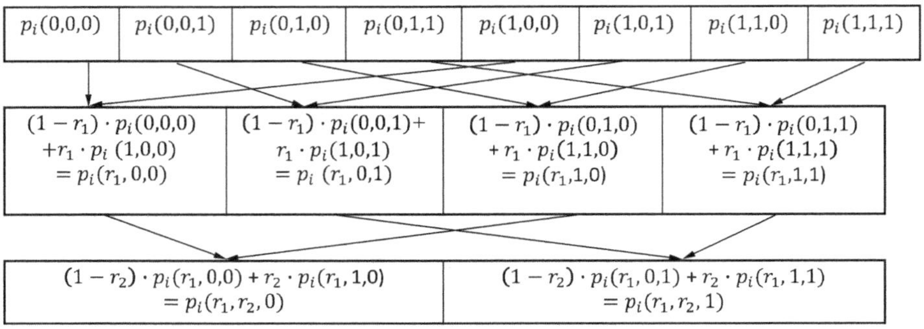

图 4.6 诚实证明者内部各轮数据的结构描述。以引理 4.4 中的 $\ell=3$ 的多项式 p_i 为例(回忆一下,这个引理考虑的是应用 sum-check 协议计算 $\sum_{x\in\{0,1\}^\ell} p_1(x)\cdot\cdots\cdot p_k(x)$,其中每一个 p_i 是多线性的)。最上面一行是证明者在第一轮预计算的消息,中间一行是第二轮,最后一行是第三轮

这一节的矩阵乘法协议,利用 sum-check 协议处理 $\log n$ 个变量的多项式$g(X_3)=\widetilde{f}_A(r_1,X_3)\cdot\widetilde{f}_B(X_3,r_2)$。应用引理 4.3,$h=\widetilde{f}_A$,多线性多项式 $\widetilde{f}_A(r_1,X_3)$在$\{0,1\}^{\log n}$范围内的求值时间为$O(n^2)$。可以看到,$\widetilde{f}_A(r_1,X_3)$所需的求值是式(4.14)的点的求值的子集(式(4.14)中的 i 对应于 $\log n$,式(4.14)中的$(r_1,\cdots,r_{\log n})$对应于 r_1)。同样地,$\widetilde{f}_B(X_3,r_2)$在$\{0,1\}^{\log n}$范围内的求值时间也为$O(n^2)$。在获取如上两个多项式求值的基础上,引理 4.4 告诉我们 sum-check 协议中的证明者额外仅需要$O(n)$的时间。

至此,本节矩阵乘法协议的证明者执行 sum-check 协议的时间为 $O(n^2)$。协议的所有成本列在表 4.3 中。

表 4.3 对 $n\times n$ 的矩阵 $\boldsymbol{A}$ 和 $\boldsymbol{B}$ 应用 4.4 节中 MATMULT 协议的成本。这里,T 是证明者 $\mathcal{P}$ 计算矩阵乘积 $\boldsymbol{C}=\boldsymbol{A}\cdot\boldsymbol{B}$ 所需时间

通信成本	轮数	$\mathcal{V}$ 执行时间	$\mathcal{P}$ 执行时间
$O(\log n)$域元素	$\log n$	$O(n^2)$	$T+O(n^2)$

4.5 超高效 MATMULT IP 的一些应用

为什么采用 IP 计算 $\widetilde{f}_C(r_1,r_2)$,而不是计算整个乘积矩阵 $\boldsymbol{C}=\boldsymbol{A}\cdot\boldsymbol{B}$? 本节通过一些例子来回答这个问题。除了 4.5.5 节,本节中所有协议的诚实证明者可以采用目前最优的算法解决问题,并且用少量的额外计算证明答案是正确的。这样的 IP,我们称为对证明者超高效的 IP。没有其他 IP 或者证明系统在保持证明长度和输入呈亚线性关系的情况下,拥有这样的超高效。

4.5.1 三角形计数的超高效 IP

一些算法经常使用 MATMULT 来生成矩阵乘积 $\boldsymbol{C}$ 中某些重要的中间值,但是对整个乘

积矩阵本身并不关心。例如，已知最快的密集图的三角形计数的算法原理如下：如果 $\boldsymbol{A}$ 是一个简单图的邻接矩阵，算法先计算 $\boldsymbol{A}^2$（完成这部分的时间为 $O(n^{2.3728639})$[178]），接着输出（取其 1/6）：

$$\sum_{i,j\in\{1,\cdots,n\}} (\boldsymbol{A}^2)_{ij}\cdot A_{ij} \tag{4.15}$$

不难看出，式(4.15)的结果就是图中三角形个数的 6 倍。$(\boldsymbol{A}^2)_{ij}$ 计算点 i 和 j 相邻的点的个数。$(\boldsymbol{A}^2)_{ij}\cdot A_{ij}$ 计算的是顶点 k 的个数，保证 (i,j)，(j,k) 和 (k,j) 都是图中的边。

显然，这里并不关心矩阵 $\boldsymbol{A}^2$，只是为了快速计算最终的结果，把它作为一个有用的中间对象。本节将解释，可以通过 IP 计算三角形个数。通过 IP，证明者 $\mathcal{P}$ 能证明他正确地计算了 $\boldsymbol{A}^2$，并且通过式(4.15)生成最后的结果。关键的是，证明者 $\mathcal{P}$ 只需要对数级的通信成本即可（不需要将 $\boldsymbol{A}^2$ 完整地发送给验证者），并且除了确定 $\boldsymbol{A}^2$ 外，其他的计算也比较少。

协议　和 4.3 节一样，假设 $\mathbb{F}$ 是一个有限域，其大小为质数 $p(p\geqslant 6n^3)$。假设矩阵 $\boldsymbol{A}$ 中元素都是 $\mathbb{F}$ 中的元素，定义函数 $f_{\boldsymbol{A}}(x,y)$，$f_{\boldsymbol{A}^2}(x,y)$：$\{0,1\}^{\log n}\times\{0,1\}^{\log n}\to\mathbb{F}$。函数中的 x 和 y 是 1 到 n 中的某个数 i 和 j 的二进制表示。这两个函数分别输出为 A_{ij} 和 $(\boldsymbol{A}^2)_{ij}$。令 $\widetilde{f}_{\boldsymbol{A}}$ 和 $\widetilde{f}_{\boldsymbol{A}^2}$ 分别是 $f_{\boldsymbol{A}}$ 和 $f_{\boldsymbol{A}^2}$ 在 $\mathbb{F}$ 上的多线性扩展。

这样的话，式(4.15)中的表达式等于 $\sum_{x,y\in\{0,1\}^{\log n}}\widetilde{f}_{\boldsymbol{A}^2}(x,y)\cdot\widetilde{f}_{\boldsymbol{A}}(x,y)$。对多变量二次多项式 $\widetilde{f}_{\boldsymbol{A}^2}\cdot\widetilde{f}_{\boldsymbol{A}}$，采用 sum-check 协议可以计算出和值。在协议的最后，验证者需要验证在随机点 $(r_1,r_2)\in\mathbb{F}^{\log n}\times\mathbb{F}^{\log n}$ 的 $\widetilde{f}_{\boldsymbol{A}^2}(r_1,r_2)\cdot\widetilde{f}_{\boldsymbol{A}}(r_1,r_2)$ 的值。验证者在无须其他帮助的情况下，根据引理 3.4，在 $O(n^2)$ 时间内对 $\widetilde{f}_{\boldsymbol{A}}(r_1,r_2)$ 求值。验证者不能在未知矩阵 $\boldsymbol{A}^2$ 的情况下对 $\widetilde{f}_{\boldsymbol{A}^2}(r_1,r_2)$ 求值。而对 $\widetilde{f}_{\boldsymbol{A}^2}(r_1,r_2)$ 求值正是 4.4.2 节中 MatMult IP 解决的问题（因为 $\boldsymbol{A}^2=\boldsymbol{A}\cdot\boldsymbol{A}$），这样我们就可以简单调用这个协议计算 $\widetilde{f}_{\boldsymbol{A}^2}(r_1,r_2)$。

我们来看 4.3 节中的例子。输入矩阵是

$$\boldsymbol{A}=\begin{pmatrix}0 & 1\\ 1 & 0\end{pmatrix}$$

通过计算可得

$$\boldsymbol{A}^2=\begin{pmatrix}1 & 0\\ 0 & 1\end{pmatrix}$$

可以发现

$$\widetilde{f}_{\boldsymbol{A}}(X,Y)=X\cdot(1-Y)+Y\cdot(1-X)$$

且

$$\widetilde{f}_{\boldsymbol{A}^2}(X,Y)=X\cdot Y+(1-Y)\cdot(1-X)$$

三角形计数协议是对如下的多项式采用 sum-check 协议。这个多项式有两个变量，并且

这两个变量的次数都为 2：

$$\widetilde{f}_{A^2}(X,Y)\cdot\widetilde{f}_{A}(X,Y)=[X\cdot(1-Y)+Y\cdot(1-X)]\cdot[X\cdot Y+(1-X)\cdot(1-Y)]$$

很容易发现，这个多项式在 4 个$\{0,1\}^2$范围内的输入对应的值都为 0。对这个多项式采用 sum-check 协议，告知验证者 $\sum_{(x,y)\in\{0,1\}^2}\widetilde{f}_{A^2}(x,y)\cdot\widetilde{f}_{A}(x,y)=0$。

对这个多项式应用 sum-check 协议，结束时验证者需要获取 $\widetilde{f}_{A^2}$ 和 $\widetilde{f}_{A}$ 在随机输入 $(r_1,r_2)\in\mathbb{F}^{\log n}\times\mathbb{F}^{\log n}$时的值。为了计算 $\widetilde{f}_{A^2}(r_1,r_2)$的值，继续使用矩阵乘法 IP。这个协议对如下的单变量二次多项式第二次使用 sum-check 协议。

$$s(X):=\widetilde{f}_{A}(r_1,X)\cdot\widetilde{f}_{A}(X,r_2)=(r_1(1-X)+(1-r_1)X)\cdot(X(1-r_2)+r_2(1-X))$$

对验证者来说，

$$\widetilde{f}_{A^2}(r_1,r_2)=s(0)+s(1)=r_1r_2+(1-r_1)(1-r_2)$$

在第二次使用 sum-check 协议结束时，验证者需要计算随机选择的 $r_3\in\mathbb{F}$ 的值 $s(r_3)$。为了计算这个值，验证者可以自己计算 $\widetilde{f}_{A}(r_1,r_3)$和 $\widetilde{f}_{A}(r_3,r_2)$对应的值。

三角形计数协议成本 协议的轮数、通信大小以及验证者执行时间都和 4.3 节一样（也就是说，轮数和通信大小是 $O(\log n)$，验证者执行时间是 $O(n^2)$）。本节协议的最大优点是证明者执行时间：证明者只需要计算 $\mathbf{A}^2$ 矩阵（至于 $\mathcal{P}$ 如何计算 $\mathbf{A}^2$ 并不重要），证明者额外需要 $O(n^2)$计算两次 sum-check 协议的消息。协议的计算时间是 $O(n^2)$，和已知最快的三角形计数算法（未验证）的计算量相当。因为计算 $\mathbf{A}^2$ 的最快算法也需要超线性时间，所以对于 $\mathcal{P}$ 来说，$O(n^2)$是个相对低的成本。

通信大小和轮数 对多项式 $\widetilde{f}_{A^2}\cdot\widetilde{f}_{A}$ 应用 sum-check 协议需要 $2\log n$ 轮次。每一轮，证明者需要发送 3 个域元素给验证者。为了计算 $\widetilde{f}_{A^2}(r_1,r_2)$，矩阵乘法 IP 需要额外的 $\log n$ 轮，并且每一轮证明者需要发送 3 个域元素给验证者。这样的话，总共有 $3\log n$ 轮，证明者总共发送 $9\log n$ 域元素给验证者（验证者发送 $3\log n$ 域元素给证明者）。轮数和通信成本和 4.3 节中的三角形计数协议是相同的。

验证者执行时间 很容易发现验证者总的执行时间为 $O(n^2)$。执行时间主要用于计算 3 个$\mathbb{F}^{\log n}\times\mathbb{F}^{\log n}$输入对应的 $\widetilde{f}_{A}$ 的值，也就是(r_1,r_2)，(r_2,r_3)和(r_1,r_3)对应的值。这部分和 4.3 节中的三角形计数协议的验证者的成本是相同的。

证明者执行时间 一旦证明者获知$\mathbf{A}^2$，不论是对多项式$\widetilde{f}_{A^2}\cdot\widetilde{f}_{A}$，还是 4.4.2 节中的矩阵乘法 IP，sum-check 协议中的证明者可以在 $O(n^2)$的执行时间内完成。更详细地说，4.4.3节的方法 3 中，证明者实现矩阵乘法 IP 的执行时间为 $O(n^2)$。采用同样的方法，如果$\mathcal{P}$ 知道矩阵 $\mathbf{A}^2$ 中的所有元素，对多项式 $\widetilde{f}_{A^2}\cdot\widetilde{f}_{A}$ 应用 sum-check 协议时，证明者 $\mathcal{P}$ 可

以在 $O(n^2)$时间内计算相应的消息。

4.5.2　一个有用的子流程：将多次多项式求值简化为一次

在刚刚介绍的三角形计数协议中，验证者在协议结束的时候需要对多项式 $\tilde{f}_A$ 在三个点(r_1,r_2)、(r_2,r_3)和(r_1,r_3)进行求值。如下的情况经常遇到：当对某个多项式 g 应用 sum-check 协议时，为了获取多项式 g 在某个点的求值，有必要对其他多线性多项式 $\widetilde{W}$ 的多个点进行求值。

更具体一点，假设 $\widetilde{W}$ 是一个定义在$\mathbb{F}$上的 $\log n$ 变量的多线性多项式。验证者希望对 $\widetilde{W}$ 在两个点进行求值，分别是 $b,c\in \mathbb{F}^{\log n}$。在本节结束的时候，我们考虑三个或者更多点的求值，并介绍一个简单的一轮交互式证明。这个证明的通信成本是 $O(\log n)$。这个证明把对 $\widetilde{W}(b)$和 $\widetilde{W}(c)$的求值降到对一个点 $r\in \mathbb{F}^{\log n}$的 $\widetilde{W}(r)$求值。这就意味着，协议要求证明者 $\mathcal{P}$ 发送 $\widetilde{W}(b)$和 $\widetilde{W}(c)$对应的求值 v_0 和 v_1，以及验证者选择的其他点对应的求值。验证者从这些点中随机选择 r，并且只要证明者 $\mathcal{P}$ 提供的 $\widetilde{W}(r)$是正确的，验证者 $\mathcal{V}$ 就能确信 $v_0=\widetilde{W}(b)$以及 $v_1=\widetilde{W}(c)$。换句话说，协议保证如果 $v_0\neq\widetilde{W}(b)$或者$v_1\neq\widetilde{W}(c)$，则验证者 $\mathcal{V}$ 随机挑选 r 时，证明者提供的 $\widetilde{W}(r)$大概率错误。

协议　令 $\ell:\mathbb{F}\to\mathbb{F}^{\log n}$是经过 b 和 c 的一条线。例如，我们可以假设 $\ell:\mathbb{F}\to\mathbb{F}^{\log n}$是唯一的一条直线，该直线对应的 $\ell(0)=b$ 以及 $\ell(1)=c$。证明者 $\mathcal{P}$ 发送一个单变量的次数最高为 $\log n$ 的多项式 q，并声称这个多项式等于 $\widetilde{W}\circ\ell$，一种限制在 ℓ 线上的 $\widetilde{W}$。验证者把 $q(0)$ 和 $q(1)$看成是证明者提供的求值 v_0 和 v_1，也就是 $\widetilde{W}(b)$和 $\widetilde{W}(c)$的值。验证者 $\mathcal{V}$ 选择一个随机点 $r^*\in\mathbb{F}$，计算 $r=\ell(r^*)$，并计算和检查 $q(r^*)$和证明者提供的 $\widetilde{W}(r)$相等。

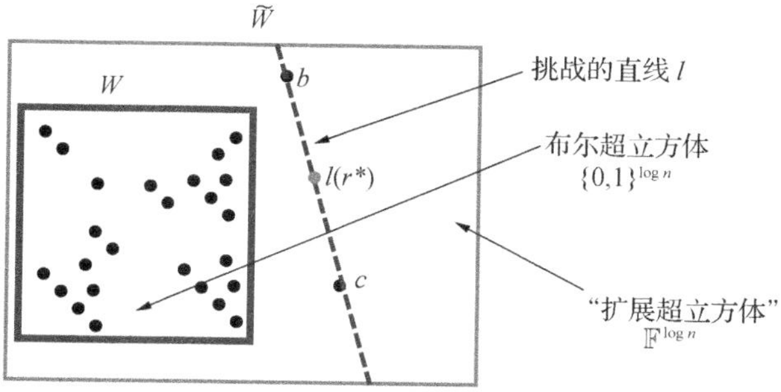

图 4.7　将关于 $\widetilde{W}(b)$和 $\widetilde{W}(c)$值的验证转化为关于 $\widetilde{W}(r)$值的单个验证的示意图。其中 $\widetilde{W}$ 是 W 的多线性扩展，ℓ 是通过 b 和 c 的唯一的直线，并且 $r=\ell(r^*)$是 ℓ 上的随机点

图 4.7 是图解说明。为了解释工作原理，我们给出了一个详细的例子。假设 $\log n=2$，$b=(2,4)$，$c=(3,2)$，并且 $\widetilde{W}(x_1,x_2)=3x_1x_2+2x_2$，那么满足 $\ell(0)=b$ 且$\ell(1)=c$的直线 $\ell(t)$可以表示成 $t\mapsto(t+2,4-2t)$。限制在直线 ℓ 的 $\widetilde{W}$ 可以表示成 $3(t+2)(4-2t)+$

$2(4-2t)=-6t^2-4t+32$。如果证明者 $\mathcal{P}$ 发送一个和 $\widetilde{W}\circ\ell$ 相等的次数为 2 的单变量多项式，验证者将 $q(0)$ 和 $q(1)$ 视为 $\widetilde{W}(b)$ 和 $\widetilde{W}(c)$ 对应的值。验证者 $\mathcal{V}$ 选择一个随机点 $r^*\in\mathbb{F}$，计算 $r=\ell(r^*)$，并计算和检查 $q(r^*)$ 和证明者提供的 $\widetilde{W}(r)$ 相等。观察发现 $\ell(r^*)=(r^*+2,4-2r^*)$ 是直线 ℓ 上的一个随机点。

如下的主张可以证明以上协议的完备性和可靠性。

主张 4.1 假设 $\widetilde{W}$ 是在 $\mathbb{F}$ 上的有 $\log n$ 个变量的多线性多项式。如果 $q=\widetilde{W}\circ\ell$，那么 $q(0)=\widetilde{W}(b)$，$q(1)=\widetilde{W}(c)$，并且 $q(r^*)=\widetilde{W}(\ell(r^*))$ 对 $r^*\in\mathbb{F}$ 都成立。同时，如果 $q\neq\widetilde{W}\circ\ell$，那么在随机挑选的点 $r^*\in\mathbb{F}$ 上，$q(r^*)\neq\widetilde{W}(\ell(r^*))$ 的概率至少是 $1-\log n/|\mathbb{F}|$。

证明：因为 $\ell(0)=b$ 和 $\ell(1)=c$，主张的前半部分是显而易见的。至于主张的后半部分，观察到 q 和 $\widetilde{W}\circ\ell$ 都是次数最多为 $\log n$ 的单变量多项式。如果这两个多项式不相同，那么根据 Schwartz-Zippel 引理(对于单变量多项式来说，这是个简单的情况)，在 $\mathbb{F}$ 上随机选择点 r^*，$q(r^*)\neq\widetilde{W}(\ell(r^*))$ 的概率最少是 $1-\log n/|\mathbb{F}|$。 □

将三个或者更多的求值减少到一个 如果验证者需要对多项式 $\widetilde{W}$ 进行多于两个点的求值，可以采用类似的协议。例如，假设验证者需要知道三个求值 $\widetilde{W}(a)$，$\widetilde{W}(b)$ 和 $\widetilde{W}(c)$，ℓ 是一条二次曲线，且经过 a，b，和 c。具体地说，我们可以让 ℓ 是一条满足如下条件的二次曲线，即 $\ell(0)=a$，$\ell(1)=b$ 和 $\ell(2)=c$。例如，如果 $a=(0,1)$，$b=(2,2)$ 和 $c=(8,5)$，则 $\ell(t)=(2t^2,t^2+1)$。

这样的话，证明者 $\mathcal{P}$ 发送次数最大为 $2\log n$ 的单变量多项式 q，声称它等于 $\widetilde{W}\circ\ell$。验证者 $\mathcal{V}$ 将 $q(0)$，$q(1)$ 以及 $q(2)$ 看成是证明者提供的 $\widetilde{W}(a)$，$\widetilde{W}(b)$ 和 $\widetilde{W}(c)$。验证者 $\mathcal{V}$ 随机挑选一个点 $r^*\in\mathbb{F}$，设置 $r=\ell(r^*)$，并且把检查 $q(r^*)$ 解释为证明者对 $\widetilde{W}(r)$ 的声明。与把两个 $\widetilde{W}$ 的求值归约到一个求值的协议比较，q 多项式的次数翻倍，从 $\log n$ 增加到 $2\log n$，这样证明者和验证者之间的通信虽然增加了差不多 2 倍，但还是保持为 $O(\log n)$。这个协议保持了完美的完备性，可靠性从 $1-\log n/\mathbb{F}$ 降低到 $1-2\log n/\mathbb{F}$。

这个协议可以应用在我们提到的两个三角形计数协议的最后部分。可以把 $\tilde{f}_A$ 看成 $\widetilde{W}$，验证者 $\mathcal{V}$ 对 $\tilde{f}_A$ 的求值的需求从三个降低到一个。这样的话，因为这些求值是验证者执行时间的主要成本，验证者 $\mathcal{V}$ 的执行时间显著降低了 3 倍。在下一节的矩阵幂次协议中，这个技巧在验证者成本上有更显著的性能提升。这个技巧同样用在 4.6 节 GKR 协议的电路求值部分。

4.5.3 矩阵幂次计算的超高效 IP

假设 $\mathbf{A}$ 是一个 $n\times n$ 的矩阵，矩阵中元素都是 $\mathbb{F}$ 上的元素，同时假设一个验证者想获取矩阵 $\mathbf{A}^k$ 中的一个元素，其中的 k 是整数且很大。具体地说，验证者 $\mathcal{V}$ 想获知 $(\mathbf{A}^k)_{nn}$ 的元素信息，其中 k 和 n 是 2 的幂次。正如我们现在解释的，4.4 节的 MatMult IP 可以解决这个问题。轮数和通信成本是 $O(\log k\cdot\log n)$，验证者的执行时间为 $O(n^2+\log k\cdot\log n)$。

很清楚，我们可以将 $\boldsymbol{A}^k$ 矩阵看成是 $\boldsymbol{A}$ 的小一点的幂次矩阵的乘积：

$$\boldsymbol{A}^k=\boldsymbol{A}^{k/2}\cdot\boldsymbol{A}^{k/2} \tag{4.16}$$

令 g_l 代表矩阵 $\boldsymbol{A}^l$ 的多线性扩展，我们可以利用等式（4.16）以及 MatMult IP 来计算 $(\boldsymbol{A}^k)_{nn}=g_k(\boldsymbol{1},\boldsymbol{1})$。

对两个 $n\times n$ 矩阵 $\boldsymbol{A}'$ 和 $\boldsymbol{B}'$ 应用 MatMult IP 的最后，验证者需要对 $\widetilde{f}_{\boldsymbol{A}'}$ 和 $\widetilde{f}_{\boldsymbol{B}'}$ 分别在 $\mathbb{F}^{\log n}\times\mathbb{F}^{\log n}$ 的两个点 (r_1,r_2) 和 (r_2,r_3) 处进行求值。在调用 MatMult IP 时，$\boldsymbol{A}'$ 和 $\boldsymbol{B}'$ 等于 $\boldsymbol{A}^{k/2}$。验证者需要对多项式 $f_{\boldsymbol{A}^{k/2}}=g_{k/2}$ 在 (r_1,r_2) 和 (r_2,r_3) 处进行求值。不幸的是，验证者并不知道 $\boldsymbol{A}^{k/2}$，所以无法进行上述的求值。

两点求值减少到一点求值　通过 4.5.2 节（查看主张 4.1，把 $g_{k/2}$ 看成 $\widetilde{W}$）单轮交互式证明，验证者把对 $g_{k/2}$ 多项式的两点求值减少为对一点求值。

采用递归　在把求值降到一点后，验证者剩下的任务是对多项式 $g_{k/2}$ 的一个点求值，如 $(r_3,r_4)\in\mathbb{F}^{\log n}\times\mathbb{F}^{\log n}$。因为 $g_{k/2}$ 是矩阵 $\boldsymbol{A}^{k/2}$ 的多线性扩展（矩阵 $\boldsymbol{A}^{k/2}$ 可以很自然地看成函数 $f_{\boldsymbol{A}^{k/2}}$，$\{0,1\}^{\log n}\times\{0,1\}^{\log n}\to\mathbb{F}$ 的映射），并且 $\boldsymbol{A}^{k/2}$ 可以分解成 $\boldsymbol{A}^{k/4}\cdot\boldsymbol{A}^{k/4}$，从而验证者可以递归应用 MatMult 协议计算 $g_{k/2}(r_3,r_4)$。这样就遇到了之前同样的问题，为了应用 MatMult 协议，验证者需要对 $g_{k/4}$ 多项式在两点求值，这个两点求值又可以降低成对 $g_{k/4}$ 多项式一点的求值。这样整个协议就可以采用递归处理。在 $\log k$ 次递归后，验证者可以使用引理 3.4 在 $O(n^2)$ 时间内完成 $g_1=\widetilde{f}_{\boldsymbol{A}}$ 多项式的任意一点求值，递归结束。

4.5.4　超高效证明者的通用框架

除了三角形计数的算法外，也有其他一些算法通过调用 MatMult 协议计算矩阵乘积 $\boldsymbol{C}$，并对 $\boldsymbol{C}$ 应用一些后处理得到结果。这个结果比矩阵 $\boldsymbol{C}$ 本身小得多（通常这个结果就是一个数，而不是一个 $n\times n$ 矩阵）。在这样的情况下，验证者 $\mathcal{V}$ 可以采用类似 GKR 协议（在 4.6 节介绍）的通用协议来验证后处理被正确地应用于矩阵乘积 $\boldsymbol{C}$。我们将在 4.6 节看到，在应用 GKR 协议的最后，验证者需要随机选择点 $(r_1,r_2)\in\mathbb{F}^{\log n\times\log n}$ 求解 $\widetilde{f}_{\boldsymbol{C}}(r_1,r_2)$。验证者 $\mathcal{V}$ 可以使用上述的 MatMult 协议实现。

关键的是，后处理步骤的执行时间大数情况下需要和 $\boldsymbol{C}$ 呈线性关系。这样的话，在这种 GKR 协议的应用中，证明者 $\mathcal{P}$ 的执行时间与后处理步骤（电路计算）大小成正比，通常是 $\widetilde{O}(n^2)$。

考虑计算有向图 G 的直径问题。令 $\boldsymbol{A}$ 代表 G 的邻接矩阵，$\boldsymbol{I}$ 代表 $n\times n$ 单位矩阵，那么 G 的直径是最小的整数 d，使得 $(\boldsymbol{A}+\boldsymbol{I})^d_{ij}\neq 0$ 对所有的 (i,j) 都成立。这引出了以下自然的直径计算协议。证明者 $\mathcal{P}$ 发送直径 d 给验证者 $\mathcal{V}$，同时提供 (i,j)，满足 $(\boldsymbol{A}+\boldsymbol{I})^{d-1}_{ij}=0$。为

了证实 d 是图 G 的直径，验证者 $\mathcal{V}$ 需要验证两件事：一是 $(\boldsymbol{A}+\boldsymbol{I})^d$ 中的所有元素都非零，二是 $(\boldsymbol{A}+\boldsymbol{I})_{ij}^{d-1}$ 确实是 0①。

第一个任务可以通过结合 MATMULT 协议和 GKR 协议完成。令 d_j 代表 d 的二进制表示的第 j 位，则 $(\boldsymbol{A}+\boldsymbol{I})^d = \prod_j^{\lceil \log d \rceil} (\boldsymbol{A}+\boldsymbol{I})^{d_j 2^j}$，从而计算 $D_1 = (A+I)^d$ 中的非零个数可以通过 $O(\log d)$ 次矩阵乘法，加上一个后处理计算 D_1 中的非零个数。我们可以应用 GKR 协议验证后处理步骤，但是在协议结束的时候，验证者 $\mathcal{V}$ 需要对 D_1 的多线性扩展在一个随机点上求值（和平常一样，当我们说 D_1 的多线性扩展的时候，会将 D_1 很自然地看作一个函数，实现从 $\{0,1\}^{\log n} \times \{0,1\}^{\log n} \to \mathbb{F}$ 的映射）。验证者 $\mathcal{V}$ 无法独自完成这个计算，其通过 $O(\log d)$ 次调用之前的 MATMULT 协议，把这个计算外包给证明者 $\mathcal{P}$。

第二个任务，验证 $(\boldsymbol{A}+\boldsymbol{I})_{ij}^{d-1}=0$ 同样可以采用 $O(\log d)$ 次的 MATMULT 协议完成。由于验证者 $\mathcal{V}$ 仅仅对 $(\boldsymbol{A}+\boldsymbol{I})^{d-1}$ 中的一个元素感兴趣，因此证明者 $\mathcal{P}$ 并不需要发送整个 $(\boldsymbol{A}+\boldsymbol{I})^{d-1}$ 矩阵，并且整个通信成本仅仅是 $\text{poly}(\log n)$。

总之，在这个计算直径的协议中，验证者 $\mathcal{V}$ 的执行时间为 $O(m\log n)$，其中的 m 是图 G 中的边的条数。证明者 $\mathcal{P}$ 的执行时间比已知最好的但无法验证的算法多了比较少的计算量[225,254]，通信成本也仅仅是 $\text{poly}(\log n)$。

4.5.5 小空间计算的 IP（以及 IP＝PSPACE）

在本节中，我们使用矩阵乘法协议来重新证明 Goldwasser、Kalai 和 Rothblum (GKR)[135] 的重要结果：在对数空间内可解的所有问题都有一个具有准线性时间验证者、多项式时间证明者和对数多项式证明长度的 IP。

证明的基本思路是：任何使用 s 位空间的图灵机 M 的计算可以归约为计算某个矩阵 $\boldsymbol{A}$（实际上是 M 的配置图）的 $\boldsymbol{A}^{2^s}$ 中的单个元素的问题。因此，可以将矩阵幂次 IP 应用于 $\boldsymbol{A}$，以确定 M 的输出。虽然 $\boldsymbol{A}$ 是一个很大的矩阵（至少有 2^s 行和列），但配置图具有高度结构化的特点，这使得验证者能够在 $O(s \cdot n)$ 时间内对 $\tilde{f}_A$ 在单个输入上求值。如果 s 是输入大小的对数级别，那么这意味着 IP 中的验证者运行时间为 $O(n\log n)$。

GKR 的原始论文首先通过构造用于计算 $\boldsymbol{A}^{2^s}$ 的算术电路，然后应用复杂的 IP 对该算术电路求值证明了相同的结果（我们将在 4.6 节中介绍这个 IP，以及在 6.4 节中介绍计算 $\boldsymbol{A}^{2^s}$ 的算术电路）。本节中描述的方法更简单，直接应用简单的矩阵幂次 IP，而不是更复杂的通用电路求值问题的 IP。

证明细节 设 M 是一个图灵机，运行时输入 m 位，使用最多 s 位空间。当 M 在输入 $x \in \{0,1\}^m$ 上运行时，$\boldsymbol{A}(x)$ 是其配置图的邻接矩阵。这里，配置图的顶点集包含机器 M 的

① 如果交互式证明是在域 $\mathbb{F}_p$ 上，则 $(\boldsymbol{A}+\boldsymbol{I})_{ij}^{d-1}$ 不是正数，并且能被 p 整除。

所有可能状态和内存配置，如果在输入 x 上运行 M，从配置 i 一步移动到配置 j，则在顶点 i 和顶点 j 之间有一条有向边。由于 M 使用 s 位空间，因此配置图的顶点数为 $O(2^s)$。这意味着 $\mathbf{A}(x)$ 是一个 $N\times N$ 的矩阵，其中 $N=O(2^s)$。注意，如果 M 从不进入无限循环（即从不进入相同的配置），则 M 的运行时间显然最多为 N。

不失一般性，假设 M 具有唯一的起始配置和唯一的接受配置。具体地说，这些配置对应于配置图的标号为 1 和 N 的顶点。然后，要确定 M 是否接受输入 x，只需确定配置图中是否存在从顶点 1 到顶点 N 的长度为 N 的路径。这等价于确定矩阵 $(\mathbf{A}(x))^N$ 的 $(1,N)$ 位置上的元素①。

这个元素值可以通过前面小节中的矩阵幂次协议计算，该协议使用 $O(s\cdot\log N)$ 轮和通信。在协议结束时，验证者确实需要在随机选择的输入上对矩阵 $\mathbf{A}(x)$ 的 MLE 求值。这看起来可能需要最多 $O(N^2)$ 的时间，因为 $\mathbf{A}$ 是一个 $N\times N$ 的矩阵。然而，由于任何图灵机的配置矩阵都具有高度结构化的特点，原因是在任何一步的执行中，机器仅读取或写入 $O(1)$ 个内存单元，并且仅将其读写头向左或向右移动最多一个单元。这意味着验证者可以在 $O(s\cdot m)$ 的时间内对 $\mathbf{A}$ 的 MLE 求值。

总体而言，该 IP 的成本如下：轮数和通信的域元素个数为 $O(s\log N)$，验证者的运行时间为 $O(s\log N+m\cdot s)$，证明者的运行时间为 $\text{poly}(N)$。如果 $s=O(\log m)$，那么这三个成本分别为 $O(\log^2 m)$、$O(m\log m)$ 和 $\text{poly}(m)$。也就是说，通信成本在输入大小的对数多项式级别，验证者的运行时间是准线性的，证明者的运行时间是多项式的。

注意，如果 $s=\text{poly}(m)$，则在该 IP 中验证者的运行时间为 $\text{poly}(m)$，这证明了 LFKN[186] 和 Shamir[231] 的著名结果 **IP＝PSPACE**。

额外讨论　这个 IP 有一个令人失望的特点。如果 M 的运行时间显著小于 $N(N\geqslant 2^s)$，证明者仍然需要至少 N 的时间，因为证明者必须显式生成配置图的邻接矩阵的幂。如果空间上限 s 相对于输入大小 m 是超对数级别的，那么 2^s 甚至不是 m 的多项式级别。实际上，我们刚刚介绍的 IP 迫使证明者探索 M 的所有可能配置，尽管在输入 x 上运行 M 时，机器只会涉及其中的一小部分配置。文献[214]的一个突破性的复杂性理论结果为 P 给出了一个非常不同的 IP，避免了这种低效性。值得注意的是，他们的 IP 也只需要常数轮的交互。

① 由于 M 的配置图是无环的（除了所有停机状态具有自环），任何幂次的 $\mathbf{A}(x)$ 的元素都是 0 或 1。

4.6 GKR 协议及其高效实现

4.6.1 动机

4.2 节的目标是为棘手的问题(如 #SAT[186]或者 TQBF[231])设计一个交互式证明,其中验证者的执行时间是多项式时间。本节的角度不一样,它认同现实世界中不存在前面小节介绍的 #SAT 和 TQBF 协议对应的证明者,因为在现实中最坏的情况下,大型的 **PSPACE**-完全或者 # **P**-完全问题是无法求解的。我们更喜欢"缩略"的结果,也就是对现实世界能解决问题有用的协议,如复杂性类 **P** 或者 **NC**(高效的并行算法可以解决的问题),甚至 **L**(对数空间可以解决的问题)。

有人可能有疑问,针对这些简单问题设计验证协议有什么用?难道验证者不能忽略证明者,在不需要其他帮助的情况下直接解决问题吗?该节给出了回答,在这些协议中验证者执行时间比不需要证明者直接求解快得多。特别是,验证者 $\mathcal{V}$ 的执行时间是线性的,仅仅比读入输入多了一点点①②。

同时,我们要求证明者不要做比问题求解多很多的工作。在理想情况下,如果这个问题能通过随机存取机或者图灵机在时间 T 和空间 s 内求解,那么我们希望证明者运行在时间 $O(T)$ 和空间 $O(s)$ 内,或者尽可能地靠近。最低要求是证明者 $\mathcal{P}$ 必须在多项式时间内运行。

之前章节介绍的 TQBF 和 #SAT 协议能不能降低,对于一个"弱"复杂类问题,如 **L** 问题,是否可以满足验证者的运行时间是(准)线性的?结果是可以,但是证明者的效率并不高。

回忆一下,如果 #SAT 协议(或者文献[231]中的 TQBF 协议)应用在大小是 S,变量个数是 N 的布尔公式时,验证者 $\mathcal{V}$ 的执行时间为 $O(S)$,并且证明者 $\mathcal{P}$ 的执行时间为 $O(S^2 \cdot 2^N)$。原则上说,这已经构造了一个对任何 s 空间内能解决的问题的交互式证明:给定输入 $x \in \{0,1\}^n$,验证者 $\mathcal{V}$ 首先将 x 转化为 TQBF 的一个实例 ϕ(如文献[9]是这种转化的清晰阐述,让人回忆起 Savitch 理论[222]),接着对 ϕ 应用 TQBF 的交互式协议证明。

但是,当处理能在 T 时间以及 s 空间求解的问题时,这种转化生成的 TQBF 实例 ϕ

---

① 在 4.3 节、4.4 节和 4.5 节中的三角形计数协议、矩阵乘法和幂次协议以及图的直径协议中同样实现了线性执行时间的验证者。但是,和 GKR 协议不同,这些协议不通用。而 GKR 协议是通用的,它解决的是算术电路求解问题,且任何 **P** 问题可以"高效"地转化为电路求解问题。

② 另外的答案是"简单"问题的非交互式证明可以和密码学结合在一起,变成简洁的非交互式的知识论证(SNARK),从而允许证明者证明它知道一个证据满足特定的性质。在这样的 SNARK 中,非交互式证明仅仅需要解决"简单"问题,查看声称的证据是否满足特定的性质。

具有 $N=O(s\cdot\log T)$ 个变量。这就导致证明者的执行时间是 $2^{O(s\cdot\log T)}$。即使 $s=O(\log n)$ 以及 $T=\text{poly}(n)$，这是超多项式时间（如 $n^{\Theta(\log n)}$）。直到 2007 年，这是交互式证明的最新水平。

4.6.2　GKR 协议及其成本

Goldwasser、Kalai 和 Rothblum[135] 描述了一个出色的交互式证明协议，它确实实现了上述的许多目标。这个协议最适合用（算术）电路求解问题来描述。对于这样的问题，首先验证者 $\mathcal{V}$ 和证明者 $\mathcal{P}$ 就有限域 $\mathbb{F}$ 上的对数空间均匀的两扇入的算术电路 $\mathcal{C}$ 达成一致，目标是计算出电路 $\mathcal{C}$ 的输出门的值。一个对数空间均匀的电路 $\mathcal{C}$ 是一个具有简洁隐式描述的电路，也就是说，存在一个对数空间的算法，将 $\mathcal{C}$ 中的 a 的标签作为输入，并且能够确定这个门的相关信息。换句话说，这个算法能输出 a 的相邻的所有标签，并且能确定 a 是一个加法门还是一个乘法门。

令 S 代表 $\mathcal{C}$ 的大小（如门的个数），n 代表变量的个数，GKR 协议的核心特点是证明者的执行时间是 poly(S)。我们将看到证明者 $\mathcal{P}$ 的执行时间甚至可以和 S 是线性关系[102,237,251]。如果 $S=2^{O(n)}$，那么这个协议就比我们在之前章节看到的 #SAT 协议好很多。#SAT协议的证明者执行时间和 #SAT 实例定义的变量的个数呈幂次关系。

再者，GKR 协议的验证者成本是 $O(d\log S)$，随着电路 $\mathcal{C}$ 的深度 d 线性增长，并且和 S 只呈对数关系。关键的是，这意味着验证者 $\mathcal{V}$ 的执行时间和电路的大小 S 呈亚线性关系。粗略一看，这是不可能的。如果验证者连 $\mathcal{C}$ 的完整信息都没有“看”到，验证者怎么能保证证明者正确地求解了 $\mathcal{C}$？答案是，$\mathcal{C}$ 被假定在对数空间均匀的意义上具有简洁描述。这样，验证者 $\mathcal{V}$ 就能在不逐个查看每个门的情况下，“了解”电路 $\mathcal{C}$ 的结构。协议的成本总结在表 4.4 中。

表 4.4　对定义在域 $\mathbb{F}$ 上，n 个变量、大小为 S、深度为 d、对数空间均匀的层状算术电路 $\mathcal{C}$ 应用原始 GKR 协议[135] 的成本。4.6.5 节描述一些方法[102]，将 $\mathcal{P}$ 的执行时间降低到 $O(S\log S)$，其他成本中的 poly($\log S$) 因子降低为 $O(\log S)$。现在已经知道，对任意的层状算术电路 $\mathcal{C}$，如何获得 $O(S)$ 的证明者执行时间（详见评注 4.5）

通信成本	轮数	$\mathcal{V}$ 执行时间	$\mathcal{P}$ 执行时间	可靠性误差
$d\cdot\text{poly}(\log S)$ 域元素	$d\cdot\text{poly}(\log S)$	$O(n+d\cdot\text{poly}(\log S))$	poly(S)	$O(d\log S/\lvert\mathbb{F}\rvert)$

应用：并行算法 IP　复杂性分类 **NC** 由 poly($\log n$) 时间以及总的工作量为 poly(n) 的并行算法能求解的语言构成。任何 **NC** 类的问题都可以通过一个对数空间均匀的算术电路 $\mathcal{C}$ 来计算解决。这个算术电路大小是多项式的，深度是多项式对数的。对电路 $\mathcal{C}$ 应用 GKR 协议获得多项式时间的证明者以及线性时间的验证者。

4.6.3　协议概述

如上描述，证明者 $\mathcal{P}$ 和验证者 $\mathcal{V}$ 首先确定一个在有限域 $\mathbb{F}$ 上的两扇入的算术电路 $\mathcal{C}$，用来计算相应的函数。$\mathcal{C}$ 是个层状结构，意味着电路可以分解成多层，只有相邻两层中的门用线连接（如果 $\mathcal{C}$ 不是层状结构，那么也可以转化成层状电路 $\mathcal{C}'$，其电路大小至多增加 d 倍）①。假设 $\mathcal{C}$ 的深度为 d，层的标号从 0 到 d，层 d 指的是输入层，层 0 指的是输出层。

第一个消息，证明者 $\mathcal{P}$ 告诉验证者 $\mathcal{V}$ 电路（声称）的输出。接着协议以枚举的方式，一层层地处理，直至输入层。我们用值描述电路 $\mathcal{C}$ 中的门：加法门（或者乘法门）的值是它的输入的相邻节点的和（或者乘积）。第 i 次迭代的目的是将在第 i 层的门声称的值归约到第 $(i+1)$ 层的门声称的值。这样，只要是第二个声称是正确的，$\mathcal{V}$ 就可以相对安全地认为第一个声称是正确的。归约过程通过 sum-check 协议完成。

具体地，GKR 协议从电路输出门的声称值开始。但是验证者 $\mathcal{V}$ 除了自己亲自对电路求值外，不能验证该声明的正确性。这样的话，第一次迭代是通过 sum-check 协议将电路输出层的声称归约到第二层的门的声明（详细地说，第二层的门形成多线性扩展的一个求值）。同样，验证者 $\mathcal{V}$ 不能亲自验证这个声明的正确性，于是接着第二次迭代，使用 sum-check 协议，将后面的声明简化为关于第三层的门的声明，依次反复。最终，验证者 $\mathcal{V}$ 就剩下电路输入的声明。验证者 $\mathcal{V}$ 可以不需要任何帮助就能查看输入是否正确。整个流程如图 4.8～图 4.11 所示。

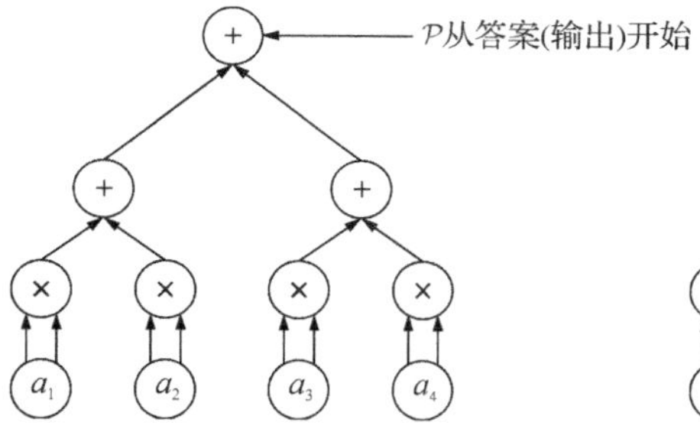

图 4.8 GKR 协议开始

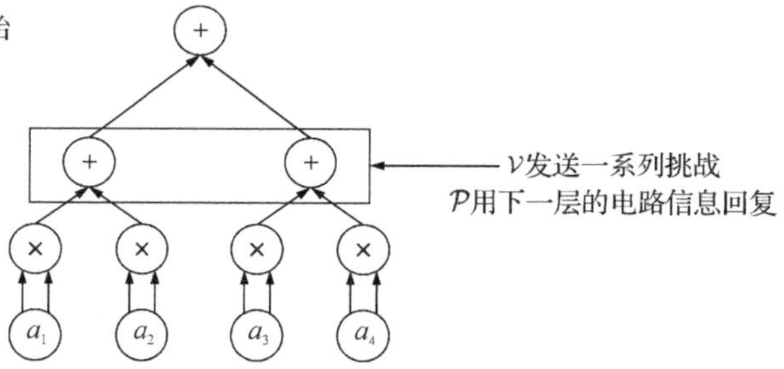

图 4.9 第一次迭代将声称的 $\mathcal{C}$ 的输出值归约到前一层电路的 MLE 的一个求值

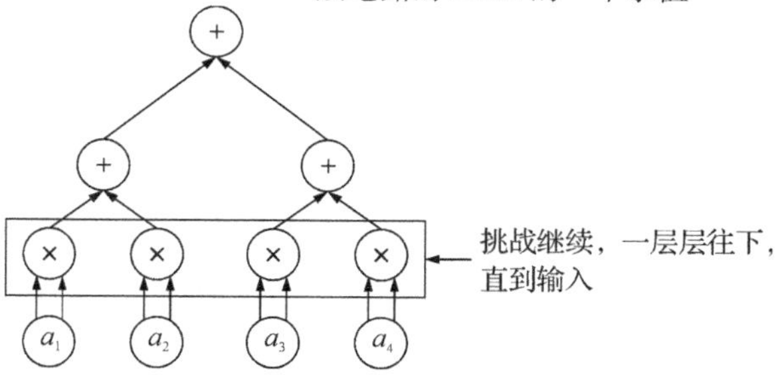

图 4.10 通常，第 i 次迭代把第 i 层电路的 MLE 的声明的求值归约到第 $i+1$ 层电路的 MLE 的声明的求值

① 有相关的研究给出了 GKR 协议的变形，能直接应用到非层状结构的电路中[255]，从而使证明者的时间避免了放大因子 d。

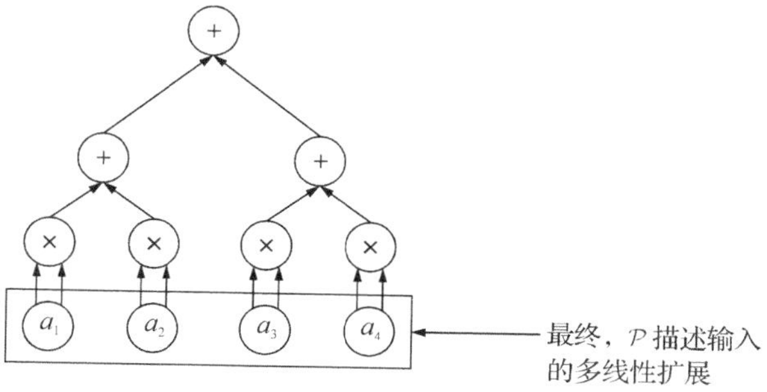

图 4.11　最后一次迭代，$\mathcal{P}$ 对输入的 MLE 进行声明。(这里，长度为 n 的域 $\mathbb{F}$ 元素输入被看成是映射函数$\{0,1\}^{\log_2 n}\to\mathbb{F}$。由事实 3.1 可知，任何这样的函数只有唯一一个 MLE。)因为$\mathcal{V}$ 可以直接看到输入，$\mathcal{V}$ 可以在没有帮助的情况下检查这个声明

4.6.4　协议细节

数学符号　假设给定一个层状的算术电路$\mathcal{C}$，大小为 S，深度为 d，门是两扇入(电路$\mathcal{C}$可能不止一个输出门)。层的编号从 0 到 d，0 代表输出层，d 代表输入层。令 S_i 代表电路$\mathcal{C}$ 中第 i 层的门的个数。假设 S_i 的大小是 2 的幂次，则 $S_i=2^{k_i}$。GKR 协议使用多个函数，每个函数都包含了电路的部分信息。

第 i 层的门从 0 到 S_i-1 编号。令 $W_i:\{0,1\}^{k_i}\to\mathbb{F}$ 表示输入是第 i 层门的编号的二进制编码，输出是门的值的函数。和往常一样，令 $\widetilde{W}_i$ 代表 W_i 的多线性扩展。图 4.12 是一个电路$\mathcal{C}$ 实例，包括了电路$\mathcal{C}$ 的输入，以及电路$\mathcal{C}$ 的层 i 的函数 W_i。

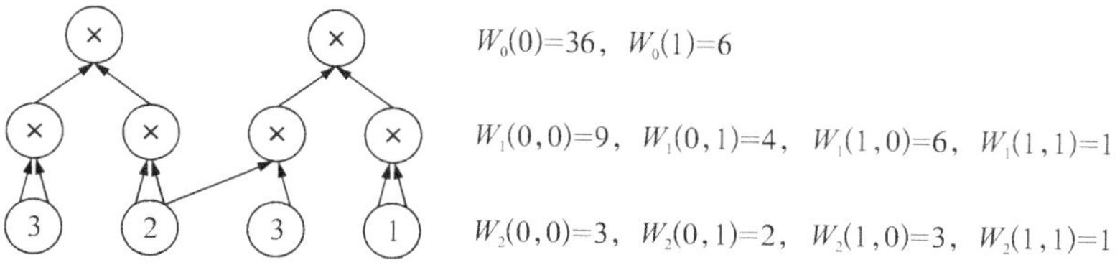

图 4.12　电路$\mathcal{C}$，输入 x，以及电路$\mathcal{C}$ 中每一层的函数 W_i 的示例。注意，$\mathcal{C}$ 有两个输出门

GKR 协议还使用"连线"来表示电路$\mathcal{C}$ 中从$(i+1)$层到 i 层的门的连接。令 $\text{in}_{1,i}$，$\text{in}_{2,i}:\{0,1\}^{k_i}\to\{0,1\}^{k_{i+1}}$ 代表一个函数，其输入是电路$\mathcal{C}$ 的层 i 上的一个标号为 a 的门，相应的输出为门 a 对应的输入的第一个和第二个门。例如，如果层 i 上的门 a 计算的是$(i+1)$层上的门 b 和 c 的和，则 $\text{in}_{1,i}(a)=b$ 以及 $\text{in}_{2,i}(a)=c$。

定义两个函数：add_i 和 mult_i，从$\{0,1\}^{k_i+2k_{i+1}}$映射到$\{0,1\}$。这些一起就形成了电路$\mathcal{C}$ 上层 i 的连线。具体地说，这些函数将三个门(a,b,c)作为输入，如果$(b,c)=(\text{in}_{1,i}(a),\text{in}_{2,i}(a))$，且门 a 是加法(相应的乘法)门，则输出为 1。和往常一样，$\widetilde{\text{add}}_i$ 和$\widetilde{\text{mult}}_i$ 代表 add_i 和 mult_i 的多线性扩展。

以图 4.12 的电路为例。因为电路中没有加法门，add_0 和 add_1 是一个常数 0。同时，

mult_0 是一个定义在$\{0,1\}\times\{0,1\}^2\times\{0,1\}^2$ 上的函数。在$(0,(0,0),(0,1))$和$(1,(1,0),(1,1))$这两扇入情况下，mult_0 的值为 1，其他输入对应的 mult_0 的值为 0。这是因为层 0 的门 0 的第一个和第二个输入分别是层 1 上的门(0,0)和(0,1)，相似地，层 0 的门 1 的第一个和第二个输入分别是层 1 上的门(1,0)和(1,1)。mult_1 是定义在$\{0,1\}^2\times\{0,1\}^2\times\{0,1\}^2$ 上的函数。除了如下的四个输入对应的值为 1 外，其他输入对应的求值为 0：

- ((0,0),(0,0),(0,0))
- ((0,1),(0,1),(0,1))
- ((1,0),(0,1),(1,0))
- ((1,1),(1,1),(1,1))

注意：对于某一层 i、add_i 和 mult_i 只取决于电路$\mathcal{C}$，而不取决于电路$\mathcal{C}$ 的输入 x。相反，函数 W_i 依赖输入 x。这是因为 W_i 是层 i 上的门标号到门值的映射，门值是电路$\mathcal{C}$ 在输入 x 时对应门的值。

具体描述 GKR 协议由 d 次迭代组成，每次迭代对应电路的一层。每一次迭代开始，证明者$\mathcal{P}$ 声称某个随机点 $r_i\in\mathbb{F}^{k_i}$ 对应 $\widetilde{W}_i(r_i)$。

第一次迭代开始时，这个声称来源于电路的输出。详细地说，如果电路$\mathcal{C}$ 的输出大小为 $S_0=2^{k_0}$，令 $D:\{0,1\}^{k_0}\to\mathbb{F}$ 代表从输出门的标号到值的映射。接着，验证者可以随机选择一个点 $r_0\in\mathbb{F}^{k_0}$，并通过引理 3.4 在 $O(S_0)$时间内求值 $\widetilde{D}(r_0)$。采用 Schwartz-Zippel引理，如果 $\widetilde{D}(r_0)=\widetilde{W}_0(r_0)$(也就是，声称的输出多线性扩展和正确的输出多线性扩展在一个随机点上的值相等)，则验证者会认为 $\widetilde{D}$ 和 $\widetilde{W}_0$ 是同样的多项式，从而声称的所有输出也是正确的。不幸的是，验证者在没有证明者帮助的情况下，不能获取$\widetilde{W}_0(r_0)$的值①。

迭代 i 的目的是将 $\widetilde{W}_i(r_i)$值的声称转化为在随机点 $r_{i+1}\in\mathbb{F}^{k_{i+1}}$ 的 $\widetilde{W}_{i+1}(r_{i+1})$值的声称，从而验证者可以安全地认为只要第二个声称是正确的，第一个声称也正确。为了实现这个目标，迭代对从 $\widetilde{W}_{i+1}$、$\widetilde{\text{add}}_i$ 以及$\widetilde{\text{mult}}_i$ 转化来的特定多项式应用 sum-check 协议。实际上，我们描述的协议利用了 Thaler 的简化[238]。

应用 Sum-Check 协议 GKR 协议采用了一个巧妙的 $\widetilde{W}_i(r_i)$来表示，详见下述引理。

引理 4.5
$$\widetilde{W}_i(z)=\sum_{b,c\in\{0,1\}^{k_{i+1}}}\Big(\widetilde{\text{add}}_i(z,b,c)(\widetilde{W}_{i+1}(b)+\widetilde{W}_{i+1}(c))+\widetilde{\text{mult}}_i(z,b,c)(\widetilde{W}_{i+1}(b)\cdot\widetilde{W}_{i+1}(c))\Big) \tag{4.17}$$

① 在本书中，"如果在随机点 r 上，$p(r)=q(r)$，则验证者认为两个多项式相同" 的描述是如下描述的简述：如果 $p\neq q$，则在一个随机点 r 上有非常大的概率，验证者认为两个多项式不相同，也就是说，证明者需要有"不合理的好运气"才能通过检查。

证明：因为$\widetilde{\text{add}}_i$ 和$\widetilde{\text{mult}}_i$ 是多线性多项式，很容易看出等式的右边是以 z 为变量的多线性多项式。（注意，和 4.4 节中的矩阵乘法协议一样，这个求和函数关于 b 和 c 是二次的。只不过，这个二次被“求和”了，整个函数仅仅是以 z 为变量的多线性多项式。）

因为一个函数在$\{0,1\}^{k_i}$域上的多线性扩展是唯一的，所以检查引理中表达式的左边和右边对所有的 $a\in\{0,1\}^{k_i}$都成立就足够了。出于这个目的，固定一个 $a\in\{0,1\}^{s_i}$，并且假设电路C上的层 i 的门a 是一个加法门。因为层 i 上的门a 有两个唯一的输入，记为 $\text{in}_1(a)$和 $\text{in}_2(a)$：

$$\text{add}_i(a,b,c)=\begin{cases}1, & (b,c)=(\text{in}_1(a),\text{in}_2(a))\\ 0, & \text{其他}\end{cases}$$

并且对于所有的 $b,c\in\{0,1\}^{k_{i-1}}$，$\text{mult}_i(a,b,c)=0$。

因为$\widetilde{\text{add}}_i$、$\widetilde{\text{mult}}_i$、$\widetilde{W}_{i+1}$和 $\widetilde{W}_i$ 是 add_i、mult_i、W_{i+1}和 W_i 相应的扩展，所以

$$\sum_{b,c\in\{0,1\}^{k_{i+1}}}\left(\widetilde{\text{add}}_i(a,b,c)(\widetilde{W}_{i+1}(b)+\widetilde{W}_{i+1}(c))+\widetilde{\text{mult}}_i(a,b,c)(\widetilde{W}_{i+1}(b)\cdot\widetilde{W}_{i+1}(c))\right)$$

$$=\widetilde{W}_{i+1}(\text{in}_1(a))+\widetilde{W}_{i+1}(\text{in}_2(a))=W_{i+1}(\text{in}_1(a))+W_{i+1}(\text{in}_2(a))=W_i(a)=\widetilde{W}_i(a)$$

□

评注 4.3 对于任何 add_i 和 mult_i 的扩展函数，若对于前 k_i 个变量都是多线性的，则引理 4.5 都是有效的。

评注 4.4 Goldwasser，Kalai 和 Rothblum[135]用了一个比引理 4.5 稍微复杂的 $\widetilde{W}_i(z)$。他们的表达式允许采用更为通用的 add_i 和 mult_i 的扩展。特别的是，这些函数的扩展并不需要在前 k_i 个变量上是多线性的。

然而，$\widetilde{\text{add}}_i$ 和$\widetilde{\text{mult}}_i$ 的多线性扩展是证明者时间和电路大小 S 几乎呈线性关系的关键。不采用多线性扩展，证明者时间是一个大得多的以 S 为变量的多项式时间，由文献[135]实现（细节请查看 4.6.5 节）。

因此，为了验证证明者的 $\widetilde{W}_i(r_i)$是否正确，验证者对如下多项式应用 sum-check 协议：

$$f_{r_i}^{(i)}(b,c)=\widetilde{\text{add}}_i(r_i,b,c)(\widetilde{W}_{i+1}(b)+\widetilde{W}_{i+1}(c))+\widetilde{\text{mult}}_i(r_i,b,c)(\widetilde{W}_{i+1}(b)\cdot\widetilde{W}_{i+1}(c)) \tag{4.18}$$

需要注意的是，验证者并不知道多项式 $\widetilde{W}_{i+1}$（这个多项式是由电路的层$(i+1)$上的门的值构成的，除非$(i+1)$是输入层，验证者并不能直接访问这些门的值），并且，验证者并不真正了解应用 sum-check 的多项式 $f_{r_i}^{(i)}$。然而，验证者能对 $f_{r_i}^{(i)}$应用 sum-check 协议

的原因是，除非是最后一轮，sum-check 协议并不要求验证者知道除了每个变量的次数外的其他多项式信息(查看评注 4.2)。尽管如此，还遗留了一个问题，验证者$\mathcal{V}$要能对多项式$f_{r_i}^{(i)}$在一个随机点上求值，才能执行 sum-check 协议最后的检查。可以进行如下的处理。我们用(b^*,c^*)表示验证者需要对$f_{r_i}^{(i)}$求值的随机点，$b^* \in \mathbb{F}^{k_{i+1}}$是前$k_{i+1}$项，$c^* \in \mathbb{F}^{k_{i+1}}$是后$k_{i+1}$项。注意，$b^*$和$c^*$可能有非二进制的项。对$f_{r_i}^{(i)}(b^*,c^*)$求值需要对$\widetilde{\text{add}}_i(r_i,b^*,c^*)$、$\widetilde{\text{mult}}_i(r_i,b^*,c^*)$、$\widetilde{W}_{i+1}(b^*)$和$\widetilde{W}_{i+1}(c^*)$进行求值。

对许多电路，特别是那些布线模式有着重复结构的电路，验证者$\mathcal{V}$可以在$O(k_i+k_{i+1})$时间对$\widetilde{\text{add}}_i(r_i,b^*,c^*)$和$\widetilde{\text{mult}}_i(r_i,b^*,c^*)$进行求解。现在假设验证者$\mathcal{V}$确实可以在 $\text{poly}(k_i,k_{i+1})$多项式时间内对这些函数求解，这个问题在 4.6.6 节会进一步讨论。

验证者$\mathcal{V}$在不对整个电路求解的情况下，不可能单独对$\widetilde{W}_{i+1}(b^*)$和$\widetilde{W}_{i+1}(c^*)$求解。验证者$\mathcal{V}$要求证明者$\mathcal{P}$简单地提供这两个值，如z_1和z_2，并且通过第$(i+1)$次迭代验证这些值和提供的值是否一致。然而，一个复杂问题依然存在：第$(i+1)$次迭代的前提条件是证明者$\mathcal{P}$提供了随机点$r_{i+1} \in \mathbb{F}^{k_{i+1}}$对应的值$\widetilde{W}_{i+1}(r_{i+1})$。所以，验证者$\mathcal{V}$需要将验证$\widetilde{W}_{i+1}(b^*)=z_1$和$\widetilde{W}_{i+1}(c^*)=z_2$归约为验证$r_{i+1} \in \mathbb{F}^{k_{i+1}}$对应的$\widetilde{W}_{i+1}(r_{i+1})$。这样的话，只要$\widetilde{W}_{i+1}(r_{i+1})$的值和声称的值一致，验证者$\mathcal{V}$就可以比较安全地接受$\widetilde{W}_{i+1}(b^*)$和$\widetilde{W}_{i+1}(c^*)$的值和声称的值一致。4.5.2 节详细解释了该原理。

将验证归约到一个点　假设$\ell: \mathbb{F} \to \mathbb{F}^{k_{i+1}}$是唯一的一条直线，且$\ell(0)=b^*$，$\ell(1)=c^*$。证明者$\mathcal{P}$发送一个单变量，次数最大为$k_{i+1}$的多项式$q$，声称它等于$\widetilde{W}_{i+1} \circ \ell$，即将$\widetilde{W}_{i+1}$约束在直线$\ell$上。验证者$\mathcal{V}$检查$q(0)=z_1$以及$q(1)=z_2$是否成立(如果不成立，则拒绝)，挑选一个随机点$r^* \in \mathbb{F}$，要求证明者$\mathcal{P}$证明$\widetilde{W}_{i+1}(\ell(r^*))=q(r^*)$。通过主张 4.1，只要验证者$\mathcal{V}$相信$\widetilde{W}_{i+1}(\ell(r^*))=q(r^*)$，验证者就可以安全地认为$q$确实和$\widetilde{W}_{i+1} \circ \ell$相同，也就是说，正如证明者$\mathcal{P}$声称的，$\widetilde{W}_{i+1}(b^*)=z_1$以及$\widetilde{W}_{i+1}(c^*)=z_2$。

这样就完成了第i次迭代，证明者和验证者继续电路的第$(i+1)$层的迭代，目标是验证$\widetilde{W}_{i+1}(r_{i+1})$和提供的值相同，其中$r_{i+1} := \ell(r^*)$。

最终迭代　最后，在第d次迭代，验证者必须自己对$\widetilde{W}_d(r_d)$进行求值。电路$\mathcal{C}$的第d层的门的值，就是电路$\mathcal{C}$的输入x。通过引理 3.4，验证者$\mathcal{V}$可以独自在$O(n)$时间完成$\widetilde{W}_d(r_d)$的计算，其中n是电路$\mathcal{C}$的输入x的大小。

图 4.13 是完整的 GKR 协议。

应用于层状算术电路$\mathcal{C}$(其深度是d,两扇入,输入为$x\in\mathbb{F}^n$)的GKR协议的描述。自始至终,k_i代表$\log S_i$,其中S_i是电路$\mathcal{C}$的层i的门的个数。

- 协议开始时,证明者$\mathcal{P}$发送一个函数$D:\{0,1\}^{k_0}\to\mathbb{F}$,声称等于$W_0$(这个函数将输出门的标签映射为输出门的值)。
- 验证者$\mathcal{V}$随机挑选一个点$r_0\in\mathbb{F}^{k_0}$,并让$m_0\leftarrow\widetilde{D}(r_0)$。协议的剩余部分就是证明$m_0=\widetilde{W}_0(r_0)$。
- 对于$i=0,1,\cdots,d-1$:
  - 定义$2k_{i+1}$变量多项式

$$f_{r_i}^{(i)}(b,c):=\widetilde{\text{add}}_i(r_i,b,c)[\widetilde{W}_{i+1}(b)+\widetilde{W}_{i+1}(c)]+\widetilde{\text{mult}}_i(r_i,b,c)[\widetilde{W}_{i+1}(b)\cdot\widetilde{W}_{i+1}(c)]$$

  - 证明者$\mathcal{P}$声称$\sum_{b,c\in\{0,1\}^{k_{i+1}}} f_{r_i}^{(i)}(b,c)=m_i$
  - 于是验证者$\mathcal{V}$进行检查,证明者$\mathcal{P}$和验证者$\mathcal{V}$对多项式$f_{r_i}^{(i)}$应用sum-check协议,直到验证者$\mathcal{V}$进行最后的检查,这时验证者$\mathcal{V}$必须对多项式$f_{r_i}^{(i)}$在一个随机选择点$(b^*,c^*)\in\mathbb{F}^{k_{i+1}}\times\mathbb{F}^{k_{i+1}}$处进行求值。查看协议方框的尾部的评注a。
  - 令ℓ是唯一的一条直线,且$\ell(0)=b^*$,$\ell(1)=c^*$。证明者$\mathcal{P}$发送一个单变量、次数最大为k_{i+1}的多项式q给验证者$\mathcal{V}$,声称和约束在ℓ的$\widetilde{W}_{i+1}$多项式相同。
  - 验证者$\mathcal{V}$现在进行sum-check的最后的检查,用$q(0)$和$q(1)$代替$\widetilde{W}_{i+1}(b^*)$和$\widetilde{W}_{i+1}(c^*)$。查看协议方框的尾部的评注b。
  - 验证者$\mathcal{V}$随机挑选$r^*\in\mathbb{F}$,并且设置$r_{i+1}=\ell(r^*)$和$m_{i+1}\leftarrow q(r_{i+1})$。
- 验证者$\mathcal{V}$利用引理3.4直接检查$m_d=\widetilde{W}_d(r_d)$。

注意,$\widetilde{W}_d$就是简单的$\tilde{x}$,是输入x的多线性扩展。x解释为一个函数映射$\{0,1\}^{\log n}\to\mathbb{F}$的求值表。

评注a 验证者$\mathcal{V}$不知道在$f_{r_i}^{(i)}$定义中的多项式$\widetilde{W}_{i+1}$,因此验证者$\mathcal{V}$并不真正知道多项式$f_{r_i}^{(i)}$。但是,sum-check协议并不要求验证者$\mathcal{V}$知道其被应用的多项式信息,直到协议最后的检查。

评注b 我们这里假设,对于电路$\mathcal{C}$的某一层i,验证者能在点(r_i,b^*,c^*)对数多项式时间内完成对多项式扩展$\widetilde{\text{add}}_i$和$\widetilde{\text{mult}}_i$的求值。因此,给定$\widetilde{W}_{i+1}(b^*)$和$\widetilde{W}_{i+1}(c^*)$,验证者$\mathcal{V}$能快速对$f_{r_i}^{(i)}(b^*,c^*)$进行求值,也就是完成对多项式$f_{r_i}^{(i)}$进行sum-check协议的最后的检查。

图4.13 算术电路求值的GKR协议的完整描述

4.6.5 成本和可行性讨论

验证者$\mathcal{V}$的执行时间 观察到等式(4.18)定义的多项式$f_{r_i}^{(i)}$是有$2k_{i+1}$个变量的多

项式，这个多项式的每个变量的次数最大为 2。sum-check 协议的第 i 次迭代需要 $2k_{i+1}$ 轮，每轮需要传输 3 个域元素。因此，总的通信成本是 $O(S_0+d\log S)$ 个域元素，其中 S_0 是电路的输出个数。验证者 $\mathcal{V}$ 的总的时间成本是 $O(n+d\log S+t+S_0)$，其中 t 是验证者 $\mathcal{V}$ 在电路 $\mathcal{C}$ 的每一层的随机点处获取 $\widetilde{\text{add}}_i$ 和 $\widetilde{\text{mult}}_i$ 求值的时间；n 是 $\widetilde{W}_d(r_d)$ 求值的时间；S_0 是读入声称的输出向量，并进行多线性扩展的时间；$d\log S$ 项是验证者 $\mathcal{V}$ 发送消息给证明者 $\mathcal{P}$，并处理及检查证明者 $\mathcal{P}$ 消息的时间。目前，我们假设 t 是个低阶成本，并且 $S_0=1$，这样的话，验证者 $\mathcal{V}$ 的执行总时间是 $O(n+d\log S)$。我们在 4.6.6 节将继续讨论这个问题。

证明者 $\mathcal{P}$ 的执行时间　类似 4.4 节的 $\text{M}_{\text{AT}}\text{M}_{\text{ULT}}$ 协议，当对多项式 $f_{br_i}^{(i)}$ 应用 sum-check 协议时，我们给出两种越来越复杂的证明者的实现方式。

方式 1：$f_{br_i}^{(i)}$ 是一个有 v 个变量的多项式，$v=2k_{i+1}$。和 4.4 节矩阵乘法协议的证明者实现方式 1 的分析类似，证明者可以在第 j 轮对多项式 $f_{br_i}^{(i)}$ 进行 $3\cdot 2^{v-j}$ 个点的求值。不难发现，证明者可以应用类似引理 3.4 的技术，在 $O(S_i+S_{i+1})$ 时间内对 $f_{br_i}^{(i)}$ 的任意点求值。这样，证明者 $\mathcal{P}$ 的执行时间为 $O(2^v\cdot(S_i+S_{i+1}))$。对于 d 层的电路，证明者 $\mathcal{P}$ 的执行时间上限是 $O(S^3)$。

方式 2：Cormode 等优化了方式 1 中的 $O(S^3)$ 的执行时间。他们观察到，和 4.4 节中的矩阵乘法协议类似，sum-check 协议中证明者 $\mathcal{P}$ 在第 j 轮中对 $f_{r_i}^{(i)}$ 求值的 $3\cdot 2^{v-j}$ 点有很强的结构特征，它们尾部的元素都是布尔值。也就是说，证明者 $\mathcal{P}$ 对 $f_{r_i}^{(i)}(z)$ 的求值只需在如下形式的点 z 处就足够了：$z=(r_1,\cdots,r_{j-1},\{0,1,2\},b_{j+1},\cdots,b_v)$，其中 $v=2k_{i+1}$ 且 $b_k\in\{0,1\}$。

对于每一个这样的点 z，对 $f_{r_i}^{(i)}(z)$ 求值的瓶颈在于对 $\widetilde{\text{add}}_i(z)$ 和 $\widetilde{\text{mult}}_i(z)$ 的求值。引理 3.4 的一个直接应用表明这样的求值可以在 $2^v=O({S_{i+1}}^2)$ 时间内完成。观察到函数 add_i 和 mult_i 是稀疏的，$\text{add}_i(a,b,c)=\text{mult}_i(a,b,c)=0$，除了 $(a,\text{in}_{1,i}(a),\text{in}_{2,i}(a)):a\in\{0,1\}^{k_i}$ 形式的 S_i 外，对所有的布尔向量 $(a,b,c)\in\mathbb{F}^v$ 都成立。

通过拉格朗日插值（引理 3.2），我们可以将 $\widetilde{\text{add}}_i(z)$ 表示成 $\widetilde{\text{add}}_i(z)=\sum_{a\in\{0,1\}^{k_i}}\chi_{(a,\text{in}_{1,i}(a),\text{in}_{2,i}(a))}(z)$ 对，电路 $\mathcal{C}$ 中的第 i 层的加法门 a 进行求和。乘法门 $\widetilde{\text{mult}}_i(z)$ 也类似。和4.4节中的矩阵乘法协议的证明者实现的方式 2 的分析类似，对于 $z=(r_1,\cdots,r_{j-1},\{0,1,2\},b_{j+1},\cdots,b_v)$ 形式的输入 z，除非 z 的最后 $(v-j)$ 个元素和 $(a,\text{in}_{1,i}(a),\text{in}_{2,i}(a))$ 相等，$\chi_{(a,\text{in}_{1,i}(a),\text{in}_{2,i}(a))}(z)=0$ 才成立（这里我们利用了一个事实，即 z 的尾部元素是布尔值）。

这样，在 sum-check 协议的每一轮中，证明者$\mathcal{P}$只需要一次遍历电路$\mathcal{C}$的层 i 即可求出所有所需点 z 的$\widetilde{\mathrm{add}}_i(z)$值：对于某一层 i 的某一个门 a，证明者$\mathcal{P}$仅需要为三种 z 值更新$\widetilde{\mathrm{add}}_i(z) \leftarrow \widetilde{\mathrm{add}}_i(z) + \chi_{(a,\mathrm{in}_{1,i}(a),\mathrm{in}_{2,i}(a))}(z)$，其中 z 的尾部$(v-j)$个元素和$(a,\mathrm{in}_{1,i}(a),\mathrm{in}_{2,i}(a))$的尾部元素相等。

轮数和通信成本　通过查看协议描述，GKR 协议的轮数为 $O(d\log S)$，并且总的通信成本是 $O(d\log S)$个域元素。

可靠性误差　GKR 协议的可靠性误差是 $O(d\log S/|\mathbb{F}|)$。可靠性分析的想法是，如果证明者在协议开始的时候给出了错误的输出值$\mathcal{C}(x)$的声称，验证者若接受，则交互式证明中肯定至少有一轮发生了如下的情况。证明者发送一个单变量多项式 g_j，它和诚实证明者在这一轮应该发送的多项式 s_j 不同，且仍有 $g_j(r_j)=s_j(r_j)$，其中 r_j 是验证者在第 j 轮随机选择的域元素。在 GKR 协议的第 j 轮中应用 sum-check 协议部分，g_j 和 s_j 多项式的次数是$O(1)$，并且如果 $g_j \neq s_j$，$g_j(r_j)=s_j(r_j)$的概率（在随机挑选 r_j 的情况下）最大是 $O(1/|\mathbb{F}|)$。

在 GKR 协议的第 j 轮的“将验证归约到一个点”中，g_j 和 s_j 多项式的次数最大为 $O(\log S)$。如果 $g_j \neq s_j$，$g_j(r_j)=s_j(r_j)$的概率最大是 $O(\log S/|\mathbb{F}|)$。注意，电路$\mathcal{C}$的每一层最多采用一次这个技术，整个协议总共最多有 d 次这样的情况。

纵观整个协议，我们得出结论：任意一轮 j 中，$g_j \neq s_j$，但是 $g_j(r_j)=s_j(r_j)$的概率最大为 $O(d\log S/|\mathbb{F}|)$。

其他可靠性的讨论　总结一下，GKR 协议的证明者开始时，先发送了其声称的输出门的值，接着指定了输出向量 W_0，从而验证者可以验证 $\widetilde{W}_0$ 在一个随机点上的求值。相似的，在协议的第 i 次迭代的最后，证明者被要求提供 $\widetilde{W}_i$ 在一个随机点的求值。这样证明者逐步地从声称的输出层（对多线性扩展的一个求值）转化成一个类似的输入层的值的声称。后者验证者可以在线性时间内进行检查。

一个常见的困惑是猜测“检查证明者”在一个随机点的 $\widetilde{W}_i$ 求值和在层 i 上随机选择一个门并确认证明者正确地对该门求值是一样的（例如，如果这个门是一个乘法门，检查证明者真的是将这个门的两个输入的乘积作为这个门的值）。如果这样的解释是准确的，那么协议不是可靠的，因为作弊的证明者“篡改”电路中的某个门的值只有当在某一层正好随机选择到这个门的时候才会被发现。

上面的解释是不精确的：这两个过程只有在随机点 r_i 的条目只从$\{0,1\}$域而不是整个域$\mathbb{F}$中选取的时候才相等。

事实上，即使只是层 i 的某一个门的值变了，根据 Schwartz-Zippel 引理，几乎所有的 $\widetilde{W}_i$ 的求值都会变①，只要对电路每层上门的值的多线性扩展编码进行“抽查”，GKR 协议的验证者就能检测到来自证明者的细小的变化。详细描述可以查看图 4.14。

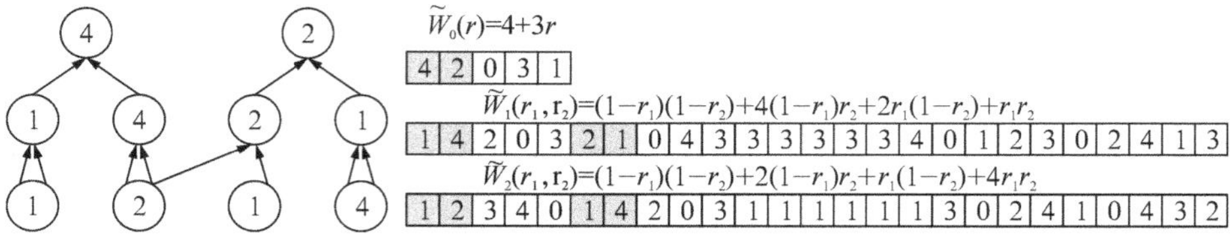

图 4.14 定义在$\mathbb{F}_5$上的全部由乘法门组成的电路，每一层 i 对应的多项式扩展 $\widetilde{W}_i$，电路的是输入长度为 4(1,2,1,4)(查看图 3.2)。因为有两个输出，$\widetilde{W}_0$ 是个单变量多项式，因此，它的求值表由 $|\mathbb{F}_5|=5$ 个值组成。其他两层每层有四个门，因此 $\widetilde{W}_1$ 和 $\widetilde{W}_2$ 是双变量多项式，它们的求值表由 $5^2=25$ 值组成，编号从(0,0)到(4,4)。多项式扩展的求值中，由布尔编码索引的值用灰底标注。对这个电路，应用 GKR 协议，证明者首先发送声称的两个输出门的值，也就是指定 W_0，然后，验证者对 $\widetilde{W}_0$ 在随机点进行求值。接着在图 4.13，每个迭代 i 的最后，证明者需要给出一个(随机)点的 $\widetilde{W}_i$ 的求值

4.6.6 $\widetilde{\text{add}}_i$ 和$\widetilde{\text{mult}}_i$ 的高效求值

验证者在随机点 $\omega\in\mathbb{F}^{k_i+2k_{i+1}}$ 上对$\widetilde{\text{add}}_i$ 和$\widetilde{\text{mult}}_i$ 求值问题比较棘手。虽然对什么样的电路能在 $O(\log S)$时间内实现$\widetilde{\text{add}}_i$ 和$\widetilde{\text{mult}}_i$ 求值没有清晰的特征说明，但是大部分有重复结构的电路都满足这一条件。特别地，文献[102]和[237]表明，对多种常见的布线模式和特定电路，这些求值能在 $O(k_i+k_{i+1})=O(\log S)$时间内完成。这包括一些特殊的电路，用来计算包括 $\text{M}_{\text{AT}}\text{M}_{\text{ULT}}$、模式识别、快速傅里叶变换，以及各种流式算法中的问题，如频率矩和不同元素(查看习题 4.4)。Holmgren 和 Rothblum[152] 的研究表明，只要 add_i 和 mult_i 能在叫作读取一次分支程序的计算模型下计算，$\widetilde{\text{add}}_i$ 和$\widetilde{\text{mult}}_i$ 就能在对数时间内完成对任何点的求值。他们还观察到，这样的条件确实包括了常见的布线模式。此外，我们将在 4.6.7 节看到任何电路如果可以以数据并行的方式运行，则$\widetilde{\text{add}}_i$ 和$\widetilde{\text{mult}}_i$ 可以高效地求值。

另外，如果$\widetilde{\text{add}}_i$ 和$\widetilde{\text{mult}}_i$ 不能在 $O(\log S)$时间内求值，则可以参考别的研究者的建议。例如，Cormode 等人[102] 发现，这些计算总是可以由验证者在 $O(\log S)$ 空间完成，只要电路是对数空间均匀的。对于验证者的空间使用占主导地位的流式应用来说，这就足

① 只要域的大小比电路上层 i 的门的个数的对数值大得多。

够了[102]。进一步说，因为这些计算仅仅依赖电路的布线，而与输入无关，所以可以在线下完成，甚至可以在获取输入之前完成[102,135]。

Goldwasser、Kalai 和 Rothblum[135] 提出了一个额外的设想，将$\widetilde{\text{add}}_i(r_i, b^*, c^*)$和$\widetilde{\text{mult}}_i(r_i, b^*, c^*)$计算外包。事实上，这个想法对通用的对数空间均匀的电路完成这些计算非常重要。具体地说，对于对数空间均匀的电路来说，GKR 的结果是通过两步协议完成的。首先，他们实现了一个协议，把（非确定的）对数空间可计算的问题转化为一个典型电路，该电路模拟了有限空间的图灵机。该电路的布线模式高度重复，其$\widetilde{\text{add}}_i$ 和$\widetilde{\text{mult}}_i$ 可以在$O(\log S)$求值①。对于一个通用的对数空间均匀的电路$\mathcal{C}$，还不知道如何构造 add_i 和 mult_i 的低次扩展，保证它们能在对数多项式时间内在 ω 处求值。相反，Goldwasser等人将$\widetilde{\text{add}}_i(r_i, b^*, c^*)$和$\widetilde{\text{mult}}_i(r_i, b^*, c^*)$的计算外包。由于$\mathcal{C}$是对数空间均匀的，$\widetilde{\text{add}}_i(r_i, b^*, c^*)$和$\widetilde{\text{mult}}_i(r_i, b^*, c^*)$可以在对数空间内计算，并且对数空间的计算协议可以直接应用。

针对电路中$\widetilde{\text{add}}_i$ 和$\widetilde{\text{mult}}_i$ 不能在与电路大小 S 成亚线性的时间内求值的问题，有一个依赖密码学的相关提议。具体地说，本书后面章节我们将介绍一个密码学原语，称为*多项式承诺方案*，并解释如何使用该原语达到如下目的：一个可信方（如验证者自己）可以花费 $O(S)$时间，对电路$\mathcal{C}$中的每一层 i 的$\widetilde{\text{add}}_i$ 和$\widetilde{\text{mult}}_i$ 多项式进行预处理，生成一个短的*密码承诺*。预处理阶段后，验证者$\mathcal{V}$可以采用本节的 IP 获取电路$\mathcal{C}$在不同输入下的值，并且验证者$\mathcal{V}$使用密码承诺强迫证明者代表自己准确地对$\widetilde{\text{add}}_i$ 和$\widetilde{\text{mult}}_i$ 进行求值。由于密码学的引入，这个提议导致了一个论证系统，而不是一个交互式证明。这种预处理的论证系统通常被称为*全息的*或者*使用了计算承诺的*。

4.6.7　依赖数据并行计算获取进一步加速

数据并行计算指的是许多份数据先独立地进行子计算，再聚合它们的结果。本小节的协议对什么样的子计算不做假设。特别是，它可以处理由非常不规则的布线模式电路实现的子计算，但仍假设子计算可独立地用于处理数据。图 4.15 给出了数据并行计算的框架。

---

① 在文献[135]中，事实上，Goldwasser 等人实际使用了对 poly($\log S$)大小的布尔公式算术化后的 add_i 和 mult_i 的高次扩展计算这些函数（详见评注 4.4）。这些扩展的应用导致证明者的运行时间是一个基于 S 的大多项式（如$O(S^4)$）。Cormode 等人[102] 发现，add_i 和 mult_i 的多线性扩展可以用在这个电路中。采用多线性扩展，证明者的运行时间可以降低为 $O(S\log S)$。

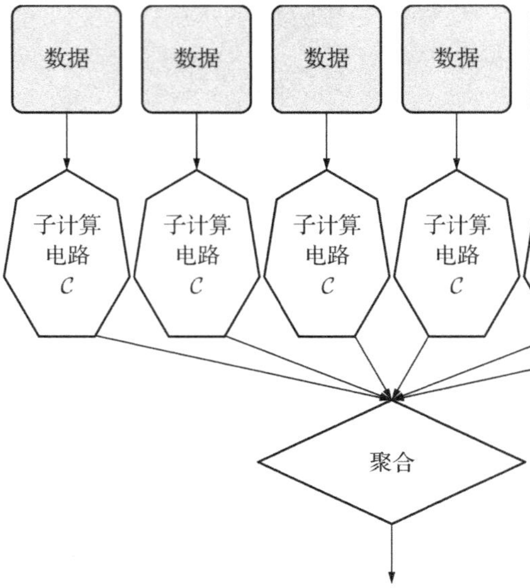

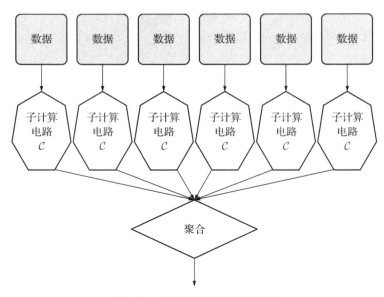

图 4.15 数据并行计算的示意图

在现实世界的计算中，数据并行计算非常流行。例如，考虑一个数据库的计数查询。在一个计数查询中，可以对数据库中的每一行独立地应用某个函数，最后再将这些结果加在一起。有人或许会问："在这个数据库中多少人满足属性 P?"如下协议允许可验证地外包这个计数查询，额外的成本仅仅和整个数据库的大小有关。整个协议不可避免地依赖属性 P 的复杂度。在 6.5 节，我们将看到数据并行计算在某种意义上是"通用的"，因为从高级计算机程序到电路的高效转化通常会产生数据并行电路。

协议和成本 假设 $\mathcal{C}$ 是大小为 S 的电路，电路具有任意的布线模式。再假设 $\mathcal{C}'$ 是一个"超级电路"，在以某种方式聚合结果之前，将 $\mathcal{C}$ 独立用于 $B=2^b$ 个不同的输入。例如，以计数查询为例，聚合阶段就是简单地将数据并行处理阶段的结果加在一起。假设聚合步骤足够简单，并且聚合本身可以通过 4.6.5 节的技术进行验证。

如果只是简单地对超级电路 $\mathcal{C}'$ 应用 GKR 协议，那么验证者 $\mathcal{V}$ 需要进行一个非常大的预处理，在一些点上对电路 $\mathcal{C}'$ 中的布线谓词 $\widetilde{\text{add}}_i$ 和 $\widetilde{\text{mult}}_i$ 求值——这需要时间为 $\Omega(B\cdot S)$。进一步，如果采用文献[102]中的技术，对电路 C' 简单应用 GKR 协议，证明者 $\mathcal{P}$ 需要的时间为 $\Theta(B\cdot S\cdot\log(B\cdot S))$。Vu 等人[241]采用了不一样的方法。他们独立应用 GKR 协议 B 次，每次处理一个 C。这样的话，通信成本以及验证者 $\mathcal{V}$ 的运行时间随着子计算数量的增加而呈线性增长，而这个结果并不是我们想要的。

相反的，本章协议(文献[242]，构建在文献[237]之上)对证明者和验证者都是最好的，证明者和验证者的额外开销不依赖于 B。具体地说，验证者预处理的时间最多是 $O(S)$，和 B 无关。证明者的运行时间是 $O(BS+S\log S)$。只要 $B>\log S$(也就是说，计算有足够大的数据并行性)，$O(BS+S\log S)=O(B\cdot S)$成立。因此，证明者时间只比电路中的门一个个地求值慢一个固定的常数因子。

这个协议的想法是，虽然每个子计算$\mathcal{C}$有复杂的布线模式，但因为子计算互不干扰，子计算之间是最大程度规则的，这样就有可能借助这种规律性来降低验证者的预处理时间，并且极大地加速证明者。

4.6.7.1　协议细节

令$\mathcal{C}$是一个域$\mathbb{F}$上、深度为d、大小为S、具有任意布线模式的算术电路，并且令$\mathcal{C}'$是一个深度为d、大小为$B\cdot S$的由B个$\mathcal{C}$电路组成的电路，其中$B=2^b$。我们将继续使用和4.6.4节一样的符号，只不过用撇号代表$\mathcal{C}'$的各种变量。例如，电路$\mathcal{C}$的层i的大小为$S_i=2^{k_i}$，并且门的值由W_i函数表示。而电路$\mathcal{C}'$中的层i的大小为$S'_i=2^{k'_i}=2^{b+k_i}$，并且门的值由W'_i函数表示。

考虑电路$\mathcal{C}'$中的层i。令$a=(a_1,a_2)\in\{0,1\}^{k_i}\times\{0,1\}^b$是电路$\mathcal{C}'$的层$i$中的一个门的标号，其中$a_2$指这个门在哪个$\mathcal{C}$电路中，$a_1$代表$\mathcal{C}$电路中该门的标号。同样地，令$b=(b_1,b_2)\in\{0,1\}^{k_{i+1}}\times\{0,1\}^b$以及$c=(c_1,c_2)\in\{0,1\}^{k_{i+1}}\times\{0,1\}^b$是层$(i+1)$中的两个门的标号。相对4.6.4节中的交互式证明，并行电路加速的关键是调整引理4.5中$\widetilde{W}_i$的表示。具体说，引理4.5中的$\widetilde{W}'_i(z)$是$(S'_{i+1})^2$项的总和。在该节，我们依赖电路$\mathcal{C}'$的并行结构，将$\widetilde{W}'_i(z)$表示为$S'_{i+1}\cdot S_{i+1}$项的总和，这些项的个数比$(S'_{i+1})^2$小了一个B因子。

引理 4.6　令h代表多项式$\mathbb{F}^{k_i\times b}\to\mathbb{F}$，定义如下：

$$h(a_1,a_2):=\sum_{b_1,c_1\in\{0,1\}^{k_{i+1}}}g(a_1,a_2,b_1,c_1)$$

其中，

$$g(a_1,a_2,b_1,c_1):=\widetilde{\mathrm{add}}_i(a_1,b_1,c_1)(\widetilde{W}'_{i+1}(b_1,a_2)+\widetilde{W}'_{i+1}(c_1,a_2))+\widetilde{\mathrm{mult}}_i(a_1,b_1,c_1)\cdot\widetilde{W}'_{i+1}(b_1,a_2)\cdot\widetilde{W}'_{i+1}(c_1,a_2)$$

这样，h扩展了W'_i。

证明思路：本质上，引理4.6表述的是，$\mathcal{C}'$中的一个加法门$a=(a_1,a_2)\in\{0,1\}^{k_i+b}$和$\mathcal{C}'$中的$b=(b_1,b_2)\in\{0,1\}^{k_{i+1}+b}$和$c=(c_1,c_2)\in\{0,1\}^{k_{i+1}+b}$相连，当且仅当$a,b,c$在同一个子电路$\mathcal{C}$中，并且在这个子电路中$a$和$b$以及$c$相连。

□

如下的引理需要用到额外的符号。令$\beta_{k'_i}(a,b):\{0,1\}^{k'_i}\times\{0,1\}^{k'_i}\to\{0,1\}$表示一个函数，在$a=b$时值为1，其他情况下，值为0。定义一个多项式

$$\tilde{\beta}_{k'_i}(a,b)=\prod_{j=1}^{k'_i}[(1-a_j)(1-b_j)+a_jb_j] \tag{4.19}$$

很直观，$\tilde{\beta}_{k'_i}$是$\beta_{k'_i}$函数的多线性扩展。事实上，$\tilde{\beta}_{k'_i}$就是一个多线性多项式。对于$a,b\in\{0,1\}^{k'_i}$，很容易检查当且仅当a和b的坐标都相等的情况下，$\tilde{\beta}_{k'_i}(a,b)=1$。

引理 4.7 重述引理[文献[216]，引理 3.2]对于任何一个W'_i的扩展多项式$h:\mathbb{F}^{k'_i}\to\mathbb{F}$，如下的多项式等式成立：

$$\widetilde{W}'_i(z)=\sum_{a\in\{0,1\}^{k'_i}}\tilde{\beta}_{k'_i}(z,a)h(a) \tag{4.20}$$

证明：很容易检查等式(4.20)的右边是一个关于z的多线性多项式，并且在所有布尔输入上和W'_i的值相同。把等式(4.20)右边看作是关于z的多项式，则它肯定是W'_i的(唯一)多线性扩展多项式$\widetilde{W}'_i$。 □

直觉上，引理 4.7 是高次扩展多项式h的“多线性化”。也就是说，不管h的次数如何，它用任何函数$W_i{}'$的以扩展h来表示$W_i{}'$的多线性扩展。

结合引理 4.6 和 4.7，对任何$z\in\mathbb{F}^{k'_i}$：

$$\widetilde{W}'_i(z)=\sum_{(a_1,a_2,b_1,c_1)\in\{0,1\}^{k_i+b+2k_{i+1}}} g_z^{(i)}(a_1,a_2,b_1,c_1) \tag{4.21}$$

其中

$$g_z^{(i)}(a_1,a_2,b_1,c_1):=\tilde{\beta}_{k'_i}(z,(a_1,a_2))\cdot[\widetilde{\mathrm{add}}_i(a_1,b_1,c_1)(\widetilde{W}'_{i+1}(b_1,a_2)+\widetilde{W}'_{i+1}(c_1,a_2))+\widetilde{\mathrm{mult}}_i(a_1,b_1,c_1)\cdot\widetilde{W}'_{i+1}(b_1,a_2)\cdot\widetilde{W}'_{i+1}(c_1,a_2)]$$

因此，为将$\widetilde{W}'_i(r_i)$的一个声称转化为某个点$r_{i+1}\in\mathbb{F}^{k'_{i+1}}$的$\widetilde{W}'_{i+1}(r_{i+1})$的声称，只要对多项式$g_{r_i}^{(i)}$应用 sum-check 协议，然后应用 4.5.2 节的“将验证归约到一个点”即可。这个协议和 4.6.4 节是一样的，除了在层i上时，不是对在等式(4.18)中定义的$f_{r_i}^{(i)}$多项式应用 sum-check 协议计算$\widetilde{W}'_i(r_i)$，而是对多项式$g_{r_i}^{(i)}$(等式(4.21))应用 sum-check 协议。

$\mathcal{V}$的开销 为了限定验证者$\mathcal{V}$的执行时间，观察到$\widetilde{\mathrm{add}}_i$和$\widetilde{\mathrm{mult}}_i$在预处理时，通过枚举层$i$中每个$S_i$门的入邻，可以在$O(S_i)$时间内，在$\mathbb{F}^{k_i+2k_{i+1}}$上的随机点处求值，以应用引理 3.4。我们对协议中的所有层i的预处理时间进行求和，就是$\mathcal{V}$的预处理时间，$O(\sum_i S_i)=O(S)$。需要注意的是，这个预处理时间和子电路的个数B无关。

除了预处理，验证者的开销和 4.6.5 节类似。主要的区别是现在验证者还需要对每一层i的$\tilde{\beta}_{k_i}$的一个随机点求值。验证者可以采用等式(4.19)对$\tilde{\beta}_{k_i}$的任意输入求值，求值需要$O(\log S_i)$个$\mathbb{F}$上的加法和乘法。

$\mathcal{P}$ 的开销　一个深刻的洞察是执行一个诚实证明者的时间为 $O(B\cdot S+S\log S)$，这构建在和 4.4 节中执行矩阵乘法协议的证明者方法 3 相关的想法之上，并且大量利用了等式(4.21)，将 $\widetilde{W}_i'(z)$ 表示为 $S_{i+1}'\cdot S_{i+1}$ 个项的和，而不是对电路 $\mathcal{C}'$ 应用等式(4.17)，这将导致在求和中有 $(S_{i+1}')^2$ 个项。协议的成本列于表 4.5 中。

表 4.5　n 个变量、大小为 S、深度为 d、对数空间均匀的层状算术电路 $\mathcal{C}$ 以数据并行的方式重复 B 次(查看图 4.15)IP 的成本

通信成本	轮数	$\mathcal{V}$ 执行时间	$\mathcal{P}$ 执行时间
$O(d\cdot\log(B\cdot S))$ 域元素	$O(d\cdot(\log(B\cdot S)))$	线上时间：$O(B\cdot n+d\cdot(\log(B\cdot S)))$ 预处理时间：$O(S)$	$O(B\cdot S+S\cdot\log(S))$

评注 4.5　最新的研究[251]展示了对任意大小为 S(不仅仅是 4.6.7 节中的有足够大的并行性的电路)的算术电路，如何应用引理 4.4 以实现 4.6.4 节中的交互式证明中 $O(S)$ 时间的证明者①。事实上，同样的结果可以从第 8.4 节(经过一些调整)推导出来，其中我们解释了如何在一个(两个证明者的)交互式证明中实现 $O(S)$ 时间的证明者，用于对一种称为秩一约束系统(R1CS)的算术电路的泛化求值。

4.6.8　效率和通用性之间的平衡

该节涉及的 GKR 协议以及变种是设计 VC 协议时一个通用技术的示例。具体地说，GKR 协议可以用来验证外包的任意算术电路求值的正确性。我们将在下一章看到，任何计算机程序都可以转化为算术电路。这样的通用技术是本书主要关注的点。

然而，VC 协议在通用性和效率之间往往需要平衡。也就是说，通用技术有时可以看成是一个很重的锤子，可以捶任何钉子，但是对某个特定的钉子来说，并不是最有效的。

这个观点在 4.4.1 节讨论矩阵乘法的时候也提过，那一节描述了矩阵乘法的交互式证明。就证明者的时间和通信成本来看，交互式证明比采用 GKR 协议计算矩阵乘法有效得多。另外一个例子是，如图 4.8—图 4.11 描述的电路，计算 $\mathbb{F}^n$ 输入的平方和。在流式算法的文献中，这是一个非常重要的函数，被称为二次频率矩。对这样的电路(对数深度，大小是 $O(n)$)应用 GKR 协议，通信成本是 $\Theta(\log^2 n)$。但是这个函数可以用 sum-check 协议直接计算，总的通信成本是 $O(\log n)$。具体地说，如果输入是函数 $f:\mathbb{F}^{\log n}\to\mathbb{F}$，我们可以对多项式 $(\widetilde{f})^2$ 应用 sum-check 协议，$(\widetilde{f})^2$ 是 f 函数的多线性扩展的平方。这就要求验证者在一个点 r 处对 $(\widetilde{f})^2$ 求值。验证者使用引理 3.3 或者引理 3.4 在线性或者准线性时间对 $\widetilde{f}(r)$ 求值，然后对结果求平方。

① 需要澄清的是，这并没有解决 4.6.6 节讨论的问题，即对任意的算术电路，按协议要求，验证者对 $\widetilde{\text{add}}_i$ 和 $\widetilde{\text{mult}}_i$ 的求值可能需要和电路大小 S 呈线性关系的时间。

总结一下，虽然本书主要关注通用 VC 协议，但是这些并不是在所有情况下都是最有效的方案。对特定函数感兴趣的读者可以考虑不那么通用但高效的协议。即使使用通用的 VC 协议，协议设计者通常也会发现很多优化(如 GKR 协议中门的集合，可以从加法和乘法门扩展到其他的低次操作上，使其合适感兴趣的功能，请查看文献[102]、[251]和[30]中的相关示例)。

4.7 练习

习题 4.1 回顾一下，4.3 节提供了一种双效的交互式证明来计算三角形的个数。给定一个具有 n 个顶点的图的邻接矩阵 $\mathbf{A}$ 作为输入，交互式证明将 $\mathbf{A}$ 视为定义在域 $\{0,1\}^{\log n}\times\{0,1\}^{\log n}$ 上的函数，令 $\widetilde{\mathbf{A}}$ 表示 $\mathbf{A}$ 的多线性扩展，并对如下的 $3\log n$ 个变量的多项式应用 sum-check 协议：

$$g(X,Y,Z)=\widetilde{\mathbf{A}}(X,Y)\cdot\widetilde{\mathbf{A}}(Y,Z)\cdot\widetilde{\mathbf{A}}(X,Z)$$

图 4.16 中的 4 环是指一个顶点四元组 (a,b,c,d)，满足 (a,b)、(b,c)、(c,d) 和 (a,d) 都是图中的边。给定一个简单图对应的邻接矩阵 $\mathbf{A}$ 作为输入，给出一个双效的交互式证明，用于计算图中的 4 环数量。

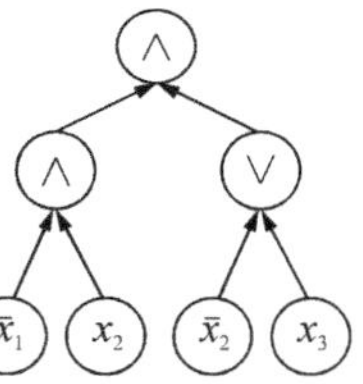

图 4.16 3 个($n=3$)变量的布尔方程 ϕ

习题 4.2 这是另一个用于计算三角形个数的交互式证明，输入为图的邻接矩阵 $\mathbf{A}$，其中图有 n 个顶点：对于一个足够大的素数 p，定义函数 $f:\{0,1\}^{\log_2 n}\times\{0,1\}^{\log_2 n}\times\{0,1\}^{\log_2 n}\to\mathbb{F}_p$，其中 $f(i,j,k)=A_{i,j}\cdot A_{j,k}\cdot A_{k,i}$。在这里，我们自然地将 $\{0,1\}^{\log_2 n}$ 中的向量与 $\{1,\cdots,n\}$ 中的数字对应，并将 $\mathbf{A}$ 的元素自然地解释为 $\mathbb{F}_p$ 中的元素。

将 sum-check 协议应用于多线性扩展 $\widetilde{f}$。请解释该协议是完备性的，并且其可靠性误差最多为 $(3\log n)/p$。

对于这个协议，你能给出证明者和验证者的最快运行时间吗？你认为验证者会对使用这个协议感兴趣吗？

习题 4.3 该问题由五个小问题组成。

- (问题 a) 在 4.2 节中，我们介绍了一种技术，可以将任意大小为 S 的布尔函数 ϕ：

$\{0,1\}^n \rightarrow \{0,1\}$转化为一个在域$\mathbb{F}$上扩展$\phi$的多项式$g$(该技术通过一个大小为$O(S)$的算术电路表示$g$)。

将这个技术应用于图 4.16 中的布尔函数。你可以通过绘制计算g的算术电路或者其他方式来指定所得到的多项式扩展g。

- (问题 b)4.2 节给出了一个交互式证明,通过对g应用 sum-check 协议,计算满足ϕ赋值的个数。对于问题 a 中推导出的多项式g,它扩展了图 4.16 中的布尔函数。假设验证者在第一轮中选择的随机域元素为$r_1=3$,在第二轮中选择的随机域元素为$r_2=4$,请提供诚实证明者发送的消息。你可以在模 11 的整数域$\mathbb{F}_{11}$上进行计算。
- (问题 c)假设你是一个作弊的证明者,在上述问题 b 的协议中,你在协议开始时就知道验证者在第一轮中选择的随机域元素r_1是 3。请给出一个消息序列,让验证者相信满足ϕ赋值数量为 6(无论验证者在第二轮和第三轮中选择的随机域元素r_2和r_3是什么)。
- (问题 d)你可能已经注意到,在问题 a 中得到的扩展多项式g实际上不是多线性的。这个问题解释了其中的原因。

  证明在随机选择的$\mathbb{F}^n$上对ϕ的多线性扩展$\tilde{\phi}$的求值能力可以确定ϕ是否可满足。也就是说,给出一个有效的随机算法,该算法对于给定的$\tilde{\phi}(r)$(其中r为随机选择的$\mathbf{r} \in \mathbb{F}^n$),如果$\phi$具有一个或多个可满足的赋值,则以至少$1-n/|\mathbb{F}|$的概率输出 SATISFIABLE,并且如果$\phi$没有可满足的赋值,则以概率 1 输出 UNSATISFIABLE。解释你的算法如何实现这个性质。
- (问题 e)假设$p>2^n$为一个素数,和往常一样,$\mathbb{F}_p$表示有p个元素的域。该问题证明了在特定输入处对$\tilde{\phi}$求值的能力不仅意味着能够确定ϕ是否可满足,而且能够准确计算ϕ的可满足赋值数量。具体而言,证明以下等式:

$$\sum_{x \in \{0,1\}^n} \phi(x) = 2^n \cdot \tilde{\phi}(2^{-1}, 2^{-1}, \cdots, 2^{-1})$$

习题 4.4　GKR 协议中较难理解的一个概念是,在将其应用于具有"良好"布线模式的电路$\mathcal{C}$时,验证者不需要实例化完整的电路。这是因为验证者在运行协议时唯一需要知道的有关电路$\mathcal{C}$的布线模式的信息是对每个层i上的$\widetilde{\mathrm{add}}_i$和$\widetilde{\mathrm{mult}}_i$在随机点的求值。通常$\widetilde{\mathrm{add}}_i$和$\widetilde{\mathrm{mult}}_i$具有简单明了的表达式,使得它们可以在与$\mathcal{C}$大小对数级别的时间内进行求值(参阅 4.6.6 节)。

该问题要求你详细处理一个特定且特别简单的布线模式。图 4.8～图 4.11 描述了一个电路(输入大小$n=4$),该电路将输入的每个元素平方,并通过加法门的二叉树对结果进行求和。

回想一下，对于深度为 d 的分层电路，层的编号从 0 到 d，其中 0 对应输出层，d 对应输入层。

- 假设 n 是 2 的幂次。给出层 $i=1,\cdots,d-2$ 的$\widetilde{\text{add}}_i$ 和$\widetilde{\text{mult}}_i$ 的表达式，使得这些表达式可以在 $O(\log n)$时间内对任意点进行求值（第 i 层包含 2^i 个加法门，其中对于 $j\in 0,1,\cdots,2^i-1$，第 j 个加法门的输入门是位于第$(i+1)$层的 $2j$ 和 $2j+1$）。
- 假设 n 是 2 的幂次。给出 $\widetilde{\text{add}}_{d-1}$ 和 $\widetilde{\text{mult}}_{d-1}$ 的表达式，使得这些表达式可以在 $O(\log n)$时间内对任意点进行求值（该层包含 $n=2^{d-1}$个乘法门，其中第 j 个乘法门在第$(d-1)$层的输入都等于第 d 层的第 j 个输入门）。

习题 4.5 请编写一个 Python 程序，实现在 4.3 节中用于计算三角形个数的交互式证明的证明者和验证者（假设使用素数域 $\mathbb{F}_p$，其中 $p=2^{61}-1$）。回顾一下，在这个交互式证明中，证明者在每一轮 i 中发送一个最高次数为 2 的单变量多项式 s_i 作为消息。为了实现证明者 $\mathcal{P}$，可以通过每个多项式在 3 个指定的输入（如$\{0,1,2\}$）处的求值来指定，而不是通过它的（至多）3 个系数。例如，如果 $s_i(X)=3X^2+2X+1$，证明者可以发送 $s_i(0)=1$，$s_i(1)=6$ 和 $s_i(2)=17$，而不是发送系数 3、2 和 1。验证者可以通过拉格朗日插值来计算 $s_i(r_i)$：

$$s_i(r_i)=2^{-1}\cdot s_i(0)\cdot(r_i-1)(r_i-2)-s_i(1)\cdot r_i(r_i-2)+2^{-1}\cdot s_i(2)\cdot r_i(r_i-1)$$

第 5 章

通过 Fiat-Shamir 获得公开可验证的非交互式论证

回忆 3.3 节，在公开掷币交互式证明或论证中，验证者 $\mathcal{V}$ 的任何掷币都是对证明者 $\mathcal{P}$ 即刻可见的。这些掷币的过程被解释为 $\mathcal{V}$ 发送给 $\mathcal{P}$ 的“随机挑战”，且在一个公开掷币协议中，不失一般性的，它们是仅有的 $\mathcal{V}$ 发送给 $\mathcal{P}$ 的消息①。

Fiat-Shamir 变换将任意的公开掷币协议 $\mathcal{I}$ 转换成非交互式公开可验证的协议 $\mathcal{Q}$。为描述该变换并分析它的安全性，引入一个理想化的称为随机预言机的模型。

5.1 随机预言机模型

随机预言机模型(Random Oracle Model，ROM)[29,111]是一个理想化的模型，能够刻画这样一个事实，即对于密码学家开发的各类哈希函数(如 SHA-3 或 BLAKE3)，现有的高效算法无法分清它们和随机函数的区别。当我们说到某个将定义域 $\mathcal{D}$ 映射到值域 $\{0,1\}^\kappa$ 的 κ 位的随机函数 R 时，意思是：对于任何输入 $\mathcal{D}$，R 从 $\{0,1\}^\kappa$ 中均匀随机选择其输出 $R(x)$。

ROM 简单地假设证明者和验证者都有查询随机函数 R 的权利。这意味着存在一个预言机(称为随机预言机)，使得证明者和验证者可以向它提交任何查询 x，且预言机将返回 $R(x)$。也就是说，对于提交给预言机的每个 $\mathcal{D}$ 的查询，预言机都以独立随机的方式选择 $R(x)$ 并回应，且对相同的 x 返回相同的 $R(x)$。

随机预言机假设在现实世界中是不可行的，因为定义一个随机函数 R 需要 $|\mathcal{D}|\cdot\kappa$ 位，即必须列举每个 $\mathcal{D}$ 对应的 $R(x)$。这通常是不现实的，要保证密码学的安全性，$|\mathcal{D}|$ 一般会取得非常大(如 $|\mathcal{D}|\geqslant 2^{256}$ 或更大)。在现实世界中，随机预言机被一种具体的哈希函数所取代，如 SHA-3，它能被小的电路或计算机程序简洁地定义，对于任意输入，输

① 在公开掷币协议中，除了 $\mathcal{V}$ 的随机掷币是必须由 $\mathcal{V}$ 发送给 $\mathcal{P}$，其他任何 $\mathcal{V}\rightarrow\mathcal{P}$ 的消息都可以抛弃掉。这是因为它们应该是关于 $\mathcal{V}$ 掷币结果的确定函数，因此 $\mathcal{P}$ 可以自己计算出这些消息。

出其哈希值。原则上，现实世界中作弊的证明者有可能利用这种简洁表示，攻破协议的安全性，即使协议在随机预言机模型下是安全的。但是，在随机预言机模型下被证明为安全的协议一般在现实中也被认为是安全的，且确实没有已部署的协议在上述方式下被攻破①。

5.2 Fiat-Shamir 变换

Fiat-Shamir 变换的初衷是将任意的公开掷币交互式证明或论证 $\mathcal{I}$ 变换为随机预言机模型下的非交互式，公开可验证协议 $\mathcal{Q}$。

某些不可行的做法 Fiat-Shamir 变换模拟 3.3 节中的变换，将任意带有确定性验证者的交互式证明系统变换为非交互式证明系统。在变换中，非交互式的证明者利用交互式验证者消息的可预测性，代替验证者计算出那些消息。这就消除了验证者发送消息给证明者的需求。特别的，这意味着非交互式证明可以指定一个可接受的脚本(例如，指定在交互式协议中由证明者发送的第一条消息，然后跟随一个验证者对该消息的响应，再跟随证明者的第二条消息，如此这般直到协议终止)。

在本章节的背景中，验证者在 $\mathcal{I}$ 中的消息是不可预测的。然而因为 $\mathcal{I}$ 是公开掷币的，验证者在 $\mathcal{I}$ 中的消息来自一个已知分布，具体地说，是均匀分布。因此，一种直接将协议转换为非交互式的方法是令证明者每次都从均匀分布中随机抽取消息，且独立于协议中之前发送过的所有消息，以此来决定验证者的消息。但这种做法不可行，因为证明者是不可信任的，也没有方法可以强制证明者从恰当的分布中抽取消息作为验证者的挑战。

第二种方法是令 $\mathcal{Q}$ 利用随机预言机来决定验证者在 $\mathcal{I}$ 中第 i 轮发送的消息 r_i。这样可以保证每一次的挑战都是均匀分布的。实现第二种方法的做法是在 $\mathcal{Q}$ 中利用随机预言机将输入 i 处的返回值作为 r_i。但这种做法也是不可靠的。问题就在于，尽管这样保证了验证者的每条消息 r_i 是均匀分布的，但它并没有保证验证者的消息与证明者在 $\mathcal{I}$ 中的第 $1,2,\cdots,i$ 轮发送的消息 $g_1,\cdots,g_i$ 无关。具体地说，在 $\mathcal{Q}$ 中的证明者可以提前知道验证者的所有消息 $r_1,r_2,\cdots$，然后根据这些值选择自己在 $\mathcal{I}$ 中的响应。因为证明者在发送自己第 i 轮的消息 g_i 之前就已知了 r_i，所以交互式证明 $\mathcal{I}$ 是不可靠的，导致了非交互式证明也是不可靠的。

---

① 随机预言机模型中的安全性和现实世界中的安全性之间的关系一直是一个备受争议和批评的话题。的确，一系列工作已经证明了关于随机预言机模型安全性(缺乏)含义非常强烈的负面结果。特别是，已经构建了各种协议，这些协议在随机预言机模型中是安全的，但在随机预言机被替换为任何具体哈希函数后是不安全的[26,91,134,139,199]。然而，这些协议和功能通常是人为构造的[170]。对于两种有趣且截然相反的观点，感兴趣的读者可以参考文献[129]和[170]。

上述问题可以通过一个具体的例子更好地展示：假设 $\mathcal{I}$ 是应用于定义在 $\mathbb{F}$ 上的 l 变量多项式 g 的 sum-check 协议，考虑一个作弊的证明者 $\mathcal{P}$，它从一个假的声明 $C\left(\text{对应}\sum_{x\in\{0,1\}^l} g(x)\right)$ 开始运行协议。假设在 sum-check 协议的第一轮中，在发送第一轮消息多项式 g_1 之前，$\mathcal{P}$ 就已经知道了验证者将要在第一轮中发送的消息 $r_1\in\mathbb{F}$，则证明者可以这样欺骗验证者：假设 s_1 是诚实的证明者将要发送的消息，$\mathcal{P}$ 可以发送多项式 g_1，使得

$$g_1(0)+g_1(1)=C \quad \text{且} \quad g_1(r_1)=s_1(r_1) \tag{5.1}$$

回忆等式(4.2)

$$s_1(X_1):=\sum_{(x_2,\cdots,x_v)\in\{0,1\}^{v-1}} g(X_1,x_2,\cdots,x_v)$$

注意，该多项式是一定存在的，因为 g_1 的次数可以至少是 1。从 $\mathcal{I}$ 中的那一刻起，作弊的证明者 $\mathcal{P}$ 可以发送和诚实证明者同样的消息，也能通过验证者的所有检查。在第二种获取非交互式协议的方法的实现中，$\mathcal{Q}$ 中的证明者可以在 $\mathcal{I}$ 上模拟这类攻击，这是因为 $\mathcal{Q}$ 中的证明者可以通过查询随机预言机在输入为 1 的情况下的输出，得知 r_1，然后选择 g_1 满足上述等式(5.1)。

为了防止这种对可靠性的攻击，Fiat-Shamir 变换确保在 $\mathcal{I}$ 的第 i 轮中，验证者的挑战 r_i 是通过查询随机预言机在一个依赖于证明者的第 i 个消息 g_i 的输入上确定的。这意味着在 $\mathcal{Q}$ 中，证明者只有在能找到一个满足方程(5.1)的 g_1，且 r_1 要等于在适当的查询点处随机预言机的值时，才能模拟前面提到的对 $\mathcal{I}$ 的攻击。为了找到这样的 g_1，$\mathcal{Q}$ 中的证明者需要大量查询随机预言机，因为随机预言机的输出是完全随机的，并且对于每个 g_1，只有极少数的 r_1 值能满足等式(5.1)。

Fiat-Shamir 变换的完整描述　Fiat-Shamir 变换使用下述方式，将验证者在 $\mathcal{I}$ 中的每个消息替换为从随机预言机中获取的值，即在 $\mathcal{Q}$ 中，验证者在 $\mathcal{I}$ 中第 i 轮的消息通过查询随机预言机确定，查询的输入为证明者在第 $1,\cdots,i$ 轮中发送的所有消息。在简单实现中，这样做消除了验证者发送消息给证明者的必要性——证明者可以只发送一次消息，其中包含运行整个协议的脚本(即在交互式协议中证明者发送的所有消息列表，只不过将脚本中验证者随机掷币的结果替换为查询随机预言机的返回值)，见图 5.1。

一个具体的优化　将 Fiat-Shamir 变换应用于多轮交互式协议的时候，通常会使用到称为哈希链的技术。这意味着，比起选择使用证明者前面所有的消息 $g_1,\cdots,g_i$ 的哈希值作为第 i 轮验证者的挑战 r_i，可以选择只将 (x,i,r_{i-1},g_i) 的哈希值作为 r_i。这将减少实际运行中哈希的开销，因为哈希函数的输入较短。此类 Fiat-Shamir 变换在随机预言机模型下仍可被证明是安全的。

避免一个常见的攻击　某些场景中，敌手可以选择交互式证明的输入。这种情况下，

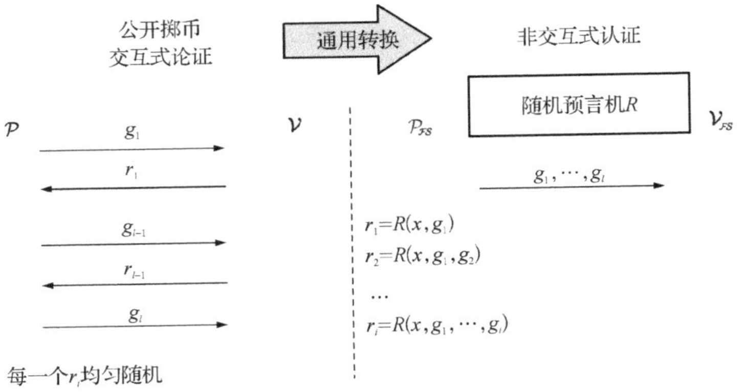

图 5.1 Fiat-Shamir 转换的示例

来源：图片由 Ron Rothblum 提供[218]

Fiat-Shamir 变换要保持安全性，输入的 x 需要被追加到每一轮进行哈希的列表中。这种针对可以选择 x 的敌手的可靠性被称为自适应可靠性。某些现实世界中的 Fiat-Shamir 变换忽略了这个细节，导致了诸如文献[51]和[146]中的攻击。实际上，这个明确的错误是在近期热门的 SNARK 部署中被发现的，导致了重大的漏洞。有些时候，在哈希列表中包含 x 的 Fiat-Shamir 变换也被称为强 Fiat-Shamir，忽略 x 的则被称为弱 Fiat-Shamir。

现提供一个此类攻击的简单描述。若敌手可以选择 x，且 x 不在 Fiat-Shamir 变换的哈希列表里面，考虑一个实际的例子，假设证明者应用 GKR 协议证明 $\mathcal{C}(x)=y$。在 GKR 协议中，验证者 $\mathcal{V}$ 完全忽略输入 $x\in\mathbb{F}^n$，直到协议最后，$\mathcal{V}$ 检查 x 的多线性扩展 $\widetilde{x}$，是否在某些随机点 r 处等于之前轮次得到的值 c。敌手则可以轻易为 Fiat-Shamir 变换后的协议生成一个脚本，通过除最后一步检查外的所有检查。为通过最后的检查，敌手可以选择任意的输入 $x\in\mathbb{F}^n$，使得 $\widetilde{x}(r)=c$（$\widetilde{x}$ 可以在线性时间内确定）。脚本令 Fiat-Shamir 变换后协议中的验证者接受 $\mathcal{C}(x)=y$ 的声明。然而，x 只是满足 $\widetilde{x}(r)=c$ 的任意输入，并没有任何 $\mathcal{C}(x)=y$ 的保障。习题 5.2，要求读者推导出这类攻击的细节。

注意在这类攻击中，尽管证明者生成了可令验证者信服的证明使得 $\mathcal{C}(x)=y$，但不一定能“完美控制”x。这是因为 x 被约束为必须满足 $\widetilde{x}(r)=c$，其中 r 和 c 都依赖于随机预言机。这使得此类攻击在某些应用中的危险性相对较小①。然而，从业者应注意避免这种漏洞，因为在实践中，将 x 包含在哈希中几乎不会带来显著的成本②。

---

① 一个说明性的例子：在某些应用中，唯一“合理”的输入 x 是位向量 $\boldsymbol{x}\in\{0,1\}^n$。上述攻击将高效地确定一个 $x\in\mathbb{F}^n$ 以及一个令人信服的“证明”$\mathcal{C}(x)=y$，但并不一定所有 x 的条目都在$\{0,1\}$中。这可能意味着攻击者只能为“无意义向量”$\boldsymbol{x}\in\mathbb{F}^n\setminus\{0,1\}^n$ 的错误陈述生成“令人信服的证明”。

② 更一般地说，如果敌手可以随意更改待证明陈述的某一部分，那么应该对陈述的那个部分进行哈希。例如，假设敌手可以完全控制电路 $\mathcal{C}(x)=y$，并假设敌手通过将 Fiat-Shamir 变换应用于交互式协议来提供此声明的“证明”，那么 Fiat-Shamir 变换后协议中验证者的第一个挑战应该通过对 $\mathcal{C}$ 的描述以及 x 和 y 的哈希来确定。若攻击者试图为特定的虚假陈述生成令人信服的证据，且如果不成功，只更改陈述的未哈希部分，以便证明对更改后的陈述是可信服的，那么验证者可以防御这种攻击。

5.3 变换的安全性

已知当 Fiat-Shamir 变换应用于常数轮公开掷币交互式证明 $\mathcal{I}$ 且拥有可忽略①的可靠性误差的时候，其生成的非交互式证明 $\mathcal{Q}$ 在随机预言机模型下，对于多项式时间内运行的作弊的证明者来说是可靠的[211]。更定量地，如果 $\mathcal{I}$ 包含 t 轮，任何 $\mathcal{Q}$ 的证明者 $\mathcal{P}$ 在时间 T 内运行且能够说服验证者以 ε 的概率接受输入 x，可以被转换为一个 $\mathcal{I}$ 的证明者 $\mathcal{P}'$，说服验证者以不低于 $(\varepsilon/T)^{O(t)}$ 的概率接受输入 x。如果 t 是常数，这个概率就是 $\mathrm{poly}(1/\varepsilon,1/T)$，是不可忽略的②。实际上，我们在本节的末尾为 3 消息协议证明了这一结果（定理 5.1）。但是，$\mathcal{P}'$ 的运行时间随着 $\mathcal{I}$ 中轮数 t 的增长而指数级增加，且本节中讨论的交互式证明均需要至少对数轮。最近，对于类似的多轮协议 $\mathcal{I}$，关于 $\mathcal{Q}$ 的可靠性分析有了一个更好的理解。

特别是，现在知道如果一个公开掷币交互式证明 $\mathcal{I}$ 对于语言 $\mathcal{L}$ 满足逐轮可靠性，则 $\mathcal{Q}$ 在随机预言机模型下是可靠的[44,88]。这里，如果以下性质成立，则 $\mathcal{I}$ 满足逐轮可靠性：(1) 在 $\mathcal{I}$ 执行的任意阶段，存在一个清晰可辨的状态（依赖于执行阶段的部分脚本），且某些状态是“失败”的，意思是一旦协议 $\mathcal{I}$ 陷入失败状态，将会（除某些可忽略的概率外）永远处于失败状态，不管证明者的执行策略是什么；(2) 若 $x\notin\mathcal{L}$，则 $\mathcal{I}$ 的初始状态就是失败的；(3) 如果在交互的最后，状态是失败的，则验证者将拒绝该证明③。

Canetti 等人[88]展示了 GKR 协议（以及其他基于 sum-check 协议的交互式证明）满足逐轮可靠性，因此将 Fiat-Shamir 变换应用于其上产生的非交互式证明，在随机预言机模型下是安全的④。

简单而直观地解释一下为什么交互式证明 $\mathcal{I}$ 的逐轮可靠性隐含了非交互式证明 $\mathcal{Q}$ 在随机预言机模型下的可靠性。一个作弊的证明者，其唯一能够令验证者接受假陈述的方式是，“幸运”地通过验证者在 $\mathcal{I}$ 中的某些掷币过程，将状态变为非失败状态。若这类“坏”的掷币过程为 B，则逐轮可靠性隐含了 B 是一个很小的集合。一个随机预言机在定义上是完全不可预测且无结构的，简单来说，作弊证明者能做的所有的事只有以任意顺

---

① 在本书中，可忽略意味着比任何固定的关于输入长度 n 或者安全参数 λ 的多项式都小。不可忽略意味着任何至少比某个固定的关于 n 或者 λ 的多项式的倒数大的量。计算能力有限的敌手被假设为在关于 λ 和 n 的多项式时间内运行。

② 如果 $\mathcal{I}$ 是一个论证而非证明，则 $\mathcal{Q}$ 在随机预言机中的可靠性也将继承 $\mathcal{I}$ 的可靠性所基于的任何计算困难的假设。

③ 为了说明，我们举个例子，它有着可忽略可靠性误差的，但不满足逐轮可靠性的 IP 可以是任何有着 1/3 可靠性误差的 IP，并将其重复 n 次。这将产生一个协议，有着至少 n 轮，且可靠性误差为 $1/3^{\Omega(n)}$，但不是逐轮可靠的。确实，在对这样的协议应用 Fiat-Shamir 变换后，在随机预言机模型下不会产生一个可靠的论证系统[218]，参见习题 5.1。

④ 实际上，Canetti 等人[88]也展示了，使用平行重复，任何公开掷币的 IP 可以被转化为另一个不同的满足逐轮可靠性的公开掷币 IP。

序遍历在$\mathcal{I}$中所有可能的证明者消息或脚本，并在发现随机预言机返回的一系列输出恰巧落在B中的时候中止。当然，这不完全是事实：一个$\mathcal{Q}$中的恶意证明者也有能力执行所谓的*状态恢复攻击*[44]（有时也被称为*研磨攻击*），意思是在$\mathcal{Q}$中的证明者可以"回卷"任何与$\mathcal{I}$中验证者的交互至一个更早的时间点，然后"试验"对$\mathcal{I}$中的验证者给出的最后一条消息发送不同的响应。证明者可以期待，通过尝试给出不同的响应，随机预言机会输出一个非失败的值。但是，$\mathcal{I}$的逐轮安全性精确地保证了此类攻击不太可能成功，因为一旦$\mathcal{I}$进入失败状态，没有任何证明者策略可以以一个不可忽略的概率，从失败状态中"逃逸"。

总的来说，将 Fiat-Shamir 变换应用于拥有可忽略的逐轮可靠性误差的公开掷币交互式协议，将会得到一个非交互式论证。其在随机预言机模型下，对于高效的证明者，有着可忽略的可靠性误差。协议可以紧接着在现实世界中被实例化，只需要将随机预言机替换为密码学中的哈希函数即可。

如下讨论的，对于交互式协议和其在应用 Fiat-Shamir 变换后的非交互式论证，它们的安全等级存在一些细微的差别。

5.3.1 "安全位数"：统计意义上的及计算意义上的

统计安全、计算安全和交互式安全 正如我们在第 4 章所见到的，交互式协议可以满足统计意义上的安全性。一个信息论安全的协议，其可靠性误差的对数，被称为*统计安全位数*。

作为对照，一个非交互式论证的安全性等级是以寻找一个能通过验证的假"证明"的工作量来衡量的。类似于其他密码学原语，如数字签名和抗碰撞哈希函数，这种工作量的对数被称为*计算安全位数*。例如，30 位的安全性意味着攻破该证明系统需要$2^{30}\approx 10$亿"步"工作量。这是对现实世界中安全性的一种近似衡量，因为单步工作量的概念是变化的，实践中对内存的需求或并行计算的可能性都没有被纳入考虑。

在本书的最后，我们将会看到许多简洁*交互式*论证的例子。尽管它们只有计算意义上的可靠性，而非统计意义上的可靠性，许多论证也拥有难以被攻破的属性，若敌手无法攻破某个密码学原语（如无法在抗碰撞哈希函数中找到一组碰撞），则他也无法令论证系统中的验证者，对某些值s来说，以高于2^{-s}的概率接受一个假陈述。在这种情况下，某些从业者，非正式地将s称为证明系统的*交互式安全位数*。

对于交互式和非交互式论证的适当的安全性等级 非交互式论证通常建议确保至少 100 位或 128 位的计算安全性[261]。相反的，在某些上下文背景中，可以适当降低统计安全性等级或交互式安全性等级。关键的区别在于，在统计安全性或交互式安全性下，作弊证明者需要真的与验证者交互以实施攻击，其攻击成功率非常低。这是因为作弊证明者在交互式协议中希望能获得一个“幸运”的验证者挑战(即那些导致验证者最终接受虚假声称的挑战),但证明者在发送消息给验证者,并接收回复的挑战之前并不知道验证者挑战是否足够“幸运”。

假设一个交互式协议的统计安全性位数或交互式安全性位数为 60,这意味着每次攻击的成功概率最多为 2^{-60}。因此,在 2^{30} 次攻击尝试下,一次攻击成功的概率最多为 $2^{-60}\times 2^{30}=2^{-30}$。验证者不太可能在证明者试图欺骗她且失败 2^{30} 次的前提下,继续与他交互。并且,由于在交互式证明中存在往返的延时,执行大量攻击所需要的时间是不切实际的。例如,假设每次攻击需要 1 s,则 2^{30} 次尝试需要 30 年的时间。出于这类理由,60 位的统计安全性或交互式安全性在某些上下文环境中也许是足够的。

作为对照,非交互式证明中,作弊证明者可以“静默”地攻击一个协议,不需要和验证者有任何的交互。例如,如果将 Fiat-Shamir 变换应用于一个 3 消息交互式协议,如图 5.2 所示,则一种典型的对变换后的非交互式证明的“研磨攻击”是,证明者尝试“猜测”第一条消息 α,产生一个“幸运”的验证者消息 $R(x,\alpha)$,然后证明者可以高效地寻找到一个响应 γ,使得$(\alpha,R(x,\alpha),\gamma)$是一个可被接受的脚本。

假设原始的协议只有 60 位的统计安全性或交互式安全性。一个作弊证明者在非交互式证明中执行一次研磨攻击只需要尝试大约 2^{60} 次挑选第一条消息 α,就能“幸运”地找到一个前述的 $R(x,\alpha)$。当用一个具体的哈希函数实例化 Fiat-Shamir 变换的时候,这次攻击的计算瓶颈在于做 2^{60} 次哈希。这种规模的计算对于现代计算机来说完全是可行的①。实际上,在 2020 年,使用 GPU 计算 2^{64} 次 SHA-1 哈希的成本是 45 000 美元[181]。另一个数据是,2022 年,比特币的网络哈希率是每秒钟计算 2^{64} 次哈希,这意味着比特币矿工整体上每 18 h 就进行 2^{80} 次 SHA-256 哈希运算。当然,这种巨大的计算能力来源于对比特币挖矿的 ASIC 芯片大规模的研发投入。

总的来说,若把 Fiat-Shamir 变换用于将一个交互式协议转换为非交互式,则该交互式协议应被设置为大于 80 位的统计安全性或交互式安全性,使得针对该非交互式协议的典型研磨攻击即使在现代硬件上也是望尘莫及的。

5.3.2　常数轮协议的随机预言机模型的可靠性

定理 5.1　*令 $\mathcal{I}$ 为常数轮公开掷币交互式证明或论证,其可靠性误差是可忽略的。设 $\mathcal{Q}$ 为通过对 $\mathcal{I}$ 应用 Fiat-Shamir 变换获得的随机预言机模型下的非交互式协议,则 $\mathcal{Q}$ 的计算可靠性误差也是可忽略的。也就是说,没有一个在多项式时间内运行的证明者可以说*

① 更精确地说,尝试 $T<2^{60}$ 次不同的 α 的研磨攻击,其成功的概率大约为 $T\cdot 2^{-60}$。这与定理 5.1 的证明中的下界相匹配。具体来说,定理 5.1 展示了如果 Fiat-Shamir 变换被应用于一个统计可靠性误差为 2^{-60} 的 3 消息交互式协议,那么任何对变换后协议的攻击,其将哈希函数视为一个随机预言机,运行时间至多为 T 且成功的概率为 ε,将必须满足 $\varepsilon/T<2^{-60}$。

服$\mathcal{Q}$中的验证者以不可忽略的概率接受虚假陈述。

证明：为简单起见，我们只证明当$\mathcal{I}$是由证明者首先发送消息的3-消息协议时的情况。有关此设置中Fiat-Shamir变换的描述以及我们将在证明中使用的符号，请参见图5.2。

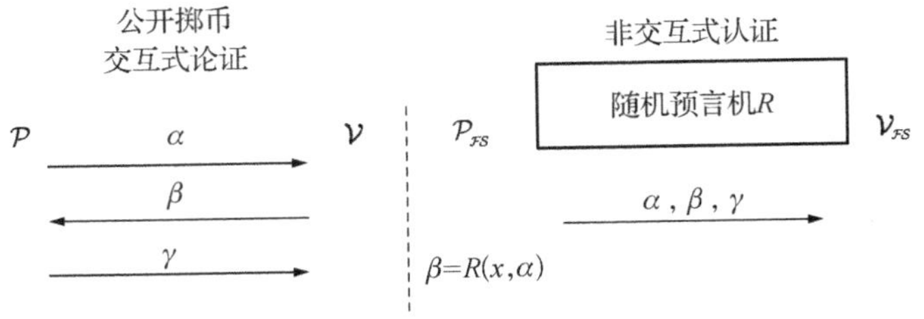

图5.2 应用于3消息交互式证明或论证的Fiat-Shamir变换，就像在定理5.1的证明中一样

来源：图片由Ron Rothblum[218]提供

我们将证明，对于任何输入x，如果$\mathcal{P}_{\mathcal{FS}}$是在$T$时间内运行的证明者，且说服$\mathcal{Q}$中的验证者接受输入$x$的概率至少为$\varepsilon$（该概率取决于随机预言机的选择），则$\mathcal{I}$中存在证明者$\mathcal{P}^*$说服$\mathcal{I}$中的验证者接受的概率至少是$\varepsilon^* \geqslant \Omega(\varepsilon/T)$（其概率取决于验证者在$\mathcal{I}$中随机挑战的选择）。此外，$\mathcal{P}^*$具有与$\mathcal{P}_{\mathcal{FS}}$基本相同的运行时间。这个定理的结论是：如果$\varepsilon$是不可忽略的并且$T$对于输入大小是多项式级别的，那么$\varepsilon^*$也是不可忽略的。

处理受限制的$\mathcal{P}_{\mathcal{FS}}$行为 为找到一个可被接受的脚本$(\alpha,\beta,\gamma)$且$\beta=R(x,\alpha)$，$\mathcal{P}_{\mathcal{FS}}$需要模仿$\mathcal{Q}$中成功的证明者策略$\mathcal{P}$，将$\alpha$设置为由$\mathcal{P}$发送的第一条消息，将$\beta$设置为$R(x,\alpha)$，并将$\gamma$设置为$\mathcal{P}$对挑战$\beta$的响应。除此之外，$\mathcal{P}_{\mathcal{FS}}$没有太多可以做的①。如果这确实是$\mathcal{P}_{\mathcal{FS}}$的行为方式，$\mathcal{P}^*$将很容易以如下方式从$\mathcal{Q}$中“抽取”证明者策略$\mathcal{P}$：$\mathcal{P}^*$运行$\mathcal{P}_{\mathcal{FS}}$，直到$\mathcal{P}_{\mathcal{FS}}$以$(x,\alpha)$的形式对随机预言机进行（唯一的）查询为止。$\mathcal{P}^*$发送$\alpha$给$\mathcal{I}$中的验证者$\mathcal{V}$，后者以挑战$\beta$响应。$\mathcal{P}^*$使用$\beta$作为随机预言机对$\mathcal{P}_{\mathcal{FS}}$查询的响应，然后$\mathcal{P}^*$继续运行$\mathcal{P}_{\mathcal{FS}}$直到终止。

由于$\mathcal{I}$是公开掷币的，$\mathcal{V}$均匀随机地选择β，这意味着β的分布是适当的，可以作为随机预言机的响应。因此，$\mathcal{P}_{\mathcal{FS}}$产生一个可被接受的$(\alpha,\beta,\gamma)$形式的脚本的概率至少是$\varepsilon$。在这种情况下，$\mathcal{P}^*$发送$\gamma$作为它在$\mathcal{I}$中的最终消息，并且验证者最终会接受，因为$(\alpha,\beta,\gamma)$是一个可被接受的脚本。这确保了$\mathcal{P}^*$说服$\mathcal{I}$中的验证者接受的概率和$\mathcal{P}_{\mathcal{FS}}$输出可被接受的脚本的概率相同，根据假设，其至少为$\varepsilon$。

概述 一般情况下，$\mathcal{P}_{\mathcal{FS}}$可能不会以上述方式运行。特别是，$\mathcal{P}_{\mathcal{FS}}$可能会多次查询随机

① 正如5.3.1节解释的，这实际上不是真的，因为$\mathcal{P}_{\mathcal{FS}}$也可以运行状态恢复攻击，也称为研磨攻击。

预言机，当然不超过 T 次，因为 $\mathcal{P}_{\mathcal{FS}}$ 的运行时间至多为 T。这意味着尚不明确 $\mathcal{P}^*$ 应该将哪个查询 (x,α) 转发给 $\mathcal{V}$ 作为它的第一条消息 α。我们将证明 $\mathcal{P}^*$ 只需随机选择一个 $\mathcal{P}_{\mathcal{FS}}$ 的查询就足够了。本质上，$\mathcal{P}^*$ 将以至少 $1/T$ 的概率选择"正确"的查询，导致 $\mathcal{P}^*$ 说服 $\mathcal{V}$ 以至少 ε/T 的概率接受输入 x。

对 $\mathcal{P}_{\mathcal{FS}}$ 做的假设（不失一般性）　我们假设 $\mathcal{P}_{\mathcal{FS}}$ 总是进行恰好对随机预言机发起 T 次查询（可以通过令 $\mathcal{P}_{\mathcal{FS}}$ 根据需要进行"虚拟查询"，以确保它始终正好向随机预言机 R 发起 T 次查询来保证）。让我们进一步假设 $\mathcal{P}_{\mathcal{FS}}$ 进行的所有查询都是不同的（$\mathcal{P}_{\mathcal{FS}}$ 没有理由在同一位置查询预言机两次，因为预言机会响应两次相同的值）。最后，我们假设每当 $\mathcal{P}_{\mathcal{FS}}$ 成功输出可被接受的脚本 (α,β,γ) 且 $\beta=R(x,\alpha)$ 时，$\mathcal{P}_{\mathcal{FS}}$ 对 R 的 T 次查询中至少有一个位于点 (x,α)。这点可以通过令 $\mathcal{P}_{\mathcal{FS}}$ 在输出脚本 (α,β,γ) 之前，如果 (x,α) 尚未被查询的话，总是要查询 (x,α) 来确保，否则就进行"虚拟查询"。

$\mathcal{P}^*$ 的完整描述　$\mathcal{P}^*$ 首先选择一个随机整数 $i\in\{1,\cdots,T\}$。$\mathcal{P}^*$ 运行 $\mathcal{P}_{\mathcal{FS}}$ 直到它对随机预言机的第 i 次查询为止，然后随机均匀地选择随机预言机对查询 $1,\cdots,i-1$ 的响应。如果第 i 个查询的形式为 (x,α)，则对某个 α，$\mathcal{P}^*$ 发送 α 给 $\mathcal{V}$ 作为它的第一条消息，并从 $\mathcal{V}$ 接收响应 β①。$\mathcal{P}^*$ 使用 β 作为随机预言机查询 (x,α) 的响应。$\mathcal{P}^*$ 然后继续运行 $\mathcal{P}_{\mathcal{FS}}$，随机均匀地选择随机预言机对查询 $i+1,\cdots,T$ 的响应。如果 $\mathcal{P}_{\mathcal{FS}}$ 输出形式为 (α,β,γ) 的可接受脚本，则 $\mathcal{P}^*$ 将 γ 发给 $\mathcal{V}$，这将令 $\mathcal{V}$ 接受。

$\mathcal{P}^*$ 成功率的分析　与受限制情况一样，由于 $\mathcal{I}$ 是公开掷币的，$\mathcal{V}$ 均匀随机地选择 β，也就是说，β 的分布恰当，可以作为随机预言机的响应。这意味着，$\mathcal{P}_{\mathcal{FS}}$ 输出一个形式为 $(\alpha,R(x,\alpha),\gamma)$ 的可接受脚本的概率至少为 ε。在这种情况下，只要 $\mathcal{P}_{\mathcal{FS}}$ 对 R 的第 i 个查询是 (x,α)，$\mathcal{P}^*$ 就能说服 $\mathcal{V}$ 接受。我们假设 $\mathcal{P}_{\mathcal{FS}}$ 正好进行 T 次查询，所有这些查询都是不同的，并且其中一个查询是 (x,α) 的形式，其发生的概率恰好是 $1/T$。因此，$\mathcal{P}^*$ 说服 $\mathcal{V}$ 以至少 ε/T 的概率接受。

□

5.3.3　Fiat-Shamir 在随机预言机模型下保持知识可靠性

定理 5.1 粗略地表明 Fiat-Shamir 在将任何常数轮交互式证明或论证在随机预言机模型下转换为非交互式的同时，可以保持其可靠性。在本书的后面部分，我们将关注一个更强的可靠性概念，称为知识可靠性，它意味着证明者声称其知道一个满足特定属性的证据（参见 7.4 节）。在随机预言机模型中，Fiat-Shamir 变换确实保持了知识的可靠

① 如果第 i 次查询不是 (i,α) 的形式，则 $\mathcal{P}^*$ 终止，即 $\mathcal{P}^*$ 放弃说服 $\mathcal{V}$ 接受。

性，至少在应用于特定的重要论证系统时是这样的。我们稍后将在本书中介绍这些结果的两个重要示例：9.2.1 节表明当 Fiat-Shamir 变换应用于从 PCP 和 IOP 获得的简洁论证系统时，保持了知识的可靠性；12.2.3 节则在变换被应用于另一类论证（被称为 Σ-协议，于 12.2.1 节引入）时，证明了一个类似的结果；在 14.4.2 节的末尾，简单讨论了将 Σ-协议扩展到超常数轮的情况。

5.3.4 普通模型中的 Fiat-Shamir

Chaum 和 Impagliazzo，以及 Canetti、Goldreich 和 Halevi[91] 确定了一种称为相关难解性（Correlation-Intractability，CI）的属性，使得当具体的哈希函数 h 是从满足 CI 的哈希族 $\mathcal{H}$ 中随机选择的时候，在普通模型中实例化 Fiat-Shamir 变换能生成可靠的论证。后文在描述最近的那些基于标准密码学假设构建的 CI 哈希族之前，我们将更详细地解释 CI 的含义。

什么是相关难解性？ 设 R 表示一对 $(y,h(y))$ 的一些属性。如果在计算上难以找到满足属性 R 的一对 $(y,h(y))$，就称哈希族 $\mathcal{H}$ 满足 R 的 CI。

假设 $\mathcal{I}$ 是语言 $\mathcal{L}$ 的一个交互式证明或论证，且 $\mathcal{I}$ 满足逐轮可靠性。令 R 表示 $\mathcal{I}$ 通过 Fiat-Shamir 变换后的 $\mathcal{Q}$ 中"成功"的作弊证明者。也就是说，R 包含所有的元组 $(y,h(y))$ 使得 $y=(x,g_1,\cdots,g_i)$，其中 $x\notin\mathcal{L}$。令 $g_1,\cdots,g_i$ 表示在 $\mathcal{I}$ 中的前 i 轮中，在输入 x 上运行时的证明者消息，第 j 轮的验证者消息为 $h(x,g_1,\cdots,g_j)$。然后我们定义，如果 $\mathcal{I}$ 在第 i 轮开始时处于失败状态，且在第 i 个验证者挑战为 $h(y)$ 后进入了非失败状态，则这样的 $(y,h(y))$ 被包含在 R 中。

Fiat-Shamir 变换后协议 $\mathcal{Q}$ 中的作弊证明者必须找到一些满足属性 R 的 $(y,h(y))$ 对，才能为某些 $x\notin\mathcal{L}$ 找到一个可接受的"证明"。如果 $\mathcal{H}$ 满足 R 的 CI，那么这个任务是棘手的，即没有任何多项式时间内的作弊证明者可以以非可忽略的概率找到可被接受的虚假陈述。

构建 CI 哈希族的最新结果 最近一些令人兴奋的研究成果[76,88-90,150-151,158,161,185,207] 为各种类别的交互式证明和论证构造了 CI 哈希族，在标准密码学假设下 CI 性质成立。特别是，文献[151]和[207]基于错误学习（Learning With Errors，LWE）假设，为各种类别的交互式证明和论证构造了 CI 哈希族，许多基于格的密码系统都基于该假设。上述工作中 CI 哈希族的构造具有全同态加密（Fully Homomorphic Encryption，FHE）方案的风格，目前是高度计算密集型的，比证明者和验证者在诸如 GKR 协议这类交互式证明中的计算量要多得多。因此，这些哈希族在用于构造非交互式证明时不切实际。然而，实践中使用的密码学哈希族可能就满足相关难解性的一些概念。

上述结果适用于 GKR 协议，也适用于各种对于 **NP**-完全语言的理论上和历史上（但不是实践中)很重要的零知识证明[58,131](我们在第 11 章中正式介绍了零知识的概念)。这些零知识证明不是简洁的。这意味着证明的长度不短于平凡的(非零知识)**NP** 证明系统,其中证明者发送经典的静态证明,如 **NP** 证据,以证明手头上声明的有效性,而验证者确定性地对证明进行检查。

Fiat-Shamir 和简洁的公开掷币论证　对于本书描述的简洁的公开掷币交互式论证,我们想要获得类似的结果,这样就可以获得简洁的非交互式论证。这类论证在标准密码学假设下在普通模型中是安全的。不幸的是,到目前为止,关于该话题的结果是负面的[21,126]。Bartusek 等人在文献[21]中展示了,需要在底层的交互式论证和用于在 Fiat-Shamir 变换中实现随机预言机的具体哈希函数中利用一些特殊结构,才能以这种方式获得非交互式论证。

5.4 练习

习题 5.1　5.2 节描述了 Fiat-Shamir 变换并断言,如果将 Fiat-Shamir 变换应用于任何具有可忽略的可靠性误差,且满足被称为逐轮可靠性的附加属性的 IP 的时候,得到的证明系统在随机预言机模型中是计算可靠的。你可能会好奇,Fiat-Shamir 变换是否为任何具有可忽略的可靠性误差的交互式证明都能生成计算上可靠的论证,而不仅仅是对于那些满足逐轮可靠性的 IP。对于这个问题,我们会看到答案是否定的。

任取一个拥有完美完备性以及可靠性误差为 1/3 的 IP,并按顺序重复 n 次,令验证者在当且仅当所有的 n 次调用交互式证明都可被接受的时候,才接受该证明。这会生成一个具有 3^{-n} 可靠性误差的交互式证明。解释为什么对这个交互式证明应用 Fiat-Shamir 变换,在随机预言机模型中不会生成可靠的证明系统,尽管其 3^{-n} 的可靠性误差是可忽略的。

你可以假设证明者在交互式证明中,如果有需要,可以用随机数填充消息,即证明者可以为任何消息附加额外的符号,而验证者将简单地忽略这些符号。例如,在交互式证明中,如果证明者希望发送消息 $m\in\{0,1\}^b$,那么证明者可以选择任意字符串 m' 发送 (m,m'),而交互式证明的验证者将会忽略 m'。

习题 5.2　回想一下,电路求值的 GKR 协议用于验证以下声明:$\mathcal{C}(x)=y$,其中 $\mathcal{C}$ 是域 $\mathbb{F}$ 上的算术电路,x 是 $\mathbb{F}^n$ 中的向量,$\mathcal{C}$,x 和 y 对于证明者和验证者来说都是已知的。考虑将随机预言机模型中的 Fiat-Shamir 变换应用到 GKR 协议中,但假设在应用 Fiat-Shamir 变换时,输入 $\boldsymbol{x}$ 没有包含在送入随机预言机的部分脚本中。你需要展示,由此产生的非交互式论证不是自适应可靠的。也就是说,对于你选择的电路 $\mathcal{C}$ 和声称的输出 y,解释作弊证明者如何在与 $\mathcal{C}$ 的大小成比例的时间内以压倒性的概率找到输入 $x\in\mathbb{F}^n$,使得 $\mathcal{C}(x)\neq y$,以及一个令人信服的"证明",证明 $\mathcal{C}(x)$ 实际上等于 y。

第 6 章

前端：将计算机程序转换为电路

6.1 简介

在 4.6 节中，我们看到了一个称为 GKR 协议的非常高效的交互式证明，用于验证对大型算术电路求值的外包，只是电路深度不能太深。但在现实世界中，人们很少对巨型算术电路的求值感兴趣。相反，他们通常有一个用高级语言（如 Java 或 Python）编写的计算机程序，并想要在他们的数据上执行程序。为了使 GKR 协议在这种场景下有用，我们首先需要一种高效的方法将用高级语言编写的计算机程序转换成算术电路，然后我们可以对由此算术电路应用 GKR 协议（或任何其他可用于电路求值的交互式证明或论证系统）。

大多数通用的论证系统都以两步的方式实现。首先，一个计算机程序被编译成一个适合概率性检查的模型，如算术电路或算术电路的可满足性实例①。其次，将交互式证明或论证系统应用于检查证明者是否对电路进行了正确求值。在这些实现中，从程序到电路的编译器被称为*前端*，用于检查电路是否正确求值的论证系统被称为*后端*。

一些计算机程序天生适合通过算术电路实现，特别是只涉及整数或有限域元素的加法和乘法程序。例如，下面的扇入为 2 的分层算术电路实现了标准的朴素 $O(n^3)$时间的矩阵乘法算法，用于将两个 $n \times n$ 矩阵 $\boldsymbol{A}$ 和 $\boldsymbol{B}$ 相乘。

令$[n]:=\{1,\cdots,n\}$。与电路的输入层相邻的是一层 n^3 个乘法门，每个都分配一个标签$(i,j,k)\in[n]\times[n]\times[n]$。该层的门$(i,j,k)$计算 $A_{i,k}$和 $B_{k,j}$的乘积。在这层乘法门之后是深度为 $\log_2 n$ 的一些加法门构成的二叉树。这样确保了有 n^2 个输出门，且如果我们将每个门赋予一个标签$(i,j)\in[n]\times[n]$，则根据矩阵相乘的定义，第(i,j)号输出门计算 $\sum_{k\in[n]} A_{i,k}\cdot B_{k,j}$。详见图 6.1。

---

① 许多论证系统更喜欢使用“秩-1 约束系统（Rank-1 Constraint System，R1CS）”等模型，它们是算术电路的一般化。这些替代模型将在本书的后面进行讨论（请参阅 8.4 节）。

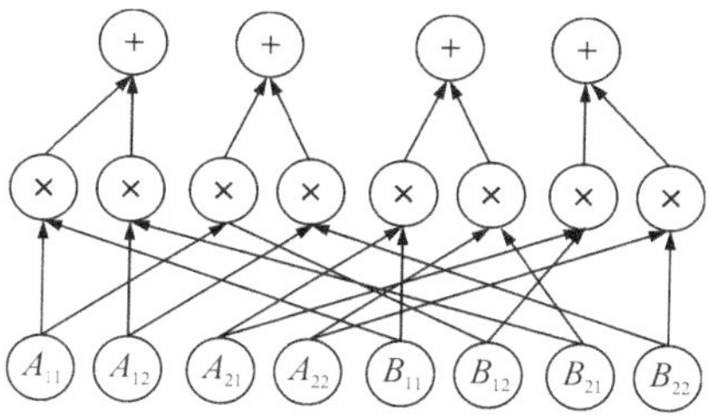

图 6.1　2×2 矩阵实现朴素矩阵乘法的算术电路

又如，图 4.8～图 4.11 描绘了一个算术电路，实现了与算法 1($n=4$)中描述的计算机程序相同的功能。该电路先用一层门对每个输入项求平方，然后通过扇入为 2 的加法门的一棵完整二叉树对结果求和。

算法 1　计算输入向量的逐项平方和
输入：数组 $a=(a_1,\cdots,a_n)$ 　1：$b \leftarrow 0$ 　2：**for** $i=1,2,\cdots,n$ **do** 　3：$b \leftarrow b+a_i^2$ **输出：**b

虽然将朴素矩阵乘法算法转换为上述算术电路相当直接，但将执行"非算术"运算的其他类型的计算机程序，如对复杂的条件语句进行求值，转换为小型算术电路似乎要困难得多。

在 6.3 节和 6.4 节中，我们将看到两种将任意计算机程序转换为电路的技术。在 6.5 节中，我们将看到第三种技术，它更实用，有时称为"非确定性电路"和"有辅助输入的电路"技术。换句话说，第三种技术产生的是电路可满足性问题的实例，而不是电路求值问题的实例。

我们将要做出如下声明，即：任何可在 T 步内终止的计算机程序可以被转换为一个低深度、分层、扇入为 2 的算术电路，其大小最多为 $O(T\log T)$。为此，我们首先必须准确说明所谓运行时间为 T 的计算机程序的含义。

6.2　机器码

现代编译器非常擅长将高级计算机程序转换为机器码，即可以在单位时间内于计算机硬件上执行的一组基本指令。当我们说一个程序在 $T(n)$ 时间步内执行时，指的是它可以被编译为一串机器指令，长度最多为 $T(n)$。但为了更加精确，我们需要精确地定义什么是机器指令。也就是说，我们需要指定一个硬件模型，在其上运行我们想要的程序。

我们的硬件模型是一个简单的随机存取机(Random Access Machine，RAM)。

RAM 由以下组件组成：

- （主）内存。它包含 s 个存储单元，其中每个单元都可以存储如 64 位数据。
- 常数个（如 8 个）寄存器。寄存器是特殊的存储单元，RAM 可以用它来操作数据。也就是说，RAM 允许对寄存器中的数据进行特定操作，如"将寄存器 1 和 2 中的数字相加，并将结果存储在寄存器 3 中"，而主内存只能存储数据。
- 一组 $\ell=O(1)$ 条被允许的机器指令。通常，这些指令的形式为：
  - 将当前存储在给定寄存器中的值写入主内存中的特定位置。
  - 将主内存中特定位置的值读入寄存器。
  - 对寄存器中的数据进行基本操作。例如，对存储在两个寄存器中的值进行加、减、乘、除或比较，并将结果存储在第三个寄存器中；或者对存储在两个寄存器中的值进行按位运算（如计算两个值的按位与）。
- 程序计数器。这是一个特殊的寄存器，告诉机器下一条要执行的指令是什么。

6.3 第一种将程序转换为电路的技术

第一种将计算机程序转换为电路的技术如下①。如果计算机程序在 RAM 上运行时间在 $T(n)$ 以内，所使用的内存单元在 $s(n)$ 个以内，则程序可以被转换为一个分层的、扇入为 2 的算术电路，其深度不超过 $T(n)$ 且宽度大致为 $s(n)$（即每层电路门的个数不超过 $s(n)$）。

请注意，这个构造中的电路深度约为 $T(n)$，从程序到电路的这种转换在 GKR 协议的上下文中是无用的，因为在 GKR 协议中，验证者的时间复杂度至少为电路深度。而在 $T(n)$ 时间内，验证者可以自己执行完整个程序，不需要证明者的任何帮助。我们之所以描述这种生成电路的技术是因为它在概念上很重要，尽管它在 GKR 协议的上下文中是无用的。

这种程序到电路的转换利用了机器配置的概念。机器配置告诉你一切关于 RAM 在某个特定时刻的状态。也就是说，它列举了输入及所有内存单元、寄存器和程序计数器的值。观察到，如果 RAM 有一个大小为 s 的内存，那么一个配置可以用大约 $64s$ 位指定（其中 64 指的是可以放在一个内存单元中的位数），加上一些额外的位来指定输入以及存储在寄存器和程序计数器中的值。

① 在本节中描述的转换可以生成布尔电路（使用与门、或门或非门）或算术电路（其输入是一些有限域的元素，加法门和乘法门都在域上进行计算）。事实上，任何将程序转换为布尔电路的方法也意味着转换为算术电路的方法，因为我们从 4.2 节中知道任何布尔电路都可以转换为的任何域上的等价算术电路，至多只是电路大小有一个常数因子的增加。

这种转换的基本思想是让电路分步进行,每个步骤对应于计算机程序的一个时间步。第 i 个步骤将程序执行 i 步后的 RAM 配置作为输入,并“再执行一步程序”。也就是说,它确定了在执行第 $(i+1)$ 个机器指令后的 RAM 的配置。图 6.2 给出了示例。

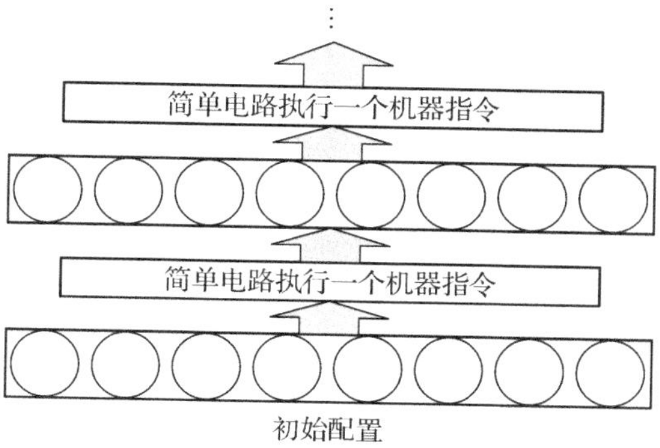

图 6.2　将任何运行时间为 $T(n)$、空间为 $s(n)$ 的程序转化为深度不大于 $T(n)$、宽度不大于 $s(n)$ 的电路的技术简图

这种转换起效的一个关键点是,所有可能的机器指令数是一个常数,且每条指令都非常简单(以最简单的方式对常数个寄存器进行操作)。因此,将程序在第 i 步之后的机器配置映射到第 $(i+1)$ 步之后的机器配置的电路也很简单。这种转换生成的电路大小为 $\widetilde{\Theta}(T(n)\cdot s(n))$。这意味着,相对于运行计算机程序(需要时间 $T(n)$),即使写下或读取该电路所需的开销也至少是其 $s(n)$ 倍[①]。低效的根源在于,对于 RAM 的每一步,电路都会产生一个全新的机器配置。因为必须指定 RAM 的内存在该步的状态,所以每个配置的大小都为 $\widetilde{\Theta}(s)$。从概念上讲,虽然程序的每一步仅更改了常数个内存单元,但电路并不能“提前知道”哪个内存单元将要被更新。因此,电路必须在每一步明确检查每个内存单元是否应更新,导致电路至少比其模拟的 RAM 的运行时间 $T(n)$ 要大 $s(n)$ 倍。这样的额外开销使得从程序到电路的转换变得不切实际。

6.4　将小空间程序转换为浅电路

6.3 节描述的从程序到电路的转换方法所生成的电路,因为电路的深度至少为 T,在 GKR 协议的上下文中是无用的。当把 GKR 协议应用到这样的较深电路时,验证者的运

① 第二个问题是电路很深,如深度至少为 $T(n)$。由于 GKR 协议(详见 4.6 节)的通信成本随电路深度线性增长,因此,将 GKR 协议应用于此电路会导致通信成本至少为 $T(n)$。这是平凡的(在读取证明者的消息所需的时间内,验证者可以自行执行 M)。这个问题将在 6.4 节中解决,该节中的电路深度和空间使用量的多项式函数有关,而不是和 RAM 的运行时间有关。然而,这是以将电路大小从 $\mathrm{poly}(T,s)$ 增加到 $2^{\Theta(s)}$ 为代价的。请注意,本书后面介绍的论证系统的通信成本没有随电路深度线性增长,因此像本节所描述的那样,将这些论证应用于深层电路确实会产生非平凡的协议。

行时间至少是 T。验证者只需自己运行计算机程序就可以和算术电路一样快，而无须求助于证明者。

第二种将计算机程序转换为电路的技术，若计算机程序不占用太多空间，则可以生成更浅的电路。具体来说，它能够将任何运行于时间 T 和空间 s 内的程序，转换为深度大约为 $s \cdot \log T$ 和大小为 $2^{\Theta(s)}$ 的电路。

4.5.5 节解释了我们如何以少于 T 步的时间，通过检查在 M 的配置图中是否存在一条长度至多为 T，从起始配置到可被接受的配置的有向路径，确定一个图灵机 M 是否在输入为 x 的情况下输出 1。虽然该部分讨论的是图灵机，但同样的结果也适用于随机存取机，因为不管是图灵机或者随机存取机，使用 s 位存储空间都最多只有 $2^{O(s)}$ 种配置。

要解决这个有向路径问题，只需计算 $\mathbf{A}$ 的 T 次方矩阵中的某一项，其中 $\mathbf{A}$ 是 M 的配置图的邻接矩阵。如果配置 i 在 M 的配置图中有指向配置 j 的有向边，则 $A_{i,j}=1$，否则 $A_{i,j}=0$。这是因为 $\mathbf{A}$ 的 T 次方矩阵中第 (i,j) 项的值等于 M 的配置图中从节点 i 到节点 j 的长度为 T 的有向路径数。因此，为了确定从 M 的起始配置到可被接受配置之间，是否存在一条长度为 T 的有向路径，只需要电路重复对邻接矩阵进行 $\log_2 T$ 次平方操作。我们在 6.1 节中看到，有一个大小为 $O(N^3)$ 和深度为 $O(\log N)$ 的电路，用于将两个 $n\times n$ 矩阵相乘。由于 M 在输入 x 上的配置图是一个 $2^{\Theta(s)}\times 2^{\Theta(s)}$ 矩阵，因此计算 M 的配置图的邻接矩阵平方（共 $O(\log T)$ 次）的电路深度为 $O(\log(2^{\Theta(s)})\cdot \log T)=O(s\log T)$，大小为 $2^{\Theta(s)}$①。

因此，通过将 GKR 协议应用于此电路，我们可以获得用于确定 RAM M 输出的一个交互式证明。只不过 4.5.5 节的交互式证明以更直接和高效的方式解决了这个问题。

6.5 将计算机程序转换为电路可满足性实例

6.5.1 电路可满足性问题

在 6.3 和 6.4 节中，我们看到了两种将计算机程序转换成算术电路的方法。出于两个原因，第一种方法实际上不可取。第一，它生成了深度非常大的电路。事实上，太大以至于将 GKR 协议应用于生成的电路时将导致验证者的运行时间和在没有证明者帮助的情况下运行整个程序有相同的时间复杂度。第二，如果计算机程序在 T 时间和 s 空间内运行，则电路的大小至少为 $T\cdot s$，而我们更希望电路门的数量接近 T。

在本节中，我们将解决这两个问题。为此，我们将不得不从谈论电路的求值转为谈

---

① 更准确地说，电路将 x 作为输入，首先计算 M 在输入 x 上的配置图的邻接矩阵 $\mathbf{A}$。$\mathbf{A}$ 的每个条目都是 x 的一个简单函数。然后电路重复对 $\mathbf{A}$ 求平方以计算 $\mathbf{A}$ 的 $T(n)$ 次方并输出第 (i,j) 项，其中 i 为起始配置的索引，j 为结束配置的索引。

论电路的可满足性。

回想一下,在算术电路求值问题中,其输入指定了一个算术电路$\mathcal{C}$,输入x和输出y,目标是确定$\mathcal{C}(x)$是否等于y。在算术电路的可满足性问题(简称circuit-SAT)中,电路$\mathcal{C}$需要两个输入,x和w。第一个输入x是公开和固定的,即对于证明者和验证者来说都是已知的。第二个输入w通常被称为证据,有时也称为非确定输入或辅助输入。给定第一个输入x和输出y,我们的目标是确定是否存在一个w,使得$\mathcal{C}(x,w)=y$。

预览:电路可满足性的简洁论证,以及本章剩余部分的大纲 在本章之后,本书的剩余部分将专门讨论开发简洁的论证,尤其是所谓的SNARK,用于电路的可满足性及其泛化。这些协议将使不受信任的证明者$\mathcal{P}$能够证明它知道一个证据w,使得$\mathcal{C}(x,w)=y$。理想情况下,SNARK的证明大小和验证时间将远小于朴素的证明系统,其中$\mathcal{P}$将证据w发送给$\mathcal{V}$,$\mathcal{V}$自行对$\mathcal{C}(x,w)$进行求值。在理想情况下,如果$\mathcal{P}$已经知道证据,则不必花任何时间寻找它,$\mathcal{P}$的运行时间接近于仅对$\mathcal{C}$的输入(x,w)进行求值的时间。

在实际应用中,$\mathcal{P}$通常已经知道w。例如,第1章讨论的一个应用程序,其中Alice选择一个随机密码w,发布密码的哈希函数$y=h(w)$,然后想向Bob证明她知道y在函数h下的原像。该应用中的证据是w。实际上,Alice自己生成了她所希望证明的陈述,因此她知道证据,而无须花费大量计算能力"从头开始"计算它。在本例中,这指的是反求出y在哈希函数h下的原像。

与本书中已经涵盖的对电路求值的交互式证明相比,此类应用需要思维上的重大转变。不再是$\mathcal{P}$声称已将特定电路$\mathcal{C}$或特定RAM M应用于验证者和证明者都知道的公开输入x上,而是$\mathcal{P}$声称它知道某些证据w(验证者不知道),将$\mathcal{C}$应用于(x,w)或以(x,w)为输入运行M,将产生输出y。

但正如我们将看到的,即使$\mathcal{P}$只是声称在公开输入x上运行了特定的RAM M,电路可满足性的论证也是有用的。在这种情况下,证据w只是被"用来"让M机器更高效地转换为"等价电路"$\mathcal{C}$。我们这么说的意思是,RAM M对输入x的输出等于y当且仅当存在w,使得$\mathcal{C}(x,w)=y$。

本节的其余部分更详细地解释了任何在T时间内运行的计算机程序,都可以被高效地转换为一个等效的算术电路可满足性的实例$(\mathcal{C},x,y)$,其中电路$\mathcal{C}$的大小接近T,深度接近$\log T$。在输入为x时程序的输出等于y,当且仅当存在w,使得$\mathcal{C}(x,w)=y$。此外,在输入为x时,运行此程序的任何一方(如证明者)都可以轻松构造出w满足$\mathcal{C}(x,w)=y$。

为什么Circuit-SAT实例富于表达 直觉上,电路可满足性实例应该比电路求值实例"更具表现力",因为检查一个声明的证明比起计算一个证明,往往来得更容易。在接下来的内容中,我们的声明是"运行一个指定计算机程序,输入为x时产生输出y"。从概念上来讲，在本章的剩余部分我们构建电路可满足性实例的证据 w，将代表一种对声明的传统和静态的证明，而电路 $\mathcal{C}$ 将简单地检查证明是否有效。毫不奇怪的是，我们将看到检查证明有效性的电路可以比用于"从头开始"确定声明真伪的电路求值实例要小得多。

为了使以上的直觉更具体，这里举一个具体的电路可满足性实例的例子。想象一个程序，其所有输入都是某个有限域 $\mathbb{F}$ 的元素，所有运算都是加法、乘法和除法（我们说除法 a/b，指的是将 a 乘 $\mathbb{F}$ 中 b 的乘法逆元）。假设有人想把这个程序转换为一个等效的算术电路求值实例 $\mathcal{C}$。由于 $\mathcal{C}$ 的门只能计算加法和乘法运算（没有除法），$\mathcal{C}$ 需要将每个除法运算 a/b 显式地替换为计算 b 的乘法逆元 b^{-1}，其中计算 b^{-1} 只能调用加法和乘法运算。这个开销很大，将导致巨大的电路。相反，要将程序转换为等效的电路可满足性实例，我们可以要求在证据 w 中为每个除法运算 a/b 包含一个域元素 e，其中 e 应设置为 b^{-1}。该电路可以通过添加一个计算 $e \cdot b-1$ 的输出门来"检查"$e=b^{-1}$。当且仅当 $e=b^{-1}$时，门的输出等于 0。以这种方式，程序中的每个除法运算仅转化为电路可满足性实例中额外的 $O(1)$个门和证据元素。

你也许一开始会担心这种技术会在程序中为每个除法运算引入一个"检查器"输出门，因此，如果有很多除法运算，证明者将不得不发送给验证者很长的消息，以告知验证者其声明的 $\mathcal{C}$ 的输出向量是 $\boldsymbol{y}$。然而，任何"正确"的证据 w 都会导致这些"检查器"门的求值为 0，它们的声明值都隐式为 0。这意味着代表所声明的输出向量 $\boldsymbol{y}$ 的证明者消息，其大小与 $\mathcal{C}$ 中"检查器"输出门的数量无关。

6.5.2 预览：电路可满足性的简洁论证是如何操作的？

为证明存在一个 w，使得 $\mathcal{C}(x,w)=y$，我们可以为其设计一种高效的交互式证明方案，就是让证明者发送 w 给验证者，并运行 GKR 协议高效地检查 $\mathcal{C}(x,w)=y$。这足以说服验证者程序确实在输入为(x,w)时输出为 y。如果证据 w 很小，这种方法会很高效。但从计算机程序到电路可满足性的转换中，我们将看到，证据 w 会非常大，大小约为 T，也即计算机程序的运行时间。因此，即使是要求验证者读取所声称的证据 w，也会与要求验证者在没有证明者的帮助下简单地运行该程序一样昂贵。

幸运的是，我们将在 7.3 节中看到，可以将 GKR 协议和一种被称为*多项式承诺方案*的密码学原语相结合获得一个论证系统，以避免让证明者向验证者发送整个证据 w。

在前两个段落描述的用于电路可满足性的交互式证明中，证明者必须在协议的一开始发送证据 w，这样证明者就无法根据验证者在电路求值的交互式证明中随机抛硬币的结果来选择 w，以使得 $\mathcal{C}(x,w)=y$。换句话说，在协议开始时发送 w 的目的是令证明者在得知验证者在后续电路求值的交互式证明过程中随机抛硬币的结果之前，将证明者绑定到 w 的某个特定的值。

我们可以使用密码学承诺方案模拟上述情况，而无须证明者完整地发送 w。这些承诺方案是具有两个阶段的密码协议:承诺阶段和揭示阶段。从某种意义上说,承诺阶段将证明者绑定到证据 w,而不需要证明者完整地发送 w。在揭示阶段,验证者要求证明者揭示 w 的某些条目。需要的绑定性质是,除非证明者可以解决一些被认为是非常棘手的计算任务,否则在执行承诺阶段后,必定存在某个固定的字符串 w,使得证明者被迫以保持和 w 一致的方式回答揭示阶段所有可能的查询。换一种说法就是,证明者无法根据验证者在揭示阶段提出的问题来提前选择 w。

这意味着要获得电路可满足性的简洁论证,首先可以让证明者运行一个密码学承诺方案的承诺阶段,将自己绑定到证据 w。然后运行电路求值的交互式证明或论证,以证明 $\mathcal{C}(x,w)=y$,并且在协议的过程中,验证者可以根据需要进行检查,强制证明者揭示有关 w 的任意信息。

如果使用 GKR 协议作为电路求值协议,验证者需要知道 w 的哪些信息才能执行其检查呢? 回想一下,为了在输入为 $u=(x,w)$ 的电路 $\mathcal{C}$ 上运行 GKR 协议,验证者需要知道的关于输入的唯一信息是 u 的多线性扩展 $\widetilde{u}$ 在随机点的求值。此外,验证者仅在协议的最后需要这个值。

我们将在第 7 章中解释,为在任意随机点快速对 $\widetilde{u}$ 求值,验证者只需知道 w 的多线性扩展 $\widetilde{w}$ 在相关点的求值即可。因此,密码学承诺方案应将证明者绑定至多线性多项式 $\widetilde{w}$,从某种意义上说,在承诺方案的揭示阶段,对于任意所需的 w 的输入 r,验证者可以要求证明者告诉它 $\widetilde{w}(r)$。证明者将回应 $\widetilde{w}(r)$,以及为了确保绑定性,少量验证者坚持必须包含在内的"认证信息"。所要求的绑定属性大致确保了当验证者查询证明者以揭示 $\widetilde{w}(r)$时,证明者将无法根据 r 来"改变"它的答案。

由此产生的论证系统,在证明者承诺多线性多项式 $\widetilde{w}$ 之后,各方运行 GKR 协议来检查 $\mathcal{C}(x,w)=y$。即便验证者不知道 w,它也可以愉快地运行这个协议,直到最后验证者必须在某个点上计算 $\widetilde{u}$。这需要验证者知道某个点 r 处的 $\widetilde{w}(r)$。验证者通过让证明者揭示输入 r 处的 $\widetilde{w}(r)$来获取该信息。

总而言之,这种方法(结合 5.2 节的 Fiat-Shamir 变换)将引出对于电路可满足性的非交互式知识论证系统,即证明者知道证据 w,使得 $\mathcal{C}(x,w)=y$。如果使用足够高效的多项式承诺方案,则该论证系统在某种意义上几乎是最优的,其验证者的运行时间和输入 x 的大小呈线性关系,并且证明者的运行时间接近 $\mathcal{C}$ 的大小。

6.5.3　从计算机程序到算术电路可满足性的转换

在描述转换之前,考虑一下为什么在第 6 章中的方法 1 生成的电路(详见 6.3 节)至少有 $T\cdot s$ 个门,若 s 很大,则它明显大于 T。答案是该电路由 T 个"阶段"组成,其中第 i 阶段在执行 i 条机器指令之后,计算出机器配置的每一个位,包括其主内存的全部内容。但是每条机器指令只影响 $O(1)$ 个寄存器和内存单元的值,所以在任何两个阶段之间,几乎所有的配置位都保持不变。这意味着电路中几乎所有的门和连线都简单地用于将第 i 步的配置按位复制到第$(i+1)$步之后的配置。这是非常浪费的，为了获得大小接近 T 而不是 $T \cdot s$ 的电路，我们需要削减所有这些冗余。

为描述转换的主要思想，有必要介绍随机存取机 M 在输入 x 时执行的脚本(有时也称为轨迹)。粗略地说，脚本仅描述了 M 在执行的每一步中其配置的改变。也就是说，对于 M 执行的每一步 i，脚本仅列出步骤 i 结束后每个寄存器和程序计数器的值。由于 M 只有 $O(1)$个寄存器，因此可以使用 $O(T)$个计算机字指定脚本，其中字指的是可以存储在单个寄存器或内存单元中的值。

基本思想是从 RAM 的执行到电路可满足性，其转换过程可产生一个电路可满足性实例$(\mathcal{C},x,y)$，其中 x 是 M 的输入，y 是 M 所声称的输出，证据 w 则是 M 根据输入 x 执行的脚本。电路 $\mathcal{C}$ 将简单地检查 w 确实是 M 对输入 x 的执行脚本，如果此检查通过，则 $\mathcal{C}$ 和 M 一样，根据脚本中的结束配置进行输出。如果检查失败，$\mathcal{C}$ 输出一个特殊的拒绝符号。

$\mathcal{C}$ 的原理图如图 6.3 所示。

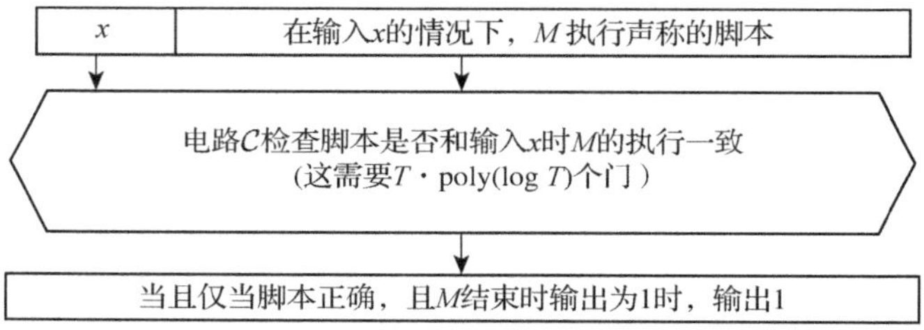

图 6.3 从 RAM 在输入 x 上的执行，到电路可满足性实例的转换示意图

6.5.4 转换的细节

电路 $\mathcal{C}$ 将 M 在 x 上的整个执行过程的完整脚本作为非确定性输入，其中脚本由(时间戳，列表)对组成，每一对表示 M 执行的一步。在这里，列表指定了当前程序计数器中包含的位数和 M 的所有寄存器的值。如果读或写操作发生在 M 执行的某一步，则该列表还包含访问的内存位置和发生读操作时返回的值或发生写操作时写入内存的值。没有读或写操作发生的执行步，将包含一个特殊的内存地址，表示没有内存操作发生。

电路随后检查脚本是否有效，有效性检查的细节如下。

从概念上讲，人们可以认为在时间 T 中运行的 RAM 由两个独立的部分组成：

- 维护其主内存，即正确执行所有的内存读写。每次内存读取都应返回最近一次写入该内存单元的值。
- 假定内存已被正确地维护，则执行程序的 T 个步骤。程序的每一步都很简单，因为它只影响机器的寄存器，其数量为一个常数，以及至多对主内存执行一次读取或写入操作。

按照上述 RAM 操作的概念划分，检查所谓的脚本的有效性，相当于检查它是否满足以下两个属性。

- 内存一致性：每当从内存位置读取一个值时，检查脚本声明所返回的值是否等于最后一次写入该位置的值。
- 时间一致性：假设内存一致性成立，对于每一步 $i \in \{1, \cdots, T-1\}$，检查其第$(i+1)$步所声明的状态是否正确地来自机器在第 i 步声明的状态。

该电路通过将 RAM 的迁移函数表示为一个小的子电路来检查时间一致性。我们在 6.5.4.1 节中提供了这种表示的一些细节。然后它将此子电路应用于脚本的每个条目 i 并检查其输出等于脚本的第$(i+1)$个条目。也就是说，对于在 $1, \cdots, T-1$ 时间中的每一步 i，电路将具有一个输出门，当且仅当脚本的第$(i+1)$个条目等于将迁移函数应用于脚本的第 i 个条目的结果时，输出门的值才会等于 0。

该电路根据读取或写入的内存位置对脚本条目进行重新排序，以此来检查内存一致性，并按时间顺序处理它们相等的情况。也就是说，对于每个内存位置，该位置的读写操作按时间戳的递增顺序出现。我们将这种对脚本的重排序称为*内存排序*。不执行内存读取或写入操作的脚本条目可以按任意顺序组合在一起，并放在重排序的脚本的末尾。这些条目将被检查内存一致性的电路所忽略。

给定按内存排序后的脚本，电路可以直接检查每次从给定位置读取的内存操作的返回值是否等于写入该位置的最后一个值。对于已进行内存排序的脚本中的任何两个相邻条目，电路检查这两个条目的内存位置是否相等，以及后面的条目是否包含读取操作。如果有读取操作，它会检查读取操作返回的值是否等于前面操作中读取或写入的值。

排序步骤是构造 $\mathcal{C}$ 时概念上最复杂的部分，将在 6.5.4.2 节中讨论。注意：所有的这些至多为 T 个的时间一致性检查和内存一致性检查可以并行完成。正如我们将看到的，排序也可以在对数深度内完成。总之，这确保了 $\mathcal{C}$ 具有对数多项式深度。

6.5.4.1　将 RAM 的转换函数表示为小算术电路

根据电路 $\mathcal{C}$ 定义的域，RAM 的某些操作很容易使用单个门在 $\mathcal{C}$ 的内部计算。例如，如果 $\mathcal{C}$ 是在阶为 p 的素数阶域 $\mathbb{F}_p$ 上定义的，那么这个域可以自然地模拟整数加法和乘法，只要保证计算中出现的值始终位于$[-\lfloor p/2 \rfloor, \lfloor p/2 \rfloor]$范围内[①]。如果其值超出这个范围，那么所有的值将对 p 取模，该域将不再模拟整数运算。相反，如果不花费（至少）$\Omega(W)$门来对整数的位表示进行操作，则特征为 2 的域无法模拟 2^W 量级的整数加法或乘

① 如果对无符号整数而不是有符号整数进行操作，计算中出现的整数值可能位于$[0, p-1]$范围内，而不是$[-\lfloor p/2 \rfloor, \lfloor p/2 \rfloor]$。

法。另一方面，如果$\mathcal{C}$是在特征为 2 的域上定义的，则两个域元素的相加等效于二进制的按位异或。这里的信息是，整数运算，而非位运算，可以在大素数阶的域上非常直接地模拟（直到遇到溢出问题为止）；按位运算，而非整数运算，则可以在特征为 2 的域上非常直接地模拟。

一般来说，如果随机存取机的字长为 W，那么除内存访问之外的任何原语指令（如整数算术、按位运算、整数比较等）可以在电路可满足性实例中使用 poly(W) 数量的门来实现。这可以通过将每个寄存器的每一位用单独的域元素表示，并实现指令的按位操作。例如，可以在一个大素数阶域上使用 W 个乘法门来计算两个值 $x,y\in\{0,1\}^W$ 的按位与，其中第 i 个乘法门将 x_i 乘 y_i。按位或和按位异或可以用类似的方式计算，将 $x_i\cdot y_i$ 分别替换为 $x_i+y_i-x_iy_i$ 和 $x_i+y_i-2x_iy_i$。

考虑一个更复杂的例子，假设电路是在大素数阶的域 $\mathbb{F}_p$ 上定义的。设 a 和 b 是两个域元素，表示为 $\{0,1,\cdots,p-1\}$ 中的整数，并假设希望确定是否 $a>b$。令 $\ell:=\lceil\log_2 p\rceil$。电路可以令证据包含 2ℓ 位 $a_0,\cdots,a_{\ell-1},b_1,\cdots,b_{\ell-1}$，分别代表 a 和 b 的二进制表示。首先，为检查对于所有 $i=0,\cdots,\ell-1$，a_i 是否属于$\{0,1\}$，电路可以包含一个计算$a_i^2-a_i$ 的输出门。当且仅当 $a_i\in\{0,1\}$时，此门的计算结果为 0。其次，检查$(a_0,\cdots,a_{\ell-1})$确实是$a\in\mathbb{F}_p$ 的二进制表示，电路可以包含一个计算 $a-\sum_{i=0}^{\ell}a_i2^i$ 的输出门。假设每个 $a_i\in\{0,1\}$，这个门的输出等于 0 当且仅当$(a_0,\cdots,a_{\ell-1})$是 a_i 的二进制表示。对于 b 的类似检查也应包含在电路中，以确保$(b_0,\cdots,b_{\ell-1})$是 b 的二进制表示。最后，该电路可以包含计算布尔电路算术运算的输出门，以逐位检查是否 $a>b$。具体来说，对于$j=\ell-2,\ell-3,\cdots,1$，定义

$$A_j:=\prod_{j'>j}\left[a_{j'}b_{j'}+(1-a_{j'})(1-b_{j'})\right]$$

使得如果 a 和 b 的高 $\ell-j$ 位相等，则 $A_j=1$。那么如果 $a>b$，下面的表达式等于 1，否则为 0：

$$a_{\ell-1}(1-b_{\ell-1})+A_{\ell-2}a_{\ell-2}(1-b_{\ell-2})+\cdots+A_0\cdot a_0(1-b_0)$$

可以检查上面的表达式在 $a>b$ 时等于 1，否则等于 0（可以通过深度为 $O(\ell)=O(\log p)$且包含 $O(\ell)$门组成的算术电路进行计算）。实际上，如果 $a_{\ell-1}=1$ 且 $b_{\ell-1}=0$，那么第一项的计算结果为 1，所有其他项的计算结果为 0，而如果 $a_{\ell-1}=0$ 且 $b_{\ell-1}=1$，则所有项的计算结果为 0。否则，如果 $a_{\ell-2}=1$ 且 $b_{\ell-2}=0$，则第二项的计算结果为 1 并且所有其他项的计算结果为 0，而如果 $a_{\ell-2}=0$ 且 $b_{\ell-2}=1$，则所有项的计算结果为 0，以此类推……

目前，业界付出了相当大的努力，用来开发更高效的模拟大素数阶域上的非算术运算的技术。6.6.3 节概述了在这个方向上由 Bootle 等人引入文献[68]中的重要结果。

6.5.4.2 如何用非确定性电路进行排序

回想一下，要检查 RAM M 的所谓脚本是否满足内存一致性，脚本条目必须被重新排序，以便它们按读取或写入的内存单元分组，相同的条目按时间排序。接下来，我们描

述一种基于所谓的路由网络的重排序方法。

我们仅在概念上提及使用路由网络来检查内存一致性，且比起 6.6.1 节中使用默克尔树，或是 6.6.2 节使用 2.1 节中介绍的指纹法这两种更简单的替代方案，它通常会产生更大的电路。读者可以跳过本节对路由网络的讨论，不会影响阅读的连贯性。

我们讨论路由网络既是出于历史背景的考虑，也因为其他变换实际上不能产生一个电路 $\mathcal{C}$，使得当且仅当存在满足 $\mathcal{C}(x,w)=y$ 的 w 时 $M(x)=y$。默克尔树方法产生了一个"计算上可靠"的变换。这意味着即使 $M(x)\neq y$，也会存在证据 w，使得 $\mathcal{C}(x,w)=y$，但是这样的证据在计算上是难以被找到的。这需要在密码学哈希函数中找到碰撞。同时，指纹法使用一个随机域元素 $r\in\mathbb{F}$ 来检查内存一致性。即使 $M(x)\neq y$，对于任何固定的 r，也很容易找到一个证据 w，使得 $\mathcal{C}(x,w)=y$。因此，指纹法仅在可以强制证明者在随机 r 被挑选之前"选择"证据 w 的情况下才有用。幸运的是，默克尔哈希和指纹法的上述问题都不会成为 SNARK 设计中使用类似技术的障碍。

路由网络　路由网络是具有指定的 T 个源点的集合和 T 个汇点的集合（两个集合具有相同的基数）的图，它满足以下性质：对于源点和汇点之间的任何完美匹配（等效地，对于任何所需的源点排序），存在一个节点不相交的路径集合①，将每个源点连接到它所匹配的汇点。这样一个节点不相交的路径集合称为路由。具体在 $\mathcal{C}$ 中使用的路由网络来源于 De Bruijn图 G。G 由 $\ell=O(\log T)$ 层组成，每层有 T 个节点。第一层由源点组成，最后一层由汇点组成。每个节点在中间层正好有两个入邻和两个出邻。

De Bruijn 图 G 具有以下两个属性：

- 属性 1：给定任何所需的源点排序，可以使用已知的路由算法[31,40,180,245]在 $O(|G|)=O(T\cdot\log T)$ 时间内找到对应的路由。
- 属性 2：G 的布线谓词的多线性扩展可以在对数多项式时间内求值。所谓 G 的布线谓词，我们指的是一种布尔函数（类似于 GKR 协议中的函数 add_i 和 mult_i），其将 G 中三个节点的标签 (a,b,c) 作为输入，并且在当且仅当 b 和 c 是 G 中 a 的入邻时输出 1。

  粗略地说，属性 2 成立是因为在 De Bruijn 图中，标签为 v 的节点的邻点是通过对 v 进行简单的位移获得的，这是下述意义上的"次数为 1 的操作"。即用于检查两个二进制标签是否是彼此的移位，是对两两不相交的位进行相等性检查的二进制与操作。这个函数的算术化结果（用乘法代替二进制与，并用它们的多线性扩展来检查逐位相等）是多线性的。

① 若不存在一对 $(i,j)\in[\ell]\times[\ell]$ 使得 $u_i=v_j$，则称两个长度为 ℓ 的路径 $u_1\to u_2\to\cdots\to u_\ell$ 和 $v_1\to v_2\to\cdots\to v_\ell$ 是节点不相交的。

在图 G 的路由中，除了源点之外的每个节点 v 在路由中都有一个入邻，这个入邻将它的数据包转发到 v，并且除汇点之外的每个节点 v 在路由中只有一个出邻。因此，可以通过为每个非源点 v 分配一个位 b_v 来指定 G 中的路由，b_v 在 G 中指定 v 的两个入邻中的哪一个将数据包转发到 v。

为了执行排序步骤，电路将采用额外的位作为非确定性输入（即作为证据 w 的一部分），称为路由位，它给出路由的按位规范描述。为了检查所谓脚本的内存一致性，电路 $\mathcal{C}$ 通过实现路由的方式将脚本的（时间戳，列表）对按内存顺序进行排序。这意味着对于 G 中的每个节点 v，$\mathcal{C}$ 包含一个由对数数量级个门组成的“小组件”。v 的小组件将两个（时间戳，列表）对和路由位 b_v 作为输入。基于路由位，它的输出是两个输入对之一。在 $\mathcal{C}$ 中，v 的小组件被连接到它在 G 中的两个入邻的小组件上。这确保了 $\mathcal{C}$ 中 v 的小组件的两个输入是 v 在 G 中的两个入邻的输出。可以将脚本的每一个（时间戳，列表）对视为一个数据包，将 v 的小组件输出一个（时间戳，列表）对看作 v 将它在路由中接收到的数据包转发到 G 中 v 的相应出邻。

将所有东西放在一起 对于在 T 时间内运行的任意 RAM M，我们现在已经描绘了大小为 $O(T\cdot \text{poly}(\log T))$ 的电路 $\mathcal{C}$ 的所有组件，使得 $M(x)=y \Leftrightarrow$ 存在一个 w，满足 $\mathcal{C}(x,w)=y$。证据 w 指定了一份 M 的脚本。$\mathcal{C}$ 首先检查脚本的时间一致性。然后它使用路由网络将脚本条目按内存顺序排序，这意味着按读取或写入的内存位置排序，其中对每个内存位置的访问又按照时间排序。任何路由都会计算某种原始脚本的重排序，并且电路可以使用 $O(T\cdot \text{poly}(\log T))$ 个门来检查重排序的脚本是否确实按规定顺序排列。这相当于将与脚本条目关联的（内存位置，时间戳）对视作整数，然后对每个邻接对进行一次整数比较，以确认它们已按升序排列（有关如何在算术电路中实现整数比较的详细信息，请参阅6.5.4.1节）。最后，鉴于重新排序的脚本是按规定顺序排列，该电路可以很容易地检查每次内存读取的返回值都是最近写入该内存位置的值。

直觉上，当对 $\mathcal{C}$ 应用电路可满足性的简洁论证时，验证者不仅迫使证明者以输入 x 运行 RAM M，而且还要生成执行的脚本，然后通过电路 $\mathcal{C}$ 确认脚本没有错误。幸运的是，证明者生成脚本并确认其正确性的工作量并不比在输入为 x 上运行 M 多太多。

$\mathcal{C}$ 的布线谓词 电路 $\mathcal{C}$ 具有非常规则的布线结构，且有很多重复的结构。具体来说，它的时间一致性检查电路将小的相同的子电路（以刻画 RAM 的迁移函数）独立地应用于证据所指定的按时间排序的脚本中的每两个相邻的（时间戳，列表）对；且（在将证据恢复为内存顺序之后）内存一致性检查电路将一个小的子电路独立地应用于内存顺序的脚本中的相邻（时间戳，列表）对，以检查给定位置的每一次内存读取的返回值都和最近写入该位置的值相同。也就是说，用于检查时间一致性的电路和用于检查内存一致性的电路在

4.6.7节的意义上是数据并行的。

总而言之，有可能利用这种数据上并行的结构——并且，上述路由网络 G 的属性 2，保证了排序电路也有一个很好的、规则的布线结构——展示出（稍微修改后的）$\mathcal{C}$ 的多线性扩展 $\widetilde{\text{add}}_i$ 和 $\widetilde{\text{mult}}_i$ 可以在对数多项式时间内计算。

这确保了如果应用 GKR 协议（结合如 6.5.2 节所述的承诺方案），验证者可以在时间 $O(n+\text{poly}(\log T))$ 内运行，而无须显式枚举出 $\mathcal{C}$ 的所有门。而且，证明者可以生成整个电路 $\mathcal{C}$ 和证据 w，并在时间 $O(T\cdot\text{poly}(\log T))$ 内运行应用于 $\mathcal{C}(x,w)$ 的 GKR 协议中属于它的那部分。

6.6　其他的变换方式和优化

上一节提供了一种方法，可以将运行时间为 T 的任何 RAM M 转换为大小为 $\tilde{O}(T)$ 的电路 $\mathcal{C}$，使得输入为 x 时 M 的输出等于 y，当且仅当存在 w，使得 $\mathcal{C}(x,w)=y$。在这一节，我们通过以下两种方式之一放宽对 $\mathcal{C}$ 的要求。第一，在 6.6.1 节中，我们允许 $y\neq M(x)$，使得存在满足 $\mathcal{C}(x,w)=y$ 的 w，但我们仍坚持，如果有一个多项式时间的证明者能够找到 w 以满足 $\mathcal{C}(x,w)=y'$，那么 $y=M(x)$。通过对电路 $\mathcal{C}$ 应用一个电路可满足性的论证系统，在满足此要求的基础上，最终仍足以获得一个用于 RAM 执行的论证系统①。第二，在 6.6.2 节中，我们允许证明者和验证者在执行从 M 到 $\mathcal{C}$ 的变换时进行交互，然后通过 Fiat-Shamir 变换移除交互。

在这两种场景中，我们都避免在构建 $\mathcal{C}$ 时使用路由网络。这是有吸引力的，因为路由网络将导致在电路尺寸上有明显的开销：为 T 个条目进行路由需要大小为 $\Omega(T\log T)$ 的路由网络，其关于 T 是超线性的。

6.6.1　利用默克尔树保证内存一致性

在 $\mathcal{C}$ 中使用路由网络的目的是确保由证据指定的执行轨迹的内存一致性。另一种确保内存一致性的技术是使用默克尔树，这将在本书的 7.3.2.2 节介绍。粗略地说，$\mathcal{C}$ 要求在脚本中的每次内存读取后都伴随一个“身份验证信息”，仅当内存读取的返回值实际上是最近写入该内存位置的值时，多项式时间证明者才有能力生成该信息②③。对于一个电路 $\mathcal{C}$，找到一个满足 $\mathcal{C}$ 的 w 的唯一计算上可行的方法是提供一个确实满足内存一致性

---

① 更准确地说，论证系统必须是一个知识论证，详情请参阅 7.4 节。

② 每个写操作也必须伴随认证信息确保如实更新默克尔树。由于篇幅原因，我们省略了详细信息。

③ 默克尔树是一种被称为累加器的密码学对象，它简单地对一个集合进行承诺，并进一步支持对集合中成员身份的简洁证明。在本节中，相关集合是（内存位置，值）对，在 RAM 执行的某一步，发生内存读取的时候由 RAM 的内存值组成。在某些应用中，使用除默克尔树以外的累加器可能有明显的效率优势[200]。

的执行轨迹。也就是说，虽然也会存在满足$\mathcal{C}$的w，不满足内存一致性，但找到这样的w需要在抗碰撞的哈希函数族中找到碰撞。如果内存操作很多，则这种方法将会导致非常大的电路，因为每个内存操作后都必须伴随其在默克尔树中的完整验证路径，它由一系列密码学哈希值组成(哈希值的数量与内存大小呈对数关系)。所有这些哈希值都必须包含在证据w中，并且电路$\mathcal{C}$必须检查哈希值的计算是否正确，这需要在$\mathcal{C}$中重复计算密码学哈希函数。在算术电路中实现这种计算可能需要许多门。由于这个和其他一些相关的原因，业界花费了大量努力用来寻找"SNARK 友好"的抗碰撞哈希函数，使它们可以在算术电路中用更少的门实现[4,6,47,138,153,171,173]。对于执行相对较少内存操作的机器M，使用这种对 SNARK 友好的哈希函数构建的默克尔树可能是一种检查内存一致性的经济高效的技术。

6.6.2 利用指纹法保证内存一致性

检查内存一致性的另一种技术是使用简单的基于指纹的内存检查技术(回想一下我们在 2.1 节中讨论过的 Reed-Solomon 指纹法)。从这个过程中产生的电路$\mathcal{C}$以下述的方式实现了一个随机算法。除了公开输入x和证据w之外，$\mathcal{C}$还接受第三个输入$r\in\mathbb{F}$并且保证：对于任何x,y

- 如果$M(x)=y$，则存在一个w，对于每个$r\in\mathbb{F}$，$\mathcal{C}(x,w,r)=1$。此外，任何在输入x上运行M的证明者可以轻松地计算出这样的w。
- 如果$M(x)\neq y$，则对于每个w，随机选择的$r\in\mathbb{F}$，$\mathcal{C}(x,w,r)=1$的概率最多为$\widetilde{O}(T)/|\mathbb{F}|$。

这种转换需要注意的一个重要方面是，对于任何已知的r，作弊证明者很容易找到w使得$\mathcal{C}(x,w,r)=y$。但是，如果r从$\mathbb{F}$中随机选择，独立于w(如证明者先承诺了w，然后才使用公开随机性来选择r)，那么$\mathcal{C}(x,w,r)=y$确实给出了关于$M(x)=y$的非常高的可信度。这足以将下面描述的转换与 6.5.2 节中描述的方法结合起来，以获得$M(x)=y$证明的简洁论证。实际上，在证明者承诺w之后(或者更准确地说，使用多项式承诺方案承诺w的多线性扩展$\widetilde{w}$之后)，验证者可以随机选择r，然后证明者可以运行 GKR 协议来说服验证者$\mathcal{C}(x,w,r)=1$。由于生成的交互协议是公开掷币的，因此可以使用 Fiat-Shamir 变换移除交互。

在电路$\mathcal{C}$中实现随机的基于指纹法的内存一致性检查的想法如下。正如我们即将解释的，通过调整机器M的行为(运行时间的增加应该不超过一个常数因子)，确保以下关键属性成立：当且仅当向内存写入的(内存位置，值)对的多重集等于从内存中读取的(内存位置，值)对的多重集时，M的时间一致的脚本也是内存一致的。此属性将检查内存一致性的问题转化为检查两个多重集是否相等的问题。等价地，检查两个列表(内存位置，值）对是彼此的置换，后者可以用指纹法解决。

我们现在解释如何调整 M 的行为以确保检查内存一致性的问题相当于检查两个多重集相等性的问题，然后解释如何使用指纹法来解决后一个问题。

将内存一致性检查归约为多重集相等性检查　这里描述如何调整 M 以确保当且仅当内存写入与内存读取的（内存位置，值）对的多重集相同时，M 的任何时间一致的脚本都是内存一致的。这项技术可以追溯到 Blum 等人的工作[59]，他们称其为*离线内存检查过程*。在计算开始时（第 0 步），我们令 M 通过写入任意值来初始化每个内存位置的值，在这些初始化写入之前不能进行读取。在初始化阶段之后，假设我们要求每次机器 M 将一个值写入内存位置时，在写入之前从同一位置执行一次读取操作（其结果被 M 简单地忽略），并且每一次 M 从内存位置读取时，在读取之后进行一次写入操作（写入刚刚读取的值）。此外，要求每次将值写入内存时，M 都会在该值中包含当前时间戳。最后，在 M 终止前，对每个内存位置进行线性读取扫描。与 M 的其他内存读取操作不同，在扫描期间的读取操作后面不跟随相匹配的写入操作。如果读取操作返回的时间戳大于当前时间戳，则 M 也会停止并输出"拒绝"。

通过这些改动，如果 M 不输出"拒绝"，则所有读取操作返回的（内存位置，值）对的集合等于所有写入操作的（内存位置，值）对的集合，当且仅当每个写入操作返回的值就是最近一次写入该位置的值。显然，这些调整会将 M 的每个读取操作和每个写入操作都变成一次读和写操作，只为 M 的运行时间增加一个常数因子。

通过指纹法进行多重集相等性检查（又名置换检查）　回想一下，在 2.1 节中，我们给出了一个称为 Reed-Solomon 指纹法的概率性过程，用于确定两个向量 $\boldsymbol{a}$ 和 $\boldsymbol{b}$ 是否逐项相等：$\boldsymbol{a}$ 被解释为给定多项式 $p_a(x)=\sum_{i=1}^{n} a_i x^i$ 在域 $\mathbb{F}$ 上的系数，$\boldsymbol{b}$ 也是一样，然后相等性检查过程随机选择一个 $r\in\mathbb{F}$，检查 $p_a(r)$ 与 $p_b(r)$ 是否相等。该过程保证了如果对每个条目都有 $\boldsymbol{a}=\boldsymbol{b}$，那么等式适用于任意的 r，而如果 $\boldsymbol{a}$ 和 $\boldsymbol{b}$ 在某个条目 i 上不相等（即 $a_i\neq b_i$），那么随机选择 r，相等性检查失败的概率至少为 $1-n/\mathbb{F}$。

要执行内存检查，我们不想检查向量的相等性，而是要检查多重集的相等性，这需要调整 2.1 节中指纹法的检查过程。也就是说，上述从内存一致性检查到多重集相等性的检查产生了两个（内存位置，值）对的列表，我们需要确定这两个列表是否是相同对的集合，即它们是否是彼此的置换。这和确定列表是否逐项一致不同。

为此，通过任意映射将每个（内存位置，值）对映射到 $\mathbb{F}$，将其表示为一个域元素。这确实需要域的大小 $|\mathbb{F}|$ 至少与可能的（内存位置，值）对的数量一样大。例如，如果内存大小为 2^{64}，并且值由 64 位组成，则 $|\mathbb{F}|$ 至少为 2^{128}。在这种表示下，我们得到两个长度

为 m 的域元素列表 $\boldsymbol{a}=(a_1,\cdots,a_m)$ 和 $\boldsymbol{b}=(b_1,\cdots,b_m)$，其中 m 是机器 M 执行的读写操作数。我们想确定列表 $\boldsymbol{a}$ 和 $\boldsymbol{b}$ 是否是彼此的置换，即是否对于每个可能的域元素 $z\in\mathbb{F}$，z 在列表 $\boldsymbol{a}$ 中出现的次数等于 z 在列表 $\boldsymbol{b}$ 中出现的次数。

下面是完成此任务的一种随机算法。将 $\boldsymbol{a}$ 看作多项式 p_a，其根是 $a_1,\cdots,a_m$（根具有多重性），即定义

$$p_a(x):=\prod_{i=1}^{m}(a_i-x)$$

类似的，

$$p_b(x):=\prod_{i=1}^{m}(b_i-x)$$

现在对 $p_{\boldsymbol{a}}$ 和 $p_{\boldsymbol{b}}$ 在相同的随机输入 $r\in\mathbb{F}$ 处求值，当且仅当其求值相等时输出 1。显然，当且仅当 $\boldsymbol{a}$ 和 $\boldsymbol{b}$ 是彼此的置换时，$p_{\boldsymbol{a}}$ 和 $p_{\boldsymbol{b}}$ 是相同的多项式。因此，这个随机算法满足：

- 如果 a 和 b 是彼此的置换，则该算法输出 1 的概率为 1。
- 如果 a 和 b 不是彼此的置换，则此算法输出 1 的概率最大为 $m/|\mathbb{F}|$。这是因为 p_a 和 p_b 是不同的多项式，其次数最大为 m，因此最多在 m 个输入处相等（事实 2.1）

我们可以将 $p_a(r)$ 和 $p_b(r)$ 看作列表 a 和 b 的指纹，刻画 a 和 b 的“频率信息”（即每个域元素 z 在两个列表中出现的次数），但是刻意忽略 $\boldsymbol{a}$ 和 $\boldsymbol{b}$ 出现的顺序。这种指纹法的关键是它自己可以在算术电路中高效地实现。也就是说，给定域元素的输入列表 $\boldsymbol{a}$ 和 $\boldsymbol{b}$，以及域元素 $r\in\mathbb{F}$，算术电路可以轻易地计算出 $p_a(r)$ 和 $p_b(r)$。例如，计算 $p_a(r)$ 相当于从每个输入 $a_i\in a$ 中减去 r，然后通过乘法门的二叉树计算结果的乘积。这只需要 $O(m)$ 个门和对数深度的电路。因此，这个置换检查算法的随机算法可以在算术电路 $\mathcal{C}$ 中高效地实现。

历史记录和优化 与上述技术密切相关的内存一致性检查技术在文献[259]中给出，并在后续工作[172]中加以利用。具体来说，文献[259]在电路中，通过置换不变的指纹法来检查声明的时间排序和内存排序的执行轨迹是否为彼此的置换，从而检查 RAM 的执行轨迹的内存一致性。虽然可以在电路内使用 $O(T)$ 个门计算指纹，但这不会将总电路大小或证明者的运行时间减少到 $O(T\log T)$ 以下①。其原因有两个：一是要为在文献[259]中构造的电路计算一个可满足的赋值，证明者必须根据内存位置对脚本进行排序，这需要花费 $O(T\log T)$ 的时间；二是电路还需要对关联的时间戳和内存操作实现比较操作，并且文献[259]使用 $\Theta(\log T)$ 数量的门在电路可满足性实例中实现按位比较操作（详见

① 文献[259]断言证明者的执行时间是 $O(T)$，但此断言隐含了一个与 RAM 字长成线性关系的因素。文献[259]认为这是一个常量，例如 32 或 64，但若内存的大小为 $\Omega(T)$，为了将时间戳和索引写入内存中，这个字长通常必须是 $\Omega(\log T)$。

6.5.4.1 节的最后一段)。

上面描述的开销的两个来源在文献[68]和[226]中得到解决。Setty[226]观察到证明者对脚本排序的需求,可以通过基于 Blum 等人[59]的离线内存检查技术修改 RAM 来避免。通常无法避免在电路内部进行时间戳比较的操作,因为 Blum 等人构造的修改后的 RAM,要求检查每个读取操作返回的时间戳是否小于读取操作发生时的时间戳。然而,有些情况下不需要这样的比较操作(详见 16.2 节),这意味着在这些情况下电路的大小为 $O(T)$①。即使在这些情况之外,Bootle 等人的工作[68](我们将在下面的 6.6.3 节中概述)也提供了一种技术,以减少基于素数阶域的电路中执行许多整数比较操作的门电路复杂度。具体而言,对任何大小至少为 T,定义在素数阶域 $\mathbb{F}_p$ 上的算术电路,他们展示了如何仅使用 $O(T)$个电路门,在 poly(T)级别的整数上执行 $O(T)$次比较操作②。总之,导致内存一致性检查电路的大小和证明者运行时间是"超线性"的来源,可以使用文献[68]和[226]中的技术移除,从而将电路大小和证明者运行时间减少到 $O(T)$。

Setty[226]和 Campanelli 等人[87]观察到这种指纹法的过程可以使用从 GKR 协议[237,244]派生的简洁论证的优化版本高效地进行验证,因为 $p_a(r)$可以通过一个小的、浅的、具有规则布线模式的算术电路来计算,只需从每个输入中减去 r,然后通过乘法门的二叉树将结果相乘就行。这确保了可以通过此类论证系统高效地验证由上述转换所产生的电路可满足性实例。

基于指纹法的置换检查的其他应用 上述用于检查两个向量是否互为对方的置换的指纹法过程在算法和可验证计算中由来已久,并已多次被重新发现。它由 Lipton 在文献[183]中引入,被看成是一种哈希函数,对输入的置换不变,随后在小空间流式验证者的交互式和非交互式证明的背景下得到应用[92,184,220]。

置换不变指纹法也被应用于两个加密向量是彼此的置换的零知识论证[24,140,144,198]。这种零知识论证也称为混洗论证,直接适用于构造一种称为混合网络的匿名路由原语,这是 Chaum 在文献[94]中引入的概念。这些工作中的想法反过来又产生了用于电路可满足性的 SNARK,其证明包含常数个域元素或群元素[66,123,187]。粗略地说,这些工作使用置换检查的变种来确保所谓的电路脚本对所有的门的输出赋值一致,即电路脚本遵循电路的布线模式。其他在零知识证明意义下的置换不变的指纹法的应用在文献[229]中给出③。

---

① 如果 RAM 的内存访问模式独立于输入,则可以使用预处理阶段消除时间戳的使用和执行对时间戳的比较,该阶段需要耗费 $O(T)$的时间,详见 16.2 节。

② 文献[68]的技术建立在置换不变的指纹法上,因此是交互式的。

③ 文献[229]正如早期文献[101]中的工作,使用抗碰撞的置换不变哈希函数来检查多重集相等性,而不是本节中描述的简单(非抗碰撞的)置换不变指纹函数。这样的哈希函数,即使证明者知道置换检查过程中所使用的哈希函数,并且可以选择该过程的输入,也可以防止多项式时间的证明者作弊。

额外讨论 我们注意到还有其他置换不变的指纹法在算术电路中没有高效的实现方案，因此对于将 RAM 执行实例转换为算术电路可满足性实例来说是无用的。一个有启发性的例子如下。令 $\mathbb{F}$ 为素数阶域，并假设已知列表 a 和 b 的所有条目都是正整数，其大小至多为 B，其中 $B \ll |\mathbb{F}|$。然后我们可以在 $\mathbb{F}$ 上定义多项式

$$q_a(x) := \sum_{i=1}^{m} x^{a_i}$$

类似的

$$q_b(x) := \sum_{i=1}^{m} x^{b_i}$$

显然 q_a 和 q_b 是次数最多为 B 的多项式，并且它们满足类似于 p_a 和 p_b 的性质，即：

- 如果 a 和 b 是彼此的置换，则随机选择 $r \in \mathbb{F}$，$q_a(r) = q_b(r)$ 的概率为 1。
- 如果 a 和 b 不是彼此的置换，则 $q_a(r) = q_b(r)$ 的概率至多为 $B/|\mathbb{F}| \ll 1$。这是因为 q_a 和 q_b 是不同的多项式，次数最多为 B，所以最多在 B 个输入处相等(事实 2.1)。

但是，若将给定 a 和 b 中的条目作为输入，并将其表示为 $\mathbb{F}$ 中的域元素，则算术电路无法高效地求出 $q_a(r)$ 或 $q_b(r)$，因为这需要求出 r 的幂次，这不是一个低次的操作。

6.6.3 在大素数阶域上高效地表示非算术运算

回想一下，在 6.5.4.1 节中，在大素数阶 p 的域上进行操作时，将域元素解释为在 $[0, p-1]$ 区间或 $[-\lfloor p/2 \rfloor, \lfloor p/2 \rfloor]$ 区间内的整数很方便，因为相应的整数加法和乘法直接对应于域的加法和乘法，直到遇到溢出问题为止。这意味着(忽略溢出问题)整数加法和乘法运算可以在相应的电路可满足性实例中通过单个门实现。

用算术电路实现整数的非算术运算则更具挑战性。6.5.4.1 节描述了一种直接的方法，它将域元素分解为相应的二进制表示，并通过对这些二进制位进行操作来实现非算术运算。这种位分解方法代价高昂的原因是它将一个整数(整数对于随机存取机 M 是一种原始数据类型，只消耗一个寄存器)转为至少 $\log_2 p$ 个域元素，因此至少有 $\log_2 p$ 个门。实践中，$\log_2 p$ 可能是 128 或 256，这是一个非常大的常数。理论上，由于我们希望能够通过单个域元素表示时间戳，通常认为 $\log_2 p$ 至少为 $\Omega(\log T)$，因此是超常数的。无论从哪个角度来看，将整数比较等单个机器操作转换为(至少)256 个门是非常昂贵的。

理想情况下，我们希望将位分解方法的 $\Omega(\log p)$ 成本替代为在电路中实现的独立于 p 的常数个操作。Bootle 等人在文献[68]中开发了在均摊开销的意义上实现该目标的技术。也就是说，他们展示了如何通过定义在大素数阶域上的算术电路可满足性实例，模拟整数进行非算术运算(如整数比较、范围查询、按位运算等)。在深入细节之前，先来粗略了解一下思想。位分解方法使用 $b=2$ 的基-b 表示一个整数，这意味着需要对数级域

元素来表示一个整数。使用基-2 的便利之处在于它很容易检查域元素列表是否是有效的基-2 表示；特别是，列表中的每个域元素要么为 0 要么为 1。这是因为当且仅当 $x \in \{0,1\}$，低次表达式 $x \mapsto x^2 - x$ 等于 0。相反，Bootle 等人用更大的基数表示整数 $y \in [0, 2^W]$，即基数为 $b = 2^{W/c}$，其中整数常量 $c > 1$。这样做的好处是 y 仅通过 c 个域元素表示，而不是 W 个域元素。然而，使用如此大的基 b，意味着不再有二次多项式 $q(x)$，其求值为 0 当且仅当 $x \in \{0,1,\cdots,b-1\}$。拥有这个性质的多项式 q 其次数至少为 b。Bootle 等人通过将检查域元素 x 是否在集合 $\{0,1,\cdots,b-1\}$ 的问题转为表查找来解决这个问题，然后给出了一个在算术电路可满足性实例中执行此类查找的高效实现。从概念上讲，他们将电路初始化为一个包含值 $\{0,1,\cdots,b-1\}$ 的表，然后让证据 w 包含一个证明，证明计算中出现的任何整数 y，其基-b 的分解都出现在表中。正如我们将看到的，初始化表并指定和检查其必要的查找证明所需的门数大致为 $\tilde{O}(b)$，因此关键是选择一个足够大的常数 c，让 b 小于电路模拟的随机存取机 M 的运行时间 T。这样确保了该电路必须执行的所有 $O(T)$ 个分解操作的摊销成本为常数级。

令 2^W 为每个非算术运算涉及的整数的上界（假设 2^W 显著小于我们所生成的电路所在素数阶域的大小），并且令 T 为要模拟操作的上限。在 6.6.2 节的上下文中，T 是随机存取机运行时间的上限，W 是字长。这是因为，如果一个 RAM 的寄存器包含 W 位，那么 RAM 无法在不求诸近似表示的情况下表示大于 2^W 的整数。在这种情况下，需要选择 W 至少与 $\log_2 T$ 一样大，以确保时间戳可以存储在一个机器字中。

如上所述，Bootle 等人高效地将每个非算术运算简化到对大小为 $2^{W/c}$ 的表的查找，其中 $c \geq 1$ 是任意整数参数。例如，如果对于某个常数 $\ell \geq 1$，$W = \ell \log_2 T$，那么设置 $c = \ell/4$ 可以确保查找表最大为 $T^{1/4}$。查找表可初始化为包含一组特定的 $2^{W/c}$ 个预先确定的值（即这些值独立于计算的输入）。在文献[68]中的技术中，$\mathcal{C}$ 的证据 w 的长度随 c 线性增长。这是因为，为了保持表的大小为 $2^{W/c}$，每个 W 位内存字都通过 c 个域元素表示。也就是说，每个 W 位的字被分成 c 个长度为 W/c 的块，确保每个块只有 $2^{W/c}$ 个可能的值。这意味着，如果一个时间为 T 的计算脚本包括，比如说，$k \cdot T$ 个内存字，因为脚本的每一步都需要指定 k 个寄存器值，脚本将由 $\mathcal{C}$ 的证据中的 $k \cdot c \cdot T$ 个域元素表示。

在描述 Bootle 等人将非算术运算归约为预定义表的查找之前，我们先解释如何高效地验证一长串的查找操作。

高效地检查大量查找操作　Bootle 等人开发了一种技术，用来检查多个值是否都存在于查找表中。该技术建立在 6.6.2 节中介绍的置换不变指纹法之上。具体来说，要说明 $\{f_1,\cdots,f_N\}$ 序列仅包含查找表 $\{s_1,\cdots,s_B\}$ 中的元素，其中 $B \leq 2^{W/c}$ 是查找表的大小，只需要说明存在非负整数 $e_1,\cdots,e_B$，使得多项式 $h(X) := \prod_{i=1}^{N}(X - f_i)$ 和 $q(X) := \prod_{i=1}^{B}(X - s_i)^{e_i}$ 是相同的多项式。为了证明这一点，证据将指定指数 $e_1,\cdots,e_B$（$e_i \in \{0,1\}^{\log_2 N}$）的二进制表示，在证明者承诺证据之后，对于验证者随机挑选的 $r\in\mathbb{F}_p$，电路确认 $h(r)=q(r)$。像往常一样，事实 2.1 蕴含着如果此检查能通过，则 h 和 q 是相同的多项式，可靠性误差为 N/p。电路能够高效地实现此检查的关键是 $q(r)$ 可以通过使用 $O(B\log N)$ 个门的算术电路计算，因为

$$q(r)=\prod_{i=1}^{B}\prod_{j=1}^{\log_2 N}(r-s_i)^{2^j\cdot e_{i,j}}$$

总之，这种查找表技术允许 Bootle 等人仅使用 $O(N+B\log N)$ 个门，在算术电路可满足性实例中实现一系列 $O(N)$ 的非算术运算。只要 $N=O(T)$ 且 $B=2^{W/c}\leqslant N/\log N$，总的操作数量级就是 $O(T)$。

Gabizon 和 Williamson[122] 描述了一种被称为 plookup 的变体，它将门的数量减少至 $O(N)$，如果 $B=\Theta(N)$，则这是一个对数因子级的改进。为了了解 plookup 是如何工作的，我们简述一下 Cairo 提出的一种简化变种，它工作在两个假设下：首先，查找表中出现的每个值 s_i 在序列 $\{f_1,\cdots,f_N\}$ 中至少出现一次；其次，$\{s_1,\cdots,s_B\}$ 涵盖一个连续区间，如 $\{1,2,\cdots,B\}$，即对于所有的 $i=1,\cdots,B$，$s_i=s_1+i-1$。

在这些假设下，证据可以简单地包含一个域元素的序列 $\{w_1,\cdots,w_N\}$，并声称其等于 $\{f_1,\cdots,f_N\}$ 排序后的序列，也就是：

- $\{w_1,\cdots,w_N\}$ 是 $\{f_1,\cdots,f_N\}$ 的置换。
- 当 $w_1,\cdots,w_N$ 被表示为整数时，

$$s_1=w_1\leqslant w_2\leqslant\cdots\leqslant w_N=s_B \tag{6.1}$$

该电路可以应用置换不变指纹法来（以压倒性的概率）确认以上第一点成立。为了确保等式(6.1)成立，电路检查以下等式是否成立：

- $w_1=s_1$
- $w_N=s_B$
- 对于每个 $i=2,\cdots,N$，有 $(w_i-w_{i-1})\cdot[w_i-(w_{i-1}+1)]=0$

这里，最后一点中所刻画的约束确保了当 i 的范围从 1 变化到 N 时，w_i 的值从 s_1 开始并以非递减方式变化到 s_B。在上述两个假设下，这相当于对于每个 $i>1$，检查 $w_i=w_{i-1}$ 或者 $w_i=w_{i-1}+1$，这正是最后一点中的二次约束所刻画的内容。

将非算术运算归约为查找　为了了解文献[68]中归约的主要思想，我们在两个特定的非算术运算的上下文中描绘该归约：区间证明和整数比较。

为简单起见，我们假设 $c=2$。为了确定域元素 v 在 $[0,2^W]$ 区间内，在证据中将 v 的唯一表示指定为一对域元素 (a,b)，使得 $v=2^{W/2}\cdot a+b$，并且 $a,b\in\{0,\cdots,2^{W/2}-1\}$。然后电路只检查是否 $v=2^{W/2}\cdot a+b$ 且 a 和 b 都位于大小为 $2^{W/2}$ 的查找表中，该查找表被初始化为 0 和 $2^{W/2}-1$ 之间的所有域元素 y。

作为另一个例子，整数比较可以归约为区间证明。的确，当确保 a 和 c 在区间 $[0,2^W]$ 中时，要证明 $a>c$，只要证明其差值 $a-c$ 为正即可，从而转化为上述的区间证明，尽管这是在一个较弱的保证下，即输入 $v=a-c$ 的区间是 $[-2^W,2^W]$，而不是 $[0,2^W]$。

6.6.4 类 CPU 和类 ASIC 的程序到电路的转换对比

本章介绍了电路可满足性实例生成的前端，本质上是一步步执行一些简单的 CPU 指令。前端设计人员指定一组“原语操作”（也称为指令集），类似于真实计算机处理器的汇编指令集。想要使用前端的开发人员要么直接用汇编语言编写“证据检查程序”，要么用一些更高级的语言，并将他们的程序自动编译成汇编代码，然后由前端转换成等效的电路可满足性实例。

在撰写本书时，一些著名的项目正在采用这种面向 CPU 的方法进行前端设计。例如，StarkWare 的 Cairo[128] 是一种非常有限的汇编语言，其汇编指令大致只允许在有限域上进行加法和乘法，函数调用以及读取和写入不可变（即一次写入内存）。Cairo CPU 是冯·诺依曼架构，这意味着前端产生的电路本质上将 Cairo 程序作为公开输入并在证据上“运行”该程序。Cairo 语言是图灵完备的，它的指令集有限，但它可以模拟更多的标准架构，尽管这样做可能代价高昂。另一个示例项目称为 RISC-Zero，以 RISC-V 架构的 CPU 为目标。RISC-V 是一种开源架构，具有丰富的软件生态系统，并且正变得越来越流行。

对于足够简单的指令集，本章描述的前端技术使用 $O(T)$ 个门在大素数阶域上生成电路，其中 T 是我们所希望验证的 CPU 执行的运行时间。这在一个常数因子范围内显然是最优的，并且可以保证电路的布线足够规整，因此源自 GKR 协议的论证系统中的验证者可以在关于 T 的对数多项式时间内运行，即验证者不需要自己具体化整个电路。然而，这些变换在实践中的代价仍然很高昂。

“CPU 仿真器”项目，如 RISC-Zero 和 Cairo，产生了一个单一电路，却可以处理相关汇编语言编写的所有程序。其他替代方法是“类 ASIC”的，为不同的程序生成不同的电路[79,243,259]。这种类 ASIC 的方法可以为某些程序生成更小的电路，尤其当程序在每一步执行的汇编指令不依赖于程序的输入时。例如，它可能可以完全避免规整程序的前端开销（如图 6.1 中的朴素矩阵乘法）。但是类 ASIC 方法可能是受限的。例如，在撰写本书时，还不知道如何使用它来支持没有预设迭代次数的循环。似乎有可能在提高类 ASIC 方法的通用性以及 CPU 仿真器方法的效率方面取得更多进展。

6.7 练习

习题 6.1 描述一个扇入为 3 的分层算术电路，它以矩阵 $\mathbf{A}\in\{0,1\}^{n\times n}$ 为输入，将 $\mathbf{A}$ 看作图 G 的邻接矩阵，并输出 G 中三角形的数量。假设 n 是 3 的幂次。

习题 6.2 描述一个扇入为 2 的分层算术电路，给定一个 $n\times n$ 矩阵 $\mathbf{A}$ 作为输入，计算 $\sum_{i,j,k,\ell\in\{1,\cdots,n\}} A_{i,j}\cdot A_{k,\ell}$，其中 $\mathbf{A}$ 中的条目来自某个域 $\mathbb{F}$。

习题 6.3 固定一个整数 $k>0$。假设 k 是 2 的幂次，令 $p>k$ 是一个大素数。描述一个扇入为 2 的算术电路，它以域 $\mathbb{F}_p$ 的 n 个元素作为输入 $a_1,a_2,\cdots,a_n$，输出 n 个域元素 a_1^k，$a_2^k,\cdots,a_n^k$。

当 GKR 协议应用于此电路时，验证者的渐近运行时间是多少(用 k 和 n 表达你的答案)？如果 n 非常小(如果 $n=1$)，验证者是否会对使用此协议感兴趣？如果 n 非常大呢？

习题 6.4 令 $p>2$ 为素数。绘制一个定义在 $\mathbb{F}_p$ 上的算术电路 $\mathcal{C}$，它接受一个域元素 $b\in\mathbb{F}_p$ 作为输入，当且仅当 $b\in\{0,1\}$ 时其求值为 0。

习题 6.5 令 $p=11$。绘制一个定义在 $\mathbb{F}_p$ 上的算术电路 $\mathcal{C}$，它接受一个域元素 a 作为输入，后面跟随四个域元素 b_0,b_1,b_2,b_3，当且仅当(b_0,b_1,b_2,b_3)是 a 的二进制表示时，$\mathcal{C}$ 的所有输出门的求值为 0。即：对于 $i=0,\cdots,3,b_i\in\{0,1\}$，且 $a=\sum_{i=0}^{3} b_i\cdot 2^i$。

习题 6.6 令 $p=11$。令 $x=(a,b)$由 $\mathbb{F}_p$ 的两个域元素组成。描绘一个等价于条件 $a\geqslant b$ 的算术电路可满足性实例。即将 a 和 b 表示为$\{0,1,\cdots,p-1\}$中的整数，则应满足以下两个属性：

- $a\geqslant b\Rightarrow$存在一个证据 w，使得在输入为(x,w)时，对 $\mathcal{C}$ 的求值会产生全零输出。
- $a<b\Rightarrow$不存在证据 w，使得在输入为(x,w)时，对 $\mathcal{C}$ 的求值会产生全零输出。

附加练习 有兴趣的读者可以在 https://www.pepper-project.org/tutorials/t3-biu-mw.pdf 找到一系列关于前端的附加练习。这些练习讨论将计算机程序转换为等效的 R1CS 可满足性实例，它是我们将在 8.4 节中进一步讨论的算术电路可满足性的一种归纳。

第 7 章

第一个简洁的交互式论证——解决电路可满足性问题

电路可满足性问题的论证 回忆 6.5.1 节，在算术电路可满足性问题中有一个指定的电路$\mathcal{C}$，它拥有 x 和 w 两个输入。第一个输入 x 是公开且固定的，也就是说它是证明者和验证者都知道的信息。而第二个输入 w 则通常被称为证据(witness)，有时也被称为非确定性输入(non-deterministic input)或辅助输入(auxiliary input)。给定第一个输入 x 和输出 y，那么在一个旨在解决电路可满足性问题的论证系统中，证明者希望证明存在证据 w 满足$\mathcal{C}(x,w)=y$。

在 6.5 节中，我们介绍了一种将任意计算机程序转换为与之等价的算术电路可满足性问题实例的方法。我们大体证明了，检查一个随机存取机 M 是否可在至多 T 步内由输入 x 产生输出 y 的问题，可以被归约为一个电路可满足性问题的实例($\mathcal{C}$，x，y)，其中$\mathcal{C}$的规模与 T 接近，深度与 $O(\log T)$接近。也就是说，当且仅当存在一个 w 使得$\mathcal{C}(x,w)=y$ 时，M 在输入 x 下输出 y。

只有当我们能够设计出高效解决电路可满足性问题实例的证明系统时，这种转换才会在交互式证明和论证的语境下有用。本章中，我们会看到第一个满足上述条件的论证系统，该系统结合了 GKR 协议和被称为多项式承诺方案(polynomial commitment scheme)的密码学原语。该系统已经在 6.5.2 节给出了概述。我们在本章中介绍的多项式承诺方案仅仅具有理论意义，并不具备实践意义。更加具有实践意义的多项式承诺方案将在本书的后面部分予以介绍。

具体来说本章介绍的多项式承诺方案整合了默克尔哈希(Merkle-hashing)和低次测试(low-degree test)协议。低次测试本身是很简单的协议，但是分析它们为何有效却非常复杂，不在本书的讨论范围。我们将在第 10 章看到更实用的承诺方法，该方法用更加高效的交互式变体替换了低次测试，随后可以通过 Fiat-Shamir 变换将交互过程去掉。其他一些基于不同技术的多项式承诺方法将在第 14～16 章予以介绍。

知识论证和 SNARK 当电路可满足性问题的论证满足一个被称为*知识可靠性*(knowledge-soundness)的性质时，它们就变得尤其有用。通俗地说，这意味着证明者不仅证明了满足 $\mathcal{C}(x,w)=y$ 的证据 w 是存在的，而且证明了证明者事实上是*知道*这样的 w。

知识可靠性是一个内涵丰富的概念，而标准可靠性则不是。例如，假设证明者和验证者都知道一个哈希函数 h 及其哈希值 y，并且证明者声称其知道一个 w 满足 $h(w)=y$。那么证明者可以采用如下方法向验证者证明此事，首先构造一个以 w 作为输入，并且计算出 $h(w)$ 的电路 $\mathcal{C}$；其次通过一个具有知识可靠性的论证系统为该电路提供一个电路可满足性论证。

一个满足标准可靠性的论证，仅仅保证了使得 $\mathcal{C}(w)=y$ 的证据 w 存在，在上述例子的情境中就是毫无用处的。这是因为密码学上的哈希函数都是满射的，这意味着对任意一个哈希函数的输出 y 都必定*存在*许多原像 w。相应的，一个平凡的证明系统就是在其上下文中，只要满足标准可靠性就会被验证者接受，而不需要满足知识可靠性。

当知识可靠性论证是非交互式的和*简洁的*(succinct)时特别有用。非交互式意味着该证明是一个可以被验证者接受或者拒绝的静态字符串。同时，*简洁*则意味着最终的证明很短。这类兼具非交互式和简洁性的知识可靠性的论证就是 SNARK。在 7.4 节中，我们将证明本章给出的简洁论证，事实上就是 SNARK。

7.1 朴素方法：一种针对电路可满足性问题的交互式证明

一种最直接地运用 GKR 协议来解决电路可满足性问题的方法就是让证明者显式地将满足 $\mathcal{C}(x,w)=y$ 的证据 w 发给验证者，然后通过运行 GKR 协议来检查 $\mathcal{C}(x,w)=y$ 确实成立。这种简单方法的问题在于，在许多实际问题中，w 的规模都是非常巨大的。以 6.5 节中的转换为例，证据 w 就是 M 在输入 x 下的整个执行过程的脚本，因此 w 的规模至少是 T。这意味着仅仅读取全部的证据就需要 $O(T)$，而这已经与验证者无须证明者的任何帮助自行计算 x 下的输出，从而完成验证的时间是一样的。

7.2 电路可满足性问题的简洁证明

如果一个针对电路可满足性问题的论证系统避免了向验证者发送整个证据，那么它就可以被称为*简洁的*。正式地说，如果一个针对电路可满足性问题的论证系统其全部的交互是关于证据 $|w|$ 规模的亚线性函数，那么该论证系统就是简洁的[①]。诸多原因表明简洁性是很重要的：

① 这里，$|w|$ 的亚线性就是 $o(|w|)$，也就是说，是一个在渐进复杂度上比证据长度小得多的表达式。这里用"简洁的"多少有点不太规范，在许多专著中，这个术语是特指交互的复杂度是关于证据长度(甚或是电路规模)的对数多项式函数(或者甚至是对数函数)。而在另外一些地方，对简洁性的使用则更加随意，仅仅宽泛地指代那些生成的证明很短的论证系统。

- 更短的证明往往就是更好的。例如，在区块链的某些应用中，证明要在链上永久存储。如果证明很长，将会大幅增加在链上的全局存储需求。对于很多（但并不是全部）论证系统，更短的证明通常也会缩短验证时间。
- 在某些应用中，证据的规模通常都很大。例如，假设一家医院将其存储的所有病人就医记录的庞大数据库作为 w，并公开了其相应的哈希值 $h(w)$。而后，该医院想证明它确实运行了一个以 w 为输入的计算。在这个例子中，证据就是这个数据库 w，公开输入 x 就是哈希值 $h(w)$，那么电路 $\mathcal{C}$ 既要实现对 w 的运算，又要"检查"$h(w)=x$。
- 高效地将计算机程序转换为电路可满足性问题的过程通常都会产生规模很大的证据。（详见 6.5 节）。

接下来的章节将介绍多种得到简洁论证的方法，本节介绍其中一种①。

7.3　第一个电路可满足性问题的简洁论证

7.3.1　方法

本节所介绍的方法就是"模拟"7.1 节所描述的简单运用 GKR 协议解决电路可满足性问题的过程，但是证明者不需要显式地给验证者发送 w。我们将运用*多项式承诺方案*这一密码学原语来达到上述目的。将 GKR 协议和多项式承诺方案结合，从而得到简洁论证的想法，最初是由 Zhang 等人[258]提出的。在 10.4.4 节、10.5 节以及第 14 章中，我们会全面介绍一些现今最好的具有具体效率的多项式承诺方案。在本节中，我们非正式地介绍多项式承诺方案的概念，并且在低次测试和默克尔树的基础上，构建一个理论上相当简单（但并不实用）的多项式承诺方案。

密码学承诺方案　从概念上来说，密码学承诺方案可以通过如下的类比来描述。承诺方案允许承诺者拥有某个物品 b（b 可以是域元素、向量、多项式等），然后将 b 放入一个盒子中并将这个盒子上锁，进而将这个上锁的盒子发送给"验证者"。承诺者则持有开锁的钥匙。而后，验证者可以要求承诺者打开盒子，那时承诺者可以通过将该锁的钥匙直接发给验证者来完成这一要求。绝大多数的承诺方案都满足以下两个性质：隐藏性（hiding）

---

① 有很强的证据表明，对电路可满足性问题来说，简洁的交互式证明（而非论证）不存在[72,132,205,246]。众所周知，只有在 **coNP**⊆**AM** 时，电路可满足性问题的交互式证明的通信复杂度才会是证据长度的对数，而普遍认为 **coNP**⊆**AM** 是假的（即人们不相信存在一个高效的常数轮交互式证明，以证明电路是不可满足的）[132]。相似的，尽管与对数复杂度相比有一点数量级的差，但是对电路可满足性问题来说，即便仅存在通信复杂度为证据长度的亚线性函数（不一定是对数函数），也足以得出一系列令人惊喜的结果。

和绑定性(binding)。在如上的类比中,隐藏性意味着验证者不可能"看到"已经被锁住的盒子内部,从而不可能知道盒中物品的任何信息。而绑定性则意味着一旦这个盒子被上锁并且交给了验证者,那么承诺者就不能再更改盒中物品。我们将在本书的 12.3 节提供更加详细和正式的密码学承诺方案,以及在 14 章的开头介绍多项式承诺方案。

多项式承诺方案 粗略地讲,多项式承诺方案是一种承诺方案,其承诺的对象是一个低次多项式(所有求值)。也就是说,多项式承诺方案允许证明者承诺一个满足特定次数限制的多项式 $\widetilde{w}$,随后将该多项式在 r 处的值 $\widetilde{w}(r)$ 揭示给验证者,其中 r 是由验证者选择的。在承诺阶段,即便证明者没有将 $\widetilde{w}$ 的所有求值发给验证者,已产生的承诺仍然可以有效地将证明者绑定在特定的 $\widetilde{w}$ 上。也就是说,验证者可以要求证明者揭示由最初的承诺所固定的多项式 $\widetilde{w}$ 在自己选定的任意点 r 处的值 $\widetilde{w}(r)$。特别的,证明者不能依据求值点 r 来选择多项式 $\widetilde{w}$,至少不能破坏构成承诺方案安全性基石的计算假设。

联合多项式承诺方案和 GKR 协议 当我们应用 GKR 协议来检验 $\mathcal{C}(x,w)=y$ 是否正确时,验证者直到协议的最后才需要知道关于 w 的一些信息。在 7.3.2.1 节我们将阐明,此时验证者唯一需要知道的就是 $\widetilde{w}(x)$ 在某个随机点 r 处的求值 $\widetilde{w}(r)$。

这就与 7.1 节中要求证明者向验证者发送全部 w 截然不同,证明者只需要在协议最开始处(向验证者)发送 $\widetilde{w}$ 的密码学承诺(cryptographic commitment)即可。随后,证明者和验证者就可以按照 GKR 协议来验证 $\mathcal{C}(x,w)=y$ 的正确性,直到整个协议的最后才需要考虑最开始的承诺。在协议的最后,验证者需要知道 $\widetilde{w}(r)$,而这个值,验证者可以按照承诺协议要求证明者提供。

因为多项式承诺方案将证明者绑定在一个固定的多线性多项式 $\widetilde{w}$ 上,所以对上文论证系统可靠性的分析与 7.1 节中介绍的证明者显式发送所有 w 给验证者的方法是一样的。

7.3.2 协议细节

7.3.2.1 GKR 协议中的验证者需要知道证据的哪些信息

在该节,我们将证明 7.3.1 节中所说的为了应用 GKR 协议来检查 $\mathcal{C}(x,w)=y$ 的正确性,验证者所需的唯一信息就是 $\widetilde{w}(r_1,\cdots,r_{\log n})$ 是正确的。

令 z 代表 x 与 w 的级联(concatenation)。本节中,我们将假设 x 和 w 的长度都是 n,进而 z 的每一个条目都可以在 $\{0,1\}^{1+\log n}$ 中有唯一一个标签,具体的编码方式是 x 的第 i 个条目的标签是 $(0,i)$,w 的第 i 个条目的标签是 $(1,i)$。

应用 GKR 协议检查 $\mathcal{C}(z)=y$ 的正确性时,有一个关键点,就是验证者不需要知道 z 的确切值,其只要知道 $\tilde{z}$ 在一个随机点 $(r_0,\cdots,r_{\log n})$ 处的值 $\tilde{z}(r_0,\cdots,r_{\log n})$ 即可。进一步,

验证者在按照协议完成了与证明者的多轮交互之后，仅在协议的最后才需要知道$\tilde{z}(r)$。接下来我们会解释，为了计算 $\tilde{z}(r)$，验证者只需要知道 $\tilde{w}(r_1,\cdots,r_{\log n})$就足够了。

直接检查

$$\tilde{z}(r_0,r_1,\cdots,r_{\log n})=(1-r_0)\cdot\tilde{x}(r_1,\cdots,r_{\log n})+r_0\cdot\tilde{w}(r_1,\cdots,r_{\log n}) \quad (7.1)$$

就可以了。事实上，上式右边代表了一个多线性多项式在$(r_0,r_1,\cdots,r_{\log n})$处的值，当$(r_0,\cdots,r_{\log n})\in\{0,1\}^{1+\log n}$时，这个值就是$z(r_0,\cdots,r_{\log n})$①。由事实 3.1 可知，式(7.1)的右侧就等于 z 的唯一的多线性扩展。

式(7.1)表明，给定 $\tilde{w}(r_1,\cdots,r_{\log n})$之后，验证者可以在 $O(n)$时间内求出 $\tilde{z}(r_0,\cdots,r_{\log n})$，因为验证者可以在 $O(n)$时间内求出 $\tilde{x}(r_1,\cdots,r_{\log n})$(参见引理 3.4)。

综上所述，GKR 协议(先天)拥有一个令人惊奇的性质，除了一个域元素，即 $\tilde{w}$ 的一个求值之外，验证者不需要知道关于 w 的任何信息，就可以应用协议来验证某个已知电路$\mathcal{C}$ 在输入 $z=(x,w)\in\mathbb{F}^n\times\mathbb{F}^n$ 处的值是否正确。甚至，验证者完全可以按照协议与证明者进行多轮交互后，在协议的最后知道这个值就可以。

7.3.2.2 第一个(弱约束的)多项式承诺方案

有许多设计多项式承诺方案的方法。本节我们会介绍一个简单的、传统的承诺方案(由 Yael Kalai[160]提出)。该方案是不实用的，这是因为该协议中证明者运行的时间过长(参见本节“简洁论证系统的成本”)，但是该方案确实简单而清晰地介绍了密码学承诺方案。在本书的后面部分，我们会了解到更多更有效的多项式承诺方案的例子②。

确切地说，这里我们介绍的多项式承诺方案并非真正的多项式承诺方案，这是因为该方案仅仅将证明者绑定在一个只是接近该多项式的函数上。我们称这种方案为弱约束的多项式承诺方案。正如我们即将看到的，即便是这种弱约束的方案仍然足以将 GKR 协议转换为一个解决电路可满足性问题的简洁的论证。

该方案将使用两个重要概念——默克尔树和低次测试。

默克尔树(Merkle Tree) 默克尔树[191](有时也叫作哈希树)可以用来设计字符串承诺方案。所谓字符串承诺方案，就是发送者可以发送一个字符串的短的承诺，这个字符串可以是定义在任意有限的字母表Σ上的字符串 $s\in\Sigma^n$③。其后，发送者就要按照接收者的要求揭示 s 相应位置处的值。

---

① 为了说明后半句是正确的，我们令 $r_0=0$，则式(7.1)的右端就等于$\tilde{x}(r_1,\cdots,r_{\log n})$；而当 $r_0=1$ 时，式(7.1)的右端就等于$\tilde{w}(r_1,\cdots,r_{\log n})$。由于$\tilde{x}$ 和$\tilde{w}$ 分别是 x 和 w 的多线性扩展，因此等式右端就是(x,w)的扩展。

② 特别的，实用的论证系统都使用在具体效率上高效得多的交互式变体代替了低次测试(参见 10.4.4 节和 10.5 节)；随后，通过 Fiat-Shamir 变换将交互式论证变为非交互式。因此，本书不讨论低次测试及其详细的分析。

③ 在许多关于默克尔树的讨论中，都使用向量承诺而非字符串承诺来表示默克尔树的作用。在本节中我们使用字符串承诺，旨在澄清字母表Σ不仅仅可以是数字，也可以是任何有限的集合。

具体地说，默克尔树要使用抗碰撞的哈希函数 h，h 的作用是把输入映射为 $\{0,1\}^\kappa$，其中 κ 是安全参数，在实践中安全参数大约是几百的量级①②。

默克尔树的叶子都是字符串 s 的各个字符，而内部各节点是其两个子节点的哈希值。图 7.1 提供了哈希树的一种可视化的描述。

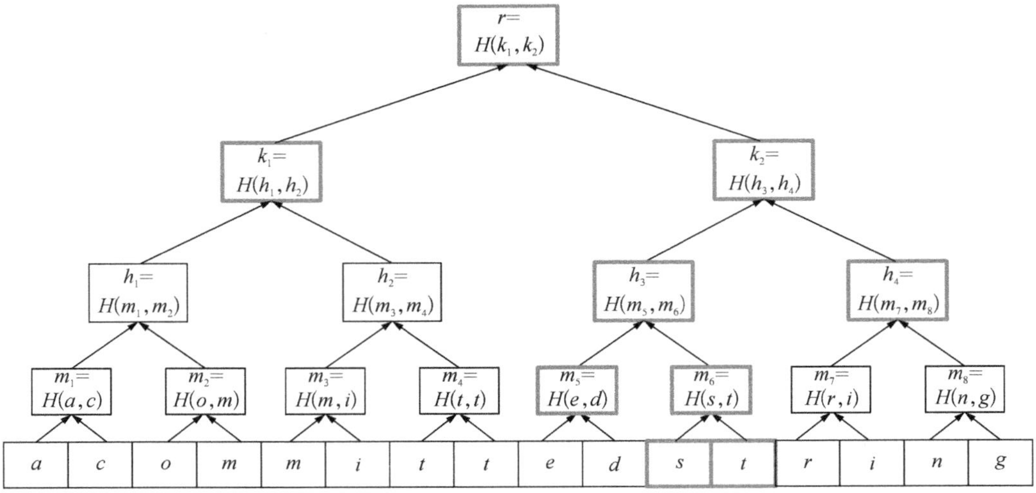

图 7.1 用 H 为哈希函数，承诺字符串“acommittedstring”的默克尔树。加粗边框代表了揭示承诺的字符串的第 12 个条目，即字母 t 所需揭示的默克尔路径。该路径包含了从第 12 个叶子到根节点路径上的所有节点，及相应的兄弟节点

可以按如下方式，基于默克尔树来得到一个字符串承诺方案。在承诺阶段，发送者将字符串 s 生成的默克尔树的树根发送出去，作为 s 的承诺。承诺完成后，如果发送者需要揭示 s 的第 i 个字符，则发送者需要发送如下三条信息：一是默克尔树的第 i 个叶子（也就是 s_i），二是叶子 s_i 到根节点路径上所有节点的 v 的值，三是需要发送每个节点 v 的兄弟节点。以上这些信息被称为 s_i 的验证信息。接收到上述信息后，接收者将检查每两

① 例如，SHA-3 就允许很多不同的输出规模，小到 224 位，大到 512 位。

② 正如在 5.1 节所讨论的那样，密码学上的哈希函数，比如 SHA-3 或者 BLAKE3 都是以确保“其行为就好像”真正的随机函数为目的设计出来的。特别是，对这些密码学的哈希函数来说，它们通常基于这样的假设，穷举是完成碰撞的最快方式。所谓穷举，就是随机挑选一个点然后计算其哈希值，直到碰撞成功时为止。如果哈希函数确实是随机地将某个值映射到 $\{0,1\}^\kappa$，由于生日悖论，除了穷举，有很大的概率差不多进行 $\sqrt{2^\kappa}=2^{\kappa/2}$ 次计算就可以碰撞成功。这就意味着，对于想要抵抗可以在 2^{128} 运行时间完成碰撞的攻击者，相应的哈希函数的输出规模至少要达到 $\kappa=256$ 位。拥有能抵抗攻击运行时为 2^λ 能力的安全性，通常被称为“拥有 λ 位的安全性”，同时 λ 也被称为安全参数（参见 5.3.1 节）。量子算法在理论上通过联合运用 Grover 的算法和随机采样[78]，可以在 $2^{\kappa/3}$ 时间内碰撞出输入为 $\{0,1\}^\kappa$ 的随机函数的值。这就要求，相比于传统的安全设置，在量子计算的情况下，为了达到与原来相同位数的安全性，我们需要将在量子计算中的 κ 设置为传统中的 κ 的 $\frac{3}{2}$。

个兄弟节点的哈希值是否与其父节点的哈希值相等①。

由于树的深度是 $O(\log n)$，因此在揭示 s 的一个字符时，发送者需要发送的哈希值的个数就是 $O(\log n)$。

该方案的绑定性质描述如下。对每一个位置 i，在发送者不能对 h 成功进行碰撞的情况下，至多只有一个值 s_i（就是原有的值）能够成功揭示。原因如下，假如发送者能给两个不同的值 s_i 和 s_i' 提供合法的验证信息，那么第 i 个叶子到根节点路径上至少存在一个节点的值在 h 下碰撞成功，这是因为该验证信息对不同的 s_i 和 s_i' 最后算出的根节点是相同的。

基于默克尔树的（弱约束的）多项式承诺方案　我们可以按照如下方法，基于默克尔树构建一个多项式承诺方案。证明者 $\mathcal{P}$ 承诺多项式 p 的方法是，用上文所述的默克尔承诺的方法承诺多项式 p 所有值所组成的字符串，即 $p(\ell_1),\cdots,p(\ell_N)$，其中 $\ell_1,\cdots,\ell_N$ 是多项式 p 所有可能的输入。这种方案下，证明者可以响应关于该多项式的任何揭示需求：如果验证者要求揭示 $p(\ell_i)$，那么证明者就回复 $p(\ell_i)$ 以及该值的验证信息（该验证信息包含 $O(\log N)$ 个哈希值）。

不幸的是，上述方法还不是一个多项式承诺方案。这是因为虽然默克尔树确实将证明者与一个固定的字符串绑定起来了，但是仅靠上述方法还不能保证这个被承诺的字符串就等于某个多线性多项式的全体值。也就是说，当验证者 $\mathcal{V}$ 要求证明者 $\mathcal{P}$ 提供在 r 处的值 $p(r)$ 时，由于默克尔树具有绑定性质，因此确实会强制要求 $\mathcal{P}$ 回复已承诺的字符串的第 r 个条目及其相应的验证信息。但是，$\mathcal{V}$ 并不知道已经被承诺的字符串是否确实包含了一个多线性多项式的所有值，通常来讲，这个承诺值可能包含任意一个（可能并非验证者想要的）多项式的全体值。

我们将通过结合默克尔树和低次测试来解决这个问题。低次测试不仅保证了证明者与某个字符串（很可能是完全非结构化的）的绑定性，还保证了该字符串确实包含了一个低次多项式的全体值。更准确地说，低次测试保证了该字符串“接近”低次多项式的求值表，这就导致了使用低次测试的方案事实上比真正的多项式承诺方案要弱。但是，低次测试可以保证只需要检查被承诺字符串少量的条目即可，通常是字符串长度的对数，因而可以将证明者需要发送的验证信息保持在很低水平（至少会低于证明者显式地向验证者完全刻画被承诺多项式所需的通信复杂度）。

低次测试（Low-Degree Test）　假定验证者可以访问一个巨大的字符串 s 的预言机，该字

① 事实上，根本不需要发送叶子到根路径上节点的信息，因为接收者可以通过对其两个子节点求哈希自行计算出来。

符串声称包含了 m 个变量的函数在有限域 $\mathbb{F}$ 上的所有值。注意：总共有 $|\mathbb{F}|^m$ 个输入，所以 s 包含了 $|\mathbb{F}|^m$ 个 $\mathbb{F}$ 中的元素。低次测试通过检查字符串 s 中的一小部分就可以确定该字符串是否与低次多项式一致。

不过，正因为低次测试只查看 s 的一小部分，它不能准确地确定 s 与低次多项式一致。假设 s 是由低次多项式 p 仅修改一个值得到的，则只有验证者运气足够好，恰巧选到了 s 与 p 不同的那个值，才能区分二者，否则低次测试绝无可能区分 s 和 p①。

低次测试可以保证的是 s 与低次多项式在汉明距离意义下接近。这表明，如果测试通过的概率是 γ，则 s 就与低次多项式有差不多 γ 比例的点处是相同的。

低次测试是一个极简单的过程，但是分析它们一般很复杂，并且现有的分析大多涉及十分巨大的常数，除非域非常大，否则其提供的保证就很弱。一个低次测试的例子是，Rubinfeld 和 Sudan 的点对线测试[219]，以及随后由 Arora 和 Sudan 给出的更强的分析[12]。在该测试中，可以在 $\mathbb{F}^m$ 中沿着一条随机选取的线求取 s，并且可以确定 s 与该线绑定后与一个次数至多为 m 的单变量多项式是一致的(参见 4.5.2 节)。很明显，如果字符串 s 和一个多线性多项式完全一致，则该测试总是可以通过的。本书文献[12]和[219]大体证明了如果通过该测试的概率为 γ，那么 s 就与一个低次多项式有差不多 γ 比例的点处是相同的②。本书中，我们不讨论上述结论的证明过程。

一个(弱约束的)多项式承诺方案——联合默克尔树和低次测试 令 $\widetilde{w}: \mathbb{F}^{\log n} \to \mathbb{F}$ 是一个定义在 $\mathbb{F}$ 上的 $\log n$ 个变量的多线性多项式，s 是由所有 $\widetilde{w}$ 在 $|\mathbb{F}|^{\log n}$ 上的值所组成的字符串。可以通过应用 7.3.2.2 节介绍的基于默克尔树的字符串承诺方案，以及对 s 应用低次测试来得到一个多项式承诺方案。比如，假设使用点对线低次测试，接收者首先在 $\mathbb{F}^{\log n}$ 中随机选取一条线，然后要求发送者提供在该线上所有点的验证信息，最后检查这些值是否也在一个次数至多为 $\log n$ 的单变量多项式上。

该承诺方案所提供的保证与 7.3.2.2 节中介绍的字符串承诺方案是一样的，只不过它使用低次测试来确保如下事实，即：如果发送者通过所有接收者的检查的概率是 γ，那么不仅验证了发送者与一个固定字符串 s 的绑定关系，而且还表明 s 与一个低次多项式在差不多 γ 比例的点处是相同的。

正如 7.3.1 节中所概述的，这样的保证就足够让该承诺方案与 GKR 协议联合使用，来证明 $\mathcal{C}(x, w)=y$ 的正确性。如果通过多项式承诺方案中验证者检查的概率至少是

---

① "测试"一词在低次测试这一短语中有精确的技术含义。事实上，它指的是如果一个函数通过了低次测试，那么该函数仅仅能保证是"接近"低次多项式，即它可能并不准确地与低次多项式相等。"测试"在此的含义与其在性质测试中的单词测试的含义相同。我们在本书中保留了"测试"一词以强调其技术含义。

② 更准确地说，这些工作都表明有一个总次数至多为 d 的低次多项式与 s 至少在 $\gamma - m^{O(1)}/|\mathbb{F}|^{\Omega(1)}$ 比例的点处相交。这个比例是 $\gamma - o(1)$，只要 $|\mathbb{F}|$ 是关于 m 的超多项式(或者是关于 m 的一个足够大的多项式)即可。

（比如说）1/2，则证明者就与这样的字符串 s 绑定，s 与一个多线性多项式 p 差不多有 1/2 的点是相同的。只要 GKR 协议中，验证者在点$(r_1,\cdots,r_{\log n})$处 s 的值恰巧不是 s 与 p 不相交的“坏点”，那么 GKR 协议的可靠性分析同样适用于这种证明者被绑定到多项式 p 的情况。

以上已经足以证明，如果证明者以远大于 1/2 的概率通过了验证者的所有检查，那么就表明确实存在一个 w（限制 p 在定义域$\{0,1\}^{\log n}$上）满足 $\mathcal{C}(x,w)=y$。通过反复运行该协议多次，可靠性误差从大概 1/2 下降到无限趋近于 0，并且如果其中任何一次出现了拒绝的结果，那么整个协议就输出拒绝的结果①。

简洁论证系统的成本 除了应用 GKR 协议来检查$\mathcal{C}(x,w)=y$ 的成本外，上文的论证系统还需要额外的通信成本，一个是证明者要承诺 $\tilde{w}$ 的成本，另一个则是执行点对线低次测试所带来的成本。上文中的（弱约束）多项式承诺方案所带来的通信成本是$O(|\mathbb{F}|\cdot\log n)$个哈希值（这是因为需要将 $\tilde{w}$ 在验证者选定的线上共计$|\mathbb{F}|$点处打开）。当$|\mathbb{F}|\leqslant n/\log n$ 时，这就是 $O(n)$个哈希值。值得注意的是，在实践中，我们通常倾向于使用规模很大的域，GKR 协议的可靠性误差是 $O\left(\frac{d\log|\mathcal{C}|}{|\mathbb{F}|}\right)$，其中 d 是电路深度，所以在大小为$O(n/\log n)$的域上工作（执行协议）已经足够可以确保 GKR 协议的可靠性误差是很小的，只要满足 $d\log|\mathcal{C}|\ll n/\log n$ 这个条件即可。

验证者的运行时间等于执行 GKR 协议验证者部分与执行多项式承诺方案中验证者部分的总和。假设抗碰撞的哈希函数 h 的计算时间是一个常数，同时域的规模为 $O(n/\log^2 n)$，那么验证者执行多项式承诺方案中的验证部分所需的时间就是 $O(n)$。

上述论证系统中，证明者的运行时间是由承诺 $\tilde{w}$ 所需的时间复杂度所决定的。这需要构建包含所有 $\tilde{w}$ 可能求值的默克尔树，所以其拥有叶子$|\mathbb{F}|^{\log n}$个。如果我们选取的域的大小是 $O(n)$，那么求出所有值所需的时间复杂度为 $n^{O(\log n)}$，很显然这是超多项式复杂度。正如上文所说，此种多项式承诺方案是对验证者渐进高效的，而对证明者则不是。

评注 7.1 我们将上述论证系统证明者的运行时间压缩到 $O(n^c)$，其中 c 是常数，也是可能的。方法是调整 GKR 协议中的参数，以使得工作的域的规模大大减小到 $O(\text{poly}(\log n))$。这将在 9.3 节中我们讨论基于 PCP 和多证明者交互式证明设计简洁论证系统时详细论述。然而，此种证明者运行时间仍然是不实用的（只有证明者的运行时间接近于电路可满足性问题实例大小的线性关系，而非多项式关系时才是实用的）。如上所述，在如此小的域上执行协议，会导致可靠性误差变为 $1/\text{poly}(\log n)$，这就要求该协议必须重复执行

① 可能可以使用一种称为列表解码保证（list-decoding guarantee）的低次测试来保证可靠性误差可以在不重复运行协议的情况下远小于 1/2（只要域的大小足够大）。相关内容参见 8.2.1.4。

多次，才能将可靠性误差降低到密码学上可以使用的标准。

评注 7.2 另一种多项式承诺方案是证明者使用默克尔树承诺多线性多项式 $\widetilde{w}$：$\mathbb{F}^{\log n}$ 的 n 个系数，而非 $\widetilde{w}$ 的 $|\mathbb{F}|^{\log n}$ 个值。这种方法确实可以在承诺时只计算 $O(n)$ 个哈希值，并且最终的承诺仍然很小（仅仅是一个根节点处的哈希值）。但是，为了在 $r \in \mathbb{F}^n$ 处揭示 $\widetilde{w}(r)$，证明者必须揭示 $\widetilde{w}$ 所有的 n 个系数。因此该方案具有线性通信复杂度和验证者时间。相比于 7.1 节所介绍的最简单的交互证明，即 $\mathcal{P}$ 仅是简单地将 w 全部发送给 $\mathcal{V}$，没有任何效率的提升。并且最朴素的方法还具有统计可靠性而非计算可靠性的优势。

7.4 知识可靠性

知识证明与知识论证 概念知识证明或知识论证是为了阐明如下情况，证明者不仅证明了某个陈述的正确性，而且证明者确切地*知道*使该陈述成立的“证据”w。举例来说，在第 1 章关于授权的应用中，Alice 随机选择了一个密码 x，并公开了 x 的哈希值 $y=h(x)$。而后，Alice 想要向验证者证明她确实*知道* y 在 h 下的原像，也就是说，她知道满足 $h(w)=y$ 的 w。

对于 Alice 来说，输入是 w 以及输出是 $y=h(w)$ 的电路 $\mathcal{C}$，一个很自然的尝试就是她自己扮演一个电路可满足性问题的简洁证明中的证明者角色。但是，这个简洁论证只满足标准可靠性，这意味着 Alice 只能生成一个仅仅保证存在证据 w 使得 $y=h(w)$ 成立的可信证明。如果 h 是满射，则这样的证据 w 对*任意的* y 都是存在的。因此，对于Alice 来说，她对于建立一个仅仅能证明存在原像 w 的证明是毫无兴趣的，因为一个验证者总是输出平凡的证明系统就能满足相同的性质。

如果电路可满足性问题的论证满足一个称为*知识可靠性*的加强的安全性质，那么就能保证 Alice *知道*证据 w。如果 Alice 能够以不可忽略的概率使验证者接受她的证明，那么就存在一个多项式时间算法 $\mathcal{E}$，在赋予其与 Alice 重复交互能力的情况下，可以以不可忽略的概率输出 y 在 h 下的原像 w。$\mathcal{E}$ 被称为*提取器*(extractor)算法。该定义的主要想法是，因为 $\mathcal{E}$ 是高效的，提取器所知信息不会超过 Alice（任何 $\mathcal{E}$ 通过与 Alice 交互能够高效地计算出来的信息，Alice 都可以自己高效地计算出来，此时 Alice 只要自己扮演 $\mathcal{E}$ 来与自己交互即可）。因为 $\mathcal{E}$ 可以通过与 Alice 交互来高效地找到 w，所以 Alice 必定知道

w。读者可以认为 ε 的功能就是"高效地将 w 从 Alice 的头脑中提取出来"[①②]。

如下所述，本节所介绍的电路可满足性问题的论证系统（由 GKR 交互式证明和一个多线性多项式 $\widetilde{w}$ 的承诺 c 组成）事实上就是一个知识的论证。

可提取的多项式承诺　多项式承诺方案的可提取性是一个比绑定性更强的性质。大致上，可提取性之于绑定性，好比知识可靠性之于标准可靠性。它保证了，对任意一个能够以非可忽略的概率通过承诺方案中承诺和揭示阶段所有检查的高效证明者，其必须真的"知道"一个满足其声称的次数，并且能正确响应所有求值请求的多项式 p。也就是说，如果证明者可以正确给出在 z 处的求值 v，那么 $p(z)=v$。

多项式承诺方案的绑定性保证的是，存在一个有适当次数的多项式 p，它能"满足"出所有证明者能打开承诺的求值，但是证明者可能并不知道该多项式。可提取性就保证了证明者确实知道 p（本书 14.1 节就有一个只有绑定性，没有可提取性的多项式承诺方案的例子）。

具体地说，一个多项式承诺方案的可提取性保证了，对所有"高效的承诺者敌手 $\mathcal{A}$"，其以与承诺方案相同的公开参数和次数限制 D 为输入，并且输出多项式承诺 c，都存在一个高效的算法 ε'（依赖于 $\mathcal{A}$）可以产生一个 D 次多项式 p 能给出 $\mathcal{A}$ 所需查询的答案。因为 ε' 是高效的，所以它不会比 $\mathcal{A}$ 知道得更多（因为 $\mathcal{A}$ 就能运行 ε'），并且 ε' 通过输出 p 来表明其知道 p[③]。这也就刻画了 $\mathcal{A}$ 知道一个用来回答所有求值查询的多项式 p 的直觉。

在 7.3.2.2 节中介绍的（弱约束的）多项式承诺方案就是可提取的（我们将在 9.2.1 节中证明这一点）。

多项式承诺方案的可提取性保证使得我们可为论证系统选取任意的高效的证明者 $\mathcal{P}^*$，它能以不可忽略的概率使论证系统的验证者接受，并且可以从 $\mathcal{P}^*$ 中提取出证据 w，同时存在证明者策略 $\mathcal{P}$，使得 GKR 协议中的验证者确信 $\mathcal{C}(x,w)=y$。

---

① 有兴趣的读者可以查看文献[130]中关于正式描述知识可靠性的详细讨论。

② 读者在一开始可能很疑惑，并认为任何有关知识的证明都不可能是零知识的：如果"将证据 w 从证明者脑中提取出来"是可能的，这不是意味着该证明系统会将证据泄露给验证者，从而违反零知识的性质吗？答案是否定的。这是因为这里的"提取"，不是证明系统中验证者可以从证明中提取 w，而是提取算法 ε 从证明者处提取 w。这意味着，ε 可以做一些验证者做不了的事情。举个例子，如果证明系统是交互式的，那么 ε 可以等整个证明系统运行完毕后查看证明者 $\mathcal{P}$ 在整个协议中发送的所有的消息，随后"回溯"$\mathcal{P}$ 到 $\mathcal{P}$ 接收到验证者最后的挑战之前，然后"重新"由 $\mathcal{P}$ 发起这轮交互，ε 将看到在验证者更新了随机挑战后证明者 $\mathcal{P}$ 新的回复消息。与之对应的，证明系统中的验证者 $\mathcal{V}$ 则只能运行一次协议。特别是，$\mathcal{V}$ 不具备回溯 $\mathcal{P}$ 进而用新的随机挑战重启交互的能力。另外一个例子是，如果证明系统是非交互的并且运行在随机预言机模型下，那么提取算法就能"观察到"$\mathcal{P}$ 在计算证明时发送给随机预言机的所有请求，并且运用这些请求来求解证据。相较而言，证明系统中的验证者只能看到最终的证明，而看不到 $\mathcal{P}$ 在计算证明时向随机预言机发送的全部请求。

③ 称 ε' 是提取器一开始可能还有些疑惑，因为我们还没有阐明 ε' 可以通过与 $\mathcal{A}$ 多次交互将"多项式 p 从 $\mathcal{A}$ 的脑中提取出来"。但是在本书中我们所提供多项式承诺方案的提取器确实都是按照如此方式工作的。这就是说，有一个高效的过程可以将 p 从 $\mathcal{A}$ 脑中输出。并且由于 $\mathcal{A}$ 是高效的，因此整个过程，包括任何调用 $\mathcal{A}$ 时"内部"完成的计算都是高效的，于是就产生了我们期望的算法 ε'。

相关符号 在剩下的分析中，我们将使用下列符号来表示各种各样的(协议)参与方。

- $\mathcal{V}$ 代表 GKR 协议中验证者。
- $\mathcal{P}$ 代表"成功的 GKR 协议证明者"(既可以是协议中规定的证明者，也可以是其他成功的证明过程，即所有能说服 $\mathcal{V}$ 以不可忽略的概率接受的都可以)。
- $\mathcal{V}'$ 和 $\mathcal{P}'$ 代表简洁论证中规定的验证者和证明者。
- $\mathcal{P}^*$ 代表一个平常的(潜在恶意的)简洁论证系统的证明者。

简洁论证系统回顾 回想上文的论证系统，证明者首先发送一个多线性多项式 p 的承诺 c 给验证者，其中 p 是满足 $\mathcal{C}(x,w)=y$ 的证据 w 的多线性扩展。在接收到 c 之后，论证系统中的验证者 $\mathcal{V}'$ 的行为就与 GKR 协议中的验证者 $\mathcal{V}$ 一致了，也就是说，$\mathcal{V}'$ 模拟了 $\mathcal{V}$ 并且完全复制了它的行为(因为直到协议最后，GKR 协议中的验证者 $\mathcal{V}$ 才需要知道 w 的信息，$\mathcal{V}'$ 可以在不知道 w 的情况下做到)。相似的，一个论证系统中的诚实证明者 $\mathcal{P}'$ 的行为也与声称 $\mathcal{C}(x,w)=y$ 的 GKR 协议中的诚实证明者一样。

在 GKR 协议最后，验证者 $\mathcal{V}$ (由 $\mathcal{V}'$ 模拟)必须知道 w 的多线性扩展 $\widetilde{w}$ 在随机点 r 处的值以便做出接受或拒绝的最终决断。$\mathcal{V}'$ 可以通过将多项式承诺方案中的求值过程应用于承诺 c 来获取 $p(r)$，并根据 $\mathcal{V}$ 对该值的接受或拒绝来做出接受或拒绝的最终决定。

该论证的知识可靠性 假设 $\mathcal{P}^*$ 是一个多项式时间，但是很可能是论证系统的恶意的证明者策略，并且该证明策略可以使该论证系统的验证者以不可忽略的概率 ε 相信自己。为了证明论证系统的知识可靠性，我们需要解释存在一个高效的提取过程 ε 可以从 $\mathcal{P}^*$ 中提取证据 w^*，并且 w^* 满足 $\mathcal{C}(x,w^*)=y$。

在论证开始时，多项式承诺方案的可提取性使我们能够高效地从 $\mathcal{P}^*$ 发送的承诺 c 中提取出原像 p。也就是说，p 是一个所有打开值都和 c 相同的线性多项式。ε 把 w^* (p 由其扩展)作为证据，也是说，w^* 是 p 在布尔超立方体 $\{0,1\}^{\log|w|}$ 上所有求值的全集。

我们仍然需要解释 w^* 满足 $\mathcal{C}(x,w^*)=y$。为此，我们构造一个 GKR 的证明者策略 $\mathcal{P}$，$\mathcal{P}$ 使 GKR 中的验证者 $\mathcal{V}$ 以概率 ε 接受其声称的 $\mathcal{C}(x,w^*)=y$。GKR 协议的可靠性保证了 $\mathcal{C}(x,w^*)=y$。

在 $\mathcal{P}^*$ 发送承诺 c 之后，$\mathcal{P}$ 简单模仿 $\mathcal{P}^*$ 的行为。这就是说，在 GKR 协议的每一轮 i，$\mathcal{P}$ 发送给 $\mathcal{V}$ 的消息 m_i 都是 $\mathcal{P}^*$ 在论证系统中该轮所发送的。GKR 验证者 $\mathcal{V}$ 用 r_i 回复 m_i，随后 $\mathcal{P}$ 在下一轮继续模仿 $\mathcal{P}^*$，并将 r_i 作为论证系统验证者 $\mathcal{V}^*$ 对消息 m_i 的回复。

通过上述构造，$\mathcal{P}$ 使 GKR 协议的验证者 $\mathcal{V}$ 接受 $\mathcal{C}(x,w^*)=y$ 的概率与 $\mathcal{P}^*$ 使论证系统中的验证者 $\mathcal{V}^*$ 相信自己的概率一样，都是 ε。证明到此结束。

事实上，因为本节所述的简洁论证系统是一个公开掷币的知识论证和 Fiat-Shamir 变换结合就可以获得第一个简洁的非交互式知识论证，或者称为 SNARK。这个 SNARK 在随机预言机模型下，是可以公开验证的，并且是无条件安全的(详见 9.2.1 节)。

第 8 章

MIP 以及简洁论证

多证明者交互式证明(MIP)允许验证者访问不止一个不可信任的证明者,并且假设证明者之间不能告知彼此接收到的验证者挑战信息。MIP 本身具有一定的重要性,是构建简洁论证所必需的重要组成部分。在本章中,我们给出了电路可满足性(8.2 节)及其泛化 R1CS 可满足性(8.4 节)的 2-证明者 MIP,其中第二个证明者实际上充当了多项式承诺方案,这个概念我们在 7.3 节中介绍过。因此,通过将第二个证明者替换为适当的多项式承诺方案,可以获得最先进性能的(单证明者)简洁论证,关于这方面的实例在 10.4.4 节、10.5 节和第 14 章中有详细介绍①。特别地,本章通过 MIP 获得的简洁论证与第 7 章的简洁论证相比,证明长度显著缩短。

MIP 的历史意义也非常重要,本章中最优秀的 MIP 展示了一些思路,在 PCP 和 IOP(第 9 章和第 10 章)中将反复出现。

8.1 MIP 的定义和基本结论

定义 8.1 一个对于语言 $\mathcal{L}\subseteq\{0,1\}^*$ 的 k-证明者交互式证明协议包括 $(k+1)$ 个参与方:一个概率多项式时间验证者和 k 个证明者。验证者与每个证明者交换一系列消息,每个证明者的消息是一个关于输入和它到目前为止看到的 $\mathcal{V}$ 消息的函数。交互产生一个脚本 $t=(\mathcal{V}(r),\mathcal{P}_1,\cdots,\mathcal{P}_k)(x)$,其中 r 表示 $\mathcal{V}$ 的内部随机性。在产生脚本 t 后,$\mathcal{V}$ 基于 r、t 和 x 决定输出接受或拒绝。用 $\text{out}(\mathcal{V},x,r,\mathcal{P}_1,\cdots,\mathcal{P}_k)$ 表示在给定证明策略 $(\mathcal{P}_1,\cdots,\mathcal{P}_k)$ 和 $\mathcal{V}$ 的内部随机性为 r 的情况下,对应输入 x 的验证者 $\mathcal{V}$ 的输出。

如果满足以下两个属性,多证明者交互式证明系统具有完备性误差 δ_c 和可靠性误差 δ_s:

① 当本书的初稿以讲义形式于 2018 年公开发布时,获得简洁论证的这种方法此前尚未发表;那时,将 MIP 转化为简洁论证的唯一已知方法[55]是使用一种称为全同态加密的密码学原语,目前这种方法的计算复杂度过高,无法产生实用的 SNARK。自那时以来,Setty[226]已经实现并扩展了本书中描述的 MIP 以及简洁论证的方法,并发表了几篇后续论文[137, 230]。

1. (完备性)存在一组证明者策略($\mathcal{P}_1,\cdots,\mathcal{P}_k$),使得对于每个 $x\in\mathcal{L}$,

$$Pr[\mathrm{out}(\mathcal{V},x,r,\mathcal{P}_1,\cdots,\mathcal{P}_k)=\text{接受}]\geqslant 1-\delta_c$$

2. (可靠性)对于每个 $x\notin\mathcal{L}$ 和每一组证明者策略($\mathcal{P}'_1,\cdots,\mathcal{P}'_k$),

$$Pr[\mathrm{out}(\mathcal{V},x,r,\mathcal{P}'_1,\cdots,\mathcal{P}'_k)=\text{接受}]\leqslant\delta_s$$

如果 $\delta_c\leqslant 1/3$,$\delta_s\leqslant 1/3$,则称 k-证明者交互式证明系统是有效的。复杂度类 MIP 是所有具有有效 k-证明者交互式证明系统的语言的集合,其中 $k=\mathrm{poly}(n)$。

MIP 模型由 Ben-Or、Goldwasser、Kilian 和 Wigderson 引入[32]。在定义 8.1 中,每个证明者的消息仅取决于输入和它到目前为止已经接收到的 $\mathcal{V}$ 的消息,这一点非常关键。特别地,对于任何 $i\neq j$,$\mathcal{P}_i$ 不能告诉 $\mathcal{P}_j$ 它接收到的 $\mathcal{V}$ 发送的消息,反之亦然。如果允许 $\mathcal{P}_i$ 和 $\mathcal{P}_j$ 之间的这种"交流",则可以通过单证明者交互式证明来模拟任何 MIP,且 **MIP** 和 **IP** 将变得相等。

如 1.2.3 节所讨论的,可以将 MIP 想象为以下情形。证明者就像即将被审讯的犯人,这些犯人被分别关在不同的审讯室里。在进入这些房间之前,犯人可以相互交谈,策划回答问题的策略。但是一旦他们被关在房间里,他们就再也不能相互交谈,特别地,证明者 i 不能告诉其他证明者验证者正在问的问题。验证者就像审问者一样,试图确定证明者的陈述是否彼此一致,并与所声称的一致。

下一节将表明,在 $\mathcal{V}$ 的运行时间多项式膨胀的情况下,2-证明者 MIP 与任何 $k=\mathrm{poly}(n)$ 的 k-证明者 MIP 的表达能力是一样的。

8.1.1 第二个证明者有什么好处?

非自适应性 在单证明者交互式证明中,证明者 $\mathcal{P}$ 具有自适应性,也就是说,$\mathcal{P}$ 对于来自 $\mathcal{V}$ 的第 i 条消息 m_i 的响应可以依赖于前面($i-1$)条消息。从直观上看,MIP 比 IP 更具表现力的原因在于第二个证明者(不知道 $\mathcal{V}$ 对第一个证明者的消息)的存在防止了第一个证明者以这种自适应的方式行事①。通过以下简单引理可以来形式化这一点,该引理表明复杂度类 **MIP** 等价于由多项式时间随机预言机满足的语言类。这里,预言机本质上是一台计算机,具有查询在其执行开始时固定的巨大字符串 $\mathcal{O}$ 的能力。字符串 $\mathcal{O}$ 可能非常庞大,但是计算机被允许在单位时间内查看任何所需的符号 $\mathcal{O}_i$(即 $\mathcal{O}$ 的第 i 个符号)。可以将计算机对 $\mathcal{O}$ 进行的任何查询都视为一个提问,$\mathcal{O}_i$ 则是其答案。由于 $\mathcal{O}$ 在计算机执行开始时就已固定,因此由 $\mathcal{O}$ 返回的答案在本质上是非适应性的,也就是说,计算机的第 j 个问题的答案不取决于计算机之前问了哪些问题。

① 一开始,人们可能会有这样的直觉,即允许证明者的适应性意味着允许"更具表现力"的证明者策略,证明者的适应性会导致更具挑战性问题的高效证明系统。事实上,恰恰相反。允许证明者的自适应行为会给证明者更多破坏可靠性的机会,因此,允许证明者的自适应行为实际上削弱了拥有高效验证者的证明系统的问题类别。

引理 8.1　（文献[113]）令 $\mathcal{L}$ 是一个语言，M 是一个概率多项式时间预言机图灵机。用 $M^{\mathcal{O}}$ 表示 M 被给予了查询访问预言机 $\mathcal{O}$ 的能力。假设 $x \in \mathcal{L}$ 存在一个预言机 $\mathcal{O}$，使得 $M^{\mathcal{O}}$ 以概率 1 接受 x，并且如果 $x \notin \mathcal{L}$，则对于所有预言机 $\mathcal{O}$，$M^{\mathcal{O}}$ 以至少 2/3 的概率拒绝 x。那么，对 $\mathcal{L}$ 存在一个 2-证明者 MIP。

评注 8.1　在引理 8.1 中，你可以将 $\mathcal{O}$ 视为一个巨大的证明，证明了 $x \in \mathcal{L}$，而机器 M 只查看证明的少量（即多项式数量）符号。这与我们将在 9.1 节中正式介绍的 PCP（概率可验证证明）的概念相同。采用这个术语的话，引理 8.1 表明，任何具有多项式时间验证者的 PCP 都可以转化为具有多项式时间验证者的 2-证明者 MIP。

证明：我们首先描述一个具有完美完备性和可靠性误差高但有界的 2-证明者 MIP“子流程”。最终的 2-证明者 MIP 只需独立地重复 MIP 子流程数次。

MIP 子流程　$\mathcal{V}$ 模拟 M，每一次 M 查询预言机记为 q，$\mathcal{V}$ 将该查询结果发送给 $\mathcal{P}_1$，将 $\mathcal{P}_1$ 的回复作为查询结果 $\mathcal{O}(q)$。在协议结束的时候，$\mathcal{V}$ 从所有的 $\mathcal{P}_1$ 查询中随机挑选一个查询 q 发送给 $\mathcal{P}_2$，如果对 q 的查询结果，$\mathcal{P}_2$ 和 $\mathcal{P}_1$ 不同的话，则 $\mathcal{V}$ 输出拒绝。

这个子流程的完备性是清晰的：如果 $x \in \mathcal{L}$，存在某个预言机 $\mathcal{O}^*$，让 M 以概率 1 接受 x。如果 $\mathcal{P}_1$ 和 $\mathcal{P}_2$ 对每一个查询 q，回复都为 $\mathcal{O}^*(q)$，每次运行该协议 $\mathcal{V}$ 都以概率 1 接受 x。

至于子流程的可靠性，观察到因为 $\mathcal{P}_2$ 仅仅查询一次，我们可以把 $\mathcal{P}_2$ 看成一个预言机 $\mathcal{O}$。也就是说，$\mathcal{P}_2$ 对查询 q 的回复是仅和 q 有关的函数。对于 $x \notin \mathcal{L}$ 的情况，令 $q_1, \cdots, q_\ell$ 表示 $\mathcal{V}$ 向 $\mathcal{P}_1$ 发起的有关输入 x 的查询。一方面，如果 $\mathcal{P}_1$ 对查询 q_i 的回复不同于 $\mathcal{O}(q_i)$，则验证者至少有 $1/\ell$ 的概率选取这个查询发送给 $\mathcal{P}_2$，而这将导致验证者拒绝。另一方面，如果 $\mathcal{P}_1$ 对每一个查询 q_i 的回复都是 $\mathcal{O}(q_i)$，则 $M^{\mathcal{O}}$ 有至少 2/3 的概率拒绝，$\mathcal{V}$ 有至少 2/3 的概率拒绝。因此，$\mathcal{V}$ 每次运行该协议，至少以 $1/\ell$ 的概率拒绝。

最终的 MIP 协议　最终的 MIP 将子流程独立且顺序地重复 3ℓ 次，其中 ℓ 是 M 对于任何输入 $x \in \{0,1\}^n$ 查询的次数上限（请注意，ℓ 最多是输入大小 n 的多项式，因为 M 在多项式时间内运行）。只有当所有子流程都被接受时，$\mathcal{V}$ 才会接受。因为子流程 MIP 具有完美的完备性，所以最终的 MIP 也具有完美的完备性。由于子流程的可靠性误差最大为 $1-1/\ell$，每次独立选择验证查询，并重复 k 次，可以确保当给定输入 $x \notin \mathcal{L}$ 时，$\mathcal{V}$ 至少一个子流程拒绝的概率至少为 $1-(1-1/\ell)^{3\ell} > 2/3$。　□

证明过程隐含着任何 k-证明者 MIP（完备性误差最大为 $\delta_c \leq 1/(9\ell)$，其中 ℓ 是查询的总个数）可以通过 2-证明者 MIP 模拟[32]。模拟时，$\mathcal{V}$ 把对 k-证明者 MIP 的查询结果发送给 $\mathcal{P}_1$，然后随机选择一个查询结果发送给 $\mathcal{P}_2$。如果查询结果不一致，则协议拒绝。因

为对 $\mathcal{P}_2$ 仅查询一次，$\mathcal{P}_2$ 可以看成是预言机，没有机会自适应地回复。如果 $\mathcal{P}_1$ 是对查询 q_i“自适应”回复（即和 $\mathcal{P}_2$ 的回复不同），则被检查出来的概率最少是 $1/\ell$。整个 2-证明者协议必须重复 $\Omega(\ell)$ 次，以便将可靠性误差从 $1-1/\ell$ 降低到 1/3。

综上所述，通过把所有的查询结果发送给 $\mathcal{P}_1$，并随机挑选一个查询结果发送给 $\mathcal{P}_2$ 的方式，可以强制非自适应性以及可以将证明者的个数降为 2。虽然这种方法传达了 MIP 比 IP 更具表现力的原因，但实际上这种方法非常烦琐，因为需要进行 $\Omega(\ell)$ 次重复，通常情况下，ℓ 的数量级为 $\log n$，而实际情况下可以轻松达到数百次。幸运的是，我们在 8.2 节中描述的 MIP 只有两个证明者，不需要重复以强制非自适应性或是将证明者数量减少到 2 个。

但是非自适应性有什么作用呢？ 我们将在 8.2 节中看到，非自适应性带来的好处是 NP 陈述的简洁性。也就是说，我们将给出一个算术电路可满足性的 MIP（与电路求值不同），其中总的通信开销和验证者运行时间都是 w（证据）大小的亚线性。

这一点并不奇怪，因为我们在第 7 章中也看到了同样的现象。对应章节中，我们使用多项式承诺方案将证明者绑定到多项式 $\widetilde{w}$，并在与验证者的交互开始时将其固定。特别地，多项式承诺方案强制了非自适应性，即证明者必须告诉验证者 $\widetilde{w}(r)$，并且无法根据与验证者的交互来“更改其答案”。在 2-证明者 MIP 中添加的第二个证明者具有完全相同的效果。事实上，我们将看到 8.2 节中的第二个证明者实际上起到了多项式承诺方案的作用。实际上，我们最终通过将第二个证明者替换为多项式承诺方案，从 MIP 中获得（单证明者）简洁论证，其具有最先进的性能。详见 8.3 节。

8.2 一个电路可满足性的高效 MIP

预热：低深度算术电路可满足性的 2-证明者 MIP 从第 7 章的简洁论证可以直接生成一个 2-证明者 MIP。具体思路是使用第二个证明者作为多项式承诺方案。更具体地说，验证者使用第一个证明者将 GKR 协议应用于 $\mathcal{C}(x,w)=y$ 的声明。如 7.3.2.1 节所述，在协议的结尾，证明者提供了 $\widetilde{w}(r)$。在第 7 章中，通过多项式承诺协议（它自身是向量承诺和低次测试的组合）强制证明者揭示 $\widetilde{w}(r)$ 以进行检查。

在 MIP 中，验证者简单地使用第二个证明者充当多项式承诺方案的角色。这意味着，不依赖于验证者向第一个证明者提出的问题，第二个证明者提供一个 $\widetilde{w}(r)$，然后执行低次测试。粗略地说，这种组合确保了所声称的值 $\widetilde{w}(r)$ 与在协议开始时固定的证据 w 的多线性扩展 $\widetilde{w}$ 一致，特别是 w 不依赖于验证者选择的点 r。

例如，如果使用的低次测试是点对线测试，则验证者在 $\mathbb{F}^{\log n}$ 中选取一条包含 r 的随机线 λ，并将 λ 发送给第二个证明者，要求其回答一个 $\log n$ 次单变量多项式，这个多项式声称等于限制在 λ 上的 $\widetilde{w}$。由于 r 在线 λ 上，因此这个单变量多项式隐含地指定了 $\widetilde{w}(r)$，验证者检查这个值与第一个验证者声称的 $\widetilde{w}(r)$ 是否匹配。

这种算术电路可满足性的 2-证明者 MIP 协议的缺点是，通信成本和验证者的运行时间与电路深度 d 呈线性关系，即 $O(d\log S)$。对于深而窄的电路，这个协议不能节省验证者的时间。可以说，这不是一个主要的缺点，因为 6.5 节解释了任何在时间 T 内运行的计算机程序都可以转化为等价的算术电路可满足性实例，其中电路浅而宽，而不是深而窄（具体来说，电路深度大约为 $O(\log T)$，大小为 $\widetilde{O}(T)$）。

即使对于深度相对较低的电路，基于预备版 GKR 派生的 MIP 证明也可能相当大。在本节中，我们提供了一个 MIP，其证明长度比基于预备版 GKR 派生的 MIP 要小，近似于电路深度的因子，即 $O(\log S)$ 而不是 $O(d\log S)$，这在电路深度相当低的情况下也是一个实质性的改进。在我们后续章节研究基于 PCP、IOP 和线性 PCP 的论证系统时，类似的想法反复出现。

接下来描述的 2-证明者 MIP 是 Blumberg 等人[61]提出的改进，称之为 Clover。它结合了一些新的思路，这些思路来自 **MIP = NEXP** 证明[17]，以及 GKR 协议[135]和 Cormode、Mitzenmacher 与 Thaler 对其的改进[102]。

8.2.1　协议总结

8.2.1.1　术语

令 $\mathcal{C}$ 是一个在域 $\mathbb{F}$ 上的算术电路，它有一个显式输入 x 和一个非确定性输入 w。令 $S=2^k$ 表示 $\mathcal{C}$ 中的门数，并为 $\mathcal{C}$ 中的每个门分配一个二进制编号 $\{0,1\}^k$。$\mathcal{C}$ 中所有门的赋值称为 $\mathcal{C}$ 的脚本，并将脚本视为一个函数 $W:\{0,1\}^k\to\mathbb{F}$，从门的编号映射到门的值。

给定一个关于 $\mathcal{C}(x,w)=y$ 的声明，**正确的脚本**是，x 是分配给输入门的值，y 是输出门的值，中间值对应于 $\mathcal{C}$ 中每个门的正确操作数据。对于实例 $\{\mathcal{C},x,y\}$，算术电路可满足性等价于确定是否存在 $\{\mathcal{C},x,y\}$ 的正确脚本。图 8.1 为一个示例。

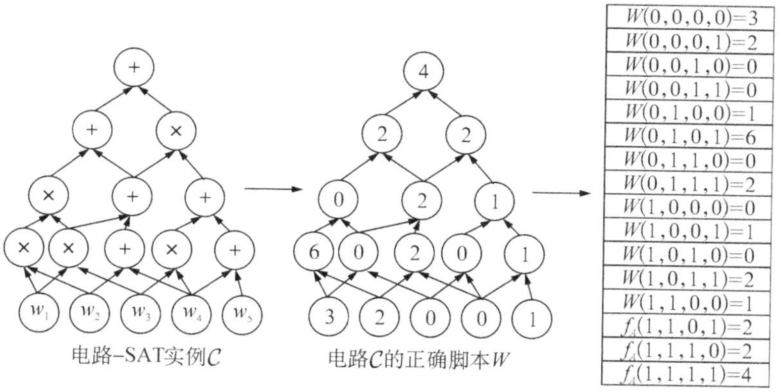

图 8.1　最左边的图刻画了一个在域 $\mathbb{F}$ 上的算术电路，大小为 16，没有公开输入 x，非确定性输入 $w=(w_1,w_2,w_3,w_4,w_5)\in\mathbb{F}^5$。中间的图刻画了 $\mathcal{C}$ 的一个正确的脚本 W，输出 $y=4$。最右边的图是 W 的求值表，看成一个函数，从 $\{0,1\}^4$ 映射到 $\mathbb{F}$

8.2.1.2　MIP 概述

MIP 的工作方式是让证明者 $\mathcal{P}_1$ 声称“拥有”关于 $\{C,x,y\}$ 的正确脚本 W 的扩展 Z。如果证明者是诚实的，那么 Z 将等于 $\widetilde{W}$，即 W 的多线性扩展。接着，该协议会确定一个多项式 $g_{x,y,Z}: \mathbb{F}^{3k} \to \mathbb{F}$（依赖于 x, y 和 Z），满足以下性质：对于所有布尔输入 $(a,b,c) \in \{0,1\}^{3k}$，$g_{x,y,Z}(a,b,c)=0 \Leftrightarrow Z$ 确实是正确脚本 W 的扩展。

为了检查 $g_{x,y,Z}$ 在所有布尔输入上都为零，该协议确定一个相关的多项式 $h_{x,y,Z}$，使得 $g_{x,y,Z}$ 在所有布尔输入上都为零 $\Leftrightarrow$ 下面的等式成立：

$$\sum_{(a,b,c)\in\{0,1\}^{3k}} h_{x,y,Z}(a,b,c)=0 \tag{8.1}$$

严格来说，多项式 $h_{x,y,Z}$ 是随机生成的，且 $g_{x,y,Z}$ 不是在所有布尔输入上都为零，等式 (8.1) 依然成立的概率很小。MIP 将 sum-check 协议应用于多项式 $h_{x,y,Z}$ 以计算该和。请注意，如果 Z 是低次多项式，则 $h_{x,y,Z}$ 也是低次多项式，这既控制成本，也保证了 sum-check 协议的可靠性。

在 sum-check 协议的最后，$\mathcal{V}$ 需要在一个随机点 $r\in\mathbb{F}^k$ 处对 $h_{x,y,Z}$ 求值，这又需要计算 Z 在这个随机点的值 $Z(r)$。不幸的是，$\mathcal{V}$ 无法计算 $Z(r)$，因为 $\mathcal{V}$ 无法访问多项式 Z（因为 Z 只“存在”于 $\mathcal{P}_1$ 的脑中）。因此，$\mathcal{V}$ 使用点对线低次测试（详见 7.3.2.2 节）请求 $\mathcal{P}_2$ 向其发送 $Z(r)$。具体而言，$\mathcal{P}_2$ 被要求发送限制在线 Q 上的 Z，其中 Q 为 $\mathbb{F}^k$ 中包含 r 的随机线。这迫使 $\mathcal{P}_2$ 隐性地对 $Z(r)$ 提出了一个声明（请注意，$\mathcal{P}_2$ 不知道 Q 中哪个点是 r）。如果 $\mathcal{P}_1$ 和 $\mathcal{P}_2$ 对 $Z(r)$ 的声明不一致，则 $\mathcal{V}$ 拒绝；否则，$\mathcal{V}$ 接受①。

因为 $\mathcal{V}$ 只在少数几个点上检查 Z，低次测试无法保证 Z 本身是低次多项式。因此，无法证明 $h_{x,y,Z}$ 本身满足等式 (8.1)：如果应用 sum-check 协议的多项式的次数很大，则其可靠性分析会被打破。然而，低次测试确实保证了如果 $\mathcal{P}_1$ 和 $\mathcal{P}_2$ 在随机选择 r 的情况下，关于 $Z(r)$ 的声明以不可忽略的概率保持一致，则 Z 接近于一个低次多项式 Y，即对于大部分的 $r'\in\mathbb{F}^k$，都有 $Y(r')=Z(r')$。由于 $h_{x,y,Y}$ 是低次的，因此稍微调整 sum-check 协议的可靠性分析可以得出 $h_{x,y,Y}$ 满足等式 (8.1)，从而 Y 是 $\{C,x,y\}$ 的正确脚本的扩展。

评注 8.2　低次测试只能保证函数 Z 接近而不是精确等于一个低次多项式，这大幅复杂化了 MIP 的可靠性分析。在从 MIP 派生的（单个证明者）简洁论证中，第二个证明者可以被一个多项式承诺方案所替代，该方案确保 Z 精确等于一个多线性多项式，这样就避免了这种复杂性。我们在 10.4.2 节、10.5 节和第 14 章中介绍了这样的多项式承诺方

① 实际上，Blumberg 等人在文献[61]中使用了一种不同的低次测试，称为点与平面测试，这会导致证明和 $\mathcal{P}_2$ 的运行时间在渐近意义下更大。他们做出这个选择是因为点与线测试的已知可靠性分析涉及巨大的常数因子，因此只能在不实用的大域上获得较好的可靠性。已知的点与平面测试的常数因子更为合理[195]，从而使得在 MIP 协议[61]中使用合理大小的域成为可能。

案。因此，对于那些主要关心简洁论证而不是 MIP 本身的读者来说，可以跳过 8.2.1.4 节的详细可靠性分析。

相同的复杂性也出现在第 7 章中。因为在那一章给出的多项式承诺方案使用了低次测试，所以证明者只是被绑定到一个接近低次多项式的函数。

检查多项式在指定子空间上是否为零的重要性　检查多项式在指定子空间上归零的问题在许多 MIP 和 PCP 中起着核心作用。有时这个问题被称为检查一个归零的 Reed-Solomon 或 ReedMuller 码[50]。这个问题在本书中还会出现几次，包括在第 9 章、第 10 章和第 17 章中描述的最先进的 PCP、IOP 和线性 PCP 中。不同之处在于，在后面章节的 PCP、IOP 和线性 PCP 中，多项式 $g_{x,y,Z}$ 是单变量的，而不是像本节考虑的是 $(3\log S)$ 个变量。

和 GKR 协议比较　GKR 协议逐层验证 $\mathcal{C}(x,w)=y$ 的声明，$\mathcal{C}$ 中每一层都需要一个不同的 sum-check 协议的实例，但本节的 MIP 协议通过单次 sum-check 协议一次性验证整个电路。GKR 协议必须逐层检查的原因是验证者从不具体化电路的中间门，因此必须强制证明者对输入（的多线性扩展）做出声称。在多证明者场景中，这是不必要的：在 MIP 中，$\mathcal{P}_1$ 对于整个脚本的扩展 Z 做出声明。因为第二个证明者可以提供帮助，$\mathcal{V}$ 不能独立验证这个声称并没有关系。

8.2.1.3　协议细节

符号　令 add，mult：$\{0,1\}^{3k}\to\{0,1\}$ 表示将三个门编号 (a,b,c) 作为输入的函数，并且当且仅当门 a 将门 b 和门 c 的输出相加（或相乘）时输出 1。尽管 GKR 协议对于 $\mathcal{C}$ 的每一层都有单独的函数 add_i 和 mult_i，但本节的 MIP 一次性给出了 $\mathcal{C}$ 的全部算术化。我们还添加了第三种在 GKR 协议中没有的布线谓词：设 io：$\{0,1\}^{3k}\to\{0,1\}$ 表示当门 a 是来自显式输入 x 或输出门，并且门 b 和门 c 是 a 的两个入邻时（输入门的入邻为 $b=c=\mathbf{0}$），返回 1。

注意，add、mult 和 io 不依赖于输入 x 和输出 y。在 MIP 中发挥作用的最终函数确实依赖于 x 和声明的 y。定义 $I_{x,y}$：$\{0,1\}^k\to\mathbb{F}$，使得如果 a 是输入门编号，则 $I_{x,y}(a)=x_a$，如果 a 是输出门的编号，则 $I_{x,y}(a)=y_a$，否则 $I_{x,y}(a)=0$。

引理 8.2　对于定义如下的 $G_{x,y,W}(a,b,c)$：$\{0,1\}^{3k}\to\mathbb{F}$，当且仅当 W 是 $\{\mathcal{C},x,y\}$ 的正确脚本时，对于所有 $(a,b,c)\in\{0,1\}^{3k}$ 都有 $G_{x,y,W}(a,b,c)=0$：

$$G_{x,y,W}(a,b,c)=\text{io}(a,b,c)\cdot(I_{x,y}(a)-W(a))+\text{add}(a,b,c)\cdot(W(a)-(W(b)+W(c)))+\text{mult}(a,b,c)\cdot(W(a)-W(b)\cdot W(c))$$

证明：如果 W 不是正确的脚本，则有以下五种情况：

1. 假设 $a\in\{0,1\}^k$ 是一个输入门的编号。如果 $W(a)\neq x_a$，则 $G_{x,y,W}(a,0,0)=I_{x,y}(a)-W(a)=x_a-W(a)\neq 0$。
2. 假设 $a\in\{0,1\}^k$ 是一个非输出的加法门，入邻分别是 b 和 c。如果 $W(a)\neq W(b)+W(c)$，则 $G_{x,y,W}(a,b,c)=W(a)-(W(b)+W(c))\neq 0$。
3. 假设 $a\in\{0,1\}^k$ 是一个非输出的乘法门，入邻分别是 b 和 c。如果 $W(a)\neq W(b)\cdot W(c)$，则 $G_{x,y,W}(a,b,c)=W(a)-(W(b)\cdot W(c))\neq 0$。
4. 假设 $a\in\{0,1\}^k$ 是一个输出的加法门，入邻分别是 b 和 c。如果 $y_a\neq W(b)+W(c)$，则 $G_{x,y,W}(a,b,c)=I_{x,y}(a)-W(a)+(W(a)-(W(b)+W(c)))=y_a-(W(b)+W(c))\neq 0$。
5. 假设 $a\in\{0,1\}^k$ 是一个输出的乘法门，入邻分别是 b 和 c。如果 $y_a\neq W(b)\cdot W(c)$，则 $G_{x,y,W}(a,b,c)=I_{x,y}(a)-W(a)+(W(a)-(W(b)\cdot W(c)))=y_a-(W(b)\cdot W(c))\neq 0$。

另外，如果 W 是正确的脚本，则从 $G_{x,y,W}$ 的定义可以立即得出：对于所有的 $(a,b,c)\in\{0,1\}^{3k}$，都有 $G_{x,y,W}(a,b,c)=0$。 □

对于任意一个多项式 $Z:\mathbb{F}^k\to\mathbb{F}$，定义一个相关的多项式：

$$g_{x,y,Z}(a,b,c)=\widetilde{\text{io}}(a,b,c)\cdot(\tilde{\text{I}}_{x,y}(a)-Z(a))+\widetilde{\text{add}}(a,b,c)\cdot(Z(a)-(Z(b)+Z(c)))+\widetilde{\text{mult}}(a,b,c)\cdot(Z(a)-Z(b)\cdot Z(c))$$

由引理 8.2 可得出，当且仅当 $g_{x,y,Z}$ 在布尔超立方体上取零时，Z 是正确脚本 W 的扩展。现在定义一个多项式 $h_{x,y,Z}$，使得当且仅当 $\sum_{u\in\{0,1\}^{3k}} h_{x,y,Z}(u)=0$ 时，$g_{x,y,Z}$ 在布尔超立方体上取零。

定义 $h_{x,y,Z}$ 和 4.6.7.1 节中的引理 4.7 一样，令函数 $\beta_{3k}(a,b):\{0,1\}^{3k}\times\{0,1\}^{3k}\to\{0,1\}$ 在 $a=b$ 时值为 1，并在其他情况下值为 0。正式的多项式定义如下：

$$\tilde{\beta}_{3k}(a,b)=\prod_{j=1}^{3k}((1-a_j)(1-b_j)+a_jb_j)$$

可以轻松验证 $\tilde{\beta}_{3k}$ 是 β_{3k} 的多线性扩展。事实上，$\tilde{\beta}_{3k}$ 是一个多线性多项式，并且对于 $a,b\in\{0,1\}^{3k}$，很容易验证，当且仅当 a 和 b 的每一位都相等时，$\tilde{\beta}_{3k}(a,b)=1$。

考虑多项式

$$p(X):=\sum_{u\in\{0,1\}^{3k}}\tilde{\beta}_{3k}(X,u)\cdot g_{x,y,Z}(u)$$

显然，因为 $\tilde{\beta}$ 是多线性的，所以 p 也是多线性的，并且当且仅当 $g_{x,y,Z}$ 在 $\{0,1\}^{3k}$ 中的所有输入处取零时，p 在 $\{0,1\}^{3k}$ 中的所有输入处取零。由于域 $\{0,1\}^{3k}$ 上的多线性扩展是唯一的，这意味着当且仅当 $g_{x,y,Z}$ 在 $\{0,1\}^{3k}$ 中的所有输入处取零时，p 是恒为零的多项式。为

了验证 p 确实是全零多项式，验证者只需随机选择一个输入 $r\in\mathbb{F}^{3k}$ 并确认 $p(r)=0$，因为如果 p 是总次数不超过 d 的非零多项式，Schwartz-Zippel 引理意味着 $p(r)$ 为零的概率至多为 $d/|\mathbb{F}|$。

因此，我们定义

$$h_{x,y,Z}(Y):=\tilde{\beta}_{3k}(r,Y)\cdot g_{x,y,Z}(Y) \tag{8.2}$$

这个定义确保 $p(r)=\sum_{u\in\{0,1\}^{3k}} h_{x,y,Z}(u)$。

总之，在 MIP 中，$\mathcal{V}$ 从集合 $\mathbb{F}^{3k}$ 中随机选择 r，根据等式(8.2)定义 $h_{x,y,Z}$，并且只要满足如下等式，$\mathcal{V}$ 就会相信 Z 扩展了 $\{\mathcal{C},x,y\}$ 的正确脚本：

$$0=\sum_{u\in\{0,1\}^{3k}} h_{x,y,Z}(u)$$

更正式地说，如果 $g_{x,y,Z}$ 的总次数至多为 d，则在随机选择 r 的情况下，如果 $g_{x,y,Z}$ 在布尔超立方体上不取零，则 $\sum_{u\in\{0,1\}^{3k}} h_{x,y,Z}(u)\neq 0$ 的概率至少为 $1-(d+1)/|\mathbb{F}|$。简单起见，接下来的部分将忽略这一步骤的 $(d+1)/|\mathbb{F}|$ 概率的误差（$(d+1)/|\mathbb{F}|$ 可以纳入整个 MIP 的可靠性误差中）。

对 $h_{x,y,Z}$ 应用 sum-check 协议　$\mathcal{V}$ 对 $h_{x,y,Z}$ 应用 sum-check 协议，其中 $\mathcal{P}_1$ 在此协议中扮演证明者的角色。为了执行该协议的最终检查，$\mathcal{V}$ 需要在随机点 $r\in\mathbb{F}^{3k}$ 对 $h_{x,y,Z}$ 求值。先让 r_1、r_2、r_3 表示 r 的第一、第二和第三个 k 项，然后对 $h_{x,y,Z}(r)$ 求值需要先对 $K_q(r)$、$\widetilde{\text{io}}(r)$、$\widetilde{\text{add}}(r)$、$\widetilde{\text{mult}}(r)$、$\tilde{\text{I}}_{x,y}(r_1)$、$Z(r_1)$、$Z(r_2)$ 和 $Z(r_3)$ 求值。假设 $\widetilde{\text{add}}$ 和 $\widetilde{\text{mult}}$ 可以在 $O(\log(T))$ 的时间内计算(更多关于这一假设的讨论见 4.6.6 节)，则 $\mathcal{V}$ 可以在不需要帮助的情况下在该时间限制内计算前五个值。然而，$\mathcal{V}$ 无法在没有帮助的情况下对 $Z(r_1)$、$Z(r_2)$ 或 $Z(r_3)$ 求值，因为 $\mathcal{V}$ 不知道 Z。为了解决这个问题，验证者首先使用 4.5.2 节中的技术将 Z 在 r_1、r_2 和 r_3 三个点处求值，归约为在单个点 $r_4\in\mathbb{F}^k$ 上 Z 的求值。这种归约迫使 $\mathcal{P}_1$ 对 $Z(r_4)$ 的值做出声明。不幸的是，$\mathcal{V}$ 不知道 Z，因此无法在没有其他帮助的情况下对 $Z(r_4)$ 求值。为了获取 $Z(r_4)$ 的求值，$\mathcal{V}$ 求助于 $\mathcal{P}_2$。

低次测试　$\mathcal{V}$ 将 $\mathbb{F}^k$ 中一个通过 r_4 的随机线 Q 发送给 $\mathcal{P}_2$，要求 $\mathcal{P}_2$ 回复一个最高次数为 k 的单变量多项式，声称这个多项式等于 Z 在 Q 线上的限制。请注意，$\mathcal{P}_2$ 不知道在 Q 线上的 $|\mathbb{F}|$ 个点中哪个点等于 r_4。由于 r_4 在 Q 上，$\mathcal{P}_2$ 的回复隐含地指定了 $Z(r_4)$ 的值。如果这个值等于 $\mathcal{P}_1$ 声称的值，则 $\mathcal{V}$ 就接受；否则就拒绝。

8.2.1.4　MIP 可靠性分析

定理 8.1　假设 $\mathcal{P}_1$ 和 $\mathcal{P}_2$ 让 MIP 验证者以概率 $\gamma>0.5+\varepsilon$ 接受，其中 $\varepsilon=\Omega(1)$，那么存在

某个多项式 Y,使得 $h_{x,y,Y}$ 满足等式(8.1)。

详细概述 令 Z^* 表示一个函数,在输入 r_4 处,输出 $\mathcal{P}_1$ 声称的 $Z(r_4)$[①]。如果 $\mathcal{P}_1$ 和 $\mathcal{P}_2$ 以至少 γ 的概率通过低次测试,已知的低次测试的分析保证,如果在一个足够大的有限域 $\mathbb{F}$ 上操作,存在某个总次数至多为 k 的多项式 Y,使得 Z^* 和 Y 在 $p \geqslant \gamma - o(1)$ 比例的点上一致。由于 Y 的总次数至多为 k,因此 $h_{x,y,Y}$ 的总次数至多为 $6k$。

假设 $h_{x,y,Y}$ 不满足等式(8.1),对 $h_{x,y,Y}$ 应用 sum-check 协议时,如果 $\mathcal{P}_1$ 的第 i 轮未按照协议发送消息,则称 $\mathcal{P}_1$ 在第 i 轮中作弊。sum-check 协议的可靠性分析(4.1 节)意味着,如果 $\mathcal{P}_1$ 虚假地声称 $h_{x,y,Y}$ 满足等式(8.1),则至少有 $1-(3k)\cdot(6k)/|\mathbb{F}|=1-o(1)$ 的概率,$\mathcal{P}_1$ 被迫在 sum-check 协议中的所有轮包括最后一轮作弊。这意味着在最后一轮中,$\mathcal{P}_1$ 发送的消息与多项式 Y 不一致。如果 $\mathcal{P}_1$ 确实在最后一轮中作弊,则验证者会拒绝,除非在协议的最终检查中,验证者最后选择了一个在 $\mathbb{F}^{3k}$ 中的随机点,其上 $h_{x,y,Y}$ 和 h_{x,y,Z^*} 不一致。只有当 $\mathcal{V}$ 在低次测试中选择了一个点 $r_4 \in \mathbb{F}^k$ 使得 $Y(r_4) \neq Z(r_4)$ 时,上述情况才会发生。但这只会以概率 $1-p=1-\gamma+o(1)$ 发生。总之,$\mathcal{P}_1$ 通过所有测试的概率最大为 $1-\gamma+o(1)$。如果 $\gamma > \frac{1}{2}$,则与 $\mathcal{P}_1$ 和 $\mathcal{P}_2$ 说服 MIP 验证者以至少 γ 的概率接受的事实相矛盾。 □

回忆一下,如果 $h_{x,y,Y}$ 满足公式(8.1),那么 $g_{x,y,Y}$ 在布尔超立方体上取零,因此 Y 是 $\{C,x,y\}$ 的正确脚本的扩展。因此,定理 8.1 表明,如果 MIP 验证者的接受概率 $\gamma > \frac{1}{2}$,则存在 $\{C,x,y\}$ 的正确脚本。

尽管可以通过 $O(1)$ 次独立重复 MIP 将可靠性误差从 $\frac{1}{2}+o(1)$ 减小到任意小的常数,但这在实践应用中非常昂贵。幸运的是,可以进行更仔细的可靠性分析,无须重复,证明 MIP 的可靠性误差为 $o(1)$。

定理 8.1 中可靠性误差不低于 $\frac{1}{2}$ 的症结在于,如果证明者通过低次检验的概率为 $\gamma < \frac{1}{2}$,那么只能保证存在一个与 Z 在 γ 比例点上一致的多项式 Y。验证者将在随机点 r 处进行 sum-check 协议,其上 Y 和 Z 的不一致概率为 $1-\gamma > \frac{1}{2}$,在这种情况下,一切都变得不确定了。

更强分析的关键是使用低次测试的更强保证,即列表解码保证(list-decoding guarantee)。

① 原则上,$\mathcal{P}_1$ 声称的 $Z(r_4)$ 可能依赖于 $\mathcal{V}$ 发送给 $\mathcal{P}_1$ 的其他消息,即 r_1、r_2 和 r_3。但是,这样做并不能帮助 $\mathcal{P}_1$ 通过验证者的检查。为了简洁起见,在我们的详细概述中,假设 $\mathcal{P}_1$ 对于 $Z(r_4)$ 的声明仅依赖于 r_4。

粗略地说，列表解码保证确保，如果预言机通过低次测试的概率为 γ，则存在"小"部分的低次多项式 $Q_1, Q_2, \cdots$，"解释"了几乎所有测试者的接受，从某种意义上说，在低次测试通过的几乎所有点 r 上，$Z^*(r)$ 至少与一个 $Q_i(r)$ 相同。这允许人们争辩说，即使证明者通过低次检验的概率只有 $\gamma < \frac{1}{2}$，sum-check 协议仍然会以非常接近 1 的概率识别 $\mathcal{P}_1$ 作弊。对于每个多项式 Q_i，如果 $\mathcal{P}_1$ 在与 $\mathcal{V}$ 的交互结束时声称 $Z(r_4) = Q_i(r_4)$，那么 $\mathcal{P}_1$ 通过验证者的所有检查的概率可以忽略不计。且由于 Q_i 的数量很少，所有 Q_i 的并集上界表明，$\mathcal{P}_1$ 通过验证者的所有检查并能够声称 $Z(r_4) = Q_i(r_4)$（对于某个 Q_i）的概率仍然可以忽略不计。同时，如果 $\mathcal{P}_1$ 没有声称 $Z(r_4) = Q_i(r_4)$（对于某个 Q_i），低次测试的列表解码保证表明，除了极小的概率，证明者将不会通过低次测试。

8.2.1.5　协议开销

验证者开销　$\mathcal{V}$ 和 $\mathcal{P}_1$ 对于 $h_{x,y,Z}$ 的每个变量交换两条消息，而 $\mathcal{P}_2$ 与 $\mathcal{V}$ 总共交换两条消息，总共的消息数是 $O(\log S)$。$\mathcal{P}_1$ 的每条消息是一个 $O(1)$ 次的多项式，而 $\mathcal{P}_2$ 的消息是一个总次数为 $O(\log S)$ 的单变量多项式。总体而言，所有的消息可以使用 $O(\log S)$ 个有限域元素来指定。至于 $\mathcal{V}$ 的运行时间，验证者必须处理证明者的消息，然后执行 sum-check 协议中的最后一项检查，即他必须在随机点上对 $\widetilde{\text{add}}$、$\widetilde{\text{mult}}$、$\widetilde{\text{io}}$ 和 $\tilde{I}$ 进行求值。验证者需要 $O(\log S)$ 的时间来处理证明者的消息，引理 3.4 表明，$\mathcal{V}$ 可以在 $O(n)$ 时间内在随机点对 $\tilde{I}$ 求值。在这里我们假设 $\widetilde{\text{add}}$、$\widetilde{\text{mult}}$ 和 $\widetilde{\text{io}}$ 也可以在 $\text{poly}(\log S)$ 时间内对随机点进行求值。

证明者开销　Blumberg 等人在文献[61]中表明，使用 GKR 协议中用于实现证明者的技术（详见 4.6 节），特别是其中的方法 2，可以在 $O(S\log S)$ 的时间内实现 $\mathcal{P}_1$。实际上，使用更先进的技术，可以在 $O(S)$ 的时间内实现第一个证明者。$\mathcal{P}_2$ 需要指定 $\widetilde{W} \circ Q$，其中 Q 是 $\mathbb{F}^k$ 中的一条随机线。由于 $\widetilde{W} \circ Q$ 是一个 $\log S$ 次的单变量多项式，因此 $\mathcal{P}_2$ 只需要在 Q 线上对 $\widetilde{W}$ 的 $(1+\log S)$ 个点求值即可。使用引理 3.4，每个点可以在 $O(S)$ 的时间内完成求值，总运行时间为 $O(S\log S)$。

8.3　深度电路的简洁论证

采用任何多项式承诺方案，前面章节的 MIP 可以转化为深而窄的算术电路的简洁论证[①]。具体来说，我们可以去掉第二个证明者，而是让第一个证明者在协议开始时就对 $\widetilde{W}$

① 这个多项式承诺方案除了绑定性外，还应具备可提取性，详见 7.4 节。

进行承诺。在上述 MIP 中，当验证者与第一个证明者交互结束时，第一个证明者会对 $\widetilde{W}(r_4)$进行声明，验证者通过多项式承诺协议直接要求证明者揭示以核实该声明的正确性。

这个简洁论证相对于第 7 章直接基于 GKR 协议的简洁论证具有优势：即使对于深且窄的电路，基于前一节的 MIP 的证明也是简洁的，其验证者几乎是线性时间的。事实上，基于 MIP 的论证系统的证明长度缩短了差不多电路深度大小的因子，即使深度很小，这也可能是一种显著的节省。

前面章节的论证系统的缺点是它对整个脚本扩展 $\widetilde{W}: \mathbb{F}^{\log|\mathcal{C}|} \to \mathbb{F}$ 应用多项式承诺方案，而第 7 章中的论证系统仅对证据的多线性扩展 $\widetilde{w}$ 进行多项式承诺。如果证据的大小 $|w|$ 比电路大小 $|\mathcal{C}|$ 小很多的话，$\widetilde{w}$ 承诺的开销比对 $\widetilde{W}$ 承诺的开销小得多。

在使用多项式承诺方案的论证系统中，现有的多项式承诺方案仍然是证明者和验证者的具体瓶颈[226]。由于证据 w 可能比电路$\mathcal{C}$小得多，将多项式承诺方案应用于 $\widetilde{w}$ 可能比将其应用于 $\widetilde{W}$ 明显更省（如果证据仅占电路总门数的一小部分）。此外，我们已经看到在简洁论证的背景下，浅而宽的电路是“通用”的，因为任何运行时间为 T 的 RAM 都可以转化为接近 T 大小且深度接近 $O(\log T)$的算术电路可满足性实例。总之，哪种方法在实际应用中产生更好的电路可满足性论证系统取决于许多因素，包括证据大小、电路深度、证明长度与其他协议成本的相对重要性等。

评注 8.3 Bitansky 和 Chiesa[55]给出了一种将 MIP 转换为简洁论证的不同方法，但他们的转换使用多层全同态加密，使其非常不实用。与本节中的 MIP 到论证的转换不同，Bitansky 和 Chiesa 的转换适用于任意 MIP。本节中的转换利用了特定 MIP 的额外结构，特别是第二个证明者在 MIP 中的唯一目的是运行低次测试。在简洁论证的情况下，第二个证明者所扮演的这个角色可以用多项式承诺方案来替代。总之，尽管 Bitansky 和 Chiesa 从 MIP 到论证的转换更为通用（适用于任意 MIP），而不仅仅是那些第二个证明者仅用于运行低次测试的 MIP，但它比本节中的转换效率要低得多。

8.4 从电路-SAT 到 R1CS-SAT 的扩展

第 6 章介绍了将计算机程序转化为等效的算术电路可满足性实例的技术，第 7 章和本章提供了算术电路可满足性的简洁非交互式论证。算术电路可满足性是中间表示的一个例子，中间表示指的是任何可直接应用交互式证明或论证系统的计算模型。

在实践中，一个相关的中间表示法非常受欢迎且方便，叫作秩-1 约束系统（Rank-1 Constraint System，R1CS）实例。一个 R1CS 实例由 3 个 $m \times n$ 的矩阵 $\boldsymbol{A}$、$\boldsymbol{B}$、$\boldsymbol{C}$ 组成，矩阵中的元素都是 $\mathbb{F}$ 上的元素。一个 R1CS 实例是可满足的，当前仅当存在一个向量 $\boldsymbol{z} \in \mathbb{F}^n (z_1 = 1)$满足等式

$$(\boldsymbol{A}\cdot z)\circ(\boldsymbol{B}\cdot z)=\boldsymbol{C}\cdot z \tag{8.3}$$

这里，$\cdot$ 代表矩阵-向量的乘积，$\circ$ 表示逐元素(也叫 Hadamard)乘积。满足等式(8.3)的任意向量 z 类似于算术电路可满足性上下文中“正确脚本”的概念(参见 8.2.1.1 节)。我们要求向量 z 的第一个元素 z_1 被固定为 1，否则全零向量显然会满足任何 R1CS 实例，也为确保电路-SAT 转换到 R1CS-SAT 是高效的(详见 8.4.1 节)。

8.4.1　R1CS-SAT 和算术电路-SAT 的关系

R1CS-SAT 可以被看作是算术电路可满足性的一般化。具体来说，任何算术电路可满足性实例都可以被有效地转化为 R1CS-SAT 实例。在转化后的 R1CS 实例中，矩阵的行数和列数与 $\mathcal{C}$ 中的门数量成比例，而任何行中的非零条目数量受限于电路 $\mathcal{C}$ 的扇入数量。对于门扇入为 2 的电路，这意味着等效的 R1CS-SAT 实例是稀疏的，因此我们最终将寻求协议，其证明者的运行时间与这些矩阵中的非零条目数成比例。

考虑一个算术电路-SAT 实例 $\{\mathcal{C},x,y\}$，即证明者想要说服验证者存在一个 w，使得 $\mathcal{C}(x,w)=y$。我们需要构造矩阵 $\boldsymbol{A}$、$\boldsymbol{B}$、$\boldsymbol{C}$，使得存在一个向量 z，当且仅当上述语句为真时，等式(8.3)成立。

令 N 为 $\mathcal{C}$ 中门的数量，$N=|c|+|x|+|w|$。这里，$\mathcal{C}$ 的门不包括公开输入 x 和非确定性输入 w。因此，一个长度为 N 的向量由 x 和 w 的每个条目以及 $\mathcal{C}$ 的每个门组成。

R1CS-SAT 实例针对公开输入 x 的每个条目都有一个约束条件，对于 w 的每个条目则不约束，对于每个内部(即非输出)门有一个约束条件，对于每个输出门则有两个约束条件(一个刻画了门的操作，一个刻画了门的输出等于声称的输出值)。因此，R1CS-SAT 实例将由 3 个 $m\times(n+1)$ 的矩阵 $\boldsymbol{A}$、$\boldsymbol{B}$ 和 $\boldsymbol{C}$ 组成，其中 $m=n-|w|+|y|$。我们将固定向量 z 的第一个条目 z_1 为 1，将 z 的每个剩余条目与 x 或 w 的一个条目，或 $\mathcal{C}$ 的一个门关联起来。

对于 z 的第 j 个条目对应于 x_i 的条目，我们定义矩阵 $\boldsymbol{A}$、$\boldsymbol{B}$、$\boldsymbol{C}$ 的第 j 行以刻画 z_j 必须等于 x_i 的约束条件。也就是说，我们将 $\boldsymbol{A}$ 的第 j 行设为标准基向量 $\boldsymbol{e}_1\in\mathbb{F}^{N+1}$，将 $\boldsymbol{B}$ 的第 j 行设为标准基向量 $\boldsymbol{e}_j\in\mathbb{F}^{N+1}$，将 $\boldsymbol{C}$ 的第 j 行设为 $x_i\cdot\boldsymbol{e}_1$。这意味着 R1CS 系统中的第 j 个约束条件要求 $z_j-x_i=0$，这等价于要求 $z_j=x_i$。

我们为 z 的每个 y 的元素对应添加一个类似的约束。对于 z 中对应于 $\mathcal{C}$ 的一个加法门的元素 j(其入邻的索引为 $j',j''\in\{2,\cdots,N+1\}$)，我们定义 $\boldsymbol{A}$、$\boldsymbol{B}$、$\boldsymbol{C}$ 的第 j 行以刻画 z_j 必须等于该加法门的两个输入之和的约束。也就是说，我们将 $\boldsymbol{A}$ 的第 j 行设置为标准基向量 $\boldsymbol{e}_1\in\mathbb{F}^{N+1}$，将 $\boldsymbol{B}$ 的第 j 行设置为 $\boldsymbol{e}_{j'}+\boldsymbol{e}_{j''}\in\mathbb{F}^{N+1}$，将 $\boldsymbol{C}$ 的第 j 行设置为 $\boldsymbol{e}_j$。这意味着 R1CS 系统中的第 j 个约束条件要求 $(z_{j'}+z_{j''})-z_j=0$，等价于要求 $z_j=z_{j'}+z_{j''}$。

最后，对于 z 中对应于 $\mathcal{C}$ 的一个乘法门的元素 j(输入索引为 $j',j''\in\{2,\cdots,N+1\}$)，我们定义 $\boldsymbol{A}$、$\boldsymbol{B}$、$\boldsymbol{C}$ 的第 j 行以刻画 z_j 必须等于该门的两个输入之积的约束。也就是说，我

们将 $\boldsymbol{A}$ 的第 j 行设置为标准基向量 $\boldsymbol{e}_{j'} \in \mathbb{F}^{N+1}$，将 $\boldsymbol{B}$ 的第 j 行设置为标准基向量 $\boldsymbol{e}_{j''} \in \mathbb{F}^{N+1}$，将 $\boldsymbol{C}$ 的第 j 行设置为 $\boldsymbol{e}_j$。这意味着 R1CS 系统中的第 j 个约束条件要求 $(z_{j'} \cdot z_{j''}) - z_j = 0$，等价于要求 $z_j = z_{j'} \cdot z_{j''}$。

图 8.2 是一个示例电路和由上述变换得到的 R1CS 实例。

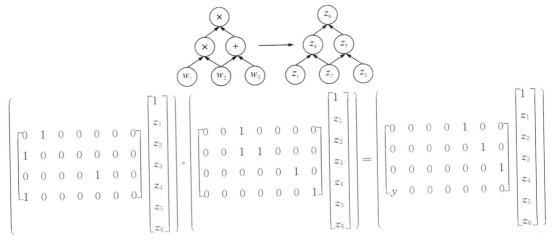

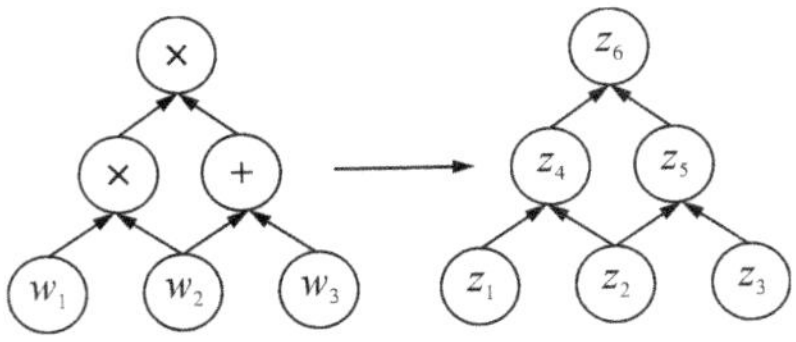

$$\left(\begin{bmatrix} 0 & 1 & 0 & 0 & 0 & 0 & 0 \\ 1 & 0 & 0 & 0 & 0 & 0 & 0 \\ 0 & 0 & 0 & 0 & 1 & 0 & 0 \\ 1 & 0 & 0 & 0 & 0 & 0 & 0 \end{bmatrix} \begin{bmatrix} 1 \\ z_1 \\ z_2 \\ z_3 \\ z_4 \\ z_5 \\ z_6 \end{bmatrix}\right) \circ \left(\begin{bmatrix} 0 & 0 & 1 & 0 & 0 & 0 & 0 \\ 0 & 0 & 1 & 1 & 0 & 0 & 0 \\ 0 & 0 & 0 & 0 & 0 & 1 & 0 \\ 0 & 0 & 0 & 0 & 0 & 0 & 1 \end{bmatrix} \begin{bmatrix} 1 \\ z_1 \\ z_2 \\ z_3 \\ z_4 \\ z_5 \\ z_6 \end{bmatrix}\right) = \left(\begin{bmatrix} 0 & 0 & 0 & 0 & 1 & 0 & 0 \\ 0 & 0 & 0 & 0 & 0 & 1 & 0 \\ 0 & 0 & 0 & 0 & 0 & 0 & 1 \\ y & 0 & 0 & 0 & 0 & 0 & 0 \end{bmatrix} \begin{bmatrix} 1 \\ z_1 \\ z_2 \\ z_3 \\ z_4 \\ z_5 \\ z_6 \end{bmatrix}\right)$$

相应地，

$$z_1 \cdot z_2 = z_4$$
$$1 \cdot (z_2 + z_3) = z_5$$
$$z_4 \cdot z_5 = z_6$$
$$1 \cdot z_6 = y$$

图 8.2 算术电路以及相应的 R1CS 实例

8.4.2 R1CS-SAT 的 MIP

如文献[226]中所观察的那样，我们可以应用本章的思想给出用于 R1CS 实例的 MIP 和相关的简洁论证。和 4.3 节及 4.4 节一样，自然地将矩阵 $\boldsymbol{A}$、$\boldsymbol{B}$、$\boldsymbol{C}$ 视为函数 $f_{\boldsymbol{A}}, f_{\boldsymbol{B}}, f_{\boldsymbol{C}}: \{0,1\}^{\log_2 m} \times \{0,1\}^{\log_2 n} \to \mathbb{F}$。就像本章的 MIP（8.2.1.2 节）一样，证明者声明持有一个扩展多项式 Z，它是 R1CS 实例正确脚本 z 的扩展。观察到，多项式 $Z: \mathbb{F}^{\log_2 m} \times \mathbb{F}^{\log_2 n} \to \mathbb{F}$ 扩展了 R1CS 实例的正确脚本 z，当且仅当如果对于所有的 $a \in \{0,1\}^{\log_2 m}$，以下等式成立：

$$\left(\sum_{b \in \{0,1\}^{\log_2 n}} \tilde{f}_{\boldsymbol{A}}(a,b) \cdot Z(b)\right) \cdot \left(\sum_{b \in \{0,1\}^{\log_2 n}} \tilde{f}_{\boldsymbol{B}}(a,b) \cdot Z(b)\right) - \left(\sum_{b \in \{0,1\}^{\log_2 n}} \tilde{f}_{\boldsymbol{C}}(a,b) \cdot Z(b)\right) = 0 \tag{8.4}$$

令 g_Z 代表 $(\log_2 m)$ 个变量的多项式

$$g_Z(X) = \left(\sum_{b \in \{0,1\}^{\log_2 n}} \tilde{f}_{\boldsymbol{A}}(X,b) \cdot Z(b)\right) \cdot \left(\sum_{b \in \{0,1\}^{\log_2 n}} \tilde{f}_{\boldsymbol{B}}(X,b) \cdot Z(b)\right) -$$

$$\left(\sum_{b\in\{0,1\}^{\log_2 n}} \widetilde{f}_C(X,b)\cdot Z(b)\right) \tag{8.5}$$

这个多项式中每个变量的次数最大为 2(即它是多二次的),并且等式(8.4)成立当且仅当 g_Z 在$\{0,1\}^{\log_2 m}$的所有输入上取零。

类似于 8.2.1.3 节,我们得到了一个 MIP 来检查 g_Z 在布尔超立方体上是否取零。具体来说,我们可以通过随机选择点 $r\in\{0,1\}^{\log_2 m}$,定义一个相关的类似于公式(8.2)的多项式 h_Z,即

$$h_Z(Y)=\widetilde{\beta}_{\log_2 m}(r,Y)\cdot g_Z(Y)$$

根据等式(8.2)的推理以及 Schwartz-Zippel 引理,除了可忽略的可靠性误差(最大为 $\log_2(m)/|\mathbb{F}|$)外,g_Z 在布尔超立方体上取零,当且仅当

$$\sum_{a\in\{0,1\}^{\log_2 m}} h_Z(a)=0$$

验证者可以对如下的多项式应用 sum-check 协议计算上述表达式的值:

$$h_Z(Y)=\widetilde{\beta}_{\log_2 m}(r,Y)\cdot g_Z(Y)$$

对多项式 $h_Z(Y)$应用 sum-check 协议后,验证者需要对多项式 $h_Z(Y)$在随机点 $r'\in\mathbb{F}^{\log_2 m}$处求值。为了对 $h_Z(r')$求值,验证者只需对 $\widetilde{\beta}_{\log_2 m}(r,r')$和 $g_Z(r')$求值即可。利用等式(4.19),验证者可以在 $O(\log_2 m)$次运算内获取前一个值。验证者自己无法对$g_Z(r')$进行高效地求值,不过根据定义(等式(8.5)),$g_Z(r')$的求值公式和如下的表达式相等:

$$\left(\sum_{b\in\{0,1\}^{\log_2 n}} \widetilde{f}_A(r',b)\cdot Z(b)\right)\cdot\left(\sum_{b\in\{0,1\}^{\log_2 n}} \widetilde{f}_B(r',b)\cdot Z(b)\right)-\left(\sum_{b\in\{0,1\}^{\log_2 n}} \widetilde{f}_C(r',b)\cdot Z(b)\right) \tag{8.6}$$

这意味着为了计算 $g_Z(r')$,再次对如下的三个$(\log_2 n)$-变量的多项式应用 sum-check 协议即可:

$$p_1(X)=\widetilde{f}_A(r',X)\cdot Z(X)$$
$$p_2(X)=\widetilde{f}_B(r',X)\cdot Z(X)$$
$$p_3(X)=\widetilde{f}_C(r',X)\cdot Z(X)$$

这是因为对多项式 $p_1(X)$应用 sum-check 协议可以计算

$$\left(\sum_{b\in\{0,1\}^{\log_2 n}} \widetilde{f}_A(r',b)\cdot Z(b)\right)$$

同样地,对 p_2 和 p_3 应用 sum-check 协议可以计算等式(8.6)中剩余的两个值。作为一种具体的优化手段,可以并行执行三次 sum-check 协议,每次使用相同的随机数。

在这三个 sum-check 协议的结尾,验证者需要在随机输入 r''上对 p_1、p_2、p_3 多项式求值。为了实现这一点,验证者只需对 $\widetilde{f}_A(r',r'')$,$\widetilde{f}_B(r',r'')$,$\widetilde{f}_C(r',r'')$和 $Z(r'')$求值即可。此时,情况与 8.2.1.3 节中算术电路-SAT 的 MIP 完全类似,其中 $\widetilde{f}_A$、$\widetilde{f}_B$ 和 $\widetilde{f}_C$ 扮演“布线谓词”$\widetilde{\mathrm{add}}$和$\widetilde{\mathrm{mult}}$的角色。也就是说,在许多 R1CS 系统中,验证者可以在无须其他帮助

的情况下在对数时间内对 $\widetilde{f}_{\boldsymbol{A}}$、$\widetilde{f}_{\boldsymbol{B}}$ 和 $\widetilde{f}_{\boldsymbol{C}}$ 求值，并且通过低次测试从第二个证明者获得 $Z(r'')$。

我们声称，如果已知一个满足 R1CS 实例的 $\boldsymbol{z}\in\mathbb{F}^n$，则第一个证明者的执行时间可以与矩阵 $\boldsymbol{A}$、$\boldsymbol{B}$ 和 $\boldsymbol{C}$ 的非零元素数 K 成比例。在这里，我们假设这个数字至少为 $(n+m)$，即矩阵没有任何行或列全为零。

我们首先说明在 MIP 的第一次多项式 $h_Z(Y)$ 的 sum-check 协议调用中，证明者可以在与 $\boldsymbol{A}$、$\boldsymbol{B}$ 和 $\boldsymbol{C}$ 的非零项数量成比例的时间内实现。这是通过以下推理得出的。首先，观察到

$$h_Z(Y)=\tilde{\beta}_{\log_2 m}(r,Y)\cdot g_Z(Y)=\tilde{\beta}_{\log_2 m}(r,Y)\cdot q_1(Y)\cdot q_2(Y)-\tilde{\beta}_{\log_2 m}(r,Y)\cdot q_3(Y) \tag{8.7}$$

其中

$$q_1(Y)=\left(\sum_{b\in\{0,1\}^{\log_2 n}}\widetilde{f}_{\boldsymbol{A}}(Y,b)\cdot Z(b)\right)$$

$$q_2(Y)=\left(\sum_{b\in\{0,1\}^{\log_2 n}}\widetilde{f}_{\boldsymbol{B}}(Y,b)\cdot Z(b)\right)$$

$$q_3(Y)=\left(\sum_{b\in\{0,1\}^{\log_2 n}}\widetilde{f}_{\boldsymbol{C}}(Y,b)\cdot Z(b)\right)$$

由引理 4.4 得出对 h_Z 应用 sum-check 协议，其证明者可以快速实现。由于 $\tilde{\beta}_{\log_2 m}(r,Y)$，$q_1(Y)$，$q_2(Y)$ 和 $q_3(Y)$ 都是关于变量 Y 的多线性多项式，为了应用引理 4.4，我们只需证明这四个多线性多项式在所有输入 $a\in\{0,1\}^{\log_2 m}$ 上求值时间与 $\boldsymbol{A}$、$\boldsymbol{B}$ 和 $\boldsymbol{C}$ 的非零元素个数成比例①。

首先，我们观察到 $\tilde{\beta}_{\log_2 m}(r,a)$ 可以由证明者在 $O(m)$ 时间内在所有输入 $a\in\{0,1\}^{\log_2 m}$ 处求值。这是因为这个任务等价于 $\log m$ 个变量的拉格朗日函数多项式在输入 $r\in\mathbb{F}^{\log m}$ 时求值，引理 3.4 的证明揭示了可以在 $O(m)$ 的时间内实现。

其次，我们接着看 q_1、q_2 和 q_3 可以在所需时间内完成在所有输入 $a\in\{0,1\}^{\log_2 m}$ 处求值的结论。这是因为，如果我们将 $a\in\{0,1\}^{\log_2 m}$ 解释为 $\{1,\cdots,m\}$ 中的数字，令 $\boldsymbol{A}_a$、$\boldsymbol{B}_a$ 和 $\boldsymbol{C}_a$ 分别表示 $\boldsymbol{A}$、$\boldsymbol{B}$ 和 $\boldsymbol{C}$ 的第 a 行，则 $q_1(a)$ 就是 $\boldsymbol{A}_a\cdot\boldsymbol{z}$，类似地有 $q_2(a)=\boldsymbol{B}_a\cdot\boldsymbol{z}$，$q_3(a)=\boldsymbol{C}_a\cdot\boldsymbol{z}$。因此，这三个多项式在所有的 $a\in\{0,1\}^{\log_2 m}$ 上求值的时间与三个矩阵 $\boldsymbol{A}$、$\boldsymbol{B}$ 和 $\boldsymbol{C}$ 的非零元素的数量成比例。

类似的观察揭示了，对于应用于 p_1、p_2 和 p_3 的三次 sum-check 协议中的证明者，其可以在与 $\boldsymbol{A}$、$\boldsymbol{B}$ 和 $\boldsymbol{C}$ 的非零项数量成比例的时间内实现。例如，$p_1(X)$ 是两个多线性多项

① 等式(8.7)将 h_Z 表示为 $O(1)$ 个多线性多项式的乘积的和，而引理 4.4 只直接适用于 $O(1)$ 个多项式的乘积。但是，引理很容易扩展到多项式的和，因为应用于两个多项式 p 和 q 之和的 sum-check 协议的诚实证明者的消息就是分别应用于 p 和 q 的协议的消息之和。

式 $\widetilde{f}_{\boldsymbol{A}}(r',X)$ 和 $Z(X)$ 的乘积。为了应用引理 4.4，$Z(X)$ 在所有输入 $b\in\{0,1\}^{\log_2 n}$ 的求值由满足 R1CS 实例的 z 直接给出。对于 $\widetilde{f}_{\boldsymbol{A}}(r',X)$，让 $\boldsymbol{v}\in\mathbb{F}^n$ 表示在 r' 点处所有 $\log_2 n$ 变量拉格朗日多项式的求值向量。注意，引理 3.4 表明向量 $\boldsymbol{v}$ 可以在 $O(n)$ 时间内计算。可以看出，$b\in\{0,1\}^{\log_2 n}$，$\widetilde{f}_{\boldsymbol{A}}(r',b)$ 就是 $\boldsymbol{v}$ 与 $\boldsymbol{A}$ 的第 b 列的内积，这个内积（在给定 $\boldsymbol{v}$ 的情况下）可以由 $\boldsymbol{A}$ 的这一列的非零条目数成比例的时间来计算。这就解释了为什么 $p_1(X)$ 可以在 $\boldsymbol{A}$ 的非零条目数成比例的时间内完成所有输入 $b\in\{0,1\}^{\log_2 n}$ 上的求值，对于 $p_2(X)$ 和 $p_3(X)$ 也同理（分别用 $\boldsymbol{B}$ 和 $\boldsymbol{C}$ 代替 $\boldsymbol{A}$）。

8.5　MIP＝NEXP

在 8.2 节的算术电路-SAT 的 MIP 中，如果电路大小为 S，那么验证者的运行时间为 poly(log S)，加上在随机点上对 $\widetilde{\text{add}}$、$\widetilde{\text{mult}}$ 和 $\widetilde{\text{io}}$ 求值所需的时间。在 6.5 节概述了从计算机程序到电路-SAT 实例的转换，将任何在时间 T 内运行的非确定性 RAM 转换为大小为 $\tilde{O}(T)$ 的算术电路，其中 $\widetilde{\text{add}}$、$\widetilde{\text{mult}}$ 和 $\widetilde{\text{io}}$ 可以在 $O(\log T)$ 时间内完成对任意点的求值。这意味着只要 $T\leqslant 2^{n^c}$，其中 $c>0$ 是常数，应用于这类电路的 MIP 中的验证者运行时间就是多项式时间。换句话说，一类可以在非确定指数时间内解决的问题（**NEXP**）属于 **MIP**，即由多证明者交互式证明和多项式时间验证者解决的问题类[17]。

另一个包含关系 **MIP**⊆**NEXP** 可以通过以下简单的推理得到。对于语言 $\mathcal{L}$ 和输入 x 的任何多证明者交互式证明系统，我们可以在非确定指数时间内计算出使得验证者接受最佳证明者策略的接受概率，具体方法如下：首先，非确定性地猜测证明者最佳策略；其次，通过枚举验证者的所有可能掷币情况，并查看与最佳证明者策略交互时有多少掷币情况可以接受，来计算该策略的接受概率[113]；由于多证明者交互式证明系统是 $\mathcal{L}$ 的有效 MIP，当且仅当 $x\in\mathcal{L}$ 时，该接受概率至少为 2/3。

第 9 章

PCP 与简洁论证

9.1 PCP:定义及与 MIP 的关系

在 MIP 中,如果证明者被验证者查询多个问题,那么证明者可以表现出自适应性,也就是说,证明者对任何问题的回答都可以取决于验证者早先提出的问题。因为证明者的自适应性使得“抓住”证明者说谎变得更加困难,对可靠性来说,这种自适应性存在潜在的坏影响。但是,正如下文将要描述的,自适应性对效率来说是好的,因为自适应的证明者可以被查询一系列问题,而只需“想出”实际被问到的问题的答案即可。

相比之下,概率可验证证明(PCP)考虑的是这样的验证者 $\mathcal{V}$,它具有访问静态证明字符串 π 的预言机的能力,这直接将非自适应性纳入定义中。由于 π 是静态的,$\mathcal{V}$ 可以向 π 提出多个查询,而 π 对任何查询 q_i 的响应只能依赖于 q_i,而不能依赖于 $j\neq i$ 的查询 q_j。

定义 9.1 一个针对语言 $\mathcal{L}\subseteq\{0,1\}^*$ 的概率可验证证明系统(PCP)包含一个概率多项式时间验证者 $\mathcal{V}$,它能访问输入 x,以及证明字符串 $\pi\in\Sigma^l$ 的预言机。如果满足以下两个性质,则 PCP 的完备性误差为 δ_c,可靠性误差为 δ_s:

(1)(完备性)对每一个 $x\in\mathcal{L}$,存在一个证明字符串 $\pi\in\Sigma^l$,$Pr[\mathcal{V}^{\pi}(x)=\text{接受}]\geqslant 1-\delta_c$。

(2)(可靠性)对每一个 $x\notin\mathcal{L}$ 以及每一个证明字符串 $\pi\in\Sigma^l$,$Pr[\mathcal{V}^{\pi}(x)=\text{接受}]\leqslant\delta_s$。

这里的 l 是指证明的长度,而 Σ 则是用于证明的字母表。我们将所有这些参数看作输入大小 n 的函数,将生成真实的证明字符串 π 所需的时间称为 PCP 的证明者时间。

评注 9.1 PCP 模型最初由 Fortnow、Rompel 和 Sipser[113]引入,他们将其称为“预言机”模型(我们在引理 8.1 中使用了这个术语)。概率可验证证明这个术语是由 Arora 和 Safra[11]创造的。

评注 9.2　传统上，符号 $\mathbf{PCP}_{\delta_c,\delta_s}[r,q]_\Sigma$ 用于表示一类语言，具有 PCP 验证者，其完备性误差为 δ_c，可靠性误差为 δ_s，并且验证者使用的随机数位数至多为 r，对字母表 Σ 上的证明字符串 π 的查询次数至多为 q。该符号表示的部分原因是近似难度应用中参数 r、q 和 Σ 的重要性。在可验证计算的场景中，最重要的开销通常是验证者和证明者的运行时间，以及查询总数 q(因为当 PCP 转化为简洁论证时，证明长度在很大程度上由 q 决定)。然而，需要注意的是，证明长度 l 是任何 PCP 系统中证明者运行时间的下限，因为写下长度为 l 的证明至少需要 l 的时间。因此，获得一个证明长度小的 PCP 是必要的，但仍不足以用于开发具有高效证明者的 PCP 系统。

PCP 和 MIP 是密切相关的：任何 MIP 都可以转化为 PCP，反之亦然。然而，这两种转化都可能导致成本显著增加。相对简单的方法是把 MIP 转化为 PCP。这个简单的转化可以追溯到 Fortnow、Rompel 和 Sipser 引入 PCP 模型的时候，尽管用了不同的名称。

引理 9.1　假设 $\mathcal{L}\subseteq\{0,1\}^*$ 有一个 k-证明者 MIP，其中 $\mathcal{V}$ 向每个证明者都恰好发送一条消息，每个消息最多包含 r_Q 位，每个证明者对验证者的响应最多包含 r_A 位。则 $\mathcal{L}$ 有一个 k-查询 PCP 系统，使用大小为 2^{r_A} 的字母表 Σ，其证明长度为 $k\cdot 2^{r_Q}$，具有与 MIP 相同的验证者运行时间、完备性和可靠性误差。

概述对于 MIP 中的每个证明者 $\mathcal{P}_i$，$\mathcal{V}$ 发送给 $\mathcal{P}_i$ 的所有可能的消息，PCP 证明都有一个条目。这些条目是 $\mathcal{P}_i$ 对 $\mathcal{V}$ 发送消息的响应。PCP 验证者模拟 MIP 验证者，将证明用的条目视为 MIP 中证明者的响应。

□

评注 9.3　从一个 $\mathcal{L}$ 的 k-证明者 MIP 也可以直接获得一个 PCP，其中 $\mathcal{V}$ 向每个证明者发送多个消息。如果在 MIP 中，每个证明者 $\mathcal{P}_i$ 被发送了 z 条消息 $m_{i,1},\cdots,m_{i,z}$，则通过用 z 个证明者 $\mathcal{P}_{i,1},\cdots,\mathcal{P}_{i,z}$ 替换 $\mathcal{P}_i$ 来获得一个新的 MIP，每个 $\mathcal{P}_{i,j}$ 只接收一条消息(发送给 $\mathcal{P}_{i,j}$ 的消息是 $m_{i,1},\cdots,m_{i,j}$ 的串联)①。

$(z\cdot k)$-证明者 MIP 中的验证者模拟 k-证明者 MIP 中的验证者，将 $\mathcal{P}_{i,j}$ 的回答视为 $\mathcal{P}_i$ 对 $m_{i,j}$ 的回答。通过让证明者 $\mathcal{P}_{i,j}$ 的回答与 $\mathcal{P}_i$ 在接收到消息 $m_{i,j}$ 时给出的回答相同，$(z\cdot k)$-证明者 MIP 的完备性由原始 k-证明者 MIP 的完备性推导获得。$(z\cdot k)$-证明者 MIP 的可靠性是由原始 k-证明者 MIP 的可靠性所蕴含。

最后，将引理 9.1 应用于获得的 $(z\cdot k)$-证明者 MIP。

引理 9.1 凸显了 MIP 和 PCP 之间的一个根本差异：在 PCP 中，证明者必须预先计

① 必须向 $\mathcal{P}_{i,j}$ 发送前 j 个消息 $m_{i,1},\cdots,m_{i,j-1}$ 的串联而不仅仅是 $m_{i,j}$ 的原因是为了确保 $(z\cdot k)$-证明者 MIP 的完备性。$\mathcal{P}_i$ 对 $m_{i,j}$ 的回答可以依赖于前面所有的消息 $m_{i,1},\cdots,m_{i,j-1}$，因此，为了使 $\mathcal{P}_{i,j}$ 能够确定 $\mathcal{P}_i$ 对 $m_{i,j}$ 的回答，$\mathcal{P}_{i,j}$ 可能需要知道 $m_{i,1},\cdots,m_{i,j-1}$。

算出验证者的每一个可能的查询响应，除非验证者可能进行的查询数量很少，否则证明者的运行时间会非常长。而在 MIP 中，证明者只需要在验证者“要求”时计算响应，忽略了验证者可能会但实际并没有提出的那些查询。因此，引理 9.1 中的 MIP⇒PCP 变换可能会导致证明者运行时间的巨大增长。

引理 8.1 提供了从 PCP 到 2-证明者 MIP 的变换，但这种变换也是昂贵的。总之，构建高效的 MIP 和 PCP 的任务是不可比较的。PCP 证明者本质上是非自适应的，但是它们必须预先计算出验证者的所有可能的查询答案。MIP 证明者则只需要在验证者“要求”时计算答案，但它们有自适应性，虽然有强制它们表现为非自适应的通用技巧，但这些技巧的代价是高昂的。

9.2 将 PCP 编译为简洁论证

我们在第 7 章中看到，可以将用于算术电路求值的 GKR 交互式证明转化为验证算术电路可满足性的简洁论证（回忆一下，电路可满足性实例$\{C,x,y\}$的目标是确定是否存在一个证据 w，使得$\mathcal{C}(x,w)=y$）。在论证开始，证明者发送一个关于证据 w 的多线性扩展 $\widetilde{w}$ 的密码学承诺。然后，证明者和验证者运行 GKR 协议来检查$\mathcal{C}(x,w)=y$。在 GKR 协议结束时，证明者被要求对随机点 r 处的$\widetilde{w}(r)$值做出声明。论证系统的验证者确认这个声明与出自 $\widetilde{w}$ 的密码学承诺的相应声明是否一致。

在 7.3.2.2 节中描述的多项式承诺方案包含两个部分：一部分是默克尔树的字符串承诺方案，允许证明者对某些固定的声称等于 $\widetilde{w}$ 的函数进行承诺；另外一部分是低次测试，允许验证者检查所承诺的函数确实是(接近于)某个低次多项式。

如果我们的目标是将 PCP 而非交互式证明，变换成简洁论证，我们可以使用类似的方法，但省略掉低次多项式测试。如 Kilian[168]假设抗碰撞哈希函数存在，任何 PCP 都可以与默克尔哈希结合生成所有 **NP** 问题的 4-消息论证系统。证明者和验证者的运行时间与背后的 PCP 相同，至多相差一些低阶的因子，并且通信成本是每次 PCP 查询需 $O(\log n)$个密码学哈希值。Micali 的研究[192]表明，对生成的 4-消息论证系统应用 Fiat-Shamir 变换，可以在随机预言机模型下得到一个非交互式的简洁论证系统①。

论证系统由两个阶段组成：承诺和揭示。在承诺阶段，证明者写下 PCP 证明 π，但不将其发送给验证者。相反，证明者构建一棵默克尔树，将 PCP 证明的符号作为叶子，然后将树的根哈希发送给验证者。这将证明者绑定到字符串 π。在揭示阶段，论证系统验证者模拟 PCP 验证者，以确定需要检查哪些 π 的符号（将 PCP 验证者查询的位置称为

① 在将 Kilian 的 4-消息论证通过 Fiat-Shamir 变换得到的非交互式论证中，诚实的证明者将使用随机预言机代替抗碰撞的哈希函数来构建 PCP 证明的默克尔树，且 PCP 验证者是通过随机预言机上查询到的默克尔树的根哈希决定随机掷币的结果。

$q_1, \cdots, q_k$)。验证者将 $q_1, \cdots, q_k$ 发送给证明者 $\mathcal{P}$,证明者回复答案 $\pi(q_1), \cdots, \pi(q_k)$ 以及它们的默克尔树路径。

完备性可以通过如下方式论证。如果 PCP 满足完美完备性,那么只要存在 w 满足 $\mathcal{C}(x,w)=y$,总存在一个证明 π,可以说服 PCP 验证者接受。因此,如果证明者在论证系统中承诺 π,并按照规定执行揭示阶段,则论证系统的验证者也会被说服接受。

大致上,可靠性可以通过如下方式论证。7.3.2.2 节的分析表明,使用默克尔树将证明者绑定到固定的字符串 π',也就是说,在承诺阶段之后,对于每个可能的查询 q_i,证明者在找不到用于构建默克尔树的哈希函数的碰撞情况下,最多只能成功地揭示一个值 $\pi'(q_i)$(找到碰撞被认为是难以解决的)。因此,如果论证系统的证明者说服了论证系统的验证者接受,则 π' 将会说服 PCP 的验证者接受。因此,论证系统的可靠性可以由 PCP 系统的可靠性立即得出。

评注 9.4　为了将 PCP 转化为简洁论证,我们使用了默克尔树,并且不需要使用低次测试。这与 7.3 节形成了对比,7.3 节中我们使用了多项式承诺方案将交互式证明转化为简洁论证;7.3 节中给出的多项式承诺方案结合了默克尔树和低次测试。

然而,使用 PCP 构建简洁论证的方法并没有“真正”摆脱低次测试。它只是将低次测试从承诺方案中“推出”,并“推入”PCP 中。也就是说,短 PCP 通常本身就基于低次多项式,而 PCP 本身通常利用低次测试。

用于短 PCP 的低次测试和我们已经见过的低次测试之间的区别在于,短 PCP 往往基于单变量低次多项式(详见 9.4 节)。因此,用于短 PCP 的低次测试针对的是单变量而不是多变量多项式。单变量低次多项式是 Reed-Solomon 纠错码中的码字,这就是为什么许多关于 PCP 的论文都提到“Reed-Solomon PCP”和“Reed-Solomon 测试”的原因。相比之下,高效的交互式证明和 MIP 通常基于低次多变量多项式(也称为 Reed-Muller 码),因此使用针对多变量多项式的低次测试。

9.2.1　Kilian-Micali 论证的知识可靠性

回想一下(详见 7.4 节),如果对于任何能够以非可忽略概率说服论证系统验证者接受的高效证明者 $\mathcal{P}$,$\mathcal{P}$ 必须“知道”被证明的声明的证据 w,则该论证系统满足知识可靠性。形式化的描述如下:存在一个高效的算法 ε,如果给定了重复“运行”$\mathcal{P}$ 的能力,则该算法能够输出一个合理的证据。

Barak 和 Goldreich[19] 证明了 Kilian 的论证系统不仅是可靠的,而且实际上是知识可靠的。这个断言假设该论证系统基于的 PCP 也满足类似的知识可靠的性质,意味着给定一个令人信服的 PCP 证明 π,我们可以高效地计算出一个证据。在本书中涵盖的所有 PCP 都具有这种知识可靠的性质。

Valiant[239]进一步证明了将 Fiat-Shamir 变换应用于 Kilian 的论证系统(如 Micali[192]所述),使其变为非交互式后,会在随机预言机模型下生成一个“知识可靠”的论证。回想一下,在 Kilian 论证系统中,Fiat-Shamir 变换“移除”了验证者用来指定自己希望查询的已承诺 PCP 证明符号的消息。该消息被选择为论证系统中证明者的第一条消息的随机预言机求值,证明者的第一条消息指定了已承诺的 PCP 证明的默克尔哈希值。

Valiant 的分析的大致思路是,如果 Fiat-Shamir 变换过的协议中证明者 $\mathcal{P}$ 为 Kilian 的交互式协议生成了一个可被接受的脚本,则以下三个事件中的一个必定发生:(1) $\mathcal{P}$ 找到了一个“哈希碰撞”,使其打破了默克尔树的绑定性;(2) $\mathcal{P}$ 构建了一个或多个“不令人信服”的 PCP 证明 π 的默克尔树,应用 Fiat-Shamir 变换确定了 π 中的哪些符号可以被查询,令 PCP 验证者仍然接受了 π;(3) $\mathcal{P}$ 构建了一个“令人信服”的 PCP 证明 π 的默克尔树,并且 $\mathcal{P}$ 产生的脚本的第一条消息是该默克尔树的根哈希值。

第一个事件不太可能发生,除非证明者对随机预言机进行了大量查询。这是因为在对随机预言机进行 T 次查询后找到碰撞的概率最多为 $T^2/2^\lambda$,其中 2^λ 是随机预言机的输出长度。假设 PCP 的可靠性错误率 ε 是可忽略的,则第二个事件也不太可能发生。具体而言,如果证明者对随机预言机进行 T 次查询,则事件(2)发生的概率最多为 $T \cdot \varepsilon$。这意味着事件(3)必须成立(除非 $\mathcal{P}$ 对随机预言机进行超多项式次数的查询)。也就是说,任何产生具有非可忽略概率的可接受脚本的非交互式证明的证明者 $\mathcal{P}$ 都必须构建一个默克尔树,其中包含一个令人信服的 PCP 证明 π,并生成一个脚本,其中第一个消息是默克尔树的根哈希。在这种情况下,可以通过观察 $\mathcal{P}$ 对随机预言机的查询来确定整个默克尔树。例如,如果 v_0 表示脚本中提供的根哈希,则可以通过查找 $\mathcal{P}$ 向随机预言机 R 提出的(唯一)查询(v_1, v_2),满足 $R(v_1, v_2)=v_0$,从而了解默克尔树根的两个子节点 v_1 和 v_2 的值。然后可以通过查找由 $\mathcal{P}$ 提出的(唯一)随机预言机查询(v_3, v_4)和(v_5, v_6)来了解根节点子节点的子节点(孙节点)的值,它们满足 $R(v_3, v_4)=v_1$ 和 $R(v_5, v_6)=v_2$,以此类推。

默克尔树叶子节点的值就是可接受的 PCP 证明 π 的符号。由于假设 PCP 系统满足知识可靠性,因此可以从 π 中高效地提取证据。

下一章(第 10 章)将介绍交互式预言机证明(IOP),这是 PCP 的交互式推广。Ben-Sasson、Spooner 和 Chiesa[44]将 Micali 的 PCP 到 SNARK 的变换推广到了 IOP 到 SNARK 的变换,并通过类似于 Valiant 的分析,证明了该变换保持了 IOP 的知识可靠性①。有关 IOP 到 SNARK 变换的细节,可参见 10.1 节。

9.3 从 MIP 到第一个长度为多项式的 PCP

在引理 9.1 的启发下,很自然地会问是否可以将 8.2 节中的 MIP 变换为一个算术电

① 更准确地说,得到的 SNARK 的知识可靠性是由针对被称为状态恢复一类攻击的 IOP 击类别的知识可靠性所刻画的,这在 5.2 节中已讨论。

路可满足性的 PCP，其长度与电路大小 S 的多项式成比例。答案是肯定的，尽管它很大，至少是 S^3 级别。

假设我们有一个算术电路可满足性的实例($\mathcal{C},x,y$)，其中$\mathcal{C}$定义在域$\mathbb{F}$上。回想一下，在 8.2 节的 MIP 中，验证者让第一个证明者对一个在域$\mathbb{F}$上的 $3\log S$ 变量多项式 $h_{x,y,Z}$应用了 sum-check 协议，其中，S 是$\mathcal{C}$的大小。这个多项式本身是从一个声称等于($\mathcal{C},x,y$)的正确脚本的多线性扩展多项式 Z 中得出的。对第二个证明者，验证者对 $O(\log S)$变量多项式 Z 应用点对线低次测试，这需要验证者向 $\mathcal{P}_2$ 发送 $\mathbb{F}^{\log S}$中的一条随机线(这样的线可以用 $2\log S$ 个域元素来指定)。为了实现可靠性误差 $1/\log n$，只需要在大小至少为 $\log(S)^{c_0}$ 的域$\mathbb{F}$上进行操作即可，其中 $c_0>0$ 是一个足够大的常数①。

在这个 MIP 中，因为验证者必须为 $h_{x,y,Z}$中的每个变量发送一个域元素，验证者向每个证明者发送的总位数是 $r_Q=\Theta(\log S \log|\mathbb{F}|)$。如果 $|\mathbb{F}|=\Theta(\log S^c)$，那么 $r_Q=\Theta(\log S \log\log S)$。应用引理 9.1 和评注 9.3 将此 MIP 转化为 PCP，我们得到长度为 $\tilde{O}(2^{r_Q})=S^{O(\log\log S)}$ 的 PCP。虽然这个复杂度略微超过了多项式时间，是 S 的超多项式级别，但是好的一面是，验证者的运行时间是 $O(n+\log S)$，在假设 $S<2^n$ 的情况下，该运行时间是线性的。

然而，通过调整 MIP 自身使用的参数，我们可以将 r_Q 从 $O(\log S \log\log S)$减少到 $O(\log S)$。回想一下，在 MIP 中，$\mathcal{C}$中的每个门都被赋予了一个二进制标签，MIP 使用了函数 add_i、mult_i、io、I 和 W，这些函数以 $O(\log S)$个代表一个或多个门的标签的二进制变量作为输入。多项式 $h_{x,y,Z}$是基于这些函数的多线性扩展定义的。这导致了一个高效的 MIP，其中证明者的运行时间是 $O(S\log S)$。但是通过将多项式定义在 $\Omega(\log S)$个变量上，r_Q 会变成略微超对数级别，导致 PCP 的长度达到 S 的超多项式级别。为了纠正这个问题，我们必须找到一种重新定义多项式的方法，使得它们涉及少于 $\log S$ 个变量。

为此，假设我们为$\mathcal{C}$中的每个门分配一个基数为 b 的标签，而不是二进制标签。也就是说，每个门的标签将由 $\log_b S$ 位组成，每一位的取值都在$\{0,1,\cdots,b-1\}$中。然后我们可以重新定义函数 add_i、mult_i、io、I 和 W，将 $O(\log_b S)$个表示一个或多个门的 b 进制标签的变量作为输入。注意：b 越大，定义这些函数所需的变量数就越少。

我们现在可以按照 8.2 节的方式精确地定义 $h_{x,y,Z}$，只是如果 $b>2$，那么在定义中必须使用 add_i、mult_i、io、I 和 W 的高次扩展，而不是多线性扩展。具体来说，这些函数在定义域$\{0,1,\cdots,b-1\}^v$ 上，其中每个变量的扩展次数最多为 b。

与 8.2 节的 MIP 相比，使用高次扩展将使所有在 sum-check 协议和低次测试中传输的多项式的次数增加 $O(b)$倍。尽管如此，可靠性误差仍然最多为 $O(b\cdot\log_b S/|\mathbb{F}|^c)$，其中

① 在密码学应用中，我们希望可靠性误差是 $n^{-\omega(1)}$，而不是 $1/\log n$。本节 PCP 的可靠性误差可以通过独立重复 PCP $O(\log n)$次来改进，如果在任何一次 PCP 中验证者拒绝，则拒绝整个过程。这种重复在实践中代价很高，但本节 PCP 的呈现是为了教学目的而非实用性。

$c>0$ 是常数。回想一下，我们希望尽可能地增加 b，但这与在大小为 S 的对数多项式的域上工作时保持可靠性误差为 $o(1)$ 的要求相矛盾。幸运的是，可以验证如果 $b \leqslant O(\log S/\log\log S)$，那么 $b \cdot \log_b S \leqslant \text{poly}(\log S)$，因此可靠性误差仍然不超过 $\text{poly}(\log S)/|\mathbb{F}|^c$。总之，如果我们将 b 设置为 $\log S/\log\log S$ 的数量级，那么只要 MIP 在大小为关于 $\log S$ 的多项式级别的某个足够大的域 $\mathbb{F}$ 上运作，MIP 的可靠性误差仍然至多是，比如说，$1/\log n$。

为简单起见，我们选择 b，使得 $b^b=S$。这个 b 在区间 $[b_1, 2b_1]$ 中，其中 $b_1=\log S/\log\log S$①。在这个修改后的 MIP 中，验证者发送到证明者的总位数为 $r_Q=O(b \cdot \log|\mathbb{F}|)=O((\log S/\log\log S)\cdot \log\log S)=O(\log S)$。如果我们将引理 9.1 和评注 9.3 应用于此 MIP，则生成的 PCP 长度为 $\tilde{O}(2^{r_Q}) \leqslant \text{poly}(S)$。

不幸的是，当我们写下 $r_Q=O(\log S)$ 时，O 符号隐藏的常数因子至少为 3。这是因为 $h_{x,y,Z}$ 定义在 $3\log_b S$ 个变量上（当 $b^b=S$ 时，至少为 $3b$）并且将 sum-check 协议应用于 $h_{x,y,Z}$ 需要 $\mathcal{V}$ 对每个变量至少发送一个域元素。同时，域大小必须至少为 $3\log_b S \geqslant 3b$ 以确保非平凡的可靠性。因此，$2^{r_Q} \geqslant (3b)^{3b} \geqslant S^{3-o(1)}$。虽然 PCP 的证明长度是一个关于 S 的多项式，但是它是一个关于 S 的较大的多项式。

尽管如此，这产生了一个非平凡的结果：一个算术电路可满足性的 PCP，其中证明者的运行时间为 $\text{poly}(S)$，验证者的运行时间为 $O(n)$，验证者向证明预言机查询的次数为 $O(\log S/(\log\log S))$。由于 MIP 的总通信成本最多为 $\text{poly}(\log S)$，因此验证者的所有答案都可以在总共 $\text{poly}(\log S)$ 位中通信$\left(\text{即 PCP 的字母表大小为} \left|\Sigma\right| \leqslant 2^{\text{poly}(\log S)}\right)$。PCP 的开销列于表 9.1 中。应用 9.2 节的从 PCP 到论证系统的编译器，可以获得一个算术电路可满足性的简洁论证，其中验证者的运行时间为 $O(n)$，证明者的运行时间为 $\text{poly}(S)$。

表 9.1 当运行在一个大小为 S 的电路 $\mathcal{C}$ 上时，9.3 节的 PCP（从 8.2 节的 MIP 而来）的算术电路可满足性的开销。表中的下界建立在 $\mathcal{P}$ 知道一个电路 $\mathcal{C}$ 的证据 w 的假设之上

通信成本	查询次数	$\mathcal{V}$ 运行时间	$\mathcal{P}$ 运行时间
$\text{poly}(\log S)$位	$O(\log S/(\log\log S))$	$O(n+\text{poly}(\log S))$	$\text{poly}(S)$

评注 9.5 澄清一下，在交互式证明协议如 IP 或 MIP 中，如果目标是最小化总通信成本，使用基数 $b=2$ 而不是基数 $b=\Theta(\log S/(\log\log S))$ 的标签是更优的选择。这是因为二进制标签使得 IP 或 MIP 证明者每轮可以发送 $O(1)$ 次多项式，从而保持较低的通信成本。

总结一下，我们已经得到了一个针对算术电路可满足性的 PCP，其具有线性时间验证者，以及一个在时间复杂度是关于电路大小的多项式函数内生成证明的证明者。但

① 实际上，$b_1^{b_1} \leqslant S$，而 $(2b_1)^{2b_1} \geqslant S^{2-o(1)}$。

是，实际上为了得到一个有望实用的 PCP，我们需要证明者的时间复杂度非常接近于电路大小的线性复杂度。要获得这样的 PCP 是相当复杂和具有挑战性的。事实上，研究人员尚未成功构建基于短 PCP 的实用性强的 VC 协议，其中"短"指的是 PCP 的长度接近于电路大小的线性函数。为了缓解已知短 PCP 构造中的瓶颈，研究人员转向更通用的交互式预言机证明(IOP)模型。以下小节重点介绍了这一领域的工作亮点。具体而言，9.4 节概述了针对算术电路可满足性的 PCP 的构造，其中 PCP 可以在电路大小的准线性时间内生成。该构造仍然不实用，第 10 章描述了更接近实际应用的 IOP。

9.4　电路可满足性问题的准线性长度的 PCP

我们刚刚看到(9.1 节和 9.3 节)，已知的 MIP 可以相当直接地产生一个多项式大小的 PCP，用于模拟(非确定性)随机存取机(RAM)M，其中验证者的运行时间与 M 的输入 x 的大小呈线性关系。但是证明长度是关于 M 的运行时间 T 的(可能非常大的)多项式，而证明的长度当然是生成它所需的时间的下限。本节描述如何使用特别针对 PCP 模型定制的技术将 PCP 长度减少到 $T\cdot \text{poly}(\log T)$，同时保持验证者运行时间为 $n\cdot \text{poly}(\log T)$。

这里描述的 PCP 起源于 Ben-Sasson 和 Sudan 的工作[50]。他们的工作给出了一个大小为 $\tilde{O}(T)$ 的 PCP，其中验证者在 $\text{poly}(n)$ 时间内运行，并且只向证明预言机发送对数多项式级数量的查询。随后，Ben-Sasson 等人[48]将验证者的时间缩短到 $n\cdot \text{poly}(\log T)$。最后，Ben-Sasson 等人[41]通过使用快速傅里叶变换(Fast Fourier Transform, FFT)技术，展示了证明者实际上可以在 $T\cdot \text{poly}(\log T)$ 时间内生成 PCP，并提供了各种具体的优化和改进的可靠性分析。由于这个 PCP 系统相当复杂，因此在本书中我们省略了一些细节，只试图表达其主要思想。PCP 的开销列于表 9.2 中。

表 9.2　当运行在一个大小为 S 的非确定性电路 $\mathcal{C}$ 上时，9.4 节中的 PCP 的开销。PCP 是基于 Ben-Sasson 和 Sudan 的文献[50]，且被 Ben-Sasson 等人在文献[48]和[41]中提炼。表中的下界建立在 $\mathcal{P}$ 知道一个电路 $\mathcal{C}$ 的证据 w 的假设之上

通信成本	查询次数	$\mathcal{V}$ 运行时间	$\mathcal{P}$ 运行时间
$\text{poly}(\log S)$ 位	$\text{poly}(\log S)$	$O(n\cdot \text{poly}(\log S))$	$O(S\cdot \text{poly}(\log S))$

9.4.1　第一步：将问题归约为检查多项式在特定子空间上归零

在 Ben-Sasson 和 Sudan 的 PCP 中，首先将声明 $M(x)=y$ 转化为一个等价的电路可满足性实例 $\{C,x,y\}$，并且证明者(或者更准确地说是证明字符串 π)声称持有一个正确脚本 W 的低次扩展 Z，就像在 8.2 节中的 MIP 中一样。和 MIP 类似，Ben-Sasson 和

Sudan 的 PCP 的第一步是构造一个多项式 $g_{x,y,Z}$，使得如果 Z 是$\{C,x,y\}$的正确脚本的扩展，当且仅当对于某个集合 H 中的所有 a，都有 $g_{x,y,Z}(a)=0$。但是细节与 MIP 中的构造有所不同，而且更为复杂。在此，我们省略其中一些细节，重点强调 PCP 和 8.2 节中的 MIP 构造之间的主要相似之处和不同之处。

在 PCP 中，最重要的是 $g_{x,y,Z}$是一个**单变量多项式**。PCP 将正确的脚本视为一个单变量函数 $W:[S]\to\mathbb{F}$，而不是像 MIP 中那样作为一个 $v(v=\log S)$变量函数将$\{0,1\}^v$ 映射到$\mathbb{F}$的函数。因此，W 的任何扩展 Z 都是一个单变量多项式，$g_{x,y,Z}$也被定义为一个单变量多项式。（使用单变量多项式的原因是它允许 PCP 使用在第二步和第三步中的针对单变量而不是多变量多项式的低次测试技巧。目前还不知道如何基于多变量多项式获得一个长度为准线性的 PCP，其中准线性长度是指为 T 的准线性，而 T 则是证明者执行 RAM 的运行时间。）需要注意的是，即使是 W 的最低次扩展，Z 的次数也可能达到 $|S|-1$，这比我们在之前章节中使用的多变量多项式的次数大得多，$g_{x,y,Z}$也将继承这个次数。

$g_{x,y,Z}$的单变量特性使得它在构造中与 MIP 中使用的 $O(\log S)$变量多项式相比具有若干额外的差异。特别地，在单变量的场景中，$g_{x,y,Z}$被明确定义在特征为 2 的域上①。在 $g_{x,y,Z}$的构造和整个 PCP 中，特征为 2 的域的结构会被多次利用。例如：

- 让我们简要回顾一下 6.5 节中将 RAM M 转换为等效电路可满足性实例$\{C,x,y\}$的关键点。De Bruijn 图在构造$\mathcal{C}$时发挥了作用，它们被用于将 M 的所谓的执行轨迹从时间顺序重排为内存顺序。

  为了确保 MIP 或 PCP 验证者不必完全具体化$\mathcal{C}$（其大小至少为 T，远大于验证者所允许的运行时间 $n\cdot\text{poly}(\log T)$），$\mathcal{C}$ 必须具有“代数正则”的布线模式。特别地，在本节的 PCP 和 8.2 节的 MIP 中，重要的是$\mathcal{C}$的布线模式可以被一个低次多项式“刻画”，以便验证者可以快速求值。这对于确保 MIP 或 PCP 中使用的多项式 $g_{x,y,Z}$满足以下两个基本性质至关重要：(1) $g_{x,y,Z}$的次数不比 Z 的次数大很多；(2) 验证者可以在给定从 r 派生出的少数几个点的 Z 值情况下，在任意点 r 上有效地求出 $g_{x,y,Z}(r)$。

  在 Ben-Sasson 和 Sudan 的 PCP 中，$g_{x,y,Z}$的构造利用了一个事实，即有一种方法可以从 $\mathbb{F}=\mathbb{F}_{2^\ell}$ 中，为 De Bruijn 图的节点分配标签，使得对于每个节点 v，其相邻节点的标签是 v 的标签的仿射函数（即次数为 1 的函数）。（类似于 6.5 节，这种情况成立的原因可以归结为，标签为 v 的节点的相邻节点是 v 的简单位移。当 v 是 $\mathbb{F}_{2^\ell}$ 中的元素时，v 的位移是 v 的仿射函数。）

① 一个域$\mathbb{F}$的特征是满足$\underbrace{1+1+\cdots+1}_{n\text{次}}=0$ 的最小的正整数 n。如果一个域$\mathbb{F}$的大小为 p^k，其中 p 是素数，k 是正整数，则它的特征是 p。特别地，大小为 2 的幂的任何域都具有特征 2。我们用$\mathbb{F}_{2^k}$ 表示大小为 2^k 的域。

这对于确保 $g_{x,y,Z}$ 的次数不显著大于 Z 的次数至关重要。特别地，在 PCP 中使用的 $\mathbb{F}$ 上的单变量多项式 $g_{x,y,Z}$ 的形式为：

$$g_{x,y,Z}(z)=A(z,Z(N_1(z)),\cdots,Z(N_k(z))) \tag{9.1}$$

其中 $(N_1(z),\cdots,N_k(z))$ 表示 De Bruijn 图中节点 z 的邻居，而 A 是某个“约束多项式”，其次数是对数多项式级别的。由于 $N_1,\cdots,N_k$ 在 $\mathbb{F}_{2^{\ell}}$ 上是仿射的，因此 $\deg(g_{x,y,Z})$ 最多比 Z 本身的次数高对数多项式级别。此外，验证者可以高效地计算每个仿射函数 $N_1,\cdots,N_k$ 在指定的输入 r 上的值[48]。

- 为了确保多项式 $\mathbb{Z}_H(z)=\prod_{\alpha\in H}(z-\alpha)$ 是稀疏的（有 $O(\text{poly}(\log S))$ 个非零系数），应选择集合 H，使得 Z 是一个正确脚本的扩展时，$g_{x,y,Z}$ 在集合 H 上归零。多项式 $\mathbb{Z}_H$ 被称为 H 的*归零多项式*，并通过下一节中的引理 9.2，它在本书后续的 PCP、IOP（第 10 章）和线性 PCP（17.4 节）中发挥了核心作用。$\mathbb{Z}_H$ 的稀疏性确保它可以在对数多项式时间内在任何点上进行求值，即使 H 是一个非常大的集合（大小为 $\Omega(S)$）。这对于允许验证者在 PCP 的第二步中以对数多项式时间运行是至关重要的，这将在下面讨论。事实证明，如果 $\mathbb{F}$ 的特征为 $O(1)$，并且 H 是 $\mathbb{F}$ 中的一个线性子空间，则 $\mathbb{Z}_H(z)$ 的稀疏性为 $O(\log S)$。在本书的后面部分（如在 10.3.2 节中的 IOP 中），H 将代表 $\mathbb{F}$ 中所有 n 次单位根，此时 $\mathbb{Z}_H(z)=z^n-1$ 显然是稀疏的。

最后值得强调的差异是，在 PCP 中定义 $g_{x,y,Z}$ 的域 $\mathbb{F}_{2^{\ell}}$ 必须很小（或者至少验证者可能查询 $g_{x,y,Z}$ 的输入集合必须很小）。特别地，该集合的大小必须是 $O(S\cdot\text{poly}(\log S))$，因为证明长度的下界由验证者可能要求对 $g_{x,y,Z}$ 的任何求值的输入集合的大小限定。这与 MIP 的场景形成对比，我们乐于使用非常大的域以确保可靠性误差可忽略。这表明了在 MIP 中（在 9.1 节中提到的），证明者只需“想出”验证者实际查询的问题的答案，而在 PCP 中，证明者必须写出验证者可能问的每个问题的答案。

9.4.2 第二步：归约至检查一个相关的多项式是否是低次

检查一个低次多项式 $g_{x,y,W}$ 是否在 H 上归零的过程，与我们在 8.2 节中的 MIP 中检查的核心陈述非常相似。那里，我们检查一个从 x、y 和 W 派生的多线性多项式在所有布尔输入上都为零。此处，我们检查一个单变量多项式 $g_{x,y,W}$ 是否在预先指定的集合 H 上的所有输入处都为零。我们将依赖于下面这个简单但重要的引理，其在本书中还会出现几次。

引理 9.2（Ben-Sasson 和 Sudan[50]） *设 $\mathbb{F}$ 是一个域，$H\subseteq\mathbb{F}$。对于 $d\geq|H|$，一个 $\mathbb{F}$ 上的一元 d 次多项式 g 在 H 上归零，当且仅当多项式 $\mathbb{Z}_H(t):=\prod_{\alpha\in H}(t-\alpha)$ 整除 g，即当且仅*

当存在一个次数$\leqslant d-|H|$的多项式h^*，使得$g=\mathbb{Z}_H\cdot h^*$。

证明：如果$g=\mathbb{Z}_H\cdot h^*$，那么对于任何$\alpha\in H$，都有$g(\alpha)=\mathbb{Z}_H(\alpha)\cdot h^*(\alpha)=0\cdot\alpha=0$，因此$g$确实在$H$上为零。

另一方面，注意到如果$g(\alpha)=0$，则多项式$(t-\alpha)$整除$g(t)$。因此，如果g在H上为零，则g可被$\mathbb{Z}_H$整除。 □

因此，为了让$\mathcal{V}$相信$g_{x,y,Z}$在H上归零，证明仅需让$\mathcal{V}$相信$g_{x,y,Z}(z)=\mathbb{Z}_H(z)\cdot h^*(z)$，其中$h^*$是次数为$d-|H|$的多项式。为了确信这一点，$\mathcal{V}$可以随机选择一个点$r\in\mathbb{F}$并检查等式

$$g_{x,y,Z}(r)=\mathbb{Z}_H(r)\cdot h^*(r) \tag{9.2}$$

是否成立。实际上，如果$g_{x,y,Z}\neq\mathbb{Z}_H\cdot h^*$，则只要$|\mathbb{F}|$比$g_{x,y,Z}$和$\mathbb{Z}_H\cdot h^*$的次数大1 000倍，这个等式不成立的概率就是$\frac{999}{1\ 000}$。

一个让$\mathcal{V}$相信等式(9.2)成立的PCP证明由四个部分组成：第一部分包含对所有$z\in\mathbb{F}$的$Z(z)$的求值结果；第二部分包含证明π_Z，证明Z的次数至多为$|H|-1$，因此$g_{x,y,Z}$的次数至多为$d=|H|\cdot\text{poly}(\log S)$；第三部分包含对所有$z\in\mathbb{F}$的$h^*(z)$的求值结果；第四部分声称包含证明$\pi_{h^*}$，证明$h^*(z)$的次数至多为$d-|H|$，因此$\mathbb{Z}_H\cdot h^*$的次数至多为$d$。

假设验证者可以高效地检查π_Z和π_{h^*}以确认Z和$h^*(z)$具有所声称的次数(这将是下面第三步的目的)。在从证明的第一部分获取指定Z的信息之后，$\mathcal{V}$可以在准线性时间内计算$g_{x,y,Z}(r)$，只需进行常数次查询即可。$\mathcal{V}$可以通过对证明的第三部分进行单次查询来计算$h^*(r)$。最后，$\mathcal{V}$可以在对数多项式时间内无须任何帮助计算$\mathbb{Z}_H(r)$，就像第一步(9.4.1节)所描述的那样。然后，验证者可以检查$g_{x,y,W}(r)$是否与$h^*(r)\cdot\mathbb{Z}_H(r)$相等。

实际上，第三步将无法保证π_Z和π_{h^*}与低次多项式精确相等，但是可以保证如果验证者的检查全部通过，则它们分别接近于某个低次多项式Y和h'。可以类比8.2节MIP中的定理8.4的证明来论证$g_{x,y,Y}$在H上归零。

9.4.3 第三步：用于Reed-Solomon测试的PCP

概述 PCP构造的核心在于第三步，该步骤检查一个单变量多项式是否为低次多项式。这个任务在文献中被称为Reed-Solomon测试，因为Reed-Solomon编码中的码字由低次单变量多项式(的求值)组成(参见评注9.4)。

该构造是递归的。其基本思想是将检查一个单变量多项式G_1的次数是否不超过d的问题，归约到检查一个相关的定义在$\mathbb{F}$上的双变量多项式Q在每个变量上的次数是否不超过$\sqrt{d}$的问题。已知后一个问题又可以归约回一个单变量问题(参见下文引理9.3)，

即检查一个相关的定义在 $\mathbb{F}$ 上的单变量多项式 G_2 在每个变量上的次数是否不超过 $\sqrt{d}$。递归 $l=O(\log\log d)$ 次后，就可以检查多项式 G_l 的次数是常数级别的，这可以用常数次查询证明来完成。我们在下面补充一些细节。

这一步的准确的完备性和可靠性保证如下。如果 G_1 的次数确实不超过 d，那么就有一个证明 π 能被接受。同时，可靠性保证是指存在某个通用常数 k 满足以下性质：如果一个证明 π 被接受的概率为 $1-\varepsilon$，那么存在一个次数不超过 d 的多项式 G，使得 G_1 在 $\mathbb{F}$ 中至少 $1-\varepsilon\cdot\log^k S$ 部分的点上与 G 取值相同（我们说 G 和 G_1 的距离至多为 δ，其中 $\delta=\varepsilon\cdot\log^k S$）。

整个 PCP 的对数多项式级别的查询复杂度是通过重复基础协议实现的，比如说，$m=\log^{2k}S$ 轮，如果任何一次的协议运行中验证者拒绝接受证明，则整个 PCP 的验证者就拒绝接受该证明。如果证明 π 在 m 次重复中被接受的概率为 $1-\varepsilon$，那么它在基础协议中被接受的概率至少为 $1-\varepsilon/\log^k m$，这意味着 G 与次数为 d 的多项式 G_1 距离为 ε。

将积集上的双变量低次测试转为单变量测试 这里描述的双变量低次测试技巧归功于 Spielman 和 Polishchuk 的研究[212]。假设 Q 是定义在积集 $A\times B\subseteq\mathbb{F}\times\mathbb{F}$ 上的双变量多项式，它在每个变量上的次数都被声明为 d。在协议的所有递归调用中，A 和 B 实际上都将是 $\mathbb{F}$ 的子空间，目标是将此声明归约为检查一个相关的 $\mathbb{F}$ 上的单变量多项式 G_2 的次数是否不超过 d。

定义 9.2 对于集合 $U\subseteq\mathbb{F}\times\mathbb{F}$，部分双变量函数 $Q:U\to\mathbb{F}$ 和非负整数 d_1、d_2，定义 $\delta^{d_1,d_2}(Q)$ 为 Q 与一个多项式的相对距离，该多项式的第一个变量的次数为 d_1，第二个变量的次数为 $d_2$①。形式上，

$$\delta^{d_1,d_2}(Q):=\min_{f(x,y):U\to\mathbb{F},\deg_x(f)\leqslant d_1,\deg_y(f)\leqslant d_2}\delta(Q,f)$$

当对一个变量的次数没有限制时，用 $\delta^{d_1,*}(Q)$ 和 $\delta^{*,d_2}(Q)$ 表示该相对距离。

引理 9.3 （在积集上进行双变量测试[212]）存在一个大于等于 1 的通用常数 c_0，满足以下条件：对于任意的 $A,B\subseteq\mathbb{F}$，整数 $d_1\leqslant|A|/4$，$d_2\leqslant|B|/8$ 和函数 $Q:A\times B\to\mathbb{F}$，都有 $\delta^{d_1,d_2}(Q)\leqslant c_0\cdot(\delta^{d_1,*}(Q)+\delta^{*,d_2}(Q))$。

引理 9.3 意味着，要测试在积集上定义的双变量多项式 Q 在每个变量上的次数是否最多为 d，只需选择一个变量 $i\in\{1,2\}$，然后选择一个随机值 $r\in\mathbb{F}$ 并测试限制 Q 的第 i 个坐标为 r 后得到的单变量多项式 $Q(r,\cdot)$ 或 $Q(\cdot,r)$ 的次数是否最多为 d。

准确地说，如果上述测试以概率 $1-\varepsilon$ 通过，则 $(\delta^{d,*}(Q)+\delta^{*,d}(Q))/2=\varepsilon$，并且引理

---

① 关于 Q 与另一个多项式 P 之间的相对距离，我们指的是输入 $x\in U$ 满足 $Q(x)\neq P(x)$ 的比例。

9.3 蕴含着 $\delta^{d,d}(Q)\leqslant 2\cdot c_0\cdot\varepsilon$。其中，$Q(r,\cdot)$ 和 $Q(\cdot,r)$ 分别称为 Q 的“随机行”和“随机列”，上述过程称为“随机行或列测试”。

注意：$\delta^{d,d}(Q)$ 可能比概率 ε 大一个常数因子 $c_1=2c_0$。最终 PCP 将递归应用“将双变量低次测试归约到单变量测试”的技巧 $O(\log\log n)$ 次，每一步可能会导致 $\delta^{d_1,d_2}(Q)$ 相对于拒绝概率 ε 增加一个因子 c_1。这就是为什么最终的声明保证，如果递归测试整体接受概率为 $1-\varepsilon$，则输入多项式 G_1 与次数为 d 的多项式 δ 接近，其中 $\delta=\varepsilon\cdot c_1^{O(\log\log S)}\leqslant\varepsilon\cdot\text{poly}(\log S)$①。

将单变量低次测试归约为双变量(更)低次测试　令 G_1 是一个定义在 $\mathbb{F}$ 的线性子空间 L 上的单变量多项式(在协议的所有递归调用中，G_1 的定义域实际上都将是 $\mathbb{F}$ 的线性子空间 L)。我们在这一步的目标是将测试 G_1 的次数是否小于等于 d 的问题归约为测试一个相关的双变量多项式 Q 在每个变量上的次数都不大于 $\sqrt{d}$。因为每次应用这个步骤时目标都成立，可以假设 L 中向量的数量最多比 d 大一个常数因子。

引理 9.4　(文献[50])给定任何一对多项式 $G_1(z)$ 和 $q(z)$，存在一个唯一的双变量多项式 $Q(x,y)$，其中 $\deg_x(Q)<\deg(G_1)$ 且 $\deg_y(Q)\leqslant\lfloor\deg(G_1)/\deg(q)\rfloor$，使得 $G_1(z)=Q(z,q(z))$。

证明：对 $G_1(z)$ 和 $(y-q(z))$ 使用多项式长除法，在整个长除法的过程中，将每一项先按它们关于 z 的次数进行排序，然后按它们关于 y 的次数排序②。这将产生如下形式的 $G_1(z)$：

$$G_1(z)=Q_0(z,y)\cdot(y-q(z))+Q(z,y) \tag{9.3}$$

基于环的基本除法性质，在这个环中，有 $\deg_y(Q)\leqslant\lfloor\deg(G_1)/\deg(q)\rfloor$ 且 $\deg_z(Q)<\deg(q)$。为了完成证明，设 $y=q(z)$，并注意到等式(9.3)右边的第一项在 $y=q(z)$ 时为零。　□

根据引理 9.4，要证明 G_1 的次数不超过 d，一个 PCP 只需要证明 $G_1(z)=Q(z,q(z))$，其中 Q 在每个变量上的次数都不超过 $\sqrt{d}$。因此，作为第一个(朴素的)尝试，证明可以指定 Q 在 $L\times\mathbb{F}$ 中的所有点上的值。然后 $\mathcal{V}$ 可以通过选择一个随机数 $r\in L$ 并检查 $G_1(r)=Q(r,q(r))$ 来验证 $G_1(z)=Q(z,q(z))$。如果此检查通过，那么只要 Q 在每个变量上确实

---

① 只有当 ε 比 S 的某个逆多项式的对数小时，δ 的上界才是非平凡的。也就是说，分析仅在证明者使验证者接受的概率至少为 $1-\varepsilon$ 时才产生非平凡的可靠性保证，这个概率是某个对数多项式的逆，接近于 1。因此，为了实现可忽略的可靠性误差，PCP 验证者的检查必须被重复对数多项式次，导致了不切实际的验证开销。

② 多项式长除法会反复将余数多项式中的最高次项除以除数多项式中的最高次项，以确定要添加到商式中的新项，直到余数的次数低于除数的次数时停止。对于涉及多变量多项式的除法，“最高次项”并不是很明确，除非我们对项次施加一个全序关系。按照在 z 上的次数排序，并在次数相同的情况下按 y 上的次数排序，可以确保多项式长除法能够输出满足等式(9.3)之后所描述的性质的表示。

是低次的，并且我们确实将测试 G_1 的次数不超过 d 归约到了测试 Q 中每个变量的次数不超过 $\sqrt{d}$ 上，则 $\mathcal{V}$ 就可以相信 $G_1(z)=Q(z,q(z))$。

朴素尝试的问题在于证明的长度太大，我们需要长度为 $\tilde{O}(|L|)$ 的证明。第二个尝试是让证明在集合 $\mathcal{T}:=\{(z,q(z)):z\in L\}$ 的所有点上指定 Q 的值。这将允许 $\mathcal{V}$ 通过随机选择 $r\in L$ 并检查 $G_1(r)=Q(r,q(r))$ 来验证 $G_1(z)=Q(z,q(z))$。虽然这将证明长度缩短到适当的大小，但问题在于 $\mathcal{T}$ 不是一个积集，因此引理 9.3 无法用于检查 Q 在每个变量上都是低次的。

为了解决这个问题，Ben-Sasson 和 Sudan 巧妙地选择了多项式 $q(z)$，使得存在一个大小为 $O(|L|)$ 的点集 $\mathcal{B}$，在这些点上指定 Q 的值就足够了。具体来说，他们选择 $q(z)=\prod_{\alpha\in L_0}(z-\alpha)$，其中 L_0 是包含 $\sqrt{d}$ 个向量的线性子空间，那么 $q(z)$ 不仅是一个 $\sqrt{d}$ 次的多项式，还是 L 上的一个线性映射，其核等于 L_0。这保证了当 z 取遍 L 时，$q(z)$ 取遍 L 上仅有的 $|L|/|L_0|$ 个不同值。

Ben-Sasson 和 Sudan 利用这个性质来表明，虽然 $\mathcal{T}$ 不是一个积集，但是可以添加 $O(L)$ 个额外的点 $\mathcal{S}$ 到 $\mathcal{T}$，以确保 $\mathcal{B}:=\mathcal{S}\cup\mathcal{T}$ 中包含一个大的子集为积集。因此，$\mathcal{P}$ 只需要提供 Q 在 $\mathcal{B}$ 中点的求值：由于 $\mathcal{T}\subseteq\mathcal{B}$，因此验证者可以通过选择一个随机的 $r\in L$ 并检查 $G_1(r)=Q(r,q(r))$ 来验证 $G_1(z)=Q(z,q(z))$，并且由于 $\mathcal{S}\cup\mathcal{T}$ 中有一个大的积集，可以应用引理 9.3。

第 10 章

交互式预言机证明

10.1 IOP:定义和相关的简洁论证

上一章的 PCP 证明者的具体成本是非常大的。在本章中,我们描述了在一般化的 PCP 场景下运行的一种更高效的协议,称为交互式预言机证明(IOP)。由文献[44]和[214]引入的 IOP 实际上推广了 PCP 和 IP。IOP 是一种 IP,其在每一轮中,验证者不必被强制读取证明者的整个消息,而是给定对它的查询权限,这意味着它可以以单个查询的"成本"为代价,选择查看消息的任何所需的符号。这使得 IOP 验证者能够在总证明长度(即证明者在 IOP 期间发送的所有消息的长度总和)的亚线性时间内运行。

Ben-Sasson、Chiesa 和 Spooner 的研究[44]表明,在随机预言机模型下,通过使用默克尔哈希和 Fiat-Shamir 变换,任何 IOP 都可以转化为非交互式论证,转化方式类似于在 9.2 节中介绍的从 PCP 到简洁论证的 Kilian-Micali 变换。具体来说,在 IOP 的每一轮中,论证系统的证明者不再发送 IOP 证明者的消息,而是发送一个默克尔承诺。然后,论证系统的验证者模拟 IOP 的验证者以确定要查询消息的哪些元素,论证系统的证明者通过提供在默克尔树中的认证路径的方式来揭示消息的相关符号。然后使用 Fiat-Shamir 变换将交互式论证转化为非交互式①。

本章中的 IOP 在本章中,我们给出了 R1CS 可满足性的 IOP,它对于证明者来说比上一章的 PCP 具有明显更高的效率。IOP 可以理解为两个协议的组合。第一个是所谓的多项式 IOP[83],这是稍后描述的 IOP 模型的变体。我们所涵盖的特定的 R1CS 的多项式 IOP 及其优化,是基于一系列前人的工作[43,98,100]开发的。

第二个是多项式承诺方案(在 7.3 节中介绍的概念),它本身是通过 IOP 实例化的。

① 在随机预言机模型中,这种从 IOP 到 SNARK 的变换保留了其底层 IOP 的标准可靠性和知识可靠性,详见 9.2.1 节末尾。

我们在本章中给出了两个这样的基于 IOP 的多项式承诺方案：一个称为 FRI(Fast Reed-Solomon Interactive Oracle Proof of Proximity)，它具有对数多项式的证明长度[34](10.4 节)，另一个隐含在名为 Ligero[7] 的证明系统中，它的证明更大但证明者实际上更快(10.5 节)。我们还讨论了对 Ligero 的推广，其具有我们感兴趣的性能特征，即渐近最优的证明者运行时间，并且对基域没有限制[67,69,137]。我们将其称为 Brakedown 承诺。因为这是文献[137]的变体的第一个实际实现的名称。

10.2　多项式 IOP 和相关的简洁论证

与上面 10.1 节中介绍的标准 IOP 一样，多项式 IOP 就是一种交互式证明，(其与交互式)不同的是证明者的某些消息不会被验证者 $\mathcal{V}$ 完全阅读，我们称这些消息为“特殊的”。在标准的 IOP 中，每条特殊的消息都是一个字符串，验证者被授予查询字符串中单个符号的权限。在多项式 IOP 中，每个特殊消息 i 在有限域 $\mathbb{F}$ 上指定了一个多项式 h_i，次数至多为某个指定上限 d_i。在本章的 IOP 中，h_i 总是一个单变量多项式，但通常 h_i 可以是一个多变量多项式。

考虑 h_i 具有大量系数的情况。实际上，在本章给定的 R1CS 的多项式 IOP 中，h_i 的次数 d_i 可能与整个 R1CS 实例一样大。这也是为什么我们不希望 $\mathcal{V}$ 必须完整阅读 h_i 的描述的原因，因为那需要比我们希望 $\mathcal{V}$ 花在检查证明上的时间要多得多。相反，$\mathcal{V}$ 被授予对 h_i 求值的查询访问权限，这意味着 $\mathcal{V}$ 可以任意选择 h_i 的输入 r 并获得 $h_i(r)$。

粗略地说，我们在本章中将要介绍的多项式承诺方案(10.4 节和 10.5 节)允许特殊的消息通过标准 IOP 来“实现”。也就是说，每个多项式 h_i 将通过某个字符串 m_i 指定。我们将给出一个 IOP，使得当验证者请求 $h_i(r)$ 且证明者发回一个声称是其求值的 v_i 时，验证者能够确认 m_i 确实指定了规定次数的多项式 h_i，且 $v_i = h_i(r)$。

总之，当我们采用一个用于 R1CS 可满足性的多项式 IOP，并使用如上基于标准 IOP 的多项式承诺方案来替换多项式 IOP 中的“特殊消息”和相关求值查询时，整个协议就是一个标准 IOP。

即使多项式承诺方案不是通过标准 IOP 实现的，我们仍然可以通过以下三步获得简洁论证。

- 为电路或 R1CS 可满足性设计一个公开掷币多项式 IOP。
- 通过用多项式承诺方案替换多项式 IOP 中的每个“特殊”消息 h_i 来获得公开掷币的、交互式简洁论证。
- 通过 Fiat-Shamir 移除交互。

事实上，本书中涵盖的所有 SNARK 都是通过此方法设计的，除了基于线性 PCP 的那些(第 17 章)。

将第 7 章和第 8 章重新表述为多项式 IOP 在 10.6 节中,我们将第 7 章和第 8 章中由 IP 和 MIP 派生的简洁论证,重新表述为多项式 IOP(其中有一个单独的特殊消息,在协议开始时发送,它指定了一个多线性而非单变量多项式)。这种重新表述提供了一种统一的视角来看待基于 IP、MIP 和 IOP 的 SNARK,并允许对各种方法的优缺点进行清晰的比较。

多项式 IOP 的相关成本 在由上述三步设计范式产生的 SNARK 中,证明者必须:(a) 计算每个特殊消息中包含的多项式 h_i,并使用相关的多项式承诺方案对其进行承诺;(b) 回答验证者提出的每个 $h_i(r)$的求值查询,并根据多项式承诺方案生成相关的求值证明;(c) 计算多项式 IOP 中的任何非特殊消息。在实践中,(a)和(b)通常是证明者的瓶颈。当 h_i 是单变量多项式时,这些成本随着 h_i 的次数 d_i 至少呈线性增长,因此设计多项式 IOP 时的一个主要目标是保持 d_i 与所考虑的电路或 R1CS 实例的大小呈线性关系。

在证明长度和验证者时间方面,验证上面(b)中发送的求值证明通常是一个瓶颈。因此,为了最小化生成的 SNARK 中的验证开销,一个主要目标是最小化多项式 IOP 中验证者对特殊消息进行的求值查询。

10.3 R1CS-可满足性的多项式 IOP

10.3.1 单变量 sum-check 协议

本节利用了一个关键事实,将可能很大的输入子集 H 上的任意多项式求值的总和与多项式在一个单独输入处(即 0 处)的求值联系起来。对一个非空子集 $H\subseteq \mathbb{F}$,如果 H 在乘法和逆运算下是封闭的,即对于任意的 $a,b\in H$,有 $a\cdot b\in H$ 且 $a^{-1},b^{-1}\in H$,则称 H 是 $\mathbb{F}$ 的乘法子群。

事实 10.1 令 $\mathbb{F}$ 表示一个有限域,并假设 H 是 $\mathbb{F}$ 的乘法子群,大小为 n。对于任何次数小于 $|H|=n$ 的多项式 q, $\sum_{a\in H} q(a)=q(0)\cdot|H|$。由此得出 $\sum_{a\in H} q(a)$为 0 当且仅当$q(0)=0$。

证明:当 H 是 n 阶乘法子群时,它遵循群论中的拉格朗日定理,即对任意的 $a\in H$,有 $a^n=1$。因此,H 恰好是多项式 X^n-1 的 n 个根的集合,即

$$\prod_{a\in H}(X-a)=X^n-1 \tag{10.1}$$

首先对 $q(X)=X$ 证明上述事实,即我们将展示 $\sum_{a\in H} a=0$。很容易看出,将等式(10.1)左边展开后,其包含 X^{n-1}项的系数就等于$-\sum_{a\in H} a$,而这必须为 0,因为等式(10.1)右边

的 X^{n-1}项的系数为 0。

现在令 $q(X)$是任意单项式 $X \mapsto X^m$，满足 $1<m<n$。已知有限域$\mathbb{F}$的任何乘法子群都是循环群，这意味着有一个生成元 h，使得 $H=\{h,h^2,\cdots,h^n\}$。即

$$\sum_{a \in H} q(a) = \sum_{a \in H} a^m = \sum_{j=1}^{n} h^{m \cdot j} \tag{10.2}$$

拉格朗日定理的另一个应用意味着如果 m 和 n 互素，那么 h^m 也是 H 的生成元，因此 $\sum_{j=1}^{n} h^{m \cdot j} = \sum_{j=1}^{n} h^j = \sum_{a \in H} a = 0$。即上述事实也成立。

如果 m 和 n 不互素，则已知 h^m 的阶为 $d := \gcd(m,n)$，因此令 $H' := \{h^m, h^{2m}, \cdots, h^{(n/d)m}\}$，$H$ 是互不相交的集合 $H', h \cdot H', h^2 \cdot H', \cdots, h^{d-1} \cdot H'$的并集，其中对于任意的 $a \in \mathbb{F}$，$a \cdot H'$表示集合$\{a \cdot b : b \in H'\}$。

由于 H'是阶数为 n/d 的乘法子群，证明第一段的推理表明了 $\sum_{a \in H'} a = 0$。因此，等式(10.2)的右边等于$(1+h+h^2+\cdots+h^d) \cdot \sum_{a \in H'} a = 0$。

基于线性特性，引理现在对一般多项式 $q(X) = \sum_{i=1}^{n-1} c_i X^i$ 均成立。对于任何常量 $c \in \mathbb{F}$，事实上有 $\sum_{a \in H} c = |H| \cdot c$。 □

对于本节的其余部分，如事实 10.1 中所述，令 H 是$\mathbb{F}$的乘法子群，大小为 n。令 p 是次数最高为D 的任意单变量多项式，其中 D 可能大于$|H|=n$。

$$\mathbb{Z}_H(X) = \prod_{a \in H} (X-a)$$

表示 H 的归零多项式。注意等式(10.1)意味着 $\mathbb{Z}_H(X) = X^n - 1$，即 $\mathbb{Z}_H$ 是稀疏的，因此可以通过重复求平方的方式，在时间 $O(\log n)$内，求出其在任意输入 r 处的值。我们推导出事实 10.1 的以下简单结论。

引理 10.1　$\sum_{a \in H} p(a) = 0$ 当且仅当存在多项式 h^*、f，其次数分别为 $\deg(h^*) \leqslant D-n$ 和 $\deg(f) < n-1$，满足：

$$p(X) = h^*(X) \cdot \mathbb{Z}_H(X) + X \cdot f(X) \tag{10.3}$$

证明：首先假设等式(10.3)成立，则显然有

$$\begin{aligned}\sum_{a \in H} p(a) &= \sum_{a \in H} (h^*(a) \cdot \mathbb{Z}_H(a) + a \cdot f(a)) \\ &= \sum_{a \in H} (h^*(a) \cdot 0 + a \cdot f(a)) = \sum_{a \in H} a \cdot f(a) = 0\end{aligned}$$

其中最后一个等式成立，是因为事实 10.1 且 $X \cdot f(X)$在输入 0 上的求值结果为 0。

相反的，假设 $\sum_{a \in H} p(a) = 0$。将 p 除以 $\mathbb{Z}_H$ 可以让我们将 $p(X)$写作 $p(X) = h^*(X) \cdot$

$\mathbb{Z}_H(x)+r(X)$，多项式 $r(X)$ 的次数小于 n。由于 $0=\sum_{a\in H}p(a)=\sum_{a\in H}r(a)$，我们通过事实 10.1 得出结论，$r$ 没有常数项。也就是说，我们可以将 $r(X)$ 写为 $X\cdot f(X)$，其中 f 为次数小于 $n-1$ 的多项式。 □

单变量 sum-check 协议 引理 10.1 提供了一个多项式 IOP，用来可验证地计算单变量多项式在乘法子群 H 上的所有求值的总和（而非 4.2 节中 sum-check 协议提到的，在布尔超立方上的多变量多项式的求值总和）。具体来说，为了证明特定的次数为 D 的单变量多项式 p 在具有 $|H|=n$ 的乘法子群 H 上其求值的总和为 0，引理 10.1 意味着证明者只需要证明存在次数最多为 $D-n$ 和 $n-1$ 的函数 h^* 和 f，使得 h^* 和 f 满足等式(10.3)。

实现这个协议的自然方法是让证明者发送两条特殊消息，分别指定 f 和 h^*。然后验证者可以通过在随机点 $r\in\mathbb{F}$ 处求出等式(10.3)的左边和右边，并检查这两个值是否相等，以高概率确认等式(10.3)成立。这需要验证者在单个点 r 对 p、f 和 h^* 进行求值。由于等式(10.3)的右边和左边都是次数最多为 $\max\{D,n\}$ 的多项式，如果等式(10.3)在随机选择的点 r 处成立，那么验证者可以安全地相信等式(10.3)作为形式多项式的相等成立，可靠性误差最大为 $\max\{D,n\}/|\mathbb{F}|$。

评注 10.1 也可以给出一个类似的 IOP 来确认 p 在 $\mathbb{F}$ 上的*加法*而不是乘法子群 H 上的总和为 0。这在处理特征为 2 的域（即其大小等于 2 的幂次）时很有用，因为如果域的大小为 2^k，其中 k 为正整数，则对于每个正整数 $k'<k$，它都有一个大小为 $2^{k'}$ 的加法子群 H；此外其归零多项式 $\mathbb{Z}_H(Y)=\prod_{a\in H}(a-h)$ 是稀疏的（就像在 9.4.1 节的 PCP 中一样）。

10.3.2 通过单变量 sum-check 实现 R1CS-SAT 的多项式 IOP

动机 在本节中，我们解释如何使用单变量 sum-check 协议为 R1CS-SAT 提供多项式 IOP。读者可能想知道，既然 IOP 能够利用交互，为什么不直接使用与 8.4.2 节的 R1CS-SAT 的 MIP 同样的技术（实际上我们确实在 10.6 节中将其重新表述为多项式 IOP）？答案是 MIP 使用 $O(\log n)$ 变量的多线性多项式，导致协议至少需要 $O(\log n)$ 轮。这里，我们的目的是让证明者只发送单变量多项式，从而使得多项式 IOP 交互的轮次为常数[①][②]。正如我们将在 10.6 节中讨论的那样，这最终会导致其与 MIP 派生出的 SNARK 相比，具有不同的成本。

① 当然，如果多项式 IOP 和基于 IOP 的对数轮多项式承诺方案（如 FRI）相结合，则得到的标准的 IOP 将具有对数轮。

② 仅让证明者发送单变量多项式的另一个好处是，本章涉及的两个多项式承诺方案之一，即 FRI，仅直接适用于单变量多项式。即使存在额外开销，我们仍在 10.4.5 节中解释了如何在 IOP 模型中以间接方式建立一个适用于多线性多项式的承诺。

总之，在本节中，我们希望证明者只发送单变量多项式，因此我们必须“重做”第 8 章的 MIP，用单变量多项式模拟并替换该协议中出现的每个构成的多线性多项式。

协议描述　回想一下 8.4 节，R1CS-SAT 实例由 $m\times n$ 矩阵 $\boldsymbol{A}$、$\boldsymbol{B}$、$\boldsymbol{C}$ 指定，且证明者希望证明它知道一个向量 $\boldsymbol{z}$，使得 $\boldsymbol{Az}\circ\boldsymbol{Bz}=\boldsymbol{Cz}$，其中“$\circ$”表示 Hadamard（逐项）乘积。为简单起见，我们假设 $m=n$ 并且存在 $\mathbb{F}$ 上大小正好为 n 的乘法子群 H。让我们用 H 的元素标记 z 的 n 个条目，令 $\hat{z}$ 是 $\mathbb{F}$ 上次数最多为 $(n-1)$ 的 $\boldsymbol{z}$ 的唯一单变量多项式扩展，对于所有 $h\in H$，有 $\hat{z}(h)=z_h$。类似地，令 $\boldsymbol{z_A}=\boldsymbol{Az}$，$\boldsymbol{z_B}=\boldsymbol{Bz}$ 和 $\boldsymbol{z_C}=\boldsymbol{Cz}$ 为 $\mathbb{F}^n$ 中的向量，并令 $\hat{z}_A$、$\hat{z}_B$、$\hat{z}_C$ 为 $\boldsymbol{z_A}$、$\boldsymbol{z_B}$、$\boldsymbol{z_C}$ 的扩展。要检查 $\boldsymbol{Az}\circ\boldsymbol{Bz}=\boldsymbol{Cz}$，验证者必须确认以下两个性质：

$$\forall h\in H,\quad \hat{z}_A(h)\cdot\hat{z}_B(h)=\hat{z}_C(h) \tag{10.4}$$

$$\forall h\in H \text{ 及 } \boldsymbol{M}\in\{\boldsymbol{A},\boldsymbol{B},\boldsymbol{C}\},\hat{\boldsymbol{z}}_{\boldsymbol{M}}(h)=\sum_{j\in H}\boldsymbol{M}_{h,j}\cdot\hat{\boldsymbol{z}}(\boldsymbol{j}) \tag{10.5}$$

等式(10.5)确保 $\boldsymbol{z_A}$、$\boldsymbol{z_B}$、$\boldsymbol{z_C}$ 确实等于 $\boldsymbol{Az}$、$\boldsymbol{Bz}$ 和 $\boldsymbol{Cz}$。在它成立的情况下，等式(10.4)则确认了 $\boldsymbol{Az}\circ\boldsymbol{Bz}=\boldsymbol{Cz}$。

证明者发送四条特殊消息，分别指定次数为 n 的多项式 $\hat{z}$、$\hat{z}_A$、$\hat{z}_B$ 和 $\hat{z}_C$。

检验等式(10.4)　根据上一章的引理 9.2，第一个检查等价于存在一个次数至多为 n 的多项式 h^*，使得

$$\hat{z}_A(X)\cdot\hat{z}_B(X)-\hat{z}_C(X)=h^*(X)\cdot\mathbb{Z}_H(X) \tag{10.6}$$

证明者发送一条特殊消息，指定多项式 h^*。验证者通过选择一个随机 $r\in\mathbb{F}$，概率性地检查等式(10.6)是否成立

$$\hat{z}_A(r)\cdot\hat{z}_B(r)-\hat{z}_C(r)=h^*(r)\cdot\mathbb{Z}_H(r) \tag{10.7}$$

这需要在 r 处查询承诺的多项式 $\hat{z}_A$、$\hat{z}_B$、$\hat{z}_C$ 和 h^*；验证者可以在对数时间内自行对 $\mathbb{Z}_H(r)$ 求值，因为 $\mathbb{Z}_H(r)$ 是稀疏的。由于证明者发送的所有特殊消息都是次数最多为 n 的多项式，如果等式(10.7)在 r 处成立，则验证者足以相信等式(10.6)成立，因此等式(10.4)也成立，其可靠性误差相当于 $2n/|\mathbb{F}|$。

检验等式(10.5)　要检查等式(10.5)是否成立，我们可以利用 9.4 节中 PCP 无法使用的交互。假设在接下来内容中，都有 $\boldsymbol{M}\in\{\boldsymbol{A},\boldsymbol{B},\boldsymbol{C}\}$。令 $\widehat{M}(X,Y)$ 表示矩阵 $\boldsymbol{M}$ 的双变量低次扩展，以自然方式通过 $M(x,y)=M_{x,y}$，将 $\boldsymbol{M}$ 解释为函数 $M(x,y):H\times H\rightarrow\mathbb{F}$。也就是说，$\widehat{M}(x,y)$ 是 $\boldsymbol{M}$ 的唯一双变量扩展多项式，其每个变量的次数最多为 n。因为 $\hat{z}_M$ 是 z_M 的次数小于 n 的唯一扩展，很容易看出当且仅当以下等式作为形式多项式成立时，等式(10.5)对所有 $h\in H$ 成立：

$$\hat{z}_M(X)=\sum_{j\in H}\widehat{M}(X,j)\hat{z}(j) \tag{10.8}$$

由于任意两个次数最多为 n 的不同多项式可以在至多 n 个点上相等，如果验证者从 $\mathbb{F}$ 中随机选择 r'，则以相当于 $n/|\mathbb{F}|$ 的可靠性误差，等式(10.5)成立当且仅当

$$\hat{z}_M(r')=\sum_{j\in H}\hat{M}(r',j)\hat{z}(j) \tag{10.9}$$

验证者通过向证明者发送 r' 来检查等式(10.9)并进行如下操作。令

$$q(Y)=\hat{M}(r',Y)\hat{z}(Y)-\hat{z}_M(r')\cdot|H|^{-1}$$

这样等式(10.9)的有效性等同于 $\sum_{j\in H}q(Y)=0$。验证者请求证明者通过应用10.3.1节中的单变量 sum-check 协议来确定 $\sum_{j\in H}q(Y)=0$。

在应用于 q 的单变量 sum-check 协议结束时，验证者需要在随机点 r'' 处对 q 进行求值。显然，如果验证者有了 $\hat{z}(r'')$、$\hat{z}_M(r')$ 和 $\hat{M}(r',r'')$，就可以在常数次域运算中完成。前两个值 $\hat{z}(r'')$ 和 $\hat{z}_M(r')$ 可以通过对指定多项式 $\hat{z}$ 和 $\hat{z}_M$ 的特殊消息分别进行一次查询来获得。

验证者如何计算 $\hat{M}(r',r'')$ 剩下的就是解释验证者如何以及何时可以高效地获得 $\hat{M}(r',r'')$。对于一些“结构化”的矩阵 $\boldsymbol{M}$，$\hat{M}$ 可能可以在关于 n 的对数多项式时间内求值。这类似于 GKR 协议中的验证者或 8.2 节的 MIP，只要电路或 R1CS 可满足性实例的布线谓词的多线性扩展可以被高效地求值，验证者就可以避免预处理的方式。

对于非结构化矩阵 $\boldsymbol{M}$，计算 $\hat{M}(r',r'')$ 的时间与 $\boldsymbol{M}$ 的非零项的数量 K 呈线性关系(本节后面的等式(10.11)提供了一种可以在这个时间限制内计算 $\hat{M}(r',r'')$ 的方法)。如果对验证者的运行时间不满意，那么可以寻求一个可信方，在预处理中*承诺* $\hat{M}$，然后允许不可信的证明者在之前描述的多项式 IOP 期间，根据需要高效地和可验证地向验证者揭示 $\hat{M}(r',r'')$①。理想情况下，预处理时间和证明者向验证者揭示 $\hat{M}(r',r'')$ 的运行时间，应该与 M 的非零条目数 K 呈线性关系。这个目标有时被称为*全息性*[98]或*计算承诺*[226]。

如果矩阵 $\boldsymbol{M}$ 是稠密的(即 $K=\Omega(n^2)$)，可以直接使用本章(10.4.2 和 10.5 节)或第 14 章中给出的多项式承诺方案来实现这个目标。但通常 R1CS 矩阵是稀疏的，这意味着 K 是 $\Theta(n)$。在这种情况下，目标更难实现。

Chiesa 等人[98,100]仍然给出了实现它的方法。他们的技术在许多方面类似于本书后面描述的稀疏多线性多项式的承诺方案(16.2 节)，可以被用来承诺 GKR 协议中使用的布线谓词 $\widetilde{\mathrm{add}}$ 和 $\widetilde{\mathrm{mult}}$ 的稀疏多线性扩展，以及第 8 章中的 MIP，从而为这些协议实现全息

① 如文献[230]中观察到的，通过让不可信的一方承诺 $\hat{M}$，可以将可信方的工作减少几个数量级，并且可信方仅需在随机点对 $\hat{M}$ 进行求值。然后可信方要求不可信方揭示承诺的多项式在同一点求值。如果两个值相等，那么(至多可忽略的可靠性误差)可以安全地信任承诺的多项式是 $\hat{M}$。

性。在这两种情况下，一般的想法是将要承诺的“稀疏”多项式表示为常数个稠密多项式，其每一个都可以在与 K 呈线性关系的时间内承诺①。

实现全息性的概述　在 IOP 场景中实现这一点的关键是为 $\widehat{M}$ 给出一个明确的表达式，类似于 4.6.7.1 节中的引理 4.7，用次数更高的函数的扩展来表示任意函数的多线性扩展。仔细回忆一下，在引理 4.7 中，我们定义 $\tilde{\beta}$ 为“相等函数”的唯一多线性扩展，它从布尔超立方中接受两个输入，当且仅当它们相等时输出 1(参见等式(4.19))。在本节中，布尔超立方被类比为子群 H，$\tilde{\beta}$ 的类比则是以下双变量多项式：

$$u_H(X,Y):=\frac{\mathbb{Z}_H(X)-\mathbb{Z}_H(Y)}{X-Y}$$

虽然不是很明显，但 u_H 是每个变量的次数最多为 $|H|=n$ 的多项式②。例如，如果 $\mathbb{Z}_H(X)=X^n-1$，那么

$$u_H(X,Y):=\frac{X^n-Y^n}{X-Y}=X^{n-1}+X^{n-2}Y+X^{n-3}Y^2+X^{n-4}Y^3+\cdots+X\,Y^{n-2}+Y^{n-1} \tag{10.10}$$

很容易看到，对于任意的 $x,y\in H$ 且 $x\neq y$，有 $u_H(x,y)=0$。虽然不是太明显，但对于所有的 $x\in H$，也有 $u_H(x,x)\neq 0$(虽然不像 $\tilde{\beta}$，对于所有的 $x\in H$，不一定有 $u_H(x,x)=1$。例如，在等式(10.10)中，$u_H(x,x)=n\,x^{n-1}$)。

令 $\mathcal{K}$ 是 $\mathbb{F}$ 上阶为 K 的乘法子群。我们定义三个函数 val、row、col 按如下方式将 $\mathcal{K}$ 映射到 $\mathbb{F}$，并在 M 和 $\mathcal{K}$ 的非零条目之间施加一些规范的双射。对于 $\kappa\in\mathcal{K}$，我们定义 $row(\kappa)$ 和 $col(\kappa)$ 是 M 的第 κ 个非零条目的行索引和列索引，并将 $val(\kappa)$ 定义为该条目的值除以 $u_H(row(\kappa),row(\kappa))\cdot u_H(col(\kappa),col(\kappa))$。

令 $\widehat{val}$、$\widehat{row}$ 和 $\widehat{col}$ 是它们最多为 K 次的唯一扩展，则有

$$\widehat{M}(X,Y)=\sum_{\kappa\in\mathcal{K}}u_H(X,\widehat{row}(\kappa))\cdot u_H(Y,\widehat{col}(\kappa))\cdot\widehat{val}(\kappa) \tag{10.11}$$

实际上，很容易看出上式右边在 X 和 Y 上的次数至多为 $|H|$，并且与 $\widehat{M}$ 在 $H\times H$ 上处处一致。由于 $\widehat{M}$ 是具有这些属性的唯一多项式，因此等号左边和右边是相同的多项式。

第一次尝试　等式(10.11)用 κ 次多项式 $\widehat{row}$、$\widehat{col}$ 和 $\widehat{val}$ 表示 $\widehat{M}$，暗示了如下方法，允许验证者在多项式 IOP 的末尾有效地获取 $\widehat{M}(r',r'')$。预处理阶段可以让可信方承诺多项式

① 此处和 16.2 节中，K 指的是定义该稀疏多项式的拉格朗日插值集的点值中的非零项。在本节中，该集合是 $H\times H$。在 16.2 节和其在 GKR 协议的应用中，以及第 8 章中的 MIP，相关的插值集是布尔超立方。

② 为证明 $p_1(X,Y):=\mathbb{Z}_H(X)-\mathbb{Z}_H(Y)$ 可以被 $p_2:=X-Y$ 整除，观察到多项式除法的标准属性意味着当 p_1 除以 p_2 时，余数多项式 $r(X,Y)$ 在 X 上的次数严格小于 p_2 在 X 上的次数，p_2 在 X 上的次数为 1。因此，$r(X,Y)$ 在 X 上的次数为 0。由于 p_1 是对称的，可以看出 r 也是对称的，因此 $r(X,Y)$ 是常数。

$\widehat{val}$、$\widehat{row}$、$\widehat{col}$(注意这些是次数为 K 的多项式),然后当验证者需要知道 $\widehat{M}(r',r'')$ 时,调用单变量 sum-check 协议来确定多项式

$$p(\kappa) := u_H(r',\widehat{row}(\kappa)) \cdot u_H(r'',\widehat{col}(\kappa)) \cdot \widehat{val}(\kappa) \tag{10.12}$$

在 $\mathcal{K}$ 中的输入上求和得到所声称的值。

不幸的是,这并没有产生我们所期望的效率,$u_H(r',\widehat{row}(\kappa))$ 和 $u_H(r'',\widehat{col}(\kappa))$ 的次数和 $n \cdot K$ 一样大,因为 u_H 在它的两个变量上次数都为 n。这意味着将单变量 sum-check 协议应用于 $p(\kappa)$ 将要求证明者发送次数为 $\Theta(n \cdot K)$ 的多项式 h^*,而我们正在寻求的是证明者运行时间仅与 K 成比例。

实际的全息协议 在实际的协议中,预处理阶段仍然承诺三个次数为 K 的多项式 $\widehat{val}$、$\widehat{row}$ 和 $\widehat{col}$。

为了解决第一次尝试中的问题,我们必须修改协议的"在线阶段",在此阶段证明者凭借向验证者揭示 $\widehat{M}(r',r'')$ 以降低证明者开销。我们将 f 定义为在 $\mathcal{K}$ 中的所有输入处与 p(等式(10.12))相等的次数最多为 K 的唯一多项式。我们将让证明者承诺 f,且为了让验证者能够检查 f 和 p 在 $\mathcal{K}$ 中的所有输入是否一致,需要确定一个新等式(比等式(10.12)更简单)来描述 p 在 $\mathcal{K}$ 中的输入值。

具体来说,观察到对任意的 $a \in \mathcal{K}$,

$$u_H(r',\widehat{row}(a)) = \frac{\mathbb{Z}_H(r') - \mathbb{Z}_H(\widehat{row}(a))}{r' - \widehat{row}(a)} = \frac{\mathbb{Z}_H(r')}{r' - \widehat{row}(a)}$$

其中最终的等式利用了 $\widehat{row}(a) \in H$ 这一事实。类似地,对任意的 $a \in \mathcal{K}$,

$$u_H(r'',\widehat{col}(a)) = \frac{\mathbb{Z}_H(r'')}{r'' - \widehat{col}(a)}$$

因此,对任意的 $a \in \mathcal{K}$,

$$p(a) = \frac{\mathbb{Z}_H(r')\mathbb{Z}_H(r'') \cdot \widehat{val}(a)}{(r' - \widehat{row}(a)) \cdot (r'' - \widehat{col}(a))} \tag{10.13}$$

上面的讨论可以得出以下协议,使验证者能够在预处理阶段,即可信方承诺 K 次多项式 $\widehat{row}$、$\widehat{col}$ 和 $\widehat{val}$ 之后,有效地得到 $\widehat{M}(r',r'')$。首先,证明者承诺上面定义的次数为 K 的多项式 f,证明者和验证者应用单变量 sum-check 协议来计算 $\sum_{a \in K} f(a)$。回想一下等式(10.11),如果 f 与声称的一样,则其总和等于 $\widehat{M}(r',r'')$。

其次,观察到对于所有的 $a \in \mathcal{K}$,$f(a)$ 等于等式(10.13)中的表达式,当且仅当以下多项式对所有的 $a \in \mathcal{K}$ 等于 0:

$$(r' - \widehat{row}(a)) \cdot (r'' - \widehat{col}(a)) \cdot f - \mathbb{Z}_H(r')\mathbb{Z}_H(r'') \cdot \widehat{val}(a) \tag{10.14}$$

通过引理 9.2,表达式(10.14)对所有的 $a \in \mathcal{K}$ 都等于 0,当且仅当它可以被 $\mathbb{Z}_{\mathcal{K}}(Y) = \prod_{a \in \mathcal{K}} (Y - a)$ 整除。证明者通过承诺多项式 q 来确定 $q \cdot \mathbb{Z}_{\mathcal{K}}$ 等于表达式(10.14),验证者

通过判断其在随机输入 $r''' \in \mathbb{F}$ 处是否成立来检查证明者所声明的多项式相等。这需要验证者求出$\widehat{row}$、$\widehat{col}$、$\widehat{val}$、f、q 和 $\mathbb{Z}_K$ 在 r''' 点处的值。前三个的值可以从对这些多项式的预处理承诺中获得，而 $f(r''')$ 和 $q(r''')$ 可以从证明者对 f 和 q 的承诺中获得，$\mathbb{Z}_K(r)$ 可以在对数时间内计算出来，因为它是稀疏的。

证明者在单变量 sum-check 协议和验证者的第二个检查中承诺的多项式(即 f 和 q)的次数最多为 $2K$。

多项式 IOP 的成本 忽略全息性，R1CS-SAT 的上述多项式 IOP 中的证明者发送次数最多为 n 的五个多项式用于检查等式(10.4)：$\hat{z}$、$\hat{z}_A$、$\hat{z}_B$、$\hat{z}_C$ 和 h^*，验证者在随机点 r 上查询。为检查每个 $\boldsymbol{M} \in \{\boldsymbol{A}, \boldsymbol{B}, \boldsymbol{C}\}$ 的等式(10.5)，作为 sum-check 协议的一部分，证明者发送两个次数最多为 n 的多项式。在单变量 sum-check 协议期间，验证者对这些多项式中的每一个都在随机点 r'' 处求值，并且在 r'' 处计算 $\hat{z}$，在 r' 处计算 $\hat{z}_M$。总而言之，如果采用朴素的方法实现，则多项式 IOP 中的证明者要承诺 11 个次数最多为 n 的多项式，并且处理对各多项式总计 17 次的求值查询。求值查询的数量可以减少到 12，如下所示：可以对等式 10.5 的所有三个实例使用相同的随机值 r' 和 r''。此外，通过在协议末尾执行所有求值查询，验证者可以安全地设置 $r = r''$。

文献[43]、[98]和[100]描述了一些额外的优化措施，它们可以提高将多项式 IOP 与各种多项式承诺方案相结合后，多项式 IOP 和/或生成的 SNARK 的具体效率。当在同一点 r 处求多个不同的承诺多项式时，如上述多项式 IOP 中的验证者所做的那样，至少对于证明长度和验证者时间来说，比起独立执行每个验证，“批量验证”所有声明的求值通常更有效①。有效程度取决于所使用的多项式承诺方案，如本章所介绍的，基于 IOP 的多项式承诺比第 14 章的同态承诺具有更差的摊销属性。这种对承诺多项式的多个求值的高效批量验证方法，将在第 18 章中再次出现。

10.4 FRI 和相关的多项式承诺

10.4.1 概览

FRI 由 Ben-Sasson、Bentov、Horesh 和 Riabzev 引入[34]，其分析结果在一系列工作中[36,49,221]得到了改进。虽然我们将 FRI 如何工作的细节推迟到 10.4.4 节，但现在准确说明它所提供的保证是有用的。设 d 为某个指定的次数上限。证明者在 FRI 中的第一条消息指定了一个函数 $g: L_0 \to \mathbb{F}$，其中 L_0 是精心挑选的 $\mathbb{F}$ 的子集。证明者声称 g 是次

① 也存在已知的批量技术，可以用于在不同点而不是同一点求得多个不同的承诺多项式[64]。

数最多为 d 的多项式。一种等效的说法是，g 是 Reed-Solomon 编码中的一个码字（codeword），其次数为 d。L_0 大小为 $\rho^{-1}\cdot d$，其中 $0<\rho<1$ 是指定常数，称为 g 所在的 Reed-Solomon 编码的码率（code rate）。实际上，使用 FRI 协议，选择 $\mathbb{F}$ 比 L_0 大得多，因为消息大小（以及证明者运行时间）的下限为 $|L_0|$（因此 $|L_0|$ 应尽可能小），而 $|\mathbb{F}|$ 应该很大以确保强可靠性。

FRI 协议的“剩余部分”是具有以下保证的 IOP。对于指定的参数 $\delta\in(0,1-\sqrt{\rho})$，如果验证者接受 FRI 的已知分析保证，则具有压倒性的概率（如至少为 $1-2^{-128}$），g 与某个次数最多为 d 的多项式 p 的相对距离在 δ 之内，即 $g(r)\neq p(r)$，其中 $r\in L_0$ 的点的数量至多为 $\delta\cdot|L_0|$。

FRI IOP 的查询复杂度是决定由此派生的简洁论证系统中证明长度的主要因素。因为每个 IOP 查询都会被转换为必须在生成的论证系统中（参见 9.2 节）发送的默克尔树认证路径。同时，FRI 中的证明者运行时间主要由码率参数 ρ 决定。这是因为选择的 ρ 越小，证明者在 IOP 中的消息越长，因此生成这些消息的证明者运行时间就越大。然而，我们将看到较小的 ρ 可能允许 FRI 验证者在给定的安全级别下进行较少次的查询，从而在 IOP 最终转换为论证系统时使证明更短。参数系统设计者可以通过选择 ρ，在证明时间和证明大小之间获得他们所需的平衡。

10.4.2 多项式承诺和 L_0 之外点的查询

我们强调 FRI 的以下细微之处。SNARK 设计的主流范式需要多项式承诺方案的功能，也就是说，IOP 中的证明者必须以某种方式发送或承诺低次多项式 p，并且验证者必须能够强制证明者稍后在验证者挑选的任何点 $r\in\mathbb{F}$ 处求其承诺的多项式 p。

下面是使用 FRI 实现此功能的自然尝试。为承诺 d 次多项式 p，证明者会通过指定 g 在 L_0（$\mathbb{F}$ 的一个严格子集）上的值来发送一个函数 g（并声称其等于 p），并且验证者可以运行 FRI 来确认 g 与某个次数为 d 的多项式 p 的相对距离至多为 δ。请注意，如果 $\delta<\frac{1-d/|L_0|}{2}=\frac{1-\rho}{2}$，则 p 是唯一的，即在 g 的相对距离 δ 内只能有一个 d 次多项式。这是因为任何两个最高为 d 次的不同多项式可以在最多 d 个点上相等（事实 2.1）。

麻烦的是，g 只能保证接近 p，而不是完全等于 p。这与第 7 章中出现的“宽松的”多项式承诺方案及第 8 章的 MIP 非常类似。

但还有一个额外的问题：由于 g 仅通过其在 L_0 中输入的求值来指定，验证者如何才能确定 p 在输入 $r\in\mathbb{F}\setminus L_0$ 处的求值？研究文献提出了两种处理此问题的方法：第一种方法是仔细设计多项式 IOP，以便验证者永远不需要对证明者指定的多项式在 L_0 之外的点上求值（为简洁起见，本书中不涉及这种方法）；第二种方法利用了一个观察，该观察在本书后面当我们讨论基于配对的多项式承诺方案（15.2 节）时会再次出现。具体来说，

对于任何次数为 d 的单变量多项式 p，断言“$p(r)=v$”等同于断言存在次数最多为 $(d-1)$ 次的多项式 w，使得

$$p(X)-v=w(X)\cdot(X-r) \tag{10.15}$$

这是引理 9.2 的一个特例。

正如在文献[240]中所观察到的，上述观察意味着为了确认 $p(r)=v$，验证者可以对函数 $X\mapsto(g(X)-v)\cdot(X-r)^{-1}$ 应用 FRI，次数上限为 $(d-1)$（我们将此函数定义为在输入 r 处为 0）。注意：每当 FRI 验证者在 L_0 中的某个点上查询此函数时，可以通过在同一点对 g 做一次查询来获得其求值。如果 FRI 验证者接受，那么这个函数以压倒性的概率与某个次数最多为 $(d-1)$ 的多项式 q 的距离在 δ 之内。由于 g 和 p 在域 L_0 上的相对距离至多为 δ，这意味着多项式 $q(X)(X-r)$ 和 $p(X)-v$ 在 L_0 中至少 $(1-2\delta)\cdot|L_0|$ 个输入处一致，并且两者的次数都不超过 d。

假设 $\delta<\frac{1-\rho}{2}$，这保证了 $(1-2\delta)|L_0|>d$。由于任意两个不同的次数最多为 d 的多项式可以在最多 d 个输入上相等，这意味着 $q(X)\cdot(X-r)$ 和 $p(X)-v$ 是相同的多项式，根据等式(10.15)，这又暗示了 $p(r)=v$。

综上所述，如果证明者发送函数 $g:L_0\to\mathbb{F}$ 并说服 FRI 验证者 g 与某个次数为 d 的多项式 p 的距离至多为 $\delta<\frac{1-\rho}{2}$，并且 FRI 验证者在应用于 $X\mapsto(g(X)-v)\cdot(X-r)^{-1}$（次数上限为 $d-1$）时也被说服了，那么以压倒性的概率，$p(r)$ 确实等于 v。也就是说，验证者可以安全地接受通过 g 承诺的低次多项式 p 在输入 r 处的求值为 v。

注意：此多项式承诺方案中，证明者被绑定到实际的一个最多为 d 次的多项式 p 上，为了说服验证者以不可忽略的概率接受，证明者必须用 $p(r)$ 回答对 $r\in\mathbb{F}$ 的任何求值请求。这与 FRI 本身形成对比，它仅将证明者绑定到域 L_0 上的接近于 p 的函数 g。

总之，本节的技术解决了两个阻止 FRI 直接提供多项式承诺方案的问题。如前所述，该技术为验证者引入了接近两倍的具体开销。为承诺一个次数最多为 d 的多项式 p，证明者发送 p 在域 L_0 上的所有求值，并应用 FRI 来确认实际发送的函数 g 确实接近某个 d 次多项式。但是当验证者在 L_0 之外的点 r 处查询承诺的多项式 p 时，必须再次应用 FRI，以确认函数 $(g(X)-v)\cdot(X-r)^{-1}$ 是（接近）某个次数最多为 $(d-1)$ 的多项式。

其实第一次对 FRI 的应用是可以省略的，从而可以避免以上的开销。实际上，由于 FRI 的第二次应用保证了 $(g(X)-v)\cdot(X-r)^{-1}$ 和次数为 $(d-1)$ 的多项式 $q(X)$ 的相对距离在 L_0 上至多为 δ，这意味着次数为 d 的多项式 $p(X):=q(X)\cdot(X-r)+v$ 和 g 的距离在 L_0 上最多为 δ。FRI 第一次应用的全部要点是保证这样一个多项式 p 的存在。

10.4.3 FRI 的成本

证明者时间　在 FRI 的应用中（如将 10.3 节部分的多项式 IOP 转换为 SNARK），

证明者将知道次数为 d 的多项式 p 的系数，或其在 L_0 的大小为 d 子集上的所有求值。要将 FRI 应用于 p，证明者必须在 L_0 中剩余的其他点上求值 p。这是证明者运行时间的主要成本。已知的最快算法本质上是 FFT，它们需要 $\Theta(|L_0|\cdot\log|L_0|)=\Theta(\rho^{-1}d\log(\rho^{-1}d))$ 次域运算。对于常数码率参数 ρ，这个时间就是 $\Theta(d\log d)$。我们注意到 Ben-Sasson 在文献[34]中将 FRI 中的证明者时间描述为 $O(d)$ 次域操作，但这假设了证明者已经知道了 p 在 L_0 中所有输入的值，而在 FRI 的应用中并非如此。

证明长度 FRI 可以分为两个阶段：承诺阶段和查询阶段。承诺阶段是指证明者在 IOP 阶段发送其所有消息(在此阶段，验证者实际上不需要查询证明者的任何消息)，然后验证者在 $\log_2|L_0|$ 轮中每轮向证明者发送一个随机挑战。查询阶段是指验证者在必要的点上实际查询证明者的消息，以检查证明者声明的阶段。查询阶段又包含一个“基本协议”，必须重复多次以确保良好的可靠性误差。具体来说，在基本查询协议中，验证者对证明者发送的 $\log_2|L_0|$ 条消息的每一条进行两次查询。为确保 FRI 验证者对接受和任意的 d 次多项式相对距离大于 δ 的函数 g 的概率的上限为 $2^{-\lambda}$，基本协议必须重复大约 $\lambda/\log_2(1/(1-\delta))$ 次。在通过结合基于 FRI 的 IOP 和默克尔树哈希所获得的论证系统中，查询阶段是证明长度的最主要成本。论证系统的证明者必须为 IOP 中的每个查询发送默克尔树身份认证路径(由 $O(\log d)$ 个哈希值组成)，因此其证明长度为 $O(\lambda\cdot\log^2(d)/\log_2(1/(1-\delta)))$ 个哈希值。对于常数 δ，这将是 $O(\lambda\cdot\log^2(d))$ 个哈希值。

评注 10.2 FRI 证明系统在很大程度上独立于参数 δ 的设置。在可靠性分析中，FRI 中的证明者和验证者需要知道 δ 设置的值的唯一原因，是为了确保他们将 FRI 的查询阶段重复至少 $\lambda/\log(1/(1-\delta))$ 次。

10.4.4 FRI 的细节：通过交互实现的更好的 Reed-Solomon 近似证明

回想一下在 9.4.3 节中概述的用于 Reed-Solomon 测试的 PCP 通过迭代的方式，将测试函数 G_i 是否接近次数为 d_i 的多项式的问题，归约为测试相关函数 G_{i+1} 是否接近次数为 d_{i+1} 的多项式的问题，其中 $d_{i+1}\ll d_i$(更准确地说，$d_{i+1}\approx\sqrt{d_i}$)。这种构造效率低下的根源是，归约过程中的每次迭代都会导致与所分析函数的任何低次多项式之间的距离有一个常数因子级的损失。也就是说，如果 G_i 离每个次数为 d_i 的多项式的距离至少为 δ_i，那么 G_{i+1} 只能保证离每个次数至多为 $\sqrt{d_i}$ 的多项式的距离至少是 (δ_i/c_0)，其中 $c_0>1$ 是某个通用常数。每次迭代中在距离上的这种常数因子损失意味着如果想保持可靠性，我们必须保持迭代次数足够小。这反过来意味着我们需要确保每次迭代中在次数参数上减小的幅度很大。这就是为什么我们选择 $\sqrt{d_i}$ 作为 d_{i+1}。因为确保了 d_i 在 i 中以双倍指数快速下降，即只需要 $\Theta(\log\log d_0)$ 次迭代，就可以将次数变为 0，即函数 G_i 变为常数。

与 PCP 不同，类似 FRI 这样的 IOP 允许进行交互，FRI 利用交互来确保距离参数 δ_i 不会在每一轮下降一个常数。这允许 FRI 使用指数级更多的迭代 $\Theta(\log d_0)$，而不是 $\Theta(\log\log d_0)$，在保持有意义的可靠性的同时，也具有相应的有效率优势。

回忆 10.4.1 节中，FRI 分两个阶段进行，承诺阶段和查询阶段。承诺阶段是证明者发送其在 IOP 中的所有消息（在此阶段，验证者实际上不需要查询证明者的任何消息），并且验证者每轮发送一个随机挑战给证明者。查询阶段是验证者在必要的点上查询证明者的消息以检查证明者的声明。

IOP 承诺阶段与 9.4.3 节的比较 为了简单起见，我们假设在 IOP 的第 i 轮中，G_i 是定义在 $\mathbb{F}$ 中乘法子群 L_i 上的函数，其中 $|L_i|$ 是 2 的幂，并且当前次数上限 d_i 也是 2 的幂。在第 0 轮中，G_0 是一个在域 L_0 上定义的多项式的求值表，我们想要测试它与 d_0 次单变量多项式的接近程度。

回想一下在 9.4.3 节中，为了证明 G_i 是一个 d_i 次多项式，PCP 只需要证明存在一个双变量多项式 Q_i，它在每个变量上的次数都不超过 $\sqrt{d_i}$，使得 $G_i(z)=Q_i(z,q_i(z))$。当 G_i 的次数确实至多为 d_i 时，这样的多项式 Q_i 的存在性由引理 9.4 保证。

在 FRI IOP 中，$q_i(z)$ 简单地设置为 z^2（因为 q_i 的选择不依赖于 i，我们之后省略 q 的下标 i）。当 G_i 的次数最多为 d_i 时，引理 9.4 保证存在一个 $Q_i(X,Y)$，其在 X 上的次数最多为 1，并且在 Y 上最多为 $d_i/2$，使得 $Q_i(z,z^2)=G_i(z)$。在上述 $q_i(z)$ 的设置下，G_i 的这种表示具有特别简单的形式。令 $P_{i,0}$ 由 G_i 的所有偶数次数单项式组成，但所有幂次均除以 2 后向下取整。例如，若 $G_i(z)=z^3+3z^2+2z+1$，则 $P_{i,0}=3z+1$，$P_{i,1}(z)=z+2$。当 $q(z)=z^2$ 时，我们可以通过定义 $Q_i(z,y):=P_{i,0}(y)+z\cdot P_{i,1}(y)$ 确保 $G_i(z)=Q_i(z,z^2)$。

在 9.4.3 节用于 Reed-Solomon 测试的 PCP 中，$q(z)$ 被选为次数为 $\sqrt{d_i}$ 的多项式，使得 $q(L_i)$ 函数的像的大小比 $|L_i|$ 本身小得多（小了 $\sqrt{d_i}$ 倍）。同样，当 L_i 是 $\mathbb{F}$ 的乘法子群时，映射 $z\rightarrow z^2$ 在 L_i 上是二对一的①，所以在我们选择 $q(z):=z^2$ 时，如果定义

$$L_{i+1}=q(L_i) \tag{10.16}$$

则

$$|L_{i+1}|=|L_i|/2$$

IOP 承诺阶段的完整描述 在 IOP 证明者承诺在域 L_i 上定义的多项式 G_i 之后，IOP 验

① 为了看到这一点，回想一下事实 10.1 的证明，任何有限域 $\mathbb{F}$ 的乘法子群 H 是循环的，这意味着有一个 $h\in H$ 使得 $H=\{h,h^2,\cdots,h^{|H|}\}$，其中 $h^{|H|}=1$。如果 $|H|$ 是偶数，这意味着 $H':=\{h^2,h^4,\cdots,h^{|H|}\}$ 也是 $\mathbb{F}$ 的乘法子群，阶为 $|H|/2$，H' 由 H 中的所有完全平方数（也称为二次剩余）组成。对于 H' 中的每个元素 h^{2i}，h^{2i} 是 h^i 和 $h^{i+|H|/2}=-h^i$ 的平方。

证者选择一个随机值 $x_i \in \mathbb{F}$ 并请求证明者向其发送定义在等式(10.16)中的 L_{i+1} 域上的单变量多项式：

$$G_{i+1}(Y) := Q_i(x_i, Y) = P_{i,0}(Y) + x_i \cdot P_{i,1}(Y) \tag{10.17}$$

这将进行 $i=0,1,\cdots,\log_2 d_0$ 轮。最后对于 $i^* = \log_2 d_0$，$G_{i^*}(Y)$的次数应该为 0，因此是一个常数函数。在这一轮中，证明者的消息仅指定常量 C，验证者将其解释为 $G_{i^*}(Y) = C$。

查询阶段 验证者 $\mathcal{V}$ 重复以下过程 ℓ 次，ℓ 我们会在后面设置。$\mathcal{V}$ 随机选择一个输入 $s_0 \in L_0$，对于 $i=0,\cdots,i^*-1$，$\mathcal{V}$ 设置 $s_{i+1} = q(s_i) = s_i^2$。然后验证者希望检查 $G_{i+1}(s_{i+1})$是否与等式(10.17)在输入 s_{i+1} 处一致，也就是说，$G_{i+1}(s_{i+1})$确实等于 $Q_i(x_i, s_{i+1})$。我们现在解释如何通过对 G_i 的两次查询来执行此检查。

令 $g(X) := Q_i(X, s_{i+1})$，并观察到 $g(X)$是关于 X 的线性函数。因此整个函数 g 可以通过它在两个输入处的值推断出来。

具体来说，设 $s_i' \neq s_i$ 表示 L_i 中满足$(s_i')^2 = s_{i+1}$的另一个元素。由于我们假设 L_i 是偶数阶的乘法子群，L_i 包含-1(见上一页脚注)，因此 $s_i' = -s_i$。我们知道 $g(s_i) = Q_i(s_i, s_{i+1}) = G_i(s_i)$，而 $g(s_i') = Q_i(s_i', s_{i+1}) = G_i(s_i')$。由于 g 是线性的，这两个值足以推断出整个线性函数 g，从而求出 $g(x_i)$。更具体地说，我们有如下等式：

$$g(X) = (X - s_i) \cdot (s_i' - s_i)^{-1} \cdot G_i(s_i') + (X - s_i') \cdot (s_i - s_i')^{-1} \cdot G_i(s_i)$$

因为此表达式是 X 的线性函数，且已知它在 $X = s_i$ 和 $X = s_i'$处取适当的值。

因此，为了检查 $G_{i+1}(s_{i+1})$确实等于 $Q_i(x_i, s_{i+1})$，验证者查询 G_i 在 s_i'和 s_i 处的值，并检查以下等式是否成立：

$$G_{i+1}(s_{i+1}) = (x_i - s_i) \cdot (s_i' - s_i)^{-1} \cdot G_i(s_i') + (x_i - s_i') \cdot (s_i - s_i')^{-1} \cdot G_i(s_i) \tag{10.18}$$

完备性和可靠性 协议的完备性由设计决定：很明显，如果 G_0 确实是一个在域 L_0 上的次数最多为 d_0 的单变量多项式，并发送规定的消息，那么验证者的所有检查都将通过。事实上，所有的一致性检查都会通过，并且 G_{i^*} 确实是一个常数函数。

FRI 的最新的可靠性保证在下面的定理 10.1 中陈述。它的证明是相当具有技术性的，在本书中被省略了，但我们详细阐述了主要思想。

Reed-Solomon 编码的最坏情况到平均情况的归约 设 $f_1, \cdots, f_\ell$是域 L_i 上的 ℓ 个函数的集合，并假设至少有一个 f_j 与 L_i 上的每个次数最多为 d_i 的多项式之间的相对距离至少为 δ。如果 $f := \sum_{j=1}^{\ell} r_j f_j$ 表示 $f_1, \cdots, f_\ell$的随机线性组合(即每个 r_j 是从 $\mathbb{F}$ 中随机选择

的)，则在随机选择 $r_1,\cdots,r_\ell$ 的情况下，f 大概率与 L_i 上所有次数至多为 d_i 的多项式至少也有 δ 的距离。这个陈述远非显而易见，并且为了说明为什么它是真的，在下面的引理 10.2 中我们证明以下较弱的陈述，这确实不足以产生对 FRI 的严格分析，因为它会导致在距离参数 δ 中 2 倍的损失。引理 10.2 是由 Rothblum、Vadhan 和 Wigdersen[217] 提出的，我们的证明几乎一字不差地遵循 Ames 等人的证明[7]。

引理 10.2　设 $f_1,\cdots,f_\ell$ 是域 L_i 上的 ℓ 个函数的集合，并假设至少有一个函数，比如 f_{j^*}，与 L_i 上每个次数最多为 d_i 的多项式的相对距离至少为 δ。如果 $f:=\sum_{j=1}^{\ell} r_j\cdot f_j$ 表示 $f_1,\cdots,f_\ell$ 的随机线性组合，那么 f 与 L_i 上每个次数最多为 d_i 的多项式的相对距离至少为 $\delta/2$ 的概率至少为 $1-1/|\mathbb{F}|$。

证明：设 V 表示 $f_1,\cdots,f_\ell$ 的生成集合，即 V 是所有由 $f_1,\cdots,f_\ell$ 的任意线性组合所得到的函数的集合。观察到 V 的一个随机元素可以写为 $\alpha\cdot f_{j^*}+x$，其中 α 是随机域元素，x 独立于 α 分布。我们论证在 x 任意选择的条件下，α 至多有一个选择可使 $\alpha\cdot f_{j^*}+x$ 与某个次数最多为 d_i 的多项式的相对距离最多为 $\delta/2$。为了理解这一点，通过反证法的方式假设 $\alpha\cdot f_{j^*}+x$ 与次数为 d_i 的某个多项式 p 的相对距离小于 $\delta/2$，并且 $\alpha'\cdot f_{j^*}+x$ 与某个次数为 d_i 的多项式 q 的相对距离小于 $\delta/2$，其中 $\alpha\neq\alpha'$。那么由三角不等式得，$(\alpha-\alpha')f_{j^*}$ 与 $p-q$ 的相对距离小于 $\delta/2+\delta/2=\delta$。这与 f_{j^*} 与次数最多为 d_i 的所有多项式的距离至少为 δ 的假设相矛盾。□

一系列工作[7,36,49,217,221]改进了引理 10.2 以避免距离参数 δ 中的因子为 2 的损失。也就是说，比起给出随机线性组合 f 与每一个低次多项式的相对距离最多为 $\delta/2$ 的结论，这些工作展示了 f 到任意低次多项式的相对距离最多为 δ。需要注意的是，这些改进确实要求 δ“不要太接近 1”，并且它们失败的概率也比引理 10.2 中出现的 $1/|\mathbb{F}|$ 的概率更大。

FRI 详细的可靠性分析描述　下面提供的可靠性分析只是一个概述，感兴趣的读者可以参考文献[49]，其中有良好可读性的完整细节介绍。假设函数 G_0 在域 L_0 上与每个 d_0 次多项式的相对距离大于 δ。我们必须证明，对于所有的证明者策略，在 FRI 的查询阶段，有很高概率证明者在至少一次 FRI 验证者的一致性检查上失败。

对于验证者选择的 x_0 的任何固定值，等式(10.18)指定 L_1 上的函数 G_1，使得如果证明者在 FRI 的承诺阶段的第 1 轮发送 G_1，那么 G_1 将始终通过验证者的一致性检查。也就是说，如果对于任何 $s_1\in L_1$，令 $s_0,s_0'\in L_0$ 表示 s_1 的两个平方根，那么

$$G_1(s_1)=(x_0-s_0)\cdot(s_0'-s_0)^{-1}\cdot G_0(s_0')+(x_0-s_0')\cdot(s_0-s_0')^{-1}\cdot G_0(s_0)\tag{10.19}$$

注意 G_1 依赖于 x_0；当我们需要显式表示这种依赖性时，可以写为 G_{1,x_0} 而不是 G_1。

在 FRI 承诺阶段的第一轮中，证明者可以希望“幸运”以两种方式发生。第一种方式是如果验证者恰好选择了一个值 $x_0 \in \mathbb{F}$，使得 G_{1,x_0} 与次数为 d_1 的多项式的相对距离明显小于 δ。第二种方式是证明者可以发送消息 $G_1' \neq G_1$，使得 G_1' 比 G_1 更接近低阶多项式，并希望验证者不会通过其一致性检查“检测”到其与 G_1 的偏差。

事实证明，第二种方式，即发送 $G_1' \neq G_1$，永远不会增加证明者通过验证者检查的概率。粗略地说，这是因为证明者通过发送偏离 G_1 的函数 G_1' 实现的任何“距离改进”，都会被证明者无法通过验证者一致性检查的概率的增加所抵消。

现在解释为什么证明者在第一种方式上走运的概率至多是很小的 ε_1。这个想法来自 G_{1,x_0} 本质上是一个 $G_{1,0}$ 和 $G_{1,1}$ 的随机线性组合。具体来说，G_{1,x_0} 是关于 x_0 的线性函数(参见等式(10.19))，我们可以写成 $G_{1,x_0} = G_{1,0} + x_0 \cdot G_{1,1}$。由于 x_0 是由验证者从 $\mathbb{F}$ 中随机均匀选择的，这意味着 G_{1,x_0} 本质上是 $G_{1,0}$ 和 $G_{1,1}$ 的一个随机线性组合(不完全是，因为 $G_{1,0}$ 的系数固定为 1 而不是随机域元素，但我们会忽略这种复杂情况)。此外，可以证明(虽然我们省略了推导)如果在 L_1 上，$G_{1,0}$ 和 $G_{1,1}$ 与次数小于 $d_1 = d_0/2$ 的多项式 $p(X)$ 和 $q(X)$ 的相对距离最多为 δ，那么在 L_0 上，G_0 与多项式 $p(X^2) + X \cdot q(X^2)$ 的相对距离至多为 δ，其次数小于 $2d_1 = d_0$，与我们的假设相矛盾。本章引理 10.2 的加强，断言了两个函数的随机线性组合，如果其中有一个与每个 d_1 次多项式的相对距离至少为 δ，随机线性组合本身很可能与每个这样的多项式的相对距离也至少为 δ。因此，我们得出了期望的结论，即根据选择的 x_0，G_{1,x_0} 与每一个次数至多为 d_1 的多项式的相对距离至少为 δ 的概率很高。

上述分析适用于每一轮 i，而不仅仅是第 1 轮。具体来说，最佳证明者策略在每一轮 i 中发送指定的函数 $G_{i,x_{i-1}}$，并且以一个很高的概率，每个 $G_{i,x_{i-1}}$ 与次数至多为 d_i 的多项式的相对距离至少为 δ。如果这也适用于最后一轮 i^*，那么在每次 FRI 查询阶段的重复中，验证者的最终一致性检查将以至少 $(1-\delta)$ 的概率拒绝。这是因为 $G_{i^*,x_{i^*-1}}$ 与常数函数的相对距离为 δ，并且在最后一轮承诺阶段中，证明者被迫发送一个常量 C，验证者检查在查询阶段的每次执行中，$G_{i^*,x_{i^*-1}}(s_{i^*}) = C$ 是否对均匀分布在 L_{i^*} 中的点 s_{i^*} 成立。

总之，若最佳证明者策略在承诺阶段不够“幸运”(根据上面的分析，发生的概率最多为 ε_1)，则查询阶段的每次重复都会以至少为 $(1-\delta)$ 的概率揭示其不一致性。所以查询阶段所有 ℓ 次重复且未能检测到不一致的概率是 $\varepsilon_2 = (1-\delta)^\ell$。因此，如果 G_0 与最多 d_0 次的任何多项式的相对距离大于 δ，那么 FRI 验证者将以至少是 $(1-\varepsilon_1-\varepsilon_2)$ 的概率拒绝。这在文献[36]的以下定理中形式化。

定理 10.1 (文献[36])令 $\rho = d_0/|L_0|$，$\eta \in (0, \sqrt{\rho}/20)$，且 $\delta \in (0, 1-\sqrt{\rho}-\eta)$。如果 FRI 应用于与次数最多为 d_0 的多项式相对距离大于 δ 的函数 G_0，那么验证者接受的概率最多

为 $\varepsilon_1+\varepsilon_2$，其中 $\varepsilon_2=(1-\delta)^{\ell}$ 且 $\varepsilon_1=\dfrac{(d_0+1)^2}{(2\eta)^7\cdot|\mathbb{F}|}$。

为说明参数在定理 10.1 中的设置，文献[36]通过一个数值实例，将 ρ 设置为 1/16，$|\mathbb{F}|$ 设置为 2^{256}，η 设置为 2^{-14}，δ 设置为 $1-\sqrt{\rho}-\eta=3/4-\eta$。如果 d_0 最多为 $2^{16}=65\ 536$，则在基本查询阶段使用 $\ell:=65$ 次调用，将导致可靠性误差为 $\varepsilon_1+\varepsilon_2\leqslant 2^{-128}$。

如果使用基于 FRI 的多项式承诺将 10.3.2 节的多项式 IOP 转换为全息 SNARK，d_0 的设置仅足以刻画 R1CS 实例 $\boldsymbol{Az}\circ\boldsymbol{Bz}=\boldsymbol{Cz}$，使得每个矩阵 $\boldsymbol{A}$、$\boldsymbol{B}$、$\boldsymbol{C}$ 最多具有 $d_0/2=32\ 768$个非零条目。处理更大的 R1CS 实例在相同的安全级别将需要更大的域，或者更多的重复（增加证明长度和验证成本），或者更低的码率（进一步增加证明者时间）。

定理 10.1 鼓励协议设计者将 δ 设置得尽可能大，因为更大的 δ 导致更小的 ε_2。然而，在使用基于 FRI 的多项式承诺下将多项式 IOP 转换为 SNARK 的背景下，至少根据已知的可靠性分析，可能还有其他问题阻止了将 δ 设置为与上述数值示例中设置的一样大。例如，如 10.4.2 节中所述，从 FRI 推导出实际的多项式承诺方案要求 $\delta<(1-\rho)/2<1/2$①。作为另一个例子，某些文献中对各种多项式 IOP 的一些具体优化已经与 FRI 相结合，其需要更严格的条件 $\delta\leqslant(1-\rho)/3<1/3$。在这样的限制下，FRI 将需要超过 200 次查询阶段的重复才能实现小于 2^{-128}的可靠性误差。

据推测，类似定理 10.1 的结论即使对于 δ 大到大约 $1-\rho$ 也成立（参见文献[35]和[36]），而不是定理 10.1 中假设的 δ 的上界 $1-\sqrt{\rho}-\eta$。

10.4.5　从单变量到多变量多项式

FRI 可用于给出单变量多项式的多项式承诺方案（10.4.2 节）。Zhang 等人[256]观察到，给定任何此类单变量多项式的承诺方案，可以通过以下方式为多线性多项式设计一个承诺方案。正如引理 3.4 中所观察到的，在输入 $r\in\mathbb{F}^{\ell}$ 上求一个定义在 $\mathbb{F}$ 上的 ℓ 变量多线性多项式 q，和计算以下两个(2^{ℓ})一维向量 $\boldsymbol{u}_1,\boldsymbol{u}_2\in\mathbb{F}^{2^{\ell}}$ 的内积是等价的。以自然方式将 $\{0,1\}^{\ell}$与$\{0,\cdots,2^{\ell}-1\}$相关联，第一个向量 $\boldsymbol{u}_1$ 的第 w 项是 $q(w)$，第二个向量 $\boldsymbol{u}_2$ 的第 w 项是 $\chi_w(r)$，即第 w 个拉格朗日多项式在 r 处的值。这个简单的观察，即我们可以将在输入 r 处求多项式 p 的任务视为对应基的多项式（在本例中为拉格朗日）的系数向量 $\boldsymbol{u}_1$ 和在 r 处所有基的求值的向量 $\boldsymbol{u}_2$ 的内积，这将在本书讨论的许多多项式承诺中反复出现。

令 H 是 $\mathbb{F}$ 上大小为 $n:=2^{\ell}$的乘法子群（当且仅当 2^{ℓ}整除$|\mathbb{F}|-1$ 时，这个大小的乘法子群才存在，让我们假设这一点成立）。令 $b:H\rightarrow\{0,1\}^{\ell}$为规范的双射。要承诺一个

① RedShift[165]使用 FRI 构造了一种多项式承诺的松弛形式，称为列表多项式承诺，并表明这个松弛的原语足以将一些多项式 IOP 转化为 SNARK（尽管它大大增加了全息性的成本）。这个松弛的原语可以用接近 $1-\sqrt{\rho}$大小的 δ 来实现。

多线性多项式 q，我们只需承诺在 $\mathbb{F}$ 上的次数为 $|H|=n$ 的单变量多项式 Q，使得对于所有的 $a\in H, Q(a)=q(b(a))$ 就足够了，因为 q 完全由其在 $\{0,1\}^{\ell}$ 上的值指定。为了之后在验证者选择的点 $z\in\mathbb{F}^{\ell}$ 处揭示 $q(z)$，考虑向量 $\boldsymbol{u}_2$ 包含所有拉格朗日多项式在 z 点的值。只需确认以下等式成立

$$\sum_{a\in H} Q(a)\cdot\boldsymbol{u}_2(a)=v \tag{10.20}$$

其中 v 是 $q(z)$ 的声明值，这里我们就以自然方式将 $|H|$ 维向量 $\boldsymbol{u}_2$ 与 H 上的函数相关联了。

令 $\hat{u}_2$ 是扩展 $\boldsymbol{u}_2$ 的次数至多为 $|H|$ 的唯一多项式，且令

$$g(X)=Q(X)\cdot\hat{u}_2(X)-v\cdot|H|^{-1}$$

观察到当且仅当 $\sum_{a\in H} g(a)=0$ 时等式(10.20)成立。因此，等式(10.20)可以通过对多项式 g 应用引理 10.1 描述的单变量 sum-check 协议来检查。更详细地说，在这个协议中，证明者向多项式 h^* 和 f 发送承诺，使得

$$g(X)=h^*(X)\cdot\mathbb{Z}_H(X)+X\cdot f(X) \tag{10.21}$$

且 f 的次数至多为 $n-1$。这要求验证者为随机选择的 $r\in\mathbb{F}$ 求 $g(r)$、$h^*(r)$、$\mathbb{Z}_H(r)$ 和 $f(r)$。像往常一样，$\mathbb{Z}_H(r)$ 是稀疏的，因此验证者可以在对数时间内自行计算，$h^*(r)$、$f(r)$ 可以通过查询对这些多项式的承诺来获得。

求 $g(r)$ 需要求先 $Q(r)$ 和 $\hat{u}_2(r)$。$Q(r)$ 可以通过查询对 Q 的承诺获得，但求 $\hat{u}_2(r)$ 需要关于 n 的线性时间。幸运的是，函数 $r\mapsto\hat{u}_2(r)$ 是由大小为 $O(n\log n)$，深度为 $O(\log n)$ 的分层算术电路计算得到的，以及可以在 $O(\log n)$ 时间内为每一层 i 计算其中的 $\widetilde{\text{add}}_i$ 和 $\widetilde{\text{mult}}_i$。因此，验证者可以使用 GKR 协议将 $\hat{u}_2(r)$ 的求值外包给证明者，验证者的运行时间将为 $O(\log^2 n)$。

注意，此转换会带来相当大的开销。为了承诺具有 n 个系数的多线性多项式及之后产生一个求值证明，证明者必须承诺 3 个次数为 n 的单变量多项式，而不仅仅是一个这样的多项式。此外，证明者和验证者必须将 GKR 协议应用到一个大小超线性于 n 的电路上，其中 n 为被承诺的多项式的系数数量。

10.5 Ligero 和 Brakedown 多项式承诺

在本节中，我们将描述基于 IOP 的多项式承诺方案，其证明者速度比 FRI 快得多，但求值证明会更大。为简单起见，我们在单变量多项式的上下文中描述多项式承诺方案(在标准单项式基上表示)，但实际上该方案也直接适用于多线性多项式(详细信息参见第 14 章中的图 14.2)。

10.5.1 识别在多项式求值查询中的张量积结构

设 q 是证明者希望承诺的域 $\mathbb{F}_p$ 上的 $(n-1)$ 次单变量多项式，令 $\boldsymbol{u}$ 表示 q 的系数向量。然后，正如在上一节中观察到的，我们可以将 q 的求值表示为 $\boldsymbol{u}$ 与适当的“求值向量”的内积。具体来说，如果 $q(X)=\sum_{i=0}^{n-1} u_i X^i$，那么对于 $z\in\mathbb{F}_p$，$q(z)=\langle \boldsymbol{u},\boldsymbol{y}\rangle$，其中 $\boldsymbol{y}=(1,z,z^2,\cdots,z^{n-1})$ 由 z 的幂次组成，$\langle \boldsymbol{u},\boldsymbol{y}\rangle=\sum_{i=0}^{n-1} u_i z^i$ 表示 $\boldsymbol{u}$ 和 $\boldsymbol{y}$ 的内积。

向量 $\boldsymbol{y}$ 在以下意义上具有张量积结构。假设 $n=m^2$ 是一个完全平方数，并定义 $\boldsymbol{a},\boldsymbol{b}\in\mathbb{F}^m$，有 $a:=(1,z,z^2,\cdots,z^{m-1})$ 和 $b:=(1,z^m,z^{2m},\cdots,z^{m(m-1)})$。如果我们将 $\boldsymbol{y}$ 视为一个 $m\times m$ 的矩阵，其中的条目索引为 $(y_{1,1},\cdots,y_{m,m})$，那么 $\boldsymbol{y}$ 就是 a 和 b 的外积 $\boldsymbol{b}\cdot\boldsymbol{a}^{\mathrm{T}}$。也就是说，对于所有 $0\leqslant i,j\leqslant m-1$，有 $y_{i,j}=z^{i\cdot m+j}=b_i\cdot a_j$。等价地，我们可以将 $q(z)$ 写为向量-矩阵-向量积 $\boldsymbol{b}^{\mathrm{T}}\cdot\boldsymbol{u}\cdot\boldsymbol{a}$ 的形式。这种张量结构也在第 14 章给出的几个多项式承诺方案中得到利用——其中的图 14.1 包含此张量结构的图形示例。

10.5.2 多项式承诺方案的描述

纠错码的背景 为了解释承诺方案，我们需要引入一些关于纠错码的术语。纠错码由编码函数 E 指定。E 将 $\mathbb{F}^m$ 中的向量映射到 $\mathbb{F}^{\rho^{-1}m}$ 中稍长一些的向量，其中 ρ 称为编码的码率(将 ρ 视为常数)。E 必须是“距离放大”的。这意味着消息 $u_1,u_2\in\mathbb{F}^m$，即使只有单个坐标不一致，$E(u_1)$ 和 $E(u_2)$ 都应该在坐标的常数比例上不一致。编码的距离是任意两个码字 $E(u_1)$ 和 $E(u_2)$ 之间的最小差异。编码的相对距离 γ 是距离除以码字的长度。

如果 E 是线性函数，则编码也为线性的。也就是说，对于任何消息 $u_1,u_2\in\mathbb{F}^m$ 和标量 $a,b\in\mathbb{F}$，有 $E(a\cdot u_1+b\cdot u_2)=a\cdot E(u_1)+b\cdot E(u_2)$。

线性编码的一个典型例子是 Reed-Solomon 码。正如我们在本书中看到的那样，在此编码中，消息 $u_1\in\mathbb{F}^m$ 被解释为 $\mathbb{F}$ 上的次数为 $m-1$ 的单变量多项式 p。$E(u_1)$ 是 p 的 $\rho^{-1}m$ 个求值的列表。编码的距离至少为 $(1-\rho)\cdot m$，这是因为任何两个不同的次数为 $(m-1)$ 的多项式最多可以在 $m-1$ 个输入处相等。对于此编码，$E(u_1)$ 可以在时间 $O(\rho^{-1}m\log(\rho^{-1}m))$ 内使用基于 FFT 的多点求值算法计算出来。

对于本章的其余部分，令 E 表示消息长度为 m、码字长度为 $\rho^{-1}m$ 且相对距离为 $\gamma>0$ 的线性编码的编码函数。我们进一步假设 E 是系统的，这意味着对于任何消息 $u_1\in\mathbb{F}^m$，$E(u_1)$ 的前 m 个符号是 u_1 本身。

下面描述的承诺方案隐含在 Ligero[7]中，在 E 是 Reed-Solomon 编码的情况下(或者更准确地说，是它的系统变体，单变量低次扩展编码，参见 2.4 节)。对于一般线性编码 E，它基本上隐含在 Bootle 等人的工作中[67]了，另见文献[69]。Golovnev 等人[137]设计了一个具有线性时间编码过程的具体高效的纠错码 E，并将由此产生的承诺方案的具体实现称为 Brakedown（他们还表明由此产生的多项式承诺方案是可提取的）。Xie 等人[253]改进了纠错码以提高性能，并使用 SNARK 组合来减少生成的承诺方案中多项式求值证明的长度。

承诺阶段 回顾$[m]$表示集合$\{1,2,\cdots m\}$，我们以自然的方式将 q 的系数向量 $\boldsymbol{u}$ 视为一个 $m\times m$ 的矩阵（正如我们将上面的向量 $\boldsymbol{y}$ 视为 $m\times m$ 矩阵一样）。有关示例，请参见第 14 章中的图 14.1。

我们用 u_i 表示 $\boldsymbol{u}$ 的第 i 行。设 $\hat{\boldsymbol{u}}$ 为 $m\times(\rho^{-1}m)$ 矩阵，其中第 i 行为 $E(u_i)$。在 IOP 中，证明者对 $\boldsymbol{u}$ 的承诺将只是一条列出矩阵 $\hat{\boldsymbol{u}}$ 所有条目的消息（所以在最终的多项式承诺方案中，q 的承诺将是 $\hat{\boldsymbol{u}}$ 的默克尔树哈希）。

我们用 $\boldsymbol{M}$ 表示包含在证明者承诺消息中的 $m\times(\rho^{-1}m)$ 矩阵。$\boldsymbol{M}$ 被声称是 $\hat{\boldsymbol{u}}$，但是如果证明者在作弊，那么 $\boldsymbol{M}$ 可能与 $\hat{\boldsymbol{u}}$ 不同。收到 $\boldsymbol{M}$ 后，验证者的初始目标是尝试确定 $\boldsymbol{M}$ 是否是一个“良构”的承诺矩阵，意思是 $\boldsymbol{M}$ 的每一行都是 E 指定的纠错码中的一个码字。验证者将通过“行的随机线性组合”测试概率性地检查这一点。

具体来说，验证者选择一个随机向量 $\boldsymbol{r}\in\mathbb{F}^m$，并将 $\boldsymbol{r}$ 发送给证明者。证明者响应一个向量 $\boldsymbol{w}\in\mathbb{F}^{\rho^{-1}m}$ 并声称其等于 $\boldsymbol{r}^{\mathrm{T}}\cdot\boldsymbol{M}$，验证者确认 $\boldsymbol{w}$ 是一个码字。更准确地说，验证者可以通过让证明者不发送 $\boldsymbol{w}$ 本身，而是发送消息 $\boldsymbol{v}\in\mathbb{F}^m$ 来确认这一点，然后验证者将 $\boldsymbol{w}$ 设置为 $E(\boldsymbol{v})$。这意味着验证者完整地读取了 $\boldsymbol{v}$。

对于我们稍后指定的一些整数参数 $t=\Theta(\lambda)$，验证者随机选择 $\boldsymbol{w}$ 的 t 个条目并确认这些条目与实际承诺的矩阵 $\boldsymbol{M}$ 是“一致的”。也就是说，验证者随机选择 $\boldsymbol{w}$ 的 $\rho^{-1}m$ 个条目的大小为 t 的子集 Q。对于每个 $i\in Q$，验证者“打开”$\boldsymbol{M}$ 的第 i 列中的所有 m 个条目，以确认这些条目与 $\boldsymbol{w}_i$ 一致，即 $w_i=\boldsymbol{r}^{\mathrm{T}}\cdot\boldsymbol{M}_i$，其中 $\boldsymbol{M}_i$ 表示 $\boldsymbol{M}$ 的第 i 列。由于验证者“一致性检查”$\boldsymbol{w}$ 的 t 项，并且每次检查都需要打开 $\boldsymbol{M}$ 的整个列，验证者对 $\boldsymbol{M}$ 的条目进行的查询总数是 $t\cdot m$。

求值阶段 假设验证者请求证明者揭示 $q(z)=\langle\boldsymbol{u},\boldsymbol{y}\rangle$，其中 $\boldsymbol{u}$ 和 $\boldsymbol{y}$ 的定义如 10.5.1 节所述。回想一下，将 $\boldsymbol{u}$ 视为一个矩阵，$q(z)=\boldsymbol{b}^{\mathrm{T}}\cdot\boldsymbol{u}\cdot\boldsymbol{a}$，其中 $\boldsymbol{a},\boldsymbol{b}\in\mathbb{F}^m$ 也如 10.5.1 节中所定义的。求值阶段完全类似于承诺阶段，除了使用的随机向量 $\boldsymbol{r}$ 在承诺阶段被替换为 $\boldsymbol{b}$。

更详细地说，证明者首先向验证者发送一个向量 $\boldsymbol{v}'$ 声称其等于 $\boldsymbol{b}^{\mathrm{T}}\cdot\boldsymbol{u}$，类似于“随机线性组合测试”，验证者令 $\boldsymbol{w}':=E(\boldsymbol{v}')$。验证者然后选择 $\boldsymbol{M}$ 的列的一个大小为 t 的子集 Q'，并检查对所有 $i\in Q'$，$\boldsymbol{w}'_i=\boldsymbol{b}^{\mathrm{T}}\cdot\boldsymbol{M}_i$，其中 $\boldsymbol{M}_i$ 表示 $\boldsymbol{M}$ 的第 i 列。如果这些检查全部通过，则验证者输出$\langle\boldsymbol{w}',\boldsymbol{a}\rangle$作为其接受的 $q(z)$ 值。这意味着对 $\boldsymbol{M}$ 的 $t\cdot m$ 次查询。如果验证者的检查全部通过，则验证者输出 $\sum_{j=1}^{m}a_j\cdot v'_i$ 作为承诺多项式的求值 $q(z)$。

该方案绑定性的直觉解释　如果证明者是诚实的并且 $\boldsymbol{M}$ 的每一行都是一个码字，那么根据编码的线性特征，这些行的任何线性组合也是一个码字。同时，如果 $\boldsymbol{M}$“远”非每一行都是一个码字（我们在正式的绑定分析中将使“远”的相关概念更精确），则 $\boldsymbol{M}$ 的行的随机线性组合 $\boldsymbol{r}^{\mathrm{T}}\boldsymbol{M}$ 不太可能接近任何码字 $\boldsymbol{z}$。在这种情况下，由于验证者检查了 $\boldsymbol{z}$ 与实际请求的 $\boldsymbol{M}$ 的行的线性组合的大量条目是否一致，那么以压倒性的概率，证明者不能通过验证者的某个一致性检查。

因此，“随机线性组合”的测试大致确保了 $\boldsymbol{M}$ 的所有行都是码字，正如所声称的那样（这不完全正确，但对于分析的其余部分而言，它“足够接近”正确）。如果 $\boldsymbol{M}$ 的所有行确实都是码字，则令 u_i 作为使 $\boldsymbol{M}$ 的第 i 行等于 $E(u_i)$ 的消息，并令 $\boldsymbol{u}$ 表示第 i 行等于 u_i 的 $m\times m$ 矩阵。我们声称证明者必须用 $\boldsymbol{b}^{\mathrm{T}}\cdot\boldsymbol{u}\cdot\boldsymbol{a}$ 来回答任何求值查询 $q(z)$，这意味着证明者被绑定多项式 q，其系数由矩阵 $\boldsymbol{u}$ 指定。

这是因为，根据编码的线性特性，在求值阶段请求的向量 $\boldsymbol{b}^{\mathrm{T}}\cdot\boldsymbol{M}$ 也是一个码字。这意味着如果证明者在求值阶段发送 $\boldsymbol{b}^{\mathrm{T}}\cdot\boldsymbol{M}$ 以外的任何码字，它将在许多条目中与 $\boldsymbol{b}^{\mathrm{T}}\cdot\boldsymbol{M}$ 不同（根据编码的距离属性），因此验证者在该阶段的一致性检查将以压倒性的概率检测到差异。并且因为编码是系统的，如果证明者确实在求值阶段发送了 $\boldsymbol{b}^{\mathrm{T}}\cdot\boldsymbol{M}$，验证者将输出 $\boldsymbol{b}^{\mathrm{T}}\cdot\boldsymbol{u}\cdot\boldsymbol{a}$ 作为求值结果。

绑定性分析的细节　具体而言，我们提供的 E 是在 Reed-Solomon 编码的情况下的详细的绑定性分析，但该分析基本上可以不变地适用于一般线性编码 E。

对于码率为 ρ 的 Reed-Solomon 编码，编码的相对距离大于 $(1-\rho)$。这意味着对于任何 $\delta<(1-\rho)/2$，任何向量 $\boldsymbol{w}\in\mathbb{F}^{\rho^{-1}m}$，在 $\boldsymbol{w}$ 的相对距离 δ 内至多有一个码字。

在这种编码中，有一些大小为 $\rho^{-1}m$ 的特定集合 $L_0\subseteq\mathbb{F}$，消息 $u_i\in\mathbb{F}^m$ 被解释为 m 次多项式 p_i 在 L_0 中前 m 个点处的求值，u_i 的编码是 p_i 在 L_0 中的点的所有求值的向量。

对详细的绑定分析的第一次尝试　引理 10.2 指出，当采用函数的随机线性组合时，即便是这些函数中的一个，如果远离给定次数的 Reed-Solomon 编码中的所有码字，则（概率至少为 $1-1/|\mathbb{F}|$）随机线性组合也将如此。定量地，对于任何参数 $\delta>0$，如果 $\boldsymbol{M}$ 的任意行与每个码字的相对距离大于 δ，那么引理 10.2 保证，以至少 $1-1/|\mathbb{F}|$ 的概率，$\boldsymbol{r}^{\mathrm{T}}\boldsymbol{M}$ 与每个次数最多为 m 的多项式的相对距离至少为 $\delta/2$。在这种情况下，由于验证者知道 $\boldsymbol{z}$ 是一个码字，$\boldsymbol{r}^{\mathrm{T}}\boldsymbol{M}$ 和 $\boldsymbol{z}$ 至少有 $\delta/2$ 个条目不同。因此，对于所有的 $i\in Q$，$\boldsymbol{z}_i=\boldsymbol{r}^{\mathrm{T}}\cdot\boldsymbol{M}_i$ 的概率至多为 $(1-\delta/2)^t$。我们可以设置 t 以确保此概率低于某个所需的可靠性水平，例如，以确保 $(1-\delta/2)^t\leqslant 2^{-\lambda}$。总之，我们建立了以下主张。

主张 10.1　*如果验证者在承诺阶段中的检查以大于 $1/|\mathbb{F}|+(1-\delta/2)^t$ 的概率全部通*

过，那么 M 的每一行 i 与某个码字的相对距离至多为 δ。

此后，我们假设 $\delta<(1-\rho)/2$。这个假设结合主张 10.1 确保如果证明者以大于 $(1-\delta/2)^t$ 的概率通过验证者的检查，那么对于 $\boldsymbol{M}$ 的每一行 $\boldsymbol{M}_i$，有一个唯一的码字 p_i，其次数最多为 m，与 $\boldsymbol{M}$ 的第 i 行的相对距离最多为 δ。

不幸的是，以上内容本身并不足以保证该承诺方案是绑定的，其原因如下。

主张 10.1 断言了验证者可以确信 $\boldsymbol{M}$ 的每一行 i 与某个码字 $p_i\in\mathbb{F}^{|L_0|}$ 的相对距离至多为 δ。令 $E_i=\{j: p_{i,j}\neq M_{i,j}\}$ 表示 p_i 和 $\boldsymbol{M}$ 的第 i 行的不同条目的下标子集，再令 $E=\bigcup_{i=1}^m E_i$。即 E 是列的集合，其中每一列都满足至少有一行 i 和其最近的多项式 p_i 在该列上不同。主张 10.1 并不排除 $|E|=\sum_{i=1}^m |E_i|$ 的可能性。换句话说，它留下了任意两个不同的行 i、i' 与对应的码字 p_i、$p_i{}'$ 在不同的位置有区别的可能性。

完整的绑定分析　我们需要对主张 10.1 进行改良以排除这种可能性(将主张 10.1 中的 $\delta/2$ 改进为 δ)，但我们不证明这个改良。

主张 10.2　假设 $\delta<\frac{1-\rho}{3}$ 且验证者在承诺阶段的检查全部以大于 $\varepsilon_1:=|L_0|/|\mathbb{F}|+(1-\delta)^t$ 的概率通过。令 $E=\bigcup_{i=1}^m E_i$，则 $|E|\leqslant\delta\cdot|L_0|$。

为了证明绑定性，令 $h':=\sum_{i=1}^m a_i\cdot p_i$。我们声称，如果证明者在承诺阶段以大于 $\varepsilon_1=|L_0|/|\mathbb{F}|+(1-\delta)^t$ 的概率通过了验证者的检查，然后在求值阶段发送一个码字 h 使得 $h\neq h'$，那么证明者将在求值阶段以最多 $\varepsilon_2:=(\delta+\rho)^t$ 的概率通过验证者的检查。要看到这一点，观察 h 和 h' 是消息长度为 m 的 Reed-Solomon 编码中的两个不同的码字，因此它们可以在至多 m 输入处相等。将相等的集合设为 A。如果有任何 $j\in Q'$ 且 $j\notin A\cup E$，则验证者在求值阶段拒绝，其中 E 与主张 10.2 中的相同。$|A\cup E|\leqslant|A|+|E|\leqslant m+\delta\cdot|L_0|$，因此随机选择 $\boldsymbol{M}$ 中的列 j，其在 $A\cup E$ 中的概率最大为 $m/|L_0|+\delta\leqslant\rho+\delta$。因此，验证者将以至少 $1-(\rho+\delta)^t$ 的概率拒绝。

总之，我们已经展示了对于 $\delta<(1-\rho)/2$，如果证明者在承诺阶段以至少 $|L_0|/|\mathbb{F}|+(1-\delta)^t$ 的概率通过了验证者的检查，那么证明者被绑定到多项式 q^*，其系数矩阵 $\boldsymbol{u}$ 的第 i 行等于 p_i 的前 m 个符号。也就是说，对于 z 的任何求值查询，验证者要么输出 $q^*(z)$，要么在求值阶段以至少 $1-(\rho+\delta)^t$ 的概率拒绝。

10.5.3　对成本的讨论

令 λ 表示如下的安全参数。假设我们希望保证如果证明者说服验证者在承诺阶段或查询阶段不拒绝的概率不少于 $\varepsilon_1+\varepsilon_2=2^{-\lambda}$，那么证明者将被迫回答与最多 $(n-1)$ 次的

固定多项式 q^* 一致的任何求值查询。自始至终，我们都抑制了对 ρ^{-1} 和 δ 的依赖，因为我们认为这些参数是区间(0,1)中的常量。

承诺和求值证明的大小　对上述承诺方案进行一些优化后，可以实现只有一个默克尔树哈希的承诺，其求值证明的大小为 $O(\sqrt{n\lambda})$。对 n 的平方根的依赖来自证明者发送的用来响应随机线性组合测试和求值查询的向量 $\boldsymbol{v}=\boldsymbol{r}^{\mathrm{T}}\boldsymbol{M}$ 和 $\boldsymbol{v}'=\boldsymbol{b}^{\mathrm{T}}\cdot\boldsymbol{u}$ 长度等于矩阵 $\boldsymbol{u}$ 和 $\boldsymbol{M}$ 的列数，又因为验证者查询了 $\boldsymbol{M}$ 的 t 列的所有条目，每个条目的长度等于 $\boldsymbol{M}$ 的行数。矩阵被选择为具有 $\sqrt{n}$ 的行和列以平衡开销。

证明者时间　由这个IOP产生的论证中的证明者运行时间被两种操作所支配。第一种是对矩阵 $\boldsymbol{M}$ 的每一行进行编码。如果像Ligero一样使用Reed-Solomon代码，这需要对长度为 $\Theta(\sqrt{n})$ 的向量的每一行进行一次FFT。由于每个这样的FFT都需要 $O(\sqrt{n}\log n)$ 次域运算，因此FFT的总运行时间为 $O(n\log n)$ 次域运算。

如果使用线性时间编码的纠错码(例如，在文献[137]中设计的)，那么编码操作总共只需要 $O(n)$ 的时间。

第二种是证明者需要计算其第一条消息的默克尔树哈希，其长度为 $O(n)$。这需要 $O(n)$ 次密码学哈希求值。在实践中，主导证明者运行时间的通常是编码操作，而不是默克尔树哈希。

验证者时间　经过一些具体的优化后，验证者在论证系统中的运行时间主要是将纠错码的编码过程应用于长度为 $O(\sqrt{n\lambda})$ 的两个向量 $\boldsymbol{v}$ 和 $\boldsymbol{v}'$。如果使用Reed-Solomon编码，这是 $O(\sqrt{n\lambda}\log n)$ 次域运算；如果使用线性时间编码，这是 $O(\sqrt{n\lambda})$ 次域运算。

与FRI的比较　论证系统的通信复杂性和验证者运行时间比FRI的论证系统大得多，至少在渐近意义上是这样。而FRI的证明长度和验证者时间是 n 的对数多项式，Ligero和Brakedown多项式承诺的这些成本与 n 的平方根成正比。

Ligero和Brakedown多项式承诺的主要好处是得到了一个明显更快的证明者——在实践中对于足够大的 n[137] 其快过一个数量级。对于Brakedown的情况，证明者时间是渐近最优的 $O(n)$ 而不是 $O(n\log n)$。此外，Brakedown适用于任何足够大的域，而FRI和Ligero的承诺需要一个支持FFT的域 $\mathbb{F}$，这意味着 $\mathbb{F}$ 必须有一个适当大小的乘法或加法子群①。

Ligero++[53]结合Ligero的承诺和FRI得到一个多项式承诺方案，此方案具有与

① 最近的相关工作文献[37,38]提供了类似FFT的算法和相关的论证系统，可以在任意域中以 $O(n\log n)$ 时间运行，但需要更昂贵的域相关预处理阶段，并且在撰写本书时，这些算法的具体成本尚不清楚。

Ligero 的承诺相似的证明时间，以及与 FRI 相似的证明长度。然而，这种方法将验证者的运行时间增加到接近 n 的线性时间。

10.6 通过多项式 IOP 统一 IP、MIP、IOP

从第 7 章到第 10 章描述了通过将 IP 或 MIP 与多项式承诺方案相结合获得的电路和 R1CS 可满足性的简洁论证。我们将本章的协议（10.3 节）描述为多项式 IOP。在本节中，我们将在同一个框架内重新构建 IP 和 MIP。这使得协议的描述更短，并阐明了各种方法的利弊。为避免冗余，我们在这里的描述有些粗略，因为本节只是重新构建了本书前面所详细描述的协议。

来自 GKR 协议的多项式 IOP 在这里，我们将第 7 章中基于 IP 的简洁论证重写为多项式 IOP。在这个论证中，证明者声称知道一个证据 $w \in \mathbb{F}^n$ 使得 $\mathcal{C}(w)=1$，其中 $\mathcal{C}$ 是证明者和验证者都知道的电路。此多项式 IOP 中唯一的"特殊"消息是第一个消息。具体来说，证明者通过发送 $\log n$ 个变量的多项式 $\widetilde{w}$，即 w 的多线性扩展，以启动协议。然后，证明者和验证者对声明 $\mathcal{C}(w)=1$ 应用 GKR 协议（4.6 节）。请注意，GKR 协议中的验证者在执行自己的协议部分时，不需要知道任何有关 w 的信息，直到协议结束时对于随机选择的 $r \in \mathbb{F}^{\log n}$，它需要知道 $\widetilde{w}(r)$。这就是为什么这个多项式 IOP 中的验证者不需要完整地知道特殊消息，而只需其中描述的多项式 $\widetilde{w}$ 的单个求值。

来自 Clover 的多项式 IOP 在这里，我们将 8.2 节中基于 MIP 的简洁论证重写为多项式 IOP（8.4 节中的 R1CS 的 MIP 也可以类似地重写）。该节为 $\mathcal{C}(w)=1$ 的声明定义了*正确脚本* W 的概念：脚本 W 为 $\mathcal{C}$ 的 S 个门赋值，如果它将输出门赋为 1，并且确实对应于某个输入 w 在 $\mathcal{C}$ 中逐门求值的结果，则称 W 是*正确的*。

与基于 GKR 的多项式 IOP 一样，此多项式 IOP 中唯一的"特殊"消息是第一个消息。证明者通过发送 $\log S$ 变量的多项式 $\widetilde{W}$，即正确脚本 W 的多线性扩展，以启动协议。

8.2 节中的等式(8.2)定义了一个*派生多项式* $h_{\widetilde{W}}$[①]，使得以下两个属性成立：(1) 当且仅当 $\sum_{u \in \{0,1\}^{3\log S}} h_{\widetilde{W}}(u)=0$ 时，$\widetilde{W}$ 是正确脚本的扩展；(2) 对任意的 $r_1, r_2, r_3 \in \mathbb{F}^{\log S}$，给定 $\widetilde{W}(r_1)$、$\widetilde{W}(r_2)$、$\widetilde{W}(r_3)$，可以有效地计算出 $h_{\widetilde{W}}(r_1, r_2, r_3)$。

因此，多项式 IOP 只是将 sum-check 协议应用于多项式 $h_{\widetilde{W}}$。注意，sum-check 协议中的验证者在执行自己的协议部分时，不需要知道任何有关 $h_{\widetilde{W}}$ 的信息，直到协议结束时，对于随机选择的 $(r_1, r_2, r_3) \in \mathbb{F}^{3\log S}$，它需要知道 $h_{\widetilde{W}}(r_1, r_2, r_3)$。通过上面的第二个属

① 更准确地说，$h_{\widetilde{W}}$ 的定义是随机的，有很小的概率 $\widetilde{W}$ 没有扩展正确的脚本，而 $h_{\widetilde{W}}$ 在布尔超立方上的求值总和不为 0。

性，可以在给定 $\widetilde{W}(r_1)$、$\widetilde{W}(r_2)$、$\widetilde{W}(r_3)$的情况下高效地获得此求值。

使用 4.5.2 节的交互式证明，验证者可以避免对 $\widetilde{W}$ 进行三次求值查询，而只需进行一次。具体来说，验证者要求证明者告诉 $\widetilde{W}(r_1)$、$\widetilde{W}(r_2)$、$\widetilde{W}(r_3)$的声称值，以及 4.5.2 节的技术允许验证者通过在单个随机选择的点 $r_4 \in \mathbb{F}^{\log S}$ 检查 $\widetilde{W}(r_4)$的求值来检查证明者的声明。

评注 10.3 以上两个协议描述，假设在协议内部使用的$\mathcal{C}$的"布线谓词"的多线性扩展，可以被验证者快速求值。如果不行，则仍可通过稍后在 16.2 节中给出的稀疏多线性多项式的承诺方案来实现全息性。

IP 派生的、MIP 派生的和常数轮多项式 IOP 派生的论证比较 上面的重述清楚地表明，在上述 IP 和 MIP 派生的论证中(它们都基于多线性多项式)，证明者只承诺一个多线性多项式。相反，在本章的多项式 IOP 中(10.3 节)，其只使用单变量多项式，证明者需要承诺许多多项式，每个至少与 IP 和 MIP 派生论证的多项式一样大。具体来说，本章的证明者承诺 11 个单变量多项式，如果朴素地实施的话(并且还不计算全息性的开销)。这是常数轮多项式 IOP 派生的论证在证明者的时间和空间开销上往往要昂贵得多的一个主要原因①②。

另一方面，本章基于单变量多项式的 IOP 只有常数轮是一个显著的好处。这意味着，如果结合具有恒定大小承诺和求值证明的多项式承诺方案(即稍后在 15.2 节中介绍的 KZG 承诺)，它会产生一个具有恒定证明大小的 SNARK③。相比之下，在 IP 和 MIP 派生出的 SNARK 中使用的多线性多项式和 sum-check 协议导致了至少对数级的轮次，因此在证明大小和验证者时间方面都是对数级的。

总而言之，IP 和 MIP 派生的 SNARK 的证明者成本往往要低得多，但是比基于常数轮多项式 IOP 的替代方案具有更高的验证成本。基于 IP 的论证将此推向了极端，因为它仅将多项式承诺方案应用于电路证据 w。如果 w 比完整电路$\mathcal{C}$更小，这就使证明者成本较低。但是由此产生的证明可能非常大。实际上，若忽略来自所选多项式承诺方案中求值证明的开销，基于 MIP 导出的电路可满足性论证的证明长度比基于 IP 的证明短了一个大约等于电路深度的因子。另外，它将多项式承诺方案应用于整个电路脚本扩展 $\widetilde{W}$ 而不仅仅是证据扩展 $\widetilde{w}$，这可能导致比 IP 派生的论证更大的证明者成本。

---

① 在本章中描述的常数轮多项式 IOP 包含 Marlin[98] 和 Fractal[100]。另一个受欢迎的和 Marlin 有着相近开销的常数轮多项式 IOP 是 PlonK[123]。

② 可能还有其他原因使得常数轮多项式 IOP 对于证明者来说更昂贵。例如，从常数轮多项式 IOP 派生的现有的 SNARK 要求证明者执行 FFT，即使在使用的多项式承诺方案不需要 FFT 时也是如此。对于上面的 IP 和 MIP 派生的论证来说，情况并非如此，如果它们使用不需要 FFT 的多线性多项式承诺方案，则可以完全避免 FFT。

③ 我们所说的恒定证明大小，指的是常数个密码学群$\mathbb{G}$ 中的元素。

第 11 章

零知识证明和论证

11.1 零知识的定义

零知识证明或论证的定义刻画如下概念，验证者从证明者获得的信息，除了待证陈述是正确的以外，再无其他[1]。也就是说，验证者通过交互从诚实证明者了解的任何信息都可以在无须访问证明者的情况下自行了解。这通过模拟要求来形式化，要求存在一个被称为模拟器的高效算法，其输入仅是待证陈述，其产生脚本的分布与验证者和诚实证明者交互所产生脚本的分布不可区分（回忆一下 3.1 节，一个交互式协议的脚本就是在协议执行的过程中，证明者和验证者所有交互消息的列表）。

定义 11.1（零知识的非正式定义） 一个针对语言 $\mathcal{L}$ 拥有规定的证明者 $\mathcal{P}$ 和验证者 $\mathcal{V}$ 的证明或论证系统，如果对任意一个概率多项式时间的验证策略 $\hat{V}$ 来说，存在一个概率多项式时间的算法 S（其依赖于 $\hat{V}$），被称为模拟器，满足对所有 $x \in \mathcal{L}$，模拟器的输出 $S(x)$ 的分布与 $\text{View}_{\hat{V}}(\mathcal{P}(x), \hat{V}(x))$ 是不可区分的，那么该系统被称为零知识的。这里，$\text{View}_{\hat{V}}(\mathcal{P}(x), \hat{V}(x))$ 表示该证明或论证系统中证明者策略 $\mathcal{P}$ 和验证者策略 $\mathcal{V}$ 在交互中产生的脚本分布。

模拟器的存在意味着，除了了解 $x \in \mathcal{L}$ 以外，验证者 $\mathcal{V}$ 从证明者处并没有学到任何超出 $\mathcal{V}$ 自己可以高效计算的内容。这是因为，在 x 属于 $\mathcal{L}$ 的条件下，$\mathcal{V}$ 不能区分由与诚实证明者交互所产生的脚本，还是忽略证明者，转而运行模拟器所产生的脚本。相应地，验证者从证明者了解的全部信息，从模拟器也能了解（模拟器是高效的过程，因而验证者自己也能运行模拟器）。

在定义 11.1 中，术语"不可区分"有三个自然含义。

- 第一种可能是要求 $S(x)$ 和 $\text{View}_{\hat{V}}(\mathcal{P}(x), \hat{V})$ 具有完全相同的分布。在此情况

---

[1] 证明（proof）满足统计可靠性，论证（argument）满足计算可靠性，参见定义 3.1 和 3.2。

下，证明或论证系统被称为是完美零知识(perfect zero-knowledge)[①]。

- 第二种可能是要求 $S(x)$ 和 $\text{View}_{\hat{V}}(\mathcal{P}(x),\hat{V}(x))$ 分布的统计距离可忽略。在此情况下，证明或论证系统被称为是统计零知识(statistical zero-knowledge)。

  这里，D_1 和 D_2 两种分布的统计距离(也被称为全变差距离)的定义是

  $$\frac{1}{2}\sum_{y}|Pr[D_1(x)=y]-Pr[D_2(x)=y]|$$

  并且它等于所有算法 $\mathcal{A}$(包括低效算法)上，

  $$|\Pr_{y\leftarrow D_1}[\mathcal{A}(y)=1]-\Pr_{y\leftarrow D_2}[\mathcal{A}(y)=1]|$$

  的最大值。这里，$y\leftarrow D_i$ 指 y 是从分布 D_i 中随机抽取的。因此，如果两个分布之间的统计距离可以忽略不计，那么给定分布中的多项式数量的样本时，没有算法(无论其运行时间如何)能够以非可忽略的概率区分这两个分布。

- 第三种可能是要求当输入是从分布中获取的多项式数量的样本时，所有多项式时间的算法 $\mathcal{A}$ 区分分布 $S(x)$ 和 $\text{View}_{\hat{V}}(\mathcal{P}(x),\hat{V}(x))$ 的概率是可忽略的。在此情况下，证明或论证系统被称为计算零知识(computational zero-knowledge)。

因此，当有人提到"零知识协议"的时候，实际上他们可能指的是至少 6 种不同类型的协议。这是因为可靠性有两种形式：统计的(证明)和计算的(论证)，并且零知识至少有 3 种形式(完美零知识、统计零知识和计算零知识)。实际上，在考虑如何定义零知识的概念时，还有更多微妙之处需要考虑。

- **(诚实与不诚实验证者零知识)**定义 11.1 对每种可能的概率多项式时间的验证策略 $\hat{V}$ 都需要一个高效的模拟器。这被称为恶意的或者不诚实验证者零知识。另外，只考虑对规定的验证者策略 $\mathcal{V}$ 要求存在高效模拟器的情况。这被称为诚实验证者零知识。

- **(普通零知识与辅助输入零知识)**定义 11.1 考虑验证者 $\hat{V}$ 只有一个输入，即公开输入 x。这被称为普通零知识，其原始定义最先由 Goldwasser、Micali 和 Rackoff[133]在引入零知识概念的会议论文中提出(一同提出的还有交互式证明的概念)。但是，当零知识证明或论证作为一个更大的密码协议中的一个子流程时，人们通常关注的是不诚实的验证者，他们可能会依据在执行零知识协议之前从更大协议中获得的信息来计算给证明者的消息。为了刻画这种场景，必须修改定义 11.1 中的验证策略 $\hat{V}$，接受两个输入：证明者和验证者都知道的公开输入 x，以及只有验证者和模拟器才知道的辅助输入 z，并坚持要求模拟器产生的输出 $S(x,z)$ 与

① 在完美零知识证明的背景下，通常允许模拟器中止的概率高达 1/2，并要求在 $S(x)$ 不中止的条件下，$S(x)$ 与 $\text{View}_{\hat{V}}(\mathcal{P}(x),\hat{V}(x))$ 的分布是相同。这是因为，如果模拟器不允许中止，那么任何非平凡的问题(即不在 **BPP** 中的问题，**BPP** 问题是可在多项式时间内由概率图灵机解决的一类问题)都不存在完美零知识证明。这个细微之处与本书无关。

$\text{View}_V(\mathcal{P}(x),\hat{V}(x,z))$"不可区分"。这个修改后的定义被称为辅助输入零知识。当然,只有在考虑不诚实的验证者时,区分辅助输入零知识和普通零知识才有意义。

考虑辅助输入的计算零知识的一个额外好处是,这个概念在顺序组合下是封闭的。这意味着如果我们依次运行多个满足辅助输入的计算零知识协议,那么得到的协议仍然满足辅助输入的计算零知识性质。尽管已知的反例是有些不自然,但这在普通的计算零知识中实际上是不成立的。有兴趣的读者可以参考文献[54]及其引用文献以了解零知识证明和论证组合性质相对较新的研究。

读者可能对我们现在大约有 24 种零知识协议的概念感到恐慌,每一种都是以下可能组合之一:(统计和计算可靠性),(完美、统计和计算零知识),(诚实验证者和不诚实验证者零知识)和(普通和辅助输入零知识)。虽然对诚实验证者零知识来说,辅助输入零知识和普通零知识的区别是无关紧要的,总共有 2×3×2×2 种组合。幸运的是,对我们来说,在本书中我们只需要研究其中几种变体,总结如下。

正如我们所解释的,因为统计零知识证明并不十分强大(尽管它们能解决某些被认为在 **BPP** 之外的问题,但是它们不能解决 **NP** 完全问题),所以我们的讨论很短。大体上,我们所做的就是描述它们的限制,然后通过两个简单的例子展示它们的计算能力:一个由文献[131]提出的用于解决图非同构的经典零知识证明系统(11.3 节)和一个特别优雅的用以解决碰撞问题的协议(这个问题的提出多少有些不自然,但该协议是一个用来展示零知识能力的有启发性的例子)。

在随后的章节中,我们会介绍多种完美零知识论证。所有这些论证都是非交互式的(可能在运用 Fiat-Shamir 变换之后),这使得恶意验证者和诚实验证者(辅助输入和普通)零知识的区别是无关紧要的①②③。

---

① 更准确地说,将 Fiat-Shamir 变换应用于诚实验证者零知识证明或论证,并在普通模型下实例化(通过用具体的哈希函数代替随机预言机)时,只要用于实例化随机预言机的哈希族满足一个称为可编程性的性质,得到的非交互式论证就是零知识的。这个结果甚至适用于不诚实的验证者,因为非交互式协议没有给验证者的不当行为留下任何空间。大体来说,非交互式论证的模拟器可以通过运行交互式证明的模拟器来获取其脚本,然后以脚本中的生成验证者挑战的随机性,随机选择在 Fiat-Shamir 变换中使用的哈希函数 h(这种对 h 的条件抽样能力被称为可编程性)。这与首先随机挑选 h,再让诚实证明者使用 h 将 Fiat-Shmir 变换应用于交互式协议所得到的(哈希函数,脚本)对,产生一样的分布。更多细节参见文献[218]。

② 在随机预言机模型下而非普通模型下工作时,本书省略了关于如何形式化零知识的一些细微之处(有兴趣的读者可以在文献[204]和[247]中找到有关这些细微之处的讨论)。

③ 对于使用结构化参考字符串(SRS)的非交互式论证,例如我们在稍后的 17.5.6 节中描述的论证系统,可以考虑(作为恶意验证者零知识的类比)未正确生成 SRS 的场景。例如,*颠覆零知识*的概念要求在 SRS 是恶意选择的情况下也能保持零知识。我们在本书中描述的使用 SRS 的 SNARK 可以调整为满足颠覆零知识[1,28,116]。另一方面,如果 SNARK 是零知识的,那么在存在恶意选择的 SRS 的情况下,电路可满足问题的 SNARK 不可能是可靠的[28]。

模拟的评注　对于初次接触零知识的人来说，一个常见的困惑是，对于解决语言 $\mathcal{L}$ 的零知识证明或论证中的诚实验证者的视图来说，有一个高效的模拟器，是否意味着这个问题可以被一个高效算法解决。也就是说，给定输入 x，为什么不能通过多次运行输入为 x 的模拟器 S，并尝试从 S 所产生的脚本中判断出 $x\in\mathcal{L}$ 是否成立？答案是这要求对每一对输入 (x,x')，其中 $x\in\mathcal{L}$，$x'\notin\mathcal{L}$，分布 $S(x)$ 和 $S(x')$ 必须是可以高效区分的。而这点在零知识的定义中是没有保证的。实际上，零知识的定义并没有说明模拟器 S 在不属于 $\mathcal{L}$ 的输入 x' 上的行为。

确实，一个高效的模拟器 S 运行于输入 $x'\notin\mathcal{L}$ 时，产生零知识协议可接受的脚本是完全可能的。同样地，在*知识*的零知识证明语境下，证明者声称*知道*满足某些性质的证据 w，模拟器却能在*不知道*证据的情况下产生可接受的脚本。

一开始可能有人怀疑上文与协议的可靠性是否矛盾：如果模拟器能为假的声明找到可接受的脚本，难道作弊的证明者不能以某种方式利用这些脚本，说服验证者接受这些假的声明为有效的？答案是否定的。一个理由是，零知识协议可能是互动的，而模拟器仅需要产生令人信服的互动*脚本*。这意味着模拟器可以做一些事情，如首先挑选所有验证者的挑战，并依据这些挑战再选择所有证明者回复。相比之下，每轮交互中，作弊的证明者必须在知道该轮的验证者挑战之前就发送其消息。所以即便模拟器对输入 $x\notin\mathcal{L}$ 可以找到可接受的脚本，但对试图向 $\mathcal{V}$ 证明 $x\in\mathcal{L}$ 的不诚实证明者来说，该脚本是毫无帮助的。这是将在 11.4 节中，我们为碰撞问题构造的模拟器，以及我们在 12.2 节中开发的零知识的知识证明（例如，用来证明离散对数知识的 Schnorr 协议）中的情况[①]。

最后的一些直觉　另一种理解零知识协议的方式如下。如果证明者 $\mathcal{P}$ 能说服验证者 $\mathcal{V}$ 接受其声明，那么 $\mathcal{V}$ 就可以推断（除非在交互中 $\mathcal{P}$ 猜中验证者发送给证明者的随机挑战）$\mathcal{P}$ 肯定有一个有效的*策略*来回答验证者的挑战。这就是说，$\mathcal{P}$ 必须准备好成功回答 $\mathcal{V}$ 在协议执行过程中可能提出（但是实际上并未提出）的许多不同的挑战。如果该协议可靠性误差小，这就意味着 $\mathcal{P}$ 的声明是正确的，即 $x\in\mathcal{L}$。

同时，在协议过程中，零知识保证了 $\mathcal{P}$ 对于 $\mathcal{V}$ *真实*挑战的回应也不会泄露其他信息。换句话说，在零知识协议中，$\mathcal{P}$ 对发送的挑战的回答，仅用来使 $\mathcal{V}$ 确信 $\mathcal{P}$ 准备好回答其他没有真正被问到的挑战。$\mathcal{P}$ 的准备向 $\mathcal{V}$ 表明了 $\mathcal{P}$ 的声明是正确的，但没有泄露任何其他信息。

在 12.2 节中，当我们讨论所谓的特殊可靠性协议时，这种直觉将变得更加清晰。这些都是 3 消息协议，验证者 $\mathcal{V}$ 向证明者发送一个随机挑战（该挑战是协议中的第二条消

---

① 模拟器的存在可能无助于作弊的证明者的第二个可能原因是，如果协议是隐私掷币的，那么模拟器是可以选择验证者的隐私掷币，然后用这些隐私掷币的知识来生成可接受的脚本，但是作弊的证明者是无法访问验证者的隐私掷币。我们只介绍一个隐私掷币的零知识协议的示例：11.3 节中给出的图非同构协议。

息)。在证明者的第一条消息之后,如果$\mathcal{V}$能以某种方式获得证明者对两个不同挑战的回答,那么$\mathcal{V}$确实可以从两个回复中获取信息。这并不违反零知识,因为协议中的验证者仅与$\mathcal{P}$交互一次,并且在交互中只发送一次挑战。

11.2 统计零知识(SZK)证明的局限

已知任何可以由多项式时间验证者的统计零知识证明解决的语言属于复杂性类 **AM**∩**coAM**[3,112]①。这意味着,这种证明系统肯定不比常数轮(非零知识)的交互式证明强大,并且这样的证明系统对任何 **NP** 完全问题也不太可能存在②。相比之下,本书中所给出的多项式时间验证者的 SNARK 能解决 **NEXP** 问题,一个比 **NP** 问题大得多的类别(并且本书中的 SNARK 拥有线性时间验证者和对数证明长度,可以解决 **NP** 完全问题)。总之,统计零知识证明系统不足以产生高效的通用协议(即在零知识下可验证地外包任意证据检查过程)。因此,我们在本书中仅简要讨论统计零知识证明。我们之所以讨论它们,是因为它们确实传达了一些关于零知识能力的直观理解。即使当我们转向更强大的(完美诚实验证者)零知识论证时,这些直觉仍然是有用的。

11.3 诚实验证者 SZK(HVSZK)协议——解决图非同构问题

两个图G_1、G_2都有n个顶点,如果它们在顶点标记下相同,则称它们为同构的。正式地,对于一个置换$\pi:\{1,\cdots,n\}\to\{1,\cdots,n\}$,令$\pi(G_i)$表示通过将每条边$(u,v)$替换为$(\pi(u),\pi(v))$而得到的图。如果存在一个置换$\pi$使得$\pi(G_1)=G_2$,那么$G_1$同构于$G_2$。也就是说,对于$(i,j)\in G_1$,当且仅当$(\pi(i),\pi(j))$是$G_2$的一条边时,$\pi$是$G_1$和$G_2$间的同构映射。

目前,没有已知的多项式时间算法来判断两个图是否同构(虽然最近 Babai[16]的杰出结果已经给出了一个准多项式时间算法)。在协议 2 中,我们给出了用于证明两个图不同构的完美诚实验证者零知识协议,这归功于 Goldreich、Micali 和 Wigderson[131]意义深远的工作。值得注意的是,对于该问题,如何获得一个非零知识协议也不是显而易见的。虽然可以通过简单地指定同构映射π,(非零知识)证明两个图同构③,但尚不清楚是否存在类似的证据证明同构映射不存在。

---

① **AM**(相应的,**coAM**)是一种语言类,可以通过有多项式时间验证者的 2 消息的交互式证明来证明其成员归属(相对应的,非成员归属)。直觉上,**AM** 刻画了"最小交互式"证明。有证据表明,这种证明系统不比非交互证明更强大[169,193]。

② 如果 **AM**∩**coAM** 包含 **NP** 完全问题,则 **AM**=**coAM**,而许多人认为这是错误的。也就是说,在一个语言中存在有效的一轮成员归属证明,并不意味着在同一语言中存在有效的一轮非成员归属证明。

③ 一个证明图非同构的完美零知识证明是已知的,详细阐述可在文献[130]中找到。

协议 2　图非同构的诚实验证者完美零知识协议
验证者随机选取 $b\in\{1,2\}$，并随机选择一个置换 $\pi:\{1,\cdots,n\}\to\{1,\cdots,n\}$。 验证者发送 $\pi(G_b)$ 给证明者。 证明者回复 b'。 如果 $b'=b$，则验证者接受；否则拒绝。

下面我们将解释协议 2 是完美完备的，其可靠性误差至多为 1/2，并且是诚实验证者完美零知识的。

完美完备性　如果 G_1 和 G_2 是不同构的，那么 $\pi(G_i)$ 就与 G_i 同构，而与 G_{3-i} 不同构。因此，证明者通过决定 $\pi(G)$ 与 G_1、G_2 中的哪一个同构，可以从 $\pi(G_b)$ 中确定 b。

可靠性　如果 G_1 和 G_2 是同构的，则当 π 是从 $\{1,\cdots,n\}$ 上所有的 $n!$ 个置换中均匀随机选择的一个置换时，$\pi(G_1)$ 和 $\pi(G_2)$ 的分布就是完全相同的。因此，从统计的角度来说，图 $\pi(G_b)$ 没有提供任何关于 b 的信息，也即不论证明者选择 b' 的策略为何，b' 与 b 相等的概率都恰好是 1/2。该协议的可靠性误差可以通过连续重复运行该协议 k 次而降低到 2^{-k}。

完美诚实验证者零知识　直观地说，当图不同构时，诚实的验证者无法从证明者那里学到任何信息，这是因为证明者只是向验证者发送与验证者自行选择的比特 b 相等的比特 b'。考虑一个模拟器，其输入为 (G_1,G_2)，简单地从 $\{1,2\}$ 中随机选择比特 b，并选择一个随机置换 π，然后输出脚本 $(\pi(G_b),b)$。该脚本和一个诚实验证者视图的分布相同，这个视图是与规定的证明者进行交互时产生的。

零知识的讨论　我们指出，该协议对于恶意验证者来说并不是零知识的（假设没有多项式时间的图同构算法①）。想象一下，一个不诚实的验证者以某种方式知道一个图 H 与 G_1、G_2 中的某一个同构，但是验证者不知道是哪一个。如果验证者将协议中规定的消息 $\pi(G_b)$ 替换成 H，那么诚实的证明者将回复 b' 满足 H 与 $G_{b'}$ 是同构的。因此，这个不诚实的验证者就知道 H 与两个输入图中的哪一个同构，而且如果没有图同构的高效算法，那么这个信息是验证者自己无法高效计算出来的。

可以将这个协议转化为对不诚实验证者也具有零知识性的证明。我们的结果依循文献[130]的结论。大致想法是，如果验证者只向证明者发送查询图 H，而验证者已经知道 H 与 G_1、G_2 中的哪一个同构，那么验证者不可能从证明者的回复中获取任何信息（因为证明者的回复只是简单的一个比特 b'，使得 H 与 $G_{b'}$ 同构）。因此，我们可以要求验证

① 鉴于 Babai[16] 的最新研究成果，如果这个假设被证明是错误的，也不会令人非常意外。

者首先要向证明者证明验证者知道一个比特 b，使得 H 与 G_b 同构。

为了使这种方法保持可靠，验证者的证明没有向证明者泄露任何关于 b 的信息（即验证者给证明者的证明本身应该是零知识的，或者至少满足一个较弱的称为证据独立的性质（参见文献[130]））是很重要的。这是因为，如果 G_1 和 G_2 是同构的（即当证明者声称 G_1 和 G_2 不同构时，证明者在说谎），作弊的证明者就可以使用验证者证明中泄露的关于比特 b 的信息，以大于 1/2 的概率猜出 b 的值。

当然，我们省略了验证者如何在零知识下向证明者证明它知道一个 b，使得 H 同构于 G_b 的诸多细节。但是，希望这能让人们对如何将诚实验证者的零知识证明转化为不诚实验证者证明有一些了解。显然，针对不诚实验证者零知识协议比诚实验证者零知识协议更加昂贵，因为要实现对抗不诚实验证者的零知识需要执行第二个零知识证明（其中证明者和验证者的角色互换）。

11.4 诚实验证者 SZK 协议——解决碰撞问题

在碰撞问题中，输入是一个由 N 个数（$x_1,\cdots,x_N$）组成的列表，这些数的值域大小为 $R=N$（虽然列表的长度和值域的大小是相等的，但是对区分二者是有帮助的，N 代表前者，R 代表后者）。问题的目标是确定该值域中的每个元素是否都出现在了列表中。因为 $R=N$，当且仅当每一个值域中的元素在列表中恰好出现一次时才成立。但是，有一个小变形使这个问题更简单：假设要么每个值域中的元素都在列表中只出现一个（此种输入称为 YES 实例）；要么恰好 $R/2$ 的值域内的元素在列表中出现两次（当然，这意味着另外 $R/2$ 的值域内元素根本未出现在列表中），此种输入称为 NO 实例。碰撞问题中，允许算法对不满足上述假设的输入进行任意操作。

碰撞问题的名称指的是，如果将输入列表解释为函数 h 的求值表，该函数将定义域 $\{1,\cdots,N\}$ 映射到值域 $\{1,\cdots,R\}$，则 YES 实例没有碰撞（即 $h(i)=h(j)$，除非 $i=j$）；而 NO 实例则有很多碰撞（有 $N/2$ 对 (i,j)，使得 $i\neq j$，而 $h(i)=h(j)$）。最初，该问题作为松散的、理想化的模型引入是为了在密码学哈希函数 h 中寻找碰撞[①]。

在这个动机的解释下，对每一个值域内的元素 $k\in\{1,\cdots,R\}$，我们称任意一个满足 $x_i=k$ 的 i 是 k 的原像。

由于 N 被视为密码学哈希函数的定义域大小和值域大小，在碰撞问题中，我们认为

① 在寻找实际密码学哈希函数 h 的碰撞与碰撞问题之间有一个关键不同，在前一个任务中 h 有一个简洁的隐式描述（例如，可以通过计算机程序或者电路，在输入 i 时迅速输出 $h(i)$），而在碰撞问题中 h 并不一定具有一个短于其所有求值的列表的描述。

N 是“指数级的大”[①]。因此，对该问题来说，只有运行时间是 poly($\log N$)的算法才是“高效的”(即“多项式时间”)。

没有证明者的最快算法　对于碰撞问题，已知可能的最快算法的运行时间是 $\Theta(\sqrt{N})$，即碰撞问题没有“高效的”算法。最佳的算法就是简单检查 $c \cdot \sqrt{N}$ 个随机选择的列表元素，其中 $c>0$ 是一个足够大的常数。如果它们都不同，则输出 1，否则输出 0。显然，当在 YES 实例上运行时，算法以概率 1 输出 1，因为对 YES 实例来说列表中的每个元素都是不同的。而对 NO 实例来说，由生日悖论得出，对于足够大的常数 $c>0$，其采样的列表元素中存在“碰撞”的概率至少是 1/2[②]。该运行时间是最优的，最多相差一个常数因子，因为已知任何“检查”$\ll \sqrt{N}$ 个列表元素的算法都不可能有效地区分 YES 实例和 NO 实例[③]。(直觉上，这是因为任何检查少于 $\Theta(\sqrt{N})$ 个随机 NO 实例中的列表元素的算法找不到碰撞的概率是 $1-o(1)$。在这种情况下，算法不能区分输入和随机 YES 实例。)

有高效验证者的 HVSZK 协议　该协议是一个针对碰撞问题的诚实验证者统计零知识证明。该协议只有一轮(验证者向证明者发送一条消息，证明者回复一条消息)，验证者的运行时间仅是 $O(\log N)$(两条消息都包含 $\log N$ 位，并且为了检查此证明，验证者仅检查输入列表中的一个元素)。

该协议的第一条消息是由验证者发给证明者，它包括一个随机的值域中的元素 $k\in\{1,\cdots,R\}$。证明者将回复 k 的原像 i。验证者简单地检查 $x_i=k$ 是否确实成立，如果成立，则输出“接受”；否则输出“拒绝”。

我们现在解释该协议是完备的、可靠的，并且是诚实验证者完美零知识的。回忆一下，这意味着有一个运行时间为 poly($\log N$)的模拟器，对任意 YES 实例，该模拟器产生的脚本分布与诚实验证者和诚实证明者交互产生的脚本分布相同。

完备性是显然的，因为对于 YES 实例，每一个值域内的元素都只在输入列表中出现一次，因此不论验证者选择哪个值域元素 $k\in\{1,\cdots,R\}$，证明者都能提供 k 的原像。可靠性成立，因为对于 NO 实例，有 $R/2$ 的值域元素没有出现在输入列表中，因此随机选一个 $k\in\{1,\cdots,R\}$，有 1/2 的概率证明者提供不出 k 的原像。

为了证明诚实验证者完美零知识，对任何 YES 实例$(x_1,\cdots,x_N)$，我们必须给出一个

---

① 严格来说，这里用词不当，因为碰撞问题的输入大小为 N。但是碰撞问题模拟的是一个输入大小(即哈希函数 h 的定义域和值域大小都是 N)实际上是 poly($\log N$)的情况。

② 令 $c=2$。如果在最初的 $\sqrt{N}$ 个样本中存在碰撞，成立。否则，第一次采样的 $\sqrt{N}$ 个值域元素都不出现在第二次 $\sqrt{N}$ 个采样的值域元素的概率至多是 $(1-\sqrt{N}/N)^{\sqrt{N}}=(1-1/\sqrt{N})^{\sqrt{N}}\approx 1/e<1/2$。

③ 在随机的 NO 实例上，在检查最多 T 个输入列表项后观察到的碰撞数的期望是 $O(T^2/N)$，因此如果 $T\leqslant o(\sqrt{N})$，则该期望是 $o(1)$。根据马尔可夫不等式，推断出算法找不到碰撞的概率是 $1-o(1)$。

高效的模拟器，该模拟器产生的脚本分布与诚实验证者和诚实证明者交互产生的脚本分布相同。该模拟器随机选择定义域中的一个元素 $i \in \{1, \cdots, N\}$，并输出脚本(x_i, i)。显然，模拟器在对数时间内运行(它只是选择 i，包含了 $\log N$ 位，并且检查输入列表中的一个元素，即 x_i)。由于在任何 YES 实例中，每个值域元素在输入列表中都只出现一次，因此在定义域中随机选择一个元素 $i \in \{1, \cdots, N\}$ 并输出脚本(x_i, i)，该脚本分布与随机选择一个值域元素 k 并输出(x_i, i)脚本的分布相同，其中 i 是 k 的唯一原像。因此，在 YES 实例上，模拟器的输出分布与诚实验证者和诚实证明者交互的视图分布相同。更直观地，在 YES 实例上，协议中的诚实验证者只是学到一个随机对(x_i, i)，其中 i 是从$\{1, \cdots, N\}$中随机选取的，显然验证者自己通过随机选择 i 并检查 x_i 就能高效计算出该信息。

相关讨论 本书包含该协议是因为它清晰地阐明了零知识协议某些反直觉的特征。

- 即便是运行在 NO 实例上，模拟器也总会输出可接受的脚本(x_i, i)。起初可能感觉这个事实与协议的可靠性矛盾。但是，事实并非如此。这是因为，如果运行在 NO 实例上，模拟器可以挑选那些特别的，可以被验证者自己回答的挑战 x_i，即挑选出现在输入列表中的值域元素。实际的验证者随机选择值域元素作为挑战，在一个 NO 实例上，这个挑战有 1/2 的概率没有原像，因此是无法回答的。
- 存在一个高效的模拟器并不妨碍问题的难解性。虽然模拟器的运行时间是 $O(\log N)$，但是该问题最快的算法时间是 $\Theta(\sqrt{N})$。
- 虽然该协议是诚实验证者零知识，但它不是不诚实验证者零知识。实际上，不诚实验证者可以“使用”诚实证明者来解决寻找验证者选择的特定的值域元素的原像问题(在不访问证明者的情况下，该问题需要 $\Theta(N)$ 次查询)。也就是说，在 YES 实例上，如果不诚实的验证者向证明者发送一个由其选择的值域元素 k(而不是像诚实验证者那样选择一个均匀随机的值域元素)，随后证明者将回复 k 的原像。验证者自身无法在 $o(N)$的时间内计算出原像，除非概率是 $o(1)$。

第 12 章

$\sum$-协议和基于离散对数困难的承诺

12.1 密码学背景

12.1.1 群简介

群 $\mathbb{G}$ 是带有类似于乘法运算的集合。更精确地说，群是一些元素组成的集合，其上有一个二元运算(我们用“·”表示，并在本书中称为乘法)，满足以下四个性质。

- 封闭性：群 $\mathbb{G}$ 中两个元素的乘积也在 $\mathbb{G}$ 中，即对于所有的 $a,b\in\mathbb{G}$，$a\cdot b$ 也在 $\mathbb{G}$ 中。
- 结合律：对于群 $\mathbb{G}$ 中所有的 $a,b,c\in\mathbb{G}$，有 $a\cdot(b\cdot c)=(a\cdot b)\cdot c$。
- 单位元：存在一个元素 $1_{\mathbb{G}}\in\mathbb{G}$，使得对于所有的 $g\in\mathbb{G}$，有 $1_{\mathbb{G}}\cdot g=g\cdot 1_{\mathbb{G}}=g$。
- 可逆性：对于群 $\mathbb{G}$ 中任意的 $g\in\mathbb{G}$，存在一个元素 $h\in\mathbb{G}$，使得 $g\cdot h=h\cdot g=1_{\mathbb{G}}$。这个元素 h 记作 g^{-1}。

一个重要的群的例子是任意域上非零元素的集合，该集合在域乘法运算下构成一个群。这被称为域的乘法群。另一个例子是可逆矩阵的集合，在矩阵乘法运算下构成一个群。

有时候，我们将群运算视为加法而不是乘法，这种情况下通常用符号“+”取代“·”来表示群运算。群被视为加法群或乘法群，取决于上下文以及方便和约定。例如，任何域在域加法运算下构成一个群；所有 $n\times n$ 矩阵的集合在矩阵加法运算下构成一个群。对于这些群，使用符号“+”而不是“·”来表示群运算是自然而然的。从现在开始，在本书中，我们将只使用乘法群，并用“·”来代表群运算，仅第 14 章和第 15 章中两个小节除外(即 14.4 和15.4节)。

如果存在某个群元素 g，通过反复将 g 与自身相乘可以得到群中的所有元素，则称群 $\mathbb{G}$ 为循环群。也就是说，对于群中的每个元素，都可以表示为 g^i 的形式，其中 i 是正整数。类比于标准算术中指数代表重复乘法的方式，g^i 表示$\underbrace{g\cdot g\cdot\cdots\cdot g}_{i个g}$[①]。这样的元素 g 被称为 $\mathbb{G}$ 的一个生成元。任何循环群都是阿贝尔群。

群 $\mathbb{G}$ 的基数 $|\mathbb{G}|$ 被称为 $\mathbb{G}$ 的阶。群论中的一个基本事实是，对于任何元素 $g\in\mathbb{G}$，$g^{|\mathbb{G}|}=1_{\mathbb{G}}$。这意味着，在考虑任何群幂运算，即 g^{ℓ}(其中 ℓ 是某个整数)时，将指数 ℓ 对群大小 $|\mathbb{G}|$ 取模不会改变结果：对于任何整数 ℓ，如果 $z\equiv\ell \bmod |\mathbb{G}|$，那么 $g^{\ell}=g^{z}$。

群 $\mathbb{G}$ 的子群 $\mathbb{H}$ 是 $\mathbb{G}$ 的一个子集，它和 $\mathbb{G}$ 在相同的二元操作下构成一个群。群论的另一个基本定理指出，$\mathbb{G}$ 的任何子群 $\mathbb{H}$ 的阶都能整除 $\mathbb{G}$ 的阶。其结果是，任何一个素数阶群 $\mathbb{G}$ 都是循环群，实际上，每个非单位元素 $g\in\mathbb{G}$ 都是一个群生成元。这是因为 g 的幂 $\{g,g^2,g^3,\cdots\}$ 显然是 $\mathbb{G}$ 的一个子群，称为由 g 生成的子群。由于 $g\neq 1_{\mathbb{G}}$，其阶数是介于 1 和 $|\mathbb{G}|$ 之间的整数，而且 $|\mathbb{G}|$ 是素数，因此，其阶数必须等于 $|\mathbb{G}|$。因此，由 g 生成的子群实际上等于整个群 $\mathbb{G}$。

12.1.2 离散对数问题及椭圆曲线的背景

12.1.2.1 离散对数问题

对于一个指定的群 $\mathbb{G}$，离散对数问题的输入为两个群元素 g 和 h，目标是输出一个正整数 i，使得 $g^i=h$(如果 $\mathbb{G}$ 是素数阶群，则保证存在这样的 i)。

离散对数问题被认为在某些群 $\mathbb{G}$ 中是计算难题。在现代密码学中，通常使用定义在有限域上的椭圆曲线的循环子群，或者模大素数 p 的整数乘法群。一个重要的警告是，量子计算机可以通过 Shor 算法[233]在多项式时间内解决离散对数问题。因此，基于离散对数问题难度假设的加密系统不是后量子安全的。

12.1.2.2 椭圆曲线群

尽管椭圆曲线密码学是一个迷人且重要的课题，但在本书中我们不会对其进行详细阐述，仅限于以下评论。任何椭圆曲线群都是定义在(有限)域 $\mathbb{F}$ 上的，称为曲线的基域。群元素为点对 $(x,y)\in\mathbb{F}\times\mathbb{F}$，并满足方程 $y^2=x^3+ax+b$，其中 a 和 b 是指定的域元素[②]。给定群中的两个元素 P 和 Q，本书中不需要精确定义群积 $P\cdot Q$，但对于感兴趣的读者，以下是一个大致的概述。

群运算概述 回忆一下，P 和 Q 均由基域 $\mathbb{F}$ 中满足曲线方程的一对元素组成，我们可以将 P 和 Q 视为二维平面中的两个点，通过这两个点画一条直线。通常情况下，这条直线与椭圆曲线相交于第三个点 $R=(x,y)$。定义 $P\cdot Q=(x,-y)$。如果点 $R=(x,y)$ 在曲

---

① 类似地，g^{-i} 表示 g 的逆元的 i 次幂，即 $(g^{-1})^i$。

② 该群还有一个额外的元素“无穷远点”，本书将不涉及无穷远点的有关细节。

线 $y^2=x^3+ax+b$ 上，那么点 $(x,-y)$ 也在该曲线上，因为 $y^2=(-y)^2$。

离散对数计算算法　在实践中，解决大多数椭圆曲线群上的离散对数问题的已知最快经典算法的运行时间为 $O(\sqrt{|\mathbb{G}|})$①。假设这确实是可能的最快攻击方法，那么为了获得"λ 位安全性"，应该使用一个阶为 $2^{2\lambda}$ 的椭圆曲线群。例如，一个流行的名为 Curve25519 的椭圆曲线，在大小为 $2^{255}-19$ 的基域 $\mathbb{F}$ 上，定义了一个阶接近 2^{252} 的循环群，因此，该群可提供略低于 128 位的安全性[52]。

Curve25519 之所以受欢迎，一个原因是其群运算的效率。在椭圆曲线群的元素乘法中，计算瓶颈通常在于在基域 $\mathbb{F}$ 上进行乘法运算。由于 $p=2^{255}-19$ 是一个形如 2^n-c 这种 2 的幂次减去一个小的常数，所以在 $\mathbb{F}$ 上的乘法可以比 p 不具备此形式时更加高效。一般来说，一个椭圆曲线群上执行一次群乘法的时间成本通常大约是在 $\mathbb{F}$ 上执行一次乘法的 10 倍。

标量域和基域　实际应用中使用的椭圆曲线群是具有大素数阶的群②。这是因为存在一些已知算法，如 Pohlig-Hellman 算法[210]，可以在与 $\mathbb{G}$ 的最大素数阶子群成正比的时间内计算 $\mathbb{G}$ 中的离散对数。大小等于椭圆曲线群 $\mathbb{G}$ 的(素)阶的域通常称为 $\mathbb{G}$ 的标量域。

回忆一下，素数阶群 $\mathbb{G}$ 是循环群：对于任何 $g\neq 1_{\mathbb{G}}$，我们都可以将 $\mathbb{G}$ 写成 $\mathbb{G}=\{g^x: x=0,1,\cdots,|\mathbb{G}|-1\}$ 的形式。因此，当将 $\mathbb{G}$ 表示为一个生成元 g 的幂时，我们可以将 $\mathbb{G}$ 的标量域的元素 x 看作是指数。

注意，椭圆曲线群的标量域与定义曲线的基域 $\mathbb{F}$ 并不相同③④。特别地，这和"SNARK 组合"的具体性能有关，这个主题在本书中后面会详细讨论(18.2 节)。

读者如果对椭圆曲线群想获得更详细(并附有插图)的介绍，可以参考文献[73]和[109]。

12.2　离散对数知识的 Schnorr ∑-协议

在本节中，我们描述了几个完美的诚实验证者零知识证明系统。这些证明系统具有非常简单的结构，证明者和验证者之间仅交换三条消息。它们是专用的，这意味着作为

---

① 例如，参见文献[213]中提出的 Pollard's rho 算法。

② 现代密码学中使用的椭圆曲线群的一个微妙之处是，群的阶通常是一个小常数(通常是 4 或 8)乘一个素数。例如，Curve25519 的阶是一个素数的 8 倍。因此，实现通常运行在椭圆曲线群的素数阶子群上，或者添加一个抽象层来暴露一个素数阶接口。对于细节的概述，感兴趣的读者可以参考文献[147]。

③ 然而，两个域的大小不能相差太远：Hasse 定理(Hasse's theorem)[148]是一个已知的结果，它说明对于定义在域 $\mathbb{F}$ 上的所有椭圆曲线群 $\mathbb{G}$，都有 $|\mathbb{G}|-(|\mathbb{F}|+1)\leqslant 2\sqrt{|\mathbb{F}|}$。

④ 离散对数问题在基域和标量域相同的椭圆曲线群中很容易解决。因此，在所有用于加密的曲线中，这两个域是不同的。

独立的对象,它们不能解决诸如电路可满足性问题等 **NP-**完全问题。它们旨在解决特定问题,包括:(a) 确定证明者知道某个群元素的离散对数(12.2.2 节);(b) 在不透露承诺的群元素的情况下,允许证明者对群元素进行加密承诺,直到稍后再向验证者揭示(12.3 节);(c) 证明承诺值之间的乘积关系(12.3.2 节)。

虽然本节中涉及的协议是专用的,但我们将会看到,它们可以与通用协议(如 IP、IOP 和 MIP)结合使用,以获得通用的 zk-SNARK。

12.2.1 Σ-协议

本节中的描述紧随其他作者[85]。一个关系 $\mathcal{R}$ 是一个"有效"的实例-证据对 (h,w) 的集合。例如,给定一个群 $\mathbb{G}$ 和一个生成元 g,离散对数关系 $\mathcal{R}_{\mathrm{DL}}(\mathbb{G},g)$ 是一组对 $(h,w)\in\mathbb{G}\times\mathbb{Z}$ 的集合,并满足 $h=g^w$。

一个关于关系 $\mathcal{R}$ 的 Σ-协议是指,一个由证明者和验证者之间进行的 3-消息公开掷币协议,在这个协议中,证明者和验证者都知道公开输入 h,证明者知道证据 w,使得 $(h,w)\in\mathcal{R}$ ①。我们将这三个消息表示为 (a,e,z),其中证明者首先发送 a,验证者回复一个挑战 e(该挑战可以采用公开掷币的方式来选取),最后证明者回复消息 z。Σ-协议需要满足完美完备性,也就是说,如果证明者按照规定的协议执行,则验证者将以概率 1 接受。它还需要满足另外两个属性。

特殊可靠性 存在一个多项式时间算法 $\mathcal{Q}$,当给定一对已接收的记录 (a,e,z) 和 (a,e',z') 作为输入时,其中 $e\neq e'$,$\mathcal{Q}$ 输出一个证据 w,使得 $(h,w)\in\mathcal{R}$。

直观地说,"特殊可靠性"保证,如果在 Σ-协议中发送第一条消息后,证明者准备回答多于一个来自验证者的挑战,则证明者必须知道 w,使得 $(h,w)\in\mathcal{R}$。

诚实验证者完美的零知识 存在一个随机多项式时间模拟器,其输入为 Σ-协议中的公开输入 h,并输出一个脚本 (a,e,z),满足模拟器输出的脚本分布与 Σ-协议中诚实验证者与诚实证明者交互所产生的脚本分布完全相同。

评注 12.1 特殊可靠性意味着,如果在 Σ-协议中,验证者被赋予"回溯访问"证明者的能力,那么 Σ-协议将不是零知识的。也就是说,特殊可靠性表明,如果验证者能够完成协议以获得脚本 (a,e,z),然后"倒回"到证明者发送其第一条消息 a 之后,再以新的挑战 e' 重新启动协议,并假设两个脚本均能被接受,那么验证者将会知道一个证据(有关这个证据提取过程的讨论,参见 12.2.3 节)。如果假定证据是难以计算的,则这显然违反了

① Σ-协议这个术语的命名源于 3 消息协议,在直观图形上与希腊字母 Σ 相似。

零知识。因此,只有在验证者不能使用相同的第一条证明者消息 a 多次运行协议的情况下,Σ-协议的诚实验证者零知识性质才成立。

12.2.2 离散对数关系的 Schnorr Σ-协议

假设 $\mathbb{G}$ 是一个由 g 生成的素数阶循环群。回顾一下离散对数关系的 Σ-协议,$\mathcal{P}$ 持有(h,w),满足 $h=g^w$ 在 $\mathbb{G}$ 中成立,而 $\mathcal{V}$ 知道 h 和 g①。

为了使读者能更直观地了解 Schnorr[223] 协议,我们描述了一系列复杂性逐步升高的尝试来设计离散对数关系的知识证明。

尝试 1 任何关系的最简单的知识证明就是,让证明者 $\mathcal{P}$ 直接发送公开输入 h 的证据 w,这样验证者 $\mathcal{V}$ 就可以检查$(h,w)\in\mathcal{R}$ 是否成立。然而,这会暴露 w 给验证者,违反了零知识性(假设验证者不能高效地自行计算证据)。

尝试 2 $\mathcal{P}$ 可以选择一个随机值 $r\in\{0,\cdots,|\mathbb{G}|-1\}$,并将$(w+r)\bmod|\mathbb{G}|$发送给 $\mathcal{V}$。这个方法完全"隐藏"了 w,因为$(w+r)\bmod|\mathbb{G}|$是集合$\{0,\cdots,|\mathbb{G}|-1\}$中均匀随机的元素,因此这个消息不违反零知识性。但是出于同样的原因,$(w+r)\bmod|\mathbb{G}|$从确保可靠性角度来说对 $\mathcal{V}$ 毫无用处。它只是一个随机数,$\mathcal{V}$ 可以自己生成它。

尝试 3 为了解决尝试 2 中$(w+r)\bmod|\mathbb{G}|$本身没有用的问题,$\mathcal{P}$ 可以先发送 r,然后发送一个 z 并声称 z 等于$(w+r)\bmod|\mathbb{G}|$。$\mathcal{V}$ 检查 $g^r\cdot h=g^z$。

这个协议是完备的和可靠的,但它不是零知识的。完备性很容易验证,特殊可靠性也成立,因为如果 $g^r\cdot h=g^z$,那么 $g^{z-r}=h$,即 $z-r$ 是一个证据。也就是说,即使只有一个接受的脚本,也可以从中提取证据。当然,也正因如此,这个协议不是零知识的。

实际上,尝试 3 将 w 分为两个部分,$z:=(w+r)\bmod|\mathbb{G}|$和 r,使得单独的每个部分都不对 $\mathcal{V}$ 透露任何信息(因为每个部分只是$\{0,1,\cdots|\mathbb{G}|\}$中的随机元素)。但是,这两个部分一起向验证者暴露了证据 w(因为 $z-r=w$)。因此,这次尝试与第一次尝试一样,都不满足零知识性质。

尝试 4 我们可以修改上面的尝试 3,使得 $\mathcal{P}$ 并不发送 r 给 $\mathcal{V}$,而是发送一个群元素 a,并声称 a 等于 g^r。然后再发送一个数字 z,就像在尝试 3 中一样,即 z 被声称等于$(w+r)\bmod|\mathbb{G}|$。$\mathcal{V}$ 检查 $a\cdot h=g^z$。

---

① 本书仅考虑素数阶群的 Σ-协议,关于复合阶和隐藏阶群问题的 Σ-协议(和相关证明系统),也有学者对其进行了研究。例如文献[18]、[63]和[118]。

这个尝试被证明是完备的和零知识的，但不是特殊可靠的。完备性很容易验证：如果证明者是诚实的，则 $a \cdot h=g^{r} \cdot h=g^{r+w}=g^{z}$。它也是零知识的，因为一个模拟器可以随机选择一个元素 $z\in\{0,1,\cdots,|\mathbb{G}|-1\}$，然后将 a 设置为 $g^{z} \cdot h^{-1}$，并输出脚本 (a,z)。如此生成的脚本与诚实证明者生成的脚本分布完全相同。

在尝试 4 中，诚实的证明者选择一个随机群元素 $a=g^{r}$，然后选择 z 作为唯一值，使得验证者接受 (a,z)。相反，模拟器首先随机选择 z，然后选择 a 作为唯一的群元素，导致验证者接受 (a,z)。这两种分布是相同的，a 和 z 都是独立均匀分布的（a 来自 $\mathbb{G}$，z 来自 $\{0,1,\cdots,|\mathbb{G}|-1\}$），$a$ 的值决定 z 的值；反之亦然。

遗憾的是，尝试 4 并不具备特殊可靠性，其原因与其是零知识的原因相同。模拟器能够生成可接受的脚本，由于该协议是完全非交互式的（验证者不会向证明者发送任何挑战），因此模拟器本身就像一个“作弊”的证明者，能够说服验证者接受其脚本，尽管它并不知道任何证据。

尝试 3 和尝试 4 的比较　尝试 4 是零知识的，而尝试 3 不是的原因在于，尝试 3 让 $\mathcal{P}$“明文”发送 r，而尝试 4 则将 r“隐藏”在 g 的指数中，因此验证者在尝试 4 中从 z 中减去 r 的操作是在 g 的“指数”中进行的，而不是在明文中进行的。

尝试 4 是零知识的这一事实可能一开始看起来令人惊讶。毕竟，在信息理论层面上，r 可以从 g^{r} 推导出来，然后可以计算出证据 $z-r$，这似乎违反了零知识。但是，推导 r 需要找到 g^{r} 的离散对数，这与推导证据 w（即 h 的离散对数）同样困难。因此，尝试 4 在信息理论意义上向验证者揭示 r 并不违反零知识，因为公开输入 $h=g^{w}$ 本身以与 $a=g^{r}$ 同样的方式在信息论上指定了 w 和 r。实际上，g^{r} 与 $(w+r) \bmod |\mathbb{G}|$ 结合起来并没有向验证者透露除了 h 本身外的其他任何新信息。

Schnorr $\sum$-协议　协议 3 描述了 Schnorr $\sum$-协议。本质上，Schnorr 协议修改了尝试 4，要求在 $\mathcal{P}$ 发送 a 之后但在 $\mathcal{P}$ 发送 z 之前，验证者发送一个从 $\{0,1,\cdots,|\mathbb{G}|-1\}$ 中随机选择的挑战 e。与尝试 4 相比，验证者的检查被修改为仅当 $z=w \cdot e+r$ 时验证通过（在尝试 4 中，验证者的挑战 e 被固定为 1）。

这些修改没有影响尝试 4 的完备性和零知识性。Schnorr 协议之所以被认为是特殊可靠的，是因为如果 $\mathcal{P}$ 的第一条消息是 $a=g^{r}$，并且 $\mathcal{P}$ 能够生成可接受的脚本 (a,e,z) 和 (a,e',z')，其中 $e\neq e'$，那么 $\mathcal{V}$ 的接受标准意味着 $z=w \cdot e+r$ 和 $z'=w \cdot e'+r$①。这是关于两个未知数 w 和 r 的线性无关方程。因此，由这两个脚本可以高效地求解出 w 和 r。

① 与尝试 4 类似，需要注意的是，Schnorr 协议中，$\mathcal{V}$ 在交互中检查 (a,e,z) 时，实际上在指数上确认 $z=w \cdot e+r$。尽管只知道 z、g^{r} 和 h（特别地，不知道 r 和 w，它们是 g^{r} 和 h 的离散对数），$\mathcal{V}$ 仍然能够在指数上执行这个检查。

协议 3　离散对数关系的 Schnorr Σ-协议

1：令 $\mathbb{G}$ 是一个生成元为 g 的素数阶(乘法)循环群。
2：$h=g^w$ 是公开输入，其中 w 只有证明者知道。
3：$\mathcal{P}$ 在 $\{0,\cdots,|\mathbb{G}|-1\}$ 中随机挑选一个数 r，并将 $a\leftarrow g^r$ 发送给验证者。
4：验证者回复一个随机数 $e\in\{0,\cdots,|\mathbb{G}|-1\}$。
5：证明者回复 $z\leftarrow(we+r)\bmod|\mathbb{G}|$ 给验证者。
6：验证者检查 $a\cdot h^e=g^z$ 是否成立。

现在，我们开始正式证明 Schnorr 协议满足完美完备性、特殊可靠性和诚实验证者零知识性。

完美完备性　易于证明：如果 $a\leftarrow g^r$ 且 $z\leftarrow(we+r)\bmod|\mathbb{G}|$，则

$$a\cdot h^e=g^r\cdot h^e=g^r\cdot(g^w)^e=g^{r+we}=g^z$$

所以验证者必定接受脚本 (a,e,z)。

特殊可靠性　假设我们有两个可接受的交互脚本 (a,e,z) 和 (a,e',z')，其中 $e\neq e'$。我们需要证明可以在多项式时间内从这两个脚本中提取出证据 w^*。

令 $(e-e')^{-1}$ 表示 $e-e'$ 模 $|\mathbb{G}|$ 的乘法逆元，即 $(e-e')^{-1}$ 表示一个数 ℓ，满足 $\ell\cdot(e-e')\equiv 1\bmod|\mathbb{G}|$。由于 $e\neq e'$，因此这样的乘法逆元保证存在，因为 $|\mathbb{G}|$ 是素数，而每个非零数在模素数的情况下都有乘法逆元。实际上可以通过扩展欧几里得算法有效地计算 ℓ。

令 $w^*=((z-z')\cdot(e-e')^{-1})\bmod|\mathbb{G}|$，则可以证明 w^* 是一个证据。观察 (a,e,z) 和 (a,e',z') 都是可接受的脚本，所以 $a\cdot h^e=g^z$ 和 $a\cdot h^{e'}=g^{z'}$ 成立。由于 $\mathbb{G}$ 是循环群，g 是 $\mathbb{G}$ 的生成元，因此 a 和 h 都是 g 的幂次方，即 $a=g^j$ 和 $h=g^w$，其中 j 和 w 是整数。然后由前面两个方程可以推出：

$$g^{j+we}=g^z$$
$$g^{j+we'}=g^{z'}$$

联立上述两个方程可知：

$$g^{w(e-e')}=g^{z-z'}$$

因此，$w(e-e')\equiv(z-z')\bmod|\mathbb{G}|$，即 $w\equiv(z-z')\cdot(e-e')^{-1}\bmod|\mathbb{G}|=w^*$。这就是说，$h^w=h^{w^*}$，进而 w^* 就是证据。

诚实验证者零知识性　我们需要构造一个多项式时间模拟器，它能够产生的脚本 (a,e,z) 的分布与诚实验证者和证明者产生的脚本的分布完全相同。模拟器从 $\{0,\cdots,|\mathbb{G}|-1\}$ 中均匀随机选择 e，并从 $\{0,\cdots,|\mathbb{G}|-1\}$ 中均匀随机抽样 z。最后，模拟器设置 $a\leftarrow g^z\cdot(h^e)^{-1}$。

模拟器产生的脚本分布与诚实验证者和预设证明者交互所产生的脚本分布相同。

在两种情况下，分布都产生一个随机的 $e\in\{0,\cdots,|\mathbb{G}|-1\}$，然后选择一个二元组 (a,z)，其中 a 是从 $\mathbb{G}$ 中均匀随机选择的，z 是从 $\{0,\cdots,|\mathbb{G}|-1\}$ 中随机选择的，且满足 $a\cdot h^e=g^z$ 这一约束条件(这个结论的关键是，对于固定的 e，对任意的 $a\in\mathbb{G}$，都存在唯一的 $z\in\{0,\cdots,|\mathbb{G}|-1\}$ 满足这个等式；反之亦然)。

评注 12.2 Schnorr 协议只是*诚实验证者零知识*(HVZK)的。因为，如果验证者的消息 e 是从 $\{0,\cdots,|\mathbb{G}|-1\}$ 中均匀随机选取的，那么模拟的脚本分布就与实际协议中验证者的视图完全相同。有两点需要注意：首先，如果使用 Fiat-Shamir 变换(12.2.3 节)使协议变为非交互的，则诚实验证者和不诚实验证者零知识之间的区别被消除了。其次，事实证明 Schnorr 协议实际上是*不诚实验证者零知识*(DVZK) 的，但需要注意的是：仅当挑战 e 不是从 $\{0,\cdots,|\mathbb{G}|-1\}$ 中随机选择的，而是只允许从 $\mathbb{G}$ 的指定多项式大小子集 S 中选择时，模拟才是高效的(这是因为已知任意不诚实验证者视图的模拟器运行时间随 $|S|$ 的增加而增加)。要使该协议获得可忽略的可靠性误差，必须顺序重复 $\omega(1)$ 多次，因此增加了额外的通信和计算成本。有兴趣的读者可以参考文献[189]了解详情。

12.2.3 对 Σ-协议应用 Fiat-Shamir 变换

在本节中，我们解释了将 Fiat-Shamir 转换(5.2 节)应用于任何 Σ-协议(比如，Schnorr 协议)会产生随机预言机模型下的非交互式知识证明。这个结果最初是由 Pointcheval 和 Stern[211] 提出的。

具体而言，我们将在 Schnorr 协议的背景下介绍以上内容。在该协议中，输入是一个群元素 h，证明者声称知道证据 w，使得 $h=g^w$，其中 g 是一个指定的群生成元。回想一下，在得到的非交互式证明中，诚实的证明者旨在产生一个在 Σ-协议下可接受脚本 (a,e,z)，其中 $e=R(h,a)$，而 R 表示随机预言机。

令 $\mathcal{I}$ 是 Σ-协议，$\mathcal{Q}$ 是将 Fiat-Shamir 变换应用于 $\mathcal{I}$ 而获得的非交互式证明。设 $\mathcal{P}_{\mathcal{FS}}$ 是 $\mathcal{Q}$ 的证明者，对于输入 h，它产生可信证明的概率至少是 ε。这就是说，当在输入 h 上运行 $\mathcal{P}_{\mathcal{FS}}$ 时，它输出一个脚本 (a,e,z)，该脚本可被 $\mathcal{I}$ 接受的概率至少是 ε，并满足 $e=R(h,a)$(这里，概率是针对随机预言机的选择和 $\mathcal{P}_{\mathcal{FS}}$ 使用的任何内部随机性而言的)。我们将展示，通过运行最多两次 $\mathcal{P}_{\mathcal{FS}}$，我们“提取”出 $\mathcal{I}$ 的两个可接受的脚本 (a,e,z) 和 (a,e',z')，其中 $e\neq e'$ 的概率至少是 $\Omega(\varepsilon^4/T^3)$①。由于 $\mathcal{I}$ 具有特殊可靠性，由这两个脚本可以高效地得到证据 w。如果 T 是多项式且 ε 是非可忽略的，则 $\Omega(\varepsilon^4/T^3)$ 也是非可忽略的，这与查找证据的难解性假设矛盾②。

① 简单起见，我们不对证据的提取过程做定量分析。

② 通过运行证据查找程序 $l=O(T^3/\varepsilon^4)$ 次，找到一个证据的概率为恒定概率而不仅仅是非可忽略概率。所有 l 次过程都无法找到证据的概率最多为 $(1-1/l)^l\leqslant 1/e<1/2$。

对 $\mathcal{P}_{\mathcal{FS}}$ 不失一般性的假设 在定理 5.1 的证明中，我们假设 $\mathcal{P}_{\mathcal{FS}}$ 总是向随机预言机 R 发送恰好 T 个查询，并且 $\mathcal{P}_{\mathcal{FS}}$ 所有的查询都是不同的。此外，$\mathcal{P}_{\mathcal{FS}}$ 总是输出形如 (a,e,z) 的脚本，其中 $e=(h,a)$，并且 $\mathcal{P}_{\mathcal{FS}}$ 向 R 发送的 T 个查询中至少有一个查询在点 (h,a) 处。

证据提取过程 有一种自然的方法从 $\mathcal{P}_{\mathcal{FS}}$ 中提取出两个可接受的脚本 (a,e,z) 和 (a,e',z')。首先，固定 $\mathcal{P}_{\mathcal{FS}}$ 使用的任何内部随机的值。第一个脚本的获得方式是运行一次 $\mathcal{P}_{\mathcal{FS}}$，为 $\mathcal{P}_{\mathcal{FS}}$ 对随机预言机所做的每次查询生成一个随机值，这样可以得到一个脚本 (a,e,z)，满足 $e=R(h,a)$ 且该脚本被 $\mathcal{I}$ 接受的概率至少为 ε。由上文假设可知，在执行 $\mathcal{P}_{\mathcal{FS}}$ 的过程中，所有 T 个对 R 的查询中，有且只有一个在点 (h,a) 处。将 $\mathcal{P}_{\mathcal{FS}}$ 回溯到向 R 查询在 (h,a) 处的值之前，并将 R 对该查询的回复由 e 改为另外一个随机值 e'。随后再次运行 $\mathcal{P}_{\mathcal{FS}}$ 直至结束(重新产生 $\mathcal{P}_{\mathcal{FS}}$ 对 R 的所有请求的随机值)，并希望 $\mathcal{P}_{\mathcal{FS}}$ 会产生一个新的可被接受的脚本 (a,e',z')。

提取证据的过程分析 我们需要证明的是，此过程输出形式为 (a,e,z) 和 (a,e',z') 的两个接受脚本的概率至少为 $\Omega(\varepsilon^4/T^3)$。注意，$e$ 不等于 e' 的概率为 $1-1/2^\lambda$，其中 λ 表示 R 响应任何查询所输出结果的位数。简单起见，从现在开始假设 $e\neq e'$，因为这对提取过程成功的概率影响至多是 $1/2^\lambda$。

分析过程的关键就是下述概率论的基本结果。

主张 12.1 假设 (X,Y) 是联合分布的随机变量，令 $A(X,Y)$ 表示任意事件，使得 $Pr[A(X,Y)]\geqslant\varepsilon$。假设 μ_X 是 X 的边缘分布。对于在 μ_X 的支撑集中的 x，如果条件概率 $Pr[A(X,Y)\mid X=x]$ 至少为 $\varepsilon/2$，则称 x 为好的。令 $p=\underset{x\sim\mu_X}{Pr}[x\text{ 是好的}]$ 表示从分布 μ_X 中随机选择的 x 是好的概率，那么 $p\geqslant\varepsilon/2$。

证明：如果 x 不是好的，我们就定义 x 为坏的。于是，

$$
\begin{aligned}
Pr[A(X,Y)]=&Pr[A(X,Y)\mid X\text{ 是好的}]\cdot Pr[X\text{ 是好的}]+\\
&Pr[A(X,Y)\mid X\text{ 是坏的}]\cdot Pr[X\text{ 是坏的}]\\
=&Pr[A(X,Y)\mid X\text{ 是好的}]\cdot p+Pr[A(X,Y)\mid X\text{ 是坏的}]\,(1-p)\leqslant 1\cdot p+\varepsilon/2
\end{aligned}
$$

最后的不等式能成立，是基于上文对 X 的“坏的”结果 x 的定义。由 $Pr[A(X,Y)]\geqslant\varepsilon$ 得出 $p\geqslant\varepsilon/2$ 的结论。

如果 $\mathcal{P}_{\mathcal{FS}}$ 产生的脚本 (a,e,z) 是一个可接受的脚本，并且满足 $e=R(h,a)$，则称 $\mathcal{P}_{\mathcal{FS}}$ “获胜”。考虑应用主张 12.1，其中 X 等于 $\mathcal{P}_{\mathcal{FS}}$ 的内部随机性，Y 等于随机预言机 R 的所有取值，$A(X,Y)$ 等于 $\mathcal{P}_{\mathcal{FS}}$ 在内部随机性 X 和随机预言机 Y 下获胜的事件。主张 12.1 表明，$\mathcal{P}_{\mathcal{FS}}$ 的内部随机性是“好”的概率至少为 $\varepsilon/2$，这在该场景中意味着当内部随机性设

置为 X 时，$\mathcal{P}_{\mathcal{FS}}$ 在随机预言机 R 上产生可接受脚本 (a,e,z) 且 $e=R(h,a)$ 的概率至少为 $\varepsilon/2$。设 E 为 $\mathcal{P}_{\mathcal{FS}}$ 的内部随机性是好的事件，于是证据提取过程成功的概率就是：

$$Pr[E]\cdot Pr[\text{证据提取成功}\mid E]\geqslant(\varepsilon/2)\cdot \underset{R}{Pr}[\text{证据提取成功}\mid E]$$

其中，下标 R 代表在随机预言机 R 上随机性的概率。

在接下来的证明中，我们将讨论 $\underset{R}{Pr}[\text{证据提取成功}\mid E]$ 的范围。为了简洁起见，当写出各种事件的概率时，都隐含了是在条件 E 下的条件概率。在条件 E 下，我们可以将 $\mathcal{P}_{\mathcal{FS}}$ 视为一个确定性算法（即没有内部随机性），该算法在随机选择的随机预言机 R 上获胜的概率至少为 $\varepsilon/2$。

令 $Q_1,\cdots,Q_T$ 表示 $\mathcal{P}_{\mathcal{FS}}$ 向随机预言机进行的 T 个查询（请注意，这些是依赖于 R 的随机变量），则至少存在一个整数 $i^*\in\{1,\cdots,T\}$，使得下式成立：

$$\underset{R}{Pr}[\mathcal{P}_{\mathcal{FS}}\text{获胜}\cap Q_{i^*}=(h,a)]\geqslant\varepsilon/(2T) \tag{12.1}$$

这是因为，如果对于所有 $i=1,\cdots,T$，都有 $\underset{R}{Pr}[\mathcal{P}_{\mathcal{FS}}\text{获胜}\cap Q_i=(h,a)]<\varepsilon/(2T)$，那么由于我们假设对于 $\mathcal{P}_{\mathcal{FS}}$ 输出的任何脚本 (a,e,z) 都存在某个 $i\in\{1,\cdots,T\}$，满足 $Q_i=(h,a)$，则：

$$\underset{R}{Pr}[\mathcal{P}_{\mathcal{FS}}\text{获胜}]\leqslant\sum_{i=1}^{T}\underset{R}{Pr}[\mathcal{P}_{\mathcal{FS}}\text{获胜}\cap Q_i=(h,a)]\leqslant T\cdot(\varepsilon/2T)=\varepsilon/2$$

这与前文结论矛盾。

设 i^* 满足式(12.1)，应用主张 12.1，此时 X 等于 R 对前 (i^*-1) 个查询的响应，Y 等于 R 对余下的 $(T-i^*+1)$ 个查询的响应。现在，令 A 表示这样一个事件：在使用随机预言机 R 的情况下，$\mathcal{P}_{\mathcal{FS}}$ 产生一个获胜的脚本 (a,e,z)，且 (h,a) 等于 $\mathcal{P}_{\mathcal{FS}}$ 的第 i^* 个查询，也就是 Q_{i^*}。

对于 X 支撑集中的值 x，如果 $Pr[A(X,Y)\mid X=x]\geqslant\varepsilon/(4T)$，则称 x 是好的。式(12.1)断言 $Pr[A(X,Y)]\geqslant\varepsilon/2T$。因此，由主张 12.1 可知，$X$ 是好的概率至少是 $\varepsilon/4T$。

我们可以将生成 (a,e,z) 和 (a',e',z') 的过程视为首先选择 X（从而确定 $\mathcal{P}_{\mathcal{FS}}$ 提出的前 i^* 个查询 $Q_1,\cdots,Q_{i^*}$），然后独立地生成 Y 的两个副本 Y' 和 Y''。如果 (X,Y') 和 (X,Y'') 都满足事件 A，则 (a,e,z) 和 (a',e',z') 都是可接受的脚本，并且 $Q_{i^*}=(h,a)=(h,a')$。该概率至少是：

$$Pr[X\text{好的}]\cdot Pr[A(X,Y')\mid X\text{好的}]\cdot Pr[A(X,Y'')\mid X\text{好的}]\geqslant(\varepsilon/(4T))^3$$

综上所述（考虑到上述论证已经在事件 E 的条件下进行，即 $\mathcal{P}_{\mathcal{FS}}$ 的内部随机选择是好的，这个事件发生的概率至少为 $\varepsilon/2$），我们已经证明了证据提取过程成功的概率至少为 $\Omega(\varepsilon^4/T^3)$。

评注 12.3 本节证据提取过程成功的概率的下界结果被称为分叉引理(forking lemma)。这个术语强调了证据提取过程运行了两次 $\mathcal{P}_{\mathcal{FS}}$，一次使用随机预言机响应 (X,Y')，一次使用 (X,Y'')，其中 X 刻画了随机预言机对 $\mathcal{P}_{\mathcal{FS}}$ 提出的前 i^* 个查询的响应，而 Y' 和 Y'' 刻画了对剩余查询的响应。人们可以将随机预言机生成的过程视为在生成了前 i^* 个响应后"分叉"成两条不同的路径。

Σ-协议的知识可靠性 我们刚才看到了如何为通过 Fiat-Shamir 变换得到的非交互式的 Σ-协议的可靠证明者生成 2-脚本树。如果没有应用 Fiat-Shamir 变换，生成 Σ-协议的 2-脚本树会更加简单：运行 $(\mathcal{P}, \mathcal{V})$ 一次以生成 Σ-协议的一个可接受脚本，然后倒回 Σ-协议到 $\mathcal{P}$ 发送其第一条消息之后，并重新启动 Σ-协议以生成新的脚本(参见评注 12.1)。类似于上面的分析，生成的两个脚本均可接受的概率至少是 $\Omega(\varepsilon^3)$，其中 ε 是 $\mathcal{P}$ 通过 Σ-协议 $\mathcal{V}$ 检查的概率。在两个脚本中两个验证者挑战不同的概率是极大的。具体而言，不同的概率至少为 $1-1/2^\lambda$，其中 2^λ 是验证者选择挑战的集合的大小。在这种情况下，两个脚本就形成一个 2-脚本树。可以重复执行此过程 $O(1/\varepsilon^3)$ 次，以确保成功生成至少一个 2-脚本树的概率达到某个较高的水平，如 9/10。

12.3 同态承诺方案

承诺方案 在一个承诺方案中，有两个参与者：一个是承诺者，一个是验证者。承诺者希望将自己绑定到一条消息上，但又不将该消息透露给验证者。也就是说，一旦承诺者发送了一条消息 m 的承诺，除了 m，任何其他值都不能将承诺"打开"(这种特性称为绑定)。但同时，承诺本身不应向验证者透露关于 m 的任何信息(这称为隐藏)。

就像交互证明和论证中的可靠性一样，大多数性质都有统计和计算两种不同的类型。也就是说，绑定性可以是统计的，这意味着即使计算能力无限的承诺者只能以可忽略的概率用两个不同的消息打开同一个承诺；又或者它也可以是计算的：只有多项式时间的承诺者无法用两个不同的消息打开同一个承诺。同样，隐藏性可能是统计的：即使计算能力无限的验证者也不能从对 m 的承诺中提取任何关于 m 的信息；或者它可能是计算的：只有多项式时间的验证者无法从承诺中提取关于 m 的信息。

一个承诺可以同时具有统计绑定性和计算隐藏性，反之亦然。但它不能同时都是统计隐藏和统计绑定的。这是因为任何在统计上绑定承诺者的承诺都必须在统计意义上揭示消息①。在本书中，我们只考虑计算绑定且完美隐藏的承诺方案。

一个承诺方案由三个算法 KeyGen、Commit 和 Verify 来最终确定。KeyGen 是一个随机化算法，生成承诺者使用的承诺密钥 ck 和验证者的验证密钥 vk(如果所有密钥都是公开的，则 ck=vk)。而 Commit 是一个随机化算法，它以承诺密钥 ck 和要承诺的消息

① 一个算力无限的验证者可以模拟算力无限的作弊证明者尝试用多个消息打开承诺；统计绑定性保证这些尝试中只有一条消息可以成功打开该承诺，都成功的概率是可忽略的。

m 作为输入，并输出承诺 c 以及可能的额外“打开信息”d。这些打开信息由承诺者保存，并仅在验证过程中揭示。Verify 将承诺、验证密钥、承诺者提供的声明消息 m' 以及其他打开信息 d 作为输入，并决定是否接受 m' 作为承诺的有效打开。

如果对任意消息 m，Verify(vk,Commit(m,ck),m)输出接受的概率都是 1，则称该承诺方案是*正确的*(即一个诚实的承诺者总是能用被承诺的值来成功打开承诺)。如果承诺 Commit(m,ck)的分布与 m 无关，那么这个承诺方案就是完美隐藏的。最后，如果一个承诺方案对所有多项式时间的算法 $\mathcal{Q}$，其在协议 4 中获胜的概率都是可忽略的(即这个概率是关于安全参数的超多项式的倒数)，那么该方案就是计算绑定的。

协议 4 承诺方案的绑定性游戏

1：(vk,ck)←KeyGen()
2：$(c,d,m,d',m')\leftarrow\mathcal{Q}$ (ck)
  ▷ c 是承诺值；
  ▷ d 和 d' 是打开信息，将 c 分别打开到消息 m 和 m'。
3：如果 Verify(vk,(c,d),m)＝Verify(vk,(c,d'),m')＝1 并且 $m\neq m'$，则$\mathcal{Q}$获胜。

基于∑-协议的完美隐藏的承诺方案 如果没有高效的算法可以确定证据 w，使得$(h,w)\in\mathcal{R}$，那么该关系 $\mathcal{R}$ 就是困难的。更准确地说，一个*困难的关系*是指存在某个高效的随机算法 Gen，它以以下方式生成关系的“困难实例”。Gen 输出(h,w)对，并且除非概率可忽略，否则没有多项式时间算法能够在给定 Gen 输出的 h 值的情况下找到一个证据 w'，使得$(h,w')\in\mathcal{R}$。例如，在素数阶群 $\mathbb{G}$ 中的离散对数关系中，离散对数问题被认为是难解的，那么 Gen 会选择一个随机整数 $r\in\{0,\cdots,|\mathbb{G}|-1\}$并输出$(h,r)$，其中 $h=g^r$。

Damgård[105]介绍了如何使用针对困难关系的∑-协议[223]来获得一个完美隐藏、计算绑定的承诺方案。通过使用 Schnorr 的离散对数关系的∑-协议，将 Damgård 的构造实例化，可以得到著名的 Pedersen 承诺方案[206]，该方案将在本书中发挥重要作用。(Pedersen 承诺方案的经典表述与此处恢复的版本略有不同，完全是表述上的差别。详见协议 5 和 6。)

实际上，为确保隐藏性，Damgård 变换确实需要∑-协议必须满足上面未提及的一个要求。用于证明 HVZK 的模拟器不仅必须接受公开输入 h，还必须接受挑战 e^* 作为输入，并输出一个脚本(a,e^*,z)，使得模拟器生成的脚本的分布与验证者和指定的证明者进行交互，且验证者的挑战被固定为 e^* 时生成的脚本的分布相同。这个性质称为特殊诚实验证者完美零知识。Schnorr ∑-协议的模拟器满足这个属性。只需将模拟器选择的挑战固定为 e^*，而不是让模拟器从挑战空间中随机选择挑战。

这里是 Damgård 承诺方案的工作原理。密钥生成过程是运行困难关系 $\mathcal{R}$ 的生成算法，以获取(实例，证据)对$(h,w)\leftarrow$Gen，并将 h 既作为承诺密钥 ck，又作为验证密钥 vk。

请注意，证据 w 代表"有毒废物(toxic waste)"，必须丢弃，因为任何知道 w 的人都可能打破承诺方案的绑定性。要承诺消息 m，承诺者在公开输入 h 上运行 $\mathcal{R}$ 的 Σ-协议的模拟器(Σ-协议的特殊 HVZK 属性保证了其存在)以生成一个脚本，其中挑战是消息 m(这是利用前面段落描述的模拟器的特性)。设(a,e,z)是模拟器的输出，承诺者将 a 作为承诺发送，并将 $e=m$ 和 z 作为打开信息。在承诺方案的验证阶段，承诺者向验证者发送打开信息$e=m$ 和 z，验证者使用Σ-协议的验证过程来确认(a,e,z)是公开输入 h 的可接受的脚本①。

我们需要证明承诺方案满足正确性、计算绑定性和完美隐藏性。正确性是显然的，因为Σ-协议的 HVZK 属性保证了模拟器只输出接受的传输记录。完美隐藏是由于任何Σ-协议中，证明者发送的第一条消息 a 与Σ-协议中验证者的挑战是独立的(在承诺方案中等于要承诺的消息)。计算绑定来自Σ-协议的特殊可靠性：如果承诺者能够输出一个承诺 a 和两组"打开信息"(e,z)和(e',z')，使得两组信息都能导致承诺验证者接受，那么(a,e,z)和(a,e',z')必须是Σ-协议的可接受脚本，并且有一个高效的过程可以获取这两个脚本并产生一个证据 w，使得$(h,w)\in\mathcal{R}$。$\mathcal{R}$ 难以计算的事实意味着只有承诺者运行在超多项式时间，才能以非可忽略的概率实现。

请注意，在将转换应用于离散对数关系的 Schnorr 协议时，密钥生成过程会产生生成元 g 的一个随机幂次，这只是一个随机群元素 h。因此，承诺方案中的承诺密钥和验证密钥可以透明地生成(即不会产生"有毒废物")。也就是说，与其随机选择一个证据 r 并让 $h=g^r$，从而产生可能用于破坏承诺方案绑定性的有毒废物 r，不如直接选择 h 作为一个随机群元素。这样，没有人知道 h 相对于基 g 的离散对数(根据假设，鉴于在已知 h 和 g 的情况下，计算此离散对数是难解的)。

最终的承诺方案展示在协议 6 中。作为比较，我们同时在协议 5 中给出了传统的 Pedersen 承诺方案(二者是等效的，最多只有些表面差别)。为了保持与文献的一致性，本书的其余部分将遵循传统的 Pedersen 承诺方案(协议 5)。在传统的方案中，为了承诺一条消息 m，承诺者在$\{0,\cdots,|\mathbb{G}|-1\}$中选择一个随机的指数 z，并将承诺设置为 $g^m\cdot h^z$。人们可将 h^z 视为"盲化因子"的随机群元素：通过将 g^m 乘 h^z，可以确保承诺是一个随机群元素，统计上独立于 m②。

① 如果承诺的消息 m 包含验证者无法自己计算的数据，则向验证者透露 m 将会违反零知识性。在我们实际使用 Pedersen 承诺的零知识论证中，证明者实际上永远不会打开任何承诺，而是在零知识条件下，证明自己如果愿意时是能够打开承诺的。参见协议 7。

② 盲化因子 h^z 确保了 Pedersen 承诺是完美的(即统计上的)隐藏。即使丢掉盲化因子，承诺可能也不会向多项式时间的接收者透露 m。这是因为从"未盲化"的承诺 g^m 计算 m 需要解决相对于基 g 的离散对数问题。如果 m 本身是均匀分布的，绑定分析已经假设这是难解的。直观地说，m"隐藏在"g 的指数中。

协议 5　循环群 $\mathbb{G}$ 上标准的 Pedersen 承诺，该群上的离散对数问题是难解的
1：令 $\mathbb{G}$ 为一个素数阶（乘法）循环群。密钥生成过程公开两个随机生成元 $g,h\in\mathbb{G}$，既作为承诺密钥，也作为验证密钥。 2：为了承诺一个数 $m\in\{0,\cdots,\|\mathbb{G}\|-1\}$，承诺者选取一个随机值 $z\in\{0,\cdots,\|\mathbb{G}\|-1\}$ 并发送 $c\leftarrow g^m\cdot h^z$ 给验证者。 3：为了打开承诺 c，承诺者需要发送 (m,z)。验证者检查 $c=g^m\cdot h^z$。

协议 6　这是通过 Damgård 变换从 Schnorr 协议得到的承诺方案。这与协议 5 相同，只是承诺是 $h^{-m}\cdot g^z$，而不是 $g^m\cdot h^z$，因此相应地修改验证过程（即 g 和 h 的角色互换，m 被替换为 $-m$）。
1：令 $\mathbb{G}$ 为一个素数阶（乘法）循环群。 2：密钥生成过程公开两个随机生成元 $g,h\in\mathbb{G}$，既作为承诺密钥，也作为验证密钥。 3：为了承诺一个值 $m\in\{0,\cdots,\|\mathbb{G}\|-1\}$，承诺者选取一个随机值 $z\in\{0,\cdots,\|\mathbb{G}\|-1\}$ 并发送 $c\leftarrow h^{-m}\cdot g^z$ 给验证者。 4：为了打开承诺 c，承诺者需要发送 (m,z)。验证者检查 $c\cdot h^m=g^z$。

12.3.1　Pedersen 承诺的重要性质

加法同态　Pedersen 承诺的一个重要性质是它们是*加法同态*的。这意味着验证者可以取两个承诺 c_1 和 c_2，其分别为值 m_1 和值 m_2 的承诺（其中 $m_1,m_2\in\{0,\cdots,|\mathbb{G}|-1\}$ 是承诺者知道但验证者不知道的），然后验证者可以独自推导出一个承诺 c_3，其承诺值 $m_3:=m_1+m_2$，并且证明者能够打开 c_3 到 m_3。这可以通过让 $c_3\leftarrow c_1\cdot c_2$ 来实现。对于证明者提供的"打开信息"，如果 $c_1=h^{m_1}\cdot g^{z_1}$，并且 $c_2=h^{m_2}\cdot g^{z_2}$，那么 $c_3=h^{m_1+m_2}\cdot g^{z_1+z_2}$，因此 c_3 的打开信息就是 (m_1+m_2,z_1+z_2)。总之，Pedersen 承诺在乘法群 $\mathbb{G}$ 上是加法同态的，消息的加法对应于承诺的群乘法。

打开知识的完美 HVZK 证明　我们将看到，在设计通用零知识论证时，有时候对于证明者来说，证明它知道如何打开一个承诺 c 到某个值，*而无须实际打开这个承诺*，是有用的。正如 Schnorr 所观察到的那样，使用类似于他的离散对数关系的 Σ-协议技术，Pedersen 承诺具有这种性质（参见协议 7）。

对于 $\mathcal{P}$ 要证明它知道 m 和 z，使得 $c=g^m h^z$，在第一轮证明中，证明者发送一个群元素 $a\leftarrow g^d\cdot h^r$，其中 d 和 r 是随机的指数对，可以将 a 看作是 $\mathrm{Com}(d,r)$，即使用随机数 r 对 d 进行承诺。然后，验证者发送一个随机挑战 e，并且验证者通过加法同态性质，可以独立计算出一个对 $me+d$ 的承诺值，证明者可以推导出这个承诺的打开值。特别的，$me+d$ 的承诺值就是 $g^{me+d}\cdot h^{ze+r}$，并使用了随机数 $ze+r$。最后，证明者使用 $(me+d,ze+r)$ 响应这个承诺的打开。使用此观点的等效协议在协议 8 中给出。

该协议是零知识的是因为，验证者从未得知 d 或 r，所以从验证者的角度来看，$\mathcal{P}$ 发送给验证者的 $me+d$ 和 $ze+r$ 看起来就像是 $\mathbb{G}$ 模数内的随机元素。该协议具有特殊可靠性的直观解释是，由于承诺者在选择 d 之前不知道 e，因此，除非它知道如何打开对 m 的承诺，否则它没有办法打开对 $me+d$ 的承诺。更详细地说，如果输入承诺是 $\mathrm{Com}(m,z)=g^m h^z$，而 $\mathcal{P}$ 在协议中的第一条消息是 $a=g^d h^r$，则如果 $\mathcal{P}$ 可以产生两个可接受的脚本 $(a,e,(m',z'))$ 和 $(a,e',(m'',z''))$，其中 $e\neq e'$，$\mathcal{V}$ 的接受标准大致意味着 $m'=m\cdot e+d$，$z'=z\cdot e+r$，而 $m''=m\cdot e'+d$，$z''=z\cdot e'+r$。这是包含四个未知数 m、z、d 和 r 的四个线性无关方程。因此，可以将这两个脚本拿来高效地解出 m 和 z，即 $m=(m'-m'')/(e-e')$ 和 $z=(z'-z'')/(e-e')$。

协议 7 Pedersen 承诺打开知识的零知识证明

1：设 $\mathbb{G}$ 是一个素数阶（乘法）循环群，其离散对数关系是难解的，并随机选择生成元 g 和 h。
2：输入是 $c=g^m\cdot h^z$。证明者知道 m 和 z，验证者只知道 c,g,h。
3：证明者选择 $d,r\in\{0,\cdots,|\mathbb{G}|-1\}$ 并向验证者发送 $a\leftarrow g^d\cdot h^r$。
4：验证者从 $\{0,\cdots,|\mathbb{G}|-1\}$ 中随机选择一个挑战 e。
5：证明者发送 $m'\leftarrow me+d$ 和 $z'\leftarrow ze+r$ 给验证者。
6：验证者检查 $g^{m'}\cdot h^{z'}=c^e\cdot a$。

协议 8 采用承诺和加法同态的术语，协议 7 的等价描述

1：设 $\mathbb{G}$ 是一个素数阶（乘法）循环群，其离散对数关系是难解的，并随机选择生成元 g 和 h。
2：设 $\mathrm{Com}(m,z)=g^m\cdot h^z$ 是 Pedersen 承诺。证明者知道 m 和 z，验证者只知道 $\mathrm{Com}(m,z),g,h$。
3：证明者选择 $d,r\in\{0,\cdots,|\mathbb{G}|-1\}$ 并向验证者发送 $a\leftarrow\mathrm{Com}(d,r)$。
4：验证者从 $\{0,\cdots,|\mathbb{G}|-1\}$ 中随机选择一个挑战 e。
5：令 $m'\leftarrow me+d$ 且 $z'\leftarrow ze+r$，并令 $c'\leftarrow\mathrm{Com}(m',z')$。因为验证者并不知道 m' 和 z'，验证者可以使用加法同态性质从 $\mathrm{Com}(m,z)$ 和 $\mathrm{Com}(d,r)$ 中独立地计算出 c'。
6：证明者发送 (m',z')。
7：验证者检查 m',z' 是关于 c' 的有效的打开信息，即 $g^{m'}\cdot h^{z'}=c'$。

完美完备性

如果证明者完全遵循指定的协议 7，那么

$$g^{m'}\cdot h^{z'}=g^{me+d}\cdot h^{ze+r}=c^e\cdot a$$

特殊可靠性 假设我们有两个可接受的脚本 $(a,e,(m_1',z_1'))$ 和 $(a,e',(m_2',z_2'))$，其中 $e\neq e'$，我们需要提取一个有效的打开 (m,z) 以验证承诺 $c=g^m\cdot h^z$。和离散对数关系 ∑-协议的分析类似，令 $(e-e')^{-1}$ 表示 $e-e'$ 在模 $|\mathbb{G}|$ 下的乘法逆，定义

$$m^*=(m_1'-m_2')\cdot(e-e')^{-1}\bmod|\mathbb{G}|$$

$$z^*=(z_1'-z_2')\cdot(e-e')^{-1}\bmod|\mathbb{G}|$$

则

$$g^{m^*}\cdot h^{z^*}=(g^{(m_1'-m_2')}h^{(z_1'-z_2')})^{(e-e')^{-1}}=(c^e\cdot a\cdot(c^{e'}\cdot a)^{-1})^{(e-e')^{-1}}=c$$

其中，倒数第二个等式是因为 $(a,e,(m_1',z_1'))$ 和 $(a,e',(m_2',z_2'))$ 是可接受的脚本，所以

(m^*, z^*)是对于承诺 c 的有效组合。

完美 HVZK 模拟器从集合$\{0,\cdots,|\mathbb{G}|-1\}$中进行均匀随机采样 e、m'、z'，然后设置

$$a \leftarrow g^{m'} \cdot h^{e'} \cdot c^{-e}$$

并输出

$$(a, e, (m', z'))$$

这确保了 e 是均匀分布的，并且 a 和(m', z')在满足 $g^{m'} \cdot h^{e'} = c^e \cdot a$ 的约束下，在群$\mathbb{G}$和集合$\{0,\cdots,|\mathbb{G}|-1\}^2$ 上也是均匀分布的。这个分布和诚实验证者与指定证明者交互生成的分布相同。

对于打开到一个特定值的完美 HVZK 证明 上述协议允许证明者证明其知道如何打开一个 Pedersen 承诺 c 到某个值。我们将发现它的一种变体，其允许证明者能够以零知识的方式证明其知道如何将 c 打开到特定的公开值 y。由于公开值 y 的 Pedersen 承诺 c 的形式为 $g^y h^r$，其中 $r \in \mathbb{G}$ 是一个随机数，证明知道如何将 c 打开到 y 等价于证明知道一个 r，使得 $h^r = c \cdot g^{-y}$。这相当于证明在以 h 为底数的情况下，$c \cdot g^{-y}$ 的离散对数的知识，这可以使用协议 3 来解决。

协议 7 的最终看法 协议 7 要求证明者不要直接打开 c（这将违反零知识性），而是打开另一个承诺 c'，该承诺是由证明者的第一条消息中发送的随机值 d 的承诺值和 c 通过同态性推导出来的。证明者和验证者都向承诺的值 $m' = me + d$ 贡献了随机性。证明者贡献的随机性（即 d）用于确保 m'在统计上独立于 m，从而确保对 c'的打开 m'不会透露关于 m 的任何信息。验证者的挑战 e 对 m'的贡献用于确保特殊可靠性，除非证明者知道如何打开 c，否则证明者无法在验证者的挑战 e 下用多于一个值对 c'打开。

我们将在 12.3.2 节和 14.2 节中看到此范例的更多变体，其中证明者希望以零知识的方式证明各种承诺的值满足特定的关系。直接打开承诺将使验证者轻松检查所声称的关系，但违反了零知识。因此，证明者打开*派生的承诺*，其中证明者和验证者均为派生的承诺贡献随机性，同时满足派生的承诺与证明者声称的原始承诺满足相同的性质。

12.3.2 证明承诺值之间的乘积关系

我们已经看到 Pedersen 承诺具有加法同态性，这意味着验证者可以取两个承诺 c_1 和 c_2，其分别对应于$\{0,\cdots,|\mathbb{G}|-1\}$中的值 m_1 和 m_2，并且在没有任何帮助的情况下，验证者可以导出对 $m_1 + m_2$ 的承诺（由于承诺的隐藏属性，验证者不知道 m_1 和 m_2 的值）。

Pedersen 承诺不是*乘法*同态的：验证者没有办法在得不到证明者的帮助的情况下推导出一个 $m_1 \cdot m_2$ 的承诺。但是，假设证明者*发送*一个声称是 $m_1 \cdot m_2$ 的值的承诺 c_3（这

意味着证明者知道如何将 c_3 打开到 $m_1 \cdot m_2$)，那么证明者是否可以向验证者证明 c_3 确实承诺 $m_1 \cdot m_2$，而不需要实际上打开 c_3 并揭示 $m_1 \cdot m_2$? 答案是可以，使用我们已经看到的 $\sum$-协议的一个稍复杂点的变体。其 $\sum$-协议如协议 9 所示，相应的承诺和加法同态的等价描述在协议 10 中给出。

协议的大致思想是，如果 m_3 确实等于 $m_1 \cdot m_2$，那么 c_3 不仅可以看作使用群生成元 g 和 h 对 $m_1 \cdot m_2$ 进行的 Pedersen 承诺，即 $c_3 = \text{Com}_{g,h}(m_1 \cdot m_2, r_3)$，还可以看作使用群生成元 $c_1 = g^{m_1} h^{r_1}$ 和 h 对 m_2 进行的 Pedersen 承诺。也就是说，如果 $m_3 = m_1 \cdot m_2$，则可以验证以下等式：

$$c_3 = \text{Com}_{c_1,h}(m_2, r_3 - r_1 m_2)$$

等价地，就如 c_2 那样，c_3 是对相同消息 m_2 的承诺，只是使用不同的生成元(c_1 代替 g)和不同的盲化因子($r_3 - r_1 m_2$ 代替 r_2)。该协议大致上使得证明者能够在零知识的情况下证明它知道如何将 c_3 作为这种形式的承诺打开。

与协议 7 类似，其思想是让证明者发送对随机值 b_1 和 b_3 的承诺，其中后者被承诺了两次，一次使用(g,h)生成元，一次使用(c_1,h)生成元。然后验证者使用加法同态性得到 $em_1 + b_1$ 和 $em_2 + b_3$ 的承诺(对于后者的两个承诺分别使用(g,h)和(c_1,h)生成元)，然后证明者打开这些推导出的承诺。粗略地说，该协议是零知识的，因为随机选择的 b_1 和 b_3 确保了被揭示的打开值是与 m_1 和 m_2 独立的随机群元素。

更详细地说，证明者首先发送三个值 α、β、γ，其中 $\alpha = \text{Com}_{g,h}(b_1, b_2)$ 和 $\beta = \text{Com}_{g,h}(b_3, b_4)$ 是对随机值 $b_1, b_3 \in \{0, \cdots, |\mathbb{G}| - 1\}$ 使用随机盲化因子 $b_2, b_4 \in \{0, \cdots, |\mathbb{G}| - 1\}$ 的承诺，这里使用的群生成元是 g 和 h。γ 则是对 b_3 的另一种承诺(就像 β 一样)，但使用的是群生成元 c_1 和 h 而不是 g 和 h。也就是说，γ 被设置为 $\text{Com}_{c_1,h}(b_3, b_5)$，其中 b_5 是随机选择的。

根据这三个值，尽管不知道 m_1、m_2、r_1、r_2、r_3 或 $b_1, \cdots, b_5$，但验证者仍然可以对任意值$e \in \mathbb{G}$ 使用加法同态性质，推导出三个新的承诺：$c'_1 = \text{Com}_{g,h}(b_1 + em_1, b_2 + er_1)$，$c'_2 = \text{Com}_{g,h}(b_3 + em_2, b_4 + er_2)$，$c'_3 = \text{Com}_{c_1,h}(b_3 + em_2, b_5 + e(r_3 - r_1 m_2))$。在验证者发送一个随机挑战 e 之后，证明者用五个值 $z_1, \cdots, z_5$ 进行回应，使得(z_1, z_2)、(z_3, z_4)和(z_3, z_5)分别为 c'_1、c'_2和 c'_3的打开信息。

完备性、特殊可靠性和诚实验证者零知识性 完备性由设计保证。为了简洁起见，我们仅概述特殊可靠性和零知识能够成立的直觉(虽然正式证明并不困难，可以在文献[189]或[224]中找到)。

该协议是诚实验证者零知识的直觉是，盲化因子 b_2、b_4、b_5 确保了证明者的第一条消息(α, β, γ)不泄漏任何有关随机承诺值 b_1、b_3 的信息，从而保证证明者的第二条消息$(z_1, \cdots, z_5)$不会透露 m_1、m_2 的任何信息。

该协议具有特殊可靠性是因为，如果(a,e,z)和(a,e',z')是两个可接受的脚本，其中$a=(\alpha,\beta,\gamma)$，$z=(z_1,\cdots,z_5)$及$z'=(z'_1,\cdots,z'_5)$，那么验证者的检查可以确保：

- $b_1+em_1=z_1$ 及 $b_1+e'm_1=z'_1$
- $b_2+er_1=z_2$ 及 $b_2+e'r_1=z'_2$
- $b_3+em_2=z_3$ 及 $b_3+e'm_2=z'_3$
- $b_4+er_2=z_4$ 及 $b_4+e'r_2=z'_4$
- $b_5+e(r_3-r_1m_2)=z_5$ 及 $b_5+e'(r_3-r_1m_2)=z'_5$

前两个要点涉及(z_1,z_2)打开$\text{Com}_{g,h}(b_1+em_1,b_2+er_1)$和$(z'_1,z'_2)$打开$\text{Com}_{g,h}(b_1+e'm_1,b_2+e'r_1)$。与协议 7 的特殊可靠性分析类似，如果$e\neq e'$，则第一个要点代表关于未知$m_1$的两个线性无关的方程，因此可以通过$(z_1-z'_1)\cdot(e-e')^{-1}$求解出$m_1$。类似地，第二个要点可以通过$(z_2-z'_2)\cdot(e-e')^{-1}$求解出$r_1$。严格来说，可以证明$((z_1-z'_1)\cdot(e-e')^{-1},(z_2-z'_2)\cdot(e-e')^{-1})$是使用生成元$g$和$h$打开$c_1$的有效信息。

接下来两个要点涉及(z_3,z_4)打开$\text{Com}_{g,h}(b_3+em_2,b_4+er_2)$和$(z'_3,z'_4)$打开$\text{Com}_{g,h}(b_3+e'm_2,b_4+e'r_2)$，并且能够解出$m_2$和$r_2$，即$(z_3-z'_3)\cdot(e-e')^{-1}$和$(z_4-z'_4)\cdot(e-e')^{-1}$。正式地说，可以证明$((z_3-z'_3)\cdot(e-e')^{-1},(z_4-z'_4)\cdot(e-e')^{-1})$是使用生成元$g$和$h$打开$c_2$的有效信息。

最后一个要点指的是(z_3,z_5)打开$\text{Com}_{c_1,h}(b_3+em_2,b_5+e(r_3-r_1m_2))$，$(z'_3,z'_5)$打开$\text{Com}_{c_1,h}(b_3+e'm_2,b_5+e'(r_3-r_1m_2))$。由于$r_1$和$m_2$已经从前面的要点中得出，最后一个要点中的两个方程式可以让我们解出r_3，即$(z_5-z'_5)\cdot(e-e')^{-1}+r_1m_2$。形式上，可以证明$(m_1\cdot m_2,(z_5-z'_5)\cdot(e-e')^{-1}+r_1m_2)$是使用生成元$g$和$h$打开$c_3$的有效信息。

协议 9 关于满足乘积关系的 Pedersen 承诺的打开知识的零知识证明

1：设$\mathbb{G}$是一个素数阶(乘法)循环群，并且在这个群上计算离散对数是困难的。
2：输入是$c_i=g^{m_i}\cdot h^{r_i}$，其中$i\in\{1,2,3\}$，满足$m_3=m_1\cdot m_2 \bmod |\mathbb{G}|$。
3：证明者知道所有m_i和r_i，$i\in\{1,2,3\}$，验证者仅知道c_1、c_2、c_3、g、h。
4：证明者选择$b_1,\cdots,b_5\in\{0,\cdots,|\mathbb{G}|-1\}$并向验证者发送三个值：

$$\alpha\leftarrow g^{b_1}\cdot h^{b_2},\beta\leftarrow g^{b_3}\cdot h^{b_4},\gamma\leftarrow c_1^{b_3}\cdot h^{b_5}$$

5：验证者发送一个在$\{0,\cdots,|\mathbb{G}|-1\}$中随机选择的挑战$e$。
6：证明者发送$z_1\leftarrow b_1+e\cdot m_1$，$z_2\leftarrow b_2+e\cdot r_1$，$z_3\leftarrow b_3+e\cdot m_2$，$z_4\leftarrow b_4+e\cdot r_2$，$z_5\leftarrow b_5+e\cdot(r_3-r_1m_2)$给验证者。
7：验证者检查下列三个等式是否成立：

$$g^{z_1}\cdot h^{z_2}=\alpha\cdot c_1^e$$
$$g^{z_3}\cdot h^{z_4}=\beta\cdot c_2^e$$
$$c_1^{z_3}\cdot h^{z_5}=\gamma\cdot c_3^e$$

协议 10　在承诺和加法同态下协议 9 的一个等价描述。符号 $\mathrm{Com}_{g,h}(m,z):=g^m h^z$ 表示一个对消息 m 的带有盲化因子 z 的 Pedersen 承诺，而产生该承诺相应的群生成元为 g 和 h。

1：设 $\mathbb{G}$ 是一个素数阶(乘法)循环群，并且在这个群上计算离散对数是困难的。
2：输入是 $c_i=g^{m_i}\cdot h^{r_i}$，其中 $i\in\{1,2,3\}$，满足 $m_3=m_1\cdot m_2 \bmod |\mathbb{G}|$。
3：证明者知道所有 m_i 和 r_i，$i\in\{1,2,3\}$，验证者仅知道 c_1、c_2、c_3、g、h。
4：证明者选择 $b_1,\cdots,b_5\in\{0,\cdots,|\mathbb{G}|-1\}$ 并发送给验证者以下三个值

$$\alpha\leftarrow\mathrm{Com}_{g,h}(b_1,b_2),\beta\leftarrow\mathrm{Com}_{g,h}(b_3,b_4),\gamma\leftarrow\mathrm{Com}_{c_1,h}(b_3,b_5)$$

5：验证者发送一个在 $\{0,\cdots,|\mathbb{G}|-1\}$ 中随机选择的挑战 e。
6：令 $z_1\leftarrow b_1+e\cdot m_1$，$z_2\leftarrow b_2+e\cdot r_1$，$z_3\leftarrow b_3+e\cdot m_2$，$z_4\leftarrow b_4+e\cdot r_2$，$z_5\leftarrow b_5+e\cdot(r_3-r_1m_2)$。
7：虽然验证者不知道 $z_1,\cdots,z_5$ 的值，但是使用加法同态，验证者可以独立地得到以下三个承诺：

$$c_1'=\mathrm{Com}_{g,h}(z_1,z_2)=\alpha\cdot c_1^e$$
$$c_2'=\mathrm{Com}_{g,h}(z_3,z_4)=\beta\cdot c_2^e$$
$$c_3'=\mathrm{Com}_{c_1,h}(z_3,z_5)=\gamma\cdot c_3^e$$

最后这个关于 c_3' 的等式利用了以下事实：

$$c_3^e=g^{em_1m_2}h^{er_3}=c_1^{em_2}h^{er_3-er_1m_2}=\mathrm{Com}_{c_1,h}(em_2,er_3-er_1m_2)$$

8：证明者发送 $z_1,\cdots,z_5$ 给验证者。
9：验证者检查：
- (z_1,z_2) 是生成元为 g 和 h 下 c_1' 的有效打开值。
- (z_3,z_4) 是生成元为 g 和 h 下 c_2' 的有效打开值。
- (z_3,z_5) 是生成元为 c_1 和 h 下 c_3' 的有效打开值。

第 13 章

通过承诺-证明和掩码多项式实现零知识

历史上,第一个为 **NP**-完全问题给出的零知识论证是由 Goldreich、Micali 和 Wigderson (GMW)提出的。GMW 设计了一个针对图的 3-染色问题的具有多项式时间验证者的零知识论证。这为任何在 **NP** 中的语言 $\mathcal{L}$(包括算术电路可满足性)提供了一个具有多项式时间验证者的零知识论证,因为任何 $\mathcal{L}$ 的实例都可以首先被转换成等效的图的 3-染色实例,该实例大小比原实例放大了一个多项式级别的系数,然后可以应用 GMW 提出的对图的 3-染色问题的零知识论证。然而,由于以下两个原因,这并没有产生实际可行的协议。第一,GMW 的构造是首先设计一个"基本"协议,但是该协议可靠性误差大($1-1/|E|$,其中 $|E|$ 表示图中边的数量),因此需要重复多项式次数以确保可靠性误差小到可忽略的水平。第二,实践中,相关的 **NP** 问题归约到图的 3-染色问题会引入大的(多项式)开销。也就是说,在第 6 章中我们已经看到,运行时间为 T 的任意非确定性 RAM 可以转换为大小为 $\tilde{O}(T)$ 的等效电路可满足性实例,但是对于图的 3-染色问题则并没有类似的结果。因此,在本书中,我们重点给出电路可满足性和相关问题的零知识论证,而不是其他 **NP**-完全问题的零知识论证。有兴趣的读者可以从关于零知识的标准教材中了解有关 GMW 零知识论证的更多信息(例如文献[130])。

承诺-证明,零知识论证 本章我们将介绍第一批针对电路可满足性问题的零知识论证。这些论证都基于一种通常称为*承诺-证明*的技术[①],其思想如下:假设存在一个大家一致同意的电路 $\mathcal{C}$,证明者想要证明自己知道一个证据 w,使得 $\mathcal{C}(w)=1$[②]。考虑下面这种朴

---

① 重要提醒:有些论文使用"承诺-证明 SNARK"这个短语,例如文献[87],它与我们在本书中使用的术语承诺-证明略有不同。承诺-证明 SNARK 是一种 SNARK,其中验证者知道某个输入向量的压缩的承诺(例如,使用我们在 14.2 节中描述的推广的 Pedersen 承诺),并且 SNARK 能够证明证明者知道相关承诺的打开 w,使得 w 满足感兴趣的性质。因此,承诺-证明 SNARK 是针对特定类型语句的 SNARK。相比之下,我们使用承诺-证明代表零知识论证特定的设计方法。

② 在之前的章节中,我们考虑了带有公开输入 x 和证据 w 的算术电路,并且证明者想要证明自己知道一个 w 使得 $\mathcal{C}(x,w)=1$。在本章中,为了简洁起见,我们省略了公开输入 x。很容易修改这里给出的论证以同时支持公开输入 x 和 w。

素的、信息理论安全的、非交互式的证明系统，它是(完美)可靠的但不是零知识的。证明者向验证者发送 w，以及在输入 w 下 $\mathcal{C}$ 的每个门的输出值。验证者仅需检查输出门的值是否为 1，并逐个门检查证明者的声称值是否准确(即对于任何乘法(或加法)门，证明者发送的值确实是两个输入门的乘积(或和))。显然，这个证明系统是信息理论上可靠的，但不是零知识的，因为验证者知道了证据 w。

为了获得一个零知识论证，证明者会发送每个门的隐藏的承诺，并以零知识的方式证明这些被承诺的值满足验证者在朴素(非零知识)证明系统中执行的检查。这样，论证系统的验证者不会获得关于这些承诺所代表的值的任何信息，但是可以确认这些值满足了信息理论安全协议中的验证条件。

本章的下一节将详细介绍在使用 Pedersen 承诺方案时此方法的其他细节。

13.1　证明长度等于证据的长度加上乘法复杂度

12.3.2 节解释了 Pedersen 承诺满足以下性质：(a) 它们是加法同态的，意味着给定值 m_1、m_2 的承诺 c_1、c_2，尽管验证者不知道 m_1 或 m_2，验证者也可以直接从 c_1、c_2 计算 $(m_1+m_2) \bmod |\mathbb{G}|$ 的承诺；(b) 给定对值 m_1、m_2、m_3 的承诺 c_1、c_2、c_3，有一个 Σ-协议(协议 9)，证明者可以以(诚实验证者)零知识的方式证明 c_3 是 $m_1 \cdot m_2 \bmod |\mathbb{G}|$ 的承诺。

加法和乘法是通用基础，意味着仅使用这两个操作，就可以计算任意输入的函数。因此，性质(a)和(b)结合起来意味着验证者能够在不需要证明者揭示任何被承诺值的情况下，有效地对承诺值进行任意计算。

更详细地说，我们有以下算术电路可满足性的零知识论证。虽然概念上很吸引人，但这个论证并不简洁——通信复杂度与证据大小 $|w|$ 和电路中乘法门个数 M 之和呈线性关系，从而导致证明非常庞大。

令 $\mathcal{C}$ 是一个定义于素数阶域 $\mathbb{F}$ 上的算术电路，$\mathbb{G}$ 是一个循环群，其与 $\mathbb{F}$ 具有相同的阶数，并且其离散对数关系被假定困难。假设 $\mathcal{C}$ 中的乘法门具有 2 个输入(在本节中的零知识论证支持具有无限输入度的加法门，不失一般性，我们假设任何加法门的输入完全由乘法门组成)。假设证明者声称自己知道一个 w，使得 $\mathcal{C}(w)=1$。在协议开始时，证明者发送 w 的每个元素的 Pedersen 承诺，以及 $\mathcal{C}$ 中每个乘法门中的值的 Pedersen 承诺。然后，对于 w 中的每个元素，证明者通过协议 7 证明证明者知道该元素的承诺的打开。接下来，对于电路中的每个乘法门，证明者使用协议 9 证明承诺的值符合乘法门的操作。也就是说，如果乘法门 g_1 计算门 g_2 和 g_3 的乘积，验证者可以要求证明者在零知识下证明门 g_1 值的承诺 c_1 等于门 g_2 和 g_3 值的承诺 c_2 和 c_3 的积。通过 Pedersen 承诺的加法同态性质，处理加法门时不需要任何证明者和验证者之间的通信：如果加法门 g_1 计算门 g_2 和 g_3 的和，验证者可以自己通过性质(a) 计算给定门 g_2 和 g_3 的值的承诺是门 g_1 的值的承诺。最后，在协议结束时，证明者使用协议 3 证明知道如何将$\mathcal{C}$输出门的值的承诺打开到值 $y=1$。

该证明系统显然是完备的，因为每个子流程（协议 3、协议 7 和协议 9）都是完备的。为了证明它是完美的诚实验证者零知识的，我们必须构建一个高效的模拟器，其输出在分布上与诚实验证者在协议中的视图相同。构建的思路很简单，因为该协议完全由Σ-协议的$|w|+M+1$ 次调用组成，这些子流程本身是完美的诚实验证者零知识的。整个协议的模拟器可以简单地按顺序运行每个子例程的模拟器，并将它们生成的脚本拼接起来。

13.1.1 证明知识可靠性

为了证明我们的论证系统是算术电路可满足性的知识论证，我们需要展示如果证明者以非可忽略的概率说服验证者接受其证明，那么可以从证明者中高效地提取出一个证据 w，使得$\mathcal{C}(w)=1$。具体而言，我们必须证明对于任何证明者 $\mathcal{P}$，如果他能以非可忽略的概率说服论证系统的验证者接受其证明，那么存在一个多项式时间算法 ε，在它可以访问可重放的脚本生成器（该生成器用来生成一个论证系统中证明者-验证者（$\mathcal{P}, \mathcal{V}$）脚本）的情况下，输出一个 w，使得$\mathcal{C}(w)=1$。

自然地，提取证据 w 的过程依赖于论证系统协议中使用的$|w|+M+1$ 个子流程本身满足特殊可靠性的事实。回忆一下，这意味着这些协议包含三条消息，并且如果可以访问两个接受的脚本，这些脚本共享第一条消息，但是第二条消息不同，那么就有一个高效的过程来提取待证命题的证据。我们称这样的一组脚本为子流程的 2-脚本树。使用其对（$\mathcal{P}, \mathcal{V}$）的可重放脚本生成器的访问能力，ε 可以在多项式时间内高概率识别每个子流程的 2-脚本树。

根据证明协议 7 的特殊可靠性，给定一组所有论证系统子流程的相应的 2-脚本树，ε 可以提取证据 w 的每个元素 i 的承诺打开值，并输出由提取值构成的向量 $\boldsymbol{w}$。现在我们将证明这样输出的向量 $\boldsymbol{w}$ 确实满足$\mathcal{C}(\boldsymbol{w})=1$。就像 ε 从每个调用协议 7 后形成的 2-脚本树中提取了 w 的每个元素的打开值一样，给定一组调用协议 9 形成的$\mathcal{C}$ 的第 i 个乘法门的 2-脚本树，有一种高效的方法可以提取乘法门 i 的承诺和其两个输入的承诺的打开值，这些打开值要符合乘法操作（这些输入门中的一个或两个可能是加法门，其承诺是通过加法同态从证明者发送的乘法门承诺中派生的）。类似地，给定协议 3 的单个调用的 2-脚本树，有一种高效的方法可以提取输出门承诺的打开值 1。

请注意，这些提取过程可能会多次提取特定门 g 的值。例如，门 g 的值将通过对 g' 门调用协议 9 而生成的 2-脚本树来提取，其中 g 是 g' 的一个输入。另一方面，如果 g 本身是乘法门，则其值通过将协议 9 应用于 g 本身而被提取一次。通过调用协议 3，打开$\mathcal{C}$ 的输出门的承诺，提取值 1。

对于被提取多次值的门，提取的值必须完全相同，否则提取过程就产生了同一承诺有不同打开值的结果。这将违反承诺方案的绑定性质，因为所有的 2-脚本树都是在多项式时间内构造的，并且从每个 2-脚本树中提取的过程也是高效的。

综上，我们已经证明了提取值具有以下性质：

- $\mathcal{C}$ 中的每个门以及 w 中的每个元素都有一个唯一的提取值。
- 所有乘法门的提取值都遵循门的乘法运算（由协议 9 的特殊可靠性保证）。
- $\mathcal{C}$ 中所有加法门的提取值也遵循加法运算（由承诺方案的加法同态性质保证）。
- 输出门的提取值为 1。

这四个性质一起意味着 $\mathcal{C}(w)=1$，其中 w 是提取出的证据。

13.1.2　承诺-证明的总结

上述介绍的承诺-证明论证在概念上与全同态加密（FHE）相关。FHE 方案允许在加密数据上进行计算。具体来说，设 c_1 和 c_2 为密文，对应的明文为 m_1 和 m_2。FHE 方案允许任何人在给定 c_1 和 c_2（但不知道相应的明文）的情况下，计算 $m_1 \cdot m_2$ 和 m_1+m_2 的密文。这使得任何算术电路都可以在密文上进行逐门求值。

这里举例说明，有一个计算能力受限的用户可以使用 FHE 方案将他们的数据加密，并向云计算服务询问是否可以在他们的加密数据上求一个算术电路。云服务可以逐个对电路门进行处理。对于电路中的每个加法门和乘法门，服务可以将加法或乘法操作直接作用于门输入的明文，只不过这些明文“包裹于”密文之中，而无须“打开”密文。通过这种方式，云服务获得电路输出的加密结果，并将其发送给用户，然后用户进行解密。在这种情况下，使用 FHE 可以避免将用户的信息泄露给云服务①。

承诺-证明零知识论证，其概念与 FHE 有些相似。证明者扮演用户的角色，验证者扮演云服务的角色。为了保持零知识，证明者希望将证据元素对验证者隐藏。因此，证明者使用加法同态承诺方案（Pedersen 承诺）对证据元素进行*承诺*——这些承诺类似于上述 FHE 情景中的密文。验证者要获得电路输出的承诺，类比于云服务获取输出的加密。承诺-证明论证（与上文例子）的关键区别在于其承诺方案只是加法同态的，而不是完全同态的。这意味着验证者本身可以在不打开承诺的情况下，将两个承诺值相加，但却无法将它们相乘。因此，在电路的每个乘法门中，承诺-证明论证的证明者通过发送一个乘积的承诺来帮助验证者计算乘积，并证明它可以在零知识下将该承诺打开到合适的被承诺值的乘积。这就是证明的长度随电路中乘法门的数量呈线性增长，但不依赖于加法门数量的原因。

① 正如上文所述，FHE 并不能保证云服务正确地对用户的数据进行了指定的算术电路计算。因此，需要将 FHE 与证明或者论证系统相结合才能获得这样的保证。

13.1.3 承诺-证明与其他承诺方案结合

在上述承诺-证明零知识论证系统中，我们使用了 Pedersen 承诺。但是，我们所需的 Pedersen 承诺的性质是：完美隐藏、计算绑定、加法同态、打开信息及乘积关系的零知识论证。可以用其他任何满足这些性质的承诺方案来替换 Pedersen 承诺。为此，一些著作如文献[23]、[107]、[248]基本上用基于向量无关线性求值(vector oblivious linear evaluation, VOLE)[8]原语的承诺方案替换了 Pedersen 承诺。这比使用 Pedersen 承诺带来以下好处。首先，使用 Pedersen 承诺来实现承诺-证明会导致证明中每个乘法门都包含 10 个密码学群元素。使用基于 VOLE 的承诺可以将通信量减少到每个乘法门的 1 或 2 个域元素。其次，Pedersen 承诺的计算绑定性是基于离散对数问题的难解性，由于量子计算机可以高效地计算离散对数，因此所得到的承诺-安全论证不具有量子安全性。相比之下，基于 VOLE 的承诺被认为具有量子安全性(它们基于所谓的噪声学习偏差(Learning Parity with Noise, LPN)假设的变体)。

然而，使用基于 VOLE 的承诺也有显著的缺点。具体而言，这些承诺目前需要一个交互式的预处理阶段。与使用基于 Pedersen 的承诺的承诺-证明不同，其不能通过 Fiat-Shamir 转换完全消除交互，因此得到的电路可满足性论证不能公开验证。

13.2 去除对乘法复杂性的线性依赖：从 IP 到零知识论证系统

在上一节的零知识论证中，证明长度与证据长度和 $\mathcal{C}$ 的乘法门数量之和呈线性关系。此外，验证者的运行时间与 $\mathcal{C}$ 的大小呈线性关系(证据长度加上加法门和乘法门数量)，这是因为验证者会在"承诺"下自己完成 $\mathcal{C}$ 中的每个门操作(即验证者在不要求证明者打开任何承诺的情况下，在承诺的值上对每个门进行求值)。

通过将之前一节的思想与 GKR 协议相结合，可以将通信复杂度和验证者运行时间降低到 $O(|w|+d\cdot\text{poly}(\log|\mathcal{C}|))$，其中 d 是电路 $|\mathcal{C}|$ 的深度。这个想法是从我们第一个朴素的电路可满足性协议开始的(7.1 节)，该协议不是零知识的。然后将其与前一节的思想结合起来，使其成为零知识的，同时不显著增加任何成本(通信、证明者运行时间或验证者运行时间)。具体而言，在 7.1 节的朴素协议中，证明者将 w 明确发送给验证者，然后将 GKR 协议应用于证明 $\mathcal{C}(w)=1$。由于验证者获知了证据 w，因此该协议不是零知识的。

为了使其是零知识的，我们可以让证明者发送每个 w 的 Pedersen 承诺，并使用协议 7 来证明每个承诺的打开信息，就像在前一节的零知识论证开始时证明者所做的那样。然后，我们可以将 GKR 协议应用于声明 $\mathcal{C}(w)=1$。然而，在 GKR 协议中，证明者的消息也会向验证者泄露关于证据 w 的信息，因为证明者的所有消息都由低次单变量多项式组成,其系数是从$\mathcal{C}$在w上的门值导出的。为了解决这个问题,我们不让证明者"明文"发送这些多项式的系数给验证者,而是让证明者$\mathcal{P}$发送这些系数的 Pedersen 承诺,并在每个承诺中使用协议 7 来证明$\mathcal{P}$知道承诺的打开信息。总之,在论证系统证明者和验证者完成模拟 GKR 协议后,论证系统证明者已经发送了证据w中所有元素的 Pedersen 承诺和 GKR 协议中所有证明者的消息。

现在我们需要解释论证系统中的验证者如何在零知识下确认证明者 Pedersen 承诺中所包含的值会使得 GKR 验证者接受声明$\mathcal{C}(w)=1$。

大致思路是存在一个电路$\mathcal{C}'$,它以 GKR 协议中证明者的消息(包括证据w)作为输入,并且满足以下条件:(1) 当且仅当证明者的消息可以使得 GKR 验证者接受时,$\mathcal{C}'$的所有输出都为 1;(2) $\mathcal{C}'$包含$O(d\log|\mathcal{C}|+|w|)$个加法门和乘法门。因此,我们可以对$\mathcal{C}'$输出 1 向量的声明应用上一节中的零知识证明。回想一下,为了证明$\mathcal{C}'(w')=1$,在上一节论证系统的开始时,证明者要发送w'所有元素的承诺。在这种情况下,w'包含了$\mathcal{C}$的证据w和 GKR 协议中证明者的消息,并且论证系统已经对这些值进行了承诺(由上一段的最后一句话可知)。由于$\mathcal{C}'$的属性(2),应用于$\mathcal{C}'$的零知识论证的总通信开销和验证者运行时间为$O(|w|+d\log|\mathcal{C}|)$。

$\mathcal{C}$的论证很容易被视为是完备的和诚实验证者零知识的(因为它由诚实验证者零知识论证系统的顺序应用组成)。为了正式证明它是知识可靠的,需要证明对于任何论证系统证明者$\mathcal{P}$,如果它运行在多项式时间内,且能够以非可忽略概率令系统的验证者接受(其结论),那么就可以提取出一个证据w和一个 GKR 协议的证明策略$\mathcal{P}'$,且它能以高概率使 GKR 的验证者接受$\mathcal{C}(w)=1$。GKR 协议的可靠性暗示$\mathcal{C}(w)=1$。证据w可以通过前一节中的协议 7 的特殊可靠性从$\mathcal{P}$中提取。在 GKR 协议的每个回合中,GKR 证明者$\mathcal{P}'$发送的为回应 GKR 验证者挑战的消息也可以从论证系统证明者$\mathcal{P}$针对相同挑战发送的承诺中提取出来,因为在论证系统的每个回合中,都调用了协议 7 以证明$\mathcal{P}'$知道发送的每个承诺的打开信息。

这个 GKR 验证者与$\mathcal{P}'$互动并接受(其命题)的概率分析可利用以下事实来进行:GKR 验证者对$\mathcal{P}'$发送的承诺消息的检查是通过将前面一节中的零知识论证应用于$\mathcal{C}'$来完成的。具体而言,对$\mathcal{C}'$所应用的论证系统的可靠性保证了只要$\mathcal{P}$使得论证系统验证者接受,那么$\mathcal{P}'$就能使 GKR 验证者接受(直到一个多项式时间的对手以可忽略的概率打破承诺方案的绑定属性)。

在上述论证系统中,我们实际上将 13.1 节中的承诺-证明零知识论证应用于 GKR 协议中的验证者(而不是$\mathcal{C}$自身),用于检查$\mathcal{C}(w)=1$的声明。

将复杂度降至证据长度的线性水平之下　刚刚描述的论证系统的通信复杂度随$|w|$呈线性增长,因为证明者对w的每个元素发送一个隐藏承诺,并以零知识方式证明其知道每

个承诺的打开值。下一章描述了几个实用的多项式承诺方案。证明者可以使用可提取多项式承诺方案(如7.3节中概述的)来承诺 w 的多线性扩展 $\widetilde{w}$,而不是逐个承诺 w 的每个元素,从而将证明长度对 $|w|$ 的依赖性从线性降低到亚线性甚至对数级别。(更准确地说,为了保证零知识,多项式承诺方案应该是隐藏的,在其求值阶段,它应该向验证者揭示 $\widetilde{w}(z)$ 的隐藏承诺,其中 z 是验证者选择的任何点。参见14.3节中的多线性多项式承诺方案。)

同样的方法也可以将8.3节中基于简洁MIP的论证转化为零知识论证。具体而言,论证系统的证明者首先要承诺一个多线性多项式 Z(使用具有隐藏性的承诺方案),这个多项式是一个有效的电路脚本的扩展。然后证明者和验证者模拟MIP验证者与第一个MIP证明者的交互,但证明者发送的是证明者消息的Pedersen承诺而不是消息本身,并以零知识的方式证明它知道承诺的打开。然后,论证系统的验证者在零知识下确认这些承诺的内部的值将会使MIP验证者接受该声明。

这节和上节中介绍的思想最初是由Cramer和Damgård[104]提出的,并通过文献[226]、[244]、[257]优化实现及进行实际应用。

13.3 通过掩码多项式实现零知识

13.2节介绍了一种通用的技术,可以将任何IP转换为零知识论证:论证系统证明者模拟IP证明者,但不是以明文发送IP证明者的消息,而是发送这些消息的隐藏的承诺,并在零知识下证明它知道如何打开承诺。在协议的最后,论证系统证明者证明在零知识下承诺的消息可以被IP验证者接受。这通过利用承诺的同态性质来高效完成。

在本节中,我们讨论了另一种将任何一种IP转换为零知识论证的技术。该技术利用可提取的多项式承诺方案,即我们假设证明者能够将自己与所需的多项式 p 进行加密绑定,稍后验证者可以强制证明者揭示 p 在验证者选择的随机输入 r 处的值 $p(r)$。进一步假设多项式承诺方案是零知识的,这意味着验证者从承诺中不了解任何关于 p 的信息,并且在求值阶段,对于验证者来说,除了 $p(r)$ 之外,也不泄露关于 p 的任何信息。这种技术的一个好处是,如果多项式承诺方案甚至可以对具备量子计算能力的作弊的证明者具有绑定性,那么由此产生的零知识论证也可在后量子情况下是安全的。例如,10.4.2节中基于FRI的多项式承诺方案在作弊的证明者以多项式时间运行量子算法情况下也具有合理的可靠性①。相比之下,使用Pedersen承诺的任何协议(例如上一节的协议)都不是后量子安全的,因为Pedersen承诺仅在离散对数问题难解时才具有绑定性,而量子计算机可以在多项式时间内计算离散对数。

① FRI衍生的多项式承诺不是零知识的,但可以使用类似于本节的技术使其变为零知识。

另一个零知识的 sum-check 协议　考虑将 sum-check 协议应用于定义在 $\mathbb{F}$ 上的 ℓ 变量多项式 g，以检查证明者的声明，即 $\sum_{x\in\{0,1\}^\ell} g(x)$ 等于某个值 G 是否正确。假设验证者可以访问 g 的预言机，也就是说，对于任何点 $r\in\mathbb{F}^\ell$，验证者可以通过一次查询获取 $g(r)$。回顾一下 4.1 节，sum-check 协议由 ℓ 轮组成，其中诚实的证明者在第 i 轮的消息是从 g 中导出的次数为 $\deg_i(g)$ 的一元多项式，即

$$\sum_{b_{i+1},\cdots,b_\ell\in\{0,1\}} g(r_1,\cdots,r_{i-1},X_i,b_{i+1},\cdots,b_\ell)$$

这里，$\deg_i(g)$ 是 g 中变量 i 的次数并且假定验证者已知，且 $r_1,\cdots,r_{i-1}$ 是由验证者在第 $1,2,\cdots,i-1$ 轮中选择的随机域元素。

在 sum-check 协议中，验证者有三种方法可以“了解到”g 的有关信息。第一种是在 sum-check 协议中，验证者能够获得 $\sum_{x\in\{0,1\}^\ell} g(x)=G$，但这个信息不需要被“保护”，因为整个 sum-check 协议就是确保验证者得到这个值。第二种是证明者的信息泄露了某些关于 g 的信息给验证者，而这些信息是验证者自己可能无法计算的。第三种，验证者在协议结尾通过查询预言机可以获取 $g(r)$。

在上一节中，我们通过让证明者发送隐藏承诺而非消息本身解决了信息泄漏的第二个来源。而这里我们介绍另一种技术，用于确保证明者的消息不会向验证者泄漏任何关于 g 的信息。这种方法最初是在文献[39]和[97]中提出的。

为确保 sum-check 协议中证明者的信息不会泄漏关于 g 的任何信息，证明者可以在协议开始时选择一个随机多项式 p，p 与 g 中每个变量都有相同的次数，然后对 p 进行承诺，并将值 P 发送给验证者，宣称其等于 $\sum_{x\in\{0,1\}^\ell} p(x)$。验证者随后选择一个随机数 $\rho\in\mathbb{F}\setminus\{0\}$ 并将其发送给证明者，然后证明者和验证者将对 $g+\rho\cdot p$ 应用 sum-check 协议，而不是 g 本身，以检查 $\sum_{x\in\{0,1\}^\ell}(g+\rho\cdot p)(x)=G+\rho\cdot P$。

在 sum-check 协议结束时，验证者需要在随机输入 $r\in\mathbb{F}^\ell$ 上对 $g+\rho\cdot p$ 求值。验证者可以按如下方式获取必要的值，$p(r)$ 可以由 p 的承诺方案的求值阶段获得，而 $g(r)$ 则通过预言机查询获得。

完备性和可靠性　这个协议显然满足完备性。为了证明它的可靠性，考虑任意的证明策略 $\mathcal{P}$，其让验证者接受的概率是非可忽略的。由于多项式承诺方案的可提取性，可以从 $\mathcal{P}$ 中高效地提取出一个多项式 p，满足证明者与 p 是绑定的，即承诺方案中的求值阶段所揭示的任何值都与 p 一致。令 P 是 $\mathcal{P}$ 发送的 $\sum_{x\in\{0,1\}^\ell} p(x)$ 的声称值，考虑两个函数 $\pi_1(\rho)=$

$G+\rho P$ 和 $\pi_2(\rho)=\sum_{x\in\{0,1\}^\ell}(g+\rho\cdot P)(x)$，两者都是 ρ 的线性函数。如果$G\neq\sum_{x\in\{0,1\}^\ell}g(x)$或 $P\neq\sum_{x\in\{0,1\}^\ell}P(x)$，则 $\pi_1\neq\pi_2$，因此这两个线性函数在最多一个 ρ 值上相等。这意味着随机选择的 ρ 值使得$G+\rho P\neq\sum_{x\in\{0,1\}^\ell}(g+\rho\cdot P)(x)$的概率至少为 $1-\frac{1}{|\mathbb{F}|-1}$。在这种情况下，对错误的声明应用 sum-check 协议，因为 sum-check 协议本身是可靠的，我们得出结论：验证者将以高概率拒绝其声明。

诚实验证者零知识 我们认为，此协议中的诚实验证者除了 G 和 $g(r)$ 以外不会获得有关 g 的任何信息。这可以通过提供一个高效的模拟器证明，该模拟器在给定 G 和能够查询 g 在一个输入 r 处的值的能力的情况下，生成与上述协议中证明者的消息相同的分布。

该协议的直觉是，由于 P 是随机的，将 $\rho\cdot P$ 加到 g 中会产生一个随机的多项式，其满足与 g 相同的次数限制，因此对 $g+\rho\cdot P$ 应用 sum-check 协议而产生的证明者的消息与对随机选择的多项式应用 sum-check 协议得到的消息是不可区分的。具体而言，模拟器选择一个随机多项式 p，满足适当的次数限制（即对于所有 i，$\deg_i(p)=\deg_i(g)$），与上述协议中诚实的证明者一样对 p 进行承诺（这里，我们使用 p 的选择是完全独立于 g 这一事实，因此模拟器可以在完全不知道 g 的信息的情况下对 p 进行承诺），并设 P 为 $\sum_{x\in\{0,1\}^\ell}p(x)$。接下来，模拟器从 $\mathbb{F}\setminus\{0\}$ 中随机选择 ρ，并选择一个随机值 $r=(r_1,\cdots,r_\ell)\in\mathbb{F}^\ell$。模拟器查询预言机以获取 g 在 r 处的值 $g(r)$，然后选择一个随机多项式 f，使得 f 在$\{0,1\}^\ell$的输入上求和为 G 且 $f(r)=g(r)$（这可以在时间 $O(2^\ell)$ 内完成，如果 $\ell=O(\log n)$，则其是 n 的多项式时间）。然后，模拟器计算应用于 $f+\rho p$ 的 sum-check 协议中诚实证明者的消息，其中 sum-check 验证者的随机数为 r。在协议结束时，当验证者需要知道 $p(r)$时，模拟器将模拟多项式承诺方案中求值阶段时的诚实证明者和验证者，以将 $p(r)$揭示给验证者。这就描述了模拟器如何产生模拟脚本，用来模拟零知识 sum-check 协议中验证者与证明者的交互。现在我们解释为什么模拟的证明者消息与诚实证明者为响应诚实验证者而发送的消息的分布相同。

由于多项式承诺方案的零知识性质，仅仅给定 $p(r)$就可以模拟出多项式承诺方案的求值过程，而且这个过程并不依赖于 p 在 r 以外的其他点的取值。这确保了在给定 $g(r)$、ρ 和多项式承诺方案求值阶段中证明者的消息的条件下，$q:=g+\rho p$ 是一个具有与 g 相同的变量次数的随机多项式，满足 $q(r)=g(r)+\rho\cdot p(r)$和 $\sum_{x\in\{0,1\}^\ell}q(x)=G+\rho\cdot P$ 的约束条件。由于 $f+\rho p$ 是满足相同约束条件的随机多项式，模拟器生成的证明者消息与实际协议中诚实证明者的消息具有相同的分布（相关细节我们不展开，但是确实需要对单变量和多线性多项式承诺方案进行适当的修改，因为 p 既不是单变量多项式也不是多线性的)。

开销 当 sum-check 协议被用于旨在解决电路可满足性问题的 IP 或 MIP 中时,多项式 g 具有 $\ell \approx 2\log S$ 或 $\ell \approx 3\log S$ 个变量,其中 S 是电路 $\mathcal{C}$ 的大小或单个层的门数(见 4.6 节和 8.2 节)。这意味着具有与 g 相同变量次数的随机多项式 p 至少有 S^2 个系数,因此即使写出 p 的表达式也需要至少 S 的二次方的时间,这是完全不切实际的。幸运的是,Xie 等人[251]证明,p 实际上不需要是具有相应变量次数的随机多项式。相反,p 可以是 ℓ 个随机选择的一元多项式 $s_1,\cdots,s_\ell$ 的和,其中 s_i 的次数等于 $\deg_i(g)$。这确保了 p 可以使用本书讨论的任何多项式承诺方案(零知识变体)在 $\tilde{O}(\ell)$ 的时间内进行承诺。

掩藏 $g(r)$ 当 sum-check 协议应用于电路可满足性或 R1CS 可满足性的 IP 或 MIP 中的多项式 g 时,允许验证者获得仅仅一个 g 的求值 $g(r)$ 将违反零知识,因为 g 本身依赖于证据。

例如,回忆 8.2 节中介绍的电路可满足性问题的 MIP,为了检查 $\mathcal{C}(x,w)=y$ 的正确性,证明者对多项式

$$h_{x,y,Z}(Y) := \tilde{\beta}_{3k}(r,Y)\cdot g_{x,y,Z}(Y)$$

用了一次 sum-check 协议。这里,Z 代表某个多项式把 $\{0,1\}^{\log S}$ 映射到 $\mathbb{F}$,且

$$g_{x,y,Z}(a,b,c) := \tilde{\mathrm{I}}(a,b,c)\cdot(tI_{x,y}(a)-Z(a))+\widetilde{\mathrm{add}}(a,b,c)\cdot(Z(a)-Z(b)+Z(c))+\widetilde{\mathrm{mult}}(a,b,c)\cdot(Z(a)-Z(b)\cdot Z(c))$$

MIP 中的诚实证明者将 Z 设置为满足声明 $\mathcal{C}(x,w)=y$ 的正确脚本 W 的多线性扩展 $\widetilde{W}$(其中 W 可以看作是一个 $\{0,1\}^{\log S}\to\mathbb{F}$ 的映射)。

上面的关键点是,由于正确的脚本 W 完全确定了多线性扩展 $\widetilde{W}$,而 W 取决于证据 w,因此即使是对单个 $\widetilde{W}$ 的求值也会向验证者泄露关于 w 的信息。因此,任何零知识论证系统都不能向验证者透露哪怕在单个点 r 处的值 $\widetilde{W}(r)$。

这里介绍一种技术以解决这个问题。简单来说,这个想法是用一个略高次(随机选择的)扩展多项式 Z 来扩展 W 从而替换 $\widetilde{W}(r)$。这确保了如果验证者知道了 Z 的几个求值 $Z(r_1)$ 和 $Z(r_2)$,只要 $r_1,r_2\notin\{0,1\}^\ell$,这些值就是独立的随机域元素,特别地,它们与脚本 W 完全独立。

更详细地说,回想一下从 MIP 推导出的论证系统中,证明者使用多项式承诺方案来承诺由正确的脚本 W 扩展而来的 Z。随后验证者会忽略承诺,直到 sum-check 协议最后,验证者需要知道 $h_{x,y,Z}$ 在随机输入 $r=(r_1,r_2)\in\mathbb{F}^{\log S}\times\mathbb{F}^{\log S}$ 处的值。假设验证者自己能够高效地计算 $\widetilde{\mathrm{io}}$、$\tilde{\mathrm{I}}$、$\widetilde{\mathrm{add}}$ 和 $\widetilde{\mathrm{mult}}$,则在已知 $Z(r_1)$ 和 $Z(r_2)$ 的情况下,可以轻松地计算出 $h_{x,y,Z}(r)$。验证者通过多项式承诺方案的求值阶段获得这两个值。

如上所述，在 8.2 节的 MIP 中，证明者设置 Z 为 $\widetilde{W}$，但这并不能产生零知识论证。相反，我们可以按照以下步骤修改协议以实现完美的零知识。首先，我们要求验证者从 $\mathbb{F}\backslash\{0,1\}$ 中选择 r 的坐标，而不是从 $\mathbb{F}$ 中选择(这对可靠性几乎没有影响)。其次，我们规定诚实证明者选择 Z 为正确脚本 W 的随机扩展多项式，其中 Z 至少比多线性多项式多两个系数。例如，我们可以规定证明者设置

$$Z(X_1,\cdots,X_{\log S}):=\widetilde{W}(X_1,\cdots,X_{\log S})+c_1X_1(1-X_1)+c_2X_2(1-X_2)$$

其中证明者随机选择 c_1 和 c_2。由于 $X_1(1-X_1)$ 和 $X_2(1-X_2)$ 在 $\{0,1\}^2$ 的输入上为零，因此可以清楚地看出 Z 扩展了 W。基本线性代数表明，对于任意两点 $r_1,r_2\in\mathbb{F}^{\log S}\backslash\{0,1\}^{\log S}$，$Z(r_1)$ 和 $Z(r_2)$ 是均匀随机的域元素，彼此独立且独立于 W。再次，与本节前面描述的零知识 sum-check 协议类似，我们要求用于承诺 Z 的多项式承诺方案是零知识的，这意味着验证者在协议的打开阶段除了所请求的值 $Z(r_1)$ 和 $Z(r_2)$ 之外，从承诺或证明者的消息中不得获取任何信息。最后，我们不是直接将 sum-check 协议应用于 $h_{x,y,Z}$，而是应用本节前面描述的 sum-check 协议的零知识变体(其中 g 设置为 $h_{x,y,Z}$)。

修改后的论证系统显然仍然是完备的，并且是可靠的。因为应用于 $h_{x,y,Z}$ 的(零知识)sum-check 协议以高概率确认 Z 是有效脚本 W 的扩展多项式，它也是完美的零知识。模拟器基本上与零知识 sum-check 协议的模拟器相同。模拟器的主要修改是，在 $r=(r_1,r_2)$ 的情况下，模拟器查询预言机以获取 $g(r)$ 被以下过程替换。首先，模拟器选择 $Z(r_1)$ 和 $Z(r_2)$ 为随机的域元素，然后根据这些值，根据方程(8.2)中 $g=h_{x,y,Z}$ 的定义，导出 $g(r)$。其次，模拟器使用承诺方案的零知识性质来模拟多项式承诺方案中对 $Z(r_1)$ 和 $Z(r_2)$ 的打开证明。

开销 以上的论证系统基本上与 8.2 节中从 MIP 推导出的非零知识论证系统相同，因为我们所做的只是用略高次数的扩展 Z 替换多线性扩展 $\widetilde{W}$。因为 Z 不是多线性的，像上面这样对扩展 Z 进行承诺，确实需要对本书涵盖的多项式承诺方案进行微小修改(简洁起见，我们省略了这些细节)。但是，这些修改对承诺协议的成本几乎没有影响，因为 Z 仅比 $\widetilde{W}$ 多两个系数。

13.4 讨论和对比

本章提供了两种将非零知识协议 $\mathcal{Q}$ 转换为零知识协议 $\mathcal{Z}$ 的通用技术。这使得协议设计人员可以先设计一个高效的协议 $\mathcal{Q}$，而无须担心零知识，然后应用其中一种转换来“添加”零知识(希望以最小的具体开销或额外认知负担)。

这里是第一种转换的总结。假设在非零知识协议 $\mathcal{Q}$ 中，从证明者到验证者的所有消息都由某个域 $\mathbb{F}$ 的元素组成。13.2 节通过“承诺-证明”的方法使协议变成零知识的，具

体如下：对于$\mathcal{Q}$中证明者发送的每个域元素，$\mathcal{Z}$中的证明者将发送一个对该域元素的隐藏承诺，然后在协议结束时，$\mathcal{Z}$中的证明者将(通过 13.1 节的证明系统)以零知识方式证明，承诺的值会被$\mathcal{Q}$的验证者接受。

第一种变换的缺点有两个：第一，如果(如 Pedersen 承诺)承诺方案不针对量子敌手具有绑定性，则即使$\mathcal{Q}$具有后量子可靠性，$\mathcal{Z}$也不会具有后量子可靠性。第二，如在 13.1.3 节中讨论过的那样，$\mathcal{Z}$的验证成本高于$\mathcal{Q}$，这首先是因为对于域元素的承诺可能比域元素本身更大(从而增加了证明长度)；其次，$\mathcal{Z}$验证者必须有效地在"承诺值上"运行$\mathcal{Q}$验证者，而不打开承诺，这将进一步增加证明大小和验证者时间。例如，$\mathcal{Q}$验证者执行的每个域乘法都可能变成 12.3.2 节的协议 9 调用，其中要求证明者发送至少 9 个额外的群元素，验证者执行至少 9 次群指数运算和若干次群乘法，而不是一个域乘法。

虽然这可能看起来会带来巨大的验证者时间和证明长度开销，但是许多非零知识协议$\mathcal{Q}$将使用一个多项式承诺方案。如果该承诺方案是隐藏的，即它不向验证者透露有关承诺多项式的任何信息，则$\mathcal{Q}$的证明者在协议中发送的消息不需要通过"承诺-证明"转换(见 13.2 节的"将复杂度降至证据长度的线性水平之下"段落中的进一步讨论)。在这些设置中，由"承诺-证明"转换引入的验证开销相对于多项式承诺的开销可能是低阶成本。

类似地，从证明者运行时间的角度来看，只要$\mathcal{Q}$是简洁的(即在$\mathcal{Q}$中的证明长度远小于待证陈述的大小)，从$\mathcal{Q}$到$\mathcal{Z}$的转换就不会增加太多开销。这是因为，从证明者的角度来看，转换的密码学额外开销(即发送域元素的承诺而不是域元素本身，并以零知识的方式证明承诺的值会被$\mathcal{Q}$验证者接受)仅应用于$\mathcal{Q}$中的验证过程。如果此验证过程待证陈述简单得多，则这种计算开销应该会被处理陈述本身的成本所压倒，而其是证明者在$\mathcal{Q}$中运行时间的下限。

如果$\mathcal{Q}$基于 sum-check 协议(4.2 节)，则本章的第二个转换，即基于掩码多项式(13.3 节)的转换就可以应用。这具有保持后量子安全，并且通常比基于承诺-证明的转换增加的开销更少的双重好处。使用掩码多项式，所得到的零知识协议$\mathcal{Z}$与非零知识协议$\mathcal{Q}$相比，主要的额外成本在于证明者必须为$\mathcal{Q}$中每次 sum-check 协议调用承诺掩码多项式，而验证者必须获得承诺的掩码多项式的打开值。如 13.3 节所述，这些掩码多项式通常可以非常小(其大小与 sum-check 协议的通信成本呈线性关系，而通信成本通常只是待证陈述大小的对数级别)。

另一方面，基于掩码多项式的转换在概念上比"承诺-证明"方法更为复杂和特殊化：它仅适用于基于 sum-check 的协议$\mathcal{Q}$(尽管相关技术通常可以使其他基于多项式的协议成为零知识的协议，如 10.3 节)。

第 14 章

基于离散对数难题的多项式承诺

多项式承诺方案与一个平凡的方案 回想一下，多项式承诺方案旨在模拟以下理想化过程。一个不受信任的证明者$\mathcal{P}$在其头脑中拥有一个多项式 q(应用于简洁论证时，我们主要关心 q 是一个单变量多项式还是多线性多项式)。$\mathcal{P}$将 q 的完整描述(如适当基底的所有 q 的系数列表)发送给验证者$\mathcal{V}$。$\mathcal{V}$在获知 q 后，可以在其选择的任何点 z 上对 q 求值。特别地，一旦$\mathcal{P}$向$\mathcal{V}$发送了多项式 q，$\mathcal{P}$就不能根据$\mathcal{V}$所希望的求值点 z"更改"q。我们称$\mathcal{P}$显式地将 q 发送给$\mathcal{V}$的过程称为*平凡的多项式承诺方案*。

该平凡的多项式承诺方案存在三个潜在问题，其中两个涉及效率方面的考虑。

- 在我们对 SNARK 的应用(第 7～10 章)中，q 可能非常大——通常与整个要证明的陈述一样大。因此，让$\mathcal{P}$将 q 的所有系数发送给$\mathcal{V}$将需要大量的通信。因此，使用平凡的多项式承诺不会产生*简洁论证*。
- $\mathcal{V}$计算 $q(z)$需要花费的时间与系数的个数呈线性关系(即使用平凡的多项式承诺不能得到一个*节省工作量*的论证，所谓"节省工作量"的论证指的是其验证者要快于那种接受证据并检查其正确性的平凡论证中的验证者)。
- $\mathcal{V}$获知了整个多项式 q。这可能与零知识不相容(在应用于 SNARK 时，q 通常"编码"了一个证据，因此将 q 发送给$\mathcal{V}$会泄露整个证据)。

通过使用密码学，人们希望解决上述三个问题，同时实现与平凡多项式承诺方案相同的功能。具体来说，$\mathcal{P}$可以计算一个"压缩"承诺 c 来表示 q，并仅将 c 发送给验证者。压缩意味着 c 比 q 小得多，这解决了上述关于简洁性的第一个问题。由于 c 比 q 本身要小，c 在统计意义上不会将$\mathcal{P}$绑定到 q。也就是说，将存在许多不同的多项式，对于这些多项式，c 都是有效的承诺，当验证者要求$\mathcal{P}$发送求值 $q(z)$时，$\mathcal{P}$将能够用 c 的任何有效"打开"多项式 p 响应 $p(z)$。然而，设计*计算绑定*的多项式承诺方案是可能的，这意味着任何高效的证明者(如无法解离散对数问题或在密码哈希函数中找到冲突的证明者)将无法对任何求值查询 z 做出除 $q(z)$以外的响应。更准确地说，除了对 $q(z)$的声称值 v，证明者还会发送一个*求值证明* π。计算绑定保证，除非 $v=q(z)$确实成立，否则任何高效的证明者都将无法生成令人信服的 π。

我们已经在前几章中介绍了一些多项式承诺方案(如 10.4.2 节和 10.5 节)。与那些早先方案一样，在本章中，我们将看到一些多项式承诺方案，其中对 π 的检查很快，比起读取 q 的显式描述要快得多。这解决了平凡方案的前两个问题（简洁性和验证者时间）。我们还将看到在某些方案中，π 不透露关于 q 的任何信息，甚至如果有需要的话，验证者实际上获知的不是所请求的值 $q(z)$，而是一个对 $q(z)$ 的隐藏承诺。通过这种方式，多项式承诺方案可以支持零知识，并且不向验证者泄露关于 q（以及它所编码的证据）的任何信息。

揭示 $q(z)$ 自身和承诺 $q(z)$ 在 14.1 节中描述的多项式承诺方案会向验证者揭示 $v=q(z)$ 的（Pedersen）承诺值，因为这是在 13.2 节中使用它们进行零知识论证所需的。其他零知识论证（如 13.3 节中的论证）要求明确地向验证者揭示 v。幸运的是，可以轻松修改 14.1 节中的承诺方案，以向验证者揭示 v。例如，可以让证明者使用协议 3 在零知识的情况下证明其知道如何将承诺打开为 v（相关细节，请参见 12.3.1 节的最后一段）。在第 14 章中的基于配对的多项式承诺方案，是在设定向验证者显式地揭示值 $v=q(z)$ 下进行描述的。

过往章节的多项式承诺及与本章方案的比较 我们之前已经看到，获得多项式承诺方案的一种方法是将适当的 PCP 或 IOP 与默克尔哈希组合（参见 10.4.2 节和 10.5 节）。但是默克尔哈希方法利用了“对称密钥”密码学原语（即具有抗碰撞性的哈希函数，结合随机预言机模型来移除交互），本章中的方法则基于“公钥”密码学原语。这种原语需要更强的密码学假设，如在椭圆曲线群中的离散对数难题。关于基于 IOP 的多项式承诺和本章承诺的优缺点的比较将在 16.3 节中讨论。

本章方案综述 已知的多项式承诺方案往往更为通用：它们使证明者能够对任何向量 $\boldsymbol{u}\in\mathbb{F}^n$ 做出承诺，并随后证明关于 $\boldsymbol{u}$ 与任何验证者要求的向量 $\boldsymbol{y}\in\mathbb{F}^n$ 的内积的陈述。在多项式承诺方案中，u 是多项式 q 将被承诺的系数，这些系数是在适当的基底上的（系数）（例如，单变量多项式的标准单项式基底或多线性多项式的拉格朗日基底）。然后，计算 $q(z)$ 等价于计算 $\boldsymbol{u}$ 与向量 $\boldsymbol{y}$ 的内积，其中向量 $\boldsymbol{y}$ 由每个基多项式在 z 处的求值组成。

例如，如果 q 是单变量多项式，如 $q(X)=\sum_{i=0}^{n-1}u_iX^i$，那么对于任何输入 z，$q(z)=\langle\boldsymbol{u},\boldsymbol{y}\rangle$，其中 $\boldsymbol{y}=(1,z,z^2,\cdots,z^{n-1})$ 是 z 的幂次，$\langle\boldsymbol{u},\boldsymbol{y}\rangle=\sum_{i=0}^{n-1}u_iy_i$ 表示 u 和 y 的内积。同样，如果 q 是多线性多项式，如 $q(X)=\sum_{i=0}^{2^\ell}u_i\chi_i(X)$，其中 $\chi_1,\cdots,\chi_{2^\ell}$ 表示拉格朗日多项式[①]，则对于 $z\in\mathbb{F}_p{}^\ell$，$q(z)=\langle\boldsymbol{u},\boldsymbol{y}\rangle$，其中 $\boldsymbol{y}=\langle\chi_1(z),\cdots,\chi_{2^\ell}(z)\rangle$ 是所有拉格朗日多项式

① 参见引理 3.3 对于拉格朗日多项式的定义。在自然序列下，如果 i 采取二进制表示，$i_1,\cdots,i_\ell\in\{0,1\}^\ell$，则 $\chi_i(X_1,\cdots,X_\ell)=\prod_{j=1}^{\ell}[X_ji_j+(1-X_j)(1-i_j)]=\left(\prod_{j:i_j=1}X_j\right)\left(\prod_{j:i_j=0}(1-X_j)\right)$。

在 z 处求值所组成的向量。

因此，为了承诺 q，只需对 q 的系数向量 $\boldsymbol{u}$ 进行承诺。然后，为了后续揭示 $q(z)$ 的承诺，只需揭示对 $\boldsymbol{u}$ 和向量 $\boldsymbol{y}$ 的内积的承诺。

求值向量中的张量结构 就像在 10.5.1 节中一样，在上面的单变量和多线性情况下，向量 $\boldsymbol{y}$ 具有张量积结构。本章介绍的某些（但不是所有）多项式承诺方案将利用这种张量结构（具体来说，在 14.3 节和 15.4 节中的方案）；其他方案支持被承诺向量与一个任意向量 $\boldsymbol{y}$ 的内积。

所谓张量结构的意思如下所示。在单变量情况下，令 $n-1$ 等于 q 的次数，并假设 $n=m^2$ 是一个完全平方数，定义 $a,b\in\mathbb{F}^m$ 为 $a:=(1,z,z^2,\cdots,z^{m-1})$ 和 $b:=(1,z^m,z^{2m},\cdots,z^{m(m-1)})$。如果我们将 $\boldsymbol{y}$ 视为一个 $m\times m$ 矩阵，其条目索引为 $(y_{1,1},\cdots,y_{m,m})$，则 $\boldsymbol{y}$ 就是 $\boldsymbol{a}$ 和 $\boldsymbol{b}$ 的外积 $\boldsymbol{b}\cdot\boldsymbol{a}^{\mathrm{T}}$。也就是说，$y_{i,j}=z^{i\cdot m+j}=b_i\cdot a_j$。类似地，如果 q 是一个 ℓ 变量多线性多项式，假设 $2^{\ell}=m^2$，并令 $z_1,z_2\in\mathbb{F}^{\ell/2}$ 表示 $z\in\mathbb{F}^{\ell}$ 的前半部分和后半部分。然后令 $\chi'_1,\cdots,\chi'_m$ 表示 $\ell/2$ 变量拉格朗日多项式的自然枚举，并定义 $\boldsymbol{a},\boldsymbol{b}\in\mathbb{F}^m$ 为 $a:=(\chi'_1(z_1),\cdots,\chi'_m(z_1))$ 和 $b:=(\chi'_1(z_2),\cdots,\chi'_m(z_2))$，那么 $\boldsymbol{y}=\boldsymbol{b}\cdot\boldsymbol{a}^{\mathrm{T}}$。也就是说，$y_{i,j}=\chi_{i\cdot m+j}(z)=\chi'_i(z_1)\cdot\chi'_j(z_2)=b_i\cdot a_j$。

总之，对于单变量或多线性多项式 q，一旦 q 的系数向量 $\boldsymbol{u}$ 被承诺，计算 $q(z)$ 就等价于计算 $\boldsymbol{u}$ 与一个满足 $y_{i,j}=b_i\cdot a_j$ 的向量 $\boldsymbol{y}$ 的内积，其中 $\boldsymbol{a}$ 和 $\boldsymbol{b}$ 是 m 维向量，m 是 q 的系数个数的平方根。等价地，我们可以将 $\boldsymbol{u}$ 和 $\boldsymbol{y}$ 的内积表示为向量-矩阵-向量乘积：

$$\langle\boldsymbol{u},\boldsymbol{y}\rangle=\sum_{i,j=1,\cdots,m}u_{i,j}b_ia_j=\boldsymbol{b}^{\mathrm{T}}\cdot\boldsymbol{u}\cdot\boldsymbol{a}\tag{14.1}$$

在右侧，我们将 $\boldsymbol{u}$ 视为一个 $m\times m$ 的矩阵。图 14.1 和 14.2 展示了单变量和多线性情况下的例子。

$$q(z)=3+5z+7z^2+9z^3+z^4+2z^5+3z^6+4z^7+2z^8+4z^9+6z^{10}+8z^{11}+3z^{13}+6z^{14}+9z^{15}$$

$$=\begin{bmatrix}1 & z^4 & z^8 & z^{12}\end{bmatrix}\cdot\begin{bmatrix}3&5&7&9\\1&2&3&4\\2&4&6&8\\0&3&6&9\end{bmatrix}\cdot\begin{bmatrix}1\\z\\z^2\\z^3\end{bmatrix}$$

$$=\begin{bmatrix}3&5&7&9&1&2&3&4&2&4&6&8&0&3&6&9\end{bmatrix}\cdot\begin{bmatrix}1&z&z^2&z^3&z^4&z^5&z^6&z^7&z^8&z^9&z^{10}&z^{11}&z^{12}&z^{13}&z^{14}&z^{15}\end{bmatrix}$$

图 14.1 这是一个 15 次单变量多项式 q 的示例，其表示为标准单项式基的系数。第二行显示，q 在任何输入 z 的值 $q(z)$ 可以表示为向量-矩阵-向量乘积，其中矩阵由 q 的系数组成，两个向量由求值点 z 组成。第三行 $q(z)$ 可以等价地表示为 q 的系数向量和一个由 z 的幂组成的“求值向量”的内积

$$
\begin{aligned}
q(r_1,r_2,r_3,r_4)=\ &3(1-r_1)(1-r_2)(1-r_3)(1-r_4)+5(1-r_1)(1-r_2)(1-r_3)r_4+\\
&7(1-r_1)(1-r_2)r_3(1-r_4)+9(1-r_1)(1-r_2)r_3r_4+(1-r_1)r_2(1-r_3)(1-r_4)+\\
&2(1-r_1)r_2(1-r_3)r_4+3(1-r_1)r_2r_3(1-r_4)+4(1-r_1)r_2r_3r_4+\\
&2r_1(1-r_2)(1-r_3)(1-r_4)+4r_1(1-r_2)(1-r_3)r_4+6r_1(1-r_2)r_3(1-r_4)+\\
&8r_1(1-r_2)r_3r_4+3r_1r_2(1-r_3)r_4+6r_1r_2r_3(1-r_4)+9r_1r_2r_3r_4
\end{aligned}
$$

$$
=\begin{bmatrix}(1-r_1)(1-r_2) & (1-r_1)r_2 & r_1(1-r_2) & r_1r_2\end{bmatrix}\cdot\begin{bmatrix}3&5&7&9\\1&2&3&4\\2&4&6&8\\0&3&6&9\end{bmatrix}\cdot\begin{bmatrix}(1-r_3)(1-r_4)\\(1-r_3)r_4\\r_3(1-r_4)\\r_3r_4\end{bmatrix}
$$

图 14.2　这是一个四元多线性多项式 q 的示例，它由其在拉格朗日下的系数所表示(参见引理 3.3)。对于任何输入 $r=(r_1,r_2,r_3,r_4)\in\mathbb{F}^4$，$q(r)$的求值可以表示为一个向量-矩阵-向量乘积，其中矩阵由 q 的系数指定，两个向量由求值点 r 指定

14.1　承诺规模为线性大小的零知识方案

我们首先描述一个方案，比起平凡的多项式承诺方案来说，它并没有改进其开销，但确实将其变成了零知识方案。也就是说，如果证明者对 q 进行承诺，那么承诺的大小将和 q 本身一样大，且在给定 q 的承诺之后，验证者可以独自推导出针对验证者所选择的任何输入 z 处的值 $q(z)$ 的承诺。

回想一下，有一个群 $\mathbb{G}$，其阶为素数 p，生成元为 g 和 h，定义在其上的 Pedersen 承诺(见 12.3 节)中对值 $m\in\mathbb{F}_p$ 的承诺为 $c\leftarrow h^m\cdot g^r$，其中 $r\in\{0,\cdots,p-1\}$ 是承诺者随机选择的值。Pedersen 承诺是完美隐藏的和计算绑定的。

承诺阶段　为了承诺 q，与在平凡方案中不同，证明者 $\mathcal{P}$ 不将系数向量 $\boldsymbol{u}$ 的每个条目“明文”发送给验证者，而是发送 $\boldsymbol{u}$ 中每个条目 u_i 的 Pedersen 承诺 c_i。Pedersen 承诺是隐藏的，因此这不会向接收方透露任何关于 $\boldsymbol{u}$ 的信息。

求值阶段　设 $\boldsymbol{y}$ 是向量，满足 $q(z)=\langle\boldsymbol{u},\boldsymbol{y}\rangle=\sum_i u_iy_i$。由于验证者知道 $\boldsymbol{y}$ 并知道 $\boldsymbol{u}$ 的每个条目 u_i 的承诺，利用 Pedersen 承诺的同态性，验证者可以独自得到 $\sum_i u_iy_i$ 的承诺 c。$\mathcal{P}$ 可以使用协议 7(12.3.1 节)在零知识下证明它知道如何打开承诺 c。

可提取性　在上述方案中，假设承诺者在发送承诺之前就知道求值请求 z 是什么。正如我们将要解释的那样，承诺者可以设法将验证者在求值阶段计算出的承诺 c 打开到自己

所选择的 $a \in \mathbb{F}_p$ 上，而不需要有打开承诺阶段发送的任意承诺 c_i 的能力。换句话说，在这种情况下，承诺方案是不可提取的(见 7.4 节)：证明者可能并不"知道"这样一个多项式 p，它的次数和声称的一致，并且其对于所有求值查询的回答能够通过验证者的检查。

例如，假设 $n=2$，因此多项式承诺包括两个 Pedersen 承诺 c_0 和 c_1，它们是对多项式的两个系数之一的 Pedersen 承诺。为简单起见，假设在 Pedersen 承诺方案中用作盲化因子的群生成元 h 是 $\mathbb{G}$ 中的单位元(相当于省略了 Pedersen 承诺方案中的盲化因子)。那么承诺者可以选择 c_0 为随机群元素，这意味着承诺者无法打开 c_0，同时将 c_1 设置为 $(g^a \cdot c_0^{-1})^{z^{-1}}$，其中 z^{-1} 表示模 p 下 z 的乘法逆。这确保了验证者在求值阶段求出的承诺 c 为 $c_0 \cdot c_1^z = g^a$，而承诺者则可以将其打开为 a，尽管其不知道如何打开承诺 c_0 和 c_1。

为了解决上述问题并实现可提取性，一种方法是修改承诺阶段，要求承诺者使用协议 7 在零知识下证明它可以打开每个 Pedersen 承诺 c_i。当然，这会明显增加承诺阶段的成本。

在将多项式承诺方案应用于简洁论证时，验证者会随机选择求值点 z，且在(承诺者)发送多项式承诺时不会将该点透露给证明者。在这种情况下，上述多项式承诺方案是可提取的(无须修改承诺阶段)。具体来说，通过随机选择许多不同的求值点，提取过程可以找到 n 个求值点 $z^{(1)}, \cdots, z^{(i)}$，并且承诺者在这些点处能够通过验证者的检查。如果 $\mathbf{y}^{(i)}$ 表示向量，使得 $q(z^{(i)}) = \langle \boldsymbol{u}, \mathbf{y}^{(i)} \rangle$，且证明者声称 $q(z^{(i)}) = v^{(i)}$①，则可以得到 n 个关于 $\boldsymbol{u}$ 中 n 个未知项的线性无关方程组，其中第 i 个方程为

$$\langle \boldsymbol{u}, \mathbf{y}^{(i)} \rangle = v^{(i)}$$

提取器然后使用高斯消元法来高效地求解这 n 个方程，以求出 $\boldsymbol{u}$ 的各项，即被承诺的多项式 q 的系数。

类似的说明也适用于稍后在 14.3 节中给出的具有平方根验证成本的多项式承诺方案。

14.2 承诺是固定大小，求值证明是线性大小

在 14.1 节的承诺方案中，承诺大小与所承诺的多项式一样大。在本节中，我们提供了一种将承诺大小降低到常数(一个群元素)的方案。然而，其求值证明(因此也包括验证时间)将变得非常大——与所承诺的多项式一样大②。

---

① 更确切地说，在本节的多项式承诺方案中，承诺者并没有明确地公开值 $v^{(i)}$。相反，承诺者使用协议 7 证明具有 $v^{(i)}$ 的知识。不过，由于协议 7 的知识可靠性，$v^{(i)}$ 可以从承诺者中高效地提取。

② 本节方案的公共参数的数量也非常大，包括 n 个随机选择的群元素 $g_1, \cdots, g_n$，其中 n 是系数向量 $\boldsymbol{u}$ 的长度。但是，在随机预言机模型中，可以通过在输入 i 处求值随机预言机来选择 g_i，这样公共参数的大小就是常量。

承诺阶段　假设从 $\mathbb{G}$ 中随机选取 n 个生成元 $g_1,\cdots,g_n$。为了使承诺 $\boldsymbol{u}\in\mathbb{F}_p^n$，承诺者将随机选择一个值 $r_{\boldsymbol{u}}\in\{0,1,\cdots,|\mathbb{G}|-1\}$，并发送值 $\mathrm{Com}(u;r_u):=h^{r_u}\cdot\prod_{i=1}^{n}g_i^{u_i}$。这个总量通常称为广义 Pedersen 承诺，或 Pedersen 向量承诺(当 $n=1$ 时，标准 Pedersen 承诺等同于广义 Pedersen 承诺)。请注意，Pedersen 向量承诺是同态的：假设 $c_{\boldsymbol{u}}$、$c_{\boldsymbol{w}}$ 分别是 $\mathbb{F}_p^n$ 中向量 $\boldsymbol{u}$ 和 $\boldsymbol{w}$ 的承诺，并有任意两个标量 $a_1,a_2\in\mathbb{F}_p$，可以计算出线性组合 $a_1\boldsymbol{u}+a_2\boldsymbol{w}$ 的承诺，即 $c_{\boldsymbol{u}}^{a_1}\cdot c_{\boldsymbol{w}}^{a_2}$。

Pedersen 向量承诺应与 14.1 节的方案进行对比，后者通过为 $\boldsymbol{u}(\boldsymbol{u}\in\mathbb{F}_p^n)$ 的每个条目发送不同的 Pedersen 承诺(对所有 n 个承诺使用相同的公开的群生成元 g)来承诺该向量。与之对应，Pedersen 向量承诺为 $\boldsymbol{u}$ 的每个条目 u_i 计算一个不同的 Pedersen 承诺 $g_i^{u_i}$(但没有盲化因子)，每个承诺使用不同的群生成元 $g_i\in\mathbb{G}$ ①。但是，不同于将所有 n 个承诺发送给验证者，它们通过 $\mathbb{G}$ 的群运算被“压缩”进单个承诺(然后用因子 h^{r_u} 来盲化结果)。

求值阶段　回忆一下，在输入 z 处对一个已承诺的多项式 q 进行求值，等价于计算系数向量 $\boldsymbol{u}$ 和由 z 派生的向量 $\boldsymbol{y}$ 的内积 $\langle\boldsymbol{u},\boldsymbol{y}\rangle$。假设我们已经有了一个承诺 $c_{\boldsymbol{u}}=\mathrm{Com}(\boldsymbol{u},r_{\boldsymbol{u}})$，一个公开的查询向量 $\boldsymbol{y}$ 和一个承诺 $c_v=\mathrm{Com}(v,r_v)=g_1^v\cdot h^{r_v}$，其中 $v=\langle\boldsymbol{u},\boldsymbol{y}\rangle$，并且承诺者知道 r_u 和 r_v，但验证者不知道。承诺者希望零知识地证明它知道一个 c_u 的打开向量 $\boldsymbol{u}$ 和 c_v 的打开值 v，使得 $\langle\boldsymbol{u},\boldsymbol{y}\rangle=v$，除非证明者能够打破承诺的绑定属性，否则这相当于证明了 $q(z)=v$。

与协议 7(参见 12.3.1 节的结尾)一样，直接将承诺打开至 u 和 v 将使验证者可以轻松地检查 $v=\langle\boldsymbol{u},\boldsymbol{y}\rangle$，但会违反零知识性。因此，取而代之的是证明者打开派生承诺，其中证明者和验证者共同为派生承诺提供随机性，以使派生承诺与原始承诺满足证明者声称的相同属性。

更详细地说，首先，承诺者随机抽样一个 n 维向量 $\boldsymbol{d}$，其中每个分量都在$\{0,\cdots,p-1\}$之间，并选择两个随机值 $r_1,r_2\in\{0,\cdots,p-1\}$。承诺者发送两个值 $c_1,c_2\in\mathbb{G}$，宣称它们分别等于 $\mathrm{Com}(\boldsymbol{d},r_1)$ 和 $\mathrm{Com}(\langle\boldsymbol{d},\boldsymbol{y}\rangle,r_2)$。验证者回应一个随机挑战 $e\in\{0,\cdots,p-1\}$。证明者则回应三个量 $u',r_{u'},r_{v'}\in\{0,\cdots,p-1\}$，声称分别等于以下内容(其中所有算术运算均在模 p 下完成)：

$$e\cdot\boldsymbol{u}+\boldsymbol{d}\in\{0,\cdots,p-1\}^n \tag{14.2}$$

① 如果对于所有 i 都使用相同的群生成元 g，那么承诺 $\prod_{i=1}^{n}g^{u_i}$ 只能将承诺方与 $\boldsymbol{u}$ 的某个置换绑定，而不能将其绑定到向量 $\boldsymbol{u}$ 本身。例如，如果 $n=2$，则 $\boldsymbol{u}=(1,2)$ 会产生与 $\boldsymbol{u}=(2,1)$ 相同的承诺：在第一种情况下，承诺是 $g^2\cdot g=g^3$，在第二种情况下，承诺是 $g\cdot g^2$，也等于 g^3。

$$e \cdot r_{\boldsymbol{u}} + r_1 \in \{0, \cdots, p-1\} \tag{14.3}$$

$$e \cdot r_v + r_2 \in \{0, \cdots, p-1\} \tag{14.4}$$

最终，验证者检查 $c_u^e \cdot c_1 = \text{Com}(\boldsymbol{u}', r_{u'})$ 和 $c_v^e \cdot c_2 = \text{Com}(\langle \boldsymbol{u}', \boldsymbol{y} \rangle, r_{v'})$ 是否成立。

协议 11　14.2 节中的多项式承诺方案的求值阶段。如果承诺的多项式是 q，求值点是 z，则 $\boldsymbol{u} \in \mathbb{F}_p^n$ 表示 q 的系数向量（假设它定义在素数 p 的域 $\mathbb{F}_p$ 上），$\boldsymbol{y} \in \mathbb{F}_p^n$ 是一个向量，使得 $q(z) = \langle \boldsymbol{u}, \boldsymbol{y} \rangle = \sum_{i=1}^{n} u_i \cdot y_i$。

1：设 $\mathbb{G}$ 是一个素数阶 p 上的（乘法）循环群，其离散对数关系是困难的。$\mathbb{G}$ 有随机选取的生成元 h，$g_1, \cdots, g_n$ 和 g。

2：令 $c_u = \text{Com}(\boldsymbol{u}; r_u) := h^{r_u} \cdot \prod_{i=1}^{n} g_i^{u_i}$ 和 $c_v = \text{Com}(v, r_v) = g^v h^{r_v}$，其中证明者知道 $\boldsymbol{u}$、r_u、v 和 r_v，验证者只知道 c_u、c_v、h、$g_1, \cdots, g_n$ 和 g。

3：证明者选取 $\boldsymbol{d} \in \{0, \cdots, p-1\}^n$ 和 $r_1, r_2 \in \{0, \cdots, p-1\}$，并将 $c_d := \text{Com}(\boldsymbol{d}, r_1)$ 和 $c_{\langle d, y \rangle} := \text{Com}(\langle \boldsymbol{d}, \boldsymbol{y} \rangle, r_2)$ 发送给验证者。

4：验证者从集合 $\{0, \cdots, |\mathbb{G}|-1\}$ 中随机选择一个挑战 e。

5：令 $\boldsymbol{u}' \leftarrow \boldsymbol{u} \cdot e + \boldsymbol{d}$，$r_{u'} \leftarrow r_u \cdot e + r_1$，并让 $c_{u'} \leftarrow \text{Com}(\boldsymbol{u}', r'_{u'})$。尽管验证者不知道 $\boldsymbol{u}'$ 和 $r_{u'}$，但是验证者可以使用加法同态性质，从 $c_{\boldsymbol{u}}$ 和 $c_{\boldsymbol{d}}$ 推导出 $c_{u'}$，即 $c_{\boldsymbol{u}}^e \cdot c_{\boldsymbol{d}}$。

6：类似地，令 $\boldsymbol{v}' \leftarrow v \cdot e + \langle \boldsymbol{d}, \boldsymbol{y} \rangle = \langle \boldsymbol{u}', \boldsymbol{y} \rangle$ 和 $r_{v'} \leftarrow r_v \cdot e + r_2$，并令 $c_{v'} \leftarrow \text{Com}(\boldsymbol{v}', r_{v'})$。尽管验证者不知道 $\boldsymbol{v}'$ 和 $r_{v'}$，验证者可以使用加法同态从 c_v 和 $c_{\langle \boldsymbol{d}, \boldsymbol{y} \rangle}$ 推导出 $c_{v'}$，即 $c_v^e \cdot c_{\langle \boldsymbol{d}, \boldsymbol{y} \rangle}$。

7：证明者发送 $(\boldsymbol{u}', r_{u'})$ 和 $r_{v'}$ 给验证者。

8：验证者检查 $(\boldsymbol{u}', r_{u'})$ 是 $c_{u'}$ 的合法的打开信息，同时 $(\langle \boldsymbol{u}', \boldsymbol{y} \rangle, r_{v'})$ 是 $c_{v'}$ 的合法的打开信息。也就是，验证者检查

$$h^{r_{u'}} \cdot \prod_{i=1}^{n} g_i^{u'_i} = c_{u'}$$

和

$$h^{r_{v'}} \cdot g^{\langle u', y \rangle} = c_{v'}$$

证明该协议满足完备性、特殊完备性和完美诚实验证者零知识性的方法与协议 7 的方法非常相似。在撰写正式分析之前，我们先解释一下这里每个步骤与协议 7 中每个步骤之间的直接类比关系。

在协议 7 中，证明者的第一条消息包含了对随机值 $d \in \{0, \cdots, p-1\}$ 的承诺。而在这里，由于我们处理的是向量承诺，证明者的第一条消息包含了对一个随机向量 $\boldsymbol{d}$ 的承诺，$\boldsymbol{d}$ 的每个条目在 $\{0, \cdots, p-1\}$ 中取值。由于该协议想证明的不仅在于证明者知道如何打开对向量 $\boldsymbol{u}$ 的承诺，还在于证明者知道如何打开第二个承诺 $\langle \boldsymbol{u}, \boldsymbol{y} \rangle$，因此该协议还要求证明者发送第二个承诺，即对 $\langle \boldsymbol{d}, \boldsymbol{y} \rangle$ 的承诺。

在协议 7 中，验证者发送了一个随机挑战 e，然后证明者发送 $e \cdot m + r_1$ 承诺的打开信息，依据同态性，该承诺可以由 m 和 d 的承诺推导出来。同样地，这里证明者也要发送向量 $e \cdot \boldsymbol{u} + \boldsymbol{d}$ 的派生承诺的打开信息（该打开信息可以由式(14.2)和(14.3)指定），还有值 $\langle e\boldsymbol{u} + \boldsymbol{d}, \boldsymbol{y} \rangle$ 的派生承诺的打开信息（该打开信息是 $(\langle \boldsymbol{u}', \boldsymbol{y} \rangle, r_{v'})$，其中，如果证明者是诚实的，$\boldsymbol{u}'$ 由式(14.2)指定，$r_{v'}$ 由式(14.4)指定。在两个协议中，验证者只需检查承诺的打

开信息是否有效即可。实际上，验证者确认的是，向量 $\boldsymbol{u}'=e\boldsymbol{u}+\boldsymbol{d}$ 和值 $\langle \boldsymbol{u}',\boldsymbol{y}\rangle$ 的派生承诺所满足的关系与原始被承诺向量 $\boldsymbol{u}$ 和值 v 之间的关系相同，即后者等于前者与向量 $\boldsymbol{y}$ 的内积。

完备性、特殊可靠性和零知识性　仔细检视协议 11 可知，完备性是显而易见的。对于特殊可靠性，令 $(c_{\boldsymbol{d}},c_{\langle \boldsymbol{d},\boldsymbol{y}\rangle})$ 是证明者发送的第一条消息，并且让 $((c_{\boldsymbol{d}},c_{\langle \boldsymbol{d},\boldsymbol{y}\rangle}),e,(\boldsymbol{u}^*,c_{\boldsymbol{u}^*},r^*))$ 和 $((c_{\boldsymbol{d}},c_{\langle \boldsymbol{d},\boldsymbol{y}\rangle}),e',(\hat{\boldsymbol{u}},c_{\hat{\boldsymbol{u}}},\hat{r}))$ 表示两个可接受的脚本。由于这些脚本可以通过协议 11 第 8 步中验证者执行的两个测试，这意味着：

$$h^{r_{\boldsymbol{u}^*}}\cdot\prod_{i=1}^{n}g_i^{u_i^*}=c_{\boldsymbol{u}}^{e}\cdot c_{\boldsymbol{d}} \tag{14.5}$$

$$h^{r_{\hat{\boldsymbol{u}}}}\cdot\prod_{i=1}^{n}g_i^{\hat{u}_i}=c_{\boldsymbol{u}}^{e'}\cdot c_{\boldsymbol{d}} \tag{14.6}$$

$$h^{r^*}\cdot g^{\langle \boldsymbol{u}^*,\boldsymbol{y}\rangle}=c_v^{e}\cdot c_{\langle \boldsymbol{d},\boldsymbol{y}\rangle} \tag{14.7}$$

$$h^{\hat{r}}\cdot g^{\langle \hat{\boldsymbol{u}},\boldsymbol{y}\rangle}=c_v^{e'}\cdot c_{\langle \boldsymbol{d},\boldsymbol{y}\rangle} \tag{14.8}$$

令

$$\bar{\boldsymbol{u}}:=(\boldsymbol{u}^*-\hat{\boldsymbol{u}})\cdot(e-e')^{-1}\bmod|\mathbb{G}|$$

$$r_{\bar{\boldsymbol{u}}}:=(r_{\boldsymbol{u}^*}-r_{\hat{\boldsymbol{u}}})\cdot(e-e')^{-1}\bmod|\mathbb{G}|$$

$$r_{\bar{v}}:=(r^*-\hat{r})\cdot(e-e')^{-1}\bmod|\mathbb{G}|$$

用式(14.5)除以式(14.6)可得：

$$h^{\bar{v}}\cdot\prod_{i=1}^{n}g_i^{\bar{u}_i}=c_{\boldsymbol{u}}$$

用式(14.7)除以式(14.8)可得：

$$h^{\bar{r}}\cdot g^{\langle \bar{\boldsymbol{u}},\boldsymbol{y}\rangle}=c_v$$

也就是说，$(\bar{\boldsymbol{u}},r_{\bar{\boldsymbol{u}}})$ 是 $c_{\boldsymbol{u}}$ 的一个打开，并且 $(\langle \bar{\boldsymbol{u}},\boldsymbol{y}\rangle,r_{\bar{v}})$ 是 c_v 的一个打开，这两个打开满足声称的关系，即 c_v 所承诺的值是 $c_{\boldsymbol{u}}$ 所承诺的向量与 $\boldsymbol{y}$ 的内积。

为了证明诚实验证者完美零知识性，考虑如下模拟器。为了生成一个可接受的脚本 $((c_{\boldsymbol{d}},c_{\langle \boldsymbol{d},\boldsymbol{y}\rangle}),e,(\boldsymbol{u}',r_{\boldsymbol{u}'},r_{v'}))$，模拟器按照以下步骤进行构造。首先，它从 $\{0,\cdots,p-1\}$ 中随机选择验证者的挑战 e；其次从 $\{0,1,\cdots,p-1\}^n$ 中随机选择向量 $\boldsymbol{u}'$，并从 $\{0,1,\cdots,p-1\}$ 中随机选择 $r_{\boldsymbol{u}'}$ 和 $r_{v'}$；最后，它选择唯一的 $c_{\boldsymbol{d}}$ 和 $c_{\langle \boldsymbol{d},\boldsymbol{y}\rangle}$ 以产生一个可接受的脚本，即 $c_{\boldsymbol{d}}$ 被设置为 $c_{\boldsymbol{u}}^{-e}\cdot h^{r_{\boldsymbol{u}'}}\cdot\prod_{i=1}^{n}g_i^{u'_i}$，$c\langle \boldsymbol{d},\boldsymbol{y}\rangle$ 被设置为 $c_v^{-e}\cdot h^{r_{v'}}\cdot g^{\langle \boldsymbol{u}',\boldsymbol{y}\rangle}$。如此特别选定的 $c_{\boldsymbol{d}}$ 和 c_v 可以确保生成的脚本是一个可接受的脚本。可以通过建立模拟器输出的脚本和诚实验证者与诚实证明者交互生成的脚本之间的一一对应关系来证明，二者生成的可接受脚本的分布相等（细节略）。

开销 该承诺由单个群元素组成。承诺的计算成本是 n 个群指数运算。使用朴素的重复平方法单独计算某个群元素的指数需要 $O(\log|\mathbb{G}|)$ 次群乘法，这意味着总共需要 $\Theta(n\log|\mathbb{G}|)$ 个群乘法运算。然而，Pippenger 的多重指数算法[209]可以将这个数量减少一个 $(\log n+\log\log|\mathbb{G}|)$ 的因子①。

在求值阶段，证明由 $n+2$ 个在 $\{0,\cdots,p-1\}$ 中的数字组成，可以通过在 $\mathbb{F}_p$ 中使用 $O(n)$ 次域运算计算出来。验证过程需要验证者执行 $O(n)$ 次群指数运算，可以使用上一段描述的 Pippenger 算法，在其时间上限内完成。

14.3 权衡承诺大小与验证成本

回顾一下前一节中的多项式承诺方案，它具有非常小的承诺(1 个群元素)，但具有较大的求值证明($\Theta(n)$个群元素)。

在本节中，我们展示如何利用向量 $\boldsymbol{y}$ 中的张量结构(式(14.1))来减小前一节多项式承诺方案中求值阶段证明的大小，代价是增加了承诺大小。例如，我们可以将承诺和求值证明的大小都调整为 $\Theta(\sqrt{n})$ 个群元素。这种技术是在多线性多项式的背景下，在被称为 Hyrax[244] 的系统中展示的，直接建立在文献[66]中给出的单变量多项式承诺方案基础上。

承诺阶段 回顾一下，$\boldsymbol{u}$ 表示承诺者想要承诺的多项式 q 的系数向量，根据等式(14.1)，我们将 $\boldsymbol{u}$ 视为 $m\times m$ 的矩阵。令 $u_j\in\mathbb{F}^m$ 表示 $\boldsymbol{u}$ 的第 j 列，则承诺者选择随机数 $r_1,\cdots,r_m\in\{0,\cdots,p-1\}$，并发送一组向量承诺 $c_1=\mathrm{Com}(u_1,r_1),\cdots,c_m=\mathrm{Com}(u_m,r_m)$，每个向量都有一个承诺。这里，

$$\mathrm{Com}(u_j,r_j)=h^{r_j}\cdot\prod_{k=1}^{m}g_k^{u_{j,k}}$$

其中公开参数为 $g_1,\cdots,g_m\in\mathbb{G}$。因此，与前面的章节相比，我们已经将 $\boldsymbol{u}$ 的承诺大小从 1 个群元素增加到了 m 个群元素。我们不再将前一节中的向量承诺方案应用于长度为 m^2 的向量，而是将其应用于长度为 m 的向量，并将其应用 m 次。

求值阶段 当验证者要求证明者提供关于验证者选择的输入 z 的 $q(z)$的承诺时，证明者会发送一个承诺 c^*，该承诺是 $q(z)=\langle\boldsymbol{u},\boldsymbol{y}\rangle=\boldsymbol{b}^{\mathrm{T}}\cdot\boldsymbol{u}\cdot\boldsymbol{a}$ 的承诺，其中 $\boldsymbol{b}$ 和 $\boldsymbol{a}$ 是证明者和验证者都知道的，如式(14.1)中所示的 m 维向量。由于承诺方案的加法同态，验证者可以独自计算向量 $\boldsymbol{u}\cdot\boldsymbol{a}$ 的承诺，即 $\prod_{j=1}^{m}\mathrm{Com}(u_j)^{a_j}$。此时，证明者需要证明 c^* 是关于$\boldsymbol{b}^{\mathrm{T}}\cdot$

① 在一个乘法群中，多重指数运算指的是群元素的幂的乘积。

$(\boldsymbol{u}\cdot\boldsymbol{a})=\langle \boldsymbol{b},\boldsymbol{u}\cdot\boldsymbol{a}\rangle$的承诺。由于验证者已经推导出了向量 $\boldsymbol{u}\cdot\boldsymbol{a}$ 的承诺，这恰好是前一节设计的协议可以用来解决问题的一个实例，使用大小为 m 的证明即可①。

总之，我们给出了一种针对单变量和多线性多项式的(公开掷币)承诺方案，其中承诺大小、求值阶段的证明长度和验证者总时间均等于多项式系数个数的平方根。

14.4 Bulletproofs

在本节中，我们提供了一种方案，其中承诺大小是常数，并且求值阶段的证明长度是多项式系数个数的对数。然而，验证者处理证明的运行时间与多项式系数个数之间则是线性关系。与 14.2 节的承诺方案相比，这是一种严格的改进，因为求值阶段的证明长度是系数向量长度的对数级而不是线性级。与 14.3 节的方案相比，验证者的运行时间更糟糕(是关于系数数量的线性大小，而非与其平方根成正比)，但通信成本要好得多(对数级而不是平方根级)。

本节中的方案是 Bulletproofs[80]系统的一种变体，该系统直接构建于文献[66]中提出的单变量多项式承诺方案之上。我们的介绍在很大程度上借鉴了文献[64]中提出的观点。

14.4.1 热身：向量承诺打开信息的知识证明

在完整介绍该多项式承诺之前，我们首先通过一个热身练习来说明 Bulletproofs 多项式承诺方案的关键思想。具体而言，这个热身练习是一个协议，允许证明者证明它知道如何打开向量 $\boldsymbol{u}\in\mathbb{F}_p^n$ 的广义 Pedersen 承诺。

本节符号的变化 回顾一下，对 $\boldsymbol{u}$ 的广义 Pedersen 承诺是 $\text{Com}(\boldsymbol{u};r_u):=h^{r_u}\cdot\prod_{i=1}^{n}g_i^{u_i}$，其中 r_u 由承诺者随机选择，而 g_i 是 $\mathbb{G}$ 中的公开生成元。为了进一步简化表示，让我们省略向量承诺中的盲化因子 h^{r_u}，因此我们现在定义 $\text{Com}(\boldsymbol{u}):=\prod_{i=1}^{n}g_i^{u_i}$(不带盲化因子的结果是承诺方案仍然是计算绑定的，但它不是完美隐藏的)。

在本节的剩余部分，我们将把 $\mathbb{G}$ 视为加法群，而不是乘法群。因为这样做可以将 $\text{Com}(\boldsymbol{u})=\sum_{i=1}^{n}u_i\cdot g_i$ 视为 $\boldsymbol{u}$ 和公开的群生成元向量 $\boldsymbol{g}=(g_1,\cdots,g_n)$的内积，因此我们把

---

① 该多项式承诺方案的安全性保证的一个微妙之处在于，该协议仅证明了，证明者知道一个关于 z 的列承诺的线性组合，其中 z 是求值点。这意味着，如果承诺者可以选择 z，则承诺者可能可以在不知道如何打开每个列承诺的情况下，通过求值阶段[179]。然而，该弱化的保证仍足以用于简洁的交互式论证和由此派生的 SNARK，其中 z 由 SNARK 验证者随机选择或通过 Fiat-Shamir 变换确定。

$\sum_{i=1}^{n} u_i \cdot g_i$ 表示为$\langle \boldsymbol{u},\boldsymbol{g}\rangle$①。在这种表示下，证明者声称已知一个向量 $\boldsymbol{u}$，使得：

$$\langle \boldsymbol{u},\boldsymbol{g}\rangle = c_{\boldsymbol{u}} \tag{14.9}$$

协议综述 该协议让人想起基于 IOP 的多项式承诺方案 FRI(10.4.4 节)，原因如下：在协议开始时，证明者已经发送了一个承诺 $c_{\boldsymbol{u}}$，承诺了一个长度为 n 的向量 $\boldsymbol{u}$。该协议进行 $\log_2 n$ 轮，在每一轮 i 中，验证者会发送一个随机的域元素 $\alpha_i \in \mathbb{F}_p$，用于“减半待承诺向量的长度”。经过 $\log_2 n$ 轮之后，证明者声称知道一个长度为 1 的向量 $\boldsymbol{u}$，满足特定的内积关系。在这种情况下，$\boldsymbol{u}$ 非常短，证明者可以通过简单地将 $\boldsymbol{u}$ 发送给验证者来证明该声明。

更详细地说，在每个第 $i=1,2,\cdots,\log_2 n$ 轮的开始，证明者已经发送了一个承诺 $c_{\boldsymbol{u}^{(i)}}$，承诺了一个长度为 $n \cdot 2^{-(i-1)}$ 的向量 $\boldsymbol{u}^{(i)}$，并且证明者必须证明它知道一个向量 $\boldsymbol{u}^{(i)}$ 满足 $\langle \boldsymbol{u}^{(i)},\boldsymbol{g}^{(i)}\rangle = c_{\boldsymbol{u}^{(i)}}$（当 $i=1$ 时，$\boldsymbol{u}^{(i)}=\boldsymbol{u}$ 和 $\boldsymbol{g}^{(i)}=\boldsymbol{g}$）。第 i 轮的目标是将$\langle \boldsymbol{u}^{(i)},\boldsymbol{g}^{(i)}\rangle = c_{\boldsymbol{u}^{(i)}}$ 这个断言归约到相同形式的断言，即证明者知道一个向量 $\boldsymbol{u}^{(i+1)}$，使得$\langle \boldsymbol{u}^{(i+1)},\boldsymbol{g}^{(i+1)}\rangle = c_{\boldsymbol{u}^{(i+1)}}$，其中 $\boldsymbol{g}^{(i+1)}$ 是验证者也知道的一个群生成元向量，但 $\boldsymbol{u}^{(i+1)}$ 和 $\boldsymbol{g}^{(i+1)}$ 的长度都是 $\boldsymbol{u}^{(i)}$ 和 $\boldsymbol{g}^{(i)}$ 的一半。为了简化符号，让我们固定一个轮次 i，并相应地去掉上标(i)，简单地写成 $\boldsymbol{u}$、$\boldsymbol{g}$ 和 $c_{\boldsymbol{u}}$。

一个无效的尝试 该协议的思路是将 $\boldsymbol{u}$ 和 $\boldsymbol{g}$ 分成两半，写成 $\boldsymbol{u}=\boldsymbol{u}_L \circ \boldsymbol{u}_R$ 和 $\boldsymbol{g}=\boldsymbol{g}_L \circ \boldsymbol{g}_R$ 的形式，其中 $\circ$ 表示连接，则

$$\langle \boldsymbol{u},\boldsymbol{g}\rangle = \langle \boldsymbol{u}_L,\boldsymbol{g}_L\rangle + \langle \boldsymbol{u}_R,\boldsymbol{g}_R\rangle \tag{14.10}$$

假设验证者选定一个随机数 $\alpha \in \mathbb{F}_p$ 并定义

$$\boldsymbol{u}' = \alpha \boldsymbol{u}_L + \alpha^{-1}\boldsymbol{u}_R \tag{14.11}$$

和

$$\boldsymbol{g}' = \alpha^{-1}\boldsymbol{g}_L + \alpha \boldsymbol{g}_R \tag{14.12}$$

需要注意的是，验证者 $\mathcal{V}$ 可以自己计算出 $\boldsymbol{g}'$，因为它知道 $\boldsymbol{g}_L$ 和 $\boldsymbol{g}_R$（但是就像 $\mathcal{V}$ 不知道 $\boldsymbol{u}$ 一样，$\mathcal{V}$ 也不知道 $\boldsymbol{u}'$）。人们希望对于任何 $\alpha \in \mathbb{F}_p$ 的选择，以下等式成立：

$$\langle \boldsymbol{u}',\boldsymbol{g}'\rangle = \langle \boldsymbol{u},\boldsymbol{g}\rangle \tag{14.13}$$

此外，唯一一个计算出满足式(14.13)的 $\boldsymbol{u}'$ 的方法，对于高效的参与方来说，是知道满足式(14.9)的 $\boldsymbol{u}$，然后根据式(14.11)设置 $\boldsymbol{u}' = \alpha \boldsymbol{u}_L + \alpha^{-1}\boldsymbol{u}_R$。如果是这种情况，那么证明者最初的声明，即知道一个 $\boldsymbol{u}$，使得$\langle \boldsymbol{u},\boldsymbol{g}\rangle = c_{\boldsymbol{u}}$，将与知道一个 $\boldsymbol{u}'$，使得$\langle \boldsymbol{u}',\boldsymbol{g}'\rangle = c_{\boldsymbol{u}}$ 的声

① 严格来说，将 $\sum_{i=1}^{n} u_i g_i$ 称为内积是不准确的，因为 u_i 是$\{0,1,\cdots,p-1\}$中的整数，而 g_i 是大小为 p 的群 $\mathbb{G}$ 中的元素，但我们忽略这个差别，并在本节的其余部分中使用 $\mathrm{Com}(\boldsymbol{u}) = \langle \boldsymbol{u},\boldsymbol{g}\rangle$。

明是等价的。这意味着验证者可以(在没有任何来自证明者的帮助下)成功将证明者对知道 $\boldsymbol{u}$ 的原始声称归约为同一形式但长度减半向量的等价声明。

实际的等式　不幸的是,等式(14.13)并不成立。但下面的修改对于任意的 $\alpha \in \mathbb{F}_p$ 都是成立的:

$$\begin{aligned}\langle \boldsymbol{u}', \boldsymbol{g}' \rangle &= \langle \alpha \boldsymbol{u}_L + \alpha^{-1} \boldsymbol{u}_R, \alpha^{-1} \boldsymbol{g}_L + \alpha \boldsymbol{g}_R \rangle \\ &= \langle \alpha \boldsymbol{u}_L, \alpha^{-1} \boldsymbol{g}_L \rangle + \langle \alpha^{-1} \boldsymbol{u}_R, \alpha \boldsymbol{g}_R \rangle + \langle \alpha \boldsymbol{u}_L, \alpha \boldsymbol{g}_R \rangle + \langle \alpha^{-1} \boldsymbol{u}_R, \alpha^{-1} \boldsymbol{g}_L \rangle \\ &= \alpha \cdot \alpha^{-1} (\langle \boldsymbol{u}_L, \boldsymbol{g}_L \rangle + \langle \boldsymbol{u}_R, \boldsymbol{g}_R \rangle) + \alpha^2 \langle \boldsymbol{u}_L, \boldsymbol{g}_R \rangle + \alpha^{-2} \langle \boldsymbol{u}_R, \boldsymbol{g}_L \rangle \\ &= (\langle \boldsymbol{u}_L, \boldsymbol{g}_L \rangle + \langle \boldsymbol{u}_R, \boldsymbol{g}_R \rangle) + \alpha^2 \langle \boldsymbol{u}_L, \boldsymbol{g}_R \rangle + \alpha^{-2} \langle \boldsymbol{u}_R, \boldsymbol{g}_L \rangle \\ &= \langle \boldsymbol{u}, \boldsymbol{g} \rangle + \alpha^2 \langle \boldsymbol{u}_L, \boldsymbol{g}_R \rangle + \alpha^{-2} \langle \boldsymbol{u}_R, \boldsymbol{g}_L \rangle\end{aligned} \tag{14.14}$$

这里,第一个等式运用了 $\boldsymbol{u}'$ 和 $\boldsymbol{g}'$ 的定义(式(14.11)和(14.12)),最后一个等式运用了式(14.10)。与期望的方程式(14.13)(实际上并不成立)相比,式(14.14)包含了"交叉项"$\alpha^2 \langle \boldsymbol{u}_L, \boldsymbol{g}_R \rangle + \alpha^{-2} \langle \boldsymbol{u}_R, \boldsymbol{g}_L \rangle$。验证者 $\mathcal{V}$ 不知道这些交叉项,因为它们依赖于 $\mathcal{V}$ 未知的向量 $\boldsymbol{u}_L$ 和 $\boldsymbol{u}_R$。在实际协议中,在知道验证者选择的随机值 α 之前,$\mathcal{P}$ 就要向 $\mathcal{V}$ 发送值 v_L 和 v_R,并声称等于 $\langle \boldsymbol{u}_L, \boldsymbol{g}_R \rangle$ 和 $\langle \boldsymbol{u}_R, \boldsymbol{g}_L \rangle$。如果 v_L 和 v_R 的声称是正确的,则允许 $\mathcal{V}$ 计算等式(14.14)的右侧(我们称其为 $c_{u'}$),而证明者可以在下一轮中转而证明其知道一个 $\boldsymbol{u}'$,使得 $\langle \boldsymbol{u}', \boldsymbol{g}' \rangle$ 等于 $c_{u'}$。

自包含协议描述　回想一下,在这一轮开始时,证明者已经发送了一个值 c_u,声称它等于 $\langle \boldsymbol{u}, \boldsymbol{g} \rangle$。如果 $\boldsymbol{u}$ 和 $\boldsymbol{g}$ 的长度都为 1,那么证明证明者知道一个 $\boldsymbol{u}$ 满足 $\langle \boldsymbol{u}, \boldsymbol{g} \rangle = c_u$ 就等价于证明他知道一个 c_u 相对于基 $\boldsymbol{g}$ 的离散对数,而这可以让证明者简单地通过发送 $\boldsymbol{u}$ 给 $\mathcal{V}$ 来实现①。如果长度不为 1,协议将按照以下步骤进行:证明者首先发送值 v_L 和 v_R,声称其分别等于交叉项 $\langle \boldsymbol{u}_L, \boldsymbol{g}_R \rangle$ 和 $\langle \boldsymbol{u}_R, \boldsymbol{g}_L \rangle$。此后,验证者随机选择一个 $\alpha \in \mathbb{F}_p$ 并将其发送给证明者。

令 $c_{u'} = c_u + \alpha^2 v_L + \alpha^{-2} v_R$。这个值被特别定义为,如果 v_L 和 v_R 声称一致,则 $\langle \boldsymbol{u}', \boldsymbol{g}' \rangle = c_{u'}$。此外,验证者可以在给定 c_u、α、v_L 和 v_R 的情况下计算 $\boldsymbol{g}'$ 和 $c_{u'}$。因此,协议的下一轮旨在确立证明者确实知道一个向量 $\boldsymbol{u}'$,满足式

$$\langle \boldsymbol{u}', \boldsymbol{g}' \rangle = c_{u'} \tag{14.15}$$

这正是协议旨在证明的问题类型,只不过其长度变为 $n/2$ 而不是 n,因此协议可以递归地验证所声称的命题。请参见协议 12 的伪代码实现。

---

① 为了简单起见,我们在这个部分不涉及设计零知识协议的问题。如果我们确实想要实现零知识性质,可以使用 Schnorr 协议让证明者建立对 c_u 的离散对数的知识。相关详细信息,请参见 14.4.2 节。

协议 12 一个针对长度为 n 的向量 $\boldsymbol{u}$ 的广义 Pedersen 承诺 c_u 的公开掷币的零知识的知识论证。该协议包括 $\log_2 n$ 轮通信，每轮从证明者到验证者传输两个群元素，并且在假设离散对数问题困难的情况下满足知识可靠性。为简单起见，我们省略了 Pedersen 承诺的盲化因子，并将用于承诺的群 $\mathbb{G}$ 视为加法群。

1：令 $\mathbb{G}$ 为一个素数阶 p 的加法循环群，其离散对数关系是困难的，群中有生成元向量 $\boldsymbol{g}=(g_1,\cdots,g_n)$。

2：输入 $c_u=\text{Com}(\boldsymbol{u}):=\sum_{i=1}^{n}u_i g_i$。证明者知道 $\boldsymbol{u}$，验证者只知道 $c_u,g_1,\cdots,g_n$。

3：如果 $n=1$，证明者将 $\boldsymbol{u}$ 发送给验证者，其检查 $\boldsymbol{u}g_1=c_u$ 是否成立。

4：否则，令 $\boldsymbol{u}=\boldsymbol{u}_L\circ\boldsymbol{u}_R$ 和 $\boldsymbol{g}=\boldsymbol{g}_L\circ\boldsymbol{g}_R$。证明者发送 v_L 和 v_R，声称它们等于 $\langle\boldsymbol{u}_L,\boldsymbol{g}_R\rangle$ 和 $\langle\boldsymbol{u}_R,\boldsymbol{g}_L\rangle$。

5：验证者回复随机数 $\alpha\in\mathbb{F}_p$。

6：使用群生成元向量 $\boldsymbol{g}':=\alpha^{-1}\boldsymbol{g}_L+\alpha\boldsymbol{g}_R$，对长度为 $n/2$ 的向量 $\boldsymbol{u}'=\alpha\boldsymbol{u}_L+\alpha^{-1}\boldsymbol{u}_R$ 的承诺 $c_{u'}:=c_u+\alpha^2 v_L+\alpha^{-2}v_R$ 进行递归处理。

开销 很容易看出，$\boldsymbol{u}'$ 和 $\boldsymbol{g}'$ 的长度是 $\boldsymbol{u}$ 和 $\boldsymbol{g}$ 长度的一半，因此该协议会在 $\log_2 n$ 轮后终止，每轮证明者只发送给验证者两个群元素。证明者和验证者的运行时间内占主导地位的主要是对生成元向量的更新。具体来说，为了在每一轮中由 $\boldsymbol{g}$ 计算 $\boldsymbol{g}'$，验证者执行了一定数量的群指数运算，其数量与 $\boldsymbol{g}$ 的长度成比例，这意味着总的群指数运算次数为 $O(n+n/2+n/4+\cdots+1)=O(n)$[①]。因此，整个协议中，证明者和验证者的运行时间与执行 $O(n)$ 个群指数运算所需的时间成比例[②]。

完备性和有关知识可靠性的直觉 该协议无疑是完备的，即如果证明者是诚实的（即 c_u 确实等于 $\langle\boldsymbol{u},\boldsymbol{g}\rangle$ 且 v_L 和 v_R 是所声称的值），则确实有式(14.15)成立。

为了直观解释为什么知识可靠性成立，让我们假设此时证明者确实知道一个向量 $\boldsymbol{u}$，使得 $c_u=\langle\boldsymbol{u},\boldsymbol{g}\rangle$，但证明者发送的值 v_L 和 v_R 不等于 $\langle\boldsymbol{u}_L,\boldsymbol{g}_R\rangle$ 和 $\langle\boldsymbol{u}_R,\boldsymbol{g}_L\rangle$。然后，正如我们在下面的段落中解释的那样，在验证者选择 α 的情况下，式(14.15)不成立的概率很高。在这种情况下，尚不清楚证明者到底如何能找到一个向量，使其与 $\boldsymbol{g}'$ 的内积等于 $c_{u'}$。

在当前 α 的选择方法下，式(14.15)有很大概率不成立的原因如下。令 Q 是一个 4 阶多项式

$$Q(\alpha)=\alpha^2 c_{u'}=\alpha^2 c_u+\alpha^4 v_L+v_R$$

① 在本节中，“群指数运算”的术语虽然是标准用法，但可能会令人困惑，因为我们在这里将 $\mathbb{G}$ 视为加法群，而术语是指乘法群。在本节的加法群符号中，我们指的是将一个群元素乘 α 或 α^{-1}。在乘法群符号中，同样的运算将用群元素的 α 或 α^{-1} 的幂次来表示，因此我们使用“群指数运算”这个术语。

② 实际上，在 Bulletproofs 中，有可能优化验证者的计算，使其只需要进行一个长度为 $O(n)$ 的多重指数运算，而不是 $O(n)$ 个独立的群指数运算，从而实现用 Pippenger 算法（14.2 节）加速，加速因子约为 $O(\log n)$ 个群运算。

并且

$$P(\alpha)=\alpha^2\cdot\langle \boldsymbol{u}',\boldsymbol{g}'\rangle=\alpha^2 c_u+\alpha^4\langle \boldsymbol{u}_L,\boldsymbol{g}_R\rangle+\langle \boldsymbol{u}_R,\boldsymbol{g}_L\rangle$$

如果 v_L 和 v_R 不等于 $\langle \boldsymbol{u}_L,\boldsymbol{g}_R\rangle$ 和 $\langle \boldsymbol{u}_R,\boldsymbol{g}_L\rangle$，那么 Q 和 P 就不是相同的多项式。由于二者的次数均至多为 4，则在随机选择 α 的情况下，$Q(\alpha)\neq P(\alpha)$ 的概率至少是 $1-4/p$。在这种情况下，$c_{u'}\neq\langle \boldsymbol{u}',\boldsymbol{g}'\rangle$，且证明者在下一轮就得要证明这个假的声明。

上述推理表明，即使一个证明者知道 c_u 的打开值 $\boldsymbol{u}$，如果在每轮不按照规定的方式（即发送与 $\langle \boldsymbol{u}_L,\boldsymbol{g}_R\rangle$ 和 $\langle \boldsymbol{u}_R,\boldsymbol{g}_L\rangle$ 不同的 v_L 和 v_R）发送承诺，那他也不能使验证者以非可忽略的概率接受其错误声明。如果证明者不知道 $\boldsymbol{u}$ 使得 $\langle \boldsymbol{u},\boldsymbol{g}\rangle$，那么从直觉上讲，证明者的情况甚至比知道这样一个 $\boldsymbol{u}$ 但试图偏离规定协议还要糟糕。

然而，为了正式证明知识可靠性，我们必须证明，对于任何能够以非可忽略的概率使验证者接受（其证明）的证明者 $\mathcal{P}$，都存在一种高效的算法，可以从 $\mathcal{P}$ 中提取出 c_u 的一个打开值 $\boldsymbol{u}$。这需要更深入的分析。

知识可靠性的证明　回顾一下，在 12.2.3 节中，我们通过两步分析确定了任何 Σ-协议的知识可靠性。首先，我们证明了对于任何令人信服的 Σ-协议证明者，可以高效地提取一对可接受的脚本 (a,e,z) 和 (a,e',z')，它们具有相同的第一条消息 a，但验证者的挑战 e 和 e' 不同。其次，由于 Σ-协议的特殊可靠性，从任何这样的脚本对中可以高效地提取证据。

这个分析的第一步被称为分叉引理。这个名称来源于获取这对脚本的过程：首先运行一次证明者，希望能够产生一个可接受的脚本 (a,e,z)；然后将证明者倒回到它发送第一条消息 a 之后的瞬间，并使用不同的验证者挑战 e'“重新启动”它。这（如果顺利的话）会产生第二个可接受的脚本 (a,e',z')。可以将该过程看成是在证明者发送第一条消息 a 之后将协议“分叉”成两次不同的执行。

对协议 12 的知识可靠性的分析遵循与之前相似的两步法。第一步，针对类似协议 12 这样的多轮协议证明一般化的分叉引理。引理表明，对于任何成功说服验证者的证明者，我们可以提取一组可接受的交互脚本，这些脚本的消息有部分重合，类似于 (a,e,z) 和 (a,e',z') 中共享相同的第一条消息 a 的情况。第二步，提供了一种高效的程序以从这样的脚本树中提取证明。

步骤 1：多轮协议的分叉引理　首先，我们将证明存在一个多项式时间的提取算法 ε，对于任意可让验证者以非可忽略概率接受协议 12 的证明者 $\mathcal{P}$，该算法可以构造一个具有非可忽略概率的 3-脚本树 $\mathcal{T}$。这里，3-脚本树是该协议的 $|\mathcal{T}|=3^{\log_2 n}\leqslant n^{1.585}$ 个可接受脚本的集合，每个脚本中证明者消息和验证者挑战具有如下关系。

这些脚本对应整棵树的叶子节点，而树的每个非叶子节点都有三个。树的深度等于协议 12 中发送的验证者挑战的数量，即 $\log_2 n$。树的每条边都由一个验证者挑战所标记，每个非叶子节点都与一个证明者消息(v_L, v_R)相关联。也就是说，如果树的一条边将与根节点距离为 i 的节点连接到距离为$(i+1)$的节点，则边的标签是验证者在协议 12 中发送给证明者的第 i 个消息的值。我们要求：(a) 树的任意两条边具有不同的标签；(b) 对于叶子上的脚本，该脚本中的验证者挑战就是从根节点到它的所有边的标签，同时该脚本中的证明者消息就是从根节点到它的所有非叶子节点上的值①。

我们的想法是通过运行一次证明者和验证者，期望得到一个可接受的脚本并以此来生成树的第一个叶子节点。接着，将证明者重置到最后一个验证者挑战之前并重新开始协议，使用新的随机值作为验证者的最后一个挑战的值来生成该叶子节点的兄弟节点。接下来，将证明者重置到倒数第二个验证者挑战之前，从该点重新开始协议，并使用新的随机值作为验证者的倒数第二个挑战的值来生成下一个叶子节点。以此类推生成树的其余部分。由于证明者有时无法说服验证者接受协议，同时这个过程(很小的概率)可能会导致两条边具有相同的标签，因此还需要考虑一些复杂的细节。

下面，我们将提供形式化的陈述及该结果的证明，我们的表述遵循文献[66]的规则。

定理 14.1 *存在一个概率提取器算法 ε，满足以下性质。假设我们可以重复运行和重置协议 12 中的至少以某个非可忽略概率 ϵ 说服验证者接受证明的证明者 $\mathcal{P}$，则 ε 的期望运行时间至多为 $\mathrm{poly}(n)$，并且 ε 为协议 12 输出一个 3-脚本树 $\mathcal{T}$ 的概率至少是 $\epsilon/2$。*

证明：ε 是一个递归过程，以深度优先方式构建 $\mathcal{T}$ 。具体来说，ε 的输入是：节点 j 在树中的标识，连接 j 到 $\mathcal{T}$ 根的路径上的边相关的验证者挑战，以及该路径上节点相关的证明者消息。然后 ε(尝试)生成以 j 为根的 $\mathcal{T}$ 的子树。(在第一次调用 ε 时，j 是 $\mathcal{T}$ 的根节点，因此在这种情况下，沿着 j 到根的路径没有边或节点，即只有它自己)。

如果 j 是一个叶子节点，ε 的输入指定了协议 12 的完整脚本，如果该脚本是一个可接受的脚本，则 ε 直接输出脚本，否则输出“失败”。

如果 j 不是 $\mathcal{T}$ 的叶子节点，则 ε 的输入指定了协议 12 的部分脚本(如果 j 距根的距离为 ℓ，则部分脚本指定了协议 12 的前 ℓ 轮的证明者消息和验证者挑战)。ε 做的第一件事是将 $\mathcal{P}$“运行”在该部分脚本上，以查看 $\mathcal{P}$ 如何响应该部分脚本中最近的验证者挑战，从而将一个证明者消息与 j 关联起来。

其次，ε 尝试构建以 j 的最左子节点为根的子树，我们将其表示为 j'。具体而言，ε 选择一个随机的验证者挑战分配给 $\mathcal{T}$ 的边(j, j')，然后在 j' 上递归调用自身。如果 ε 对 j' 的递归调用返回“失败”(即无法生成以 j' 为根的子树)，则 ε 停止，并输出“失败”。否则，ε

① 与之相比，Σ-协议的特殊可靠性是指一对可接受的脚本(a,e,z)和(a,e',z')，其中 $e \neq e'$。这样的一对脚本形成了一个包含单个验证者挑战的协议的“2-脚本树”。

继续通过为连接 j 和 j'' 以及 j''' 的边分配新的随机验证者挑战来生成剩余两个子节点 j'' 和 j''' 的子树，并在 j'' 和 j''' 上递归调用自身，直到成功生成这两个子树（这可能需要多次递归调用，因为 ε 将继续在 j'' 和 j''' 上调用自身，直到最终成功生成这两个子树）。

ε 的运行时间　回想一下，当 ε 在非叶子节点 j 上被调用时，它会递归地调用自己一次，并作用于 j 的第一个子节点 j'，尝试构造以 j' 为根的子树，并且仅当对 j' 的递归调用成功时，它才继续构造其他两个子节点的子树。设 ε' 为这个过程中 ε 不会停机的概率，则期望的递归次数为 $1+\varepsilon'\cdot 2/\varepsilon'=3$。这里，第一项 1 来自作用于 j' 的第一次递归调用，第二项的第一个 ε' 表示 ε 在第一次递归调用后仍未停机的概率。$2/\varepsilon'$ 这个因子刻画了在 ε 成功构造以 j'' 和 j''' 为根的子树之前，ε 必须在 j'' 和 j''' 上期望被调用的次数（因为 $1/\varepsilon'$ 是具有成功概率为 ε' 的几何（分布的）随机变量的期望值）。而当 ε 在叶子节点上被调用时，它只需检查相关的脚本是否为可接受脚本，这需要 poly(n)时间。因此，我们得出结论，ε 的总运行时间与叶子节点的数量成比例（也就是 $3^{\log_2 n}\leqslant O(n^{1.585})$），乘以协议 12 中验证者的运行时间，显然是 poly(n)。

ε 成功的概率　当且仅当每个 ε 调用 $\mathcal{T}$ 中的第一个递归调用返回“失败”时，对 $\mathcal{T}$ 的根节点进行的 ε 的初始调用才会返回“失败”。也就是说，当 ε 对第一个子节点 j 的递归调用成功时，它才能在根节点上输出可接受的脚本树；而 ε 在 j 的第一个子节点上递归调用成功，仅当它在该子节点的第一个子节点上的递归调用成功，以此类推。这个概率恰好是 $\mathcal{P}$ 成功说服验证者接受的概率，即 ε。

我们仍然需要证明的是，在 ε 成功输出一棵树的情况下，ε 给出的任意两条边所代表的挑战，其相同的概率是可以忽略不计的。为了证明这一点，让我们假设 ε 运行的时间不超过 T 步，其中 $T=p^{1/3}$，p 是 $\mathbb{G}$ 的阶，因此也是验证者挑战空间的大小。我们可以通过让 ε 在超过 T 个步骤后停止并输出“失败”来确保这一点。由于 ε 的期望运行时间是 poly(n)，根据马尔可夫不等式，ε 超过 T 个时间步骤的概率最多为 poly(n)/T，假设 p 在 n 的超多项式级别上增长，则此概率可以忽略不计。因此，在确保此假设成立之后，ε 成功输出可接受的脚本树的概率仍然至多是 ε 减去一个可忽略的数量。如果 ε 的运行时间不超过 T 个时间步骤，则它只能在其执行过程中生成最多 T 个验证者的随机挑战。在至多 T 个挑战之间出现碰撞的概率上限为 $T^2/p\leqslant 1/p^{1/3}$，这是可以忽略不计的。因此，我们得出期望结论，即 ε 输出 3-脚本树的概率至少为 ε 减去可忽略的数量，如果 ε 是非可忽略的，则至少为 $\varepsilon/2$。 □

步骤 2：从 3-脚本树中提取证据　我们必须给出一个多项式时间算法，它以协议 12 的 3-脚本树为输入，并输出一个向量 $\boldsymbol{u}$，使得 $c_u=\sum_{i=1}^{n}u_i g_i$。其思路是迭代地计算每个节点的

标签 $\boldsymbol{u}$，从叶子节点开始，逐层计算，直至树根。对于树中的每个节点，该过程本质上是重构了证明者在该协议执行阶段“头脑中必须有的”向量 $\boldsymbol{u}$。也就是说，树中的每个节点都与一个生成元向量 $\boldsymbol{g}'$ 和一个承诺 c 相关联，而提取器将确定一个向量 $\boldsymbol{u}'$，使得 $\langle \boldsymbol{u}', \boldsymbol{g}' \rangle = c$。

为树中的每个节点关联一个相应的生成元向量和承诺　对于树中的任意节点，我们可以以自然的方式将一个生成向量和承诺与该节点关联起来。也就是说，协议 12 是递归的，树中距离根节点为 i 的每个节点都对应于在调用栈的深度 i 处调用协议 12。根据第 2 行，每次递归调用协议 12 时，验证者都知道一个生成向量和一个承诺 c（假定是用生成向量对某个向量进行的承诺，该向量对证明者是已知的）。

例如，根节点与 $\boldsymbol{g} = \boldsymbol{g}_L \circ \boldsymbol{g}_R$ 和承诺 $c = c_{\boldsymbol{u}}$ 相关联，二者是协议 12 的原始调用的输入。如果根节点与证明者消息 (v_L, v_R) 相关联，则与根节点通过标签为 α 的边连接的子节点，其相关的向量就是 $\boldsymbol{g}' = \alpha^{-1}\boldsymbol{g}_L + \alpha\boldsymbol{g}_R$，相关的承诺是 $c' = c_{\boldsymbol{u}} + \alpha^2 v_L + \alpha^{-2} v_R$，其中 v_L 和 v_R 表示与该边相关联的证明者消息。如此往复，一直到树的底部。

从叶子到根，为树中的每个节点打个标签　给定一个 3-脚本树，首先用证明者最后的消息标记每个叶子节点。由于每个叶子节点的脚本都是可接受的，因此如果一个叶子节点被分配标签 $\boldsymbol{u}$、生成元向量 $\boldsymbol{g}$ 和承诺 c，那么我们知道 $g^{\boldsymbol{u}} = c$。

现在我们将运用归纳法假设，每个距离叶子节点最多为 $\ell \geqslant 0$ 的节点，如果该节点关联的是生成元向量 $\boldsymbol{g}$ 和承诺 c，那么标签分配过程已经成功地为该节点分配了一个标签向量 $\boldsymbol{u}$，使得 $\langle \boldsymbol{u}, \boldsymbol{g} \rangle = c$。我们将解释如何扩展该过程，以将这样的标签分配给距离叶子节点为 $(\ell+1)$ 的节点。

为此，考虑这样一个节点 j，它的生成元向量是 $\boldsymbol{g} = \boldsymbol{g}_L \circ \boldsymbol{g}_R$，相关的承诺是 c。对于 $i = 1,2,3$，令 $\boldsymbol{g}_i$ 和 c_i 分别表示与 j 的第 i 个子节点相关的生成元向量和承诺，u_i 表示已经被分配给第 i 个子节点的标签，α_i 表示连接 j 和它的第 i 个子节点的验证者挑战。鉴于树中每个节点关联的生成元和承诺的构造方式，对于每个 i，以下两个方程成立，将节点 j 的生成元和承诺与其子节点的生成元和承诺联系起来：

$$\boldsymbol{g}_i = \alpha_i^{-1}\boldsymbol{g}_L + \alpha_i \boldsymbol{g}_R \tag{14.16}$$

且

$$c_i = c + \alpha_i^2 v_L + \alpha_i^{-2} v_R \tag{14.17}$$

此外，根据归纳假设，标签分配算法确保了

$$\langle \boldsymbol{u}_i, \boldsymbol{g}_i \rangle = c_i \tag{14.18}$$

直观地讲，等式(14.18)确定了向量 $\boldsymbol{u}_i$，用生成元向量 $\boldsymbol{g}_i$“解释”了子节点 i 的承诺 c_i，而等式(14.16)和(14.17)则将 c_i 和 $\boldsymbol{g}_i$ 关联到 c 和 $\boldsymbol{g}$。我们希望将所有这些信息结合起来，以确定向量 $\boldsymbol{u}$，将 c 用 $\boldsymbol{g}$ 进行“解释”。

联立式(14.16)～(14.18)，可以得出：

$$\langle \boldsymbol{u}_i, \alpha_i^{-1}\boldsymbol{g}_L + \alpha_i \boldsymbol{g}_R \rangle = c + \alpha_i^2 v_L + \alpha_i^{-2} v_R$$

对上式左侧运用分配律，可得：

$$\langle \alpha_i^{-1}\boldsymbol{u}_i, \boldsymbol{g}_L \rangle + \langle \alpha_i \boldsymbol{u}_i, \boldsymbol{g}_R \rangle = c + \alpha_i^2 v_L + \alpha_i^{-2} v_R \tag{14.19}$$

等式(14.19)“几乎”实现了我们的目标，即找到一个向量 $\boldsymbol{u}$，使得 $\langle \boldsymbol{u}, \boldsymbol{g} \rangle = c$。如果对于某个 $i=1$，交叉项 $\alpha_i^2 v_L + \alpha_i^{-2} v_R$ 没有出现在等式(14.19)中，那么向量 $\boldsymbol{u} = \alpha_1^{-1} u_1 \circ \alpha_1 u_1$ 就满足 $\langle \boldsymbol{u}, \boldsymbol{g} \rangle = c$。我们不仅对 $i=1$ 推导出等式(14.19)，还对 $i=2$ 和 $i=3$ 也推导出同样的等式，这是因为我们可以使用后两个等式来“消去”第一个等式右侧的交叉项。具体而言，存在某些系数 $\beta_1, \beta_2, \beta_3 \in \mathbb{F}_p$，使得

$$\sum_{i=1}^{3} \beta_i \cdot (c + \alpha_i^2 v_L + \alpha_i^{-2} v_R) = c \tag{14.20}$$

这是因为以下矩阵是满秩的，因此其行空间中有向量(1,0,0)：

$$\boldsymbol{A} = \begin{pmatrix} 1 & \alpha_1^2 & \alpha_1^{-2} \\ 1 & \alpha_2^2 & \alpha_2^{-2} \\ 1 & \alpha_3^2 & \alpha_3^{-2} \end{pmatrix} \tag{14.21}$$

一种检视 $\boldsymbol{A}$ 是可逆矩阵的方法就是直接计算其行列式，其结果是 $-\frac{(\alpha_1^2-\alpha_2^2)(\alpha_1^2-\alpha_3^2)(\alpha_2^2-\alpha_3^2)}{\alpha_1^2\alpha_2^2\alpha_3^2}$，显而易见，如果 α_1、α_2 和 α_3 互不相等，那么该值就不等于零。进而，可以高效地计算出 $(\beta_1, \beta_2, \beta_3)$ 的值，实际上，它们的值就等于 $\boldsymbol{A}^{-1}$ 的第一行。

将式(14.20)与(14.19)联立可得

$$u = \sum_{i=1}^{3} (\beta_i \cdot \alpha_i^{-1} \cdot \boldsymbol{u}_i) \circ (\beta_i \cdot \alpha_i \cdot \boldsymbol{u}_i) \tag{14.22}$$

$\boldsymbol{u}$ 满足 $\langle \boldsymbol{u}, \boldsymbol{g} \rangle = c$，其中 $\circ$ 代表连接。

通过这种方式，可以为树中的每个节点分配标签，从叶子节点开始，逐层向根节点推进。分配给根节点的标签 $\boldsymbol{u}$ 满足 $\langle \boldsymbol{u}, \boldsymbol{g} \rangle = c_u$，这正是我们想要的。

知识提取器示例　虽然在协议 12 中，$\boldsymbol{g} \in \mathbb{G}^n$ 是椭圆曲线群 $\mathbb{G}$ 中元素的向量，且 $\langle \boldsymbol{u}, \boldsymbol{g} \rangle$ 也是群元素，但为了举例说明提取过程，我们将用整数替换群元素。

假设 $n=2$，承诺向量 $\boldsymbol{u} = (u_1, u_2)$ 是(1,6)，承诺密钥 $\boldsymbol{g} = (g_1, g_2)$ 是(12,1)，则向量 $\boldsymbol{u}$ 的承诺 c 是 $\langle \boldsymbol{u}, \boldsymbol{g} \rangle = 1 \times 12 + 6 \times 1 = 18$。规定的证明者从发送交叉项 $v_L = 1 \times 1 = 1$ 和 $v_R = 6 \times 12 = 72$ 来开始运行协议 12。

知识提取过程并不知道在产生承诺 c 和交叉项 v_L 和 v_R 时“只存在于证明者脑中”的向量 $\boldsymbol{u}$。尽管如此，提取过程需要确定一个向量 $\boldsymbol{u}$，使得 $\langle \boldsymbol{u}, \boldsymbol{g} \rangle = 18$。为了做到这一点，首先为协议 12 生成一个(深度为 1 的)3-脚本树。假设三个可接受的脚本分别具有验证者挑战 $\alpha_1 = 1$，$\alpha_2 = 2$ 和 $\alpha_3 = 3$。然后，三个脚本(每个叶子一个)分别与以下值相关联：

- 对叶子 $i=1$，验证者计算：

  — $\boldsymbol{g}'=\alpha_1^{-1}\cdot g_1+\alpha_1\cdot g_2=1^{-1}\times 12+1\times 1=13$

  — $c'=c+\alpha_1^2 v_L+\alpha_1^{-2}v_R=18+1\times 1+1^{-1}\times 72=91$

  由于叶子节点刻画的是可接受的脚本，因此在协议的最后一轮中，证明者必须提供一个值 $\boldsymbol{u}'$，使得 $\langle \boldsymbol{u}',\boldsymbol{g}'\rangle=91$，因此 $\boldsymbol{u}'=91/13=7$。

- 对叶子 $i=2$，验证者计算：

  — $\boldsymbol{g}'=\alpha_2^{-1}\cdot g_1+\alpha_2\cdot g_2=2^{-1}\times 12+2\times 1=8$

  — $c'=c+\alpha_2^2 v_L+\alpha_2^{-2}v_R=18+4\times 1+4^{-1}\times 72=40$

  证明者在协议的最后一轮必须提供一个值 $\boldsymbol{u}'$，使得 $\langle \boldsymbol{u}',\boldsymbol{g}'\rangle=40$，所以 $\boldsymbol{u}'=40/8=5$。

- 对叶子 $i=3$，验证者计算：

  — $\boldsymbol{g}'=\alpha_3^{-1}\cdot g_1+\alpha_3\cdot g_2=3^{-1}\times 12+3\times 1=7$

  — $c'=c+\alpha_3^2 v_L+\alpha_3^{-2}v_R=18+9\times 1+9^{-1}\times 72=35$

  证明者在协议的最后一轮必须提供一个值 $\boldsymbol{u}'$，使得 $\langle \boldsymbol{u}',\boldsymbol{g}'\rangle=35$，因此 $\boldsymbol{u}'=35/7=5$。

根据式(14.21)定义的矩阵 $\boldsymbol{A}$，$\boldsymbol{A}^{-1}$ 的第一行是$(\beta_1,\beta_2,\beta_3)$，其中 $\beta_1=-\frac{13}{24}$，$\beta_2=\frac{8}{3}$，$\beta_3=-\frac{9}{8}$。因此，给定上面构造的三个 $\boldsymbol{u}'$ 值，从式(14.22)中重建的向量 $\boldsymbol{u}$ 的第一项等于

$$-\frac{13}{24}\times 1^{-1}\times 7+\frac{8}{3}\times 2^{-1}\times 5-\frac{9}{8}\times 3^{-1}\times 5=1$$

第二项等于

$$-\frac{13}{24}\times 1\times 7+\frac{8}{3}\times 2\times 5-\frac{9}{8}\times 3\times 5=6$$

所以，此例中提取器成功地输出了一个向量 $\boldsymbol{u}=(1,6)$ 以满足 $\langle \boldsymbol{u},\boldsymbol{g}\rangle=c$。

14.4.2 多项式承诺方案

前一节描述了一种(非零知识的)知识论证，用于广义 Pedersen 承诺 c_u 的打开值 $\boldsymbol{u}\in\mathbb{F}_p^n$，即 $\boldsymbol{u}$ 使得 $\sum_{i=1}^n u_i\cdot g_i=c_u$。为了获得一个(非零知识的)多项式承诺方案，我们需要修改这个知识论证，使得不光有：

$$\sum_{i=1}^n u_i\cdot g_i=c_u \tag{14.23}$$

也有

$$\sum_{i=1}^n u_i\cdot y_i=v \tag{14.24}$$

这里的 $\boldsymbol{y}\in\mathbb{F}_p^n$ 是一个公开向量，而 $v\in\mathbb{F}_p$ 是一个公开的值（请回顾 14.2 节，$\boldsymbol{u}$ 是承诺多项式的系数向量，$\boldsymbol{y}$ 是由验证者要求求值的已承诺多项式的求值点所推导出的向量，v 则是证明者声称的该多项式求值的具体结果）。

核心思想是等式(14.23)和(14.24)的形式是完全一样的，即它们都涉及计算向量 $\boldsymbol{u}$ 与另一个向量的内积（尽管每个 g_i 是 $\mathbb{G}$ 中的群元素，而每个 y_i 是 $\mathbb{F}_p$ 中的域元素）。因此，我们可以简单地运行两个并行的协议 12，在两个协议中使用相同的验证者挑战，但第二个实例将向量 $\boldsymbol{g}$ 替换为向量 $\boldsymbol{y}$，将群元素 $c_{\boldsymbol{u}}$ 替换为域元素 v。协议的完整描述如下所述。

协议 13　将协议 12 扩展为一个针对多项式承诺方案的求值证明，其中 $\boldsymbol{u}$ 是被承诺多项式 q 的系数向量，$c_{\boldsymbol{u}}$ 是多项式的承诺。如果验证者要求在点 z 处求值 $q(z)$，则 v 表示所声称的值，$\boldsymbol{y}$ 表示满足 $q(z)=\langle\boldsymbol{u},\boldsymbol{y}\rangle$ 的向量。请注意，在将该多项式承诺方案应用于简洁证明时，求值点 z，以及 $\boldsymbol{y}$ 和 v，要在证明者发送了承诺 $c_{\boldsymbol{u}}$ 后再由验证者选择。

1：令 $\mathbb{G}$ 是一个具有素数阶 p 的加法循环群，其离散对数关系是困难的，并且具有生成元向量 $\boldsymbol{g}=(g_1,\cdots,g_n)$。设 $\boldsymbol{y}\in\mathbb{F}_p^n$ 为一个公开向量，$v\in\mathbb{F}_p$ 为公共值。

2：输入是 $c_{\boldsymbol{u}}=\text{Com}(\boldsymbol{u}):=\sum_{i=1}^{n}u_ig_i$。证明者知道 $\boldsymbol{u}$，验证者只知道 $c_{\boldsymbol{u}}$，$\boldsymbol{g}$，$\boldsymbol{y}$ 和 v.

3：如果 $n=1$，证明者发送 $\boldsymbol{u}$ 给验证者，验证者则检查 $\boldsymbol{u}g_1=c_{\boldsymbol{u}}$ 和 $\boldsymbol{u}y_1=v$ 是否成立。

4：否则，令 $\boldsymbol{u}=\boldsymbol{u}_L\circ\boldsymbol{u}_R$，$\boldsymbol{g}=\boldsymbol{g}_L\circ\boldsymbol{g}_R$ 和 $\boldsymbol{y}=\boldsymbol{y}_L\circ\boldsymbol{y}_R$。证明者发送 v_L 和 v_R 并声称其等于 $\langle\boldsymbol{u}_L,\boldsymbol{g}_R\rangle$ 和 $\langle\boldsymbol{u}_R,\boldsymbol{g}_L\rangle$；同时发送 v'_L 和 v'_R 并声称其等于 $\langle\boldsymbol{u}_L,\boldsymbol{y}_R\rangle$ 和 $\langle\boldsymbol{u}_R,\boldsymbol{y}_L\rangle$。

5：验证者回复一个随机选择的值 $\alpha\in\mathbb{F}_p$。

6：对长度为 $n/2$ 的向量 $\boldsymbol{u}'=\alpha\boldsymbol{u}_L+\alpha^{-1}\boldsymbol{u}_R$ 的承诺 $c_{\boldsymbol{u}'}:=c_{\boldsymbol{u}}+\alpha^2v_L+\alpha^{-2}v_R$ 递归调用上述过程，其中群生成元向量为 $\boldsymbol{g}':=\alpha^{-1}\boldsymbol{g}_L+\alpha\boldsymbol{g}_R$，公开向量为 $\boldsymbol{y}':=\alpha^{-1}\boldsymbol{y}_L+\alpha\boldsymbol{y}_R$，公开值为 $v'=v+\alpha^2v'_L+\alpha^{-2}v'_R$。

实现零知识的概述　为了使协议 13 具有零知识性质，可以采用承诺和证明技术。这意味着在每个回合中，证明者不会直接向验证者发送 v'_L 和 v'_R，而是发送这些量的 Pedersen 承诺（如果需要完美零知识而不是计算零知识，则应按照协议 5 随机选择一个盲化因子 h^z 包含在 Pedersen 承诺中；同样，每个回合中发送的群元素 v_L 和 v_R 也应该被盲化）。在协议的最后阶段，证明者会以零知识方式证明，协议的 $\log_2 n$ 轮过程中发送的承诺值可以通过协议 13 的最后一轮（第 3 行）中验证者的检查①。

通过 Fiat-Shamir 变换获得的非交互式协议　协议 12 和 13 是公开掷币协议，因此可以使用 Fiat-Shamir 变换使其变为非交互式的。尽管 Bulletproofs 是一个超常数轮的协议，但关于其在随机预言机模型下的非交互式协议，最近的工作[14,249]得到了具体知识可靠性

① Bulletproofs[80]中包含了一种优化，将每轮中证明者发送的承诺数量从 4 个降低到 2 个，实际的方法是将两个承诺 v_L 和 v'_L 压缩为单个承诺，类似地，将 v_R 和 v'_R 也压缩为单个承诺。这是 Bulletproofs[80]相对于之前的工作[66]的主要优化。

的严格界限(这些分析更普遍地适用于任何满足推广到多轮环境中的特殊可靠性协议，即可以从适当的脚本树中提取一个有效的证据)。这产生了一个可提取的多项式承诺方案，其中求值证明是非交互式的。

Dory：将验证者时间缩短至对数级别 回想一下，Bulletproofs 多项式承诺方案实现了常数的承诺大小，以及由 $O(\log n)$个群元素组成的求值证明，但是证明者和验证者都必须在群 $\mathbb{G}$ 上执行 $\Theta(n)$ 个指数运算。Lee[179] 展示了如何将验证者的运行时间降低到 $O(\log n)$个群指数运算，只需要进行一次预处理，其成本为 $O(n)$个群指数运算。Lee 将得到的承诺方案称为 Dory。

更准确地说，Dory 中的设置阶段会产生一个派生自长度为 n 的公开生成元向量 $\mathbf{g}$ 的对数大小的“验证密钥”，使得任何拥有验证密钥的一方都可以在只进行 $O(\log n)$而非 $O(n)$个群指数运算的情况下实现验证者的检查(即协议 13 中的检查)。可以将验证密钥看作公开向量 $\mathbf{g}$ 的一个小“摘要”，足以在 $O(\log n)$时间内实现验证者的检查，即一旦验证者知道了验证密钥，它就不需要那些实际的生成元了。

需要注意的是，与我们在 15.2 节中介绍的 KZG 多项式承诺不同，这个预处理阶段并不是所谓的“可信设置”(trusted setup)。“可信设置”是指产生“有毒废料”(也称为陷门)的预处理阶段，使得任何拥有这个陷门的一方都可以破坏多项式承诺方案的绑定性。也就是说，尽管 Dory 中的预处理阶段会产生一个结构化的验证密钥(这意味着密钥不包含随机选择的群元素)，但是它没有陷门，任何愿意付出计算努力的人都可以推导出密钥。不需要可信设置的协议(如 Dory)通常被称为是透明的。Dory 使用基于配对的密码学，这是我们在第 14 章介绍的一个主题，因此我们将在 15.4 节中详细介绍 Dory 的内容。

结合相关技术 在 14.3 节的协议中，我们使用 14.2 节的多项式承诺方案作为其子流程，该子流程可以被替换为任何支持内积查询的可提取的加法同态的向量承诺方案，包括 Bulletproofs 或 Dory。如果与 Bulletproofs 结合使用，则得到的方案可以将 Bulletproofs 的公开参数大小从 n 减少到 $\Theta(\sqrt{n})$，保持求值证明的大小为 $O(\log n)$个群元素，并将验证者在协议结束时需要执行的群指数运算的数量从 n 减少到 $\Theta(\sqrt{n})$。与普通的 Bulletproofs 相比，缺点是承诺的大小从一个群元素增加到 $\Theta(\sqrt{n})$个群元素。

如果与 Dory 结合使用，则所得到的方案相对于仅使用 Dory 不会在渐近意义下减少任何成本，但是可以减少证明者运行时间和预处理阶段的运行时间中的常数因子[179,230]。实际上，可以将 14.3 节的思路与 Dory 中的技术结合起来，以保持承诺大小为一个群元素而不是 $O(\sqrt{n})$个群元素，详情见 15.4.5 节。此组合是我们在表 16.1 中所提到的 Dory，该表总结了我们已经介绍的透明多项式承诺的成本。

在 16.4 节中，我们简要介绍了其他基于类似技术的多项式承诺方案，它们基于离散对数难题以外的密码学假设。

第 15 章

基于配对的多项式承诺

本章介绍如何使用配对(也称为双线性映射)的密码学原语来提供和前一章具有不同成本特征的多项式承诺方案。我们介绍两个主要的基于配对的方案:KZG 承诺和Dory。

KZG 承诺以引入它的论文作者 Kate、Zaverucha 和 Goldberg 的名字命名[164]。它的一个主要优点是,承诺和打开只由常数个群元素组成;缺点是它需要一个与被承诺的多项式中系数数量相同长度的结构化参考字符串(Structured Reference String, SRS)。该字符串必须按指定方式生成,并提供给任何希望进行多项式承诺的一方。生成过程会产生"有毒废料"(也称为陷门),必须丢弃。也就是说,无论哪方生成 SRS,都知道一些信息。这些信息可以让该方破坏多项式承诺方案的绑定属性,从而破坏使用该承诺方案的任何论证系统的可靠性。生成这样的 SRS 的过程也被称为可信设置。

如 14.4.2 节所述,Dory 则是透明的。这意味着,尽管有一个预处理阶段,并且该阶段需要的时间与被承诺的多项式的系数数量呈线性关系,但它不会产生有毒废料。然而,Dory 的证明大小和验证时间与系数数量呈对数关系,而非常数关系。

15.1 密码学背景

以下关于配对的背景资料建立在 12.1 节中介绍的密码学群和离散对数问题的基础上。

DDH 假设 DDH(Decisional Diffie-Hellman,判定性 Diffie-Hellman)假设指出,在一个由生成元 g 所生成的循环群 $\mathbb{G}$ 中,对于从 $|\mathbb{G}|$ 中独立且均匀选择的 a、b 对应的 g^a 和 g^b,g^{ab} 与一个随机群元素在计算上是不可区分的。形式上,除了随机猜测的可忽略优势,该假设是指以下两种分布在任何有效算法下不能区分:

- (g, g^a, g^b, g^{ab}),其中 a 和 b 是从 $\{0, \cdots, |\mathbb{G}|-1\}$ 中均匀随机选择的,并且 g 是 $\mathbb{G}$ 中的元素。

- (g, g^a, g^b, g^c)，其中 a、b、c 是从 $\{0,\cdots,|\mathbb{G}|-1\}$ 中均匀随机选择的，并且 g 是 $\mathbb{G}$ 中的元素。

如果可以在群 $\mathbb{G}$ 中高效地计算离散对数，则可以在该群中打破 DDH 假设：给定一组群元素 (g, g_1, g_2, g_3)，可以计算出 g_1、g_2、g_3 基于 g 的离散对数 a、b、c，并检查 $c=a \cdot b$ 是否成立。如果成立，则输出“是”。此算法始终会在服从上述第一种分布的情况下输出“是”，而在第二种分布的情况下，输出“是”的概率是 $1/|\mathbb{G}|$。

因此，DDH 假设是比离散对数难题更强的假设。事实上，存在某些群，其中 DDH 假设不成立，但其中的离散对数问题仍被认为是困难的。

与 DDH 密切相关的是 CDH(computational Diffie-Hellman，计算性 Diffie-Hellman)假设，它规定在给定 g、g^a 和 g^b 的情况下，没有高效的算法能够计算 g^{ab}。从某种意义上说，CDH 假设比 DDH 弱，因为如果可以在给定 g、g^a 和 g^b 的情况下计算 g^{ab}，那么也可以解决 DDH 问题，即在随机选择的 $a,b,c\in \mathbb{F}_p$ 的情况下，(g,g^a,g^b,g^{ab}) 和 (g,g^a,g^b,g^c) 的区分问题。给定元组 (g,g^a,g^b,g^c)，只需计算 g^{ab} 并当且仅当 $g^c=g^{ab}$ 时输出 1。

正如我们将要看到的，在有些群中，CDH 假设成立而 DDH 假设不成立。

配对友好群以及双线性映射　令 $\mathbb{G}$ 和 $\mathbb{G}_t$ 是两个阶相同的循环群。映射 $e: \mathbb{G}\times\mathbb{G}\rightarrow\mathbb{G}_t$ 如果对所有的 $u,v\in\mathbb{G}$ 以及 $a,b\in\{0,\cdots,|\mathbb{G}|-1\}$，都有 $e(u^a,v^b)=e(u,v)^{ab}$，则称 e 是双线性的①。如果一个双线性映射 e 还是非退化的（也就是说，它不会将 $\mathbb{G}\times\mathbb{G}$ 中的所有对映射到单位元 $1_{\mathbb{G}_t}$），并且 e 可以高效计算，则称 e 为配对(pairing)。这个术语指的是 e 将 $\mathbb{G}$ 中每一对元素关联到 $\mathbb{G}_t$ 中的一个元素。

注意，任何同阶的两个循环群 $\mathbb{G}$ 和 $\mathbb{G}_t$ 实际上是同构的，这意味着存在一个保持群运算的双射 $\pi: \mathbb{G}\mapsto\mathbb{G}_t$，即对于所有 $a,b\in\mathbb{G}$，有 $\pi(a\cdot b)=\pi(a)\cdot\pi(b)$。但是，仅仅因为 $\mathbb{G}$ 和 $\mathbb{G}_t$ 是同构的，并不意味着从计算角度上它们是相当的；$\mathbb{G}$ 和 $\mathbb{G}_t$ 的元素以及相应的群运算可以用截然不同的方式表示和计算。

并不是所有离散对数难题的循环群 $\mathbb{G}$ 都是“配对友好”的，即某些群不存在这样的双线性映射 e，可将 $\mathbb{G}\times\mathbb{G}$ 映射到 $\mathbb{G}_t$。例如，稍后将详细介绍的流行的 Curve25519，虽然该椭圆曲线群的离散对数问题难以解决，但它不是配对友好的。因此，配对友好的椭圆曲线的群运算通常比首选的非配对友好的群运算更慢。

更详细地说，实际上，如果 $\mathbb{G}$ 是定义在域 $\mathbb{F}_p$ 上的椭圆曲线群，那么 $\mathbb{G}_t$ 通常是某个扩

① 一般而言，双线性映射的定义域通常由两个不同的循环群 $\mathbb{G}_1$ 和 $\mathbb{G}_2$ 中的元素对组成，这两个群的阶与 $\mathbb{G}_t$ 相同，而不由同一循环群 $\mathbb{G}$ 中的元素对组成。在 $\mathbb{G}_1\neq\mathbb{G}_2$ 的一般情况下，这种配对被称为非对称的，而 $\mathbb{G}_1=\mathbb{G}_2$ 的情况称为对称的。在实践中，非对称配对比对称配对更有效率。但是，为了简单起见，在本书中，我们主要考虑对称情况，即 $\mathbb{G}_1=\mathbb{G}_2$。

张域 $\mathbb{F}_{p^k}$ 上的乘法子群，其中 k 是某个正整数（回顾 2.1.5 节，$\mathbb{F}_{p^k}$ 表示大小为 p^k 的有限域）。也就是说，$\mathbb{G}_t$ 由 $\mathbb{F}_{p^k}$ 中的（某个子群的）非零元素组成，其群运算为域的乘法。由于 $\mathbb{F}_{p^k}$ 的乘法子群的大小为 p^k-1，并且群 $\mathbb{G}'$ 的任意子群 $\mathcal{H}$ 的阶数 $|\mathcal{H}|$ 能整除 $|\mathbb{G}'|$，因此选择 k 为使得 $|\mathbb{G}|$ 整除 p^k-1 的最小正整数，这个 k 值被称为 $\mathbb{G}$ 的嵌入度。为了以这种方式高效地实现双线性映射，$\mathbb{G}$ 必须具有较低的嵌入度。这是因为 $\mathbb{F}_{p^k}$ 中的元素比定义 $\mathbb{G}$ 于其上的域 $\mathbb{F}_p$ 中的元素大 k 倍，而 $\mathbb{F}_{p^k}$ 内的乘法运算至少比 $\mathbb{F}_p$ 内的乘法运算慢 k 倍。因此，如果 k 比较大，$\mathbb{G}_t$ 中的元素的表示以及运算将比 $\mathbb{G}$ 中元素昂贵得多[①]。通常有一些方法可以将 $\mathbb{G}_t$ 元素的原始表示的大小减少一个常数因子，且当两个 $\mathbb{G}_t$ 元素相乘时，也会有相应的速度提升（例如，参见文献[196]），但如果嵌入度 k 非常大的话，帮助不大。

不幸的是，一些离散对数问题被认为难以求解的常用群，如 Curve25519，它们的嵌入度非常大。这就是配对友好群的运算通常比非配对友好群的运算要慢的原因。在撰写本书时，流行的用于 SNARK 的配对友好曲线称为 BLS12-381，其嵌入度为 12，安全性目标大约为 120 位[②]。

请注意，对于任何拥有对称配对的群 $\mathbb{G}$ 来说，DDH 假设不成立。这是因为可以通过检查 $e(g,g_3)=e(g_1,g_2)$ 是否成立来区分元组 $(g,g_1=g^a,g_2=g^b,g_3=g^{ab})$ 和 $(g,g_1=g^a,g_2=g^b,g_3=g^c)$，其中 $c\in\{0,\cdots,|\mathbb{G}|-1\}$ 是随机选择的。如果 $g_3=g^{ab}$，由于 e 的双线性，这个检查将始终通过，并且如果 e 是非退化的，则当 g_3 是 $\mathbb{G}$ 中的随机元素时，这个检查将以非常高的概率失败。然而，即使在拥有对称配对的群中，人们通常也认为 CDH 假设成立。

直觉上，为什么双线性映射有用？　回想一下，像 Pedersen 承诺这样的加法同态承诺方案允许任何人在“承诺之下”执行加法。也就是说，尽管承诺完全隐藏了被承诺的值，任何人都可以利用 m_1、m_2 的承诺 c_1、c_2，并计算 m_1+m_2 的承诺 c_3，尽管实际上并不知道任何关于 m_1 或 m_2 的信息。然而，Pedersen 承诺不是乘法同态的：虽然我们为证明者（其知道如何打开 c_1 和 c_2）提供了一种有效的交互式协议（协议 9），以证明 $m_1\cdot m_2$ 的承诺 c_3，但如果不知道 m_1 或 m_2，则无法单独计算 $m_1\cdot m_2$ 的承诺。

双线性映射可以有效地表达乘法同态性质，但只限于一次乘法操作。更具体地说，考虑一个群元素 $g^{m_i}\in\mathbb{G}$，它是 m_i 的一个承诺（如果 m_i 是随机选择的，则如果离散对数问题在 $\mathbb{G}$ 中是困难的话，该承诺是计算隐藏的，意味着从 g^{m_i} 中确定 m_i 是困难的）。然

① 因为 $\mathbb{G}_t$ 是 $\mathbb{F}_{p^k}$ 的一个大小只有 p 的子群，从信息论的角度来看，每个 $\mathbb{G}_t$ 的元素只需要用 $\log_2 p$ 位表示就可以唯一确定。但是，如果使用这样节省空间的表示法来进行 $\mathbb{G}_t$ 运算，可能没有高效算法。

② 大致上，这个配对友好群中的运算可能比 Curve25519 慢大约 4 倍。当然，精确的比较取决于实现细节和硬件。BLS12-381 是为了支持高效 FFT 算法设计的域，以便和证明者必须执行 FFT 的 SNARK 兼容（有关详细讨论，请参见 19.3.1 节）。

后，双线性映射允许任何一方在给定承诺 c_1、c_2、c_3 的情况下检查其中的值 m_1、m_2、m_3 是否满足 $m_3=m_1\cdot m_2$。这是因为根据映射 $e:\mathbb{G}\times\mathbb{G}\to\mathbb{G}_t$ 的双线性性质，当且仅当 $m_3=m_1\cdot m_2$ 时，$e(g^{m_1},g^{m_2})=e(g^{m_3},g)$ 成立。

事实证明，对承诺具备一次"乘法检查"的能力就足以获得一个多项式承诺方案。这是因为对于任何 D 次单变量多项式 p，断言"$p(z)=v$"等价于断言存在一个次数不超过 $D-1$ 的多项式 w，使得

$$p(X)-v=w(X)\cdot(X-z) \tag{15.1}$$

可以通过在随机选择点 τ 上同时对左右两侧的两个多项式进行求值来概率性地验证等式(15.1)。直观地说，承诺者可以通过发送 $m_3:=p(\tau)$ 的承诺 c_3 来承诺 p，并通过发送 $m_2:=w(\tau)$ 的承诺 c_2 来说服验证者等式(15.1)成立。如果验证者可以自行计算出 $m_1:=\tau-z$ 的承诺 c_1，则验证者可以使用双线性映射检查 $m_3-v=m_1\cdot m_2$ 是否成立(即在输入 τ 处等式(15.1)是否成立)。整个过程假定承诺者不知道 τ，因为如果承诺者知道的话，可以选择多项式 w，使得等式(15.1)从多项式的角度来说不成立，但在 τ 处成立①。

以下部分将上述概述形式化。

15.2 KZG：使用配对和可信设置的单变量多项式承诺

一个绑定的方案 设 e 是两个阶为素数 p 的群 $\mathbb{G}$ 和 $\mathbb{G}_t$ 之间的双线性映射，$g\in\mathbb{G}$ 是一个生成元，D 是我们想要支持承诺的多项式次数上限。SRS 由随机非零域元素 $\tau\in\mathbb{F}_p$ 的所有幂次在 $\mathbb{G}$ 中的编码组成。也就是说，τ 是从 $\{1,\cdots,p-1\}$ 中随机选择的整数，SRS 则等于 $(g,g^{\tau},g^{\tau^2},\cdots,g^{\tau^D})$。$\tau$ 是需要丢弃的有毒废料，因为它可以被利用来破坏绑定性。

要对 $\mathbb{F}_p$ 上的多项式 q 进行承诺，承诺者应发送一个值 c，声称它等于 $g^{q(\tau)}$。请注意，虽然承诺者不知道 τ，但它仍然能够利用 SRS 和加法同态计算 $g^{q(\tau)}$：如果 $q(Z)=\sum_{i=0}^{D}c_iZ^i$，那么 $g^{q(\tau)}=\prod_{i=0}^{D}(g^{\tau^i})^{c_i}$，而后者可以在已知所有 $i=0,\cdots,D$ 的 g^{τ^i} 的情况下进行计算，即使不知道 τ②。

为了打开承诺，证明输入 $z\in\{0,\cdots,p-1\}$ 对应的值为 v，即证明 $q(z)=v$，承诺者计

---

① 有人可能会想是否可以使用一个非配对友好的群，使用协议 9 而不是双线性映射来检查 $m_3=m_1\cdot m_2$。这样做是可行的，但是证明会更长，虽然仍是常数个群元素。此外，为了使论证系统成为非交互式的，需要应用 Fiat-Shamir 变换，强制验证者执行哈希操作。总的来说，这导致比 KZG 承诺更昂贵的验证成本。KZG 承诺的存在意义在于验证其求值证明非常高效。

② 与 14.4 节类似，我们可以将 g^{τ^i} 看作对 τ^i 的 Pedersen 承诺(协议 5)，但没有盲化因子 h^z。这产生了一个完美绑定，但最多只有计算隐藏的承诺：g^{τ^i} 在信息论意义上指定了 τ^i，但从 g^{τ^i} 推导出 τ^i 需要计算 g^{τ^i} 基于 g 的离散对数。在不知道 τ 的情况下，承诺者能够从 SRS 计算 $g^{q(\tau)}$ 的能力源于这个修改后的 Pedersen 承诺是加法同态的。

算"证据多项式"

$$w(X):=(q(X)-v)/(X-z)$$

并发送一个声称等于 $g^{w(\tau)}$ 的值 y 给验证者。此外，由于 w 的次数最大为 D，尽管证明者不知道 τ，$g^{w(\tau)}$ 可以从 SRS 中计算出来。验证者检查

$$e(c\cdot g^{-v},g)=e(y,g^{\tau}\cdot g^{-z}) \tag{15.2}$$

注意：验证者需要知道 c、v、y、z 和 g^{τ}。前三个值由证明者提供，打开查询值 z 由验证者自行确定，至于 g^{τ}，它是 SRS 中的一项。注意：验证仅需要 SRS 中的 g^{τ} 项和 g 项。因此，一些文章将整个 SRS 称为证明密钥，(g,g^{τ}) 称为验证密钥，并认为验证者只需要下载验证密钥，而不是整个证明密钥。

正确性和绑定性分析　正确性比较容易证明：如果 $c=g^{q(\tau)}$ 且 $y=g^{w(\tau)}$，那么

$$e(c\cdot g^{-v},g)=e(g^{q(\tau)-v},g)=e(g^{w(\tau)\cdot(\tau-z)},g)=e(g^{w(\tau)},g^{\tau-z})=e(y,g^{\tau}\cdot g^{-z})$$

这里，第一个等式成立是因为 $c=g^{q(\tau)}$，第二个等式成立是因为 w 定义为 $(q(X)-v)/(X-z)$，第三个等式成立是因为 e 是双线性的，第四个等式成立是因为 $y=g^{w(\tau)}$。

如果 $q(z)\neq v$，那么通过验证者的检查（等式(15.2)）需要计算 $g^{w(\tau)}$，其中，$w(X)=(q(X)-v)/(X-z)$ 不是关于 X 的多项式。相反，它是关于 X 的多项式乘有理函数 $1/(X-z)$。由于 SRS 包括指数是 τ 的所有正的幂的 g 的幂，因此提供了足够的信息使得证明者能够在不知道 τ 的情况下对任何所需的 D 次多项式在 τ 处"以 g 的幂次形式"求值。但是，直觉上，这些信息不足以允许证明者"在指数中除以"$\tau-z$，这似乎是计算 $g^{w(\tau)}=g^{(q(\tau)-v)/(\tau-z)}$ 所必需的。

为了使这个直觉变得精确，我们阐明的绑定性由一个称为 SDH 假设（D-strong Diffie-Hellman）的密码学假设推导而来。这个假设实际上就是断言，即使对于给定 KZG 承诺方案使用的 SRS 的敌手，将指数"除以"$(\tau-z)$ 是不可计算的。也就是说，SDH 假设假定，在给定了一个由生成元 g 的所有指数是 τ 的幂次方组成的长度为 D 的 SRS 的情况下，没有有效的算法 $\mathcal{A}$ 可以以不可忽略的概率输出 $(z,g^{1/(\tau-z)})$。SDH 假设由 Boneh 和 Boyen 在文献[62]中提出。它与一个较早的称为强 RSA 假设[20]密切相关，其主要区别在于 SDH 涉及（配对友好的）循环群，而强 RSA 假设则涉及 RSA 加密系统中出现的（非循环）群。

请注意，$\mathbb{G}$ 中的 SDH 假设意味着离散对数问题在 $\mathbb{G}$ 中是困难的，因为如果可以轻易地计算离散对数，则可以从 g^{τ} 有效地计算 τ，并且在已知 τ 和 z 的情况下可以轻易地计算 $g^{1/(\tau-z)}$。事实上，这可以通过扩展欧几里得算法计算模 p 下的 $(\tau-z)$ 的乘法逆元 ℓ 来完成。由于 $\mathbb{G}$ 的阶为 p，因此对于所有整数 i，$g^{ip}=1_{\mathbb{G}}$，因此 $g^{\ell}=g^{1/(\tau-z)}$①。

---

① 相对于仅给定 g 和 g^{τ} 解出 τ 的最快算法，已知一些算法利用 SRS 中给定的 g^{τ^i} $(i>1)$ 的群元素加速计算 τ。但是，速度提升是适度的，即在适当选择的密码学群中，给定 $g,g^{\tau},g^{\tau^2},\cdots,g^{\tau^D}$，解出 τ 被认为需要超多项式时间。详见文献[98]。

确切地说，假设满足 SDH，为了建立 KZG 承诺的绑定性，我们必须证明：如果可以在点 $z \neq \tau$ 处将 c 打开至两个不同的值 v 和 v'，那么我们可以有效地计算 $g^{1/(\tau-z)}$，从而打破 SDH 假设。

更多直觉 回忆一下，如果 $c=g^{q(\tau)}$ 和 $y=g^{w(\tau)}$，则验证者检查等式(15.2)“在 g 的指数中”是否满足 $q(\tau)-v=w(\tau)\cdot(\tau-z)$。因此，将 $c=g^{q(\tau)}$ 打开到两个不同值 v 和 v'，直观上要求确定两个不同的指数 $w(\tau)$ 和 $w'(\tau)$，使得

$$q(\tau)-v=w(\tau)\cdot(\tau-z)$$

以及

$$q(\tau)-v'=w'(\tau)\cdot(\tau-z)$$

将这两个等式相减得到

$$v'-v=(w(\tau)-w'(\tau))(\tau-z)$$

由于 $v-v'\neq 0$，并假设 $\tau\neq z$，因此可以将两边都除以 $(v-v')\cdot(\tau-z)$ 得到

$$-1/(\tau-z)=(w(\tau)-w'(\tau))/(v-v')$$

因此在 g 的“指数中”已经解出了 $1/(\tau-z)$，这与 SDH 假设相矛盾。以下的分析将其形式化。

绑定性的形式化分析 为了将 c 打开到值 v 和 v'，承诺者必须确定 $y, y'\in\mathbb{G}$，使得

$$e(c\cdot g^{-v},g)=e(y,g^{\tau-z})$$

以及

$$e(c\cdot g^{-v'},g)=e(y',g^{\tau-z})$$

为了简单起见，我们写成 $c=g^{r_1}$，$y=g^{r_2}$，$y'=g^{r_3}$（尽管承诺者可能不知道 r_1、r_2 或 r_3）。由于 e 是双线性的，这两个等式可以推导出：

$$g^{r_1}\cdot g^{-v}=g^{r_2\cdot(\tau-z)}$$

以及

$$g^{r_1}\cdot g^{-v'}=g^{r_3\cdot(\tau-z)}$$

将这两个等式合在一起可以推导出：

$$g^{v-v'}=g^{(r_3-r_2)(\tau-z)}$$

换句话说，

$$[(y'\cdot y^{-1})^{1/(v-v')}]^{(\tau-z)}=g \tag{15.3}$$

其中，$(y'\cdot y^{-1})^{1/(v-v')}$ 表示计算群元素 $y'\cdot y^{-1}\in\mathbb{G}$ 的 x 次幂，x 是模 p 下 $v-v'$ 的乘法逆元。请注意，可以通过扩展欧几里得算法高效地计算 x（时间复杂度为 $\tilde{O}(\log p)$）。等式(15.3)表示 $(y'\cdot y^{-1})^{1/(v-v')}$ 等于 $g^{1/(\tau-z)}$。因为在承诺者提供 v、v'、y、y' 的情况下，可以高效地计算此值，因此承诺者必定打破了 SDH 假设。

一个可提取方案　回顾一下(7.4 节),可提取的多项式承诺方案保证对于每个"高效的承诺者敌手 $\mathcal{A}$",该敌手以承诺方案的公开参数和次数上限 D 作为输入并输出一个多项式承诺 c,存在一个高效的算法 E(依赖于 $\mathcal{A}$),可以生成一个次数为 D 的多项式 p,其对于所有求值查询的回答和 $\mathcal{A}$ 一致。也就是说,如果 $\mathcal{A}$ 能成功地用 v 回答求值查询 z,则 $p(z)=v$。由于 E 是高效的,它不会比 $\mathcal{A}$ 知道得更多(因为 $\mathcal{A}$ 可以运行 E),并且 E 显然知道 p 能输出它。直觉上,$\mathcal{A}$ 应当"知道"一个多项式 p 用来回答求值查询。

之前的绑定性分析表明,一旦证明者发送了一个 KZG 承诺,它就会被绑定到某个函数上。这意味着对于每个可能的求值查询 z,承诺者最多只能成功地回答该查询的一个值 v。但是,它不能说明证明者绑定到的函数是一个次数为 D 的多项式。为了使这个多项式承诺方案成为可提取的而不仅仅是绑定的,其方案必须修改,并且/或者需要额外的密码学假设(参见本节后面对通用群模型的讨论)。

这里介绍一种实现可提取性的方法,它需要修改方案,并引入额外的密码学假设。回想一下,$\mathbb{G}$ 是一个循环群,阶数为 p,公开的生成元为 g。在修改后的方案中,SRS 的大小增加了一倍。具体来说,对于从 $\mathbb{F}_p$ 中随机选择的 τ 和 α,修改后的 SRS 由以下这些对组成:

$$\{(g,g^{\alpha}),(g^{\tau},g^{\alpha\tau}),(g^{\tau^2},g^{\alpha\tau^2}),\cdots,(g^{\tau^D},g^{\alpha\tau^D})\}$$

也就是说,SRS 不仅包括了指数是 τ 的幂的 g 的幂,还包括了同样数量的指数是 τ 的幂和 α 的乘积的 g 的幂。注意:SRS 中不包括 τ 和 α。它们是"有毒废料",必须在生成 SRS 之后丢弃,因为任何知道这些的人都可以破坏多项式承诺方案的可提取性或绑定性。

大致上来说,PKoE(Power Knowledge of Exponent)假设[141]假定,对于可以访问 SRS 的任何多项式时间算法 $\mathcal{A}$,每当算法输出两个群元素 $g_1,g_2\in\mathbb{G}$ 使得 $g_2=g_1^{\alpha}$ 时,算法应当"知道"可以"表示"g_1 或者 g_2 的系数 $c_1,\cdots,c_D$,即 $g_1=\prod_{i=0}^{D} g^{c_i\cdot\tau^i}$ 和 $g_2=\prod_{i=0}^{D} g^{c_i\cdot\tau^i}$。其想法是,在允许访问 SRS 的情况下,可以通过以下方式很容易地计算满足 $g_2=g_1^{\alpha}$ 的(g_1,g_2)对:令 g_1 等于 SRS 的前半部分的每一项的某个固定幂次的乘积,也就是

$$g_1:=\prod_{i=0}^{D} g^{c_i\tau^i}$$

令 g_2 是对 SRS 的后半部分应用同样计算方法的结果,即 $g_2:=\prod_{i=0}^{D} g^{c_i\alpha\tau^i}$。本质上,PKoE 假设了这是高效计算具有这种关系的两个群元素的*唯一方法*。形式化描述就是,对于任何高效的敌手 $\mathcal{A}$,该敌手将 SRS 作为输入并生成这样的一对群元素,都存在一个高效过程 E(依赖于 $\mathcal{A}$),可以实际生成 c_i 值。由于 E 是高效的,因此它不会"知道"比 A 更多的

信息，而且 E 显然知道 c_i。

在原始的承诺方案中，其具有绑定性但不一定是可提取的，多项式 q 的承诺是 $g^{q(\tau)}$。而在修改后的方案中，承诺是（$g^{q(\tau)}$，$g^{\alpha q(\tau)}$）这一对元素。

承诺者可以使用修改后的 SRS 计算这对承诺。为了证明承诺 $c=(U,V)$ 在 $z\in\mathbb{F}_p$ 上的打开值为 y，承诺者计算次数为 $D-1$ 的多项式 $w(X):=(q(X)-v)/(X-z)$，并像原始方案一样发送一个声称等于 $w(\tau)$ 的值 y。验证者不仅检查

$$e(U\cdot g^{-v},g)=e(y,g^{\tau}\cdot g^{-z})$$

同时也检查 $e(U,g^{\alpha})=e(V,g)$。

第一个检查的完备性和未修改的方案完备性一样。验证者的第二个检查的完备性成立，因为如果 U 和 V 被诚实地提供的话，那么 $V=U^{\alpha}$（尽管事实上，证明者或者验证者都不知道 α），并且因为 e 是双线性的，有 $e(U,g^{\alpha})=e(V,g)$。

为了证明修改后的方案具有可提取性，我们利用 PKoE 假设所断言存在的提取器 E，构建一个针对多项式承诺方案的提取器 ε。具体而言，尽管验证者不知道 α，验证者在打开阶段所做的第二个检查确保了 $V=U^{\alpha}$。因此，PKoE 假设断言存在一个高效的提取过程 E，可以输出系数 $c_1,\cdots,c_D$，使得 $U=\prod_{i=1}^{D}g^{c_i\cdot\tau^i}$。我们定义提取器 ε 运行 E 以产生这些系数值 $c_1,\cdots,c_D$，然后输出多项式 $s(X)=\sum_{i=1}^{D}c_iX^i$。

显然，$g^{s(\tau)}=U$，因此 (U,V) 确实是对多项式 s 的承诺。特别地，U 是在原始未修改的承诺方案下 s 的承诺。由于我们已经证明了在 SDH 假设下原始方案是绑定的，这意味着在修改后的方案中，承诺者被绑定到 s①。

更详细地说，假设在修改后的方案中，承诺者可以在 z 处将 $c=(U,V)$ 打开到值 v，而 $v\neq s(z)$。那么在未修改的方案中，承诺者实际上可以将 U 打开到 v 和 $s(z)$ 两个值。例如，要将 U 打开到 $s(z)$，承诺者可以令 $w'(X)=(s(X)-s(z))/(X-z)$，这是一个次数至多为 $D-1$ 的多项式，并在打开过程中发送 $g^{w'(\tau)}$。根据原始承诺方案的完备性分析，这个值可以通过验证者的第一个检查。

PKoE 假设的讨论　PKoE 假设与我们在本书中讨论过的所有其他密码学假设，包括 DDH 和 CDH 假设、离散对数假设以及抗碰撞哈希函数族的存在性假设，在本质上是不同的。具体来说，所有这些其他假设都满足称为可证伪（falsifiable）的属性。可证伪性是由 Naor[197]形式化的一种技术概念：如果可以通过定义敌手和多项式时间的挑战者之间

① 修改后的承诺方案的 SRS 包含额外的群元素 $g^{\alpha\tau},g^{\alpha\tau^2},\cdots,g^{\alpha\tau^D}$，其中 $\alpha\in\mathbb{F}$ 是随机的。任何对于 SDH 假设的敌手 $\mathcal{A}$ 如果能够访问原始的 SRS，就可以自行高效地模拟这些额外的群元素，只需随机选择 α 并将未修改的 SRS 中的每个元素都乘 α 的幂次即可。因此，这些额外的群元素并不会赋予 SDH 敌手任何额外的能力。

的交互游戏来刻画一个密码学假设，则该假设就被称为是可证伪的。在交互游戏结束时，挑战者可以在多项式时间内决定敌手是否赢得了游戏。可证伪性假设必须具有“每个高效敌手获胜的概率是可忽略的”这种形式。

例如，哈希函数族是抗碰撞的假设可以定义如下：让挑战者从哈希函数族中随机选择一个哈希函数 h 并发送给敌手，然后要求敌手找到一个碰撞，即两个不同的字符串 x 和 y，使得 $h(x)=h(y)$。显然，通过在 x 和 y 上计算 h 并确认 $h(x)=h(y)$，挑战者可以高效地检查敌手是否赢得了游戏。相反，像 PKoE 这样的指数知识假设是不可证伪的：如果敌手计算出一对 (g_1, g_1^{α})，那么尚不清楚挑战者应如何确定敌手是否打破了假设。也就是说，由于挑战者无法访问敌手的内部工作，因此不清楚挑战者应如何确定在没有“脑海中知道”系数 $c_1, \cdots, c_D$ 使得 $g_1=\prod_{i=1}^{D} g^{c_i \cdot \tau^i}$ 的情况下，是否计算出 (g_1, g_1^{α})。问题在于，若宣称打破了假设，则敌手是在声称自己“不知道”某些信息，即前面描述的系数 $c_1, \cdots, c_D$。本书致力于高效地向非受信方证明知识，但没有办法证明缺乏知识。

理论密码学家通常更喜欢可证伪的假设，因为它们似乎更容易推理，而且可以说更具体，因为有一种有效的过程可以检查敌手的策略是否使假设失效。话虽如此，并不是所有可证伪的假设都比所有不可证伪的假设“优越”。事实上，研究文献中提出的某些可证伪的假设后来被证明是错误的，而且密码学家确实相信 PKoE 假设在许多群中成立。

我们在本书中介绍了一些基于可证伪假设（如从 9.2 节中结合 PCP 和默克尔树获得的 4-消息论证）的简洁交互式电路可满足性论证。但我们所提供的任何用于电路可满足性的非交互式简洁知识论证（SNARK）都不是基于可证伪假设的，它们要么基于诸如 PKoE 之类的指数知识假设，要么在随机预言机模型中具有可靠性①。这是因为目前还不知道如何基于可证伪的假设来构建电路可满足性的 SNARK，而且已经知道实现这一点存在阻碍[126]。

简而言之，尽管 PKoE 等假设在理论密码学界略有争议，但许多研究人员和从业者仍然对其真实性充满信心。或许可以合理地期望，任何一个已部署的 SNARK 被攻破的可能性更多是由于安全性证明中的未被注意的漏洞或实现中的缺陷等普通原因，而不是由于 SNARK 使用的群中的 PKoE 假设被证明是错误的。

通用群模型和代数群模型　本节中涉及的原始多项式承诺方案在通用群模型（Generic Group Model，GGM）以及一种名为代数群模型（Algebraic Group Model，AGM）的变体模型中是可提取的[117]。通用群模型与随机预言机模型（参见 5.1 节）有些神似。回想一下，随机预言机模型将密码学哈希函数建模为真正的随机函数。相比之下，“真实世界”

① 我们在 5.2 节中使用相关难解性的哈希族替换随机预言机，实例化了 GKR 协议的 Fiat-Shamir 变换，从而解释了基于可证伪假设的电路求值的简洁非交互式论证。

中随机预言机模型的实现需要用具体的哈希函数实例化随机预言机，试图"破解"协议的真实世界攻击者可以尝试利用具体哈希函数的属性。因此，随机预言机模型只刻画了不利用具体哈希函数结构的"攻击"。这个合理性的基础是，真实世界的密码学哈希函数是设计为（希望）"对于高效的敌手而言看上去随机"，因此我们通常不知道有什么真实世界的攻击可以利用具体的哈希函数结构，尽管已知存在一些刻意构造的协议，对于这些协议，使用具体哈希函数的任何真实世界实例化都不安全。

类似地，GGM（通用群模型）认为敌手仅通过一个计算群乘法操作的预言机访问加密群 $\mathbb{G}$、$\mathbb{G}_t$。配对运算 $e: \mathbb{G} \times \mathbb{G} \to \mathbb{G}_t$ 被建模为一个额外的预言机。在现实世界中，攻击者实际上获得了群元素的显式表示，以及给定两个群元素的表示，可以计算其乘积表示的高效计算机代码。但我们通常不知道有利用这些显式的表示来对现实世界协议进行攻击的情况。

AGM（代数群模型）是介于 GGM 和真实世界之间的模型。AGM 有点类似于 PKoE 等指数知识假设，因为它假设了当一个高效算法 $\mathcal{A}$ 输出一个"新"的群元素 $g \in \mathbb{G}$ 时，它也输出 g 的一个"解释"，即用之前给 $\mathcal{A}$ 的"已知"群元素 $L=(L_1, \cdots, L_t)$ 的组合来表示 g 的一组数字 $c_1, \cdots, c_t$，使得 $g = \prod_{i=1}^{t} L_i^{c_i}$。GGM 中任何攻击也可以在 AGM 中实现[201]，因此，比起 GGM，KZG 多项式承诺的已知可提取性在 AGM 中[98]有更强的安全性①。

15.3 多线性多项式的 KZG 扩展

之前的章节提供了一个基于配对的多项式承诺方案，适用于定义在 $\mathbb{F}_p$ 上的单变量多项式，其中 p 是配对所涉及的群的阶数。我们希望在本节中给出一个定义在 $\mathbb{F}_p$ 上的多线性多项式 q 的承诺方案。该方案由 Papamanthou、Shi 和 Tamassia 等人在文献[202]提出。令 ℓ 表示 q 的变量个数，则 $q: \mathbb{F}_p{}^{\ell} \to \mathbb{F}_p$。由于多线性多项式承诺方案的应用（即将 IP 和 MIP 转化为电路可满足性的简洁论证）使用多项式的拉格朗日形式更为方便，因此，尽管该方案在任何多线性多项式的基上都可以正常工作，但是我们采用多项式的拉格朗日形式介绍承诺方案。

该方案的结构化参考字符串（SRS）由在随机选择的 $r \in \mathbb{F}^{\ell}$ 上所有拉格朗日多项式的求值作为指数在 $\mathbb{G}$ 中的编码组成，即 $(g^{\chi_1(r)}, \cdots, g^{\chi_{2^\ell}(r)})$，其中 $\chi_1, \cdots, \chi_{2^\ell}$ 表示所有 2^ℓ 个拉格朗日多项式。再次强调，必须丢弃可能用于破坏绑定性的有毒废料 r。

与单变量的承诺方案一样，为了承诺于一个在 $\mathbb{F}_p$ 上的多线性多项式 q，承诺者发送

① 更精确地说，文献[188]和[234]中考虑了几种 GGM 的变体。关于这些不同版本的 GGM 和 AGM 之间关系的细微差别，请参见文献[167]。

一个声称等于 $g^{q(r)}$ 的值 c。注意：尽管承诺者不知道 r，但是它仍然能够使用 SRS 计算 $g^{q(r)}$：如果 $q(X)=\sum_{i=0}^{2^\ell} c_i\chi_i(X)$，那么 $g^{q(r)}=\prod_{i=0}^{2^\ell}(g^{\chi_i(r)})^{c_i}$，若给定了所有 $i=0,\cdots,2^\ell$ 的值 $g^{\chi_i(r)}$，即使不知道 r 也可以计算出 $g^{q(r)}$。

为了在输入 $z\in\mathbb{F}_p{}^\ell$ 处将承诺打开到某个值 v，即为证明 $q(z)=v$，承诺者计算一系列 ℓ 个"证据多项式"$w_1,\cdots,w_\ell$，定义如下。

事实 15.1 （Papamanthou、Shi 和 Tamassia[202]）对于任意固定的 $z=(z_1,\cdots,z_\ell)\in\mathbb{F}_p{}^\ell$ 和任意的多线性多项式 q，$q(z)=v$ 当且仅当存在唯一的一组 ℓ 个多线性多项式 $w_1,\cdots,w_\ell$，使得

$$q(X)-v=\sum_{i=1}^{\ell}(X_i-z_i)\,w_i(X) \tag{15.4}$$

证明：如果 $q(X)-v$ 可以表示为等式(15.4)右边的形式，则显然 $q(z)-v=0$，因此 $q(z)=v$。另一方面，假设 $q(z)=v$，那么通过将多项式 $q(X)-v$ 除以多项式(X_1-z_1)，确定多线性多项式 w_1 和 s_1，使得

$$q(X)-v=(X_1-z_1)\cdot w_1(X_1,X_2,\cdots,X_\ell)+s_1(X_2,X_3,\cdots,X_\ell)$$

其中，$s_1(X_2,X_3,\cdots,X_\ell)$是剩余项，和变量 X_1 无关。重复这个过程，我们用 s_1 除以多项式(X_2-Z_2)，等式变成

$$q(X)-v=(X_1-z_1)\cdot w_1(X_1,X_2,\cdots,X_\ell)+(X_2-z_2)\cdot w_2(X_2,\cdots,X_\ell)+s_2(X_3,X_4,\cdots,X_\ell)$$

这样，直到等式变成

$$q(X)-v=\sum_{i=1}^{\ell}(X_i-z_i)\cdot w_i(X_1,X_2,\cdots,X_\ell)+s_\ell$$

其中，s_ℓ 不依赖于任何变量，也就是说，s_ℓ就是 $\mathbb{F}_p$ 中的一个元素。因为 $q(z)-v=0$，那么必然有 $s_\ell=0$，证明结束。 □

为了在输入 $z\in\mathbb{F}_p{}^\ell$ 处将承诺打开为值 v，证明者根据事实 15.1 计算 $w_1,\cdots,w_\ell$，并向验证者发送声称等于 $g^{w_i(r)}$ 的值 $y_1,\cdots,y_\ell$，其中 $i=1,\cdots,\ell$。同样，由于每个 w_i 都是多线性的，因此尽管证明者不知道 r，但是可以从 SRS 中计算 $g^{w_i(r)}$。验证者验证等式

$$e(c\cdot g^{-v},g)=\prod_{i=1}^{\ell}e(y_i,g^{r_i}\cdot g^{-z_i})$$

注意：只要验证密钥包括每个 i 对应的 g^{r_i}（验证密钥是 SRS 的子集，因为每个独裁者函数$(X_1,\cdots,X_\ell)\mapsto X_i$ 都是拉格朗日多项式），那么验证者就能够执行此检查（独裁者函数是一个由 l 个输入位组成的函数，其中只有第 i 个输入位控制着输出位 X_i）。

正确性是很显然的：如果对每个 $i=1,\cdots,\ell$ 都有 $c=g^{q(r)}$ 以及 $y_i=g^{w(r_i)}$，则

$$e(c\cdot g^{-v},g)=e(g^{q(r)-v},g)=e\left(g^{\sum_{i=1}^{\ell}w_i(r)\cdot(r_i-z_i)},g\right)$$
$$=\prod_{i=1}^{\ell}e(g^{w_i(r)},g^{r_i-z_i})=\prod_{i=1}^{\ell}e(y_i,g^{r_i}\cdot g^{-z_i})$$

这里,第一个等式成立是因为 $c=g^{q(r)}$,第二个等式成立是因为等式(15.4),第三个等式成立是因为 e 的双线性,第四个等式成立是因为 $y_i=g^{w_i(r)}$。

绑定性的证明以及可提取性的实现技巧同前面章节类似。为了简洁起见,我们在这里忽略。

开销 与前一节(15.2 节)的基于配对的单变量多项式承诺方案一样,ℓ 变量多线性多项式承诺由常数个群元素组成。然而,单变量协议的求值证明也仅包含常数个群元素,但多线性多项式协议的求值证明则需要 ℓ 个群元素,而不是 $O(1)$个,这导致验证成本从 $O(1)$个群运算和双线性求值增加到 $O(\ell)$个。

就承诺者的运行时间而言,Zhang 等人[259]表明,在多线性多项式协议中,承诺者只需进行总共 $O(2^\ell)$个域操作就能计算出多项式 $w_1,\cdots,w_\ell$。而一旦这些多项式被计算出来,证明者只需进行总共 $O(2^\ell)$次群指数运算,就能计算出所有 ℓ 个必要的值 $g^{w_i(r)}$。

15.4 Dory:具有对数级别验证成本的透明方案

本节介绍了一种名为 Dory 的多项式承诺方案,其验证成本与上一节的多项式承诺方案相似,但不依赖于可信设置。它需要一个预处理阶段,该阶段需要和待承诺多项式大小的平方根成正比的时间,但是这个预处理阶段不会产生任何需要丢弃的“有毒废料”,以确保没有人能破坏该方案的绑定性。从渐近意义上讲,其验证成本与 Bulletproofs(14.4 节)相比更为有利:与 Bulletproofs 一样,它是透明的,且具有对数级别的证明大小,但与 Bulletproofs 的线性验证时间不同,它的验证时间是对数级别的。然而,它的具体的证明大小比 Bulletproofs 要大一个显著的常数因子。

Dory 构建在一系列工作[2,75,84]所开发的美妙思想和基础模块之上,尤其是所谓的 AFGHO 承诺[2]。虽然 Dory 本身可能有点复杂,但其组成部分的模块相对简单且有用。

15.4.1 基于配对内积(Inner Pairing Products)的群元素向量承诺

令 $\mathbb{F}_p$ 为一个阶数为素数 p 的域,$\mathbb{G}$ 为一个阶数为 p 的乘法循环群。令 $\boldsymbol{h}=(h_1,\cdots,h_n)$表示一个公开的向量,其中 $h_1,\cdots,h_n$ 都是 $\mathbb{G}$ 中(随机选择)的生成元。回顾一下,(非盲化的)Pedersen 向量承诺是一个对域元素向量 $\boldsymbol{v}\in\mathbb{F}_p^n$ 的压缩承诺,由 $\mathrm{Com}(\boldsymbol{v})=\prod_{i=1}^{n}h_i^{v_i}$ 给出(详见 14.2 节)。换句话说,这个承诺将向量 $\boldsymbol{v}$ 中每个元素的(非盲化)Pedersen 承诺

相乘，得到一整个向量的承诺。该承诺是群 $\mathbb{G}$ 中的一个元素。

令 $\mathbb{G}_1$、$\mathbb{G}_2$、$\mathbb{G}_t$ 为阶数为 p 的三个配对友好群。在上一段中，我们将 $\mathbb{G}$ 表示为乘法群，但是在本节的其余部分，我们将 $\mathbb{G}_1$、$\mathbb{G}_2$、$\mathbb{G}_t$ 表示为加法群。与我们在 14.4 节中描述 Bulletproofs 时一样，这使我们可以将承诺表示为向量和承诺密钥之间的内积。

类似于 Pedersen 向量承诺，我们可以利用配对来承诺一个群元素向量，即 $\mathbb{G}_1^n$ 中的向量，而非域元素向量。具体而言，对于 $\boldsymbol{w}\in\mathbb{G}_1^n$，以及固定的公开且随机选择的群元素向量 $\boldsymbol{g}=(g_1,\cdots,g_n)\in\mathbb{G}_2^n$，定义向量承诺如下：

$$\text{IPPCom}(\boldsymbol{w})=\sum_{i=1}^{n}e(w_i,g_i) \tag{15.5}$$

注意：IPPCom(w)是目标群 $\mathbb{G}_t$ 中的单个元素。我们使用记号 IPPCom 作为术语配对内积承诺的简称。这是因为可以将 IPPCom$(\boldsymbol{w})$视为内积$\langle\boldsymbol{w},\boldsymbol{g}\rangle=\sum_{i=1}^{n}w_i\cdot g_i$，其中 w_i 和 g_i 的“乘法”是通过配对 $e(w_i,g_i)$定义的。从现在开始，对于 $\boldsymbol{w}\in\mathbb{G}_1^n$，$\boldsymbol{g}\in\mathbb{G}_2^n$，我们使用$\langle\boldsymbol{w},\boldsymbol{g}\rangle$表示配对内积 $\sum_{i=1}^{n}e(w_i,g_i)$。

直觉上，尽管 w_i 是 $\mathbb{G}_1$ 中的一个群元素而不是 $\mathbb{F}_p$ 中的一个域元素，但 $e(w_i,g_i)$的作用类似于 Pedersen 承诺对 w_i 的作用。很自然地，每项 Pedersen 承诺的求和 $\sum_{i=1}^{n}e(w_i,g_i)$是向量 $\boldsymbol{w}$ 的压缩承诺。

上述用于群元素向量的承诺方案起源于 Abe 等人的研究工作[2,143]，通常称为 AFGHO承诺。我们可以使用 AFGHO 承诺和配对内积承诺这两个术语。

使承诺变成完美隐藏的　回想一下，群 $\mathbb{G}_1$ 上的 Pedersen 向量承诺可以通过增加一个额外的随机公开参数 $g\in\mathbb{G}_1$，并且让承诺者选择一个随机数 $r\in\mathbb{F}_p$，将一个盲化因子 g^r 包含在承诺中，从而达到完美隐藏的效果。类似地，IPPCom$(\boldsymbol{w})$可以通过让承诺者选择一个随机数 $r\in\mathbb{G}_1$ 并在承诺中包含一个盲化项 $e(r,g)$来实现完美隐藏，即定义：

$$\text{IPPCom}(\boldsymbol{w})=e(r,g)+\sum_{i=1}^{n}e(w_i,g_i)$$

为简单起见，我们在本章后面的内容中省略了这个盲化因子。

计算绑定性　回顾一下 15.1 节，对于加法群 $\mathbb{G}_1$ 的 DDH 假设是指，没有高效算法能够明显区分元组$(g,a\cdot g,b\cdot g,c\cdot g)$和元组$(g,a\cdot g,b\cdot g,(ab)\cdot g)$，其中 a、b、c 是从 $\mathbb{F}_p$ 中随机选择的。

我们将展示 DDH 假设在 $\mathbb{G}_1$ 上成立，则 IPPCom$(\boldsymbol{w})$是对 $w\in\mathbb{G}_1^n$ 的计算绑定承诺。为了阐述清晰，在我们的表述中假定 $n=2$。

考虑给定一个在$\mathbb{G}_1$上的DDH挑战$(g,a\cdot g,b\cdot g,c\cdot g)$，我们必须解释如何利用一个打破了该承诺方案绑定性的高效证明者$\mathcal{P}$，来构建一个打破DDH假设的高效算法$\mathcal{A}$。首先$\mathcal{A}$选取$\mathbf{g}=(g,a\cdot g)\in\mathbb{G}_1\times\mathbb{G}_1$（需要注意的是，根据DDH挑战分布的定义，$\mathbf{g}$中的两个元素都是均匀随机的群元素）。然后，$\mathcal{A}$运行$\mathcal{P}$来确定一个非零承诺$c^*\in\mathbb{G}_t$和两个在$c^*$上的打开$u=(u_1,u_2)$和$w=(w_1,w_2)$，使得

$$c^*=e(u_1,g)+e(u_2,a\cdot g)=e(w_1,g)+e(w_2,a\cdot g)$$

令$v=u-w$，并将其表示为$v=(v_1,v_2)\in\mathbb{G}_1\times\mathbb{G}_1$。由于$c^*\neq 0$，因此$v$不是零向量。此外，根据$e$的双线性属性，

$$e(v_1,g)+e(v_2,a\cdot g)=0 \tag{15.6}$$

最后，DDH敌手$\mathcal{A}$输出1当且仅当

$$e(v_1,b\cdot g)+e(v_2,c\cdot g)=0 \tag{15.7}$$

$\mathcal{A}$打破$\mathbb{G}_1$中DDH假设的过程如下。首先，如果$c=a\cdot b$，则等式(15.7)的左边变成：

$$e(v_1,b\cdot g)+e(v_2,(a\cdot b)\cdot g)=e(v_1,b\cdot g)+e(v_2,b\cdot(a\cdot g))=b\cdot(e(v_1,b\cdot g)+e(v_2,a\cdot g))$$

因为等式(15.6)成立，所以上式等于0。因此，在这种情况下，$\mathcal{A}$输出1。同时，如果c是从$\mathbb{F}_p$中随机选择的，那么因为v不是零向量，等式(15.7)仅有$1/p$的概率成立。

因此，$\mathcal{A}$成功地区分了形如$(g,a\cdot g,b\cdot g,c\cdot g)$的元组和形如$(g,a\cdot g,b\cdot g,(ab)\cdot g)$的元组，其中$a$、$b$、$c$是从$\mathbb{F}_p$中随机选择的。

15.4.2 使用配对承诺多个域元素

配对内积也可以代替Pedersen向量承诺，用来对域元素向量进行承诺。设h是$\mathbb{G}_1$中的任意元素，$\mathbf{g}=(g_1,\cdots,g_n)\in\mathbb{G}_2^n$是$\mathbb{G}_2$元素的随机向量。对于向量$\boldsymbol{v}\in\mathbb{F}_p^n$，承诺密钥为$h$，$\boldsymbol{v}$的（非盲化）Pedersen承诺为$w(\boldsymbol{v})$，即$w(v)_i=v_i\cdot h$，并定义

$$\text{IPPCom}(\boldsymbol{v})=\text{IPPCom}(w(\boldsymbol{v}))=\langle w(\boldsymbol{v}),\mathbf{g}\rangle=\sum_{i=1}^{n}e(v_i\cdot h,g_i) \tag{15.8}$$

由于IPPCom($w(\boldsymbol{v})$)是对$w(\boldsymbol{v})$的绑定承诺，且映射$\boldsymbol{v}\mapsto w(\boldsymbol{v})$是双射，因此IPPCom($\boldsymbol{v}$)是对$\boldsymbol{v}\in\mathbb{F}_p^n$的绑定承诺。对于承诺的计算效率以及我们开发的多项式承诺方案（15.4.4节和15.4.5节）来说，使用相同的群元素h来计算$w(\boldsymbol{v})$中的每个承诺是很重要的。

效率比较 计算IPPCom($\boldsymbol{v}$)有两种自然的方法：一种方法是直接计算表达式(15.8)的右侧，这需要计算n次双线性映射e，以及在目标群$\mathbb{G}_t$中进行n次群运算；另一种（更快）的方法是在$\mathbb{G}_2$中计算一个Pedersen向量承诺$c=\sum_{i=1}^{n}v_i g_i$，然后只需应用一次双线性映射计算$e(h,c)$。由于e是双线性的，因此

$$e(h,c)=e\left(h,\sum_{i=1}^{n}v_i\cdot g_i\right)=\sum_{i=1}^{n}e(h,v_i\cdot g_i)=\sum_{i=1}^{n}e(v_i\cdot h,g_i)=\mathrm{IPPCom}(\boldsymbol{v})$$

计算 IPPCom($\boldsymbol{v}$)的两种方法都比在 $\mathbb{G}_1$ 中计算 $\boldsymbol{v}$ 的 Pedersen 向量承诺要慢。这是因为在 $\mathbb{G}_2$ 和 $\mathbb{G}_t$ 中的群运算通常比 $\mathbb{G}_1$ 中的群运算慢，计算双线性映射 e 的求值速度则更慢。例如，根据文献[179]中的微基准测试，如果使用流行的配对友好曲线 BLS12-381，则 $\mathbb{G}_t$ 比 $\mathbb{G}_1$ 中的运算慢大约 4 倍，而 $\mathbb{G}_2$ 比 $\mathbb{G}_1$ 中的运算慢大约 2 倍。此外，配对友好群 $\mathbb{G}_1$（如 BLS12-381）中的运算可能比最快的非配对友好群中的运算慢 2～3 倍。

除了承诺计算慢外，IPPCom($\boldsymbol{v}$)的承诺具体大小也更大。对于 BLS12-381，目标群 $\mathbb{G}_t$ 元素的表示比 $\mathbb{G}_1$ 元素的表示大 4 倍。总之，虽然计算和传输 IPPCom($\boldsymbol{v}$)的渐近成本类似于 Pedersen 向量承诺，但其具体成本更高。

剩余部分的简化　正如 15.1 节所讨论的，如果配对是对称配对，即如果 $\mathbb{G}_1=\mathbb{G}_2$，则 DDH 假设在 $\mathbb{G}_1$ 中不可能成立。这是因为，给定四元组(g,ag,bg,cg)，可以通过检查 $e(g,c\cdot g)=e(a\cdot g,b\cdot g)$是否成立来检查是否有 $c=a\cdot b$。

然而，如果两个群不相等，即不存在一个高效可计算的映射 ϕ 在保持群结构（意味着 $\phi(a+b)=\phi(a)+\phi(b)$）的情况下将 $\mathbb{G}_1$ 映射到 $\mathbb{G}_2$ 或将 $\mathbb{G}_2$ 映射到 $\mathbb{G}_1$，则 DDH 假设可以在 $\mathbb{G}_1$ 和 $\mathbb{G}_2$ 中成立。实践中使用的配对，如 BLS12-381（被认为）符合这种情况。在 $\mathbb{G}_1$ 和 $\mathbb{G}_2$ 中都成立的 DDH 假设被称为 SXDH（symmetric external Diffie-Hellman，对称外部 Diffie-Hellman）假设。

尽管 $\mathbb{G}_1=\mathbb{G}_2$ 时，IPPCom(w)不一定是 w 的绑定承诺，但是在接下来的 Dory 展示中我们仍然假设 $\mathbb{G}_1=\mathbb{G}_2$，并将两个群都表示为 $\mathbb{G}$①。这简化了 Dory 协议的呈现。在 $\mathbb{G}_1\neq\mathbb{G}_2$ 的情况下，协议所需的更改是很直观的，但会引入一定的符号负担，我们更喜欢避免这种情况。

剩余部分概述如下　为了逐步介绍 Dory 多项式承诺方案的主要思想，我们描述了一系列不断增强的协议。首先，在 15.4.3 节中，我们解释了证明者 $\mathcal{P}$ 如何能够说服验证者相信 $\mathcal{P}$ 知道怎样将某个配对内积承诺 $c_u=\mathrm{IPPCom}(u)$打开到某个向量 $\boldsymbol{u}\in\mathbb{G}^n$。经过一个透明的线性时间预处理阶段，该协议的证明大小和验证成本为 $O(\log^2 n)$。其次，在 15.4.4节中，我们解释了如何扩展该协议以提供一个透明的多项式承诺方案，其中验证者的运行时间为 $O(\log^2 n)$。再次，在 15.4.5 节中，我们解释了 15.4.3 节协议的一种修改，可以将预处理阶段的运行时间从线性的 $O(n)$降低到 $O(n^{1/2})$。最后，在 15.4.6 节中，我们介绍了 15.4.3 节协议的更复杂的变体，可以将验证成本从 $O(\log^2 n)$降低到 $O(\log n)$。

① 在一个存疑的对称配对的假设下，修改承诺方案，使其具有绑定性，请参考文献[143]。

15.4.3 $O(\log^2 n)$验证成本的打开知识证明

令 $\boldsymbol{u}\in \mathbb{G}^n$，为了简化起见，我们假设 n 是 2 的幂次方。给定公开输入 $c_u=\mathrm{IPPCom}(\boldsymbol{u})$，如下协议是透明的，且可以让证明者证明自己知道 c_u 的一个打开值 $\boldsymbol{u}$。在一个和 $\boldsymbol{u}$ 无关的透明的预处理阶段之后，验证者的运行时间为 $O(\log^2 n)$。

回顾 Bulletproofs 我们先简要回顾一下 Bulletproofs(14.4 节)协议，证明知道 Pedersen 向量承诺的一个打开值 $u^{(0)}\in\mathbb{F}_p^n$，该承诺为

$$c_u(0)=\langle \boldsymbol{u}^{(0)},\boldsymbol{g}^{(0)}\rangle=\sum_{i=1}^{n} u_i\cdot g_i$$

概念上，$\boldsymbol{g}^{(0)}$ 可以分成两半 $\boldsymbol{g}_L^{(0)}$ 和 $\boldsymbol{g}_R^{(0)}$，同样，$u^{(0)}$ 也分成两半 $u_L^{(0)}$ 和 $u_R^{(0)}$。证明者发送两个承诺 v_L 和 v_R，声称分别等于 $\langle u_L^{(0)},\boldsymbol{g}_R^{(0)}\rangle$ 和 $\langle u_R^{(0)},\boldsymbol{g}_L^{(0)}\rangle$。验证者随机选择 $\alpha_1\in\mathbb{F}_p$，并把它发送给 $\mathcal{P}$，再用 v_L 和 v_R 同态地更新承诺：

$$c_{u^{(1)}}:=c_{u^{(0)}}+\alpha_1^2 v_L+\alpha_1^{-2} v_R$$

如果证明者诚实的话，那么 $c_{u^{(1)}}$ 是如下长度为 $n/2$ 的向量的承诺：

$$u^{(1)}=\alpha_1 u_L^{(0)}+\alpha_1^{-1} u_R^{(0)}$$

其承诺密钥为

$$\boldsymbol{g}^{(1)}:=\alpha_1^{-1}\boldsymbol{g}_L^{(0)}+\alpha_1\boldsymbol{g}_R^{(0)} \tag{15.9}$$

$\mathcal{P}$ 和 $\mathcal{V}$ 接着进行下一轮，其中 $\mathcal{P}$ 递归地证明知道 $c_{u^{(1)}}$ 的打开值为 $u^{(1)}$。这样进行 $\log^* n$ 轮，递归终止的条件是 $u^{(\log n)}$ 以及 $\boldsymbol{g}^{(\log n)}$ 的长度为 1，因此，如果不考虑零知识，$\mathcal{P}$ 可以直接发送 $u^{(\log n)}$ 给 $\mathcal{V}$，验证者验证 $u^{(\log n)}\cdot\boldsymbol{g}^{(\log n)}=c_{u^{(\log n)}}$。

为什么上述协议中验证者的运行时间是线性的而不是对数级别的？

答案是：在每一轮中，验证者需要将承诺密钥从 $\boldsymbol{g}^{(i-1)}$ 更新为 $\boldsymbol{g}^{(i)}=\alpha_i^{-1}\boldsymbol{g}_L^{(i-1)}+\alpha_i\boldsymbol{g}_R^{(i-1)}$。这至少需要 $O(n/2^i)$的时间。

预处理过程 令 $\boldsymbol{u}^{(0)}$ 是 $\mathbb{G}^n$ 中的一个向量，$c_{\boldsymbol{u}^{(0)}}=\mathrm{IPPCom}(\boldsymbol{u}^{(0)})$。为了在我们用于建立对 $c_{\boldsymbol{u}^{(0)}}$ 的一个打开值 $\boldsymbol{u}^{(0)}\in\mathbb{G}^n$ 的协议中避免验证者线性时间，我们依赖于一个与 $\boldsymbol{u}^{(0)}$ 无关的预处理过程，该过程仅依赖于公开承诺密钥 $\boldsymbol{g}$。为了阐述方便，我们将预处理过程描述为 $\log n$ 次迭代，每次迭代产生两个配对内积承诺(即 $\mathbb{G}_t$ 中的元素)。我们称进行预处理的一方为验证者。实际上，任何有意愿的实体都可以执行预处理并将(对数多个)承诺结果分发出去。任何有意愿的实体也可以验证被分发的承诺，如果发现不一致之处则可发出警报。

- 预处理的第一次迭代：令 $\boldsymbol{g}^{(0)}=(\boldsymbol{g}_L^{(0)},\boldsymbol{g}_R^{(0)})\in\mathbb{G}^{n/2}\times\mathbb{G}^{n/2}$ 表示计算初始承诺 $c_{\boldsymbol{u}^{(0)}}=$

$\langle \boldsymbol{u}^{(0)}, \boldsymbol{g}^{(0)} \rangle$时的承诺密钥。使用公开随机选择的承诺密钥 $\boldsymbol{\Gamma}^{(1)} \in \mathbb{G}^{n/2}$，第一次迭代输出 $\boldsymbol{g}_L^{(0)}$ 和 $\boldsymbol{g}_R^{(0)}$ 对应的配对内积承诺 $\Delta_L^{(1)}$ 和 $\Delta_R^{(1)}$ ①。也就是说，$\Delta_L^{(1)} = \langle \boldsymbol{g}_L^{(0)}, \boldsymbol{\Gamma}^{(1)} \rangle$ 和 $\Delta_R^{(1)} = \langle \boldsymbol{g}_R^{(0)}, \boldsymbol{\Gamma}^{(1)} \rangle$。

- 第二次迭代：将 $\boldsymbol{\Gamma}^{(1)}$ 表示成$(\boldsymbol{\Gamma}_L^{(1)}, \boldsymbol{\Gamma}_R^{(1)}) \in \mathbb{G}^{n/4} \times \mathbb{G}^{n/4}$，采用公开选择的承诺密钥 $\boldsymbol{\Gamma}^{(2)} \in \mathbb{G}^{n/4}$，计算 $\boldsymbol{\Gamma}_L^{(1)}$ 和 $\boldsymbol{\Gamma}_R^{(1)}$ 对应的承诺 $\Delta_L^{(2)}$ 和 $\Delta_R^{(2)}$ ②。
- 一般地，对于迭代轮次 $i>1$：计算承诺密钥 $\Gamma^{(i-1)}$ 的左右两半分别对应的承诺 $\Delta_L^{(i)}$ 和 $\Delta_R^{(i)}$。$\boldsymbol{\Gamma}^{(i-1)}$ 是在上一次迭代中计算承诺 $\Delta_L^{(i-1)}$ 和 $\Delta_R^{(i-1)}$ 使用的承诺密钥。

预处理在第 $i=\log n$ 次迭代后结束。此时 $\boldsymbol{\Gamma}^{(i)}$ 的长度为 1，所以预处理将输出 $\boldsymbol{\Gamma}^{(i)}$。注意：在预处理完成后，对数时间的验证者有时间读取和存储每次预处理迭代中产生的两个承诺 $\Delta_L^{(i)}$ 和 $\Delta_R^{(i)}$，但没有读取或存储用于计算 $\Delta_L^{(i)}$ 和 $\Delta_R^{(i)}$ 的相应的承诺密钥 $\boldsymbol{\Gamma}^{(i)}$ 的时间。这是因为 $\boldsymbol{\Gamma}^{(i)}$ 的大小为 $n/2^i$，所以对于所有 $i \leqslant \log n$，它是超对数的，即 $\log\log n$。正如我们将要看到的，这意味着在下面描述的打开知识协议中，验证者将以某种方式"检查"证明者知道如何打开许多不同的承诺 $\Delta_L{}^{(i)}$ 和 $\Delta_R{}^{(i)}$，而验证者甚至不知道用于产生这些承诺的密钥。

打开知识协议　令 $\boldsymbol{u}^{(0)}$ 是 $\mathbb{G}^n$ 中的向量。验证者在协议开始时已知一个承诺 $c_{\boldsymbol{u}^{(0)}}$。如果证明者是诚实的，则

$$c_{\boldsymbol{u}^{(0)}} = \langle \boldsymbol{u}^{(0)}, \boldsymbol{g}^{(0)} \rangle \tag{15.10}$$

证明者需要证明其知道一个满足等式(15.10)的向量 $\boldsymbol{u}^{(0)}$。与 Bulletproofs 协议不同，验证者并不知道 $\boldsymbol{g}^{(0)}$，而是只知道关于 $\boldsymbol{g}^{(0)}$ 的一些"预处理"信息，即在一个不同的承诺密钥 $\Gamma^{(1)}$ 下对 $\boldsymbol{g}_L^{(0)}$ 和 $\boldsymbol{g}_R^{(0)}$ 的承诺。

这个协议的关键思想是，在第 i 轮中，验证者不是通过等式(15.9)直接由 $\boldsymbol{g}^{(i-1)}$ 计算得到 $\boldsymbol{g}^{(i)}$，而是利用预处理阶段输出承诺的同态性质，在常数时间内计算得到一个适当的承诺密钥下的 $\boldsymbol{g}^{(i)}$ 的承诺。简单地说，验证者可以使用这个承诺来强制证明者计算出 $\boldsymbol{g}^{(i)}$，从而将困难的计算工作交给证明者。证明者只会明确地向验证者透露最终的"完全折叠"承诺密钥 $\boldsymbol{g}^{\log n}$，它是一个群元素。协议的细节如下。

第 1 轮　与 Bulletproofs 类似，证明者首先发送两个承诺 v_L 和 v_R，声称它们等于$\langle u_L^{(0)}, \boldsymbol{g}_R^{(0)} \rangle$和$\langle u_R^{(0)}, \boldsymbol{g}_L^{(0)} \rangle$。验证者随机选择一个 $\alpha_1 \in \mathbb{F}_p$ 并将其发送给 $\mathcal{P}$。验证者使用 v_L 和 v_R 来同态更新承诺 $c_{\boldsymbol{u}^{(0)}}$，即验证者计算

$$c_{\boldsymbol{u}^{(1)}} := c_{u^{(0)}} + \alpha_1^2 v_L + \alpha_1^{-2} v_R$$

① $\Gamma^{(1)}$ 不需要和 $\boldsymbol{g}^{(0)}$ 无关，也就是说，$\Gamma^{(0)}$ 和 $\boldsymbol{g}_L^{(0)}$ 相同是可以的。

② $\Gamma^{(2)}$ 不需要和 $\Gamma^{(1)}$ 无关，也就是说，$\Gamma^{(2)}$ 和 $\Gamma_L^{(1)}$ 相等是可以的。

回想一下，和 Bulletproofs 不一样的是，$\mathcal{V}$ 不知道 $\boldsymbol{g}^{(0)}$，但是知道预处理的承诺 $\Delta_L^{(1)}=\langle \boldsymbol{g}_L^{(0)},\boldsymbol{\Gamma}^{(1)}\rangle$ 和 $\Delta_R^{(1)}=\langle \boldsymbol{g}_R^{(0)},\boldsymbol{\Gamma}^{(1)}\rangle$。利用同态性质，$\mathcal{V}$ 可以计算承诺密钥 $\boldsymbol{\Gamma}^{(1)}$ 下 $\boldsymbol{g}^{(1)}=\alpha_1^{-1}\boldsymbol{g}_L^{(0)}+\alpha_1\boldsymbol{g}_R^{(0)}$ 对应的承诺：

$$c_{g^{(1)}}=\alpha_1^{-1}\Delta_L^{(1)}+\alpha_1\Delta_R^{(1)}$$

上述的第一轮将证明者和验证者置于以下情况。与 Bulletproofs 不同的是，在第二轮开始时，验证者并不知道 $\boldsymbol{g}^{(1)}$。验证者所知道的仅仅是 $\boldsymbol{g}^{(1)}$ 在承诺密钥 $\boldsymbol{\Gamma}^{(1)}=(\boldsymbol{\Gamma}_L^{(1)},\boldsymbol{\Gamma}_R^{(1)})\in\mathbb{G}^{n/4}\times\mathbb{G}^{n/4}$ 下的一个承诺 $c_{g^{(1)}}$。

由于 $\mathcal{V}$ 所知道的信息非常有限，因此在第二轮开始时，$\mathcal{P}$ 需要证明它知道向量 $\boldsymbol{u}^{(1)}$ 和 $\boldsymbol{g}^{(1)}\in\mathbb{G}^{n/2}$，使得：

$$c_{u^{(1)}}=\langle \boldsymbol{u}^{(1)},\boldsymbol{g}^{(1)}\rangle \tag{15.11}$$

以及

$$c_{g^{(1)}}=\langle \boldsymbol{g}^{(1)},\boldsymbol{\Gamma}^{(1)}\rangle \tag{15.12}$$

综上所述，我们协议的第一轮始于一个关于两个长度为 n 的向量 $\boldsymbol{u}^{(0)}$ 和 $\boldsymbol{g}^{(0)}$ 的一个内积等式（等式(15.10)），其中 $\mathcal{V}$ 只知道 $\boldsymbol{g}^{(0)}$ 的“预计算承诺”$\Delta_L^{(1)}$ 和 $\Delta_R^{(1)}$。然后将它归约为关于三个长度为 $n/2$ 的向量 $\boldsymbol{u}^{(1)}$、$\boldsymbol{g}^{(1)}$ 和 $\Gamma^{(1)}$ 的两个内积等式，其中 $\mathcal{V}$ 只知道 $\Gamma_L^{(1)}$ 和 $\Gamma_R^{(1)}$ 的预计算承诺 $\Delta_L^{(2)}$、$\Delta_R^{(2)}$。

第 2 轮

- *一个简单的情况* 如果 $n=2$，那么预处理阶段将显式输出 $\Gamma^{(1)}$，那么证明者证明这两个声明的一种简单方法是将 $\boldsymbol{u}^{(1)}$ 和 $\boldsymbol{g}^{(1)}$ 明确地告诉 $\mathcal{V}$，然后 $\mathcal{V}$ 可以检查等式(15.11)和(15.12)是否成立。但是，如果 $n\geqslant 4$，这种方法将不起作用。
- *如果 $n\geqslant 4$ 呢？* 幸运的是，等式(15.11)和(15.12)都符合 Bulletproofs 的处理方式。即 $\mathcal{P}$ 声称知道某个向量与另一个向量满足内积关系（在等式(15.11)中是 $\boldsymbol{u}^{(1)}$ 与 $\boldsymbol{g}^{(1)}$，在等式(15.12)中是 $\boldsymbol{g}^{(1)}$ 与 $\Gamma^{(1)}$）。因此，$\mathcal{P}$ 和 $\mathcal{V}$ 可以并行地应用 Bulletproofs方案，使用同一个验证者随机选择的 $\alpha_2\in\mathbb{F}_p$，将每个声明归约到原向量一半长度的等效声明。

  即 $\mathcal{P}$ 发送承诺 $v_L,v_R,w_L,w_R\in\mathbb{G}_t$，声称它们分别等于 $\langle \boldsymbol{u}_L^{(1)},\boldsymbol{g}_R^{(1)}\rangle$、$\langle \boldsymbol{u}_R^{(1)},\boldsymbol{g}_L^{(1)}\rangle$、$\langle \boldsymbol{g}_L^{(1)},\Gamma_R^{(1)}\rangle$ 和 $\langle \boldsymbol{g}_R^{(1)},\Gamma_L^{(1)}\rangle$。然后 $\mathcal{V}$ 将 $\alpha_2\in\mathbb{F}$ 发送给 $\mathcal{P}$。$\mathcal{V}$ 计算

  $$c_{u^{(2)}}:=c_{u^{(1)}}+\alpha_2^2 v_L+\alpha_2^{-2}v_R$$

  如果 $\mathcal{P}$ 是诚实的，那么

  $$c_{u^{(2)}}=\langle \boldsymbol{u}^{(2)},\boldsymbol{g}^{(2)}\rangle$$

  其中

  $$\boldsymbol{u}^{(2)}=\alpha_2\boldsymbol{u}_L^{(1)}+\alpha_2^{-1}\boldsymbol{u}_R^{(1)}$$

并且

$$\boldsymbol{g}^{(2)} := \alpha_2{}^{-1}\boldsymbol{g}_L^{(1)} + \alpha_2\boldsymbol{g}_R^{(1)}$$

相应地，$\mathcal{V}$ 计算

$$c_{\boldsymbol{g}^{(2)}} := c_{\boldsymbol{g}^{(1)}} + \alpha_2^{-2}w_L + \alpha_2^2 w_R$$

如果 $\mathcal{P}$ 是诚实的，那么 $c_{\boldsymbol{g}^{(2)}}$ 是 $\boldsymbol{g}^{(2)}$ 在承诺密钥 $\boldsymbol{\Gamma}' = \alpha_2\boldsymbol{\Gamma}_L^{(1)} + \alpha_2{}^{-1}\boldsymbol{\Gamma}_R^{(1)}$ 下的承诺，也就是说，

$$c_{\boldsymbol{g}^{(2)}} = \langle \alpha_2{}^{-1}\boldsymbol{g}_L^{(1)} + \alpha_2\boldsymbol{g}_R^{(1)}, \alpha_2\boldsymbol{\Gamma}_L^{(1)} + \alpha_2^{-1}\boldsymbol{\Gamma}_R^{(1)} \rangle$$

最后，$\mathcal{V}$ 在承诺密钥 $\boldsymbol{\Gamma}^{(2)}$ 下，使用预处理承诺 $\Delta_L^{(2)}$ 和 $\Delta_R^{(2)}$，通过同态加法计算出对 $\boldsymbol{\Gamma}'$ 的承诺 $c_{\boldsymbol{\Gamma}'}$，即 $c_{\boldsymbol{\Gamma}'} = \alpha_2\Delta_L^{(2)} + \alpha_2^{-1}\Delta_R^{(2)}$。

上述的第 2 轮流程将证明知道满足等式(15.11)和(15.12)的 $u^{(1)}, \boldsymbol{g}^{(1)} \in \mathbb{G}^{n/2}$ 的任务归约为证明知道满足以下条件的 $\boldsymbol{u}^{(2)}, \boldsymbol{g}^{(2)}, \boldsymbol{\Gamma}' \in \mathbb{G}^{n/4}$：

$$c_{\boldsymbol{u}^{(2)}} = \langle \boldsymbol{u}^{(2)}, \boldsymbol{g}^{(2)} \rangle \tag{15.13}$$

$$c_{\boldsymbol{g}^{(2)}} = \langle \boldsymbol{g}^{(2)}, \boldsymbol{\Gamma}' \rangle \tag{15.14}$$

$$c_{\boldsymbol{\Gamma}'} = \langle \boldsymbol{\Gamma}', \boldsymbol{\Gamma}^{(2)} \rangle \tag{15.15}$$

如上文“知识提取器框架”所讨论的，$\mathcal{P}$ 知道 $\boldsymbol{u}^{(2)}, \boldsymbol{g}^{(2)}, \boldsymbol{\Gamma}' \in \mathbb{G}^{n/4}$ 满足等式(15.13)～(15.15)，这意味着其知道 $\boldsymbol{u}^{(1)}$ 和 $\boldsymbol{g}^{(1)}$ 满足等式(15.11)和(15.12)。

总之，第 2 轮由对长度为 $n/2$ 的三个向量 $\boldsymbol{u}^{(1)}$、$\boldsymbol{g}^{(1)}$、$\boldsymbol{\Gamma}^{(1)}$ 的两个内积等式的声明开始，其中 $\mathcal{V}$ 只知道对 $\boldsymbol{\Gamma}^{(1)}$ 进行预处理的承诺 $\Delta_L^{(2)}$、$\Delta_R^{(2)}$。然后被归约为关于长度为 $n/4$ 的四个向量的三个内积等式的声明，其中 $\mathcal{V}$ 只知道对第四个向量 $\boldsymbol{\Gamma}^{(2)}$ 进行预处理的承诺。

第 i 轮($i>2$)　上述的第 2 轮过程可以被重复，以确保在第 i 轮开始时，证明者必须证明知道($i+1$)个长度为 $n/2^i$ 的向量，满足 i 个内积等式。更具体地说，在第 i 轮开始时 $\mathcal{P}$ 声称知道的($i+1$)个向量表示为 $\boldsymbol{v}_1, \cdots, \boldsymbol{v}_{i+1}$，则 $\boldsymbol{v}_1 = u^{(i-1)}$，$\boldsymbol{v}_2 = \boldsymbol{g}^{(i-1)}$，$\boldsymbol{v}_{i+1} = \boldsymbol{\Gamma}^{(i-1)}$。在第 i 轮开始时的第 j 个等式的形式为 $\langle \boldsymbol{v}_j, \boldsymbol{v}_{j+1} \rangle = c_j$，其中 c_j 是某个承诺。

与第 2 轮类似，对于每个等式，证明者发送两个交叉项的承诺，然后验证者选择一个随机的 $\alpha_i \in \mathbb{F}_p$ 并将其发送给 $\mathcal{P}$。对于每个奇数的 $j \in \{1, \cdots, i+1\}$，验证者使用同态性来计算一个承诺 $\alpha_i \cdot \boldsymbol{v}_{j,L} + \alpha_i^{-1} \cdot \boldsymbol{v}_{j,R}$。同样，对于每个偶数的 j，$\mathcal{V}$ 计算出一个承诺 $\alpha_i^{-1} \cdot \boldsymbol{v}_{j,L} + \alpha_i \cdot \boldsymbol{v}_{j,R}$。对于 $\boldsymbol{v}_{i+1} = \boldsymbol{\Gamma}^{(i-1)}$，适当的承诺是从预处理承诺 $\Delta_L^{(i)}$ 和 $\Delta_R^{(i)}$ 通过同态性推导出来的。接下来的第($i+1$)轮旨在确立证明者确实知道如何打开所有的($i+1$)个计算出的承诺，这需要涉及($i+2$)个向量的($i+1$)个内积等式。

迭代在第 $\log n$ 轮后停止。此时，在 $\log n+1$ 个等式中涉及的向量长度都只有 1。如果不需要考虑零知识性，那么证明者可以通过将这些向量显式地发送给 $\mathcal{V}$ 来证明它知道这些向量，并且 $\mathcal{V}$ 可以直接检查接收到的值是否满足所声称的所有方程。

验证开销 在第 i 轮,证明者发送的承诺总数是 $O(i)$,从而总通信成本为 $O\left(\sum_{i=1}^{\log n} i\right) = O(\log^2 n)$。验证者的总运行时间也是 $O(\log^2 n)$ 个 $\mathbb{G}_t$ 中的标量乘法运算。

知识提取器简述 上述协议的知识提取器类似于 Bulletproofs 协议的知识提取器(14.4 节)。首先,通过分叉引理(定理 14.1)生成一个 3-脚本树,然后从叶子进行到根,对于每个位于距离根节点 i 层以下的节点,提取器构造 $(i+1)$ 个向量,这些向量满足该节点对应协议中的证明者声称已知的 i 个内积等式。例如,当提取器到达根节点时,提取器已经构造了根节点的每个子节点的向量 $\boldsymbol{u}^{(1)}$ 和 $\boldsymbol{g}^{(1)}$,使得等式(15.11)和(15.12)成立,即 $\langle \boldsymbol{u}^{(1)}, \boldsymbol{g}^{(1)} \rangle = c_{\boldsymbol{u}^{(1)}}$ 和 $\langle \boldsymbol{g}^{(1)}, \Gamma^{(1)} \rangle = c_{\boldsymbol{g}^{(1)}}$。注意:提取器知道 $\Gamma^{(1)}$,因为 $\Gamma^{(1)}$ 是公开的,而且与验证者不同的是,提取器只需要在多项式时间内运行,而不是对数时间。

Bulletproofs 提取器(14.4 节)提供了一种方法,以获取根节点的所有三个子节点的 $\boldsymbol{g}^{(1)}$ 向量并重建一个向量 $\boldsymbol{g}^{(0)}$,该向量"解释"了所有三个子节点的 $\boldsymbol{g}^{(1)}$ 向量,即对于根节点的每个子节点,$\boldsymbol{g}^{(1)} = \alpha_1^{-1}\boldsymbol{g}_L^{(0)} + \alpha_1 \boldsymbol{g}_R^{(0)}$,其中 α_1 是连接根节点和正在考虑的子节点的边的标签。一旦确定了 $\boldsymbol{g}^{(0)}$,同一个 Bulletproofs 提取程序将确定一个向量 $\boldsymbol{u}^{(0)}$,该向量解释了所有三个子节点的 $\boldsymbol{u}^{(1)}$ 向量,即在根节点的每个子节点上,$\boldsymbol{u}^{(1)} = \alpha_1 \boldsymbol{u}_L^{(0)} + \alpha_1^{-1}\boldsymbol{u}_R^{(0)}$,而且 $c_{\boldsymbol{u}^{(0)}} = \langle \boldsymbol{u}^{(0)}, \boldsymbol{g}^{(0)} \rangle$。

15.4.4 扩展到多项式承诺

将 15.4.3 节的打开知识协议扩展到多项式承诺方案的过程遵循本章开头提供的概述:设 $\boldsymbol{a} \in \mathbb{F}_p^n$ 是次数为 $(n-1)$ 的待承诺多项式 $q(X) = \sum_{i=0}^{n-1} a_i X^i$ 的系数向量,那么 q 的承诺就是 $\boldsymbol{a}$ 的 AFGHO 承诺(15.4.2 节)①。

如果 $\boldsymbol{g} = (g_1, \cdots, g_n) \in \mathbb{G}^n$ 和 $h \in \mathbb{G}$ 是公开的承诺密钥,并且 $w(a) \in \mathbb{G}^n = (a_1 \cdot h, \cdots, a_n \cdot h)$ 是采用密钥 h 对 $\boldsymbol{a}$ 的 Pedersen 承诺向量,则多项式的承诺是 $c_q := \mathrm{IPPCom}(w(\boldsymbol{a})) = \prod_{i=1}^{n} e(a_i \cdot h, g_i)$。

假设验证者请求被承诺的多项式在输入 $r \in \mathbb{F}_p$ 处的求值,并且证明者声称 $q(r) = v$,那么证明者必须证明它知道一个向量 $\boldsymbol{a}$,使得两个等式成立:(1) $c_q = \mathrm{IPPCom}(w(\boldsymbol{a}))$;(2) $q(r) = v$。注意:后一个声明等价于 $\langle \boldsymbol{a}, \boldsymbol{y} \rangle = v$,其中 $\boldsymbol{y} = (1, r, r^2, \cdots, r^{n-1})$。

声明(1)是通过应用 15.4.3 节的协议来实现的,以确保 $\mathcal{P}$ 知道打开 c_q 的 $u := w(\boldsymbol{a})$。声明(2)与该协议并行进行,类似于 Bulletproofs 多项式承诺方案(协议 13)。稍微详细地说,除了使用 15.4.3 节的协议代替协议 12 来确保 $\mathcal{P}$ 知道 c_q 的一个打开之外,还有两

① 请注意,同样的方法也适用于多线性多项式,出于简洁起见,本节中我们仅关注单变量多项式。

个差异：

- 在协议 13 中，验证者明确地在每一轮计算向量 $\boldsymbol{y}^{(i)}$。这在第 i 轮需要 $O(n/2^i)$ 的时间，远远超出了我们在本节中旨在实现的对数多项式时间验证者的要求。为了解决这个问题，关键的观察是对于 $i<\log n$，$\mathcal{V}$ 实际上并不需要知道 $y^{(i)}$。实际上，验证者在协议中执行检查所需的唯一信息是最后一轮的值 $y^{(\log n)}$。此外，不仅 $y=(1,r,\cdots,r^{n-1})$ 具有"张量结构"，而且 y 的逐轮更新也具有"张量结构"。这使得 $\mathcal{V}$ 可以在对数时间内计算 $y^{(\log n)}$。

  具体来说，对于 $(a,b)\in\mathbb{F}_p^2$ 和向量 $\boldsymbol{v}\in\mathbb{F}_p^n$，定义向量 $\boldsymbol{v}\otimes(a,b)=(a\cdot v,b\cdot v)\in\mathbb{F}_p^{2n}$。然后可以检查 $y=\bigotimes_{i=0}^{\log n-1}(1,r^{2^i})$。例如

  $$(1,r)\otimes(1,r^2)=(1,r,r^2,r^3)$$

  以及

  $$(1,r)\otimes(1,r^2)\otimes(1,r^4)=(1,r,r^2,\cdots,r^7)$$

  对于 $i\in\{1,\cdots,\log n\}$，令 $\bar{i}=\log n-i$。可以验证向量 $\boldsymbol{y}$ 中的张量结构使得以下等式成立：

  $$y^{(\log n)}=\prod_{i=1}^{\log n}(\alpha_i+\alpha_i^{-1}r^{2^{\bar{i}}})\tag{15.16}$$

  很明显，等式(15.16)的右边可以在 $O(\log n)$ 时间内计算。

  例如，如果 $n=4$，那么

  $$y^{(1)}=(1,r,r^2,r^3)$$
  $$y^{(2)}=(\alpha_1\cdot 1+\alpha_1^{-1}\cdot r^2,\alpha_1 r+\alpha_1^{-1}r^3)$$

  并且

  $$\begin{aligned}y^{(3)}&=\alpha_2 y_L^{(2)}+\alpha_2^{-1}y_R^{(2)}=\alpha_2\cdot\alpha_1\cdot 1+\alpha_2^{-1}\cdot\alpha_1\cdot r+\alpha_2\cdot\alpha_1^{-1}r^2+\alpha_2{}^{-1}\alpha_1^{-1}r^3\\&=(\alpha_1+\alpha_1^{-1}r^2)(\alpha_2+\alpha_2{}^{-1}r)\end{aligned}$$

- 在 15.4.3 节协议中的最后一轮，即第 $\log n$ 轮，证明者不仅应揭示群元素 $\boldsymbol{u}^{(\log n)}$，使得 $e(\boldsymbol{u}^{(\log n)},\boldsymbol{g}^{(\log n)})=c_{\boldsymbol{u}^{(\log n)}}$，而且还要揭示 $\boldsymbol{u}^{(\log n)}$ 是以 h 为基的离散对数 $a^*\in\mathbb{F}_p$ 对应的 Pedersen 承诺。这使得验证者可以确认 $\langle a^*,\boldsymbol{y}^{(\log n)}\rangle=a^*\cdot\boldsymbol{y}^{(\log n)}=v^{(\log n)}$，其中 $y^{(i)}$ 和 $v^{(i)}$ 分别表示协议 13 中向量 $\boldsymbol{y}$ 和 $\boldsymbol{v}$ 的第 i 轮的值。

15.4.5　通过矩阵承诺将预处理时间降低到 $O(\sqrt{n})$

类比于 Hyrax 多项式承诺　回顾一下，14.2 节使用 Pedersen 向量承诺来给出一个常数大小的多项式承诺，但伴随着线性大小的求值证明和验证时间。14.3 节将求值证明大小和验证时间减小到平方根时间，但代价是承诺大小从常数变成平方根。这是通过将任何多项式求值查询 $q(z)$ 表示为向量-矩阵-向量乘积 $\boldsymbol{b}^{\mathrm{T}}\cdot\boldsymbol{u}\cdot\boldsymbol{a}$，并要求证明者分别对矩

阵 $\boldsymbol{u}$ 的每一列进行承诺来实现的。验证者可以使用列承诺的同态性质计算出 $\boldsymbol{u}\cdot\boldsymbol{a}$ 的承诺，证明者可以调用承诺方案的求值过程来揭示 $\boldsymbol{b}^{\mathrm{T}}\cdot(\boldsymbol{u}\cdot\boldsymbol{a})$。

与 14.2 节的承诺方案不同，本节方案基于线性时间预处理阶段，已经具有对数（多项式）的验证成本。然而，仍然可以将本节的承诺方案与在求值查询中使用的向量-矩阵-向量乘法结构相结合，以改善其他开销。具体而言，预处理时间可以从线性降至承诺多项式次数的平方根。与 14.3 节不同，这种改进并不会增加承诺的大小。这种技术的附加好处是，多项式求值查询可以由证明者进行 $O(n^{1/2})$ 而非 $O(n)$ 个群运算完成（除了在所查询点对多项式进行求值所需的 $O(n)$ 个 $\mathbb{F}_p$ 运算之外）。

改进协议的承诺阶段 令 $\boldsymbol{u}\in\mathbb{F}_p^{m\times m}$ 为矩阵，使得对于任意 $z\in\mathbb{F}_p$，存在向量 $\boldsymbol{b},\boldsymbol{a}\in\mathbb{F}_p^m$，满足$q(z)=\boldsymbol{b}^{\mathrm{T}}\cdot\boldsymbol{u}\cdot\boldsymbol{a}$。证明者“在脑海中”使用随机生成元向量 $\boldsymbol{h}=(h_1,\cdots,h_m)\in\mathbb{G}^m$ 作为承诺密钥，对矩阵 $\boldsymbol{u}$ 的每一列 i 分别计算一个 $\mathbb{G}$ 中的 Pedersen 向量承诺 c_i。证明者不需要显式地将$(c_1,\cdots,c_m)\in\mathbb{G}^m$ 发送给验证者，而是使用 $\boldsymbol{g}=(g_1,\cdots,g_m)$作为承诺密钥，计算$(c_1,\cdots,c_m)$的配对内积承诺 c^*，并将其发送给验证者。换句话说，承诺

$$c^*:=\sum_{j=1}^{m}e\Big(\sum_{i=1}^{m}u_{i,j}\cdot h_i,g_j\Big)=\sum_{j=1}^{m}\sum_{i=1}^{m}e(u_{i,j}\cdot h_i,g_j)$$

仅仅是 $\mathbb{G}_t$ 中的一个元素。

改进协议的求值阶段 如果验证者请求 $q(z)$的求值，则令 $\boldsymbol{w},\boldsymbol{x}\in\mathbb{F}_p^m$ 为向量，使得 $q(z)=\boldsymbol{w}^{\mathrm{T}}\cdot\boldsymbol{u}\cdot\boldsymbol{x}$，并令 v 表示 $q(z)$的声明值。

两个向量 $\boldsymbol{w}$ 和 $\boldsymbol{x}$ 本身具有与 15.4.4 节中被利用来实现对数多项式级别验证时间的相同的张量结构。回想一下，该协议允许证明者证明知道一个给定的配对内积承诺的打开值 $\boldsymbol{t}\in\mathbb{G}^m$，使得$\langle\boldsymbol{t},\boldsymbol{y}\rangle=v$，其中 $\boldsymbol{y}\in\mathbb{F}^m$ 是任何公开的可以写成长度为 2 的向量的 log m-维张量积。

记 $\boldsymbol{u}\cdot\boldsymbol{x}\in\mathbb{F}_p^m$ 为 $\boldsymbol{d}$。证明者首先向验证者发送一个 Pedersen 向量承诺 $\boldsymbol{c}'\in\mathbb{G}$，其预设值为$\langle\boldsymbol{d},\boldsymbol{h}\rangle$。证明者需要证明以下三件事情：

- 证明者知道配对内积承诺 c^* 的一个打开值 $\boldsymbol{t}=(t_1,\cdots,t_m)\in\mathbb{G}^m$。
- $\langle\boldsymbol{t},\boldsymbol{x}\rangle=\boldsymbol{c}'$。和上一条结合，意味着，如果 $\boldsymbol{u}$ 是列承诺由 $\boldsymbol{t}$ 中条目给出的矩阵的话，$\boldsymbol{c}'$ 就是 $\boldsymbol{u}\cdot\boldsymbol{x}$ 对应密钥 $\boldsymbol{h}$ 的 Pedersen 向量承诺，也就是说，$\boldsymbol{c}'=\sum_{i=1}^{m}(\boldsymbol{u}\cdot\boldsymbol{x})_i\cdot\boldsymbol{h}_i$。
- 证明者知道承诺 $\boldsymbol{c}'$的一个打开值 $\boldsymbol{d}=(d_1,\cdots,d_m)\in\mathbb{F}_p^m$，满足$\langle\boldsymbol{w},\boldsymbol{d}\rangle=v$。和上一条结合，意味着正如$\mathcal{P}$ 声称的，$\boldsymbol{w}^{\mathrm{T}}\cdot\boldsymbol{u}\cdot\boldsymbol{x}=v$。

前两项可以通过 15.4.4 节的协议直接证明。

因为 $\boldsymbol{w}$ 也具有张量结构，所以用 15.4.4 节的协议去证明第三项是很有吸引力的。但这并不直接可行，因为 $\boldsymbol{c}'$ 不是 $\boldsymbol{d}$ 的 AFGHO 承诺，而是对 $\boldsymbol{d}$ 的 Pedersen 向量承诺。为了解决这个问题，验证者简单地将 $\boldsymbol{c}'$ 转换为 AFGHO 承诺，方法如下：对于公开随机选择的 $\boldsymbol{g} \in \mathbb{G}$，验证者令 $\boldsymbol{c}''=e(\boldsymbol{c}',\boldsymbol{g})$，这样 $\boldsymbol{c}'' \in \mathbb{G}_t$ 就是对 $\boldsymbol{d}$ 的 AFGHO 承诺，其承诺密钥为 $\boldsymbol{h} \in \mathbb{G}^n$ 和 $\boldsymbol{g} \in \mathbb{G}$。确实，由 e 的双线性可得：

$$\boldsymbol{c}''=e\left(\sum_{i=1}^{m} d_i h_i, g\right)=\sum_{i=1}^{m} e(d_i \cdot h_i, g)=\sum_{i=1}^{m} e(h_i, d_i \cdot g)$$

因此，证明者可以调用 15.4.4 节的协议，证明它知道 $\boldsymbol{c}''$ 的一个打开值 $\boldsymbol{d}$，使得 $\langle \boldsymbol{w},\boldsymbol{d}\rangle = v$。

15.4.6　实现 $O(\log n)$ 的通信和验证时间

在 15.4.3 节协议的第 1 轮中，验证者能够使用预处理的输出 $\Delta_L^{(1)}$ 和 $\Delta_R^{(1)}$ 计算出在密钥 $\Gamma^{(1)}$ 下新更新的向量 $\boldsymbol{g}^{(1)}=\alpha_1^{-1}\boldsymbol{g}_L^{(0)}+\alpha_1 \boldsymbol{g}R^{(0)}$ 的承诺 $c_{\boldsymbol{g}^{(1)}}$。然而，验证者无法计算出 $\boldsymbol{u}^{(1)}=\alpha_1 \boldsymbol{u}_L^{(0)}+\alpha_1^{-1}\boldsymbol{u}_R^{(0)}$ 在密钥 $\Gamma^{(1)}$ 下的承诺。改善这一点反而会得到更佳的验证成本 $O(\log n)$，而非 $O(\log^2 n)$。

概念上，下面的协议类似于 Bulletproofs 和 15.4.3 节中的协议，分 $\log n$ 轮进行，每一轮的过程都将待考虑的向量长度减半。但是，该协议中的每一轮实际上包括 4 条消息。因此，最终协议中的实际通信轮数为 $2\log n$，而不是 $\log n$。

初始设置　假设在第 i 轮开始时，证明者声称已经知道两个向量 $\boldsymbol{u}^{(i-1)}, \boldsymbol{g}^{(i-1)} \in \mathbb{G}^{n\cdot 2^{-(i-1)}}$，满足以下三个等式：

$$\langle \boldsymbol{u}^{(i-1)}, \boldsymbol{g}^{(i-1)}\rangle = c_1 \tag{15.17}$$

$$\langle \boldsymbol{u}^{(i-1)}, \boldsymbol{\Gamma}^{(i-1)}\rangle = c_2 \tag{15.18}$$

$$\langle \boldsymbol{g}^{(i-1)}, \boldsymbol{\Gamma}^{(i-1)}\rangle = c_3 \tag{15.19}$$

在第 1 轮中，以下选择确保上述三个等式刻画了整个协议旨在验证的 $\mathcal{P}$ 的声明，即 $\mathcal{P}$ 知道满足以下等式的 $\boldsymbol{u}^{(0)}$：

$$\langle \boldsymbol{u}^{(0)}, \boldsymbol{g}^{(0)}\rangle = c_{\boldsymbol{u}^{(0)}} \tag{15.20}$$

设置 $\Gamma^{(0)}=\boldsymbol{g}^{(0)}$，并且设置 $c_1=c_2=c_{\boldsymbol{u}^{(0)}}$。最后，设置 $c_3=\langle \boldsymbol{g}^{(0)}, \boldsymbol{g}^{(0)}\rangle$，这是一个可以包含在预处理的输出中的量，因为它与 $\boldsymbol{u}^{(0)}$ 无关①。在上述 $\Gamma^{(0)}$，c_1，c_2 和 c_3 的设置下，对于 $i=1$，等式(15.17)～(15.19)的有效性等价于等式(15.20)的有效性。

第 i 轮的描述　第 i 轮的目的是将上述三个方程归约到形式相同的三个方程，但是使用比 $\boldsymbol{u}^{(i-1)}$，$\boldsymbol{g}^{(i-1)}$ 向量短一半的向量 $\boldsymbol{u}^{(i)}$ 和 $g^{(i)}$。具体步骤如下(下面，我们将每个步骤的描

① 更一般地，协议的第 i 轮也需要预处理输出 $\langle \Gamma^{(i-1)}, \Gamma^{(i-1)}\rangle$ 这个量。

述与该步骤的直观解释交织在一起。单独的协议描述在协议 14 中)。

- 证明者从发送四个量 $D_{1L}, D_{1R}, D_{2L}, D_{2L} \in \mathbb{G}_t$ 开始，声称这些是在密钥 $\boldsymbol{\Gamma}^{(i)}$ 下 $\boldsymbol{u}^{(i-1)}$ 和 $\boldsymbol{g}^{(i-1)}$ 左右两半的 AFGHO 承诺。从概念上讲，发送这四个承诺的目的是使验证者能够在 $\boldsymbol{\Gamma}^{(i)}$ 下同态地计算 $\boldsymbol{u}^{(i)}$ 和 $\boldsymbol{g}^{(i)}$ 的承诺(后面在协议中定义)。
- 验证者选择一个随机数 $\beta \in \mathbb{F}_p$ 并将其发送给 $\mathcal{P}$。概念上，β 用于实现三个等式的"随机线性组合"，得到"等价"的等式。具体来说，如果等式(15.17)～(15.19)成立，则以下等式也成立：

$$\langle \boldsymbol{u}^{(i-1)} + \beta \boldsymbol{\Gamma}^{(i-1)}, \boldsymbol{g}^{(i-1)} + \beta^{-1} \boldsymbol{\Gamma}^{(i-1)} \rangle = c_1 + \beta^{-1} c_2 + \beta c_3 + \langle \boldsymbol{\Gamma}^{(i-1)}, \boldsymbol{\Gamma}^{(i-1)} \rangle \tag{15.21}$$

同时，如果证明者可以证明它知道 $\boldsymbol{u}^{(i-1)}$ 和 $\boldsymbol{g}^{(i-1)}$，哪怕其只对三个 β 值，等式(15.21)成立，实际上，$\boldsymbol{u}^{(i-1)}$ 和 $\boldsymbol{g}^{(i-1)}$ 满足等式(15.17)～(15.19)。这是因为，如果等式(15.17)～(15.19)中的任何一个不成立，则等式(15.21)最多只能对两个 $\beta \in \mathbb{F}_p$ 值成立，因为方程(15.21)的左右两侧是不同的劳伦特多项式，最多只能在 2 个点上相等。

因此，从概念上讲，第 i 轮的剩余部分将致力于证明对于验证者随机选择的 β，等式(15.21)成立。如下所述，该轮的剩余部分基本上通过将标准 Bulletproofs 迭代应用于等式(15.21)来实现，即通过随机选择 $\alpha \in \mathbb{F}_p$，并使用它"随机组合" $\boldsymbol{u}^{(i-1)}$ 和 $\boldsymbol{g}^{(i-1)}$ 的左右两半，以获得新向量 $\boldsymbol{u}^{(i)}$ 和 $\boldsymbol{g}^{(i)}$，长度减半。

为此，令

$$\boldsymbol{w}_1 = \boldsymbol{u}^{(i-1)} + \beta \boldsymbol{\Gamma}^{(i-1)} \tag{15.22}$$

和

$$\boldsymbol{w}_2 = \boldsymbol{g}^{(i-1)} + \beta^{-1} \boldsymbol{\Gamma}^{(i-1)} \tag{15.23}$$

并令 $\boldsymbol{w}_{1L}$ 和 $\boldsymbol{w}_{1R}$ 分别表示 $\boldsymbol{w}_1$ 的左半部分和右半部分，$\boldsymbol{w}_{2L}$ 和 $\boldsymbol{w}_{2R}$ 同理。

- 证明者发送交叉项 v_L 和 v_R，声称它们等于 $\langle \boldsymbol{w}_{1L}, \boldsymbol{w}_{2R} \rangle$ 和 $\langle \boldsymbol{w}_{1R}, \boldsymbol{w}_{2L} \rangle$。
- 验证者随机选择一个 $\alpha \in \mathbb{F}_p$，并将其发送给证明者。
- 证明者定义：

$$\boldsymbol{u}^{(i)} = \alpha \cdot \boldsymbol{w}_{1L} + \alpha^{-1} \boldsymbol{w}_{1R} \tag{15.24}$$

$$\boldsymbol{g}^{(i)} = \alpha^{-1} \cdot \boldsymbol{w}_{2L} + \alpha \boldsymbol{w}_{2R} \tag{15.25}$$

- 验证者并不知道 $\boldsymbol{u}^{(i)}$ 或 $\boldsymbol{g}^{(i)}$，但可以同态地计算以下三个量：

  -$\langle \boldsymbol{u}^{(i)}, \boldsymbol{g}^{(i)} \rangle$。事实上，如果等式(15.17)～(15.19)成立并且 v_L、v_W 是规定好的，那么等式(15.21)的一个直接推论是：

$$\langle \boldsymbol{u}^{(i)}, \boldsymbol{g}^{(i)} \rangle = c_1 + \beta^{-1} c_2 + \beta c_3 + \langle \boldsymbol{\Gamma}^{(i-1)}, \boldsymbol{\Gamma}^{(i-1)} \rangle + \alpha^2 v_L + \alpha^{-2} v_R \tag{15.26}$$

  注意：验证者可以自行获取等式(15.26)右侧的所有项($\langle \boldsymbol{\Gamma}^{(i-1)}, \boldsymbol{\Gamma}^{(i-1)} \rangle$ 可以在预

处理中计算)。

- $\langle \boldsymbol{u}^{(i)}, \boldsymbol{\Gamma}^{(i)} \rangle$。如果 D_{1L} 和 D_{1R} 和之前描述一致的话,则等式(15.22)和(15.24)蕴含了:

$$\langle \boldsymbol{u}^{(i)}, \boldsymbol{\Gamma}^{(i)} \rangle = \alpha D_{1L} + \alpha^{-1} D_{1R} + \alpha\beta\Delta_L^{(i)} + \alpha^{-1}\beta\Delta_R^{(i)} \tag{15.27}$$

回忆一下,$\Delta_L^{(i)} = \langle \boldsymbol{\Gamma}_L^{(i-1)}, \boldsymbol{\Gamma}^{(i)} \rangle$ 以及 $\Delta_R^{(i)} = \langle \boldsymbol{\Gamma}_R^{(i-1)}, \boldsymbol{\Gamma}^{(i)} \rangle$ 是在预计算的 $\boldsymbol{\Gamma}^{(i-1)}$ 左右两边的承诺。

- $\langle \boldsymbol{g}^{(i)}, \boldsymbol{\Gamma}^{(i)} \rangle$。如果 D_{2L} 和 D_{2R} 与之前描述一致的话,则等式(15.23)和(15.25)蕴含了:

$$\langle \boldsymbol{g}^{(i)}, \boldsymbol{\Gamma}^{(i)} \rangle = \alpha^{-1} D_{2L} + \alpha D_{2R} + \alpha^{-1}\beta^{-1}\Delta_L^{(i)} + \alpha\beta^{-1}\Delta_R^{(i)} \tag{15.28}$$

• 令 c_1'、c_2'、c_3' 代表上述的验证者通过同态计算出的三个量。接着第$(i+1)$轮就是要展示证明者确实知道使得如下三个等式成立的 $\boldsymbol{u}^{(i)}$ 和 $\boldsymbol{g}^{(i)}$:

$$\langle \boldsymbol{u}^{(i)}, \boldsymbol{g}^{(i)} \rangle = c_1'$$

$$\langle \boldsymbol{u}^{(i)}, \boldsymbol{\Gamma}^{(i)} \rangle = c_2'$$

$$\langle \boldsymbol{g}^{(i)}, \boldsymbol{\Gamma}^{(i)} \rangle = c_3'$$

协议 14 是对上述协议的总结。

提取分析概述　知识提取器的工作方式与 15.4.3 节的协议类似。首先,它为协议构建了一棵 3-脚本树,深度为 $2\log n$(其中,2 是因为协议描述中的 $\log n$ 个"概念轮"的每轮都实际上由 2 个通信轮组成)。在本概述的剩余部分,我们使用"轮"一词来指代概念轮。

与往常一样,提取器从叶子进行到根节点。在距根节点 $2i$ 距离的每个节点上(刻画了协议第$(i+1)$轮的开始),提取器构造向量 $\boldsymbol{u}^{(i)}$ 和 $\boldsymbol{g}^{(i)}$,"解释了"以该节点为根的子树的所有脚本中的证明者消息。

通过归纳法,假设提取器已经成功地重构了被用在第$(i+1)$轮及之后的树的所有顶点的向量。现在考虑对应于协议的第$(i+1)$轮的顶点,并令 α 和 β 表示验证者在第 i 轮选择的随机群元素。由于 AFGHO 承诺是计算绑定的,而且提取器是高效的,因此可以推断出对于提取器为该顶点重建的向量 $\boldsymbol{u}^{(i+1)}$,存在一个(高效计算的)向量 $\boldsymbol{z} = (z_L, z_R)$ 满足

$$\boldsymbol{u}^{(i+1)} = \alpha z_L + \alpha^{-1} z_R + \alpha\beta\boldsymbol{\Gamma}_L^{(i-1)} + \alpha^{-1}\beta\boldsymbol{\Gamma}_R^{(i-1)}$$

这是因为方程(15.27)确保了对 $\boldsymbol{u}^{(i+1)}$ 的承诺是一个满足上述形式的向量的承诺。类似地,可以推断存在一个(高效计算的)向量 $\boldsymbol{t} = (t_L, t_R)$,使得重建向量 $\boldsymbol{g}^{(i+1)}$ 具有以下形式:

$$\alpha^{-1} t_L + \alpha t_R + \alpha^{-1}\beta^{-1}\boldsymbol{\Gamma}_L^{(i-1)} + \alpha\beta\boldsymbol{\Gamma}_R^{(i-1)}$$

现在考虑脚本树中某个用于刻画协议第 i 轮的第二条消息的节点。由于第 i 轮的第二条消息将 Bulletproofs 的更新过程应用于在承诺密钥 $\Gamma^{(i)}$ 下的承诺 $\boldsymbol{w}_1$ 和 $\boldsymbol{w}_2$,Bulletproofs 抽取器能够重建向量 $\boldsymbol{w}_1$ 和 $\boldsymbol{w}_2$，使得等式(15.24)和(15.25)成立，即 $\boldsymbol{w}_1$ 和 $\boldsymbol{w}_2$ 解释了用在该节点的所有子节点中的重建向量 $\boldsymbol{u}^{(i+1)}$ 和 $\boldsymbol{g}^{(i+1)}$。此外，上一段意味着，存在可高效计算的向量 $\boldsymbol{u}^{(i-1)}$ 和 $\boldsymbol{g}^{(i-1)}$，使得等式(15.22)和(15.23)成立，即 $\boldsymbol{w}_1=\boldsymbol{u}^{(i-1)}+\beta\boldsymbol{\Gamma}^{(i-1)}$ 和 $\boldsymbol{w}_2=\boldsymbol{g}^{(i-1)}+\beta^{-1}\boldsymbol{\Gamma}^{(i-1)}$。

剩下要做的就是证明 $\boldsymbol{u}^{(i-1)}$ 和 $\boldsymbol{g}^{(i-1)}$ 满足等式(15.17)～(15.19)。对于 3-脚本树中的三个 β 值来说，$\boldsymbol{u}^{(i-1)}$ 和 $\boldsymbol{g}^{(i-1)}$ 满足等式(15.21)，由以下三个事实得出。首先，在等式(15.26)的承诺计算中，验证者应用 Bulletproofs 更新过程来确认证明者知道向量 $\boldsymbol{w}_1=\boldsymbol{u}^{(i-1)}+\beta\boldsymbol{\Gamma}^{(i-1)}$ 和 $\boldsymbol{w}_2=\boldsymbol{g}^{(i-1)}+\beta^{-1}\boldsymbol{\Gamma}^{(i-1)}$，满足等式(15.21)。其次，如上所述，$\boldsymbol{w}_1$ 和 $\boldsymbol{w}_2$“解释”了重构向量 $\boldsymbol{u}^{(i+1)}$ 和 $\boldsymbol{g}^{(i+1)}$，因此它们恰好是 Bulletproofs 知识提取器在等式(15.21)中应用 Bulletproofs 更新过程计算出的向量。这意味着提取器计算出的向量满足等式(15.21)。最后，如协议描述所解释的那样，如果 $\boldsymbol{u}^{(i-1)}$ 和 $\boldsymbol{g}^{(i-1)}$ 对于三个或更多的 β 值满足等式(15.21)，则它们也满足等式(15.17)～(15.19)。

协议 14 一个透明知识论证，涉及向量 $\boldsymbol{u},\boldsymbol{g}\in\mathbb{G}^n$，满足条件 $\langle\boldsymbol{u},\boldsymbol{g}\rangle=c_1$，$\langle\boldsymbol{u},\boldsymbol{\Gamma}\rangle=c_2$，以及 $\langle\boldsymbol{g},\boldsymbol{\Gamma}\rangle=c_3$，其中 $\boldsymbol{\Gamma}\in\mathbb{G}^n$ 是公开向量，其通过一个线性时间的预处理阶段(15.4.3 节)进行处理。这里，$\mathbb{G}$ 是一个加法群，$\langle\boldsymbol{u},\boldsymbol{g}\rangle=\sum_{i=1}^{n}e(u_i,g_i)$ 表示 $\boldsymbol{u}$ 和 $\boldsymbol{g}$ 之间的配对内积。该协议由 $2\log_2 n$ 轮组成，每轮由证明者向验证者发送 6 个 $\mathbb{G}_t$ 元素。验证者总时间由 $\mathbb{G}_t$ 中 $O(\log n)$ 次标量乘法决定。为了简化，我们展示的是对称配对的协议，尽管配对内积对承诺的绑定性只对非对称配对成立(特别地，在只对非对称配对成立的 SXDH 假设下)。

1：令 $\mathbb{G}$ 是一个阶为素数 p 的加法循环群。该群支持双线性映射 $e:\mathbb{G}\times\mathbb{G}\to\mathbb{G}_t$。
2：输入是 $c_1=\langle\boldsymbol{u},\boldsymbol{g}\rangle$，$c_2=\langle\boldsymbol{u},\boldsymbol{\Gamma}\rangle$，以及 $c_3=\langle\boldsymbol{g},\boldsymbol{\Gamma}\rangle$，其中 $\boldsymbol{u},\boldsymbol{g},\boldsymbol{\Gamma}\in\mathbb{G}^n$。验证者仅知道 c_1、c_2、c_3 以及在预处理过程中获得的量：$\langle\Gamma,\Gamma\rangle$，以及在公开承诺密钥 $\boldsymbol{\Gamma}'\in\mathbb{G}^{n/2}$ 下 $\boldsymbol{\Gamma}$ 的左右两半的 AFGHO 承诺 $\Delta_L=\langle\boldsymbol{\Gamma}_L,\boldsymbol{\Gamma}'\rangle$ 和 $\Delta_R=\langle\boldsymbol{\Gamma}_R,\boldsymbol{\Gamma}'\rangle$。
3：如果 $n=1$，证明者发送 $\boldsymbol{u}$、$\boldsymbol{g}$ 和 $\boldsymbol{\Gamma}$ 给验证者，并且验证者检查 $c_1=\langle\boldsymbol{u},\boldsymbol{g}\rangle$，$c_2=\langle\boldsymbol{u},\boldsymbol{\Gamma}\rangle$，$c_3=\langle\boldsymbol{g},\boldsymbol{\Gamma}\rangle$，$\Delta_L=\langle\boldsymbol{\Gamma}_L,\boldsymbol{\Gamma}'\rangle$ 以及 $\Delta_R=\langle\boldsymbol{\Gamma}_R,\boldsymbol{\Gamma}'\rangle$。
4：否则，$\mathcal{P}$ 发送 $D_{1L},D_{1R},D_{2L},D_{2L}\in\mathbb{G}_t$，声称其是在密钥 $\boldsymbol{\Gamma}'$ 下，$\boldsymbol{u}$ 和 $\boldsymbol{g}$ 的左右两半的 AFGHO 承诺。
5：$\mathcal{V}$ 随机选择 $\beta\in\mathbb{F}_p$，并将其发给 $\mathcal{P}$。
6：$\mathcal{P}$ 计算 $\boldsymbol{w}_1=\boldsymbol{u}+\beta\boldsymbol{\Gamma}$ 和 $\boldsymbol{w}_2=\boldsymbol{g}+\beta^{-1}\boldsymbol{\Gamma}$。令 $\boldsymbol{w}_{1L}$ 和 $\boldsymbol{w}_{1R}$ 代表 $\boldsymbol{w}_1$ 的左右两半，$\boldsymbol{w}_{2L}$ 和 $\boldsymbol{w}_{2R}$ 类似。
7：$\mathcal{P}$ 发送 $v_L,v_R\in\mathbb{G}_t$，声称它们是 $\langle\boldsymbol{w}_{1L},\boldsymbol{w}_{2R}\rangle$ 和 $\langle\boldsymbol{w}_{1R},\boldsymbol{w}_{2L}\rangle$。
8：$\mathcal{V}$ 随机选择 $\alpha\in\mathbb{F}_p$，并将其发给 $\mathcal{P}$。
9：$\mathcal{P}$ 计算 $\boldsymbol{u}'=\alpha\cdot\boldsymbol{w}_{1L}+\alpha^{-1}\cdot\boldsymbol{w}_{1R}$ 和 $\boldsymbol{g}'=\alpha^{-1}\cdot\boldsymbol{w}_{2L}+\alpha\cdot\boldsymbol{w}_{2R}$。
10：$\mathcal{V}$ 计算：

$$c_1'=c_1+\beta^{-1}c_2+\beta c_3+\langle\boldsymbol{\Gamma},\boldsymbol{\Gamma}\rangle+\alpha^2 v_L+\alpha^{-2}v_R$$
$$c_2'=\alpha D_{1L}+\alpha^{-1}D_{1R}+\alpha\beta\Delta_L+\alpha^{-1}\beta\Delta_R$$
$$c_3'=\alpha^{-1}D_{2L}+\alpha D_{2R}+\alpha^{-1}\beta^{-1}\Delta_L+\alpha\beta^{-1}\Delta_R$$

11：$\mathcal{V}$ 和 $\mathcal{P}$ 递归应用协议，证明 $\mathcal{P}$ 知道向量 $\boldsymbol{u}',\boldsymbol{g}'\in\mathbb{G}^{n/2}$，满足 $\langle\boldsymbol{u}',\boldsymbol{g}'\rangle=c_1'$，$\langle\boldsymbol{u}',\boldsymbol{\Gamma}'\rangle=c_2'$，以及 $\langle\boldsymbol{g}',\boldsymbol{\Gamma}'\rangle=c_3'$。

第 16 章

多项式承诺总结

16.1 同态承诺多项式的批量求值

在一些多项式承诺方案的 SNARK 应用中，验证者希望在同一点打开多个承诺的多项式，请参阅 10.3.2 节。现在我们解释一下，如果多项式承诺方案是同态的（如本章中的所有多项式承诺方案），则从本质上来讲，所有的打开操作可以采用和单个打开一样的证明者和验证者成本进行验证。

具体地说，假设证明者声称 $p(r)=y_1$ 和 $q(r)=y_2$，其中 p 和 q 是在域 $\mathbb{F}$ 上的承诺多项式，其承诺分别为 c_1 和 c_2。验证者不必独立验证这两个声明，而是可以验证这两个声明的一个随机线性组合，即检查对于随机选择的 $a\in\mathbb{F}$ 是否满足以下条件：

$$a\cdot p(r)+q(r)=a\cdot y_1+\cdot y_2 \tag{16.1}$$

很显然，如果两个原始声明都成立，则等式(16.1)成立。同时，因为等式(16.1)的左边和右边都是 a 的线性函数，所以如果其中一个原始声明不成立，在随机选择 a 的情况下，等式(16.1)成立的概率最大为 $1/|\mathbb{F}|$。

因此，在可靠性误差为 $1/|\mathbb{F}|$ 的情况下，验证这两个声明等同于验证等式(16.1)，这是关于某个多项式 $ap+q$ 的求值声明，该多项式的次数与 p 和 q 相同。采用同态性，验证者可以独立计算多项式 $a\cdot p+q$ 的承诺 c_3。因此，证明者和验证者可以直接将多项式承诺的求值过程应用于该多项式以检查等式(16.1)。

这意味着验证两个原始声明只需要应用一次求值过程。证明者为了将两个原始声明简化为一个衍生声明，唯一需要做的额外工作是计算多项式 $a\cdot p+q$，而验证者唯一的额外工作是从 c_1 和 c_2 计算出衍生承诺 c_3，以及从 y_1 和 y_2 计算出 $a\cdot y_1+y_2$。这些额外计算通常是低成本的，即比计算和验证求值证明要低得多。

也有其他更通用的批量处理技术，例如文献[64]中介绍的，可以处理在不同点上对多个不同的同态承诺多项式的求值。

16.2 稀疏多项式的承诺方案

如果一个次数为 D 的单变量多项式中非零系数的数量是 $\Omega(D)$，即至少有一个常数比例的系数是非零的，则称其为稠密的。类似地，如果 ℓ 变量多线性多项式的拉格朗日的系数数量是 $\Omega(2^\ell)$，则称其为稠密的。如果一个多项式不是稠密的，则称其为稀疏的。

在本书中，我们已经看到稀疏多项式的例子，即 $\widetilde{\text{add}}_i$ 和 $\widetilde{\text{mult}}_i$，它们是 GKR 协议中函数 add_i 和 mult_i 的多线性扩展（4.6 节）以及出现在 8.2 节中的函数 $\widetilde{\text{add}}$ 和 $\widetilde{\text{mult}}$。实际上，$\widetilde{\text{add}}$ 和 $\widetilde{\text{mult}}$ 定义在 $\ell=3\log|\mathcal{C}|$ 个变量上，在这么多变量上的拉格朗日多项式的数量是 $2^\ell=|\mathcal{C}|^3$。然而，以拉格朗日表示的话，$\widetilde{\text{add}}$ 和 $\widetilde{\text{mult}}$ 的非零系数的数量只有 $|\mathcal{C}|$。

如在 4.6.6 节中讨论的，当无法在 $|\mathcal{C}|$ 的亚线性时间内对 $\widetilde{\text{add}}$ 和 $\widetilde{\text{mult}}$ 求值时，一种节省验证者时间的技术是在预处理过程由可信方通过多项式承诺方案对这些多项式进行承诺（这可以以透明的方式完成，以便任何愿意付出努力的参与方可以确认承诺被正确计算）。然后，每当在新的输入上将 4.6 节或者 8.2 节中的 GKR 协议或 MIP 协议（或由此衍生出的 SNARK）应用于 $\mathcal{C}$ 时，验证者在执行证明者消息的必要检查时，无须自行对 $\widetilde{\text{add}}$ 和 $\widetilde{\text{mult}}$ 求值。相反，验证者可以要求证明者在多项式承诺方案的求值阶段揭示这些求值结果。这将验证者在预处理过程之后的运行时间从 $\Theta(|\mathcal{C}|)$ 减少到多项式承诺方案求值过程的验证时间。注意：在这种多项式承诺方案的应用中，协议无须是零知识的或可提取的，它只需要具有绑定性，以便在电路可满足性的零知识论证中节省验证者的工作。

我们现在已经看到了几种多项式承诺方案，其中承诺者的运行时间主要由执行一定数量的群指数运算所支配，这个数量与稠密的单变量和多线性多项式的系数个数呈线性关系（如 14.3 节）。然而，如果多项式是稀疏的，这些方案却无法让承诺者进一步节省运行时间。例如，直接对 $\widetilde{\text{add}}$ 和 $\widetilde{\text{mult}}$ 应用这些方案需要 $\Omega(|\mathcal{C}|^3)$ 的时间，这是完全不切实际的①。

在本节中，我们概述了 Setty 在文献[226]中提出的一种适用于任何多项式 q 的承诺方案，其承诺方案的运行时间与 q 的非零系数个数 M 成正比。该承诺方案使用任意的稠密多线性多项式的承诺方案作为子流程。类似于 10.3.2 节中实现的全息技术，给定稠密单变量多项式的承诺方案，提供一种承诺任意稀疏双变量多项式的方法。本节和

① 直接应用 15.3 节中基于 KZG 的多线性多项式承诺方案，可以在 $O(|\mathcal{C}|)$ 的时间内计算承诺，但是 SRS 的长度将为 $|\mathcal{C}|^3$，并且对于承诺者，承诺方案的求值过程可能需要 $\Omega(|\mathcal{C}|^3)$ 的时间。

10.3.2节的方案在概念上有相似之处，但也存在关键的区别。

为了表述方便，我们先描述一个协议，它在对数因子上实现了上述目标。也就是说，承诺者需要对一个定义在 $\ell'=\log_2 M+\log_2 \ell$ 个变量上的多线性多项式应用一个稠密多线性多项式承诺方案。假设 M 是 $2^{\Omega(\ell)}$（就像 $\widetilde{\text{add}}$和 $\widetilde{\text{mult}}$的情况），则 $O(M\ell)\leqslant O(M\log M)$，因此要承诺的稠密多项式比期望的大一个 $O(\log M)$因子。

在本节的最后，我们概述了一种技术，通过利用 $\widetilde{\text{add}}$ 和 $\widetilde{\text{mult}}$ 中的额外结构，可以消除承诺方运行时间中的这个额外因子 $\ell=\Theta(\log M)$。为简洁起见，我们的描述是非常具有概括性的，并在某些细节上与 Setty 的方案有所偏离。感兴趣的读者，可以参考文献[137]，了解 Setty 的完整方案。

带有对数因子额外开销的简单方案　该方案的思路是确定一个两扇入的分层算术电路 $\mathcal{C}'$，它的第一个输入是一个稀疏的 ℓ 变量多线性多项式 q 的描述（我们稍后会说明什么是所谓的描述）以及第二个输入 $z\in\mathbb{F}^{\ell}$，并确保 $\mathcal{C}'$ 输出 $q(z)$。我们将确保 $\mathcal{C}'$ 的输入由 $O(M\ell)$个有限域元素组成，$\mathcal{C}'$的规模为 $O(M\ell)$，深度为 $O(\log M)$。此外，$\mathcal{C}'$将具有可在 $O(\log(M\ell))$时间内在任意点上求值的布线谓词 $\widetilde{\text{add}}_i$ 和 $\widetilde{\text{mult}}_i$。

如果用 s 表示指定 q 的电路$\mathcal{C}'$的输入，则我们的稀疏多项式承诺方案中对 q 的承诺就是使用任何稠密多线性多项式承诺方案对 s 的多线性扩展 $\tilde{s}$ 进行的承诺。我们的稀疏多项式承诺方案的揭示过程如下：当验证者请求承诺者揭示在 $z\in\mathbb{F}^{\ell}$ 处的 $q(z)$时，承诺者发送 $q(z)$的声称值 v，然后承诺者和验证者将 GKR 协议应用于此声明的电路$\mathcal{C}'(s,z)=v$①。在 GKR 协议的最后，验证者需要在一个随机点上对输入(s,z)的多线性扩展进行求值。由于验证者知道 z 但不知道 s，使用类似于等式(7.1)的观察，只要验证者在某个点上获得 $\tilde{s}$ 的一个求值，就可以有效地对(s,z)的多线性扩展在该点上求值。验证者可以通过稠密多项式承诺方案的揭示过程从证明者那里获取这个求值。

由于$\mathcal{C}'$的规模为$O(M\ell)$，应用于$\mathcal{C}'$的 GKR 协议的证明者可以在 $O(M\ell)$的总时间内实现，并且使用适当的稠密多项式承诺方案承诺 $\tilde{s}$ 需要进行规模为$O(M\ell)$的多重指数运算。由于$\mathcal{C}'$的$\widetilde{\text{add}}_i$ 和 $\widetilde{\text{mult}}_i$ 可以在$O(\log M\ell)$的时间内进行求值，因此在协议中，验证者的运行时间主要由稠密多项式承诺方案的求值过程的成本决定。

这里介绍$\mathcal{C}'$的输入如何指定多项式 q。令 $T_1,\cdots,T_M\in\{0,1\}^{\ell}$表示多项式 q 中具有非零系数 $c_1,\cdots,c_M$对应的拉格朗日多项式 $\chi_{T_1},\cdots,\chi_{T_M}$的下标。也就是说，令

$$q(X)=\sum_{i=1}^{M}c_i\cdot\prod_{j=1}^{\ell}\left[T_{i,j}X_j+(1-T_{i,j})(1-X_j)\right]\tag{16.2}$$

① 他们还可以应用 8.2 节的 MIP 来验证这个声明，将第二个证明者替换为一个用于稠密多线性多项式的多项式承诺方案。

多项式 q 的描述 s 包括两个列表 $L[1],\cdots,L[M]$ 和 $B[1],\cdots,B[M]$，其中 $L[i]=c_i\in\mathbb{F}_p$，$B[i]=T_i\in\{0,1\}^{\ell}$。电路 $\mathcal{C}'$ 在输入 z 处对等式(16.2)进行求值。不难验证等式(16.2)可以通过一个具有 $O(M\ell)$ 个门的算术电路来求值，而且 $\mathcal{C}'$ 的每一层的布线谓词 add_i 和 mult_i 的多项式扩展可以在 $O(\log(M\ell))$ 的时间内进行求值。

对数因子优化(概述) 当对 $q=\widetilde{\text{add}}$ 或者 $q=\widetilde{\text{mult}}$ 承诺时，为了从 $\mathcal{C}'$ 的大小和其输入的长度中削减 ℓ 因子，我们的想法如下。首先，修改 q 的描述，将描述的长度从 $O(M\ell)$ 个域元素减少到 $O(M)$ 个域元素。其次，确定一个随机存取机 M，它以修改后的 q 的描述和 $z\in\mathbb{F}^{\ell}$ 作为输入，并输出 $q(z)$。我们确保 $\mathcal{M}$ 在 $O(M)$ 的时间内运行，并且可以将 $\mathcal{M}$ 转换为一个电路，其大小只比运行时间多一个常数因子。

以下是如何修改 $q=\widetilde{\text{add}}$ 的描述。比起通过一个位串列表 $T_1,\cdots,T_M\in\{0,1\}^{3\log|\mathcal{C}|}$ 来指定 $\widetilde{\text{add}}$ 非零拉格朗日系数，我们转而通过三元组 $(u_1,u_2,u_3)\in\{1,\cdots,|\mathcal{C}|\}^3$ 来指定它们，并将三元组解释为表示 $\mathcal{C}$ 的第 u_1 个门是一个加法门，其入邻的标签是整数 u_2 和 u_3。

随机存取机 M 的工作原理如下。它以修改后的 $q=\widetilde{\text{add}}$ 的描述和一个点 $z=(r_1,r_2,r_3)\in\left(\mathbb{F}_p^{\log|\mathcal{C}|}\right)^3$ 作为输入，运行时间为 $O(M)$，并输出 $q(z)$。回顾一下，在 8.2 节中，$\text{add}(a,b,c):\{0,1\}^{3\log S}\to\{0,1\}$ 将其输入解释为三个门标签 a、b、c，当且仅当 b 和 c 是门 a 的入邻，且 a 是一个加法门时输出 1。这意味着

$$\widetilde{\text{add}}(X,Y,Z)=\sum_{a\in\{0,1\}^{\log|\mathcal{C}|},a\text{是加法门}}\chi_a(X)\cdot\chi_{in1(a)}(Y)\cdot\chi_{in2(a)}(Z)\tag{16.3}$$

其中 $in_1(a)$ 和 $in_2(a)$ 分别表示 $\mathcal{C}$ 中门 a 的第一个和第二个入邻的标签。另外，根据引理 3.4，在指定的输入 $r\in\mathbb{F}^{\log|\mathcal{C}|}$ 上对所有 $\log|\mathcal{C}|$ 个变量的拉格朗日多项式求值可以在 $O(|\mathcal{C}|)$ 时间内完成。因此，为了在 $O(|\mathcal{C}|)$ 时间内对 $\widetilde{\text{add}}$ 在输入 $(r_1,r_2,r_3)\in(\mathbb{F}^{\log|\mathcal{C}|})^3$ 处求值，$\mathcal{M}$ 以下述两个阶段运行即可。在第一个阶段中，$\mathcal{M}$ 在 $O(|\mathcal{C}|)$ 时间内求出在三个输入 $r_1,r_2,r_3\in\mathbb{F}^{\log|\mathcal{C}|}$ 处的所有 $\log|\mathcal{C}|$ 变量拉格朗日多项式的值(这甚至可以在不检查三元组列表 (u_1,u_2,u_3) 的情况下完成)，并将 $3\cdot|\mathcal{C}|$ 个结果存储在内存中。在第二个阶段中，假设对内存内容可以随机访问，$\mathcal{M}$ 通过等式(16.3)在 $O(|\mathcal{C}|)$ 的额外时间内在 (r_1,r_2,r_3) 处求值 $\widetilde{\text{add}}$。注意：$\mathcal{M}$ 进行的内存访问仅取决于已承诺的多项式 q，与求值点 z 无关。

使用第 6 章中的计算机程序到电路可满足性的转换，具体地说，使用 6.6.2 节中描述的基于指纹法的内存检查过程，我们可以将 $\mathcal{M}$ 转换为电路 $\mathcal{C}'$ 的一个可满足性实例。正如 6.6.2 和 6.6.3 节中所描述的那样，这个转换过程是交互式的。然而，可以利用 Fiat-Shamir 变换在随机预言机模型中将这个转换变为非交互式的。

16.3 多项式承诺方案的优缺点

我们已经看到了构建切实可行的多项式承诺方案的三种方法。第一种基于 IOP，具体一点是 FRI(10.4.2 节)，以及 Ligero 承诺和 Brakedown 承诺(10.5 节)。第二种方法(第 14 章)巧妙地构建在同态承诺方案(如 Pedersen 承诺[206])和类 Schnorr 风格[223]的技术的基础上，用于证明承诺向量与公共向量之间的内积关系。该方法的绑定性基于离散对数难题。第三种方法(第 15 章)源自 KZG 的工作[164]，基于双线性映射，需要一个可信的设置过程。大致而言，这三种方法的多项式承诺方案的实际优缺点如下。

基于 IOP 的多项式承诺的优缺点　IOP 方法是这三种方法中唯一可能具备量子安全的方法(在量子随机预言模型下可以实现安全性[99])。另外两种方法则假设离散对数问题的困难性，而这个问题在量子计算机上可以在多项式时间内解决。IOP 方法的另一个优点是它使用非常小的公共参数(仅指定一个或多个哈希函数)，而且还可以随机生成，也就是说，它们只是从抗碰撞哈希族中随机选择一个哈希函数。换句话说，与第三种方法不同，第一种方法(以及第二种方法)是透明的，这意味着它不需要由可信方生成的结构化参考字符串(SRS)，可信方在未能丢弃有毒废料时会有伪造求值证明的能力。

基于 IOP 的方案存在以下缺点：FRI 的求值证明大小是对数多项式级别的，虽然是已知基于 IOP 的方案中最小的，但实际上仍然相当大，特别是与其他具有对数或常数大小证明的承诺方案相比，如 Bulletproofs(14.4 节)、Dory(15.4 节)和 KZG 承诺(第 15 章)。

FRI 方案的证明者成本也相对较高。更准确地说，FRI 展示了在证明者成本和验证成本之间存在着较大的冲突，两者之间的权衡取决于协议中使用的 Reed-Solomon 编码的码率(参阅 10.4.4 节)。

在当前的安全分析下，如果将 FRI 配置为比其他多项式承诺方案拥有更慢的证明者(如使用 Reed-Solomon 编码的码率为 1/16)，则在 100 位的安全级别下，求值证明的大小将远超 100 kB。详情可参阅文献[145]。如果配置为更快的证明者，则证明的大小会更大。例如，使用码率 1/2 而不是码率 1/16 时，证明的大小增加了约 4 倍，尽管证明者的速度大约提高了 8 倍。

相比于 FRI，Ligero 和 Brakedown 承诺方案对于证明者来说更快，但证明的大小显著增加。在 19 章会讨论 SNARK 组合的一些方法[95,253]可以减小它们的证明大小。

IOP 方法的另一个主要缺点是另外两种方法都提供了同态承诺(即给定两个多项式 p 和 q 的承诺 c_p 和 c_q，可以派生出 $p+q$ 的承诺 c)。这种同态性质带来了优秀的批量打开属性(16.1 节)，其在多项式承诺方案的某些应用中是必不可少的(18.5 节)。FRI 和

Ligero 还要求证明者执行 FFT，这可能会对所使用的有限域施加一些限制，并且对于大规模实例来说可能成为证明者时间和空间的瓶颈。

基于离散对数的多项式承诺的优缺点 第二种方法也是透明的，因为公共参数只是随机的群元素。根据承诺方案的不同，这些参数可能非常多，并且在实践中生成椭圆曲线群的大量随机元素可能会很昂贵。这种方法不需要进行 FFT，承诺者在任何有离散对数难题的群中执行 $O(n)$ 次群指数运算(可能使用类似 Pippenger 算法的方式进行多重指数运算的优化，除 Bulletproofs 的求值证明以外)。因此，对于承诺者而言，目前该方法效率非常高，对足够大的多项式，其与 Ligero 和 Brakedown 承诺方案大致相当。在 Dory(15.4 节)出现之前，比起其他两种方法，这种方法需要的验证者运行时间确实更长一些。例如，在 Hyrax 的承诺方案(14.3 节)中，验证者需要进行大小为 $O(\sqrt{n})$ 的多重指数运算，而在 Bulletproofs(14.4 节)中，验证者进行的多重指数运算具有线性大小，即$\Theta(n)$。Dory 将验证者时间降低为 $O(\log n)$个群指数运算，代价是计算承诺的时间增加了一个常数因子，主要是因为 Dory 需要在支持配对运算的群中进行操作，这导致群运算确实较慢。表 16.1 总结了本书中提到的透明的多项式承诺方案的成本。

表 16.1 本书涉及的透明多项式承诺方案的成本本。为简单起见，表格重点限定在系数为标准单项式基的单变量多项式，其次数为 N。λ 表示安全参数。承诺时间和 $\mathcal{P}$ 执行时间分别列出生成承诺和求值证明的主要运算。$\mathcal{V}$ 执行时间列出验证任何求值证明的主要操作。FRI 和 Ligero 承诺可能是后量子安全的，但不具有同态性；其他方案具有同态性，但不是后量子安全的。Dory 需要在支持配对运算的群上进行计算，并且需要预处理过程，其成本为 $O(\sqrt{N})$个群指数运算。FRI 和 Ligero 的公共参数仅指定一个密码学哈希函数。对于 Bulletproofs，其公共参数是 $O(N)$个随机群元素，而对于其他所有方案，公共参数是 $O(\sqrt{N})$个随机群元素

承诺方案	承诺大小	求值证明大小	$\mathcal{V}$ 执行时间	承诺时间	$\mathcal{P}$ 执行时间
FRI (10.4.4 和 10.4.2 节)	一个哈希值	$O(\log^2 N \cdot \lambda)$ 哈希值	$O(\log^2 N \cdot \lambda)$ 哈希求值	$O(N\log N)$ 域运算	$O(N\log N)$ 域运算
Ligero 承诺 (10.5 节)	一个哈希值	$O(\sqrt{N \cdot \lambda})$ 域元素	$O(\sqrt{N \cdot \lambda})$ 域运算	$O(N\log N)$ 域运算	$O(N)$ 域运算
Hyrax 承诺 (14.3 节)	$O(\sqrt{N})$群元素	$O(\sqrt{N})$群元素	多指数大小为$\sqrt{N}$	$\sqrt{N}$个多指数大小为$\sqrt{N}$	$O(N)$ 域运算
Bulletproofs (14.4 节)	一个群元素	$O(\log N)$群元素	多指数大小为 $O(N)$	多指数大小为 $O(N)$	$O(N)$群指数
Hyrax 承诺＋Bulletproofs(14.4.2 节)	$O(\sqrt{N})$群元素	$O(\log N)$群元素	多指数大小为$\sqrt{N}$	$\sqrt{N}$个多指数大小为$\sqrt{N}$	$O(N)$ 域运算
Dory (15.4 节)	一个群元素	$O(\log N)$群元素	多指数大小为 $O(\log N)$	$\sqrt{N}$个多指数大小为$\sqrt{N}$	$O(N)$ 域运算

基于 KZG 的多项式承诺的优缺点 第三种方法的主要优点是其在应用于单变量多项式

时具有卓越的验证成本。具体而言，承诺和求值证明都由常数个群元素组成，并且可以通过常数个群运算和两个双线性映射求值来进行验证。对于多线性多项式(15.3 节)，这些成本随着系数数量的增加呈对数增长而非保持常数。

第三种方法的一个显著缺点是它需要一个结构化参考字符串(SRS)，并且有毒废料必须被丢弃，以避免求值证明的可伪造性。现在已经进行了大量的研究工作，为了降低所需的信任假设，已经知道如何使 SRS“可更新”。这意味着任何一方都可以在任何时候更新 SRS，只要有一个诚实的参与方，即丢弃了有毒废料的一方，那么就没有人能够伪造求值证明[187]。这个可能性的粗略思想是，SRS 由群生成元 g 的指数组成，这些指数是一个随机非零域元素 $\tau\in\{1,\cdots,p-1\}$ 的幂，因此任何一方都可以通过选择随机的 $s\in\{1,\cdots,p-1\}$ 并将 SRS 的第 i 个元素从 g^{τ^i} 更新为 $(g^{\tau^i})^{s^i}=g^{(\tau s)^i}$ 来“重新随机选择 τ”。也就是说，通过将 SRS 的第 i 个条目提升到幂 s^i，τ 被有效地更新为 $\tau\cdot s \bmod p$，它是 $\{1,\cdots,p-1\}$ 中的一个随机元素。

对于承诺者而言，KZG 承诺的计算成本也可能比其他方案更高。例如，它需要与第二种方法相似数量的公钥密码学运算(即群指数运算)，但与 Dory 一样，这些操作必须在配对友好群中进行，其群运算可能更加昂贵。

16.4 其他方法

本书中没有讨论新近的一些多项式承诺方案，包括文献[13]、[57]和[83]，它们基于一种称为未知阶群(groups of unknown order)的密码学概念。具体而言，所谓的 DARK[83]声称了一种具有与 Dory 相似的渐进验证复杂度(对数级大小的求值证明和验证时间)的多项式承诺方案，但在安全性分析中存在缺陷。这在文献[57]及[83]的后续版本中得到了纠正，并且文献[13]改进了求值证明的大小，从对数个群元素变为常数个(验证时间仍然是对数级的，且证明者成本显著增加了)。目前，构建未知阶群要么需要一个可信设置，要么是不切实际的。其中一种构建方法基于所谓的类群，但在当前情况下，这是不切实际的[108](请参阅文献[179]表 2 中的微基准测试结果)；另一种构建方法基于所谓的模$\{-1,1\}$ 的 RSA 群，需要一个可信设置。

另一个例子是最近的工作[22,71]，它的做法类似于 Bulletproofs(14.4 节)，但对它做了修改，使其安全性假设基于被认为是后量子安全的格假设。目前看来，这种方法会产生比它所受启发的基于离散对数的协议要大得多的证明。

第 17 章

线性 PCP 与简洁论证

17.1 概述：来自“长”结构化 PCP 的交互式论证

在第 9 章中已经介绍了电路可满足性的“短”PCP，其中“短”是指 PCP 证明的长度几乎是电路大小的准线性级别。回顾一下（9.2 节），Kilian[168] 的研究表明，通过让证明者用默克尔树哈希对 PCP 字符串 π 进行密码学承诺，可以将短 PCP 转化为简洁的论证系统。然后，论证系统验证者可以模拟 PCP 验证者，查询 π 的少量符号。论证系统证明者可以揭示承诺的 PCP 证明 π 的这些符号，以及简洁的默克尔树认证信息来证明所揭示的符号确实与承诺的字符串一致。

不幸的是，短 PCP 非常复杂且仍然不实用①。本章介绍了通过类似方法获得的简洁论证，但是没有采用复杂且不实用的短 PCP。

不使用短 PCP 的论证 如果使用超多项式长度 $L=n^{\omega(1)}$ 的 PCP 实例化 Kilian 的论证系统[168]，为什么证明者的效率不高呢？问题在于，为了计算其默克尔哈希值并承诺 π，$\mathcal{P}$ 必须具体化完整的证明 π。显然，具体化超多项式长度的证明需要超多项式时间。

然而，Ishai、Kushilevitz 和 Ostrovsky[156]（IKO）的研究表明，如果 π 以下文明确说明的方式高度结构化，则 $\mathcal{P}$ 可以通过一种不需要全部具体化 π 的方式对其进行密码学承诺。这使得 IKO 可以使用指数长度的结构化 PCP 来获得简洁的交互式论证。这样的“长”PCP 比短 PCP 简单得多。文献[156]中的承诺协议基于任何语义安全、加法同态的密码系统，例如 ElGamal 加密[110]。这里，加法同态加密方案类似于加法同态承诺方案的概念（12.3 节），我们在第 13、14 章中广泛利用了该概念。它是一种加密方案，可以在不解密数据的情况下对加密数据进行加法计算。

---

① PCP 的交互式类比，称为 IOP，可以实现合理的具体性能（第 10 章）。

线性 PCP　IKO[156]所利用的 PCP 证明结构是线性结构。具体来说，在一个线性 PCP 中，将证明解释为一个函数映射 $\mathbb{F}^v \to \mathbb{F}$，其中 $v>0$ 是某个整数。线性 PCP 是指，其"诚实"证明是一个线性函数 π(的求值表)。也就是说，π 应满足对于任意两个查询 $q_1, q_2 \in \mathbb{F}^v$ 和常数 $d_1, d_2 \in \mathbb{F}$，都有 $\pi(d_1 q_1 + d_2 q_2) = d_1 \pi(q_1) + d_2 \pi(q_2)$。这与要求 π 是一个总次数为 1，常数项为 0 的 v 变量多项式相同。注意：在线性 PCP 中，即使针对非线性的"作弊"证明，可靠性也应该成立。因此，线性 PCP 和 PCP 的唯一区别在于在线性 PCP 中，诚实的证明保证具有特殊的结构。

将所有部分整合起来　总结一下，IKO[156]的论证在概念上与基于短 PCP 的 Kilian 论证相同，分为两个步骤。第一步，证明者对证明 π 进行承诺，但与 Kilian 的方法不同，这里证明者可以利用 π 的线性特征，在不需要完全具体化 π 的情况下承诺。第二步，证明系统验证者模拟线性 PCP 的验证者，要求证明者使用承诺协议的揭示阶段来揭示 π 的某些求值。

因此，为了基于线性 PCP 给出一个高效的论证系统，IKO[156]需要做两件事：一是提供一个关于算术电路可满足性的线性 PCP，二是提供一个用于线性函数的承诺/揭示协议。

在 IKO 的影响深远的论文中，上述两个步骤都存在缺陷。首先，当应用于规模为 S 的电路时，IKO 的线性 PCP 长度为 $|\mathbb{F}|^{O(S^2)}$，即电路大小的*平方*的指数级别。为了实现实用性，需要将其降低到 S 的指数级别，而不是它平方的指数级。其次，IKO 提出的针对线性函数的承诺/揭示协议是*交互式*的。这意味着获得的证明也是交互式的。此外，这些证明无法通过 Fiat-Shamir 变换变为非交互式，因为它们不是公开掷币的。交互性以及缺乏公开可验证性，使得这些论证在许多实际场景中无法使用。

随后的研究解决了上述两个问题。首先，Gennaro、Gentry、Parno 和 Raykova (GGPR)在文献[125]中提供了一个线性 PCP，其长度为 $|\mathbb{F}|^{O(S)}$①。其次，提供了替代的转换方法，将线性 PCP 转换为简洁的*非交互式*证明[56,125]。这些转换使用了基于配对的密码学方式，类似于 KZG 承诺(15.2 节)。将这些转换应用于 GGPR 的线性 PCP 可以得到 SNARK，它的变种现在被广泛地应用于实践中②。

论证的特征　长 PCP 的缺点是，如果证明 π 的长度为 L，那么即使是写下一个验证者对 π 的查询都需要 $\log L$ 个域元素。如果 L 在电路规模 $S=|\mathcal{C}|$ 中是指数级别，那么即使是 $\log L$ 在电路规模中也是线性的。这意味着即使是*指定*线性 PCP 验证者的查询也需要

① 后续的工作表明，GGPR 的协议实际上是 IKO 所定义的线性 PCP[56,227]。

② 其中 Groth 的 SNARK 变种[142]尤其流行，详见 17.5.6 节。

$\Omega(S)$的时间。与第 8～10 章中的 MIP、PCP 和 IOP 相比，验证者的总运行时间为 $O(n+\text{poly}(\log S))$，其中 n 是$\mathcal{C}$的公共输入的大小。在本章中获得的 zk-SNARK 中，这些 PCP 验证者用来指定查询 π 的长消息将被转化为一个长度为$\Omega(S)$的长结构化参考字符串，其生成过程中产生的“有害废料”，如果不丢弃的话，可以用来伪造假陈述的“证明”。

这类 SNARK 的性质与使用 KZG 多项式承诺的电路可满足性的许多 SNARK 类似(参见 15.2 节)，需要大小为$\Omega(S)$的 SRS。一个重要的区别是，基于 KZG 的 SNARK 中的 SRS 仅取决于所考虑电路的大小 S，而本章 SNARK 中的 SRS 是针对特定电路的。如果稍微调整一下所考虑的电路，就必须运行新的可信设置过程。

然而，线性 PCP 中由证明者向验证者传输的通信量非常小(仅有常数个域元素)，因此在线验证阶段特别快。最终其生成的 SNARK 具有最领先的证明长度和验证开销。

本章概述 17.2 节介绍 IKO 用于线性函数的承诺/揭示协议。17.3 节介绍 IKO 的线性 PCP，其长度为$|\mathbb{F}|^{O(S^2)}$。17.4 节介绍 GGPR 的线性 PCP，其长度为$|\mathbb{F}|^{O(S)}$。17.5 节介绍通过配对密码学将线性 PCP 转换为 SNARK。

17.2 承诺线性 PCP 而不实例化

令 π 是一个$\mathbb{F}^v\to\mathbb{F}$ 的线性函数。本节概述了 IKO[156] 的技术，允许证明者在“承诺阶段”首先承诺于 π，然后在“揭示阶段”中回答一系列 k 个查询 $q^{(1)},\cdots,q^{(k)}\in\mathbb{F}^v$。粗略地说，安全保证是在承诺阶段结束时，存在某个函数 π'(可能不是线性函数)，使得如果验证者在协议中的检查都通过了且 $\mathcal{P}$ 无法破解协议中使用的加密系统，则证明者在揭示阶段的回答均与 π'一致①。

更详细地说，该协议使用一个语义安全的同态加密系统。简而言之，语义安全保证了明文 m 的密文 $c=\text{Enc}(m)$的情况下，任何概率多项式时间算法都不能“获得任何关于 m 的信息”。语义安全类似于承诺方案(如 Pedersen 承诺，参见 12.3 节)的隐藏性质。加法同态是指，如果对于任何一对明文(m_1,m_2)和固定常数 $d_1,d_2\in\mathbb{F}$，都可以从各自加密的 m_1 和 m_2 中计算出 $d_1m_1+d_2m_2$ 的加密值，那么该加密系统就是(加法)同态的。在线性 PCP 的背景下，这里的 m_1 和 m_2 将是$\mathbb{F}$中的元素，因此表达式 $d_1m_1+d_2m_2$ 指的是$\mathbb{F}$上的加法和标量乘法。

已知有许多加法同态的加密方案，如广泛使用的 ElGamal 加密方案，其安全性基于在 15.1 节中介绍的 DDH 假设。

① 实际上，本节概述了 Setty 等人[228]对 IKO 的承诺/揭示协议的一项改进。IKO 的原始协议保证对每个查询 i，$\mathcal{P}$ 都承诺了一个单独的函数 π_i。Setty 等人[228]对 IKO 的协议进行了调整，既降低了成本，又保证$\mathcal{P}$ 只承诺单个函数 π'(可能是非线性函数)用于回答所有 k 个查询。

承诺阶段　在承诺阶段，验证者随机选择一个向量 $\boldsymbol{r}=(r_1,\cdots,r_v)\in\mathbb{F}^v$，加密 $\boldsymbol{r}$ 的每个条目并将所有的 v 个加密值发送给证明者。由于 π 是线性的，存在一个向量 $\boldsymbol{d}=(d_1,\cdots,d_v)\in\mathbb{F}^v$，使得对于所有的查询 $q=(q_1,\cdots,q_v)$，都有 $\pi(q)=\sum_{i=1}^{v}d_i\cdot q_i=\langle d,q\rangle$。因此，利用加密方案的同态性质，证明者可以有效地用 $\boldsymbol{r}$ 的各个条目的加密计算出 $\pi(\boldsymbol{r})$ 的加密值。具体而言，$\text{Enc}(\pi(\boldsymbol{r}))=\text{Enc}\left(\sum_{i=1}^{v}d_ir_i\right)$，并且通过 Enc 的同态性质，这个表达式可以从$\text{Enc}(r_1),\cdots,\text{Enc}(r_v)$有效地计算出。证明者将此加密值发送给验证者，后者解密它以获得（声称的）$s=\pi(\boldsymbol{r})$。

评注 17.1　在承诺阶段结束时，由于 Enc 的同态性质和 π 的线性性质，诚实的证明者设法向验证者发送了 $\pi(\boldsymbol{r})$ 的加密值，尽管证明者不知道 $\boldsymbol{r}$ 是什么（这是 Enc 的语义安全性所保证的）。此外，证明者在 $O(v)$ 的时间内完成了这个任务。这远远少于在所有点上求值 π 所需的 $\Omega(|\mathbb{F}|^v)$ 时间，如果证明者要建立一棵以 π 的所有求值为叶子节点的默克尔树时将需要这么做。

你也许在考虑是否可以用一个加法同态的承诺方案（如 Pedersen 承诺）来替代加法同态的加密方案 Enc。事实上，给定 $\boldsymbol{r}$ 的每个条目的 Pedersen 承诺，证明者可以在不知道 $\boldsymbol{r}$ 的前提下，使用加法同态计算出 $\pi(\boldsymbol{r})$ 的 Pedersen 承诺 c^*，就像本节中的证明者能够根据 $\text{Enc}(r_1),\cdots,\text{Enc}(r_v)$ 计算出 $\text{Enc}(\pi(\boldsymbol{r}))$ 一样。但是这种方法的问题是，不知道 π 的验证者将无法将 c^* 打开到 $\pi(\boldsymbol{r})$。相反，使用加密方案，验证者可以解密 $\text{Enc}(\pi(\boldsymbol{r}))$ 到 $\pi(\boldsymbol{r})$，尽管不知道 π。

揭示阶段　在揭示阶段，验证者随机选择 k 个域元素 $\alpha_1,\cdots,\alpha_k\in\mathbb{F}$ 并将其保密。然后，验证者将查询 $q^{(1)},\cdots,q^{(k)}$ 以及 $q^*=r+\sum_{i=1}^{k}\alpha_i\cdot q^{(i)}$ 以明文形式发送给证明者。证明者返回 $a^{(1)},\cdots,a^{(k)},a^*\in\mathbb{F}$，声称这些答案等于 $\pi(q^{(1)}),\cdots,\pi(q^{(k)}),\pi(q^*)$。验证者检查$a^*=s+\sum_{i=1}^{k}\alpha_i\cdot a^{(i)}$，如果成立，则接受这些答案有效，否则拒绝。

显然，如果证明者是诚实的，将会通过验证者的检查。绑定性的论证大体上是，如果证明者 $\mathcal{P}$ 没有使用单个函数回答所有查询，那么 $\mathcal{P}$ 要通过验证者检查的唯一方法是知道 α_i。这意味着，通过访问这样的证明者可以高效地计算出 α_i。但是，如果证明者知道 α_i，那么证明者必然能够解出 $\boldsymbol{r}$，因为 $\mathcal{V}$ 向证明者公开了 $q^*=\boldsymbol{r}+\sum_{i=1}^{k}\alpha_i\cdot q^{(i)}$。但这违反了底层密码系统的语义安全性，该安全性保证证明者从 $\boldsymbol{r}$ 的加密中获取不到关于 $\boldsymbol{r}$ 的任何信息。

17.2.1　当 $k=1$ 时绑定性质的详细表述

当 $k=1$，即在揭示阶段仅进行一次查询时，我们给出证明绑定性质的主要思路。如果证明者在协议的承诺阶段之后“不”被绑定于某个固定的函数，意味着什么？这表明在揭示协议中存在至少两个运行实例，在第一个运行实例中，验证者发送查询 q_1 和 $q^*=r+\alpha\cdot q_1$，证明者回答 a_1 和 a^*，而在第二个运行实例中，验证者发送查询 q_1 和 $\hat{q}=r+\alpha'\cdot q_1$，证明者回答 $a_1'\neq a_1$ 和 $\hat{a}$。也就是说，在揭示协议的两个不同的运行实例中，证明者对相同的查询 q_1 回答了两个不同的答案，并且设法通过了验证者的检查。

正如上面所述，我们将证明在这种情况下，证明者必须知道 α 和 α'。然而，正如我们现在所解释的那样，这打破了加密方案的语义安全性。

为何证明者知道 $\boldsymbol{\alpha}$ 和 $\boldsymbol{\alpha}'$ 即意味着语义安全性被打破　简而言之，这是因为如果证明者确实从 $\mathrm{Enc}(r_1),\cdots,\mathrm{Enc}(r_v)$ 中没有学到任何有关 $\boldsymbol{r}$ 的信息，就像 Enc 的语义安全性所承诺的那样，那么即使在已知 $q_1,q^*=r+\alpha\cdot q_1$ 和 $\hat{q}=r+\alpha'\cdot q_1$ 的情况下，证明者确定 α 的概率也不应该比随机猜测明显更高。这是因为，如果不知道 r，则

$$q^*=r+\alpha\cdot q_1 \tag{17.1}$$

和

$$\hat{q}=r+\alpha'\cdot q_1 \tag{17.2}$$

只告诉证明者关于 α 和 α' 的信息是它们是满足 $q^*-\hat{q}=(\alpha-\alpha')q_1$ 的两个域元素。这是因为对于每个满足等式(17.1)和(17.2)的一对 $\alpha,\alpha'\in\mathbb{F}$ 以及任何 $c\in\mathbb{F}$，当 r 被替换为 $r-cq_1$ 时，$\alpha+c$ 和 $\alpha'+c$ 也满足这两个等式。因此，如果不知道任何关于 r 的信息，则等式(17.1)和(17.2)不会透露关于 α 的任何信息。等价地，如果证明者知道 α，那么证明者必然已经获得了关于 r 的某些信息，这违背了 Enc 的语义安全性。

证明证明者必然知道 $\boldsymbol{\alpha}$ 和 $\boldsymbol{\alpha}'$　回忆一下，s 是证明者在承诺阶段发送的，声称等于 $\mathrm{Enc}(\pi(r))$ 的值的解密。由于证明者无法解密，因此证明者不知道 s。即使如此，如果验证者在两次揭示阶段的检查全部通过，那么证明者确实知道：

$$a^*=s+\alpha a_1 \tag{17.3}$$

和

$$\hat{a}=s+\alpha' a_1' \tag{17.4}$$

将这两个等式相减，这意味着证明者知道

$$(a^*-\hat{a})=\alpha a_1-\alpha' a_1' \tag{17.5}$$

同样地，即使证明者不知道 r，证明者也知道等式(17.1)和(17.2)成立。两个等式相减得到 $q^*-\hat{q}=(\alpha-\alpha')q_1$。

我们可以假设查询向量 $\boldsymbol{q}$ 中没有一个是全零向量，因为任何线性函数 π 在全零向量上的值都为零。因此，如果我们让 j 表示 q_1 的任何非零坐标，则有：

$$q_j^* - \hat{q}_j = (\alpha - \alpha')q_{1,j} \tag{17.6}$$

由于 $a_1 \neq a_1'$，方程式(17.5)和(17.6)用两个线性无关的方程式表示 α 和 α'，并且这些方程式有唯一的解。因此，证明者可以按照所述方法解出 α 和 α'。

概念性视角：与 Schnorr 协议的特殊可靠性的比较　在 12.2.1 节和 12.2.2 节中，我们介绍了 Σ-协议，特别是 Schnorr 的用于离散对数知识的 Σ-协议。回想一下，Σ-协议是 3-消息的协议(由证明者先发言)，满足一种称为"特殊可靠性"的概念。这意味着，给定两个可被接受的脚本 (a,e,z) 和 (a,e',z')，若满足第一条消息 a 相同且验证者的挑战 e 和 e' 不同，则可以有效地求解证据 w。

在 Schnorr 协议的例子中，我们看到这两个可被接受的脚本暗示着存在一个证据 w，满足两个关于未知数 w 和 r 的线性无关的方程，即 $z = w \cdot e + r$ 和 $z' = w \cdot e' + r$。给定这样的方程，可以有效地解出 w 和 r。

正如我们将要解释的那样，可以通过与 Schnorr 协议的特殊可靠性类比来理解本节的绑定分析。

这一节针对线性函数 π 的承诺/揭示协议实际上是一个 4 消息协议，而不是 3 消息协议：验证者向证明者发送 r 的加密，证明者回复 $\pi(r)$ 的加密，然后验证者发送两个求值查询 q_1 和 $q^* = r + \alpha q_1$，证明者回复 $\pi(q_1)$ 和 $\pi(q^*)$。非常宽泛地说，这类似于一个 3 消息而非 4 消息协议，其中第一条消息是 $(r, \pi(r))$，由证明者发送给验证者，但是证明者本身并不知道这条消息，因为 r 和 $\pi(r)$ 都被加密了。

根据这种观点，上面的绑定性分析类比于 Schnorr 协议的特殊可靠性。绑定性分析假设我们已经获得了上述 3-消息协议的两个可接受脚本，满足以下属性：这两个脚本具有相同的第一条消息 $(r, \pi(r))$，并且具有不同的验证者挑战 $(q_1, q^* = r + \alpha q_1)$ 和 $(q_1, \hat{q} = r + \alpha' q_1)$，就像特殊可靠性背景中一样。也就是说，这两个脚本是

$$((r, \pi(r)), (q_1, q^* = r + \alpha q_1), (a_1, a^*))$$

和

$$((r, \pi(r)), (q_1, \hat{q} = r + \alpha' q_1), (a_1', \hat{a}))$$

绑定性分析成立是由于若验证者接受上述两个脚本，在这个过程中可以推导出含未知数 α 和 α' 的两个方程(参见公式(17.5)和(17.6))。此外，如果 $a_1 \neq a_1'$，则这两个方程是线性无关的，因此可以解出 α 和 α'。这进而确定了 r，从而违背了加密方案的语义安全性。

17.3 算术电路可满足性问题的第一个线性 PCP

设$\{\mathcal{C},x,y\}$是一个算术电路可满足性问题的实例(参见 6.5.1 节)。本节,我们将$\mathcal{C}$中每个门的值组成的集合作为$\mathcal{C}$的脚本,记为$W\in\mathbb{F}^S$。

本节中的线性 PCP 来自 IKO[156],其基于以下观察:当且仅当W满足$\ell=S+|y|-|w|$个约束时,W是一个正确的脚本(对于$\mathcal{C}$的每个非输出门,有一个约束;对于$\mathcal{C}$的每个输出门,有两个约束;对于任何证据元素,没有约束)。

- 对于每个输入门a,都有一个约束条件要求$W_a-x_a=0$。这有效地要求脚本W实际上对应于在输入x而不是其他输入上执行$\mathcal{C}$。
- 对于每个输出门a,都有一个约束条件要求$W_a-y_a=0$。这有效地要求脚本W实际上对应于电路$\mathcal{C}$的执行产生输出y而不是其他输出。
- 如果门a是一个加法门,它的入邻是$\text{in}_1(a)$和$\text{in}_2(a)$,那么就会有一个约束条件要求$W_a-(W_{\text{in}_1(a)}+W_{\text{in}_2(a)})=0$。
- 如果门a是一个乘法门,那么就有一个约束条件要求$W_a-W_{\text{in}_1(a)}\cdot W_{\text{in}_2(a)}=0$。

总的来说,最后两种类型的约束条件要求脚本实际上遵守$\mathcal{C}$中门的执行操作。也就是说,任何加法门(对应的,任何乘法门)实际上计算它的两个输入的和(积)。注意:对于$\mathcal{C}$中的门a,其约束条件总是$Q_a(W)=0$的形式,其中Q_a是关于W中条目的次数至多为 2 的多项式。

对于$\{\mathcal{C},x,y\}$的脚本W,令$W\otimes W$表示长度为S^2的向量,其第(i,j)项为$W_i\cdot W_j$。令$(W,W\otimes W)$表示通过连接W和$W\otimes W$而获得的长度为$S+S^2$的向量。定义

$$f_{(W,W\otimes W)}(\cdot):=\langle\cdot,(W,W\otimes W)\rangle$$

也就是说,$f_{(W,W\otimes W)}$是一个线性函数,将$\mathbb{F}^{S+S^2}$中的向量作为输入并输出其与$(W,W\otimes W)$的内积。考虑一个线性 PCP 证明π,其包含所有$f_{(W,W\otimes W)}$的求值。π通常被称为$(W,W\otimes W)$的 Hadamard 编码。注意:π的长度为$|\mathbb{F}|^{S+S^2}$,这是一个巨大的数字。但是,$\mathcal{P}$不需要显式地具体化π的所有内容。

$\mathcal{V}$需要检查三件事:第一,π是一个线性函数;第二,假设π是一个线性函数,$\mathcal{V}$需要检查π是否为某个脚本W的$f_{(W,W\otimes W)}$的形式;第三,$\mathcal{V}$必须检查W是否满足上述所有ℓ个约束条件。

第一个检查:线性测试 线性测试比在 8.2 节中考虑的更一般的低次测试问题要简单得多(线性测试等价于测试一个m变量函数是否等于总次数为 1(没有常数项)的多项式,而 8.2 节考虑的低次测试问题则测试一个m变量函数是否为多线性的,这意味着它的总

次数可以高达 m）。

具体来说，为了进行线性测试，验证者选择两个随机点 $q^{(1)}, q^{(2)} \in \mathbb{F}^{S+S^2}$ 并检查 $\pi(q^{(1)}+q^{(2)})=\pi(q^{(1)})+\pi(q^{(2)})$，这需要向 π 进行三次查询。如果 π 是线性的，则测试将始终通过。此外，已知测试通过的概率为 $1-\delta$，则存在某个线性函数 f_d，使得 π 至少在特征为 2 的域上 δ 接近于 f_d[60]①。

第二个检查　假设 π 是线性的，则 π 可以写成 f_d 的形式，其中 $d \in \mathbb{F}^{S+S^2}$。为了检查 d 是否形如 $(W, W \otimes W)$，其中 W 是某个脚本，$\mathcal{V}$ 进行以下操作：

- $\mathcal{V}$ 随机选择两个向量 $\boldsymbol{q}^{(3)}, \boldsymbol{q}^{(4)} \in \mathbb{F}^{S}$。
- 令 $(\boldsymbol{q}^{(3)}, \mathbf{0})$ 表示 $\mathbb{F}^{S+S^2}$ 中的向量，其前 S 个元素等于 $\boldsymbol{q}^{(3)}$，后 S^2 个元素为 0。类似地，令 $(\mathbf{0}, \boldsymbol{q}^{(3)} \otimes \boldsymbol{q}^{(4)})$ 表示 $\mathbb{F}^{S+S^2}$ 中的向量，其前 S 个元素为 0，后 S^2 个元素等于 $\boldsymbol{q}^{(3)} \otimes \boldsymbol{q}^{(4)}$。$\mathcal{V}$ 检查是否满足 $\pi(\boldsymbol{q}^{(3)}, \mathbf{0}) \cdot \pi(\boldsymbol{q}^{(4)}, \mathbf{0})=\pi(\mathbf{0}, \boldsymbol{q}^{(3)} \otimes \boldsymbol{q}^{(4)})$，这需要三个对 π 的查询。

如果 π 符合所声明的形式，那么检查将通过，因为在这种情况下，

$$
\begin{aligned}
\pi(\boldsymbol{q}^{(3)}, \mathbf{0}) \cdot \pi(\boldsymbol{q}^{(4)}, \mathbf{0}) &= \left(\sum_{i=1}^{S} W_i q_i^{(3)}\right) \cdot \left(\sum_{j=1}^{S} W_j q_j^{(4)}\right) \\
&= \sum_{1 \leqslant i, j \leqslant S} W_i W_j q_i^{(3)} q_j^{(4)} = \langle q^{(3)} \otimes q^{(4)}, W \otimes W \rangle \\
&= \pi(\mathbf{0}, \boldsymbol{q}^{(3)} \otimes \boldsymbol{q}^{(4)})
\end{aligned}
$$

如果 π 不是所声称的形式，则测试在 $\boldsymbol{q}^{(3)}$ 和 $\boldsymbol{q}^{(4)}$ 的选择上有很高的概率会失败。这是因为 $\pi(\boldsymbol{q}^{(3)}, \mathbf{0}) \cdot \pi(\boldsymbol{q}^{(4)}, \mathbf{0})=f_d(\boldsymbol{q}^{(3)}, \mathbf{0}) \cdot f_d(\boldsymbol{q}^{(4)}, \mathbf{0})$ 是 $\boldsymbol{q}^{(3)}$ 和 $\boldsymbol{q}^{(4)}$ 中条目的二次多项式，而 $f_d(\mathbf{0}, \boldsymbol{q}^{(3)} \otimes \boldsymbol{q}^{(4)})$ 也是如此，并且 Schwartz-Zippel 引理（引理 3.1）保证了任何两个不同的低次多项式只能在少数点上求值相等。

第三个检查　一旦 $\mathcal{V}$ 确信对于某个形如 $(W, W \otimes W)$ 的 d 有 $\pi=f_d$，$\mathcal{V}$ 就可以检查 W 是否满足上述 ℓ 个约束条件。这是线性 PCP 的核心。

为了检查所有约束条件 i 下的 $Q_i(W)=0$，$\mathcal{V}$ 只需选择随机值 $\alpha_1, \cdots, \alpha_\ell \in \mathbb{F}$，并检查 $\sum_{i=1}^{\ell} \alpha_i Q_i(W)=0$ 是否成立。确实，如果对于所有 i 都有 $Q_i(W)=0$，那么这个等式总是成立的；否则，$\sum_{i=1}^{\ell} \alpha_i Q_i(W)$ 是 $(\alpha_1, \cdots, \alpha_\ell)$ 的一个非零的多线性多项式，而 Schwartz-Zippel 引理保证这个多项式在几乎所有的 $(\alpha_1, \cdots, \alpha_\ell) \in \mathbb{F}^\ell$ 上都是非零的。

① 对该陈述的一个短的基于离散傅里叶分析的证明可以参见文献[9]的引理 19.9。对于特征不为 2 的其他域，线性测试的已知可靠性保证要弱一些。可以参见文献[227]和[27]。

注意：$\sum_{i=1}^{\ell} \alpha_i Q_i(W)$本身是 W 条目的二次多项式，也就是说，它是$(W, W\otimes W)$条目的线性组合。因此，可以通过对 π 进行一个额外的查询来求出它。

可靠性分析 形式化证明上述线性 PCP 的可靠性，比上面所述的要复杂一些，但并不是非常困难。如果证明者通过线性测试的概率为 $1-\delta$，则 $\pi\delta$ 接近于一个线性函数 f_d。因此，只要第二个和第三个检查中的 4 个查询在 $\mathbb{F}^{S+S^2}$ 中均匀分布，那么验证者不会遇到 π 和 f_d 不同的点的概率至少为 $1-4\cdot\delta$，于是在接下来的分析中我们可以将 π 视为 f_d。然而，第二个和第三个检查中的查询并不像上述描述的那样在 $\mathbb{F}^{S+S^2}$ 中均匀分布。虽然如此，可以通过将每个查询 q 替换为两个随机查询 q' 和 q''，使得 $q'+q''=q$，从而使它们在 $\mathbb{F}^{S+S^2}$ 中均匀分布。根据 f_d 的线性特征，可以推导出 $f_d(q)$等于 $f_d(q')+f_d(q'')$。

证明系统的成本 通过将上述线性 PCP 与 IKO 的线性函数承诺/揭示协议(17.3 节)相结合，可以获得一个论证系统。该论证系统的成本总结在表 17.1 中。从 $\mathcal{V}$ 到 $\mathcal{P}$ 的总通信量为 $\Theta(S^2)$，因此 $\mathcal{V}$ 和 $\mathcal{P}$ 的运行时间也是 $\Theta(S^2)$。积极的一面是，另一个方向的通信量关于每个输入只有常数个域元素。另外，如果 $\mathcal{V}$ 在一大批输入上同时验证 $\mathcal{C}$ 的执行，则 $\Theta(S^2)$的通信和时间成本可以分摊到整个批处理上。

表 17.1 当在大小为 S 的电路 $\mathcal{C}$ 上运行 17.3 节的算术电路可满足性论证系统时的成本。请注意，当同时外包 $\mathcal{C}$ 在一大批输入上的执行时，验证者的成本和通信成本可以均摊。对 $\mathcal{P}$ 时间的上限已假设了 $\mathcal{P}$知道 $\mathcal{C}$ 的证据 w

$\mathcal{V}\to\mathcal{P}$ 通信	$\mathcal{P}\to\mathcal{V}$ 通信	$\mathcal{V}$ 运行时间	$\mathcal{P}$ 运行时间
$O(S^2)$个域元素	$O(1)$个域元素	$O(S^2)$	$O(S^2)$

这样的 $\Theta(S^2)$成本非常高，使其不切实际。从概念上讲，$\Theta(S^2)$成本的原因是：证明者被强迫具体化向量 $W\otimes W$，其第(i,j)个条目为 $W_i\cdot W_j$。这实际上是在强制证明者计算电路中任意两个门 i 和 j 的乘积，而不考虑电路的布线模式。也就是说，证明者必须计算电路中任意两个门的乘积，而不考虑这两个门是否真的由电路中的另一个门相乘。上面线性 PCP 的第三个检查实际上忽略了几乎所有 S^2 个乘积，只检查与电路中乘法门相对应的最多 S 个乘积的有效性。

下面的 17.4 节解释了如何“削减”上述不必要的乘积，将 $\Theta(S^2)$的成本降低到 $\Theta(S)$。

17.4 GGPR：一个大小为 $O(|\mathbb{F}|^S)$的线性 PCP，适用于电路可满足性问题和 R1CS

在一项突破性的研究成果中，Gennaro、Gentry、Parno 和 Raykova(GGPR)[125] 提出

了一个长度为 $O(|\mathbb{F}|^S)$的线性 PCP，用于算术电路可满足性问题，其中 S 表示电路的大小①。实际上，他们的线性 PCP 也解决了更一般的 R1CS 可满足性问题(有关 R1CS 和如何将算术电路可满足性实例转换为 R1CS 可满足性实例的详细介绍，请参见 8.4 节)②③。在本节中，我们选择在 R1CS 而不是算术电路的背景下介绍文献[125]中的线性 PCP，因为我们认为这会更加清晰地描述协议，且更为一般化。文献[125]中的线性 PCP 具有极大的影响力，并成为许多论证系统实现的基础。

R1CS 概述 为了方便读者，我们简要回顾 R1CS 的定义。在有限域$\mathbb{F}$上，一个 R1CS 实例的形式为

$$\boldsymbol{A}\boldsymbol{z} \circ \boldsymbol{B}\boldsymbol{z} = \boldsymbol{C}\boldsymbol{z} \tag{17.7}$$

其中 $\boldsymbol{A}$、$\boldsymbol{B}$ 和 $\boldsymbol{C}$ 是 $\mathbb{F}^{\ell \times S}$中的公开矩阵。这里，$\circ$ 表示按元素相乘。如果存在一个向量 $\boldsymbol{z} \in \mathbb{F}^S$ 满足等式(17.7)，则称 R1CS 实例是可满足的。注意：$\boldsymbol{z}$ 可以被认为是 17.3 节中出现的电路脚本 W 的 R1CS 类比。

等价地，如果 $\boldsymbol{a}_i, \boldsymbol{b}_i, \boldsymbol{c}_i \in \mathbb{F}^S$ 分别表示 $\boldsymbol{A}$、$\boldsymbol{B}$、$\boldsymbol{C}$ 的第 i 行，则 R1CS 实例包括 ℓ 个约束条件，第 i 个约束条件的形式为

$$\langle \boldsymbol{a}_i, \boldsymbol{z} \rangle \cdot \langle \boldsymbol{b}_i, \boldsymbol{z} \rangle - \langle \boldsymbol{c}_i, \boldsymbol{z} \rangle = 0 \tag{17.8}$$

文献[125]中的线性 PCP 利用了等式(17.8)的左边，在给定三个线性函数(即$\langle \boldsymbol{a}_i, \boldsymbol{z} \rangle$、$\langle \boldsymbol{b}_i, \boldsymbol{z} \rangle$和$\langle \boldsymbol{c}_i, \boldsymbol{z} \rangle$)在 z 处求值的情况下，可以在常数时间内求值。这是一个比 17.3 节中所利用的结构更强的概念。17.3 节只利用了每个电路门对应于一个约束多项式(以电路脚本 W 的条目表示)，其总次数不超过 2。这意味着约束是向量 $W \otimes W$ 的条目的线性函数，但该向量的长度为 S^2，导致了该节线性 PCP 中出现了二次方的成本。

线性 PCP 我们的最终目标是将任何向量 $\boldsymbol{z} \in \mathbb{F}^S$ 与一个单变量多项式 $g_{\boldsymbol{z}}(t)$ 相关联，当且仅当 $\boldsymbol{z}$ 满足 R1CS 实例(等式(17.7))时，$g_{\boldsymbol{z}}(t)$在 H 上为零。为了定义 $g_{\boldsymbol{z}}$，我们必须首先定义几个成分多项式，这些多项式组合在一起，构成 R1CS 矩阵。

刻画矩阵列的多项式 令 $H := \{\sigma_1, \cdots, \sigma_\ell\}$ 是一个由 ℓ 个不同元素组成的集合，每个元素对应于 R1CS 实例中的一条约束。对于每个 $j \in \{1, \cdots, S\}$，我们定义三个单变量多项式 $\mathcal{A}_j$、$\mathcal{B}_j$ 和 $\mathcal{C}_j$，用于"刻画"$\boldsymbol{A}$、$\boldsymbol{B}$ 和 $\boldsymbol{C}$ 的第 j 列。具体来说，对于每个 $j \in \{1, \cdots, S\}$，通过插

---

① Gennaro 等人的论证系统可以用多种方式理解，文献[125]没有在线性 PCP 的框架内呈现它。随后的工作[56,227]将 Gennaro 等人的协议确定为线性 PCP 的一个示例。

② Gennaro 等人将 R1CS 可满足性问题称为"二次算术程序"(QAP)。

③ 尽管我们仅在电路可满足性的背景下进行了介绍，但 17.3 节介绍的 IKO 的线性 PCP 也适用于 R1CS 可满足性。

值法定义如下三个 $\ell-1$ 次多项式：

$$\mathcal{A}_j(\sigma_i)=A_{i,j}\text{，对所有 } i\in\{1,\cdots,\ell\}$$

$$\mathcal{B}_j(\sigma_i)=B_{i,j}\text{，对所有 } i\in\{1,\cdots,\ell\}$$

$$\mathcal{C}_j(\sigma_i)=C_{i,j}\text{，对所有 } i\in\{1,\cdots,\ell\}$$

当且仅当 z 是一个可满足的赋值时，将 z 转为在 H 上归零的多项式 定义 $g_z(t)$ 为如下单变量多项式：

$$\Big(\sum_{\text{列}j\in\{1,\cdots,S\}} z_j\cdot\mathcal{A}_j(t)\Big)\cdot\Big(\sum_{\text{列}j\in\{1,\cdots,S\}} z_j\cdot\mathcal{B}_j(t)\Big)-\Big(\sum_{\text{列}j\in\{1,\cdots,S\}} z_j\cdot\mathcal{C}_j(t)\Big) \tag{17.9}$$

根据设计，当且仅当所有 R1CS 约束得到满足时，即 $\boldsymbol{z}$ 是 R1CS 实例的可满足赋值时，g_z 在 H 上为零。

实际上，

$$g_z(\sigma_i)=\Big(\sum_{\text{列}j}z_j\cdot A_{i,j}\Big)\cdot\Big(\sum_{\text{列}j}z_j\cdot B_{i,j}\Big)-\Big(\sum_{\text{列}j}z_j\cdot C_{i,j}\Big)=\langle\boldsymbol{a}_i,\boldsymbol{z}\rangle\cdot\langle\boldsymbol{b}_i,\boldsymbol{z}\rangle-\langle\boldsymbol{c}_i,\boldsymbol{z}\rangle$$

其中 $\boldsymbol{a}_i$、$\boldsymbol{b}_i$ 和 $\boldsymbol{c}_i$ 分别为 $\boldsymbol{A}$、$\boldsymbol{B}$ 和 $\boldsymbol{C}$ 的第 i 行（参见等式(17.8)）。因此，当且仅当 $\boldsymbol{z}$ 满足 R1CS 实例的第 i 个约束条件时，$g_z(\sigma_i)=0$。

检查 g_z 是否在 H 上归零 为了检查 g_z 是否在 H 上归零，我们应用引理 9.2，该引理在我们构建高效 PCP 和 IOP 的过程中（第 9 章和第 10 章）也发挥了关键作用，这里为了方便读者阅读而重申。

引理 17.1（Ben-Sasson 和 Sudan[50]） 设 $\mathbb{F}$ 是一个域，$H\subseteq\mathbb{F}$。对于 $d\geqslant|H|$，一个 $\mathbb{F}$ 上的一元 d 次多项式 g 在 H 上归零，当且仅当多项式 $\mathbb{Z}_H(t):=\prod_{\alpha\in H}(t-\alpha)$ 整除 g，即当且仅当存在一个次数 $\leqslant d-|H|$ 的多项式 h^*，使得 $g=\mathbb{Z}_H\cdot h^*$。

通过检查，多项式 g_z 的次数最多为 $d=2(\ell-1)$，其中 ℓ 是约束的数量。根据引理 9.2，为了让 $\mathcal{V}$ 相信 g_z 在 H 上为零，证明仅需要让 $\mathcal{V}$ 相信 $g_z=\mathbb{Z}_H\cdot h^*$，其中 h^* 是次数为 $d-|H|=\ell-1$ 的某个多项式。为了确信这一点，$\mathcal{V}$ 可以选择一个随机点 $r\in\mathbb{F}$ 并检查

$$g_z(r)=\mathbb{Z}_H(r)\cdot h^*(r) \tag{17.10}$$

因为任何两个不同的次数为 $\ell-1$ 的多项式最多只能在 $\ell-1$ 个点上相等，如果 $g_z\neq\mathbb{Z}_H\cdot h^*$，则这个检查将以至少 $1-(\ell-1)/|\mathbb{F}|$ 的概率失败。

为此，一个正确的证明需要展示两个线性函数：第一个是 $f_{\mathrm{coeff}(h^*)}$，其中 $\mathrm{coeff}(h^*)$ 表示 h^* 的系数向量；第二个是 f_z。

注意到

$$f_{\mathrm{coeff}(h^*)}(1,r,r^2,\cdots,r^{\ell-1})=h^*(r) \tag{17.11}$$

因此，$\mathcal{V}$ 可以通过查询一次证明来求出 $h^*(r)$。类似地，$\mathcal{V}$ 可以通过对 f_z 在三个向量

$(\mathcal{A}_1(r),\cdots,\mathcal{A}_S(r))$、$(\mathcal{B}_1(r),\cdots,\mathcal{B}_S(r))$和$(\mathcal{C}_1(r),\cdots,\mathcal{C}_S(r))$求值，求出 g_z 在 r 处的值。

评注 17.2　在实际应用中，R1CS 实例将包含一个公开输入 $x\in\mathbb{F}^n$，并且需要满足约束条件 $z_i=x_i$，其中 $i=1,\cdots,n$（这些要求不包括在 R1CS 的约束中）。可以通过令 $z'=(z_{n+1},\cdots,z_S)$，并将证明中的线性函数 f_z 替换为 $f_{z'}$ 来简单地修改线性 PCP 以实现这一点。当线性 PCP 的验证者想要在某个向量 $\boldsymbol{q}=(q'',q')\in\mathbb{F}^n\times\mathbb{F}^{S-n}$ 处查询 f_z 时，注意到 $f_z(q)=\left(\sum_{j=1}^{n}q''_j\cdot x_j\right)+f_{z'}(q')$，验证者可以在 q' 处查询证明 $f_{z'}$，获得 $v=f_{z'}(q')$ 并令 $f_z(q)=\left(\sum_{j=1}^{n}q''_j\cdot x_j\right)+v$。

就像在 17.3 节的线性 PCP 中一样，验证者还必须对 $f_{\mathrm{coeff}(h^*)}$ 和 f_z 进行线性测试。验证者还必须将上述四个查询中的每一个查询都用两个查询替换，以确保所有查询均匀分布。这些复杂性的产生是因为我们要求线性 PCP 对非线性查询函数的证明具有可靠性。我们注意到，在下一节（17.5 节）的非交互式论证系统中，线性 PCP 验证者无须执行线性测试，也无须确保其任何查询均匀分布。这是因为下一节的加密技术将论证系统证明者绑定到线性函数，因此底层的信息论协议无须测试函数是否实际上是线性的。相反，由于 17.2 节的加密技术仅将证明者绑定到某些未必是线性的函数上，因此需要底层的线性 PCP 对非线性函数的证明具有可靠性。

论证系统的成本　可以通过将上述线性 PCP 与 17.2 节中的线性函数承诺协议相结合来获得一个论证系统。这个论证系统目前在实践中并没有被使用，其原因是它是交互式的。然而，审视所得到的论证系统的成本是有益的。下一节（17.5 节）将把上述线性 PCP 转换为简洁论证，解决了 17.2 节的缺点，同时基本上保持了成本不变。

论证系统的成本总结在表 17.2 中。假设 $\mathcal{P}$ 是诚实的证明者并且已知一个满足 R1CS 实例的赋值 z，那么 $\mathcal{P}$ 需要执行以下步骤。首先，计算多项式 $g_z(t)$；其次，将 g_z 除以 $\mathbb{Z}_H$ 得到商多项式 h^*；最后，运行 17.2 节中描述的线性承诺/揭示协议，以承诺 $f_{\mathrm{coeff}(h^*)}$ 和 f_z 并回答验证者的查询。

表 17.2　以下是在电路可满足性实例$\{\mathcal{C},x,w\}$或者具有 A、B、C 矩阵中每个矩阵的非零元素数为$O(S)$的 R1CS 实例上运行时，基于 17.4 节论证系统的成本。$\tilde{O}$ 表示隐藏了 S 的多项式对数因子。注意，当托管电路$\mathcal{C}$在一批输入上执行时，验证者的成本和通信成本可以分摊。给出的$\mathcal{P}$时间的上限假定$\mathcal{P}$知道$\mathcal{C}$的证据 w 或 R1CS 实例的解向量 $\boldsymbol{z}$

$\mathcal{V}\to\mathcal{P}$ 通信	$\mathcal{P}\to\mathcal{V}$ 通信	$\mathcal{V}$ 的时间	$\mathcal{P}$ 的时间
$O(S)$个域元素	$O(1)$个域元素	$\tilde{O}(S)$	$\tilde{O}(S)$

为简单起见，假设 R1CS 约束矩阵行数 l 小于或等于列数 S，并且矩阵 $\boldsymbol{A}$、$\boldsymbol{B}$ 和 $\boldsymbol{C}$ 的

$O(S)$个条目是非零的。这适用于电路可满足性问题大小为 S 的 R1CS 实例，参见 8.4 节。第三步显然可以在 $O(S)$时间内完成[①]。计算 g_z 的第一步可以使用基于快速傅里叶变换(FFT)的标准多点插值算法在 $O(S\log^2 S)$时间内完成。[②] 第二步可以使用基于 FFT 的多项式除法算法在 $O(S\log S)$时间内完成。

$\mathcal{V}$ 到 $\mathcal{P}$ 的总通信量也是 $\Theta(S)$，但另一个方向的通信量，对每个输入而言仅为常数个域元素。由于 $\mathcal{V}$ 到 $\mathcal{P}$ 的通信量非常大，即 $\Theta(S)$，因此 $\mathcal{V}$ 的运行时间也是 $\Theta(S)$。如果将此论证系统应用于 $\mathcal{C}$ 的单个输入，则验证者的运行时间与在平凡协议中证明者发送证据 w 给验证者，验证者自己验证 $\mathcal{C}(x,w)=y$ 的时间一样快。但是，如果 $\mathcal{V}$ 在一个大批量的输入上同时验证 $\mathcal{C}$ 的执行，则 $\mathcal{V}$ 的 $\Theta(S)$ 开销可以在整个批次上进行均摊。

注意：验证者的检查确实需要 $\mathcal{V}$ 计算 $\mathbb{Z}_H(r)$，其中 $\mathbb{Z}_H(X)=\prod_{\sigma\in H}(X-\sigma)$ 是 H 的归零多项式。

由于验证者需要 $O(S)$时间来指定线性 PCP 查询，因此 $\mathcal{V}$ 在线性 PCP 中的渐近时间界限不直接受计算 $\mathbb{Z}_H(r)$的影响，其需要执行 S 个减法和乘法。尽管如此，可以精心选择 H 以确保 $\mathbb{Z}_H(x)$是稀疏的，从而使 $\mathbb{Z}_H(r)$能够在对数时间内进行求值。例如，如果 H 被选择为 $\mathbb{F}$ 的一个阶为 ℓ 的乘法子群（在 10.3 节中考虑的设置，参见公式(10.1))，则 $\mathbb{Z}_H(X)=X^\ell-1$。显然，$\mathbb{Z}_H(r)$可以用 $O(\log n)$个有限域乘法来计算。

在下一节中介绍的非交互式论证中，$\mathbb{Z}_H(r)$可以作为可信设置过程的一部分直接提供给验证者，无论 H 是否被选择为确保 $\mathbb{Z}_H$ 是一个稀疏多项式，该可信设置过程的时间复杂度都为 $O(S)$。

17.5 非交互性和公开可验证性

17.5.1 非正式概述

我们已经在 17.2 节中看到如何使用加法同态的加密方案将前一节的线性 PCP 转换为简洁的交互式论证。我们不能应用 Fiat-Shamir 变换来使这个论证系统变成非交互式，因为它不是公开掷币的。该证明系统利用了一个加法同态加密方案，其中验证者选择私钥，如果证明者学习到私钥，则可以破坏证明系统的可靠性。

---

① 更准确地说，此步骤需要使用同态加密方案的 $O(S)$个密文进行线性组合。

② 稍微详细地说，多项式 g_z 可以表示为 $\mathcal{A}\cdot\mathcal{B}-\mathcal{C}$ 的形式，其中 $\mathcal{A}$、$\mathcal{B}$ 和 $\mathcal{C}$ 是 $\ell-1$ 次多项式。它们在与集合 H 对应的拉格朗日基上的系数可以在与每个矩阵的非零元素数成比例的时间内计算出来。给定这些系数，快速多点插值算法可以以时间复杂度 $O(S\log^2 S)$计算出 g_z 在 $\mathbb{F}$ 上的任何大小为 ℓ 的集合 $H'\subseteq\mathbb{F}$ 上的所有求值。由于 g_z 的次数为$2(\ell-1)$，如果 H'与 H 不相交，那么在 $H\cup H'$中对 g_z 进行 2ℓ 个求值将唯一确定 g_z。实际上，对于 H'中的所有 σ，$h^*(\sigma)$可以直接由 $g_z(\sigma)$计算得出，即 $h^*(\sigma)=g_z(\sigma)\cdot\mathbb{Z}_H(\sigma)^{-1}$。由于 h^* 的次数最多为 $\ell-1$，因此这些值可以唯一确定 h^*。在标准单项式基上计算 h^* 的系数可以使用基于 FFT 的算法在 $O(S\log S)$时间内完成。

相反，可以使用基于配对技术的方法将线性 PCP 转换为非交互式证明，这种方法与 15.2 节中的 KZG 多项式承诺方案非常相似。其思想如下（在此简化一下，完整的协议描述将在 17.5.3 节中进行）[①]。与 17.2 节交互式证明中让验证者以"明文"发送线性 PCP 查询给证明者不同，线性 PCP 查询 $q^{(1)},\cdots,q^{(k)}$ 的条目将被编码在群生成元 g 的指数中，并将其包含在一个结构化参考字符串中提供给证明者。然后，证明系统利用编码的加法同态性质，即当 $|\mathbb{G}|=p$ 时，$x+y\in\mathbb{F}_p$ 的编码 g^{x+y} 等于 x 和 y 的编码 g^x、g^y 的乘积[②]。若 $\pi(x)=\sum_j c_j x_j$ 表示线性 PCP 证明，则通过加法同态性质，证明者可以计算出 $\pi(q^{(1)}),\cdots,\pi(q^{(k)})$ 的编码并将其发送给验证者。最后，只有当线性 PCP 验证者接受响应 $\pi(q^{(1)}),\cdots,\pi(q^{(k)})$ 时，证明系统的验证者才接受。由于证明系统的证明者没有以明文形式发送 $\pi(q^{(1)}),\cdots,\pi(q^{(k)})$，而是发送编码 $\mathsf{g}^{\pi(q^{(1)})},\cdots,\mathsf{g}^{\pi(q^{(k)})}$，因此证明系统的验证者如何做出这个判断并不明显，这就是配对的用处所在。

观察到线性 PCP 中验证者的检查是对 PCP 查询的响应的函数，其总次数为 2。回忆一下，线性 PCP 验证者检查 $g_z(r)=\mathbb{Z}_H(r)\cdot h^*(r)$。令

$$q^{(1)}=(A_1(r),\cdots,A_S(r))$$
$$q^{(2)}=(B_1(r),\cdots,B_S(r))$$
$$q^{(3)}=(C_1(r),\cdots,C_S(r))$$

则

$$g_z(r)=f_z(q^{(1)})\cdot f_z(q^{(2)})-f_z(q^{(3)})$$

显然是线性 PCP 证明者响应 $f_z(q^{(1)})$，$f_z(q^{(2)})$ 和 $f_z(q^{(3)})$ 的总次数为 2 的函数，其中只涉及一次乘法运算。类似地，令 $q^{(4)}=(1,r,\cdots,r^S)$，则验证者检查的右边是线性 PCP 证明者响应 $f_{\mathrm{coeff}(h^*)}(q^{(4)})$ 的线性函数（即总次数为 1）。

回想一下 15.1 节，配对的整个意义在于它们允许对编码的值执行单个"乘法检查"，而无须解码这些值。这使得论证系统验证者能够在"指数"中执行线性 PCP 验证者的检查。也就是说，如果论证系统证明者使用 g^{v_i} 回答第 i 个查询，那么验证者可以使用与 $\mathbb{G}$ 相关联的双线性映射来检查 PCP 验证者是否会接受 PCP 证明者使用值 v_i 回答查询 $q^{(i)}$。

17.5.2　一个难题：线性交互式证明与线性 PCP

上面概述的论证系统面临以下难题。虽然基于配对的密码学强制证明者以与线性

① 在本节中，我们使用衬线字体 g 而不是 g 来表示配对友好群 $\mathbb{G}$ 的生成元，以区分群生成元和前一节中定义的多项式 $\mathsf{g}_{x,y,W}$。

② x 的编码 g^x 是 x 的（未盲化的）Pedersen 承诺（12.3 节）。但在本节的 SNARK 中，证明者和验证者都不可以打开这些"承诺"，即结构化参考字符串中群元素的指数对证明者和验证者都是"计算隐藏"的。这就是为什么我们称 SRS 条目 g^x 为 x 的编码而不是 x 的承诺。

函数一致的方式回答每个编码的线性 PCP 查询，但它并不确保所有查询都使用相同的线性函数回答①。也就是说，为了使论证系统可靠，我们确实需要其底层的线性 PCP 对那些使用不同的线性函数回答每个查询的证明者是可靠的②。这样的线性 PCP 被称为(2 消息)线性交互式证明(Linear Interactive Proof，LIP)[56]。

Bitansky 等人[56]给出了一种简单有效的方法，可以将任何线性 PCP 转换为 LIP。具体而言，如果线性 PCP 的可靠性要求使用相同的线性函数回答查询 $q^{(1)},\cdots,q^{(k')}$，那么 LIP 验证者就会向线性 PCP 添加一个额外的查询 $q^{(k+1)}=\sum_{i=1}^{k'}\beta_i q^{(i)}$，其中 $\beta_1,\cdots,\beta_{k'}$ 是只有验证者知道的随机选择的域元素。也就是说，$q^{(k+1)}$ 是相关线性 PCP 查询的随机线性组合。LIP 验证者检查第$(k+1)$个查询的答案 a_{k+1} 是否等于 $\sum_{i=1}^{k'}\beta_i a_i$，如果是，则将答案 $a_1,\cdots,a_k$ 提供给线性 PCP 验证者。可以证明，如果线性 PCP 是完备的和知识可靠的，则得到的 LIP 也是如此。我们略去了这个事实的证明，但是思路是要证明如果 LIP 证明者没有对所有$(k'+1)$个查询 $q^{(1)},\cdots,q^{(k')},q^{(k+1)}$ 使用相同的线性函数回答，则存在一些非零线性函数 π，使得当且仅当 $\pi(\beta_1,\cdots,\beta_{k'})=0$ 时，证明者才能通过 LIP 验证者的最终检查。由于 $\beta_1,\cdots,\beta_{k'}$ 是从 $\mathbb{F}$ 中均匀随机选择的，因此根据 Schwartz-Zippel 引理(引理3.1)，这件事发生的概率最多为 $1/|\mathbb{F}|$。

17.5.3 SNARK 的完整描述

回顾在 17.5.1 节中定义的 $q^{(1)},\cdots,q^{(4)}$。根据 17.5.2 节中从线性 PCP 到 LIP 的转换，我们定义第 5 个查询向量 $q^{(5)}:=\sum_{i=1}^{3}\beta_i q^{(i)}$，其中 $\beta_1,\cdots,\beta_3$ 是从 $\mathbb{F}_p$ 中随机选择的元素。我们不在这个随机线性组合中包括第 4 个查询，因为 17.4 节中的线性 PCP 的可靠性只需要前三个查询使用相同的线性函数 f_z 来回答，而完备性实际上要求第四个查询用不同的线性函数，即 $f_{\mathrm{coeff}(h^*)}$来回答。

对于每个 LIP 查询 $q^{(1)},\cdots,q^{(5)}$ 的每个条目 $q_j^{(i)}$，SRS 都包含$(\mathbf{g}^{q_j^{(i)}},\mathbf{g}^{\alpha q_j^{(i)}})$这对数据的记录，其中 α 是从集合$\{1,\cdots,p-1\}$中随机选择的。验证密钥(即由可信设置过程提供给验证者的信息)包含 $\mathbf{g},\mathbf{g}^{\alpha},\mathbf{g}^{\mathbb{Z}_H(r)},\mathbf{g}^{\beta_1},\mathbf{g}^{\beta_2},\mathbf{g}^{\beta_3}$。注意：SRS 中的所有量都可以在设置阶段计算，因为它们仅依赖于 R1CS 矩阵，不依赖于证据向量 $\boldsymbol{z}$。

利用 SRS 的加法同态性质，证明者计算并向验证者发送五对群元素$(\mathbf{g}_1,\mathbf{g}'_1),\cdots,(\mathbf{g}_4,\mathbf{g}'_4),(\mathbf{g}_5,\mathbf{g}'_5)$，声称它们等于

---

① 事实上，密码学无法防止证明者用所有查询 $q^{(1)},\cdots,q^{(3)}$ 的条目(编码)的线性组合回答第 i 个(编码的)查询 $q^{(i)}$。

② 更准确地说，对那些使用不同的线性函数回答四个查询的证明者，我们需要线性 PCP 是安全的。

$$(g^{f_z(q^{(1)})}, g^{\alpha \cdot f_z(q^{(1)})})$$
$$(g^{f_z(q^{(2)})}, g^{\alpha \cdot f_z(q^{(2)})})$$
$$(g^{f_z(q^{(3)})}, g^{\alpha \cdot f_z(q^{(3)})})$$
$$(g^{f_{\text{coeff}(h^*)}(q^{(4)})}, g^{\alpha \cdot f_{\text{coeff}(h^*)}(q^{(4)})})$$

和

$$(g^{f_z(q^{(5)})}, g^{\alpha \cdot f_z(q^{(5)})})$$

验证者进行以下检查。首先，它检查

$$e(g_1, g_2) = e(g_3, g) \cdot e\ g^{\mathbb{Z}_H(r)}, g_4) \tag{17.12}$$

其次，它检查

$$\prod_{i=1}^{3} e(g^{\beta_i}, g_i) = e(g_5, g) \tag{17.13}$$

最后，对于每个 $i=1,\cdots,5$ 的五对(g_i, g_i')，验证者检查

$$e(g_i, g^{\alpha}) = e(g, g_i') \tag{17.14}$$

17.5.4　证明完备性和知识可靠性

SNARK 的完备性是通过设计实现的。事实上，通过 e 的双线性特性，验证者的第一个检查（等式(17.12)）被专门设计为在 $g_{x,y,W}(r) = \mathbb{Z}_H(r) \cdot h^*(r)$ 且证明者返回指定的证明元素时通过。第二个检查（等式(17.13)）仅在 $g_5 = \prod_{i=1}^{3} g_i^{\beta_i}$ 时通过，如果证明者按照指示行事，那么这将是成立的。类似地，若对所有的 i 有 $g_i' = g_i^{\alpha}$，则最终一组检查（等式(17.14)）将通过。

知识可靠性的证明依赖于以下两个密码学假设。这些是我们在 15.2 节中依赖的两个假设（PKoE 和 SDH）的轻微的变体，用于基于配对的多项式承诺。

指数知识假设（Knowledge of Exponent Assumption，KEA）　这是 PKoE 假设的一个变体。回想一下，本节 SNARK 的 SRS 由形如(g_i, g_i^{α})的 $t=O(S)$ 对元素组成，其中 $i=1,\cdots,t$。指数知识假设基本上保证，对于任何多项式时间算法，给定这样一个 SRS 作为输入，并能够输出形如(f, f')的对，使得 $f'=f^{\alpha}$，则存在一个高效的提取器算法输出系数 $c_1,\cdots,c_t$ 来解释(f, f')，即 $f=\prod_{i=1}^{t} g_i^{c_i}$。

多项式幂离散对数难题（Poly-Power Discrete Logarithm is Hard）　该假设假定，如果 r 是从 $\mathbb{F}_p$ 中随机选择的，则当任何多项式时间算法的输入是 $t \leqslant \text{poly}(S)$ 个 r 的幂的编码（即 $g, g^r, g^{r^2}, \cdots, g^{r^t}$）时，算法解出 r 的概率可忽略。

简单来说，SNARK 验证者执行的最后一组五个检查（等式(17.14)）通过 KEA 保证

SNARK 证明者使用线性函数回答所有的 LIP 查询，且事实上证明者"知道"这些线性函数。这是因为在 SNARK 中，LIP 查询被编码在$\mathbb{g}$的指数中，因此 SNARK 证明者通过将 SRS 中编码的查询条目的常数次幂相乘，将线性函数应用于指数。

SNARK 验证者执行的另外两个检查确保了这些线性函数将使得验证者接受该 LIP (该 LIP 是通过对 17.4 节中的线性 PCP 应用 17.5.2 节中的变换获得的)。那么，SNARK 的知识可靠性可以从 LIP 的知识可靠性中得出。

更详细地说，证明 SNARK 的知识可靠性的分析展示了，如何将任何说服论证系统验证者以不可忽略的概率接受的证明者，转化为 R1CS 实例的证据向量 z，或是能够打破多项式幂离散对数假设的多项式时间算法 $\mathcal{A}$。因为 SNARK 证明者以不可忽略的概率通过了验证者执行的最后五个检查(等式(17.14))，所以 KEA 暗示着存在一个有效提取器 ε，输出线性函数 $\pi_1,\cdots,\pi_5:\mathbb{F}^t\to\mathbb{F}$，将对查询的响应"解释"为 SRS 元素的线性组合(在指数中)。也就是说，对于 $i=1,\cdots,5$，如果 SRS σ 包含一对(f_j,f_j^{α})，其中 $j=1,\cdots,|\sigma|$，令 $c_{i,1},\cdots,c_{i,|\sigma|}$ 表示 π_i 的系数，则对于 $i\in\{1,2,3,4,5\}$，

$$\mathbb{g}_i=\prod_{j=1}^{|\sigma|}f_j^{c_{i,j}}$$

为了符号上的方便，我们将 π_1 写作 f_z，π_4 写作 $f_{\text{coeff}(h^*)}$。令 g_z 和 h^* 分别是由等式(17.9)和(17.11)通过 z 和 h^* 所隐含的多项式。论证系统的验证者的第一和第二个检查确保这些线性函数以不可忽略的概率使 LIP 验证者接受。特别地，LIP 的可靠性分析意味着 $\pi_1=\pi_2=\pi_3=f_z$，因此 $g_z(r)=\mathbb{Z}_H(r)\cdot h^*(r)$。

如果 $g_z=\mathbb{Z}_H\cdot h^*$，那么 z 就满足了 R1CS 实例。因此，为了证明知识可靠性，只需假设 $g_z\neq\mathbb{Z}_H\cdot h^*$，并证明这会导致多项式幂离散对数假设不成立。

如果 $g_z\neq\mathbb{Z}_H\cdot h^*$，则由于左右两边均为最多 2ℓ 次多项式，存在最多 2ℓ 个点 r'满足 $g_z(r')=\mathbb{Z}_H(r')\cdot h^*(r')$，并且可以使用多项式分解算法在 poly(S)时间内枚举所有这样的点 r'。考虑算法 $\mathcal{A}$，它在这些点中随机选择一个点 r'。显然，$\mathcal{A}$ 在多项式时间内运行，并且以不可忽略的概率(至少 $1/(2\ell)$)输出 r。我们声称这违反了多项式幂离散对数假设。实际上，由于 $\mathcal{A}_1,\cdots,\mathcal{A}_S,\mathcal{B}_1,\cdots,\mathcal{B}_S,\mathcal{C}_1,\cdots,\mathcal{C}_S$ 均为最多 ℓ 次多项式，且均可在 poly(S)时间内计算出来，因此本节 SNARK 的 SRS 完全由已知 r 的幂次的线性组合的编码组成(即已知$\mathbb{g},\mathbb{g}^r,\mathbb{g}^{r^2},\cdots,\mathbb{g}^{r^{\ell-1}}$ 的乘积的编码)，外加等于这些值分别提升到 α、β_1、β_2、β_3、$\alpha\cdot\beta_1$、$\alpha\cdot\beta_2$ 或 $\alpha\cdot\beta_3$ 的幂次的其他群元素，其中 α、β_1、β_2 和 β_3 是$\{1,\cdots,p-1\}$中均匀随机选取的元素。因此，在给出多项式幂离散对数假设中的输入编码的情况下，可以在多项式时间内计算出与 SNARK 的整个 SRS 同分布的字符串。由于 $\mathcal{A}$ 以不可忽略的概率输出 r，因此 $\mathcal{A}$ 违反了假设。

17.5.5 处理公开输入

为了清晰起见，上面的 SNARK 的演示省略了以下细节。根据评注 17.2，在许多应

用中，实际上会有一个用于 R1CS 实例的公开输入 $\boldsymbol{x} \in \mathbb{F}^n$，并且要求满足向量 $\boldsymbol{z}$ 有 $z_i = x_i$，其中 $i = \{1, \cdots, n\}$，这些要求不包含在 R1CS 约束中。评注 17.2 解释了如何通过修改线性 PCP 来实现这一点。实质上，证明者被强制要求“忽略”$\boldsymbol{z}$ 的前 $\boldsymbol{n}$ 个条目。由于验证者知道 $\boldsymbol{x}$，因此验证者自己可以“确定”$\boldsymbol{z}$ 中这些条目对验证检查的用处。这导致了对 SNARK 的以下修改。

首先，令 $\boldsymbol{z}' = (z_{n+1}, \cdots, z_S)$，并将规定的 SNARK 证明中的线性函数 f_z 替换为 $f_{z'}$。更详细地说，令 $q^{(i)'} \in \mathbb{F}^{S-n}$ 表示 $q^{(i)}$ 的最后 $S-n$ 个条目，则 SNARK 证明元素 (g_1, g_1')、(g_2, g_2')、(g_3, g_3') 和 (g_5, g_5') 现在分别被声称等于：

$$(\mathrm{g}^{f_{z'}(q^{(1)'})}, \mathrm{g}^{\alpha \cdot f_{z'}(q^{(1)'})})$$
$$(\mathrm{g}^{f_{z'}(q^{(2)'})}, \mathrm{g}^{\alpha \cdot f_{z'}(q^{(2)'})})$$
$$(\mathrm{g}^{f_{z'}(q^{(3)'})}, \mathrm{g}^{\alpha \cdot f_{z'}(q^{(3)'})})$$

和

$$(\mathrm{g}^{f_{z'}(q^{(5)'})}, \mathrm{g}^{\alpha \cdot f_{z'}(q^{(5)'})})$$

其次，将 $i \in \{1, 2, 3, 5\}$ 对应的 SRS 条目 $\mathrm{g}^{q_1^{(i)}}, \cdots, \mathrm{g}^{q_n^{(i)}}$ 添加到验证密钥中。注意，证明者不需要知道这些条目，因此可以从证明密钥中省略。证明者和验证者都不需要知道这些条目的 α 次方，实际上，这些 α 次方必须从 SNARK 的证明和验证密钥中省略，以保证其可靠性①。

对于 $i \in \{1, 2, 3\}$，令 $\mathrm{g}^{(x,i)} = \mathrm{g}^{\sum_{j=1}^{n} x_j \cdot q_j^{(i)}}$，现在可以使用扩展的验证密钥由验证者计算。

最后，验证者的第一个检查（等式(17.12)）变为

$$e(\mathrm{g}_1 \cdot \mathrm{g}^{(x,1)}, \mathrm{g}_2 \cdot \mathrm{g}^{(x,2)}) = e(\mathrm{g}_3 \cdot \mathrm{g}^{(x,3)}, \mathrm{g}) \cdot e(\mathrm{g}^{\mathbb{Z}_H(r)}, \mathrm{g}_4) \tag{17.15}$$

评注 17.3　通常认为，在上述 SNARK 中，验证者的工作主要由所有检查执行的少数双线性映射 e 的求值所支配。在此 SNARK 中，有 17 个这样的双线性映射求值。正如在 17.5.6 节中讨论的那样，Groth[142] 给出了一种变体 SNARK，将这个数字降低到了 3。事实上，这些双线性映射的求值仅在公开输入 n 的大小较小的情况下才会支配验证者的成本。其他情况下，验证者对公开输入的处理，特别是上述 $\mathrm{g}^{(x,i)}$ 的计算成本，占主导地位，因为这要求进行长度为 n 的群元素多指数幂运算。值得庆幸的是，在许多应用中，公开输入仅仅是对更大的证据的一个承诺，因此很小。

---

① 在文献[46]中给出的另一种 SNARK 中，这些群元素被错误地包含在了 SRS 中。Gabizon[121] 对其产生的 SNARK 进行了攻击，表明包含这些群元素使得任何证明者都能够利用一个满足 $\mathcal{C}(x, w) = y$ 的证据 w 的有效知识证明，将其转化为一个可能无效的 $\mathcal{C}(x', w) = y$ 陈述的“证明”，其中 $x \neq x'$。在问题被发现之前，这个有缺陷的 SNARK 在加密货币 ZCash 中被使用了数年时间。如果被利用，它可能会允许无限制地伪造货币。

17.5.6 实现零知识

上述 SNARK 不是零知识的。具体原因之一是它的证明包含了在各个点上计算 f_z 的编码,其中 $\boldsymbol{z}$ 是 R1CS 实例的一组可满足的赋值。这会向验证者泄露一些其无法自行计算的信息,因为验证者不知道 $\boldsymbol{z}$。

为了使 SNARK 成为零知识证明,我们修改了基本的 LIP 使其成为诚实验证者零知识。这确保了即使对于不诚实的验证者,生成的 SNARK 仍然是零知识的,原因如下。因为 SNARK 验证者不会向证明者发送任何消息,对于 SNARK 来说,诚实验证者和恶意验证者的零知识是等效的。SNARK 验证者只能看到验证密钥,该密钥在多项式时间内生成,且独立于证据向量 $\boldsymbol{z}$,以及 LIP 证明者响应 LIP 验证者的查询的编码。一旦生成了证明和验证密钥,这些编码就是关于响应确定的,可被高效计算的函数。由于 LIP 是诚实验证者完美零知识的,因此生成的 SNARK 也是如此。也就是说,SNARK 验证者视图的模拟器只需运行 LIP 验证者视图的模拟器,并输出 LIP 证明者消息的编码,而不是消息本身。

将 LIP 变成诚实验证者零知识 回忆一下,在非零知识的 LIP 中,证明者建立了一个等式 $g_z = \mathbb{Z}_H \cdot h^*$,其中 $\boldsymbol{z}$ 是 R1CS 解向量,且

$$g_z(t) = \Big(\sum_{\text{列}j\in\{1,\cdots,S\}} z_j \cdot \mathcal{A}_j(t)\Big)\cdot\Big(\sum_{\text{列}j\in\{1,\cdots,S\}} z_j \cdot \mathcal{B}_j(t)\Big) - \Big(\sum_{\text{列}j\in\{1,\cdots,S\}} z_j \cdot \mathcal{C}_j(t)\Big) \tag{17.16}$$

这需要 LIP 验证者随机选择 $r\in\mathbb{F}$ 并从证明者处获得以下四个求值:

$$h^*(r)$$

$$\sum_{\text{列}j} z_j \cdot \mathcal{A}_j(r)$$

$$\sum_{\text{列}j} z_j \cdot \mathcal{B}_j(r)$$

和

$$\sum_{\text{列}j} z_j \cdot \mathcal{C}_j(r)$$

这四个值会给不能高效计算 W 或 h^* 的 LIP 验证者泄露信息。

为了使 LIP 成为零知识的,证明者选择三个随机值 $r_A, r_B, r_C\in\mathbb{F}$,并考虑“扰动”的 g_z 版本 g'_z,其中组成 g_z 的每个成分函数都加上了关于 H 的归零多项式 $\mathbb{Z}_H$ 的随机倍数。具体地,令

$$\mathcal{A}(t) := \sum_j z_j \cdot \mathcal{A}_j(t)$$

$$\mathcal{B}(t) := \sum_j z_j \cdot \mathcal{B}_j(t)$$

$$\mathcal{C}(t) := \sum_j z_j \cdot \mathcal{C}_j(t)$$

定义：

$$g'_z(t) := (\mathcal{A}(t) + r_A \mathbb{Z}_H(t)) \cdot (\mathcal{B}(t) + r_B \mathbb{Z}_H(t)) - (\mathcal{C}(t) + r_C \mathbb{Z}_H(t)) \quad (17.17)$$

注意到 $g'_z(t) = g_z(t) + r_B \mathbb{Z}_H(t)\mathcal{A}(t) + r_A \mathbb{Z}_H(t)\mathcal{B}(t) + r_A r_B (\mathbb{Z}_H(t))^2 - r_C \mathbb{Z}_H(t)$。就像当 $\boldsymbol{z}$ 满足 R1CS 实例，g_z 在 H 上归零一样，对于 g'_z 也可以这么说，因为 g'_z 中的“添加因子”是多项式 $\mathbb{Z}_H$ 的倍数，而 $\mathbb{Z}_H$ 在 H 上为零。

为了证明 g'_z 在 H 上归零，证明者只需证明存在一个多项式 h' 满足 $g'_z = h' \cdot \mathbb{Z}_H$ 即可。注意到以下等式满足此条件：

$$h' = h^* + r_B \cdot A(t) + r_A \cdot B(t) + r_A r_B \mathbb{Z}_H - r_C$$

LIP 验证者可以（可靠性误差至多为 $2\ell/(|\mathbb{F}|-\ell)$）通过确认在 $\mathbb{F} \setminus H$ 的随机点 r 上左右两边相等来检查形式多项式的等式是否成立。

LIP 零知识证明由两个线性函数组成：第一个线性函数，其声称等于 $f_{\text{coeff}(h')}$，像之前一样定义 $f_{\text{coeff}(h')}(1, r, r^2, \cdots, r^{\deg(h')}) = h'(r)$；第二个线性函数被指定等于 $f_{z'}$，其中 W' 是向量 $\boldsymbol{z} \circ r_A \circ r_B \circ r_C \in \mathbb{F}^{S+3}$，其中 $\circ$ 表示向量的拼接。也就是说，$\boldsymbol{z}'$ 是满足 R1CS 的向量 $\boldsymbol{z}$，并附加了由证明者选择的随机值 r_A、r_B、r_C。

诚实的 LIP 验证者将在三个位置查询 $f_{z'}$：

$$q^{(1)} = (\mathcal{A}_1(r), \cdots, \mathcal{A}_S(r), \mathbb{Z}_H(r), 0, 0)$$

$$q^{(2)} = (\mathcal{B}_1(r), \cdots, \mathcal{B}_S(r), 0, \mathbb{Z}_H(r), 0)$$

和

$$q^{(3)} = (\mathcal{C}_1(r), \cdots, \mathcal{C}_S(r), 0, 0, \mathbb{Z}_H(r))$$

以获得三个值

$$v_1 := r_A \cdot \mathbb{Z}_H(r) + \sum_{\text{列}j} z_j \cdot \mathcal{A}_j(r)$$

$$v_2 := r_B \cdot \mathbb{Z}_H(r) + \sum_{\text{列}j} z_j \cdot \mathcal{B}_j(r)$$

和

$$v_3 := r_C \cdot \mathbb{Z}_H(r) + \sum_{\text{列}j} z_j \cdot \mathcal{C}_j(r)$$

诚实的 LIP 验证者随机选择一个点 $r \in \mathbb{F} \setminus H$，并在单点 $q^{(4)} := (1, r, r^2, \cdots, r^{\ell-1})$ 处查询 $f_{\text{coeff}(h')}$，得到一个值 v_4，它被声称等于 $h'(r)$。然后验证者将检查

$$v_1 \cdot v_2 - v_3 = v_4 \cdot \mathbb{Z}_H(r)$$

最后，根据 17.5.2 节的讨论，为了确认 LIP 证明者使用了相同的线性函数回答查询 $q^{(1)}$、$q^{(2)}$ 和 $q^{(3)}$，验证者还将从 $\mathbb{F}$ 中随机选择 β_1、β_2 和 β_3，并在位置 $q^{(5)} = \sum_{i=1}^{3} \beta_i q^{(i)}$ 查询 $f_{z'}$ 以获得响应 v_5，并检查 $\sum_{i=1}^{3} \beta_i v_i = v_5$。如果 LIP 证明者通过此检查，则有很高的概率使用

同一个线性函数 $f_{z'}$ 来回答 $q^{(1)}$、$q^{(2)}$ 和 $q^{(3)}$。

LIP 的分析 这个 LIP 的完备性是由设计得出的。可靠性成立是因为对于任何线性函数 $f_{\mathrm{coeff}(h')}$ 和 $f_{z'}$，它们要能使 LIP 验证者接受，coeff(h')必须指定多项式 h' 的系数，而 $\boldsymbol{z}'$ 必须指定一个证据 $\boldsymbol{z}\in\mathbb{F}^S$ 和三个值 r_A、r_B、r_C，使得

$$h'(r)\cdot\mathbb{Z}_H(r)=g'_z(r)$$

其中 $g'_z(t)$ 如等式(17.17)中所定义。这意味着 $\boldsymbol{z}$ 是一个有效的电路脚本。

LIP 是诚实验证者零知识的，其原因如下。由于 $r\notin H$，我们可以得出结论 $\mathbb{Z}_H(r)=\prod_{a\in H}(r-a)\neq 0$，再加上 r_A、r_B 和 r_C 是独立、均匀分布的域元素，因此 $\mathbb{Z}_H(r)\cdot r_A$、$\mathbb{Z}_H(r)\cdot r_B$ 和 $\mathbb{Z}_H(r)\cdot r_C$ 也是均匀分布的域元素。$f_{z'}(q^{(1)})$、$f_{z'}(q^{(2)})$ 和 $f_{z'}(q^{(3)})$ 本身也是均匀分布的域元素，因为每个元素都是某个固定量加上一个均匀分布的随机域元素(如 $f_{z'}(q^{(1)})=f_z(\mathcal{A}_1(r),\cdots,\mathcal{A}_S(r))+\mathbb{Z}_H(r)\cdot r_A$)。

同时，对于任意选择的 $r\in\mathbb{F}$，$v_4=h'(r)$ 总是等于式(17.18)，即

$$(v_1\cdot v_2-v_3)\mathbb{Z}_H(r)^{-1} \tag{17.18}$$

因此，模拟器可以从 $\mathbb{F}$ 中随机选择 r，将 v_1、v_2、v_3(即对查询 $q^{(1)}$、$q^{(2)}$、$q^{(3)}$ 的模拟响应)设置为均匀随机的域元素，然后按照式(17.18)设置 v_4。最后，模拟器从 $\mathbb{F}$ 中随机选择 β_1、β_2、β_3，并计算对于 $q^{(5)}$ 的模拟响应 $v_5=\sum_{i=1}^{3}\beta_i v_i$。这是对 LIP 验证者视图的完美模拟。

历史的记录 上述 zk-SNARK 与文献[125]中给出的 QAP 的 SNARK 几乎相同。我们在构建和分析所呈现的 SNARK 时使用了后续工作[56]中的线性 PCP 到 LIP 的方法，因此产生了一些不同的处理方式。文献[203]对[125]中的 zk-SNARK 进行了具体的改进，并实现了相应的变体。其他优化的变体参考文献[42]、[46]和[121]。

Groth 的 SNARK Groth 在文献[142]中给出了本节 zk-SNARK 一个有影响力的变种，其证明仅由 3 个群元素组成，并且证明了他的 SNARK 在通用群模型中的知识可靠性。粗略地说，这种证明大小的缩小可以追溯到与本章的 SNARK 的两个不同之处。首先，他给出了一个 LIP，其中验证者仅进行 3 个查询，而不是我们所介绍的 LIP 中的 5 个查询。仅此就将群元素的数量从 10 个减少到 6 个。其次，建立在通用群模型中的安全性而不是依赖指数知识假设，允许将群元素数量再减少一半，因为可以确保证明中的每个群元素 g_i 不必与 g_i^{α} 成对出现。Fuchsbauer、Kiltz 和 Loss[117]将 Groth 的 SNARK 的安全性证明扩展到代数群模型。

第 18 章

SNARK 组合与递归

18.1 组合两个不同的 SNARK

考虑两个 SNARK 系统，如针对算术电路可满足性，具有不同的成本特征的 SNARK 系统 $\mathcal{I}$ 和 $\mathcal{O}$ 。在 $\mathcal{I}$ 中，证明者的速度非常快，但是证明大小和验证时间相对较大（尽管相对于要证明陈述的大小仍然是亚线性的，如电路大小的平方根）。相比之下，在 $\mathcal{O}$ 中，证明者较慢（如与电路大小呈超线性关系，大一个对数因子，并且具有很大的前导常数因子），但是证明大小很短且验证时间非常快（如电路大小的对数甚至常数长度）。是否可以将它们组合在一起，以获得最佳效果？也就是说，我们寻求一个 SNARK $\mathcal{F}$ ，其具有 $\mathcal{I}$ 的快速证明者速度和 $\mathcal{O}$ 的短证明长度和快速验证速度。

答案是肯定的，至少在原理上是可以的，通过一种称为证明组合的技术来实现。具体而言，它的工作方式如下。假设 $\mathcal{F}$ 的证明者 $\mathcal{P}_{\mathcal{F}}$ 声称知道一个证据 w，使得 $\mathcal{C}(w)=1$，其中 $\mathcal{C}$ 是一个指定的电路。$\mathcal{P}_{\mathcal{F}}$ 可以使用 $\mathcal{I}$ 生成其声明的 SNARK 证明 π，但由于 π 相当大且验证它有些慢，$\mathcal{P}_{\mathcal{F}}$ 不想显式地将 π 发送给 $\mathcal{F}$ 验证者。相反，$\mathcal{P}_{\mathcal{F}}$ 可以使用 $\mathcal{O}$ -SNARK 系统向 $\mathcal{F}$ -验证者证明它知道 π。实际上，$\mathcal{P}_{\mathcal{F}}$ 发送给验证者的是 $\mathcal{O}$ -证明 π'。换句话说，$\mathcal{P}_{\mathcal{F}}$ 利用快速验证的 SNARK $\mathcal{O}$ 证明了 $\mathcal{I}$ -证明 π 的知识，这将使得 $\mathcal{I}$ 验证者相信 $\mathcal{P}_{\mathcal{F}}$ 知道一个 w，使得 $\mathcal{C}(w)=1$。

上述过程要求将 $\mathcal{I}$ 的验证过程输入到 $\mathcal{O}$ 的证明机制中。也就是说，$\mathcal{I}$ 验证者必须表示为算术电路 $\mathcal{C}'$，然后将 $\mathcal{O}$ 证明者应用于 $\mathcal{C}'$，以建立对 π 的知识，使得 $\mathcal{C}'(\pi)=1$[①]。

令 $\mathcal{F}=\mathcal{O}\circ\mathcal{I}$ 表示上述组合证明系统。这里，$\mathcal{O}$ 代表“外部”SNARK，$\mathcal{I}$ 代表“内部”SNARK。动机是可以把在 $\mathcal{F}$ 中发送给验证者的 $\mathcal{O}$ -证明 π' 看成其内部存在一个 $\mathcal{I}$ -证明 π：$\mathcal{O}$ -证明 π' 证明了生成它的人知道某个关于给定声明的 $\mathcal{I}$ -证明 π。

---

① 这个例子中的电路可满足性并没有什么特别之处。重要的是，$\mathcal{I}$ 的验证过程在任何格式上都必须被表示为 $\mathcal{O}$ 所要求的格式，以允许 $\mathcal{P}$ 证明它知道一个令 $\mathcal{I}$ 验证者接受的 $\mathcal{I}$ -证明 π。有关除电路之外的中间表示的讨论，请参见第 6 章和 8.4 节，其中包括 R1CS。

组合证明系统的成本　$\mathcal{F}$ 的最终证明长度和验证时间是 $\mathcal{O}$ 应用于 $\mathcal{I}$ 验证者电路 $\mathcal{C}'$ 所生成的证明的大小。由于 $\mathcal{O}$ -证明和验证过程分别是简短和快速的，$\mathcal{F}$ -证明和验证过程也是简短和快速的。$\mathcal{F}$ 证明者首先必须为 $\mathcal{C}$ 生成 $\mathcal{I}$ -证明 π（根据假设，这一步是快速的），然后必须为 $\mathcal{C}'$ 生成 $\mathcal{O}$-证明。尽管 $\mathcal{O}$ 证明者很慢，但关键点是 $\mathcal{C}'$ 应该比 $\mathcal{C}$ 小得多，因为 $\mathcal{I}$ 的验证过程在 $\mathcal{C}$ 的大小下是亚线性（如平方根）的。因此，$\mathcal{F}$ 证明者为生成使得 $\mathcal{C}'(\pi)=1$ 的 $\mathcal{I}$ -证明所需的时间应该远小于最初计算 π 所需的时间。因此，$\mathcal{F}$ 证明者的时间与 $\mathcal{I}$ 证明者的时间极其接近，根据假设，这一步是快速的。两种证明的优点均得到了保留。

除了降低验证成本之外，证明组合还有其他潜在的好处。例如，如果内部 SNARK $\mathcal{I}$ 不是零知识的，但外部 SNARK $\mathcal{O}$ 是零知识的，组合 SNARK $\mathcal{F}$ 将是零知识的。因此，组合可以用于将高效但非零知识的 SNARK $\mathcal{I}$ 转换为新的零知识 SNARK $\mathcal{O}\circ\mathcal{I}$。

18.2　更深层次的 SNARK 组合

与上一节类似，假设存在应用于一个大小为 S 的电路可满足性实例的 SNARK $\mathcal{I}$，其验证过程表示为算术电路时，大小为 $O(S^{1/2})$，并且证明的大小也为 $O(S^{1/2})$。也就是说，相对于基于证据 w 按门逐个计算电路的成本，验证是亚线性的，但仍然比我们希望的更昂贵。原则上，可以使用自我组合来获得验证成本较低的 SNARK。

将 $\mathcal{I}$ 与自身组合（类似于 18.1 节）会产生一个新的 SNARK $\mathcal{F}=\mathcal{I}\circ\mathcal{I}$，其证明大小和验证时间为 $O((S^{1/2})^{1/2})=O(S^{1/4})$。再次使用组合，如将 $\mathcal{F}$ 作为外部 SNARK，$\mathcal{I}$ 作为内部 SNARK，就会产生另一个 SNARK，其验证时间为 $O((S^{1/4})^{1/2})=O(S^{1/8})$。通过这种方式，进行越多的组合调用，得到的 SNARK 的证明越小，验证时间越快。可以继续这个过程，直到组合 SNARK 的验证电路小于基础 SNARK $\mathcal{I}$ 的所谓*递归阈值*。这是指最小电路大小 S^*，使得 $\mathcal{I}$ 的验证过程不能由小于 S^* 的电路可满足性实例表示。在小于递归阈值的电路上，自我组合 SNARK 并不会降低验证成本，实际上还可能会增加。

当然，递归越深，证明者需要做的工作就越多。例如，如果将 $\mathcal{I}$ 自身组合三次，则证明者必须首先"在自己的头脑中"产生一个证明 π，使 $\mathcal{I}$ 验证者接受，然后产生一个证明 π'，证明自己知道 π，再产生一个证明 π，证明自己知道 π'①。这自然比为非组合证明系统生成证明 π 更费功夫。

组合 SNARK 知识可靠性的证明　当考虑两个 SNARK $\mathcal{I}$ 和 $\mathcal{O}$ 的组合 $\mathcal{F}$ 时（18.1 节），我

① 这里所谓的"在自己的头脑中"是指证明者进行计算，而不向验证者发送结果。

们展示了 $\mathcal{F}$ 的组合方式，希望能够直观地表明它具有知识可靠性：$\mathcal{F}$ -证明者 $\mathcal{P}_{\mathcal{F}}$ 利用外部 SNARK $\mathcal{O}$ 确定它知道一份证明 π，该证明会使 $\mathcal{I}$ -验证者接受其声明，即 $\mathcal{P}_{\mathcal{F}}$ 知道一组证据 w，使得 $\mathcal{C}(w)=1$。反过来，由于 $\mathcal{I}$ 具有知识可靠性，任何知道这样的证明 π 的高效的证明者 $\mathcal{P}_{\mathcal{F}}$ 必然也知道这样的证据 w①。

仍然值得仔细地描述一下提取证据 w 的过程 $\varepsilon_{\mathcal{F}}$，这将帮助我们理解在本节中考虑的"深度"组合中的知识提取。正如我们将看到的那样，组合 SNARK 的自然知识提取器的运行时间会随着组合深度呈指数级增长。这意味着超过常数深度的组合将产生超多项式时间的知识提取器。因此，这种深度组合的知识可靠性不具有坚实的理论基础②。

对于 $\mathcal{F}=\mathcal{O}\circ\mathcal{I}$ 的知识提取器　给定一个可以生成 $\mathcal{F}$ 的可接受证明的高效证明者 $\mathcal{P}_{\mathcal{F}}$，$\varepsilon_{\mathcal{F}}$ 需要确定一个满足 $\mathcal{C}(w)=1$ 的证据 w。$\varepsilon_{\mathcal{F}}$ 的工作方式如下：由于 $\mathcal{F}$ 的可信证明是通过外部 SNARK 系统 $\mathcal{O}$ 建立的，即 $\mathcal{P}_{\mathcal{F}}$ 知道一份证明 π，使得 $\mathcal{I}$ 验证者接受，因此，$\varepsilon_{\mathcal{F}}$ 首先可以应用以下子流程："运行 $\mathcal{O}$ 的知识提取器 $\varepsilon_{\mathcal{O}}$ 从 $\mathcal{P}_{\mathcal{F}}$ 中提取这样的一个证明 π"。这个子流程本身代表了内部 SNARK $\mathcal{I}$ 的高效有说服力的证明算法 $\mathcal{P}_{\mathcal{I}}$。因此，$\varepsilon_{\mathcal{F}}$ 可以应用知识提取器 $\varepsilon_{\mathcal{I}}$ 从 $\mathcal{P}_{\mathcal{I}}$ 中提取一个证据 w，使得 $\mathcal{C}(w)=1$。

$\varepsilon_{\mathcal{F}}$ 的效率如何？$\varepsilon_{\mathcal{F}}$ 本身对 $\mathcal{P}_{\mathcal{F}}$ 运行外部 SNARK 知识提取器 $\varepsilon_{\mathcal{O}}$，也必须对一个证明者 $\mathcal{P}_{\mathcal{I}}$ 应用内部 SNARK 知识提取器 $\varepsilon_{\mathcal{I}}$。因此，$\varepsilon_{\mathcal{F}}$ 可能比 $\varepsilon_{\mathcal{I}}$ 或 $\varepsilon_{\mathcal{O}}$ 单独使用时要慢得多(尽管只要 $\varepsilon_{\mathcal{I}}$ 和 $\varepsilon_{\mathcal{O}}$ 都运行在多项式时间内，$\varepsilon_{\mathcal{F}}$ 仍然在多项式时间内运行)。例如，如果 A 表示 $\varepsilon_{\mathcal{I}}$ 调用 $\mathcal{P}_{\mathcal{I}}$ 从中提取 w 的次数③而 B 表示 $\varepsilon_{\mathcal{O}}$ 调用 $\mathcal{P}_{\mathcal{F}}$ 从中提取 π 的次数，那么整个提取过程 $\varepsilon_{\mathcal{F}}$ 可能最多调用 $\mathcal{P}_{\mathcal{F}}$ 达到 $A\cdot B$ 次④。

深度组合的知识提取器　现在考虑将一个 SNARK $\mathcal{O}$ 与自己组合四次。用 $\mathcal{O}^4$ 来表示这种组合。我们可以将 $\mathcal{O}^4$ 视为 $\mathcal{O}^2\circ\mathcal{O}^2$，其中 $\mathcal{O}^2:=\mathcal{O}\circ\mathcal{O}$。前面章节陈述了，如果 A 表示 $\mathcal{O}$ 的知识提取器 $\varepsilon_{\mathcal{O}}$ 运行可信证明者 $\mathcal{P}_{\mathcal{O}}$ 的次数，则 $\mathcal{O}^2$ 的自然的知识提取器提取证据需要运行可信证明者 $\mathcal{P}_{\mathcal{O}^2}$ 的次数是 A^2。然后对 $\mathcal{O}^2\circ\mathcal{O}^2$ 进行相同的分析，这意味着 $\mathcal{O}^4$ 的自然的知识提取器提取证据需要运行可信证明者的次数是 A^4。

---

① 需要注意的是，如果 $\mathcal{O}$ 仅满足标准的可靠性，而不是知识可靠性，则组合证明系统 $\mathcal{O}\circ\mathcal{I}$ 可能不能满足标准可靠性。这是因为 $\mathcal{O}$ 只会证明存在一个证明 π 使得 $\mathcal{I}$-验证者接受。并且在 SNARK $\mathcal{I}$ 下，通常会存在可信的错误陈述证明：$\mathcal{I}$ 的计算可靠性仅保证作弊证明者找到这样的证明很困难。

② 虽然我们无法证明超过常数深度的 SNARK 递归的知识可靠性，但这并不一定意味着我们认为深层递归 SNARK 不是知识可靠的，只是我们不知道如何将它们的知识可靠性归约到基础 SNARK 的知识可靠性。实际上，SNARK 的深度递归在分布式环境中开始实际应用，如 Bonneau 等人的工作[65]。另请参见 18.4 节和 18.5 节。

③ 当我们说一个知识提取器"调用"证明者不止一次时，是指提取器可能会反复地"倒回并重新启动"它正在从中提取证据的证明者。在基于分叉引理的 Σ-协议提取器以及通过 Fiat-Shamir 变换获得的 SNARK(12.2.3 节)的上下文中，我们看到了这方面的例子。

④ A 和 B 可能取决于正在证明的陈述的大小，但为简化起见，我们在表示法中省略了这种依赖关系。

一般来说，将$\mathcal{O}$与自己组合 t 次将产生一个知识提取器，最多运行生成令人信服的证明的证明者 A^t 次。如果 A 和其应用的 SNARK 的陈述大小呈多项式关系，则除非 t 是常数，否则 A^t 将是超多项式的。

组合的实际考虑 对于许多流行的 SNARK $\mathcal{O}$，试图将$\mathcal{O}$-验证者表示为算术电路满足性或 R1CS 的等效实例，或者任何外部 SNARK“使用”的中间表示形式，这可能会存在相当大的开销。在这里，我们强调一个特别常见和重要的问题，并描述迄今为止如何解决它。

正如我们在第 14 章和第 17 章中所见，许多流行的 SNARK 需要验证者在密码学群中执行操作，其中离散对数问题是难解的（对于许多 SNARK，这些群必须是配对友好的，请参见 15.1 节）。这样的密码学群的现代实例使用椭圆曲线（12.1.2.2 节）。回想一下，椭圆曲线群的元素对应于满足形式为 $y^2=x^3+ax+b$ 的方程的点对$(x,y)\in\mathbb{F}\times\mathbb{F}$。$\mathbb{F}$ 被称为曲线的基域。当阶数为 p 的素数阶域$\mathbb{F}_p$ 上的算术电路可满足性或 R1CS 可满足性设计基于离散对数的 SNARK 时，需要椭圆曲线群$\mathbb{G}$ 的阶为 p（在这种情况下，$\mathbb{F}_p$ 被称为$\mathbb{G}$ 的标量域）。这里的关键点是，椭圆曲线的基域$\mathbb{F}$ 和标量域$\mathbb{F}_p$ 是不同的域（参见 12.1.2.2 节）。这意味着，用于定义在$\mathbb{F}_p$ 上的算术电路$\mathcal{C}$ 的基于离散对数的 SNARK $\mathcal{O}$ 中，验证者必须在不同于$\mathbb{F}_p$ 的基域$\mathbb{F}$ 上执行域运算。

回顾一下，为了将 SNARK $\mathcal{O}$ 用于自身的组合，我们必须将$\mathcal{O}$ 的验证过程表示为一个算术电路$\mathcal{C}'$，然后将$\mathcal{O}$ 应用于$\mathcal{C}'$。如果$\mathcal{O}$ 使用密码学群$\mathbb{G}$，则自然应该在$\mathbb{G}$ 的基域$\mathbb{F}$ 而非$\mathbb{G}$ 的标量域$\mathbb{F}_p$ 上定义$\mathcal{C}'$，以便$\mathcal{C}'$可以在$\mathbb{F}$ 上“原生地”执行$\mathbb{G}$ 中的群运算所需的操作（虽然使用第 6 章中讨论的技术，可以通过定义在$\mathbb{F}_p$ 上的电路“实现”$\mathbb{F}$ 中的运算，但目前这样做的代价很高，尽管许多研究人员正在努力降低该代价）。但是，为了将$\mathcal{O}$ 应用于$\mathcal{C}'$，我们需要知道另一个密码学群$\mathbb{G}'$，其标量域（而不是基域）为$\mathbb{F}$。

因此，为了支持$\mathcal{O}$ 与自身（或其他 SNARK）的任意深度组合，有必要确定一个椭圆曲线的循环。这样一个循环的最简形式长度为 2。这是一对椭圆曲线群$\mathbb{G}$ 和$\mathbb{G}'$，使得$\mathbb{G}$ 的基域$\mathbb{F}_p$ 是$\mathbb{G}'$的标量域$\mathbb{F}$，反之亦然。使用这样一个椭圆曲线的循环可以确保，$\mathcal{O}$ 的验证者要验证$\mathbb{F}$ 上的电路，可以通过在$\mathbb{F}_p$ 上的电路上高效地实现，反之亦然。

为了具体说明深度为 2 的递归组合，假设$\mathcal{O}$ 是用于算术电路可满足性的 SNARK。为了澄清电路可满足性实例在什么域上定义，使用下标$\mathcal{O}_{\mathbb{F}}$ 来表示。那么$\mathcal{O}^3:=\mathcal{O}_{\mathbb{F}_p}\circ\mathcal{O}_{\mathbb{F}}\circ\mathcal{O}_{\mathbb{F}_p}$ 以如下方式工作，以证明知道一个 w 使得$\mathcal{C}(w)=1$，其中$\mathcal{C}$ 定义在$\mathbb{F}_p$ 上。首先，$\mathcal{O}^3$ 的证明者$\mathcal{P}$ 会在自己的头脑中生成一个证明 π，该证明能够使$\mathcal{O}_{\mathbb{F}_p}$ 验证者相信这个声明。针对这个声明，$\mathcal{O}_{\mathbb{F}_p}$ 验证者可以用一个定义在$\mathbb{F}$ 上的电路$\mathcal{C}'$来有效地表示。因此，$\mathcal{O}^3$ 的证明者将生成一个$\mathcal{O}_{\mathbb{F}}$ 证明 π'，证明它知道这样一个$\mathcal{O}_{\mathbb{F}_p}$ 证明 π。类似地，这个声明可以使用定义在$\mathbb{F}_p$ 上的电路$\mathcal{C}$ 来表示，因此证明者最终计算证明 π，表明它知道这样一个$\mathcal{O}_{\mathbb{F}}$

证明 π'，并将该证明明确地发送给 $\mathcal{O}^3$ 验证者。

更一般地，给定一个椭圆曲线循环，可以支持 $\mathcal{O}_{\mathbb{F}}$ 和 $\mathcal{O}_{\mathbb{F}_p}$ 的任意深度组合。每次证明者需要产生一个证明 π'，证明它知道 $\mathcal{O}_{\mathbb{F}_p}$ 验证者接受的证明 π，它将把 $\mathcal{O}_{\mathbb{F}_p}$ 验证者表示为一个定义在 $\mathbb{F}$ 上的电路，并将 $\mathcal{O}_{\mathbb{F}}$ SNARK 应用于该电路，类似地，对调 $\mathbb{F}_p$ 和 $\mathbb{F}$ 的角色以生成其他证明。

现在流行的一种曲线循环是 Pasta 曲线，这是一种非配对友好的曲线，其效率与一些不支持循环的最佳曲线相当接近（如 Curve25519，详见 12.1.2.2 节）。也已知通过所谓的 MNT 曲线[96]可以支持配对友好曲线的循环。但在撰写本书时，对于给定的安全级别，比起不支持循环的流行的配对友好曲线（如 BLS12-381），它们明显低效得多。这是因为支持循环的曲线需要工作在更大的有限域上，从而导致群运算速度较慢。尽管配对友好曲线的循环目前非常昂贵，但两个基于配对的 SNARK 的深度为 1 的组合不需要曲线循环；它只需要两个配对友好的曲线，其中一个的基域是另一个的标量域。目前，一个称为 BLS12-377 的高效曲线和一个称为 BW6-761 的姊妹曲线提供了这种功能[74,154]。

在 SNARK 递归组合中出现的另一个常见的实际考虑是，许多透明 SNARK 的验证者执行默克尔哈希路径验证，这意味着密码学哈希操作必须表示为电路或 R1CS 可满足性实例。正如在第 6 章中提到的那样，人们已经花费了相当多的精力开发“SNARK 友好的”哈希函数，即可以在这种形式下高效地表示的可能抗碰撞的哈希函数。

18.3　SNARK 组合的其他应用

我们已经看到，组合 SNARK 可以提高效率：具有快速证明者和相对较慢的验证成本的 SNARK 可以与自身或另一个 SNARK 组合，以改进验证成本。

增量计算　第一个原因，我们将在本章稍后的部分（18.4 节和 18.5 节）详细介绍，使用递归更直接地构建了适用于迭代计算的高效 SNARK，即证明对于某个指定输入 x 和指定函数 F，$F(F(F(F(F(F(x))))))=y$。更一般地，令 $F^{(i)}(x)$ 表示 F 对 x 的 i 次迭代应用，如 $F^{(3)}(x)=F(F(F(x)))$。这种证明系统的一个典型应用是令 F 为一个延迟函数（delay function），即需要一些非平凡的顺序才能计算出来的简单函数。然后，用于 F 的多次迭代应用的 SNARK 产生了可验证的延迟函数（verifiable delay function），即需要大量顺序时间计算的函数，其结果可以非常快速地验证。

增量可验证计算（Incrementally Verifiable Computation，IVC）　某些应用实际上需要一种称为“增量可验证计算”的基本原语[239]。这意味着 F 对 x 进行 j 次应用之后，证明者可以输出 y_j 和一个 SNARK 证明 π_j，以证明 $F^{(j)}(x)=y_j$。而且，给定 y_j 和 π_j，任何第三

方都可以将 F 应用于 y_j 以获得输出 y_{j+1}，并有效地计算一个新的 SNARK 证明 π_{j+1}，以证明 $F^{(j+1)}(x)=y_{j+1}$。

应用于分布式计算环境 实际上，我们用于迭代计算的 SNARK 可以更一般地处理非确定性计算 F。也就是说，F 可以接受两个输入，即一个公开输入 x 和一个证据 w，并产生输出 $y=F(x,w)$。我们在本章中提出的 SNARK① 将能够确定关于证据 $w_1,\cdots,w_i$ 的知识，使得

$$F(F(\cdots F(F(F(x,w_1),w_2),w_3),\cdots,w_{i-1}),w_i)=y_i$$

下面是一个可能应用于公共区块链的示例。假设 F 以当前所有账户余额的"累积"状态为输入，并且每个证据 w_i 视为指定一个新的有效交易 t_i 以及相关的工作量证明，并且 F 输出更新后的累积结果(即 F 输出处理交易 t_i 后新账户的余额累积)。然后，上述的 SNARK 将产生一个证明，即 y_i 是在 i 个交易之后有效的账户余额的累积。这可以使得区块链网络中计算能力较弱的节点非常高效地从任何不受信任的参与方那里了解到网络的全局状态的累积(即当前账户余额)，并且带有一个证明，证明该累积实际上刻画了一系列由一定数量的有效交易和相关工作量证明组成的序列。这对于那些将网络当前状态指定为"最长链"的协议可能很重要。因此，节点可以在没有下载整个网络交易历史记录甚至当前账户余额的情况下，就能信任地知道网络状态的累积。

证明聚合 SNARK 组合的另一个应用是证明聚合。其可以通过以下示例应用来解释。假设证明者 $\mathcal{P}$ 对于一些公开输入 x 和函数 F 声称 $F(x)=y$，但计算 F 非常耗费计算资源。将计算分成 ℓ 个可处理的部分，如 $F_1(x),\cdots,F_\ell(x)$，每个部分都可以独立地执行。$\mathcal{P}$ 将每个部分分配给不同的机器(甚至可能是不被证明者信任的机器)，以生成输出 $y_1,\cdots,y_\ell$，然后通过某种聚合函数 G 将这些输出组合成最终输出 y。

为了证明 $F(x)=y$，每台机器都生成证明 π_i，证明 $y_i=F_i(x)$，并将 π_i 和结果 y_i 发送回 $\mathcal{P}$。然后，$\mathcal{P}$ 只需证明他知道一组令人信服的 $\pi_1,\cdots,\pi_\ell$，对于 ℓ 个声明，都有 $y_i=F_i(x)$，以及证明 $G(y_1,\cdots,y_\ell)=y$。为了实现这一点，对如下这些计算应用 SNARK，首先验证证明 $\pi_1,\cdots,\pi_\ell$，然后计算 $G(y_1,\cdots,y_\ell)$。

18.4 通过递归构建用于迭代计算的 SNARK

回忆一下，$F^{(i)}(x)$ 表示 F 对 x 进行 i 次迭代应用所得到的结果。假设我们想为 $F^{(i)}(x)=y$ 这个断言设计一个 SNARK。

---

① 为简单起见，我们不以这种一般性呈现 SNARK，但将在不做修改的情况下支持它。

当然，我们可以对 $F^{(i)}$ 应用在本书稍早章节中介绍过的任意一个（非组合）SNARK，但这些方案都有一些缺点，详细内容将在下一章（第 19 章）中介绍。首先，它们不支持增量可验证计算（IVC）（见 18.3 节）。在效率方面，如果我们希望证明尽可能短且验证速度最快，那么具有这些属性的 SNARK 需要一个可信设置（第 17 章）。由于证明者使用 FFT，它们生成证明很消耗空间，因此对于非常大的计算，可能无法实现，并且它们使用配对友好群，可能导致较慢的证明者时间。虽然先前章节中的许多透明 SNARK 避免了使用 FFT 和配对操作，但它们的证明和验证成本要比具有最快验证的可信设置 SNARK 大得多。

递归组合 SNARK 的方法　我们能否通过采用基础 SNARK $\mathcal{O}$ 并进行递归组合来解决上述问题呢？假设我们已经为 $F^{(i-1)}(x)=y_{i-1}$ 设计了一个 SNARK $\mathcal{O}_{i-1}$，那么下面是一个针对 $F^{(i)}(x)=y_i$ 的 SNARK $\mathcal{O}_i$：证明者 $\mathcal{P}$ 使用基础 SNARK $\mathcal{O}$ 来证明：

(a) 它知道一个 $\mathcal{O}_{i-1}$-证明 π_{i-1}，证明 $F^{(i-1)}(x)=y_{i-1}$；

(b) $F(y_{i-1})=y_i$①。

这种应用于增量计算的递归组合 SNARK 的方法已经得到了研究（如文献[45]），它使用了已知的验证速度最快的可信设置 SNARK。此可信设置 SNARK 归功于 Groth[142]（17.5.6 节）②。递归方法的一个主要好处是它产生了 IVC（18.3 节）：对于每次迭代 $j-1$，证明者可以输出 y_{j-1} 和证明 π_{j-1}，即 $y_{j-1}=F^{(j-1)}(x)$。任何其他方都可以“从那里接手计算”，计算 $F(y_{j-1})$ 并使用 π_{j-1} 来计算证明 π_j，即 $y_j=F^{(j)}(x)$。

相对于直接应用非组合基础 SNARK 的方法，上述递归解决方案还降低了证明者的空间成本，因为证明者仅仅是将基础 SNARK 一个接一个地应用到 F 的每个计算上（即它不会将基础 SNARK“一次性”应用到计算 $F^{(j)}$ 的整个电路上）。也就是说，在其计算证明 π_j 的任何时候，证明者只需要记住前面的证明 π_{j-1} 和 $F^{(j-1)}$ 的前一个输出 y_{j-1}。

---

① 这里有一个重要的实际问题，即为了确定一个算术电路来确认(a)和(b)，必须确保 $\mathcal{O}_{i-1}$-验证者的计算和 F 本身都可以被有效地表达为同一域上的电路。这对于执行椭圆曲线操作的 SNARK 来说可能是具有挑战性的，因为如 18.2 节所讨论的，这种 SNARK 验证者只能被高效地表达为曲线的基域 $\mathbb{F}$ 上的电路，而这与标量域 $\mathbb{F}_p$ 不同，后者可能是 F 被高效地表示的域。为了避免这个问题，一种方法是确定一个带有标量域 $\mathbb{F}_p$ 和基域 $\mathbb{F}$ 的曲线循环，使得 F 可以通过 $\mathbb{F}_p$ 和 $\mathbb{F}$ 这两个域上的电路高效计算。这样，在每个步骤 i 中，$\mathcal{O}_{i-1}$ 验证者将能够以其中一个域上的电路高效地表达（取决于 i 是奇数还是偶数），F 也要能够以相同的域上的电路高效地表达。如果 F 仅能通过 $\mathbb{F}_p$ 上的电路高效地计算，则会遇到这个问题，即 $\mathcal{O}_{i-1}$ 验证者只能通过 $\mathbb{F}$ 上的电路高效地表达，而 F 本身不能。为了解决这个问题，可以通过两个 SNARK 组合，而不是一个来定义 $\mathcal{O}_i$。在第一步中，证明者将 $\mathcal{O}_{i-1}$ 验证者表示为 $\mathbb{F}$ 上的电路，并在自己的头脑中计算一个 $\mathcal{O}_{\mathbb{F}}$-证明 π，证明它知道一个 $\mathcal{O}_{i-1}$-证明 π_{i-1}，使得 $F^{(i-1)}=y_{i-1}$。然后，由于（与 $\mathcal{O}_{i-1}$ 验证者不同）$\mathcal{O}_{\mathbb{F}}$ 验证者可以被高效地表示为 $\mathbb{F}_p$ 上的电路，因此存在一个在 $\mathbb{F}_p$ 上的小电路，可以同时保证：(a)证明者知道这样的证明 π；(b) $F(y_{i-1})=y_i$。因此，可以将 $\mathcal{O}_{\mathbb{F}_p}$ 应用于此电路，以产生 $F^{(i)}(x)=y_i$ 的证明。

② 较新的工作已经研究了具有通用而非特定电路的可信设置的递归组合 SNARK，但这导致了更高的证明者开销[96]。

另一方面，当将递归方法应用于使用配对（如 Groth[142]）的 SNARK 时，显著的缺点是证明者的速度非常慢，这在很大程度上归因于需要使用配对友好的椭圆曲线循环来支持任意深度的递归（18.2 节）。除此之外，还有一个额外的开销，可以追溯到我们称之为*递归开销*的概念。

递归开销 最终针对 $F^{(i)}$ 的 SNARK 证明 π_i 有效证明了对于所有 $j \leqslant i$，证明者 $\mathcal{P}$ 不仅按照(b)的方式将 F 应用于 y_{j-1} 以得到 y_j，而且还在自己的头脑中按照(a)的方式忠实地验证了证明 π_{j-1}①。换句话说，上述递归方法用 $F'(y_{j-1}, \pi_{j-1})$ 替换了计算 $F(y_{j-1})$ 的过程，其中 F' 是一个*更大的*计算，它不仅输出 $F(y_{j-1})$，而且还验证了 π_{j-1}，并且对于所有 $j \leqslant i$，都将基础 SNARK 应用到 F' 上（这种观点将在 18.5 节中再次提到）。

我们将在 F 的每个迭代应用 j 中，为确保它验证了 π_{j-1}，而给证明者 $\mathcal{P}$ 添加的成本称为"递归开销"。这是因为非递归解决方案将 SNARK 直接应用于计算 $F^{(i)}$ 的电路，仅要求证明者确实将 F 应用了 i 次，而不要求它一直忠实地验证任何证明。因此，"递归开销"纯粹是证明者额外的工作量，这在非递归解决方案中不存在。

自然地，这种开销由实现基础 SNARK 的验证者电路中的门数，或其他适当的中间表示来衡量。如果实现 SNARK 验证者所需的电路大于实现 F 本身所需的电路，则这将成为证明者成本的主要部分。具体来说，如果表示 F 的电路小于基础 SNARK $\mathcal{O}$ 的*递归阈值*（参见 18.2 节），就会发生这种情况。

目前验证成本最佳的可信设置 SNARK（Groth 的 SNARK[142]）具有相当低的递归阈值。然而，我们将在后面看到（18.5 节），通过其他方法进一步减少这种开销，而且可以避免对可信设置和配对友好的群的要求（配对的使用增加了递归阈值，并且如上所述，导致了更高的证明者的具体成本）②。

递归地组合透明 SNARK 简而言之，递归组合使用拥有最先进验证成本的 SNARK 的方法存在一些问题：基础 SNARK 需要一个可信的设置，使用配对友好曲线循环导致证明者开销非常高，并且存在令人不满意的"递归开销"问题。

解决前两个问题的最直接方法是使用不需要配对友好群的透明 SNARK 来替代基于可信设置的 SNARK。这些 SNARK 均利用透明的多项式承诺方案，如基于 FRI 的承诺方案（10.4 节）、Ligero 的多项式承诺方案（10.5 节）、Hyrax 的多项式承诺方案（14.3 节）和 Bulletproofs 多项式承诺方案（14.4 节）。但这种方法的问题在于，这些多项式承

① 澄清一下，π_i 证明了上述所有的内容，而不必"告诉验证者"y_{j-1} 或 π_{j-1}。

② Groth 的 SNARK[142] 的验证涉及 3 个配对计算，这在具体表示为电路或 R1CS 时相当昂贵，因此还有进一步降低这种开销的空间。我们将在本章后面（18.5 节）看到一种方法，将"3 个配对计算"减少到几乎相当于非配对友好群中的两个群指数运算，它在电路或 R1CS 中的表示可以比 3 个配对计算小得多。

诺方案的求值证明的验证成本相当高，因此递归开销非常大。例如，如果使用流行的 Bulletproofs 多项式承诺方案，则证明很短（对数大小级别），但验证成本为线性。即使是基于 FRI 的多项式承诺方案（10.4.4 节）实现了对数级别的验证时间，但相应的证明在适当的安全级别下是相当大的，并且其验证涉及许多默克尔哈希路径验证操作，这些操作表示成电路或 R1CS 有点昂贵。

为了解决这种情况下递归开销的问题，从 Halo 开始的一系列的工作[64,75,81,82,175]大致展示了如何避免将多项式承诺方案的求值证明引入证明机制中。在这些透明 SNARK 中，验证者被分成两个部分：(a1)验证除承诺多项式的求值之外的所有证明部分；(a2)验证承诺多项式的求值。本质上，SNARK 被修改为简单地省略了验证检查(a2)。这意味着，每次证明者在自己的头脑中生成“证明”π_j①，证明 $F^{(j)}(x)=y_j$（已经计算出了 $F^{(j-1)}(x)=y_{j-1}$ 的“证明”π_{j-1}），π_j 不直接证明任何“证明”中涉及的承诺多项式的求值的有效性。因此，这些求值的声明必须单独检查。这些工作大致展示了如何使用已知多项式承诺方案的同态性质，以廉价的方式“批量检查”证明者在自己的头脑中生成的所有“证明”$\pi_1,\cdots,\pi_i$ 中涉及的所有承诺多项式的所有求值。也就是说，所有 $\pi_1,\cdots,\pi_i$ 中的涉及承诺多项式的求值的声明被“积累”成单一声明，然后可以以与一个单独声明相同的成本进行检查。在 16.1 节中，我们讨论了同态多项式承诺在相同点进行求值的情况下的详细技术细节。

该路线的最新工作将以上方法推向了极端，并纯粹地从同态向量承诺方案中推导出了迭代计算 $F^{(i)}$ 的 SNARK（即不先开发递归应用 i 次的“基础 SNARK”）。下一节描述了这样做的一个结果，其产生了称为 Nova 的证明系统[175]。

18.5 通过同态承诺实现迭代计算的 SNARK

我们在这一部分的目标是设计一个使用同态向量承诺方案直接实现迭代计算的 SNARK。由于使用同态向量承诺方案，因此该 SNARK 是透明的，避免了需要配对友好的曲线，并具有最先进的递归开销。这两个特性结合起来确保了相对于基于配对的递归组合 SNARK（18.4 节），它的证明者速度显著更快。

18.5.1 SNARK 的非正式概述

该 SNARK 的大致工作原理如下。首先，使用第 6 章的前端技术将 F 转换为一个等价的 R1CS 实例，即三个公共矩阵 $\boldsymbol{A},\boldsymbol{B},\boldsymbol{C}\in\mathbb{F}^{n\times n}$，使得当且仅当存在向量 $\boldsymbol{z}$（形式为$(\boldsymbol{x},\boldsymbol{y},$

① 在这里，我们将“证明”一词放在引号中，因为 π_j 省略了重要的验证信息，即对承诺多项式的求值的验证。因此，π_j 实际上不是声明 $F^{(j)}(x)=y_j$ 的完整 SNARK 证明。

w)，其中 $\boldsymbol{w}$ 是证据向量)，使得$(\boldsymbol{A}\cdot\boldsymbol{z})\circ(\boldsymbol{B}\cdot\boldsymbol{z})=\boldsymbol{C}\cdot\boldsymbol{z}$ 时，$F(x)=y$。这里的$\circ$表示两个向量的逐项乘积①。

令 $y_0=x$，则证明 $F^{(i)}(x)=y_i$ 等价于证明存在一些向量 $\boldsymbol{w}_1,\cdots,\boldsymbol{w}_i$，使得对于

$$z_j:=(y_{j-1},y_j,w_j) \tag{18.1}$$

满足

$$(\boldsymbol{A}\cdot\boldsymbol{z}_j)\circ(\boldsymbol{B}\cdot\boldsymbol{z}_j)=\boldsymbol{C}\cdot\boldsymbol{z}_j,\ j=1,\cdots,i \tag{18.2}$$

本 SNARK 的粗略思想是，证明者 $\mathcal{P}$ 使用一个同态向量承诺方案对所有向量 $\boldsymbol{z}_1,\cdots,\boldsymbol{z}_i$ 进行承诺，并证明每个向量都具有形式(18.1)，并满足(18.2)。证明者使用一个被称为“折叠方案”的原始协议，重复将两个形式为(18.2)的 R1CS 实例转换为单个 R1CS 实例，使得当且仅当两个原始实例都得到满足时，派生的实例才会被满足②。折叠方案可以重复应用，将所有 i 个(18.2)实例缩减为单个实例③。为了简单起见，我们将重点放在“顺序”折叠模式上，其中(18.2)的第一个实例与第二个实例折叠在一起，再将得到的派生实例与第三个实例折叠在一起，然后再将得到的派生实例与第四个实例折叠在一起，以此类推，直到所有 i 个实例都被折叠为单个实例。折叠方案是交互式的，但可以通过 Fiat-Shamir 变换消除交互。

这个最终的 R1CS 实例的有效性可以通过任何适用于形如$(\boldsymbol{A}\cdot\boldsymbol{z})\circ(\boldsymbol{B}\cdot\boldsymbol{z})=\boldsymbol{C}\cdot\boldsymbol{z}$ 的 R1CS 实例的 SNARK 来证明，其中证明者通过相同的同态向量承诺方案承诺证据向量 $\boldsymbol{z}$，就像证明者承诺 $\boldsymbol{z}_1,\cdots,\boldsymbol{z}_i$ 一样。例如，这包括使用 Bulletproofs 多项式承诺方案(14.4 节)的 SNARK，因为 Bulletproofs 中的承诺只是对多项式系数向量的广义 Pedersen 承诺。如果使用 Bulletproofs，折叠后得到的最终 R1CS 实例的 SNARK 证明长度可以达到 $O(\log n)$，尽管验证时间是 $O(n)$④。

上述简短的描述忽略了许多细节。首先，折叠方案将采用两个 R1CS 实例，但产生的不是另一个 R1CS 实例，而是一种我们称之为带松弛向量承诺的 R1CS(committed-R1CS-with-a-slack-vector)的泛化实例。其次，由于每个折叠操作都需要证明者向验证者发送一条消息(以及验证者向证明者发送随机挑战)，所产生的协议的证明长度将与 i

① 为了简单起见，本章前面的部分描述的都是算术电路可满足性的 SNARK，它们也适用于 R1CS 的 SNARK。在本节中，我们使用 R1CS 的形式，而非电路，因为 Nova 最自然的描述是在 R1CS 中进行的。当然，R1CS 是电路的一个泛化形式(8.4 节)，因此任何用于 R1CS 表示的 SNARK 也可以用于电路表示。

② 这种折叠方案与本章前面介绍的几个协议有些相似。最直接的例子是，在 Bulletproofs 的每一轮中(参见 14.4 节)，关于长度为 n 的承诺向量内积的声明被缩减为关于长度为 $n/2$ 的向量内积的声明。另外，在 sum-check 协议(4.2 节)的每一轮中，关于 2^{ℓ} 个项的求和的声明被缩减为关于 $2^{\ell-1}$ 个项的求和的声明。事实上，有些研究将这些协议视为统一的方案[70,174]。

③ 一般来说，可以使用任意折叠模式，即我们可以将第 i 个实例视为任何二叉树的叶子节点，中间节点则表示将两个子节点“折叠”为单个实例。树的根表示使用折叠操作得到的最终的 R1CS 实例。

④ 对于迭代计算，人们通常认为迭代次数 i 非常大，每次迭代应用的函数 F 较小，甚至可能由常数大小的电路计算。在这种情况下，$O(n)$可以被认为是一个常数，$O(\log n)$可以被认为是一个更小的常数。

呈线性关系，而我们实际上希望证明长度与 i 无关。我们最终将通过递归证明组合的变体(18.5.4 节)得到所需的证明长度。此外，我们还没有解释如何检查每个承诺向量 z_j 是否具有等式(18.1)的形式。

18.5.2　一种带松弛向量承诺的 R1CS 的折叠方案

带松弛向量承诺的 R1CS 问题　在这个问题的一个实例中，有三个域 $\mathbb{F}$ 上的公开的 $n\times n$ 矩阵 $\boldsymbol{A}$、$\boldsymbol{B}$ 和 $\boldsymbol{C}$，以及一个公开标量 $u\in\mathbb{F}$ 和一个公开向量 $\boldsymbol{s}\in\mathbb{F}^m$。除了这些公开对象外，还有两个承诺向量 $\boldsymbol{w}\in\mathbb{F}^{n-m}$ 和 $\boldsymbol{E}\in\mathbb{F}^n$。令 $\boldsymbol{z}=(\boldsymbol{s},\boldsymbol{w})\in\mathbb{F}^n$。证明者已经使用同态向量承诺方案(如 14.2 节中的 Pedersen 向量承诺)承诺了 $\boldsymbol{w}$ 和 $\boldsymbol{E}$，证明者声称 $(\boldsymbol{A}\cdot\boldsymbol{z})\circ(\boldsymbol{B}\cdot\boldsymbol{z})=u\cdot(\boldsymbol{C}\cdot\boldsymbol{z})+\boldsymbol{E}$。

折叠两个实例　考虑将两个带松弛向量承诺的 R1CS 实例折叠在一起，这两个实例中的公开矩阵是相同的。也就是说，证明者声称：

$$(\boldsymbol{A}\cdot\boldsymbol{z}_1)\circ(\boldsymbol{B}\cdot\boldsymbol{z}_1)=u_1\cdot\boldsymbol{C}\cdot\boldsymbol{z}_1+\boldsymbol{E}_1 \tag{18.3}$$

$$(\boldsymbol{A}\cdot\boldsymbol{z}_2)\circ(\boldsymbol{B}\cdot\boldsymbol{z}_2)=u_2\cdot\boldsymbol{C}\cdot\boldsymbol{z}_2+\boldsymbol{E}_2 \tag{18.4}$$

这里，$\boldsymbol{A},\boldsymbol{B},\boldsymbol{C}\in\mathbb{F}^{n\times n}$ 是公开矩阵，$u_1,u_2\in\mathbb{F}$ 是公开标量，$\boldsymbol{s}_1,\boldsymbol{s}_2\in\mathbb{F}^m$ 是公开向量，$\boldsymbol{w}_1$，$\boldsymbol{w}_2\in\mathbb{F}^{n-m}$ 和 $\boldsymbol{E}_1,\boldsymbol{E}_2\in\mathbb{F}^n$ 是承诺向量，以及 $\boldsymbol{z}_1=(\boldsymbol{s}_1,\boldsymbol{w}_1)$ 和 $\boldsymbol{z}_2=(\boldsymbol{s}_2,\boldsymbol{w}_2)$。$\mathcal{V}$ 希望检查这两个声明。实现这一点的简单方法是让证明者打开对 $\boldsymbol{w}_1$、$\boldsymbol{w}_2$、$\boldsymbol{E}_1$ 和 $\boldsymbol{E}_2$ 的承诺，以便 $\mathcal{V}$ 可以直接检查这两个声明，但这种简单方法对我们的目标来说代价太高。相反，想象一下验证者 $\mathcal{V}$ 希望“取这两个声明的随机线性组合”，以得到一个相同形式的单一声明，这样，当且仅当两个原始声明都为真时，派生出的声明才为真(在一定的可忽略的可靠性误差范围内)。

这里是一个验证者可能会尝试实现这个目标的方法。

第一次无用的尝试　验证者可以选择一个随机的域元素 $r\in\mathbb{F}$，并令

$$\boldsymbol{s}\leftarrow\boldsymbol{s}_1+r\cdot\boldsymbol{s}_2 \tag{18.5}$$

$$\boldsymbol{w}\leftarrow\boldsymbol{w}_1+r\cdot\boldsymbol{w}_2 \tag{18.6}$$

$$u\leftarrow u_1+r\cdot u_2 \tag{18.7}$$

$$\boldsymbol{E}\leftarrow\boldsymbol{E}_1+r^2\boldsymbol{E}_2 \tag{18.8}$$

注意到 $\mathcal{V}$ 可以直接计算 $\boldsymbol{s}$ 和 u，因为 $\boldsymbol{s}_1,\boldsymbol{s}_2\in\mathbb{F}^m$ 和 $u_1,u_2\in\mathbb{F}$ 是公开的。此外，通过 $\mathcal{P}$ 用于承诺 $\boldsymbol{w}_1$、$\boldsymbol{w}_2$、$\boldsymbol{E}_1$ 和 $\boldsymbol{E}_2$ 的承诺方案的同态性，验证者可以自己计算对 $\boldsymbol{w}$ 和 $\boldsymbol{E}$ 的承诺。验证者可能希望在这些定义下，等式(18.3)和(18.4)蕴含以下内容(反之亦然)：

$$(\boldsymbol{A}\cdot\boldsymbol{z})\circ(\boldsymbol{B}\cdot\boldsymbol{z})=u\cdot(\boldsymbol{C}\cdot\boldsymbol{z})+\boldsymbol{E} \tag{18.9}$$

如果是这种情况，那么验证者可以自行推导出一个新的带松弛向量承诺的 R1CS 的实例，这个实例等同于两个原始实例的有效性(等式(18.3)和(18.4))。

不幸的是，即使等式(18.3)和(18.4)都成立，等式(18.9)也不成立。但是我们将看到，如果可以稍微修改 $\boldsymbol{E}$ 的定义，则等式(18.9)成立。

有效的方法 让我们重新定义 $\boldsymbol{E}$，以包括一个额外的"交叉项"，即丢弃等式(18.8)，用以下内容替换：

$$\boldsymbol{E} \leftarrow \boldsymbol{E}_1 + r^2 \boldsymbol{E}_2 + r \cdot \boldsymbol{T} \tag{18.10}$$

其中

$$\boldsymbol{T} \leftarrow (\boldsymbol{A} \cdot \boldsymbol{z}_2) \circ (\boldsymbol{B} \cdot \boldsymbol{z}_1) + (\boldsymbol{A} \cdot \boldsymbol{z}_1) \circ (\boldsymbol{B} \cdot \boldsymbol{z}_2) - u_1 \cdot \boldsymbol{C} \cdot \boldsymbol{z}_2 - u_2 \cdot \boldsymbol{C} \cdot \boldsymbol{z}_1 \tag{18.11}$$

然后我们可以通过初等代数检查证明，对于任意选择的 $r \in \mathbb{F}$，等式(18.9)都成立。

证明等式(18.9)对于所有的 $r \in \mathbb{F}$ 成立的计算过程

等式(18.9)的左边为：

$$\begin{aligned}(\boldsymbol{A} \cdot \boldsymbol{z}) \circ (\boldsymbol{B} \cdot \boldsymbol{z}) &= (\boldsymbol{A} \cdot \boldsymbol{z}_1 + r \cdot \boldsymbol{A} \cdot \boldsymbol{z}_2) \circ (\boldsymbol{B} \cdot \boldsymbol{z}_1 + r \cdot \boldsymbol{B} \cdot \boldsymbol{z}_2) \\ &= (\boldsymbol{A} \cdot \boldsymbol{z}_1) \circ (\boldsymbol{B} \cdot \boldsymbol{z}_1) + r^2 \cdot (\boldsymbol{A} \cdot \boldsymbol{z}_2) \circ (\boldsymbol{B} \cdot \boldsymbol{z}_2) + r \cdot ((\boldsymbol{A} \cdot \boldsymbol{z}_1) \circ \\ &\quad (\boldsymbol{B} \cdot \boldsymbol{z}_2) + (\boldsymbol{A} \cdot \boldsymbol{z}_2) \circ (\boldsymbol{B} \cdot \boldsymbol{z}_1))\end{aligned} \tag{18.12}$$

右边为：

$$\begin{aligned}u \cdot (\boldsymbol{C} \cdot \boldsymbol{z}) &= (u_1 + r u_2) \cdot \boldsymbol{C} \cdot (\boldsymbol{z}_1 + r \boldsymbol{z}_2) = u_1 \cdot \boldsymbol{C} \cdot \boldsymbol{z}_1 + \boldsymbol{E}_1 + r^2 (u_2 \cdot \boldsymbol{C} \cdot \boldsymbol{z}_2 + \boldsymbol{E}_2) + \\ &\quad r(u_2 \cdot \boldsymbol{C} \cdot \boldsymbol{z}_1 + u_1 \cdot \boldsymbol{C} \cdot \boldsymbol{z}_2)\end{aligned} \tag{18.13}$$

根据等式(18.3)和(18.4)，我们可以将式(18.12)右边重写为：

$$u_1 \cdot \boldsymbol{C} \cdot \boldsymbol{z}_1 + E_1 + r^2 \cdot (u_2 \cdot \boldsymbol{C} \cdot \boldsymbol{z}_2 + \boldsymbol{E}_2) + r \cdot ((\boldsymbol{A} \cdot \boldsymbol{z}_1) \circ (\boldsymbol{B} \cdot \boldsymbol{z}_2) + (\boldsymbol{A} \cdot \boldsymbol{z}_2) \circ (\boldsymbol{B} \cdot \boldsymbol{z}_1)) \tag{18.14}$$

表达式(18.14)与等式(18.13)右边的差恰好是 r 乘等式(18.11)赋给 $\boldsymbol{T}$ 的值。

因此，考虑以下简单的交互式协议，试图将检查等式(18.3)和(18.4)是否都成立简化为检查等式(18.9)是否成立：首先，$\mathcal{P}$ 使用与承诺 $\boldsymbol{w}_1$、$\boldsymbol{w}_2$、$\boldsymbol{E}_1$ 和 $\boldsymbol{E}_2$ 相同的同态向量承诺方案承诺一个声称等于交叉项 $\boldsymbol{T}$(等式(18.11))的向量 $\boldsymbol{v}$。其次，$\mathcal{V}$ 从 $\mathbb{F}$ 中随机选择 r 并将其发送给 $\mathcal{P}$。注意：给定对 E_1、E_2 和 v 的承诺，$\mathcal{V}$ 可以使用同态来计算对向量 $\boldsymbol{E}_1 + r^2\boldsymbol{E}_2 + r \cdot \boldsymbol{v}$ 的承诺，如果 $\boldsymbol{v}$ 如其声称的那样，则应等于等式(18.10)的右边。

我们已经解释过，如果承诺的向量 $\boldsymbol{v}$ 等于等式(18.11)规定的 $\boldsymbol{T}$，那么等式(18.10)在随机选择的 r 上以概率 1 成立。与此同时，不难看出，如果证明者承诺的向量 $\boldsymbol{v}$ 与 $\boldsymbol{T}$ 不同，那么在随机选择的 r 上，等式(18.9)将以概率 $1-2/|\mathbb{F}|$ 失败。这是因为，如果对于某个 $j \in \{1, \cdots, n\}$，$v_j \neq T_j$，那么等式(18.9)左边和右边向量的第 j 项将是两个不同的 r 的二次单变量多项式，因此在随机选择的输入上将以概率 $1-2/|\mathbb{F}|$ 不一致。在这里，至关重要的是证明者被强制要求在获得验证者选择的 $r \in \mathbb{F}$ 之前承诺交叉项向量 $\boldsymbol{T}$。同样，

如果等式(18.3)或(18.4)之一不成立，那么证明者没有可以承诺的向量 $\boldsymbol{T}$ 使得等式(18.9)左右两边的每个条目都是相同的关于 $\boldsymbol{v}$ 的多项式。

正式地说，为了让上述折叠方案在设计用于迭代计算的 SNARK 时有用，我们需要证明其是一个知识证明，这意味着，对于任何能以不可忽略的概率说服验证者折叠实例有效性的高效证明者，我们可以提取向量 $\boldsymbol{w}_1$、$\boldsymbol{E}_1$、$\boldsymbol{w}_2$、$\boldsymbol{E}_2$ 的打开值，分别满足折叠之前的实例(等式(18.3)和(18.4))。在随机选择 r 的情况下，以压倒性概率，一个不按规定行事的证明者将在折叠之后只能证明一个假的声明，即它可以将承诺 $\boldsymbol{w}$ 和 $\boldsymbol{E}$ 打开到满足等式(18.9)的向量[①]。

虽然这个折叠方案是交互式的，但它是公开掷币的，因此可以通过 Fiat-Shamir 变换将其变为非交互式(即用折叠方案中公开输入和证明者的消息的哈希替换验证者的挑战)。

18.5.3 一个大型非交互式论证

通过以 18.5.1 节概述的方式重复应用上述折叠方案，可以获得一个迭代计算 $F^{(i)}(x)$ 的非交互式知识论证，其证明长度与 i 呈线性关系。这个证明长度对于实际应用来说仍过于庞大，但在我们设计最终的 SNARK(18.5.4 节)时，它将是一个有用的考量对象。

虽然证明是非交互式的，但我们以“轮次”的方式描述证明的产生和处理。由于从 $\mathcal{V}$ 到 $\mathcal{P}$ 没有消息发送，因此整个证明可以通过简单地连接所有“轮次”中的所有证明者消息来获得。

在协议的每个“轮次”$j>1$ 开始时，已经存在一个“运行中的折叠实例”I，表示带松弛向量承诺的 R1CS 实例。该实例刻画了沿着前 j 轮折叠应用 $j-1$ 次 F 的 R1CS 实例结果(如等式(18.2)所示)。第 $j>1$ 轮的目的是将刻画第 j 次应用 F 的 R1CS 实例(如等式(18.2)所示)折叠到这个运行中的实例中。这意味着，在第 $j>1$ 轮开始时，验证者将跟踪一个承诺 c_w，用于实例 I 的“证据向量”$\boldsymbol{w}$，以及一个承诺 c_E，用于实例 I 的“松弛向量”$\boldsymbol{E}$。验证者在任何时候都会跟踪以下变量：

- *round-count*(用于跟踪到目前为止已处理的 F 应用次数 j)
- *prev-output*(用于跟踪 $y_{j-1}=F^{(j-1)}(x)$)
- *cur-output*(用于跟踪 $y_j=F^{(j)}(x)$)
- $u\in\mathbb{F}$(用于跟踪正在运行的折叠实例 I 的标量 u)
- $s\in\mathbb{F}^m$(用于跟踪正在运行的折叠实例 I 的公开输入 s)
- c_w(用于跟踪正在运行的折叠实例 I 的证明向量 $\boldsymbol{w}$ 的承诺)

① 读者可以参考 Bulletproofs 多项式承诺(14.4 节)的知识可靠性分析，以获得一个折叠方案的知识可靠性分析示例。

- c_E(用于跟踪正在运行的折叠实例 I 的松弛向量 $\boldsymbol{E}$ 的承诺)

我们引入一些符号来表示在第 j 轮开始时的状态。用等式(18.15)表示在第 j 轮开始时,证明者在正在运行的折叠实例 I 中的声明:

$$(\boldsymbol{A}\cdot \boldsymbol{z})\cdot(\boldsymbol{B}\cdot \boldsymbol{z})=u\cdot(\boldsymbol{C}\cdot \boldsymbol{z})+\boldsymbol{E} \tag{18.15}$$

其中验证者的变量 c_w 和 c_E 分别是对 $\boldsymbol{w}$ 和 $\boldsymbol{E}$ 的承诺,回顾一下 $\boldsymbol{z}=(\boldsymbol{s},\boldsymbol{w})$。根据等式(18.2),当且仅当 $F(y_{j-1})=y_j$ 时,存在一个可满足的 R1CS 实例。这个 R1CS 实例具有如下形式:

$$(\boldsymbol{A}\cdot \boldsymbol{z}_j)\cdot(\boldsymbol{B}\cdot \boldsymbol{z}_j)=\boldsymbol{C}\cdot \boldsymbol{z}_j \tag{18.16}$$

其中 $\boldsymbol{z}_j=(\boldsymbol{s}_j,\boldsymbol{w}_j)\in \mathbb{F}^m\times\mathbb{F}^{n-m}$,且 $\boldsymbol{s}_j=(\boldsymbol{y}_{j-1},\boldsymbol{y}_j)$。我们将这个 R1CS 实例称为 I_j。

证明者在第 j 轮的工作 在第 j 轮开始时,证明者发送声称的 y_j 值。这向验证者揭示了公开向量 $\boldsymbol{s}_j=(y_{j-1},y_j)$,因为$\mathcal{V}$在上一轮中了解到 y_{j-1}的声称值。证明者还发送一个向量 $\boldsymbol{w}_j$ 的承诺 c_{w_j}。这些量一起指定了等式(18.16)中给出的带承诺的 R1CS 实例 I_j。然后,第 $j>1$ 轮的目的是将 I_j 折叠到正在运行的折叠实例 I 中。相应地,证明者发送一个对声称的交叉项 $\boldsymbol{T}$ 的承诺 c_T(等式(18.11))。在第 $j=1$ 轮中,由于验证者将简单地将正在运行中的折叠实例设置为 I_1,因此没有折叠操作要执行。

验证者$\mathcal{V}$如何处理第 j 轮 在读取证明者在第 $j=1$ 轮的消息后,$\mathcal{V}$将正在运行的折叠实例设置为 I_1,并据此设置其变量。具体而言,$\mathcal{V}$将 *round-count* 设置为 1,*prev-output* 设置为 x,*cur-output* 设置为声称的 y_1 值,u 设置为 1,s 设置为(*prev-output*,*cur-output*),c_w 设置为 c_{w_1},以及 c_E 设置为全零向量的承诺。

在接收到证明者在第 $j>1$ 轮的消息后,验证者将 *round-count* 从 $j-1$ 增加到 j,将 *prev-output* 设置为 *cur-output*,并将 *cur-output* 更新为(声称的)y_j 值。在真正的交互式协议中,验证者将随机选择用于该轮折叠操作的域元素 $r\in\mathbb{F}$ 并将其发送给证明者,但在非交互式环境中,证明者和验证者都可以根据 18.5.2 节中的 Fiat-Shamir 变换来确定 r。在选择了 r 之后,利用向量承诺方案的同态性,$\mathcal{V}$将 c_w 更新为 $\boldsymbol{w}+r\boldsymbol{w}_j$ 的承诺(如等式(18.6)所示)①。$\mathcal{V}$还将 c_E 更新为 $\boldsymbol{E}+r\boldsymbol{T}$ 的承诺(如等式(18.10)所示)②。$\mathcal{V}$更新 $u\leftarrow u+r$(如等式(18.7)所示)③,并更新 $\boldsymbol{s}\leftarrow\boldsymbol{s}+r\cdot\boldsymbol{s}_j$,其中 $\boldsymbol{s}_j=$(*prev-output*,*cur-output*)(如等式(18.5)所示)。

---

① $c_w\leftarrow c_w\cdot(c_{w_j})^r$,其中·表示乘法群上的群运算,协议中使用的 Pedersen 向量承诺在该乘法群上定义(见 14.2 节)。

② 请注意,由于等式(18.16)的 R1CS 实例中没有松弛向量,等式(18.10)被简化了,换句话说,松弛向量为零。

③ 请注意,由于等式(18.16)右边 $\boldsymbol{C}\cdot z_j$ 乘平凡标量 1,等式(18.7)被简化了。

通过这种方式，在处理完所有 i 个"轮次"的证明后，验证者已经计算出了一个折叠的带松弛向量承诺的 R1CS 实例，如等式(18.15)所示，其有效性(在可忽略的可靠性误差范围内)等同于所有 i 次应用 F 的有效性。在最后一个"轮次"中，证明者可以使用任何带松弛向量承诺的 R1CS 的 SNARK 来确认实例的有效性。这样的 SNARK 又可以轻松地从任何用于 R1CS 可满足性的 SNARK 获得，该 SNARK 通过与整个折叠协议中使用的相同同态向量承诺方案来承诺证据向量。这包括当与例如 Bulletproofs 多项式承诺方案(14.4 节)相结合时产生的 8.4 节中的 R1CS 的 SNARK。

18.5.4　最终的 SNARK：Nova

前一节的论证产生了一个与 i(F 的应用次数)呈线性增长的证明 π。粗略地说，我们现在通过强制 SNARK 证明者在自己的头脑中执行验证者在协议的 i 个"轮次"中对 π 的处理，从而避免证明者显式地将 π 发送给验证者来解决这个问题。

概念概述：作为证明检查的迟延的折叠　前一节的协议可以被认为是一个用于增量计算的论证系统，其通过将所有 F 的应用(或者更准确地说，等同于 F 的 R1CS 实例)的检查减少到检查一个派生的 F 应用的折叠来工作。也就是说，单个折叠实例的有效性等同于证明者声称已经忠实执行的每一个 F 应用的有效性。

考虑到这一点，在每个"轮次"$j>1$ 开始时，运行折叠的带松弛向量承诺的 R1CS 实例 I(的有效性)本身就是一个"证明"π_j，即 $F^{(j-1)}(x)=y_{j-1}$。在"轮次"$j>1$ 中发生的折叠过程应该被认为是一种将 π_j 的有效性检查推迟到稍后时间点的方法。此外，折叠具有将所有 i 个这样的检查"累积"到一个陈述的效果，检查该陈述的成本和任何单个有效性检查的成本相同。具体来说，检查被推迟到所有 i 次折叠发生之后，到那时，证明者最终证明最后运行的折叠实例是有效的。

与 18.4 节中介绍的递归组合 SNARK 方法相反，上述"推迟/累积"检查每个"证明"π_j 的方法是证明者在头脑中显式证明它已验证了所有 $j=1,\cdots,i-1$"轮次"中的 SNARK 证明 π_j①。直观地说，推迟/累积检查比实际显式执行每个检查更廉价，从而相对于 18.4 节的递归组合 SNARK 方法降低了递归的开销(我们稍后讨论 Nova 递归的确切开销)②。

增广函数 F'　现在我们通过递归证明组合从折叠方案中得到 SNARK。将 F 的计算"扩展"为更大的计算 F'，它不仅应用 F，而且还在折叠方案的其中一步完成验证者的工作。

① 更准确地说，证明者证明它知道一个 π_j，这个 π_j 会让 SNARK 验证者接受。但这实际上意味着证明者已经将 SNARK 验证者的接受/拒绝计算应用于 π_j，因为证明者知道这个计算的结果是"接受"。

② 这些检查的推迟/累积还类似于早期的一些结果，如 Halo[75]，它们仅通过类似折叠的过程推迟/累积了 SNARK 证明 π_j 验证的部分内容，即承诺多项式的求值验证。

这类似于在 18.4 节中，诚实证明者在证明生成的第 j 轮应用了一个基础 SNARK $\mathcal{O}$ 至电路 $\mathcal{C}'$，它不仅将 F 应用于 y_{j-1}，而且还将验证电路应用于前一轮(第 $j-1$ 轮)计算得到的证明 π_{j-1}。

更详细地说，F'将以公开输入的形式接受折叠方案第 j 轮中验证者维护的变量的值(参见 18.5.3 节的符号列表)，并且还将折叠方案中证明者的消息作为非确定性输入(除了 y_j 的声明值)。F'将在处理证明者的消息后输出折叠方案中验证者变量的新值(参阅 18.5.3 节)。唯一的例外是，尽管折叠方案中的验证者将变量 *cur-output* 的值更新为证明者提供的 y_j 的声称值，但 F'将输出 y_j 的实际值。也就是说，F'将对相关输入应用 F 并将结果包含在其输出中。

最终的 SNARK 最终的 SNARK 使用上一节中基于 F'的折叠证明代替 F[①]。但是，比起输出包含 i 个"轮次"的全部证明，最终的 SNARK 证明只提供了证明者在最后一个"轮次"中发送的信息。这些信息包括以下内容：

- 在第 i 轮开始时，运行中的折叠实例 I 的规范(等式(18.15))，以及折叠后最终的 R1CS 实例 I_j 的描述(等式(18.16)，其中 $j=i$)。后者包括 $F'^{(i)}(x)$的声称输出。这包括变量 *round-count*(18.5.3 节)和声称的 $F^{(i)}(x)$输出 y_i。SNARK 验证者必须确认 *round-count* $=i$，如果不是，则拒绝。因为这确保了证明实际上是关于 $F^{(i)}$的，而不是关于某个 $F^{(j)}$的，其中 $j\neq i$。如果 SNARK 验证者的所有其余检查通过，则验证者确信 $y_i=F^{(i)}(x)$成立。
- 为执行最后的折叠操作，证明者在上一节协议的"最后一轮"所提供的信息。具体地说，是对在此折叠操作中使用的交叉项的承诺 c_T。
- 一个 SNARK 证明以表明最终折叠实例是可满足的。

总之，诚实的证明者在自己的头脑中执行上一节协议的每个"轮次"，只输出协议最后一个"轮次"的记录。这类似于 18.4 节递归 SNARK 解决方案中的证明者为 $F^{(i)}$生成了一系列 SNARK 证明 $\pi_1,\cdots,\pi_i$，每个 π_j 都证明了对输入 y_{j-1}的 F 的正确执行(以及对 π_{j-1}的

---

① 此描述省略了以下微妙之处，需要对 F'的定义进行调整来处理。折叠方案应用于强制证明者诚实地计算 $(F')^{(i)}$，这意味着对于 $j\leq i$，第$(j-1)$次应用 F'的输出必须作为公开输入提供给第 j 次对 F'的应用。F'输出的一个"部分"是折叠验证者的变量 s，表示所有先前对 F'的应用的公开输入的"运行折叠"。这意味着作为第 j 次 F'的应用的输入向量 $\mathbf{s}$(仅仅是输入的一部分)必须至少与前一次应用的整个公开输入一样大。但是，由于第$(j-1)$次对 F'的应用还有其他输出(参见 18.5.3 节验证者值的符号列表)，这迫使第 j 次对 F'的应用的公开输入长度严格大于先前的应用的长度。因此，F'的公开输入长度随着 F'的每次应用而增长。为了解决这个问题，可以将 F'修改为在其输出中不包含 $\mathbf{s}\in\mathbb{F}^m$，而只包含一个加密哈希 $H(\mathbf{s})$，从而确保 F'的输出长度独立于 $\mathbf{s}$ 的长度。然后，F'将把 $\mathbf{s}$ 作为额外的非确定性输入而不是作为公开输入，并且作为其计算的一部分，它将确认 $\mathbf{s}$ 确实是与关联的公开输入值 $H(\mathbf{s})$相关的原像。总之，如果没有这个修改，F'的公开输入大小会随着迭代而增长，因为向量 $\mathbf{s}$(先前公开输入的折叠)随着每次迭代而增长。这个修改将 F'的输入和输出中的 $\mathbf{s}$ 替换为其哈希 $H(\mathbf{s})$，这样做便解决了问题，因为哈希 $H(\mathbf{s})$的大小不取决于向量 $\mathbf{s}$ 的长度。

知识)。但最后,只需要将最终证明 π_i 发送给验证者,以保证 $F^{(i)}$ 声称的输出的正确性。

本质上,每次 Nova 证明者 $\mathcal{P}$ 在自己的头脑中执行折叠操作,从而将 I_j 折叠到正在运行的折叠实例 I 中,紧接着应用 F',除了完成第$(j+1)$次对 F 的应用外,还执行折叠操作中验证者的工作。这就是最终 Nova SNARK 强制上一节协议的证明者在自己的头脑中执行该协议的验证者工作的含义。

递归的开销　在这个 SNARK 中,递归开销是指除了简单地应用 F 之外,F' 所做的额外工作(或者更准确地说,表示 F' 的 $\mathbb{F}_p$ 上的 R1CS 实例相对于表示 F 的 $\mathbb{F}_p$ 上的 R1CS 实例中约束的数量)。F' 中所做的这些额外工作仅实现了折叠方案中验证者的变量更新。这包括在 $\mathbb{F}_p$ 上进行少量的域乘法和加法,对每次 Fiat-Shamir 变换都调用一次密码学哈希函数,以及同态地更新两个承诺 c_w 和 c_E,以获得承诺 $\boldsymbol{w}+r\boldsymbol{w}_j$ 和 $\boldsymbol{E}+r\boldsymbol{T}$。

如果使用 SNARK 友好的哈希函数进行 Fiat-Shamir 变换,那么两个同态承诺更新将主导递归的开销。如果承诺是在乘法群 $\mathbb{G}$ 上的 Pedersen 向量承诺,那么每次这些更新都需要一个群指数运算和一个群乘法。两个群指数运算将主导成本,因为一个群指数运算大约需要 $\log|\mathbb{G}|\approx 2\lambda$ 个群乘法。与本章前面考虑的递归 SNARK 解决方案相比,这种方案的递归开销更加廉价①。

整体证明者运行时间　假设迭代次数 i 不小,则证明者的运行时间主要由在每次迭代 $j\leqslant i$ 时计算证据向量 $\boldsymbol{w}_j$ 和交叉项 $\boldsymbol{T}$ 的 Pedersen 向量承诺的成本所支配。这两个向量的长度最多为 n',其中 n' 是刻画 F' 的 R1CS 实例的行数。因此,每次迭代需要进行两次大小为 n' 的 MSM 运算。根据上述递归开销分析,n' 与 n 非常接近,n 是仅刻画 F 的 R1CS 的行数。确实需要使用椭圆曲线循环,但曲线不需要具有配对友好性,这确保了其上的群运算是快速的(参见 18.2 节)。

---

① 具体来说,在域 $\mathbb{F}_p$ 上的同态 Pedersen 向量承诺是椭圆曲线群 $\mathbb{G}$ 中的元素,其中标量域是 $\mathbb{F}_p$,基域是另一个域 $\mathbb{F}$。而在 $\mathbb{G}$ 上的群操作可以由在基域上定义的电路或 R1CS 有效地实现,但在标量域上却无法实现。解决这个问题的一种方法是找到一个曲线循环 $\mathbb{G}$ 和 $\mathbb{G}'$,其标量域和基域分别为 $\mathbb{F}_p$ 和 $\mathbb{F}$,使得 F 可以高效地通过在两个域 $\mathbb{F}_p$ 和 $\mathbb{F}$ 上的电路或 R1CS 计算。然后维护两个不同的 R1CS 实例序列,一个序列定义在域 $\mathbb{F}_p$ 上,另一个定义在域 $\mathbb{F}$ 上。由于 F 可以在两个域上的 R1CS 中高效计算,因此可以有效地定义两个不同的增广函数,比如说,F' 和 F'',当承诺分别在 $\mathbb{G}'$ 和 $\mathbb{G}$ 上发送时,分别计算 F 并执行折叠操作。然后在每个序列上交替执行折叠操作。具体来说,对定义在 $\mathbb{F}_p$ 上的两个带松弛向量承诺的 R1CS 实例的折叠(以及 F' 的相关应用)可以通过 F' 高效地计算,因此可以通过在域 $\mathbb{F}$ 上定义的 R1CS 序列来计算,同样地,对定义在 $\mathbb{F}$ 上的两个实例的折叠操作可以通过 F' 高效地计算,因此可以通过在域 $\mathbb{F}_p$ 上定义的 R1CS 序列来计算。最终的 SNARK 证明包括两个序列的最终折叠操作,以及两个序列的 SNARK 证明,证明最终折叠实例是可满足的。如果 F 只能在 $\mathbb{F}_p$ 上有效地实现,那么仍然会有两个函数 F' 和 F'',但只有 F' 会同时应用 F 并实现折叠,F'' 只会实现折叠。这将使得获得 $F^{(i)}$ 的 SNARK 所需的折叠操作数量加倍。实际上,只有 F' 的应用执行应用 F 的"有用工作",F'' 的应用仅用于"切换"可以有效计算折叠操作的两个域。

第 19 章

实用论证的鸟瞰视图

我们讨论了构建实用 SNARK 的四种方法。在这四种方法中,均由其底层的信息论安全协议与密码学相结合得到一个论证。第一种方法基于 4.6 节的算术电路求值的交互式证明(GKR 协议),第二种方法基于 8.2 节和 8.4 节的电路或 R1CS 可满足性的 MIP,第三种方法基于 10.3 节的常数轮多项式 IOP,第四种方法基于 17.4 节的线性 PCP。在 10.6 节,通过多项式 IOP 的视角,我们呈现了前三种方法的统一视角以及各自的优缺点。

我们还介绍了基于承诺-证明技术(13.1 节)的第五种论证设计方法,它可以被看作是将一个平凡的静态(即 **NP**)证明系统与密码学承诺相结合。基于承诺-证明的论证已经在多个工作中进行了研究,如文献[23]、[107]和[248]。这些论证不是简洁的,而且近来对这种方法的研究产生了交互式的协议。基于这两个原因,这些论证并不是 SNARK。

对于前三种方法(基于 IP、基于 MIP 和基于常数轮多项式 IOP),将信息论安全的协议与协议设计者选择的任何可提取的多项式承诺方案相结合,就可以获得简洁论证(基本上只有一种技术可以将线性 PCP 转化为公开可验证的 SNARK。该技术基于配对运算,非常类似于 KZG 多项式承诺,请参见 17.5 节)。对于基于 IP 和基于 MIP 的论证系统,多项式承诺方案必须能够承诺多线性多项式。对于基于 IOP 的论证系统,多项式承诺方案必须允许承诺单变量多项式。当然,所得到的论证系统将继承该多项式承诺方案的密码学假设,设置假设以及其性能瓶颈。

在本书中,我们依次介绍了多项式承诺方案的三种主要方法,其中一些方法有多个实例,具有不同的成本权衡。第一种方法是将 IOP 和默克尔哈希相结合,我们在 10.4.2 节介绍了 FRI,以及在 10.5 节介绍了 Ligero 和 Brakedown 承诺。第二种方法是基于离散对数难题假设的透明 Σ-协议,如 14.3 节介绍的 Hyrax 承诺,14.4 节的 Bulletproofs,以及 15.4 节介绍的 Dory①。第三种方法基于 KZG[164] 的方式,使用配对和可信设置

① 我们还看到可以通过组合各种承诺方案来获得不同的成本权衡,如 15.4 节。我们在本节中省略了这些组合,以避免所需要讨论的承诺方案组合过多且复杂。

（15.2节）。以下，我们将这些多项式承诺方案分别称为“基于 IOP”“基于离散对数”和“基于 KZG”的方法。我们在 16.3 节已经讨论了各种多项式承诺方案的优缺点。

19.1　SNARK 分类

在实用的简洁论证研究领域，已经存在大量的构建系统和理论协议。在本节中，我们试图通过一个连贯的分类系统来厘清这些已经被研究过的主要方法。

除了基于线性 PCP 的 SNARK 之外，大多数已知的 SNARK 是通过将某种 IP、MIP 或常数轮多项式 IOP 与多项式承诺方案相结合获得。在本书中，我们至少介绍了六种多项式承诺方案，这样就可以产生至少 18 种可能的 SNARK（即使忽略掉有多个可供选择的 MIP 和常数轮多项式 IOP 的事实）。大多数这些组合都已经被探索过。我们列出了已实现的各种系统使用的组合[①]，分类系统如图 19.1 所示。

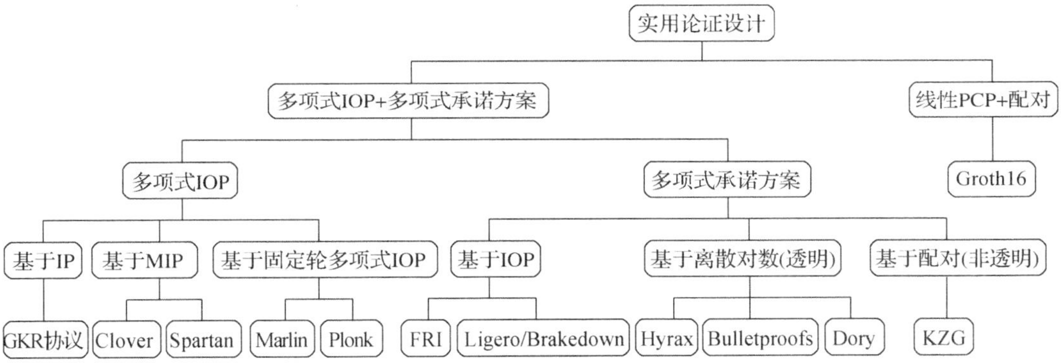

图 19.1　SNARK 设计分类系统

(a) 在文献[256]中探索了将 IP 与基于 FRI 的（多线性）多项式承诺（10.4.5 节）相结合，产生了名为 Virgo 的系统。

(b) 在文献[244]中探索了将 IP 与基于离散对数的（多线性）多项式承诺（Bulletproofs 和 Hyrax 承诺）相结合，产生了名为 Hyrax 的系统。

(c) 在文献[251]、[257]和[258]中探索了将 IP 与基于 KZG 的（多线性）多项式承诺相结合，产生了名为 zk-vSQL 和 Libra 的系统。

(d) 在文献[137]、[226]和[230]中探索了将 MIP 与许多不同的多线性多项式承诺相结合，产生了包括 Spartan、Xiphos、Kopis、Brakedown 和 Shockwave 在内的系统。Spartan、Kopis 和 Xiphos 使用了各种基于离散对数的多线性承诺，而 Brakedown 自然地使用了 Brakedown 承诺，Shockwave 使用了 Ligero 承诺。

① 这个列表肯定不是详尽无遗的。

(e) 在一系列的工作中探索了将常数轮多项式 IOP 与基于 FRI 的(单变量)多项式承诺相结合,其中最新的工作包括文献[43]、[100]和[165],产生了名为 Aurora、Fractal 和 Redshift 的系统。该系列中的其他相关工作包括文献[33]至[36]、[41]和[221]。

(f) 探索了将常数轮多项式 IOP 与基于 KZG 的(单变量)多项式承诺相结合,产生了流行的 Marlin[98] 和 PlonK[123] 系统。Marlin 使用了 10.3 节中针对 R1CS 的多项式 IOP,而 PlonK 提供了一个不同的用于电路可满足性的多项式 IOP。这些工作的前身是 Sonic[187]。

"Halo 2"将 PlonK 的常数轮多项式 IOP 与 Bulletproofs 的多项式承诺方案相结合。"PlonKy2"则将其与基于 FRI 的多项式承诺方案相结合。

(g) Ligero[7] 将常数轮多项式 IOP 与同名多项式承诺结合使用,而 Ligero++[53] 则将多项式承诺替换为 Ligero 承诺和 FRI 的"组合"。

(h) 大量的系统源自 Genarro、Gentry、Parno 和 Raykova 的线性 PCP[125](17.5 节),其中包括文献[42]和[203]。源自 GGPR 线性 PCP 的 SNARK 的最流行变体由 Groth[142] 提出,他获得了仅包含 3 个配对友好群元素的证明,并证明了其在通用群模型中的安全性。在 15.2 节中简要讨论了通用群模型(文献[117]将安全性证明扩展到了代数群模型)。这个变体通常被称为 Groth16。

通过组合获得更多的 SNARK 除了上面提到的 SNARK 分类之外,可以通过以上 18 种方法设计的任意两个 SNARK 进行一次或多次组合。如在 18.1 节中讨论的,通过将"证明者快速、证明较大"的 SNARK 与"证明者较慢、证明较小"的 SNARK 进行组合,原则上可以获得一个"最佳效果"的 SNARK,即具有证明者快速和证明较小的优点。这种组合方式越来越受欢迎,并已经达到了先进的性能水平。

例如,PlonKy2 是由 PlonK 多项式 IOP 与 FRI 多项式承诺方案派生的 SNARK 组成。在第一个 SNARK 应用中,FRI 可以配置为有一个快速的证明者但生成的证明 π 大。由于 π 很大,实际上不会将其发送给验证者。相反,后续应用相同的 SNARK 建立对 π 的知识。由于这些后续应用的 SNARK 是应用于相对较小的计算(用于验证 π 的过程),因此 FRI 可以在这些后续应用中配置为拥有较慢的证明者和较小的证明。

类似地,Polygon Hermez 将基于 FRI 的 SNARK 与 Groth16 进行组合,以继承 Groth16 的有吸引力的验证成本,同时使证明者时间和可信设置的大小都小于直接将 Groth16 应用于原始的待证明陈述[25](使用 Groth16 会放弃基于 FRI 的 SNARK 的可靠的后量子安全性和透明性)。

和其他例子一样,Orion[253] 将 Brakedown 与 Virgo 组合以减小证明大小,deVirgo[252] 将 Virgo 与 Groth16 组合。Filecoin 使用称为 SnarkPack 的技术[124] 将多个 Groth16 证明聚

合为一个，这种聚合 SNARK 证明的方式可以视为 SNARK 组合的一种形式（参见 18.3 节）。自 2020 年以来，zkSync 也使用了 PlonK 证明的递归聚合。

其他方法　有一些论证设计方法不一定符合上述分类。其中一个例子是称为"头脑中的多方计算"（MPC-in-the-head）的方法，它将任何安全的多方计算（MPC）①协议转化为（零知识）IOP[7,127,157]②。正如本书中已经描述的，随后可以通过默克尔哈希和 Fiat-Shamir 变换将 IOP 转化为非交互式论证。

通过 MPC-in-the-head 得到的论证通常具有与承诺-证明论证大致类似的成本特征：比上述方法具有更大的证明和更高的验证者成本，但在小规模实例上具有较低的成本和较好的证明时间。这导致了一系列有趣的后量子安全数字签名的候选族，称为Picnic[93,106,162,163,166]③。

我们没有介绍 MPC-in-the-head，因为在我们看来，它与本书涵盖的方法并没有本质区别。特别是，所有已知的最初通过 MPC-in-the-head 框架发现或展示的简洁论证（即具有亚线性的证明大小），实际上都包括我们介绍过的多项式 IOP 与基于 IOP 的多项式承诺方案的结合[7]。

本书中另一个未介绍的例子是将线性 PCP 与非配对的加密系统相结合，产生指定验证者（即非公开可验证）的 SNARK，其中一些基于被认为是后量子安全的格问题难度假设[56]。到目前为止，这种方法尚未有实际的协议。

19.2　论证方法的优缺点

{IP、MIP、常数轮多项式 IOP}和多项式承诺方案的每种组合都自然地继承了组合中两个组成部分的优缺点。10.6 节和 16.3 节分别讨论了各个组成部分的优缺点。在本节中，我们的目标是为各种组合以及由线性 PCP 派生的 SNARK 进行类似的讨论。

减小证明大小的方法　有两种方法可以实现由恒定数量的群元素组成的证明，分别是前面章节中的项目(f)和(h)所涵盖的内容，即将常数轮的多项式 IOP 与基于 KZG 的多项

---

① 一个多方计算（MPC）协议允许 $t \geq 2$ 个参与方计算基于它们输入的某个函数 f，如 $f(x_1,\cdots,x_t)$，其中 x_i 是第 i 个参与方的输入。粗略地说，MPC 协议的保证是每个参与方 i 除了知道 $f(x_1,\cdots,x_t)$ 之外，不会获得其他参与方输入的信息。

② 粗略地说，IOP 的获得方式如下：如果 IOP 证明者声称知道一个证据 w，使得 $\mathcal{C}(w)=1$，它在自己的头脑中模拟 w 的秘密分享过程，涉及多个参与方。然后，它模拟 MPC 协议在 w 上对 $\mathcal{C}$ 求值，使用 MPC 协议中验证者提供的随机性。IOP 证明字符串是 MPC 协议的（声称的）脚本。IOP 验证者检查证明字符串以确定它是不是有效的 MPC 协议脚本。MPC 协议的安全性确保得到的 IOP 是完备的、可靠的和零知识的。

③ 还有其他从 MPC 协议中派生出零知识证明[114,149,159]的技术，其成本特征与 MPC-in-the-head 大致相似（证明长和验证时间长，但具有良好的证明时间和较小的隐藏常数）。

式承诺相结合，以及线性 PCP(使用基于配对的密码学将其转化为 SNARK)。在证明大小方面，线性 PCP 方法是最佳选择，因为它的证明只由 3 个群元素组成[142]。相比之下，Marlin[98](使用前一种方法)产生的证明要比 Groth 的 SNARK[142]大约 4 倍。

这两种方法的缺点也是相关的。首先，它们都需要一个可信设置(因为它们使用结构化参考字符串(SRS))，这会产生有毒废料(也称为陷门)，必须丢弃以防止伪造证明。对于将以 KZG 为基础的多项式承诺相结合的 IOP 来说，SRS 的缺点没有线性 PCP 方法严重，主要有以下两个原因。一是前者的 SRS 是*通用的*：一个 SRS 可以用于某个指定大小限制下的任何 R1CS 可满足性或电路可满足性实例。这是因为 SRS 只是对随机域元素 τ 的幂次的编码，与电路或 R1CS 实例无关。相比之下，线性 PCP 方法中的 SRS 是*计算特定的*：除了包含 τ 的幂次的编码外，线性 PCP 方法中的 SRS 还必须包括表示电路中连线模式以及 R1CS 实例中的矩阵元素的单变量多项式的求值①。二是前者的 SRS 是*可更新的*(关于这一概念的讨论请参见 16.3 节)，而线性 PCP 方法的 SRS 则不是，这再次归因于 SRS 包含除 τ 的幂次的编码之外的元素。

其次，对于证明者而言，它们的计算成本很高，主要有以下两个原因。一是在这两种方法中，证明者需要对大小与电路大小 S 或 R1CS 实例中约束的非零条目数 K 成比例的向量或多项式进行 FFT 或多项式除法运算。这不仅耗费时间，而且还需要大量的空间，难以并行化和分布式计算[250]。二是在这两种方法中，证明者还需要在配对友好群中执行多个大小为 $\Theta(S)$ 或 $\Theta(K)$ 的多重指数运算。有关这些运算的具体成本的讨论，请参见 16.3 节。

在给定电路或 R1CS 大小的情况下，与 Groth 的 SNARK 相比，基于常数轮的多项式 IOP 派生的 SNARK(如 Marlin 和 PlonK)的证明者的速度要慢得多②。在某些应用中，增加的证明者成本可以得到缓解，因为使用基于多项式 IOP 的 SNARK，与 Groth 的基于线性 PCP 的 SNARK 相比，在使用的中间表示上更具灵活性，具体细节请参见 19.3.3 节。

在本节的剩余部分，我们将描述其他方法的各种利弊。

透明性 与最小化证明大小的两种方法相反，所有其他方法都是*透明的*(transparent)，

① 通过将 SNARK 应用于所谓的通用电路，该通用电路以另一个电路 $\mathcal{C}$ 的描述和电路 $\mathcal{C}$ 的输入-证据对 (x,w) 作为输入，并在 (x,w) 上对电路 $\mathcal{C}$ 求值，可以将使用计算特定的 SRS 的 SNARK 变为通用的。尽管使用了一些缓解措施[46,172]，但这样还是会造成显著的额外开销，请参见文献[243]中一些具体的额外开销测算。

② 在 Groth 的 SNARK 中，证明者在 $\mathbb{G}_1$ 和 $\mathbb{G}_2$ 中分别执行三次和一次多重指数运算，所有的多重指数运算规模与电路的门数或 R1CS 的约束数呈线性关系。对于流行的像 BLS12-381 的配对友好群，这个成本大致相当于使用 KZG 承诺六个相同规模的多项式。Marlin 和 PlonK 要求证明者承诺更多或更大的多项式。这些系统是全息设置中的典型应用(10.3.2 节和 16.2 节)，其中用来刻画电路或 R1CS 的“连线”的多项式在预处理阶段被承诺，以实现亚线性的验证时间。这些预处理多项式比其他多项式要大一个常数因子，且有多个这样的多项式。证明者必须在 SNARK 证明中打开这些承诺多项式。相比之下，Groth 的 SNARK 通过电路特定的预处理将电路的连线信息“嵌入”SRS 的生成过程中，因此不必为了实现全息性，在证明者效率上“付出代价”。

除非它们选择使用基于 KZG 的多项式承诺。也就是说，它们使用统一的参考字符串（Universal Reference String，URS）而不是结构化的参考字符串，因此不会产生任何有毒废料。SNARK 的透明性完全取决于所使用的多项式承诺方案，如果承诺方案使用 URS，则整个 SNARK 都使用 URS。

后量子安全　那些可能在后量子时代具有安全性的方法包括基于 IOP 的多项式承诺方法（FRI、Ligero、Brakedown）①。也就是说，量子安全性完全取决于多项式承诺方案，IOP 可能是后量子安全的，但其他两类多项式承诺则不是，因为它们依赖于离散对数难题。

成本的主要贡献者：多项式承诺　当将 MIP 和常数轮多项式 IOP 与任何多项式承诺相结合时，通常是多项式承诺主导了最相关的成本：证明时间、证明大小和验证者时间（唯一的例外是，如果将 MIP 与 KZG 承诺相结合，那么验证成本主要是 MIP 而不是多项式承诺）。

对于电路可满足性的 IP 而言，情况可能会有所不同。与 MIP 和常数轮 IOP 相比，IP“在多项式承诺之外”的证明部分更大，并且根据所使用的多项式承诺方案、证据相对于电路的大小以及电路的深度，多项式承诺可能会也可能不会主导验证成本。

表 16.1 中提供了本书中涵盖的透明多项式承诺的详细渐近成本。以下是具体成本的简要总结。从广义上讲，就证明成本而言，FRI② 和 Bulletproofs③ 是最昂贵的多项式承诺方案，其次是使用配对运算的方案（Dory 和 KZG 承诺）。Hyrax、Ligero 和 Brakedown 的承诺成本相似，但 Brakedown 稍快，并且适用于其他方案不适用的域（相关详细信息，请参见 19.3.1 节）。就承诺大小和求值证明长度之和（这最终决定了 SNARK 证明长度）而言，Brakedown 最大，其次是 Ligero，再其次是 Hyrax。这三个方案的证明大小大约是平方根大小，但有不同的常数因子。然后是 FRI（对数多项式大小）。接下来是 Dory 和 Bulletproofs（对数大小的证明，其中 Bulletproofs 比 Dory 短一个显著的常数因子）。用于单变量多项式的 KZG 承诺最小（常数大小）。

最近，被称为 Orion 的研究[253]通过深度为 1 的 SNARK 组合减小了 Brakedown 的求值证明大小，但这样做的话，它就放弃了 Brakedown 的域无关性，且证明仍然很大（几兆字节）。Hyperplonk[95]提出通过将 Brakedown 或 Orion 与 KZG 承诺相结合来进一步

① 通过产生的 IOP，MPC-in-the-head 方法也可以提供可能在后量子时代安全的协议[7,127]。

② 正如在 16.3 节详细讨论的那样，FRI 在证明成本和验证成本之间存在很大的矛盾，两者之间的权衡由协议中使用的 Reed-Solomon 码的码率决定（相关详细信息，请参见 10.4.4 节）。它可以配置为证明者相对较快，但是证明很大，或者证明较小而证明者较慢，尽管在当前分析下，以 100 位安全性运行时仍接近 100 kB[145]。

③ Bulletproofs 的证明者成本较高的一个主要原因是求值证明的计算很昂贵：它们需要线性数量的指数运算，而不仅仅是计算承诺本身所需的单个线性大小的多重指数运算。在许多多项式被承诺和求值的情况下，这么高的证明者成本可以通过同态多项式承诺（16.1 节）的高效批量验证技术进行缓解。

减小证明大小，使其小于 10 kB，但这也放弃了透明性和域无关性。

常数轮 IOP、MIP 和 IP 广义而言，使用常数轮 IOP 构建的 SNARK 相对于使用 MIP 和 IP 构建的 SNARK 在证明者方面往往更慢，占用更多空间。这是因为常数轮的 IOP 要求证明者对许多多项式进行承诺（通常是 10 个或更多个），而在 MIP 或 IP 构建的 SNARK 中，证明者只需对单个多项式进行承诺（该多项式的大小不超过已知的常数轮 IOP 中的多项式）①。这导致了常数轮 IOP 构建的 SNARK 中证明者的时间和空间成本往往比 MIP 和 IP 派生的 SNARK 高出一个或多个数量级。尽管由常数轮 IOP 派生的 SNARK 中承诺的多项式数量很大，但它并不会对验证成本产生太大影响，这归功于在相同输入下多个承诺多项式的声称求值的有效“批量验证”技术。

关于预处理和减少验证者工作量 本质上，使用 SRS（如线性 PCP 或使用 KZG 多项式承诺的任何方法）的方法需要一个预处理阶段来生成 SRS，其所需时间与电路或 R1CS 实例的大小成正比，并且必须由可信方执行②。但是，在应用于具有“规则”结构的计算时，其他方法（将任何 IP、MIP 或 IOP 与基于 IOP 或离散对数的多项式承诺相结合）可以实现无须预处理的节省工作量的验证者。这里所说的节省工作量的验证者是指 $\mathcal{V}$ 的运行速度比仅检查证据所需的时间更快，特别的，$\mathcal{V}$ 的运行时间和电路或 R1CS 实例的大小呈亚线性关系。例如，8.2 节的 MIP 就实现了无须预处理，节省工作量的验证者（第 6 章），只要电路的布线谓词的多线性扩展函数 $\widetilde{\text{add}}$和$\widetilde{\text{mult}}$可以在任何输入上进行高效求值即可，而任何运行时间为 T 的 RAM 又都可以转换为大小为 $\tilde{O}(T)$的此类电路。

然而，并不是所有这些方法都试图避免验证者的预处理。其中一个原因是，为了避免预处理，必须保证中间表示（无论是电路、R1CS 实例还是其他表示）具有足够规则的结构，这可能会导致表示大小变大的明显开销。另一个原因是，为昂贵的预处理阶段“买单”可以帮助改善协议线上阶段的验证成本。例如，线性 PCP，以及与 KZG 承诺相结合的常数轮多项式 IOP 派生的 SNARK 的主要原则是，尽管生成 SRS 并将其分发给希望充当证明者的所有参与方是昂贵的，但证明的验证非常快速（仅需要常数次群运算和双线性映射（配对）求值）。我们在本节末尾对这些观点进行进一步的阐述。

从研究文献中举几个例子，STARK[35,128,235]实现了一个特定设计的 IOP，以避免预处理，并为任何计算实现了对数多项式时间的验证者，投入了相当大的努力来减轻中间

① 关于承诺的多项式数量的统计忽略了全息性/计算承诺的成本，这需要更多（也更大）的承诺多项式（参见 10.3.2 节和 16.2 节）。即使在全息设置中，定性比较也是类似的。

② 部分例外是将用于电路可满足性的 IP 与基于 KZG 的多项式承诺相结合，其设置阶段的成本与证据 w 的大小成正比，而不是整个电路 $\mathcal{C}$ 的大小。此外，文献[84]给出了一种具有平方根大小 SRS 的 KZG 多项式承诺的变体，但求值证明的大小为对数级，而不是常数级。

表示的开销。尽管 STARK 在先前方法[33]的基础上取得了显著的改进，但通常情况下，由此产生的中间表示仍然非常大。同时，许多 IP 和 MIP 的实现在数据并行场景中避免或最小化了验证者的预处理[237,242,244]（见 4.6.7 节）。这些系统能够利用数据并行结构，确保验证者能够高效地计算出验证证明所需信息。具体而言，验证者所需的时间与执行的并行实例数量无关。他们在中间表示的大小上不会产生大的具体开销（在支持对任意计算的节省工作量的验证者时，有关此类开销是如何导致的概述，请参见 6.6.4 节）。

还有其他系统，如 Marlin [98]、RedShift[165]、PlonK[123]和 Spartan[226]实现了专为预处理场景而设计的 IOP 和 MIP，其中参与方可以在预处理期间将电路连线或将 R1CS 实例的多项式进行承诺①，然后，每当电路或 R1CS 在新输入上进行求值时，验证者可以在电路大小的亚线性时间内运行。这有时被称为*全息性*或*计算承诺*。

最后，许多系统并不寻求节省工作量的验证者，即使它们可能有一个预处理阶段，其中包括文献[7]、[43]、[66]、[80]和[120]。

全息和非全息 SNARK 的证明者时间　在实现全息技术的系统中，为预处理中承诺的“连线”多项式生成求值证明通常是证明者时间的主要开销。因此，在比较全息 SNARK 和非全息 SNARK（即不旨在为验证者节省工作量的 SNARK 或者仅旨在为具有“规则”连线模式的电路节省工作量的 SNARK）的证明者时间时，需要谨慎对待。非全息系统在平均到每个门上的证明者时间可能更快，但为了实现节省工作量的验证者，它们可能需要使用更大的电路，或者将自身限制于多次执行相同“小”计算的应用程序上，以确保“规则”连接而不会导致电路规模的显著增加。

19.3　影响具体效率的其他问题

SNARK 设计中许多微妙或复杂的问题可能会对具体效率产生影响。本节提供了其中一些问题的概述。

19.3.1　域选择

显著影响 SNARK 设计实际性能的一个不易察觉的方面是设计者可选域的许多限制。重要的原因之一是许多密码学应用自然地使用不满足许多 SNARK 所需属性的域。例如，对加密或签名方案的证明，这些方案往往使用在对快速傅里叶变换（FFT）不友好的有限域上定义的椭圆曲线群。这对于许多需要证明者进行 FFT 的 SNARK 来说是有问题的。

① 这个预处理可以是透明的，也可以是不透明的，取决于所采用的多项式承诺方案。

选择域时的灵活性之所以重要的另一个原因是，在某些域上，加法和乘法在现代计算机上特别高效。例如，当使用 Mersenne 素数域（$\mathbb{F}_p$，其中 p 是形如 2^k-1 的素数，k 是正整数）进行计算时，将整数模 p 的约简可以通过简单的位移和加法操作来实现，而域乘法可以通过固定数量的大数（整数）乘法和加法操作，然后进行模约简来实现。Mersenne 素数包括 $2^{61}-1$、$2^{127}-1$ 和 $2^{521}-1$。更一般的，可以使用任何伪 Mersenne 素数来实现类似快速的算术运算，这些素数的形式为 2^k-c，其中 c 是小的奇常数（如 $2^{224}-2^{96}+1$）。相比之下，在任意素数阶域上进行模约简可能需要除以 p，而通常这比对伪 Mersenne 素数进行模约简慢至少 2 倍。作为具有快速算术运算的另一个例子，一些现代 CPU 内置了用于在大小为 2^{64} 和 2^{192} 的域上进行算术运算的指令集。

对于 SNARK 所选择的域，其大小受到多种限制。以下是主要的例子。

可靠性保证 我们所介绍的所有 IP、IOP、MIP 和线性 PCP 都具有至少 $1/|\mathbb{F}|$ 的可靠性误差（通常还要大得多）。当然，只要可靠性误差不超过 1/2，总可以通过重复协议 λ 次将可靠性误差降至 $2^{-\lambda}$，但这是昂贵的（通常只需要重复某些“可靠性瓶颈”组件，这可以减少一些成本的增加，参见 10.4.4 节）。无论如何，必须选择足够大的 $|\mathbb{F}|$ 以确保所需的可靠性水平。

基于离散对数或者 KZG 的多项式承诺引起的限制 使用离散对数或 KZG 的多项式承诺（第 14 章）的 SNARK 或线性 PCP（通过配对转化为 SNARK）必须使用与多项式承诺所定义的密码学群的阶大小相等的域①。相比之下，使用从 IOP 派生的多项式承诺方案的 SNARK 没有此类限制，因为它们仅使用抗碰撞哈希函数（用于在承诺的多项式求值之上构建默克尔树）作为其密码学原语，并且此类哈希函数可应用于任意数据。

FFT 引起的限制 从 IOP（第 10 章）和线性 PCP（第 17 章）派生的 SNARK 要求证明者在大向量上执行 FFT，并且不同的有限域支持不同复杂度的 FFT 算法。特别是，对于长度为 n 的向量，标准的 FFT 算法能在 $\tilde{O}(n)$ 的时间内运行的条件是对于素域 $\mathbb{F}_p$，$p-1$ 具有许多小的素数因子。

许多但并非所有，期望的域都支持快速 FFT 算法②。例如，所有特征为 2 的域确实具有高效的 FFT 算法，尽管直到相对较近的时间，已知的最快算法的运行时间为

① 对于任何足够大的素数 p，通常可以找到一个标量域为 $\mathbb{F}_p$ 的椭圆曲线群 $\mathbb{G}$，使得在 $\mathbb{G}$ 中的离散对数被认为是难以计算的，参见文献[236]。然而，该曲线可能不支持配对，并且通常不希望每次当 SNARK 协议设计者要更改域的阶 p 时都重新设计新的椭圆曲线群。

② 在这里，我们所说的期望是指域支持快速运算并满足本节中描述的其他要求，或者应某个特定的密码学应用要求使用该域。例如，SNARK 被用于证明某个密码系统的陈述，其在该域上执行算术运算。

$O(n\log n \log\log n)$。2014 年，Lin 等人[182]消除了额外的 $\log\log n$ 因子。非常近期的工作[37,38]展示了如何在任意域上获得 $O(n\log n)$时间的类 FFT 算法和相关的证明系统（在更昂贵的域相关预处理阶段之后），但在撰写本书时，其具体效率尚不清楚。

一个相关问题是已知的常数轮多项式 IOP[98,123]要求该域具有指定大小的乘法或加法子群。例如，10.3 节中的多项式 IOP 要求域$\mathbb{F}$具有大小约为 R1CS 系统变量数量的子群 H，以及第二个比 H 大一个常数因子的子群 $L_0 \supset H$。这是 SNARK 设计者选择在大小为 2^k 的域上工作的原因之一，因为对于每个 $k' \leqslant k$，该域具有大小为 $2^{k'}$ 的加法子群。

由程序到电路转换引起的限制　对于验证者而言，节省工作量且避免预处理的由 IOP 派生的 SNARK，在模拟任意计算机程序（随机存取机（RAM））时通常在特征为 2 的域上，将 RAM 转换为电路或者其他中间表示。我们在 9.4.1 节中看到了一个例子，而现代的实例，如 STARK[33,35]也具有这一特性。

选择域时的其他考虑因素　除了上述限制之外，在选择要使用的域时还有其他考虑因素。例如，如 6.5.4.1 节所讨论的，只要保证计算中产生的值始终位于范围$[-p/2, p/2]$内（如果值超出此范围，因为对 p 取模，域将不再模拟整数运算），大小为 p 的素域可以自然地模拟整数的加法和乘法。这样的高效模拟在特征为 2 的域中是不可能的。相反，特征为 2 的域中的加法等效于按位异或运算。因此，通过证明机制传递的计算特性将影响最理想的域选择：以算术运算为主的计算可能在素数域上更有效地模拟，而以按位操作为主的计算可能更适合特征为 2 的域。

域选择示例　为了举例说明，下面是一些文献中选择使用的域：Aurora[43]是基于 IOP 的，选择了大小为 2^{192} 的有限域。这个域的大小足够提供良好的可靠性误差，并支持需要 $O(n\log n)$个群运算的 FFT 算法，而且一些现代处理器已经内置了对该域上的算术运算的支持。Virgo[256]选择了大小为 p^2 的域，其中 $p=2^{61}-1$ 是一个 Mersenne 素数，以利用这类素数所提供的快速域运算。文献[35]选择了大小为 2^{64} 的域。这个域的大小本身并不足以确保密码学上适当的可靠性误差，因此协议的某些方面需要重复多次以降低可靠性误差。PlonKy2 在大小为 $2^{64}-2^{32}+1$ 的域（的扩展）上工作。这个域因其快速算术、支持长度为 2^{32} 或更大的 FFT 以及足以表示两个 32 位无符号整数数据类型的乘积（最多为 $(2^{32}-1)^2=2^{64}-2^{33}+1$）等特性而越来越受欢迎。

上述三个系统使用基于 FRI 的多项式承诺，这意味着它们可以工作在大小不等于某个密码学安全群的阶的域上（尽管出于其他原因，它们确实需要域支持 FFT 并具有指定大小的子群）。基于配对或基于离散对数的多项式承诺的 SNARK 则无法在这些域上工作。

Hyrax[244]和 Spartan[226]都将 IP 或 MIP 与基于离散对数的多项式承诺相结合，在大小和 Curve25519[52]椭圆曲线群(的一个子群)的阶数相等的域(参见 12.1.2.2 节)上工作。选择该群的原因是其快速的群运算和流行程度。

使用配对的系统(如所有基于线性 PCP 的 SNARK，以及任何使用基于 KZG 的多项式承诺或 Dory 的 SNARK)都在大小等于选择的配对友好椭圆曲线(的某个子群)的阶数的域上工作。设计具有快速的群算术的配对友好曲线已经付出了很大努力，同时还需要确保所选子群的阶数是一个使得域 $\mathbb{F}_p$ 能够支持快速 FFT 的素数 p。如今这样的最受欢迎的曲线可能是 BLS12-381。

域的选择可能会在域算术运算的效率上产生显著的具体差异。例如，文献[226]和[256]中的实验表明，在 Virgo 中使用的域(大小为 $(2^{61}-1)^2\approx 2^{122}$)，其上的算术运算至少比 Hyrax 和 Spartan 中使用的域(大小接近 2^{252})的运算快 4 倍。4 倍差异主要归因于 Virgo 的域的大小大约是 Hyrax 和 Spartan 域大小的平方根，因此域乘法在更小的数据类型上进行运算。然而，部分差异也可以归因于 Mersenne 素数 $2^{61}-1$ 中的额外结构，其在 Hyrax 和 Spartan 使用的素数阶域中不存在。

目前，Brakedown[137]是唯一一个已经实现的将 MIP 和 Brakedown 承诺相结合的 SNARK，它既不需要域支持 FFT，也不需要与密码学群的阶数匹配。如果将 IP 和 Brakedown 承诺相结合，情况也是如此，但是不适用于常数轮多项式 IOP①。

19.3.2 不同运算的相对效率

当然，域算术运算速度只是决定 SNARK 总体运行时间的一个因素。在某些 SNARK 中，证明者的瓶颈是在域上执行 FFT，而在其他情况下，瓶颈可能是群运算，还有可能是与域选择无关的其他过程(如构建默克尔树)。例如，在基于常数轮多项式 IOP 的 R1CS 可满足性 SNARK 中，证明者通常需要对长度为 $\Theta(K)$ 的向量执行 FFT，其中 K 是 R1CS 系统中矩阵的非零条目数，并且还必须在长度为 $\Theta(K)$ 的向量上构建一个或多个默克尔树。对于较大的 K 值，FFT 的 $O(K\log K)$ 运行时间将大于执行构建默克尔树所需的 $\Theta(K)$ 次密码学哈希函数的时间。但对于非常小的 K 值，具体的 FFT 运行时间中的 $\log K$ 因子可能会比执行密码学哈希函数求值所需的时间小，特别是如果域支持快速运算，则 FFT 运行时间中的隐藏常数很小。因此，协议中的哪部分(FFT 或默克尔树构建)是瓶颈可能取决于要处理的计算规模。

又如，如果将 MIP 与基于离散对数或 KZG 的多项式承诺方案相结合，则证明者无须执行任何 FFT，瓶颈通常在于执行大小与 K 成比例的多重指数运算。通过 Pippenger 算

① 这是因为 Brakedown 承诺适用于使用标准单项式基表示的单变量多项式，但是常数轮多项式 IOP 中出现的单变量多项式是通过它们在域的子群 H 上的求值来指定的。将这些求值高效地转换为标准单项式基需要进行 FFT。

法，可以使用 $O(K\log(|\mathbb{G}|)/\log(K))$ 个群乘法来执行多重指数运算。在许多其他 SNARK 中，证明者至少需要在长度大于等于 K 的向量上执行一次 FFT，这将花费 $O(K\log K)$ 个域运算。

对于较小的 R1CS 实例，FFT 很可能比多重指数运算更快，主要有以下三个原因。一是密码学群 $\mathbb{G}$ 中的每个运算往往比域乘法慢一个数量级；二是当 K 较小时，$\log(|\mathbb{G}|)/\log(K) \gg \log K$，因此即使忽略群与域运算相对成本的差异，$O(K\log(|\mathbb{G}|)/\log K)$ 也大于 $O(K\log K)$；三是如果 SNARK 使用基于 IOP 的多项式承诺，它可以灵活地使用一个大小不是椭圆曲线群的阶数的域，而这些域可能支持更快的运算。然而，一旦 K 足够大，使得 $\log|\mathbb{G}| \ll \log^2 K$，FFT 所需的 $O(K\log K)$ 个域运算所花费的时间将超过执行多重指数运算所需的 $O(K\log(|\mathbb{G}|)/\log(K))$ 个群乘法。

19.3.3　除了算术电路和 R1CS 之外的中间表示形式(Intermediate Representation, IR)

本书描述了各种用于算术电路可满足性和 R1CS 的 SNARK。算术电路的 SNARK 支持两扇入的加法和乘法门。R1CS 系统在概念上类似于增强的算术电路，允许任意数目扇入的“线性组合”门(见 8.4.1 节)。在这两种情况下，所有门都计算次数为 2 的操作，这意味着每个门或约束的输出是一个关于该门输入的多项式，其总次数最多为 2。

然而，基于多项式 IOP 的 SNARK 通常可以修改以支持更通用的中间表示形式。例如，它们通常可以被修改为支持进行总次数最多为 d 次的运算门的电路，并且随着 d 的增加，证明者时间将线性增长①。

证明大小通常也会随着次数上限 d 的增加而增长，但在许多情况下，这种增长的影响将是低阶的。例如，在使用特定多项式承诺方案的基于 MIP 的 SNARK 中，当应用于大小为 S 的电路时，其中的门计算操作的次数最多为 d，证明的长度将为 $O(S^{1/2}+d\log S)$。其中，除非电路的大小 S 非常小，否则与 d 呈线性增长的 $d\log S$ 项将被 $S^{1/2}$ 项所主导。

使用这种扩展门集合的方法将卓有成效。举个简单的例子，假设允许计算次数为 3 的门而不是次数为 2 的门，可以将最终的电路大小 S 减少一半，而由于门操作的次数从 2 次增加到 3 次，证明者的运行时间仅增加 4/3，因此使用扩展门集合将使得证明者更快：

① 这些修改需要了解 SNARK 的工作原理，并以非黑盒方式进行修改。粗略地说，这可能会像下面的例子所示：8.2 节的 MIP 使用一个 $3\log S$ 个变量的多项式 $g(a,b,c)=\widetilde{\text{mult}}(a,b,c)(\widetilde{W}(a)-\widetilde{W}(b)\cdot\widetilde{W}(c))$ 来“检查”$\widetilde{W}$ 赋予乘法门 a 的值是否等于 a 的两个入邻的值的乘积。为了支持扇入为 3 的乘法门而不是两扇入，可以使用以下修改后的多项式 g，它定义在 $4\log S$ 个变量上，总次数为 4 而不是 3：$g(a,b,c,e)=\text{mult}\widetilde{W}(a,b,c,e)(\widetilde{W}(a)-\widetilde{W}(b)\cdot\widetilde{W}(c)\cdot W(e))$。

总证明时间减少了一个 $2\cdot(3/4)>1$ 的因子①。

本书涵盖的基于多项式 IOP 的 SNARK 都可以按照上述方式进行修改，以支持总次数高于 2 的操作。这对于线性 PCP 派生的 SNARK(如 Groth 的文献[142])似乎不适用：它们使用基于配对的密码学，很大程度上依赖于线性 PCP 验证者计算证明字符串的一个次数为 2 的函数，而这又依赖于电路或 R1CS 实例只计算次数为 2 的操作。同样，对于基于递归组合的用于迭代计算的 SNARK(如 Nova，18.5 节)，尚不清楚是否可以修改以支持次数 $d>2$ 的操作，至少目前还没有找到一种方法能够在证明时间或证明大小上不增加太多的情况下实现这一目标。

最近特别关注对 PlonK SNARK 的修改，以支持扩展和修改的 IR。例如，加密货币 Zcash 在其 Orchard 协议中引入了所谓的"PlonKish 算术化"。这指的是对 PlonK 进行的修改②，以支持类似于最高次数为 9 的门的 IR。此外，对于采用名为 AIR 的相关 IR 的后端，也有很大的兴趣[128,235]。

随着 SNARK 协议设计者越过算术电路和 R1CS，转向不同的 IR，"前端"(第 6 章)和"后端"(即 SNARK 证明机制)之间的界限变得模糊。协议设计者可以根据所需的后端定制所选的 IR，并相应地修改所选的后端以支持所得到的 IR。

这样的努力可能存在权衡。一方面，使用更具表达力或特殊的 IR 可能会带来重要的效率提升；另一方面，它可能增加协议设计者的负担，或使开发或重用基础设施变得更加困难。例如，协议设计者可能不得不费力地手动设计修改后的 IR 中的"电路"，以充分利用所支持的原始操作扩展集合。如果决定将后端替换为另一个具有不同成本特性的后端，可能需要改变 IR，并因此重新进行整个协议设计，或者至少修改前端部分。

---

① 对于某些应用，比算术电路或 R1CS 更为严格的中间表示形式也可能是有用的。如果能够设计出在这些受限 IR 上具有改进的证明者时间或证明大小的 SNARK，并且这些改进超过了表示大小增加的负面影响，那么就会出现这种情况。一个例子是在文献[86]中提到的"R1CS-Lite"概念。在增量计算方面高效的 SNARK(18.4 节和 18.5 节)也可以看作是利用受限 IR 来获得效率优势，在第 4 章中的特定问题的各种超高效 IP 亦是如此。

② 更准确地说，是对 PlonK 底层的常数轮多项式 IOP 与 Bulletproofs 多项式承诺方案结合得到的 SNARK 进行的修改。

致谢

本书最初是根据 2015 年第 14 届 Bellairs 加密研讨会的讲义编写的。感谢 Claude Crépeau 和 Gilles Brassard 组织这次研讨会期间的热情款待，以及所有研讨会参与者的慷慨、耐心和热情。在乔治城大学于 2017 年秋季和 2020 年秋季开设的 COSC 544 课程中，这些笔记进一步扩充，并受益于课程中学生的意见。2021 年和 2022 年，通过 ZK Hack Discord 组织的两个阅读小组提供了精彩的反馈和支持，将本书稿发展成现在的形式。

许多人的反馈对本书的出版产生了重大影响，其中包括 Sebastian Angel、Bryan Gillespie、Thor Kamphefner、Michael Mitzenmacher、Srinath Setty、Luís Fernando Schultz Xavier da Silveira、abhi shelat、Michael Walfish 和 Riad Wahby。特别感谢 Riad，感谢他对本书涵盖的许多密码工具进行了耐心的解释，和他对所遇问题追根究底的意愿。由于 Riad 的帮助，本书中的错误大大减少，任何尚存的错误完全是我自己的责任。

花费 7 年时间完成本书的一个主要的好处是能够包含许多令人兴奋的进展。如果本书在 2015 年，甚至 2020 年完成，将会截然不同(超过 1/3 的内容在 7 年前还不存在)。在此期间，设计零知识论证的各种方法以及它们之间的关系变得更加清晰。然而，由于研究论文数量庞大，对于初次接触该领域的人来说，从文献中获取清晰的全貌变得越来越具有挑战性。

接下来的 5～10 年是否会带来类似的大发展？这些是否足够产生高效的通用论证，用于各种密码系统中日常部署？我希望本书能够使这个令人兴奋且美丽的领域更加易于理解，并在确保这两个问题的回答为“是”中发挥一定的作用。

附录　翻译词汇表

英文	中文
Argument	论证
Assertion	命题
Bind/binding	绑定
Bivariate polynomial	双变量多项式
Boolean	布尔
Boolean hypercube	布尔超立方体
Characteristic	特征
Claim	声明(名)
Claim	声称(动)
Claimed	声称的
Commit/reveal	承诺/揭示
Committed-R1CS-with-a-slack—vector	带松弛向量承诺的 R1CS
Completeness	完备性
Equation	等式
Fan-in	扇入
Field	域
Formula	公式
Gadget	小组件
Group	群
Hash	哈希
Knowledge of Exponent Assumption	指数知识假设
Lagrange interpolation	拉格朗日插值
Lemma	引理
Membership	成员归属
Merkle-tree authentication path	默克尔树验证路径
Multi-exponentiation	多指数幂运算
Multilinear extension	多线性扩展
Operation	运算
Oracle	预言机
PCP	概率可验证证明

续表

英文	中文
Preimage	原像
Prime	素数
Proof	证明
Proposition	命题
Public/private coin	公开/隐私掷币
Quasilinear	准线性
Rank-1 Constraint System	秩-1 约束系统
Relaxed	松弛
Runtime	运行时间
Set	集合
Soundness	可靠性
Soundness condition	可靠性条件
Statement	陈述
Sublinear	亚线性
Subversion zero knowledge	颠覆零知识
Transcript	脚本
Trapdoor	陷门
Univariate polynomial	单变量多项式
Vanishing	归零的
View	视图
Wiring	布线
Wiring predicate	布线谓词
Witness	证据
ZK	零知识

参考文献

[1] B. Abdolmaleki, K. Baghery, H. Lipmaa, and M. Zajac, "A subversion-resistant SNARK," in *Advances in Cryptology - ASI-ACRYPT 2017 - 23rd International Conference on the Theory and Applications of Cryptology and Information Security, Hong Kong, China, December 3 - 7, 2017, Proceedings, Part Ⅲ*, T. Takagi and T. Peyrin, Eds., ser. Lecture Notes in Computer Science, vol. 10626, pp. 3 - 33, Springer, 2017.

[2] M. Abe, G. Fuchsbauer, J. Groth, K. Haralambiev, and M. Ohkubo, "Structure-preserving signatures and commitments to group elements," in *Annual Cryptology Conference*, Springer, pp. 209 - 236, 2010.

[3] W. Aiello and J. Hastad, "Statistical zero-knowledge languages can be recognized in two rounds," *Journal of Computer and System Sciences*, vol. 42, no. 3, pp. 327 - 345, 1991.

[4] M. Albrecht, L. Grassi, C. Rechberger, A. Roy, and T. Tiessen, "MiMC: Efficient encryption and cryptographic hashing with minimal multiplicative complexity," in *International Conference on the Theory and Application of Cryptology and Information Security*, Springer, pp. 191 - 219, 2016.

[5] J. Alman and V. V. Williams, "A refined laser method and faster matrix multiplication," in *Proceedings of the 2021 ACM-SIAM Symposium on Discrete Algorithms (SODA)*, SIAM, pp. 522 - 539, 2021.

[6] A. Aly, T. Ashur, E. Ben-Sasson, S. Dhooghe, and A. Szepieniec, "Efficient symmetric primitives for advanced cryptographic protocols (A Marvellous contribution)," *IACR Cryptol. ePrint Arch.*, vol. 2019, p. 426, 2019.

[7] S. Ames, C. Hazay, Y. Ishai, and M. Venkitasubramaniam, "Ligero: Lightweight sublinear arguments without a trusted setup," in *Proceedings of the 2017 ACM SIGSAC Conference on Computer and Communications Security*, pp. 2087 - 2104, 2017.

[8] B. Applebaum, I. Damgård, Y. Ishai, M. Nielsen, and L. Zichron, "Secure a-

rithmetic computation with constant computational overhead," in *Annual International Cryptology Conference*, Springer, pp. 223 - 254, 2017.

[9] S. Arora and B. Barak, *Computational Complexity: A Modern Approach*, 1st edn. New York, NY, USA: Cambridge University Press, 2009.

[10] S. Arora, C. Lund, R. Motwani, M. Sudan, and M. Szegedy, "Proof verification and the hardness of approximation problems," *Journal of the ACM (JACM)*, vol. 45, no. 3, pp. 501 - 555, 1998.

[11] S. Arora and S. Safra, "Probabilistic checking of proofs: A new characterization of NP," *J. ACM*, vol. 45, no. 1, pp. 70 - 122, 1998.

[12] S. Arora and M. Sudan, "Improved low-degree testing and its applications," *Combinatorica*, vol. 23, no. 3, pp. 365 - 426, 2003.

[13] A. Arun, C. Ganesh, S. Lokam, T. Mopuri, and S. Sridhar, Dew: Transparent constant-sized zksnarks, Cryptology ePrint Archive, Report 2022/419, 2022. url: https://ia.cr/2022/419.

[14] T. Attema, S. Fehr, and M. Klooß, fiat-shamir transformation of multi-round interactive proofs, Cryptology ePrint Archive, Report 2021/1377, 2021. url: https://ia.cr/2021/1377.

[15] L. Babai, "Trading group theory for randomness," in *STOC*, R. Sedgewick, Ed., pp. 421 - 429, ACM, 1985.

[16] L. Babai, "Graph isomorphism in quasipolynomial time," in *Proceedings of the Forty-Eighth Annual Acm Symposium on Theory of Computing*, pp. 684 - 697, 2016.

[17] L. Babai, L. Fortnow, and C. Lund, "Non-deterministic exponential time has two-prover interactive protocols," *Computational Complexity*, vol. 1, pp. 3 - 40, 1991.

[18] E. Bangerter, J. Camenisch, and S. Krenn, "Efficiency limitations for Σ-protocols for group homomorphisms," in *Theory of Cryptography Conference*, Springer, pp. 553 - 571, 2010.

[19] B. Barak and O. Goldreich, "Universal arguments and their applications.," in *IEEE Conference on Computational Complexity*, pp. 194 - 203, IEEE Computer Society, 2002.

[20] N. Barić and B. Pfitzmann, "Collision-free accumulators and failstop signature schemes without trees," in *International Conference on the Theory and Applications of Cryptographic Techniques*, Springer, pp. 480 - 494, 1997.

[21] J. Bartusek, L. Bronfman, J. Holmgren, F. Ma, and R. D. Rothblum, "On the (in) security of Kilian-based SNARGs," in *Theory of Cryptography Conference*, Springer, pp. 522 - 551, 2019.

[22] C. Baum, J. Bootle, A. Cerulli, R. del Pino, J. Groth, and V. Lyubashevsky, "Sub-linear lattice-based zero-knowledge arguments for arithmetic circuits," in *Advances in Cryptology - CRYPTO 2018 - 38th Annual International Cryptology Conference, Santa Barbara, CA, USA, August 19 - 23, 2018, Proceedings, Part Ⅱ*, H. Shacham and A. Boldyreva, Eds., Lecture Notes in Computer Science, vol. 10992, pp. 669 - 699, Springer, 2018.

[23] C. Baum, A. J. Malozemoff, M. B. Rosen, and P. Scholl, "Mac'n' Cheese: Zero-knowledge proofs for boolean and arithmetic circuits with nested disjunctions," in *Annual International Cryptology Conference*, Springer, pp. 92 - 122, 2021.

[24] S. Bayer and J. Groth, "Efficient zero-knowledge argument for correctness of a shuffle," in *Annual International Conference on the Theory and Applications of Cryptographic Techniques*, Springer, pp. 263 - 280, 2012.

[25] J. Baylina, "Verifying STARKs with SNARKs," zk7 Zero Knowledge Summit 7 on April 21, 2022. url: https://youtu . be/j7An-33Zs0.

[26] M. Bellare, A. Boldyreva, and A. Palacio, "An uninstantiable random-oracle-model scheme for a hybrid-encryption problem," in *International Conference on the Theory and Applications of Cryptographic Techniques*, Springer, pp. 171 - 188, 2004.

[27] M. Bellare, D. Coppersmith, J. Håstad, M. A. Kiwi, and M. Sudan, "Linearity testing in characteristic two," *IEEE Transactions on Information Theory*, vol. 42, no. 6, pp. 1781 - 1795, 1996.

[28] M. Bellare, G. Fuchsbauer, and A. Scafuro, "NIZKs with an untrusted CRS: security in the face of parameter subversion," in *Advances in Cryptology - ASIACRYPT 2016 - 22nd International Conference on the Theory and Application of Cryptology and Information Security, Hanoi, Vietnam, December 4 - 8, 2016, Proceedings, Part Ⅱ*, J. H. Cheon and T. Takagi, Eds., ser. Lecture Notes in Computer Science, vol. 10032, pp. 777 - 804, 2016.

[29] M. Bellare and P. Rogaway, "Random oracles are practical: A paradigm for designing efficient protocols," in *Proceedings of the 1st ACM conference on Computer and communications security*, pp. 62 - 73, 1993.

[30] A. Belling and O. Bgassat, *Using GKR inside a SNARK to reduce the cost of*

hash verification down to 3 constraints, 2020. url: https://ethresear.ch/t/using-gkr-inside-a-snark-to-reduce-the-cost-of-hash-verification-down-to-3-constraints/7550.

[31] V. E. Beneš, "Mathematical theory of connecting networks and telephone traffic," *Academic Press*, 1965.

[32] M. Ben-Or, S. Goldwasser, J. Kilian, and A. Wigderson, "Multiprover interactive proofs: How to remove intractability assumptions," in *Proceedings of the 20th Annual ACM Symposium on Theory of Computing, May 2-4, 1988*, Chicago, Illinois, USA, ACM, pp. 113-131, 1988.

[33] E. Ben-Sasson, I. Bentov, A. Chiesa, A. Gabizon, D. Genkin, M. Hamilis, E. Pergament, M. Riabzev, M. Silberstein, E. Tromer, et al., "Computational integrity with a public random string from quasi-linear PCPs," in *Annual International Conference on the Theory and Applications of Cryptographic Techniques*, Springer, pp. 551-579, 2017.

[34] E. Ben-Sasson, I. Bentov, Y. Horesh, and M. Riabzev, "Fast reed-solomon interactive oracle proofs of proximity," in *45th International Colloquium on Automata, Languages, and Programming (ICALP 2018)*, Schloss Dagstuhl-Leibniz-Zentrum fuer Informatik, 2018.

[35] E. Ben-Sasson, I. Bentov, Y. Horesh, and M. Riabzev, "Scalable zero knowledge with no trusted setup," in *Advances in Cryptology - CRYPTO 2019 - 39th Annual International Cryptology Conference, Santa Barbara, CA, USA, August 18-22, 2019, Proceedings, Part III*, A. Boldyreva and D. Micciancio, Eds., ser. Lecture Notes in Computer Science, vol. 11694, pp. 701-732, Springer, 2019.

[36] E. Ben-Sasson, D. Carmon, Y. Ishai, S. Kopparty, and S. Saraf, "Proximity gaps for Reed-Solomon codes," in *2020 IEEE 61st Annual Symposium on Foundations of Computer Science (FOCS)*, IEEE, pp. 900-909, 2020.

[37] E. Ben-Sasson, D. Carmon, S. Kopparty, and D. Levit, "Elliptic curve fast fourier transform (ECFFT) part I: Fast polynomial algorithms over all finite fields," *CoRR*, vol. abs/2107.08473, 2021.

[38] E. Ben-Sasson, D. Carmon, S. Kopparty, and D. Levit, "Scalable and transparent proofs over all large fields, via elliptic curves," *Electron. Colloquium Comput. Complex.*, vol. TR22-110, 2022.

[39] E. Ben-Sasson, A. Chiesa, M. A. Forbes, A. Gabizon, M. Riabzev, and N.

Spooner, "Zero knowledge protocols from succinct constraint detection," in *Theory of Cryptography Conference*, Springer, pp. 172 - 206, 2017.

[40] E. Ben-Sasson, A. Chiesa, D. Genkin, and E. Tromer, "Fast reductions from rams to delegatable succinct constraint satisfaction problems: Extended abstract," in *ITCS*, R. D. Kleinberg, Ed., pp. 401 - 414, ACM, 2013.

[41] E. Ben-Sasson, A. Chiesa, D. Genkin, and E. Tromer, "On the concrete efficiency of probabilistically-checkable proofs," in *STOC*, pp. 585 - 594, 2013.

[42] E. Ben-Sasson, A. Chiesa, D. Genkin, E. Tromer, and M. Virza, "SNARKs for C: Verifying program executions succinctly and in zero knowledge," in *Advances in Cryptology - CRYPTO 2013 - 33rd Annual Cryptology Conference, Santa Barbara, CA, USA, August 18 - 22, 2013. Proceedings, Part II*, R. Canetti and J. A. Garay, Eds., ser. Lecture Notes in Computer Science, vol. 8043, pp. 90 - 108, Springer, 2013.

[43] E. Ben-Sasson, A. Chiesa, M. Riabzev, N. Spooner, M. Virza, and N. P. Ward, "Aurora: Transparent succinct arguments for R1CS," in *Annual International Conference on the Theory and Applications of Cryptographic Techniques*, Springer, pp. 103 - 128, 2019.

[44] E. Ben-Sasson, A. Chiesa, and N. Spooner, "Interactive oracle proofs," in *Theory of Cryptography - 14th International Conference, TCC 2016-B, Beijing, China, October 31 - November 3, 2016, Proceedings, Part II*, M. Hirt and A. D. Smith, Eds., ser. Lecture Notes in Computer Science, vol. 9986, pp. 31 - 60, 2016.

[45] E. Ben-Sasson, A. Chiesa, E. Tromer, and M. Virza, "Scalable zero knowledge via cycles of elliptic curves," in *Advances in Cryptology - CRYPTO 2014 - 34th Annual Cryptology Conference, Santa Barbara, CA, USA, August 17 - 21, 2014, Proceedings, Part II*, J. A. Garay and R. Gennaro, Eds., ser. Lecture Notes in Computer Science, vol. 8617, pp. 276 - 294, Springer, 2014.

[46] E. Ben-Sasson, A. Chiesa, E. Tromer, and M. Virza, "Succinct non-interactive zero knowledge for a von Neumann architecture," in *Proceedings of the 23rd USENIX Security Symposium, San Diego, CA, USA, August 20 - 22, 2014*, pp. 781 - 796, 2014.

[47] E. Ben-Sasson, L. Goldberg, and D. Levit, *Stark friendly hash - survey and recommendation*, Cryptology ePrint Archive, Report 2020/948, 2020. url: https://eprint.iacr.org/2020/948.

[48] E. Ben-Sasson, O. Goldreich, P. Harsha, M. Sudan, and S. P. Vadhan, "Short PCPs verifiable in polylogarithmic time," in *20th Annual IEEE Conference on Computational Complexity (CCC 2005), 11 - 15 June 2005, San Jose, CA, USA*, pp. 120 - 134, 2005.

[49] E. Ben-Sasson, S. Kopparty, and S. Saraf, "Worst-case to average case reductions for the distance to a code," in *33rd Computational Complexity Conference, CCC 2018, June 22-24, 2018, San Diego, CA, USA*, R. A. Servedio, Ed., ser. LIPIcs, vol. 102, 24:1 - 24:23, Schloss Dagstuhl - Leibniz-Zentrum für Informatik, 2018.

[50] E. Ben-Sasson and M. Sudan, "Short PCPs with polylog query complexity," *SIAM J. Comput.*, vol. 38, no. 2, pp. 551 - 607, 2008.

[51] D. Bernhard, O. Pereira, and B. Warinschi, "How not to prove yourself: Pitfalls of the Fiat-Shamir heuristic and applications to Helios," in *International Conference on the Theory and Application of Cryptology and Information Security*, Springer, pp. 626 - 643, 2012.

[52] D. J. Bernstein, "Curve25519: New Diffie-Hellman speed records," in *International Workshop on Public Key Cryptography*, Springer, pp. 207 - 228, 2006.

[53] R. Bhadauria, Z. Fang, C. Hazay, M. Venkitasubramaniam, T. Xie, and Y. Zhang, "Ligero++: A new optimized sublinear IOP," in *CCS'20: 2020 ACM SIGSAC Conference on Computer and Communications Security, Virtual Event, USA, November 9-13, 2020*, J. Ligatti, X. Ou, J. Katz, and G. Vigna, Eds., pp. 2025 - 2038, ACM, 2020.

[54] E. Birrell and S. Vadhan, "Composition of zero-knowledge proofs with efficient provers," in *Theory of Cryptography Conference*, Springer, pp. 572 - 587, 2010.

[55] N. Bitansky and A. Chiesa, "Succinct arguments from multiprover interactive proofs and their efficiency benefits," in *CRY-PTO*, R. Safavi-Naini and R. Canetti, Eds., ser. Lecture Notes in Computer Science, vol. 7417, pp. 255 - 272, Springer, 2012.

[56] N. Bitansky, A. Chiesa, Y. Ishai, R. Ostrovsky, and O. Paneth, "Succinct non-interactive arguments via linear interactive proofs," in *TCC*, pp. 315 - 333, 2013.

[57] A. R. Block, J. Holmgren, A. Rosen, R. D. Rothblum, and P. Soni, "Time- and space-efficient arguments from groups of unknown order," in *Annual International Cryptology Conference*, Springer, pp. 123 - 152, 2021.

[58] M. Blum, "How to prove a theorem so no one else can claim it," in *Proceedings*

of the International Congress of Mathematicians, Citeseer, vol. 1, p. 2, 1986.

[59] M. Blum, W. Evans, P. Gemmell, S. Kannan, and M. Naor, "Checking the correctness of memories," *Algorithmica*, pp. 90 - 99, 1995.

[60] M. Blum, M. Luby, and R. Rubinfeld, "Self-testing/correcting with applications to numerical problems," *J. Comput. Syst. Sci.*, vol. 47, no. 3, pp. 549 - 595, 1993.

[61] A. J. Blumberg, J. Thaler, V. Vu, and M. Walfish, "Verifiable computation using multiple provers," *IACR Cryptology ePrint Archive*, vol. 2014, p. 846, 2014.

[62] D. Boneh and X. Boyen, "Short signatures without random oracles," in *International Conference on the Theory and Applications of Cryptographic Techniques*, Springer, pp. 56 - 73, 2004.

[63] D. Boneh, B. Bünz, and B. Fisch, "Batching techniques for accumulators with applications to IOPs and stateless blockchains," in *Annual International Cryptology Conference*, Springer, pp. 561 - 586, 2019.

[64] D. Boneh, J. Drake, B. Fisch, and A. Gabizon, "Halo infinite: Proof-carrying data from additive polynomial commitments," in *Annual International Cryptology Conference*, Springer, pp. 649 - 680, 2021.

[65] J. Bonneau, I. Meckler, V. Rao, and E. Shapiro, "Coda: Decentralized cryptocurrency at scale. ," *IACR Cryptol. ePrint Arch.*, vol. 2020, p. 352, 2020.

[66] J. Bootle, A. Cerulli, P. Chaidos, J. Groth, and C. Petit, "Efficient zero-knowledge arguments for arithmetic circuits in the discrete log setting," in *Annual International Conference on the Theory and Applications of Cryptographic Techniques*, Springer, pp. 327 - 357, 2016.

[67] J. Bootle, A. Cerulli, E. Ghadafi, J. Groth, M. Hajiabadi, and S. K. Jakobsen, "Linear-time zero-knowledge proofs for arithmetic circuit satisfiability," in *Advances in Cryptology -ASI-ACRYPT 2017 -23rd International Conference on the Theory and Applications of Cryptology and Information Security, Hong Kong, China, December 3 - 7, 2017, Proceedings, Part Ⅲ*, T. Takagi and T. Peyrin, Eds. , ser. Lecture Notes in Computer Science, vol. 10626, pp. 336 - 365, Springer, 2017.

[68] J. Bootle, A. Cerulli, J. Groth, S. Jakobsen, and M. Maller, "Arya: Nearly linear-time zero-knowledge proofs for correct program execution," in *International Conference on the Theory and Application of Cryptology and Information Secu-*

rity, Springer, pp. 595 – 626, 2018.

[69] J. Bootle, A. Chiesa, and J. Groth, "Linear-time arguments with sublinear verification from tensor codes," in *Theory of Cryptography – 18th International Conference, TCC 2020, Durham, NC, USA, November 16 – 19, 2020, Proceedings, Part II*, R. Pass and K. Pietrzak, Eds., ser. Lecture Notes in Computer Science, vol. 12551, pp. 19 – 46, Springer, 2020.

[70] J. Bootle, A. Chiesa, and K. Sotiraki, "Sumcheck arguments and their applications," in *Annual International Cryptology Conference*, Springer, pp. 742 – 773, 2021.

[71] J. Bootle, V. Lyubashevsky, N. K. Nguyen, and G. Seiler, *A nonPCP approach to succinct quantum-safe zero-knowledge*, Cryptology ePrint Archive, Report 2020/737, To appear in CRYPTO, 2020. url: https://eprint.iacr.org/2020/737.

[72] R. B. Boppana, J. Hastad, and S. Zachos, "Does co-NP have short interactive proofs?" *Inf. Process. Lett.*, vol. 25, no. 2, pp. 127 – 132, 1987.

[73] P. Bottinelli, An illustrated guide to elliptic curve cryptography validation, 2021.

[74] S. Bowe, A. Chiesa, M. Green, I. Miers, P. Mishra, and H. Wu, "Zexe: Enabling decentralized private computation," in *2020 IEEE Symposium on Security and Privacy (SP)*, IEEE, pp. 947 – 964, 2020.

[75] S. Bowe, J. Grigg, and D. Hopwood, "Recursive proof composition without a trusted setup," *Cryptol. ePrint Arch., Tech. Rep*, vol. 1021, p. 2019, 2019.

[76] Z. Brakerski, V. Koppula, and T. Mour, "NIZK from LPN and trapdoor hash via correlation intractability for approximable relations," in *Annual International Cryptology Conference*, Springer, pp. 738 – 767, 2020.

[77] G. Brassard, D. Chaum, and C. Crépeau, "Minimum disclosure proofs of knowledge," *Journal of Computer and System Sciences*, vol. 37, no. 2, pp. 156 – 189, 1988.

[78] G. Brassard, P. Høyer, and A. Tapp, "Quantum cryptanalysis of hash and claw-free functions," in *Latin American Symposium on Theoretical Informatics*, Springer, pp. 163 – 169, 1998.

[79] B. Braun, A. J. Feldman, Z. Ren, S. Setty, A. J. Blumberg, and M. Walfish, "Verifying computations with state," in *Proceedings of the Twenty-Fourth ACM Symposium on Operating Systems Principles*, ACM, pp. 341 – 357, 2013.

[80] B. Bünz, J. Bootle, D. Boneh, A. Poelstra, P. Wuille, and G. Maxwell, "Bulle-

tproofs: Short proofs for confidential transactions and more," in *2018 IEEE Symposium on Security and Privacy (SP)*, IEEE, pp. 315 - 334, 2018.

[81] B. Bünz, A. Chiesa, W. Lin, P. Mishra, and N. Spooner, "Proofcarrying data without succinct arguments," in *Annual International Cryptology Conference*, Springer, pp. 681 - 710, 2021.

[82] B. Bünz, A. Chiesa, P. Mishra, and N. Spooner, "Proof-carrying data from accumulation schemes.," *IACR Cryptol. ePrint Arch.*, vol. 2020, p. 499, 2020.

[83] B. Bünz, B. Fisch, and A. Szepieniec, "Transparent snarks from DARK compilers," in *Advances in Cryptology - EUROCRYPT 2020 - 39th Annual International Conference on the Theory and Applications of Cryptographic Techniques, Zagreb, Croatia, May 10 - 14, 2020, Proceedings, Part I*, A. Canteaut and Y. Ishai, Eds., ser. Lecture Notes in Computer Science, vol. 12105, pp. 677 - 706, Springer, 2020.

[84] B. Bünz, M. Maller, P. Mishra, N. Tyagi, and P. Vesely, "Proofs for inner pairing products and applications," in *International Conference on the Theory and Application of Cryptology and Information Security*, Springer, pp. 65 - 97, 2021.

[85] D. Butler, A. Lochbihler, D. Aspinall, and A. Gascón, "Formalising Σ-Protocols and Commitment Schemes Using CryptHOL," *Journal of Automated Reasoning*, vol. 65, no. 4, pp. 521 - 567, 2021.

[86] M. Campanelli, A. Faonio, D. Fiore, A. Querol, and H. Rodríguez, "Lunar: A toolbox for more efficient universal and updatable zksnarks and commit-and-prove extensions," in *International Conference on the Theory and Application of Cryptology and Information Security*, Springer, pp. 3 - 33, 2021.

[87] M. Campanelli, D. Fiore, and A. Querol, "Legosnark: Modular design and composition of succinct zero-knowledge proofs," in *Proceedings of the 2019 ACM SIGSAC Conference on Computer and Communications Security*, pp. 2075 - 2092, 2019.

[88] R. Canetti, Y. Chen, J. Holmgren, A. Lombardi, G. N. Rothblum, R. D. Rothblum, and D. Wichs, "Fiat-Shamir: From practice to theory," in *Proceedings of the 51st Annual ACM SIGACT Symposium on Theory of Computing*, pp. 1082 - 1090, 2019.

[89] R. Canetti, Y. Chen, and L. Reyzin, "On the correlation intractability of obfuscated pseudorandom functions," in *Theory of cryptography conference, Spring-*

er, pp. 389 - 415, 2016.

[90] R. Canetti, Y. Chen, L. Reyzin, and R. D. Rothblum, "Fiatshamir and correlation intractability from strong kdm-secure encryption," in *Advances in Cryptology - EUROCRYPT 2018 - 37th Annual International Conference on the Theory and Applications of Cryptographic Techniques, Tel Aviv, Israel, April 29 - May 3, 2018 Proceedings, Part I*, J. B. Nielsen and V. Rijmen, Eds., ser. Lecture Notes in Computer Science, vol. 10820, pp. 91 - 122, Springer, 2018.

[91] R. Canetti, O. Goldreich, and S. Halevi, "The random oracle methodology, revisited," *Journal of the ACM (JACM)*, vol. 51, no. 4, pp. 557 - 594, 2004.

[92] A. Chakrabarti, G. Cormode, A. McGregor, and J. Thaler, "Annotations in data streams," *ACM Transactions on Algorithms*, vol. 11, no. 1, p. 7, 2014, Preliminary version by the first three authors in *ICALP*, 2009.

[93] M. Chase, D. Derler, S. Goldfeder, C. Orlandi, S. Ramacher, C. Rechberger, D. Slamanig, and G. Zaverucha, "Post-quantum zero-knowledge and signatures from symmetric-key primitives," in *Proceedings of the 2017 Acm Sigsac Conference on Computer and Communications Security*, pp. 1825 - 1842, 2017.

[94] D. L. Chaum, "Untraceable electronic mail, return addresses, and digital pseudonyms," *Communications of the ACM*, vol. 24, no. 2, pp. 84 - 90, 1981.

[95] B. Chen, B. Bünz, D. Boneh, and Z. Zhang, "HyperPlonk: Plonk with linear-time prover and high-degree custom gates," *Cryptology ePrint Archive*, 2022.

[96] W. Chen, A. Chiesa, E. Dauterman, and N. P. Ward, "Reducing participation costs via incremental verification for ledger systems.," *IACR Cryptol. ePrint Arch.*, vol. 2020, p. 1522, 2020.

[97] A. Chiesa, M. A. Forbes, T. Gur, and N. Spooner, "Spatial isolation implies zero knowledge even in a quantum world," in *59th IEEE Annual Symposium on Foundations of Computer Science, FOCS 2018, Paris, France, October 7 - 9, 2018*, M. Thorup, Ed., pp. 755 - 765, IEEE Computer Society, 2018.

[98] A. Chiesa, Y. Hu, M. Maller, P. Mishra, N. Vesely, and N. Ward, "Marlin: Preprocessing zkSNARKs with universal and updatable SRS," in *Annual International Conference on the Theory and Applications of Cryptographic Techniques*, Springer, pp. 738 - 768, 2020.

[99] A. Chiesa, P. Manohar, and N. Spooner, "Succinct arguments in the quantum random oracle model," in *Theory of Cryptography Conference*, Springer, pp. 1 - 29, 2019.

[100] A. Chiesa, D. Ojha, and N. Spooner, "Fractal: Post-quantum and transparent

recursive proofs from holography," in *Annual International Conference on the Theory and Applications of Cryptographic Techniques*, Springer, pp. 769–793, 2020.

[101] D. Clarke, S. Devadas, M. Van Dijk, B. Gassend, and G. E. Suh, "Incremental multiset hash functions and their application to memory integrity checking," in *International Conference on the Theory and Application of Cryptology and Information Security*, Springer, pp. 188–207, 2003.

[102] G. Cormode, M. Mitzenmacher, and J. Thaler, "Practical verified computation with streaming interactive proofs," in *ITCS*, S. Goldwasser, Ed., pp. 90–112, ACM, 2012.

[103] G. Cormode, J. Thaler, and K. Yi, "Verifying computations with streaming interactive proofs," *Proc. VLDB Endow.*, vol. 5, no. 1, pp. 25–36, 2011.

[104] R. Cramer and I. Damgård, "Zero-knowledge proofs for finite field arithmetic, or: Can zero-knowledge be for free?" In *Annual International Cryptology Conference*, Springer, pp. 424–441, 1998.

[105] I. B. Damgård, "On the existence of bit commitment schemes and zero-knowledge proofs," in *Conference on the Theory and Application of Cryptology*, Springer, pp. 17–27, 1989.

[106] I. Dinur, D. Kales, A. Promitzer, S. Ramacher, and C. Rechberger, "Linear equivalence of block ciphers with partial nonlinear layers: Application to lowmc," in *Annual International Conference on the Theory and Applications of Cryptographic Techniques*, Springer, pp. 343–372, 2019.

[107] S. Dittmer, Y. Ishai, and R. Ostrovsky, Line-point zero knowledge and its applications, Cryptology ePrint Archive, Report 2020/1446, 2020. url: https://eprint.iacr.org/2020/1446.

[108] S. Dobson, S. D. Galbraith, and B. Smith, *Trustless unknownorder groups*, Cryptology ePrint Archive, Report 2020/196, 2020, url: https://ia.cr/2020/196.

[109] M. Driscoll, *The animated elliptic curve*, Github source code, 2022, url: https://github.com/syncsynchalt/animated-curves.

[110] T. ElGamal, "A public key cryptosystem and a signature scheme based on discrete logarithms," *IEEE Transactions on Information Theory*, vol. 31, no. 4, pp. 469–472, 1985.

[111] A. Fiat and A. Shamir, "How to prove yourself: Practical solutions to identifica-

tion and signature problems," in *Conference on the Theory and Application of Cryptographic Techniques*, Springer, pp. 186 - 194, 1986.

[112] L. Fortnow, "The complexity of perfect zero-knowledge," in *Proceedings of the Nineteenth Annual ACM Symposium on Theory of Computing*, pp. 204 - 209, 1987.

[113] L. Fortnow, J. Rompel, and M. Sipser, "On the power of multipower interactive protocols," in *Structure in Complexity Theory Conference, 1988. Proceedings., Third Annual*, IEEE, pp. 156 - 161, 1988.

[114] T. K. Frederiksen, J. B. Nielsen, and C. Orlandi, "Privacy-free garbled circuits with applications to efficient zero-knowledge," in *Advances in Cryptology - EUROCRYPT 2015 - 34th Annual International Conference on the Theory and Applications of Cryptographic Techniques, Sofia, Bulgaria, April 26 - 30, 2015, Proceedings, Part II*, E. Oswald and M. Fischlin, Eds., ser. Lecture Notes in Computer Science, vol. 9057, pp. 191 - 219, Springer, 2015.

[115] R. Freivalds, "Probabilistic machines can use less running time," in *IFIP congress*, vol. 839, p. 842, 1977.

[116] G. Fuchsbauer, "Subversion-zero-knowledge SNARKs," in *PublicKey Cryptography - PKC 2018 - 21st IACR International Conference on Practice and Theory of Public-Key Cryptography, Rio de Janeiro, Brazil, March 25 - 29, 2018, Proceedings, Part I*, M. Abdalla and R. Dahab, Eds., ser. Lecture Notes in Computer Science, vol. 10769, pp. 315 - 347, Springer, 2018.

[117] G. Fuchsbauer, E. Kiltz, and J. Loss, "The algebraic group model and its applications," in *Annual International Cryptology Conference*, Springer, pp. 33 - 62, 2018.

[118] E. Fujisaki and T. Okamoto, "Statistical zero knowledge protocols to prove modular polynomial relations," in *Annual International Cryptology Conference*, Springer, pp. 16 - 30, 1997.

[119] M. Furer, O. Goldreich, Y. Mansour, M. Sipser, and S. Zachos, "On completeness and soundness in interactive proof systems," *Randomness and Computation (Volume 5 of Advances in Computing Research)*, pp. 429 - 442, 1989.

[120] A. Gabizon, Auroralight: Improved prover efficiency and srs size in a soniclike system, IACR Cryptology ePrint Archive, 2019: 601, 2019.

[121] A. Gabizon, "On the security of the BCTV Pinocchio zk-SNARK variant.," *IACR Cryptol. ePrint Arch.*, vol. 2019, p. 119, 2019.

[122] A. Gabizon and Z. J. Williamson, *Plookup: A simplified polynomial protocol for lookup tables*, Cryptology ePrint Archive, Report 2020/315, 2020. url: https://ia.cr/2020/315.

[123] A. Gabizon, Z. J. Williamson, and O. Ciobotaru, "PlonK: Permutations over Lagrange-bases for Oecumenical Noninteractive arguments of Knowledge.," *IACR Cryptol. ePrint Arch.*, vol. 2019, p. 953, 2019.

[124] N. Gailly, M. Maller, and A. Nitulescu, "SnarkPack: Practical snark aggregation," *Cryptology ePrint Archive*, 2021.

[125] R. Gennaro, C. Gentry, B. Parno, and M. Raykova, "Quadratic span programs and succinct NIZKs without PCPs," in *EUROCRYPT*, pp. 626 - 645, 2013.

[126] C. Gentry and D. Wichs, "Separating succinct non-interactive arguments from all falsifiable assumptions," in *Proceedings of the 43rd ACM Symposium on Theory of Computing, STOC 2011, San Jose, CA, USA, 6 - 8 June 2011*, L. Fortnow and S. P. Vadhan, Eds., pp. 99 - 108, ACM, 2011.

[127] I. Giacomelli, J. Madsen, and C. Orlandi, "ZKBoo: Faster zeroknowledge for boolean circuits," in *25th USENIX Security Symposium*, pp. 1069 - 1083, 2016.

[128] L. Goldberg, S. Papini, and M. Riabzev, *Cairo? A Turingcomplete STARK-friendly CPU architecture*, Cryptology ePrint Archive, Paper 2021/1063, url: https://eprint.iacr.org/2021/1063, 2021.

[129] O. Goldreich, *On post-modern cryptography*, Cryptology ePrint Archive, Report 2006/461, url: https://eprint.iacr.org/2006/461, 2006.

[130] O. Goldreich, *Foundations of cryptography: Volume 1, Basic tools*. Cambridge university press, 2007.

[131] O. Goldreich, S. Micali, and A. Wigderson, "Proofs that yield nothing but their validity or all languages in np have zeroknowledge proof systems," *Journal of the ACM (JACM)*, vol. 38, no. 3, pp. 690 - 728, 1991.

[132] O. Goldreich, S. P. Vadhan, and A. Wigderson, "On interactive proofs with a laconic prover," *Computational Complexity*, vol. 11, no. 1 - 2, pp. 1 - 53, 2002.

[133] S. Goldwasser, S. Micali, and C. Rackoff, "The knowledge complexity of interactive proof systems," *SIAM J. Comput.*, vol. 18, pp. 186 - 208, 1989, Preliminary version in STOC 1985. Earlier versions date to 1982.

[134] S. Goldwasser and Y. T. Kalai, "On the (in) security of the Fiat-Shamir para-

digm," in *44th Annual IEEE Symposium on Foundations of Computer Science, 2003. Proceedings.*, IEEE, pp. 102-113, 2003.

[135] S. Goldwasser, Y. T. Kalai, and G. N. Rothblum, "Delegating computation: Interactive proofs for muggles," in *Proceedings of the 40th Annual ACM Symposium on Theory of Computing*, ser. STOC'08, pp. 113-122, New York, NY, USA: ACM, 2008.

[136] S. Goldwasser and M. Sipser, "Private coins versus public coins in interactive proof systems," in *STOC*, J. Hartmanis, Ed., pp. 59-68, ACM, 1986.

[137] A. Golovnev, J. Lee, S. T. V. Setty, J. Thaler, and R. S. Wahby, "Brakedown: Linear-time and post-quantum snarks for R1CS," *IACR Cryptol. ePrint Arch.*, p. 1043, 2021.

[138] L. Grassi, D. Kales, D. Khovratovich, A. Roy, C. Rechberger, and M. Schofnegger, "Starkad and poseidon: New hash functions for zero knowledge proof systems.," *IACR Cryptol. ePrint Arch.*, vol. 2019, p. 458, 2019.

[139] M. D. Green, J. Katz, A. J. Malozemoff, and H.-S. Zhou, "A unified approach to idealized model separations via indistinguishability obfuscation," in *International Conference on Security and Cryptography for Networks*, Springer, pp. 587-603, 2016.

[140] J. Groth, "A verifiable secret shuffle of homomorphic encryptions," *Journal of Cryptology*, vol. 23, no. 4, pp. 546-579, 2010.

[141] J. Groth, "Short pairing-based non-interactive zero-knowledge arguments," in *ASIACRYPT*, M. Abe, Ed., ser. Lecture Notes in Computer Science, vol. 6477, pp. 321-340, Springer, 2010.

[142] J. Groth, "On the size of pairing-based non-interactive arguments," in *Annual International Conference on the Theory and Applications of Cryptographic Techniques*, Springer, pp. 305-326, 2016.

[143] J. Groth, *Homomorphic trapdoor commitments to group elements*, Cryptology ePrint Archive, Report 2009/007, 2009, url: https://ia.cr/2009/007.

[144] J. Groth and Y. Ishai, "Sub-linear zero-knowledge argument for correctness of a shuffle," in *Annual International Conference on the Theory and Applications of Cryptographic Techniques*, Springer, pp. 379-396, 2008.

[145] U. Haböck, A summary on the FRI low degree test. Cryptology ePrint Archive, Paper 2022/1216, url: https://eprint.iacr.org/2022/1216, 2022.

[146] T. Haines, S. J. Lewis, O. Pereira, and V. Teague, "How not to prove your election

outcome," in *2020 IEEE Symposium on Security and Privacy*, pp. 644–660, 2020. doi: 10.1109/SP40000.2020.00048.

[147] M. Hamburg, "Decaf: Eliminating cofactors through point compression," in *Annual Cryptology Conference*, Springer, pp. 705–723, 2015.

[148] H. Hasse, "Zur Theorie der abstrakten elliptischen Funktionenkörper, Ⅰ–Ⅲ.," *Journal für die reine und angewandte Mathematik*, vol. 175, 1936.

[149] D. Heath and V. Kolesnikov, "Stacked garbling for disjunctive zero-knowledge proofs," in *Advances in Cryptology - EURO-CRYPT 2020 - 39th Annual International Conference on the Theory and Applications of Cryptographic Techniques, Zagreb, Croatia, May 10-14, 2020, Proceedings, Part Ⅲ*, A. Canteaut and Y. Ishai, Eds., ser. Lecture Notes in Computer Science, vol. 12107, pp. 569–598, Springer, 2020.

[150] J. Holmgren and A. Lombardi, "Cryptographic hashing from strong one-way functions (or: One-way product functions and their applications)," in *59th IEEE Annual Symposium on Foundations of Computer Science, FOCS 2018, Paris, France, October 7-9, 2018*, M. Thorup, Ed., pp. 850–858, IEEE Computer Society, 2018.

[151] J. Holmgren, A. Lombardi, and R. D. Rothblum, "Fiat-shamir via list-recoverable codes (or: Parallel repetition of GMW is not zero-knowledge)," in *STOC'21: 53rd Annual ACM SIGACT Symposium on Theory of Computing, Virtual Event, Italy, June 21–25, 2021*, S. Khuller and V. V. Williams, Eds., pp. 750–760, ACM, 2021.

[152] J. Holmgren and R. Rothblum, "Delegating computations with (almost) minimal time and space overhead," in *2018 IEEE 59th Annual Symposium on Foundations of Computer Science (FOCS)*, IEEE, pp. 124–135, 2018.

[153] D. Hopwood, S. Bowe, T. Hornby, and N. Wilcox, "Zcash protocol specification," *GitHub: San Francisco*, CA, USA, 2016.

[154] Y. E. Housni and A. Guillevic, "Optimized and secure pairingfriendly elliptic curves suitable for one layer proof composition," in *International Conference on Cryptology and Network Security*, Springer, pp. 259–279, 2020.

[155] R. Impagliazzo and A. Wigderson, "P=bpp if e requires exponential circuits: Derandomizing the xor lemma," in *Proceedings of the Twenty-Ninth Annual ACM Symposium on Theory of Computing*, pp. 220–229, 1997.

[156] Y. Ishai, E. Kushilevitz, and R. Ostrovsky, "Efficient arguments without short

PCPs," in *22nd Annual IEEE Conference on Computational Complexity (CCC 2007), 13-16 June 2007, San Diego, California, USA*, pp. 278-291, IEEE Computer Society, 2007.

[157] Y. Ishai, E. Kushilevitz, R. Ostrovsky, and A. Sahai, "Zeroknowledge proofs from secure multiparty computation," *SIAM Journal on Computing*, vol. 39, no. 3, pp. 1121-1152, 2009.

[158] R. Jawale, Y. T. Kalai, D. Khurana, and R. Zhang, "SNARGs for bounded depth computations and PPAD hardness from subexponential LWE," in *Proceedings of the 53rd Annual ACM SIGACT Symposium on Theory of Computing*, pp. 708-721, 2021.

[159] M. Jawurek, F. Kerschbaum, and C. Orlandi, "Zero-knowledge using garbled circuits: How to prove non-algebraic statements efficiently," in *2013 ACM SIGSAC Conference on Computer and Communications Security, CCS'13, Berlin, Germany, November 4-8, 2013*, A.-R. Sadeghi, V. D. Gligor, and M. Yung, Eds., pp. 955-966, ACM, 2013.

[160] Y. Kalai, "A new perspective on delegating computation," Talk at Workshop on Probabilistically Checkable and Interactive Proofs @ STOC 2017 Theory Fest, 2017.

[161] Y. T. Kalai, G. N. Rothblum, and R. D. Rothblum, "From obfuscation to the security of Fiat-Shamir for proofs," in *Advances in Cryptology - CRYPTO 2017 - 37th Annual International Cryptology Conference, Santa Barbara, CA, USA, August 20-24, 2017, Proceedings, Part//*, J. Katz and H. Shacham, Eds., ser. Lecture Notes in Computer Science, vol. 10402, pp. 224-251, Springer, 2017.

[162] D. Kales, S. Ramacher, C. Rechberger, R. Walch, and M. Werner, "Efficient FPGA implementations of LowMC and picnic," in *Cryptographers' Track at the RSA Conference*, Springer, pp. 417-441, 2020.

[163] D. Kales and G. Zaverucha, "Improving the performance of the picnic signature scheme," *IACR Transactions on Cryptographic Hardware and Embedded Systems*, pp. 154-188, 2020.

[164] A. Kate, G. M. Zaverucha, and I. Goldberg, "Constant-size commitments to polynomials and their applications," in *Advances in Cryptology - ASIACRYPT 2010 - 16th International Conference on the Theory and Application of Cryptology and Information Security, Singapore, December 5-9, 2010. Proceedings*, M. Abe, Ed., ser. Lecture Notes in Computer Science, vol. 6477, pp. 177-

194, Springer, 2010.

[165] A. Kattis, K. Panarin, and A. Vlasov, "Redshift: Transparent snarks from list polynomial commitment iops," *IACR Cryptol. ePrint Arch.*, vol. 2019, p. 1400, 2019.

[166] J. Katz, V. Kolesnikov, and X. Wang, "Improved non-interactive zero knowledge with applications to post-quantum signatures," in *Proceedings of the 2018 ACM SIGSAC Conference on Computer and Communications Security*, pp. 525 - 537, 2018.

[167] J. Katz, C. Zhang, and H.-S. Zhou, *An analysis of the algebraic group model*, Cryptology ePrint Archive, Report 2022/210, url: https://ia.cr/2022/210, 2022.

[168] J. Kilian, "A note on efficient zero-knowledge proofs and arguments (extended abstract)," in *Proceedings of the Twenty-Fourth Annual ACM Symposium on Theory of Computing*, ser. STOC'92, pp. 723 - 732, New York, NY, USA: ACM, 1992.

[169] A. R. Klivans and D. Van Melkebeek, "Graph nonisomorphism has subexponential size proofs unless the polynomial-time hierarchy collapses," *SIAM Journal on Computing*, vol. 31, no. 5, pp. 1501 - 1526, 2002.

[170] N. Koblitz and A. J. Menezes, "The random oracle model: A twenty-year retrospective," *Designs, Codes and Cryptography*, vol. 77, no. 2 - 3, pp. 587 - 610, 2015.

[171] A. E. Kosba, Z. Zhao, A. Miller, Y. Qian, T.-H. H. Chan, C. Papamanthou, R. Pass, A. Shelat, and E. Shi, "How to use SNARKs in universally composable protocols.," *IACR Cryptol. ePrint Arch.*, vol. 2015, p. 1093, 2015.

[172] A. Kosba, D. Papadopoulos, C. Papamanthou, and D. Song, "MIRAGE: Succinct arguments for randomized algorithms with applications to universal zk-SNARKs," in *USENIX Security Symposium*, 2020.

[173] A. Kosba, Z. Zhao, A. Miller, Y. Qian, H. Chan, C. Papamanthou, R. Pass, A. Shelat, and E. Shi, CøCø: *A framework for building composable zero-knowledge proofs*, Cryptology ePrint Archive, Report 2015/1093, 2015.

[174] A. Kothapalli and B. Parno, "Algebraic reductions of knowledge," *Cryptology ePrint Archive*, 2022.

[175] A. Kothapalli, S. Setty, and I. Tzialla, "Nova: Recursive zeroknowledge arguments from folding schemes," in *Annual International Cryptology Conference*, Springer, pp. 359 - 388, 2022.

[176] D. Kozen, *Theory of Computation*, ser. Texts in Computer Science. Springer, 2006.

[177] E. Kushilevitz and N. Nisan, *Communication Complexity*. New York, NY, USA: Cambridge University Press, 1997.

[178] F. Le Gall, "Powers of tensors and fast matrix multiplication," in *Proceedings of the 39th International Symposium on Symbolic and Algebraic Computation*, ACM, pp. 296 - 303, 2014.

[179] J. Lee, "Dory: Efficient, transparent arguments for generalised inner products and polynomial commitments," in *Theory of Cryptography Conference*, Springer, pp. 1 - 34, 2021.

[180] F. T. Leighton, *Introduction to Parallel Algorithms and Architectures: Array, Trees, Hypercubes*. Morgan Kaufmann Publishers Inc. , 1992.

[181] G. Leurent and T. Peyrin, "SHA-1 is a shambles: First chosenprefix collision on SHA-1 and application to the PGP web of trust," in *29th USENIX Security Symposium (USENIX Security 20)*, pp. 1839 - 1856, 2020.

[182] S. -J. Lin, T. Y. Al-Naffouri, Y. S. Han, and W. -H. Chung, "Novel polynomial basis with fast fourier transform and its application to reed-solomon erasure codes," *IEEE Trans. Inf. Theory*, vol. 62, no. 11, pp. 6284 - 6299, 2016, Preliminary version in FOCS 2014.

[183] R. J. Lipton, *Fingerprinting sets*. Princeton University, Department of Computer Science, 1989.

[184] R. J. Lipton, "Efficient checking of computations," in *STACS*, pp. 207 - 215, 1990.

[185] A. Lombardi and V. Vaikuntanathan, "Correlation-intractable hash functions via shift-hiding," in *13th Innovations in Theoretical Computer Science Conference, ITCS 2022, January 31 - February 3, 2022, Berkeley, CA, USA*, M. Braverman, Ed. , ser. LIPIcs, vol. 215, 102:1 - 102:16, Schloss Dagstuhl - LeibnizZentrum für Informatik, 2022.

[186] C. Lund, L. Fortnow, H. Karloff, and N. Nisan, "Algebraic methods for interactive proof systems," *J. ACM*, vol. 39, pp. 859 - 868, 1992.

[187] M. Maller, S. Bowe, M. Kohlweiss, and S. Meiklejohn, "Sonic: Zero-knowledge SNARKs from linear-size universal and updatable structured reference strings," in *Proceedings of the 2019 ACM SIGSAC Conference on Computer and Communications Security*, pp. 2111 - 2128, 2019.

[188] U. Maurer, "Abstract models of computation in cryptography," in *IMA International Conference on Cryptography and Coding*, Springer, pp. 1 - 12, 2005.

[189] U. Maurer, "Unifying zero-knowledge proofs of knowledge," in *International Conference on Cryptology in Africa*, Springer, pp. 272 - 286, 2009.

[190] O. Meir, "IP = PSPACE using error-correcting codes," *SIAM J. Comput.*, vol. 42, no. 1, pp. 380 - 403, 2013.

[191] R. Merkle, "Secrecy, authentication, and public key systems," Ph. D. dissertation, Electrical Engineering, Stanford, 1979.

[192] S. Micali, "Computationally sound proofs," *SIAM J. Comput.*, vol. 30, no. 4, pp. 1253 - 1298, 2000.

[193] P. B. Miltersen and N. V. Vinodchandran, "Derandomizing Arthur - Merlin games using hitting sets," *Computational Complexity*, vol. 14, no. 3, pp. 256 - 279, 2005.

[194] D. Moshkovitz, "An alternative proof of the Schwartz-Zippel lemma. ," in *Electronic Colloquium on Computational Complexity* (*ECCC*), vol. 17, p. 96, 2010.

[195] D. Moshkovitz and R. Raz, "Sub-constant error low degree test of almost-linear size," *SIAM J. Comput.*, vol. 38, no. 1, pp. 140 - 180, 2008.

[196] M. Naehrig, P. S. L. M. Barreto, and P. Schwabe, "On compressible pairings and their computation," in *Progress in Cryptology - AFRICACRYPT 2008*, ser. Lecture Notes in Computer Science, vol. 5023, pp. 371 - 388, Springer, 2008.

[197] M. Naor, "On cryptographic assumptions and challenges," in *Annual International Cryptology Conference*, Springer, pp. 96 - 109, 2003.

[198] C. A. Neff, "A verifiable secret shuffle and its application to evoting," in *Proceedings of the 8th ACM conference on Computer and Communications Security*, pp. 116 - 125, 2001.

[199] J. B. Nielsen, "Separating random oracle proofs from complexity theoretic proofs: The non-committing encryption case," in *Annual International Cryptology Conference*, Springer, pp. 111 - 126,2002.

[200] A. Ozdemir, R. Wahby, B. Whitehat, and D. Boneh, "Scaling verifiable computation using efficient set accumulators," in *29th USENIX Security Symposium*, pp. 2075 - 2092, 2020.

[201] P. Paillier and D. Vergnaud, "Discrete-log-based signatures may not be equivalent to discrete log," in *International Conference on the Theory and Application of Cryptology and Information Security*, Springer, pp. 1 - 20, 2005.

[202] C. Papamanthou, E. Shi, and R. Tamassia, "Signatures of correct computation," in *Theory of Cryptography Conference*, Springer, pp. 222 - 242, 2013.

[203] B. Parno, J. Howell, C. Gentry, and M. Raykova, "Pinocchio: Nearly practical verifiable computation," in *Proceedings of the 2013 IEEE Symposium on Security and Privacy*, ser. SP'13, pp. 238 - 252, Washington, DC, USA: IEEE Computer Society, 2013.

[204] R. Pass, "On deniability in the common reference string and random oracle model," in *Annual International Cryptology Conference*, Springer, pp. 316 - 337, 2003.

[205] A. Pavan, A. L. Selman, S. Sengupta, and N. V. Vinodchandran, "Polylogarithmic-round interactive proofs for coNP collapse the exponential hierarchy," *Theor. Comput. Sci.*, vol. 385, no. 1 - 3, pp. 167 - 178, 2007.

[206] T. P. Pedersen, "Non-interactive and information-theoretic secure verifiable secret sharing," in *Annual International Cryptology Conference*, Springer, pp. 129 - 140, 1991.

[207] C. Peikert and S. Shiehian, "Noninteractive zero knowledge for NP from (plain) learning with errors," in *Advances in Cryptology - CRYPTO 2019 - 39th Annual International Cryptology Conference, Santa Barbara, CA, USA, August 18 - 22, 2019, Proceedings, Part I*, A. Boldyreva and D. Micciancio, Eds., ser. Lecture Notes in Computer Science, vol. 11692, pp. 89 - 114, Springer, 2019.

[208] D. Petersen, (url: https://math.stackexchange.com/users/677/dan-petersen). How to prove that a polynomial of degree n has at most n roots? Mathematics Stack Exchange. url: https://math.stackexchange.com/q/25831 (version: 2011-03-08).

[209] N. Pippenger, "On the evaluation of powers and monomials," *SIAM Journal on Computing*, vol. 9, no. 2, pp. 230 - 250, 1980.

[210] S. C. Pohlig and M. E. Hellman, "An improved algorithm for computing logarithms over GF(p) and its cryptographic significance," *IEEE Trans. Inf. Theory*, vol. 24, no. 1, pp. 106 - 110, 1978.

[211] D. Pointcheval and J. Stern, "Security arguments for digital signatures and blind signatures," *Journal of Cryptology*, vol. 13, no. 3, pp. 361 - 396, 2000.

[212] A. Polishchuk and D. A. Spielman, "Nearly-linear size holographic proofs," in *Proceedings of the Twenty-Sixth Annual ACM Symposium on Theory of Computing, 23 - 25 May 1994, Montréal, Québec, Canada*, pp. 194 - 203, 1994.

[213] J. M. Pollard, "Monte Carlo methods for index computation mod p," *Mathematics of Computation*, vol. 32, pp. 918 - 924, 1978.

[214] O. Reingold, G. N. Rothblum, and R. D. Rothblum, "Constantround interactive proofs for delegating computation," in *Proceedings of the Forty-eighth Annual ACM Symposium on Theory of Computing*, ser. STOC'16, pp. 49 - 62, New York, NY, USA: ACM, 2016.

[215] N. Ron-Zewi and R. Rothblum, "Local proofs approaching the witness length," *Electron. Colloquium Comput. Complex.*, vol. 26, p. 127, 2019, Accepted to Foundations of Computer Science (FOCS), 2020.

[216] G. Rothblum, "Delegating computation reliably: Paradigms and constructions," Ph. D. dissertation, Massachusetts Institute of Technology, 2009.

[217] G. N. Rothblum, S. P. Vadhan, and A. Wigderson, "Interactive proofs of proximity: Delegating computation in sublinear time," in *Symposium on Theory of Computing Conference, STOC'13, Palo Alto, CA, USA, June 1 - 4, 2013*, pp. 793 - 802, 2013.

[218] R. Rothblum, "The Fiat-Shamir transformation," Talk at The 9th BIU Winter School on Cryptography - Zero Knowledge. 2019. url: https://www.youtube.com/watch? v=9cagVtYstyY.

[219] R. Rubinfeld and M. Sudan, "Robust characterizations of polynomials with applications to program testing," *SIAM Journal on Computing*, vol. 25, no. 2, pp. 252 - 271, 1996.

[220] A. D. Sarma, R. J. Lipton, and D. Nanongkai, "Best-order streaming model," in *Proc. Annual Conference on Theory and Applications of Models of Computation*, 2009.

[221] E. B. Sasson, L. Goldberg, S. Kopparty, and S. Saraf, "DEEP-FRI: sampling outside the box improves soundness," in *11th Innovations in Theoretical Computer Science Conference, ITCS 2020, January 12 - 14, 2020, Seattle, Washington, USA*, T. Vidick, Ed., ser. LIPIcs, vol. 151, pp. 5: 1 - 5: 32, 2020.

[222] W. J. Savitch, "Relationships between nondeterministic and deterministic tape complexities," *Journal of Computer and System Sciences*, vol. 4, no. 2, pp. 177 - 192, 1970.

[223] C.-P. Schnorr, "Efficient identification and signatures for smart cards," in *Conference on the Theory and Application of Cryptology*, Springer, pp. 239 - 252, 1989.

[224] J. T. Schwartz, "Fast probabilistic algorithms for verification of polynomial identities," *J. ACM*, vol. 27, no. 4, pp. 701 - 717, 1980.

[225] R. Seidel, "On the all-pairs-shortest-path problem in unweighted undirected graphs," *J. Comput. Syst. Sci.*, vol. 51, no. 3, pp. 400–403, 1995.

[226] S. Setty, "Spartan: Efficient and general-purpose zkSNARKs without trusted setup," in *Annual International Cryptology Conference*, Springer, pp. 704–737, 2020.

[227] S. T. V. Setty, B. Braun, V. Vu, A. J. Blumberg, B. Parno, and M. Walfish, "Resolving the conflict between generality and plausibility in verified computation," in *EuroSys*, Z. Hanzálek, H. Härtig, M. Castro, and M. F. Kaashoek, Eds., pp. 71–84, ACM, 2013.

[228] S. T. V. Setty, R. McPherson, A. J. Blumberg, and M. Walfish, "Making argument systems for outsourced computation practical (sometimes)," in *19th Annual Network and Distributed System Security Symposium, NDSS 2012, San Diego, California, USA, February 5–8, 2012*, 2012.

[229] S. Setty, S. Angel, T. Gupta, and J. Lee, "Proving the correct execution of concurrent services in zero-knowledge," in *13th USENIX Symposium on Operating Systems Design and Implementation (OSDI)*, pp. 339–356, 2018.

[230] S. Setty and J. Lee, *Quarks: Quadruple-efficient transparent zksnarks*, Cryptology ePrint Archive, Report 2020/1275, 2020. url: https://eprint.iacr.org/2020/1275.

[231] A. Shamir, "IP=PSPACE," *J. ACM*, vol. 39, pp. 869–877, 1992, Preliminary version in STOC 1990.

[232] A. Shen, "IP = PSPACE: Simplified Proof," *J. ACM*, vol. 39, pp. 878–880, 1992.

[233] P. W. Shor, "Algorithms for quantum computation: Discrete logarithms and factoring," in *Proceedings 35th Annual Symposium on Foundations of Computer Science*, IEEE, pp. 124–134, 1994.

[234] V. Shoup, "Lower bounds for discrete logarithms and related problems," in *International Conference on the Theory and Applications of Cryptographic Techniques*, Springer, pp. 256–266, 1997.

[235] StarkWare, *EthSTARK documentation*, Cryptology ePrint Archive, Paper 2021/582, 2021. url: https://eprint.iacr.org/2021/582,

[236] H. Sun, H. Sun, K. Singh, A. S. Peddireddy, H. Patil, J. Liu, and W. Chen, *The inspection model for zero-knowledge proofs and efficient zerocash with secp256k1 keys*, Cryptology ePrint Archive, Paper 2022/1079, 2022. url:

https://eprint.iacr.org/2022/1079.

[237] J. Thaler, "Time-optimal interactive proofs for circuit evaluation," in *Proceedings of the 33rd Annual Conference on Advances in Cryptology*, ser. CRYPTO'13, Berlin, Heidelberg: SpringerVerlag, 2013.

[238] J. Thaler, *A note on the GKR protocol*, 2015. url: http://people.cs.georgetown.edu/jthaler/GKRNote.pdf.

[239] P. Valiant, "Incrementally verifiable computation or proofs of knowledge imply time/space efficiency," in *Theory of Cryptography Conference*, Springer, pp. 1-18, 2008.

[240] A. Vlasov and K. Panarin, "Transparent polynomial commitment scheme with polylogarithmic communication complexity.," *IACR Cryptol. ePrint Arch.*, vol. 2019, p. 1020, 2019.

[241] V. Vu, S. T. V. Setty, A. J. Blumberg, and M. Walfish, "A hybrid architecture for interactive verifiable computation," in *2013 IEEE Symposium on Security and Privacy, SP 2013, Berkeley, CA, USA, May 19-22, 2013*, pp. 223-237, 2013.

[242] R. S. Wahby, Y. Ji, A. J. Blumberg, A. Shelat, J. Thaler, M. Walfish, and T. Wies, "Full accounting for verifiable outsourcing," in *Proceedings of the 2017 ACM SIGSAC Conference on Computer and Communications Security*, ACM, pp. 2071-2086, 2017.

[243] R. S. Wahby, S. Setty, Z. Ren, A. J. Blumberg, and M. Walfish, "Efficient ram and control flow in verifiable outsourced computation," in *NDSS*, 2015.

[244] R. S. Wahby, I. Tzialla, A. Shelat, J. Thaler, and M. Walfish, "Doubly-efficient zkSNARKs without trusted setup," in *2018 IEEE Symposium on Security and Privacy, SP 2018, Proceedings, 21-23 May 2018, San Francisco, California, USA*, pp. 926-943, IEEE Computer Society, 2018.

[245] A. Waksman, "A permutation network," *Journal of the ACM*, vol. 15, no. 1, pp. 159-163, 1968.

[246] H. Wee, "On round-efficient argument systems.," in *ICALP*, pp. 140-152, 2005.

[247] H. Wee, "Zero knowledge in the random oracle model, revisited," in *International Conference on the Theory and Application of Cryptology and Information Security*, Springer, pp. 417-434, 2009.

[248] C. Weng, K. Yang, J. Katz, and X. Wang, "Wolverine: Fast, scalable, and communication-efficient zero-knowledge proofs for Boolean and arithmetic cir-

cuits," in *2021 IEEE Symposium on Security and Privacy (SP)*, IEEE, pp. 1074 - 1091, 2021.

[249] D. Wikström, *Special soundness in the random oracle model*, Cryptology ePrint Archive, Report 2021/1265, url: https://ia.cr/2021/1265, 2021.

[250] H. Wu, W. Zheng, A. Chiesa, R. A. Popa, and I. Stoica, "DIZK: A distributed zero knowledge proof system," in *27th USENIX Security Symposium* (USENIX Security), pp. 675 - 692, 2018.

[251] T. Xie, J. Zhang, Y. Zhang, C. Papamanthou, and D. Song, "Libra: Succinct zero-knowledge proofs with optimal prover computation," in *Annual International Cryptology Conference*, Springer, pp. 733 - 764, 2019.

[252] T. Xie, J. Zhang, Z. Cheng, F. Zhang, Y. Zhang, Y. Jia, D. Boneh, and D. Song, "Zkbridge: Trustless cross-chain bridges made practical," *arXiv preprint arXiv:2210.00264*, 2022.

[253] T. Xie, Y. Zhang, and D. Song, "Orion: Zero knowledge proof with linear prover time," in *Annual International Cryptology Conference*, Springer, pp. 299 - 328, 2022.

[254] R. Yuster, "Computing the diameter polynomially faster than APSP," *arXiv preprint arXiv:1011.6181*, 2010.

[255] J. Zhang, T. Liu, W. Wang, Y. Zhang, D. Song, X. Xie, and Y. Zhang, "Doubly efficient interactive proofs for general arithmetic circuits with linear prover time," in *CCS'21: 2021 ACM SIGSAC Conference on Computer and Communications Security, Virtual Event, Republic of Korea, November 15 - 19, 2021*, Y. Kim, J. Kim, G. Vigna, and E. Shi, Eds., pp. 159 - 177, ACM, 2021.

[256] J. Zhang, T. Xie, Y. Zhang, and D. Song, "Transparent polynomial delegation and its applications to zero knowledge proof," in *2020 IEEE Symposium on Security and Privacy*, IEEE, pp. 859 - 876, 2020.

[257] Y. Zhang, D. Genkin, J. Katz, D. Papadopoulos, and C. Papamanthou, "A zero-knowledge version of vSQL," *IACR Cryptol. ePrint Arch.*, vol. 2017, p. 1146, 2017.

[258] Y. Zhang, D. Genkin, J. Katz, D. Papadopoulos, and C. Papamanthou, "VSQL: Verifying arbitrary SQL queries over dynamic outsourced databases," in *2017 IEEE Symposium on Security and Privacy, SP 2017, San Jose, CA, USA, May 22 - 26, 2017*, pp. 863 - 880, 2017.

[259] Y. Zhang, D. Genkin, J. Katz, D. Papadopoulos, and C. Papamanthou, "VRAM: Faster verifiable RAM with programindependent preprocessing," in *2018 IEEE Symposium on Security and Privacy, SP 2018, Proceedings, 21 - 23 May 2018, San Francisco, California, USA*, pp. 908 - 925, IEEE Computer Society, 2018.

[260] R. Zippel, "Probabilistic algorithms for sparse polynomials," in *EUROSAM*, E. W. Ng, Ed., ser. Lecture Notes in Computer Science, vol. 72, pp. 216 - 226, Springer, 1979.

[261] ZKProof Community Reference, Version 0.3, 2022. url: https://docs.zkproof.org/pages/reference/versions/ZkpComRef-0-3.pdf.